Lectures on Electromagnetics

电磁学讲义

张涛 编著

中国教育出版传媒集团
高等教育出版社·北京

内容提要

本书是根据编者多年来在具体教学过程中形成的授课内容，参考国内外多部优秀教材，在原有讲义的内容、结构基础上反复修改而成的。

本书由四篇、十四章组成。第一章“绪论”介绍学习电磁学课程之前学生应该了解的一些相关知识；第一篇“电磁学定律”包括四章，讨论了电相互作用的性质、对称性与矢量、场的概念及性质，以及描述电磁场性质的电磁学定律——电磁场方程；第二篇“时不变电磁场”包括六章，讨论了不随时间变化的电磁场在不同空间中的性质；第三篇“时变电磁场”包括两章，讨论了随时间变化的电磁场在空间中的性质；第四篇“全时域条件下的电磁场”包括一章，讨论了一般条件下的电磁场性质。

本书可作为高等学校物理学和应用物理学专业电磁学课程的教材，也可供对电磁学知识要求较高的其他相关专业的学生使用，还可作为相关教师的教学参考资料。

图书在版编目（CIP）数据

电磁学讲义 / 张涛编著. -- 北京 ：高等教育出版社，2024. 3

ISBN 978-7-04-061085-7

Ⅰ. ①电… Ⅱ. ①张… Ⅲ. ①电磁学-高等学校-教材 Ⅳ. ①O441

中国国家版本馆 CIP 数据核字（2023）第 164443 号

DIANCIXUE JIANGYI

策划编辑 马天魁　　责任编辑 马天魁　　封面设计 张志奇　　版式设计 徐艳妮
责任绘图 于　博　　责任校对 窦丽娜　　责任印制 朱　琦

出版发行 高等教育出版社
社　　址 北京市西城区德外大街 4 号
邮政编码 100120
印　　刷 唐山市润丰印务有限公司
开　　本 787mm×1092mm　1/16
印　　张 24.5
字　　数 580 千字
购书热线 010-58581118
咨询电话 400-810-0598
网　　址 http://www.hep.edu.cn
　　　　 http://www.hep.com.cn
网上订购 http://www.hepmall.com.cn
　　　　 http://www.hepmall.com
　　　　 http://www.hepmall.cn
版　　次 2024 年 3 月第 1 版
印　　次 2024 年 3 月第 1 次印刷
定　　价 47.70 元

物 料 号　61085-00

前 言

2017 年之前，我有近 10 年的时间给吉林大学电子科学与技术学院微电子科学与工程等专业的本科生讲授“电磁学”专业基础课，这些专业对电磁学课程内容的深度和广度的要求与物理学专业相同，因此在教学安排上我采用的是国内外物理学专业的较优秀的教材，而非公共基础课的教材。在教学过程中，我根据具体情况不断改进讲授的内容、课程的结构以及授课的模式，逐渐形成了本书的框架。2018 年至今，按照学校、学院的教学安排，对基础学科拔尖人才班进行小班教学，我给学生讲授“电磁学”专业基础课，在教学的过程中发现学生们的基础不错，按照普通的教学计划无法满足学生们的学习需求，因此在具体教学过程中参考了一些国内外的教材，结合近现代的理论与实验研究成果，适当拓展了讲授内容的深度和广度，进一步完善并形成了符合学生具体情况的本书的内容和结构。2020 年，我主持承担了吉林大学课程思政“学科育人示范课程”项目——电磁学“课程思政”示范项目，对本书的内容作了进一步补充和完善。

电磁学是一门经典课程。1785 年，法国科学家库仑公布了其由实验得出的电荷的相互作用规律；1864 年 12 月 8 日，麦克斯韦向英国皇家学会宣读了他的论文《电磁场的动力学理论》，正式公开了“麦克斯韦方程组”所描述的电磁学定律，一年后麦克斯韦正式发表了这个新理论。电磁学课程内容涵盖了这近 80 年的研究成果，包括库仑定律、安培定律、法拉第电磁感应定律以及集大成的麦克斯韦方程组等。

作为经典课程，电磁学相关的教科书、专著有很多。尤其是在网络如此发达的今天，人们可以很方便地了解电磁学课程的具体内容。但是，也正因为其传统、经典，其内容亦是繁杂混乱的，各种教科书都尽力使之系统化。因此，本书也尽量根据学生的具体情况，安排了相对系统的内容体系。本书在系统讨论传统、经典电磁场规律的同时，介绍了电磁场方程组的近现代应用，如暂态过程与交流电、电磁波及其与物质（电、磁介质）的相互作用规律等。

目前国内高校相关专业使用的电磁学教材有很多，但是大多数教材为了知识结构、教学内容的全面而增加了很多篇幅，这些内容在目前的教学体系中很难面面俱到地逐一讲解，因此，在具体的教学过程中教师需要自行取舍教材内容或调整教学内容的难易程度。本书的字数看起来虽多，但很多是可以自主学习的内容，如拓展阅读等，实际需要讲解和深入学习的内容还是相对精练的。

近些年来高中物理教材的内容不断充实，很多过去大学课程中的知识内容已经在中学的课程中讲授，为了在有限的课堂教学时间内更高效地讲解电磁学的主要内容，同时为学生的自主学习提供一定的参考，我们删减了与高中课程内容重复的部分，增加了一些新的内容，比如电磁学定律发现、总结及应用的过程，近现代与电磁学经典理论密切相关的科学研究成果及其应用实例等。

在本书中，编者一直主张“场”作为客观实在是物质在时空中区别于“实体”的另一种形态的观点，并把“场”的概念贯穿于整个教学过程，使学生对“场”的概念及其应用有一个初步的、系统性的认识；注重与高中课程的有机衔接，强化学生对基本概念、基本规律的理解，为后续课程（如电动力学等）奠基；将一些近现代科学研究成果及其应用实例与经典电磁学定律有机融合，进一步拓展经典物理的内涵与外延；通过更多讲述物理规律的发现过程、物理思想的形成过程，在传授知识内容的同时重点培养学生的批判性思维和创新性思维。

本书适合 64~72 学时的教学计划。

本书的编写得到了王海军、马永亮、金立平、韩冰等老师，以及马敬等研究生的大力帮助，编者对他们表示由衷的感谢。本书的出版得到了吉林大学物理学院的大力支持，编者在此一并表示感谢。

对于本书的不足之处，还望读者谅解，并提出宝贵的指导意见，以使本书能够不断完善。

张　涛

2023 年 3 月

目　录

第二篇 时不变电磁场

第三篇　时变电磁场

第四篇 全时域条件下的电磁场

第一章 绪 论

第一节 关于电磁学

一、电磁学课程的地位与作用

1. 电磁学是物理学教学体系中重要的基础课

电磁学是物理学系统知识学习过程中的一门重要基础课,主要源于电磁学是物理学学习、研究从宏观进入微观的第一门课。这里所说的宏观电磁学(MEM)主要是与量子电动力学(QED)相比较而言的。认为电磁学课程是物理学研究从宏观进入微观的第一门课主要有以下两个方面的原因。

其一,总结电磁作用规律所采用的实验现象是宏观的。

电磁学规律的研究是从实验现象的观察开始的(各种电现象、磁现象的发现等),相应的电磁作用规律的总结也是以特定的宏观实验结果(数据)为基础的(库仑定律——平方反比律的总结,库仑扭秤、电引力单摆及卡文迪什的示零实验等,实验数据的总结)。电磁学在研究电荷、电流所受电磁场作用的规律及其运动的规律时,均忽略了电子或带电粒子的波动性,而采用经典的粒子性概念(比如,阴极射线管、感应加速器、电子显微镜等),而在研究电磁场和电磁波时则采用经典的波场概念。

其二,总结电磁作用规律所采用的物理模型是宏观的。

宏观物理学是以物理量可测量为基础的,但是,目前的科学探测技术在时间和空间上都是有限度的,探测物质电性的传感器探针尺度及位移精度也只有微米量级,远大于粒子的尺度(纳米量级),因此电磁学规律研究所使用的与电相关的物理模型(电荷、电流密度等)都是宏观的,即在宏观尺度上考量物质的电荷状态。

电磁学课程在物理模型的选择上虽然有微积分的思想(后面我们会用到,如在讨论矢量场的散度和旋度的物理意义时),但是在尺度上依然是宏观的;描述宏观电磁学的基本现象和基本规律所运用的电磁场的概念及其处理手段却给微观物理学的研究提供了有效的方法论途径。因此,它是物理学研究从宏观进入微观的第一门课。

电磁学揭示了“场”这一物理客观实在及其作用规律。电磁场具备客观实在的所有自然属性,如质量、动量和能量等;电磁场还具备以往的物理模型“质点”所不具备的物理性质,如对物质波动性的描述。所以,电磁学中的“场”的概念进一步深化了“物理客观实在”的内涵,使人们对自然规律的认识更加深入和全面。

因此,电磁学是物理学学习、研究过程中的重要的基础课。

2. 电磁学是其他很多学科的基础

作为基本力之一的电磁力是大部分宏观力的本质，包括我们之前所了解的各种宏观力，如在力学中学过的牵引力、摩擦力、支撑力等，物质分子间结合的化学力其实也是电磁力。因此，电磁学对很多其他学科（如化学、电子学、材料学等）的研究提供了相互作用的本质的基础。

电磁相互作用是自然界中一种基本的相互作用。研究带电粒子因受电磁场作用而在各种特定条件下的运动，形成了电工学、电子学、等离子体物理学及磁流体力学等许多分支学科。

现在高等学校的课程设计上，开设电磁学课程的学科不仅有物理学，还有数学、化学、生命科学等基础学科以及电子科学、计算机科学、材料科学等应用学科，由此可见电磁学的基础性。

3. 电磁学是第二次工业革命的基础

在热机应用导致的第一次工业革命之后，电磁技术的应用导致了以电气化和无线通信技术为标志的第二次工业革命。电力、电子、电信工业的发展，电磁材料的研制，电磁测量技术的应用等，对人类的物质生产、技术进步和社会发展带来了深远而广泛的影响。

在近现代，以电磁学理论为基础的计算机和通信技术的发展也成了信息技术革命的基础。

可以毫不夸张地说，电磁技术的应用在现代的日常生活中随处可见，而且电磁学规律也能够解释日常生活中的几乎所有宏观自然现象。

二、如何利用本书学习电磁学

电磁学是一门经典的专业基础课，教材也有很多，但是每一本教材都有其自身的特点，本书也不例外。在学习的过程中要想有效地利用教材，就涉及“学习方法”。

学生的差异是很大的，对某些人有用的方法对其他人未必有效。我们在这里讨论的不是针对个人的学习方法，而是更有效地从这门课程中汲取更多有用的知识，更好地理解课程内容所传递的规律的方法。

1. 要掌握电磁学规律（定律）发现、发展及不断修正的内在的科学研究方法，即“观察、推理和实践”的自洽

（1）观察。这里的“观察”是指对特定的实验现象的观察。在观察过程中，要抓住影响实验现象的主要因素，排除其他次要因素，以获得反映物理本质的实验结果。库仑定律的实验发现就是如此。库仑扭秤实验是我们熟知的给出库仑定律（平方反比律）的基本实验，该实验系统对同号电荷之间的排斥作用的测量是比较稳定的，而对于异号电荷之间的吸引作用的测量就很不稳定。为了弄清异号电荷之间的相互作用规律，库仑又设计了电引力单摆实验，最后根据实验数据给出了平方反比律。而卡文迪什的示零实验独辟蹊径，从原理上提高了验证平方反比律的实验精度。“示零”这种思想也成为物理实验测量的经典思想，为许多物理实验规律的探索打开了方便之门。

实际上，对实验现象观察的仔细程度决定了物理定律的适用范围。比如，牛顿运动定律在对宏观低速条件下所观察到的实验现象进行总结时是完全正确的；而当考虑运动的细节时，就要对该定律进行相对论修正。粒子运动的波粒二象性也是与实验观察精度密切相关的。

物理规律（电磁学规律）原则上都是实验规律，因此，对实验现象进行观察是总结物理规律的关键的第一步，更是学习物理定律的关键的第一步。

（2）推理。这里的“推理”是指在观察实验现象、获得实验数据的基础上，归纳、总结出相应的规律性。推理过程实际上包括数理逻辑的应用以及物理思维的规律方法的使用。

① 对称性与守恒律的应用。

物理规律也是分层次的，处于较高地位的往往被称为规律中的规律，对称性与守恒律就是这样，它们是凌驾于其他定律之上的定律。其他定律大都要符合、遵循这两个定律，如果发生矛盾或冲突，那么该定律就要向这二者靠拢而修改其自身。对称性和守恒律在自然规律的长期研究过程中几乎（不敢说百分之百的原因是“宇称”破缺，杨振宁和李政道在粒子的弱相互作用中发现了“宇称”的不守恒现象，并因此获得了 1957 年诺贝尔物理学奖）是完全对应的，即发现了某种对称性，就一定存在某种守恒律。

例如，空间的平移对称性导致了系统的动量守恒定律：$\mathrm{d}\boldsymbol{p}/\mathrm{d}t=\boldsymbol{0}=\boldsymbol{F}$；而空间的旋转对称性导致了系统的角动量守恒定律：$\mathrm{d}\boldsymbol{L}/\mathrm{d}t=\boldsymbol{0}=\boldsymbol{M}$；时间的平移对称性导致了系统的能量守恒定律，如在仅有保守力存在的系统中就存在机械能守恒定律等。这些定律在我们学习物理学过程中所起的作用不言而喻。

如果在实践中发现了某种物理量是守恒的，那么一定存在某种对称性与之对应，这几乎成了物理学研究的基本思维规律之一，也对物理学的发展起到了巨大的促进作用。物理学家都极其重视和高度自觉地在研究中运用对称性原理和守恒定律。作为研究对称性的数学工具，群论已经成为理论物理学家及其他领域科学家的有力武器。这种“每一个连续对称性都将有一个守恒量与之对应”的总结称为诺特尔定理（以德国女数学家诺特尔的名字命名）。

在电磁学理论研究过程中同样存在有关动量、角动量和能量的守恒定律。在电磁学理论中，电荷守恒定律与规范变换相对应；电荷共轭守恒与电荷的绝对符号（即正、负）对称相对应。

② 与“先验知识”的类比。

新的规律的发现或新的知识的总结，往往要经过与“先验知识”的类比。“先验知识”——在某种程度上公认为正确的知识——通常是新知识的基础，所谓“站在巨人肩上”就包含了这个意思。

比如，电磁学定律中的第一个重要定律——库仑定律——在发现过程中就有了“类比”的实践。在此之前，人们对万有引力定律是再熟悉不过了，万有引力的平方反比律导致了在一个质量均匀分布的球壳中的小球不受引力作用的现象。因此，当人们发现均匀带电球壳的内部对带电小球同样不发生力的作用的现象时，通过类比，人们就猜测电的相互作用也遵循平方反比律。库仑的电引力单摆实验也是一个著名的类比实验，其类比的是引力场中（地球附近）的单摆运动规律，比如运动周期（单摆的周期为 $T=2\pi\sqrt{L/Gm}\,r$，其中，L 是单摆的摆长，m 是地球的质量，r 是地球的半径）等，如果电引力单摆的运动规律可以与引力单摆相类比，那么其力的作用规律就可以类比平方反比律。这种类比的结果奠定了人们对规律的认可。

“相同的微分方程形式一定具有相同的解的形式”——不是定理的定理——也同样成为物理研究的有效手段。比如满足泊松方程的标量势函数具有已知的（通过物理推理而获得）解的形式，而当在磁场中发现磁矢势也满足泊松方程的形式时，磁矢势的解就具有与标量势函数相同的解的形式。事实证明，这个类比是正确的。“相同的微分方程形式的解一定具有相同的数学性质”，如满足拉普拉斯方程的一类函数的解都具有调和函数性质。

（3）实践。实践是科学的原则，实践是知识的试金石，实践是科学“真理”的鉴定者，实践是检验真理的唯一标准；由此可见实践在科学研究过程中的重要性。

在此所说的“实践”要比“实验”的内涵更深入一些，外延也更广泛一些。它包含前面所说的观察现象的特定实验，更重要的是涵盖归纳、总结规律的过程以及规律的应用过程，并在这些过程中不断地观察新的实验，以验证或修正已有的规律。无论规律看上去多么完美（形式上的简洁、对称，以及物理上的阐述），如果不符合新的实验结果那它就必须进行修正，以使规律有更准确的内涵及成立范围。

实际上，实验现象的观察、规律总结的推论过程本身就是实践。实践既包括观察的结果，也包括观察的过程。因此，观察、推理和实践是有机一体的和自洽的。

掌握科学研究的系统方法是学好电磁学的根本途径。

2. 要深入理解“场”的概念

“场”是贯穿电磁学课程学习的一个概念，电场与磁场是我们最先熟知的“场”概念的特例。因此，利用电磁学的学习过程，有意识地深入了解“场”的概念的内涵与外延，不仅对电磁学课程本身，而且对整个物理学知识的学习都将起到积极的作用。

在物理学研究过程中，电磁学是第一次系统提出“场”的概念并对其加以运用的学科。场从另一个角度揭示了自然界的基本规律，为近代物理学（量子力学等）的研究提供了有效的方法论途径（场论）。

因此，“电场”的意义并不仅仅是由“单位电荷所受的力”所描述的那样简单。深入地理解“场”的概念，并有效地运用它去理解电磁学的规律是学好电磁学的重要方法、途径。

3. 养成“怀疑”和“批判”的思维方式

“怀疑”和“批判”的思维方式是一种通俗的讲法，这种思维方式的本质应当是“在相信的过程中去怀疑，在‘批判’的过程中去相信”，也就是“在信中疑，在疑中信”。“在信中疑”就是要用发展的观点去看待已有的物理规律，在发展的过程中去理解物理规律；“在疑中信”就是要用辩证的观点去看待物理规律，用实践的过程去验证物理规律。不要由于个人的主观喜好而没有任何客观根据地给出结论，这种做法的本质是“迷信”和“愚昧”，是非常有害的。

物理学的研究及其规律的发现是一个创新的过程，事实上，科学发展本身就是创新的过程，而“怀疑”和“批判”的思维方式正是创新思维的基础，在物理学规律的发现及发展过程中处处充满了这种思维方式。

法拉第和麦克斯韦正是对以“质点”为代表的机械论产生质疑才有了另一种物理实在——场——的发现；爱因斯坦正是对绝对时空产生质疑才有了相对论的发现；普朗克、海森伯等正是对经典的物质结构及其相互作用理论产生质疑才发现了量子力学的规律。

本质上，物理规律都是相对真理，它们的成立都是有条件的，没有放之四海而皆准的规律。任何规律都要在实践中检验和发展，这也进一步说明了科学（包括电磁学）定律本质上的不确定性。

因此，养成“怀疑”和“批判”的思维方式是学好物理学（当然也包括电磁学）的一个重要方法。

第二节　物理学中的数学

在前面,我们概括介绍了电磁学课程的相关情况,以及如何利用本书来学习电磁学课程。为了让读者更好地学习这门课程,本章安排了一部分与物理实验和理论相关的数学内容。

初看起来,物理学与数学的关系不外乎是物理定律可以用数学方程式来表示,比如库仑定律:

$$\boldsymbol{F}=\frac{1}{4\pi\varepsilon_0}\frac{q_1q_2}{r_{12}^2}\hat{\boldsymbol{r}}$$

它对应这样一段文字描述:真空中,两个静止的点电荷之间的相互作用力与它们的电荷量的乘积成正比,与它们的距离的二次方成反比,力的大小相等、方向相反并且沿着它们的连线,同号电荷相互排斥,异号电荷相互吸引。再比如万有引力定律:

$$\boldsymbol{F}=G\frac{m_1m_2}{r_{12}^2}\hat{\boldsymbol{r}}$$

这种数学描述方式只不过比物理的语言描述方式看起来简洁罢了。也许你还会追问,这种关系与我们目前的电磁学课程的学习有更深层次的必然联系吗?对电磁学课程内容、结构的掌握有帮助吗?答案是肯定的。实质上,数学与物理学的关系比上述说法要深刻得多,电磁学课程内容、结构的安排,电磁场规律描述方式的选择等,都与之密切相关,它对电磁学课程的学习以及后面其他物理学课程的学习都会产生有意义的影响。

物理学实验现象、数据及其结果的准确性和有效性,以及物理学规律的推理、总结和验证的逻辑发展过程都与数学逻辑有着千丝万缕的联系。接下来我们要讨论的主要内容就是物理学与数学的关系。

一、物理学与数学的关系

数学发展的一个原动力就是认识我们的物理(自然)世界,这一点与物理学的出发点完全相同,只是路径的选择有差异。比如在希腊语里“几何”这个词就是测量大地的意思。反过来,对物理世界的描述和深入理解又需要数学这样精确的语言和方法。从更深的层次上看,很多数学语言都是在认识自然规律的过程中被创造出来的(与物理学密切相关的如微积分、矢量及其运算规则等),因此数学语言本身也是自然法则的一部分。

特别值得一提的是,牛顿的科学革命伴随着微积分的诞生,微积分不仅为牛顿力学,而且为现代物理学提供了一个语言体系和强大的工具。如果没有微积分,很难想象物理学今天会是什么样子。

还有一个例子就是爱因斯坦的广义相对论与黎曼几何。黎曼创立黎曼几何的一个初衷就是希望能够把很多复杂的物理现象看成高维的非平直的几何现象。爱因斯坦的广义相对论可以看成黎曼这一理想的完美实现。

数学和物理学相互依存、难以分割的关系还表现在历史上有很多大数学家同时也是物理学家或自然哲学家,如牛顿、莱布尼茨、欧拉、拉普拉斯、高斯、黎曼、庞加莱、希尔伯特、外尔、冯·诺伊曼等。

数学是一种具有特殊规则的语言，也是一种特殊的推理工具。它对物理学的推理、论证过程产生了不可估量的作用。因此，在某种意义上来说，数学就是物理学的语言，它可以使我们简洁地表达物理学规律。

物理学与数学最直接相关的是几何。物理学的认知基础是时空，而几何是描述时空的最直接的语言及逻辑。但必须注意的是，不能完全将几何的推理结论与物理世界的确切表达相混淆，也就是说，数学推理结论的正确性还需要实践的检验，即需要物理实验的检验。

比如，欧几里得几何公理所描述的平直空间是否能准确地描述真实的物理世界，只能由实验来检验。19 世纪的大数学家高斯就提出：三维空间的欧几里得平直性应当通过测量一个大三角形的三内角之和来加以检验。如果是在平直空间中，那么内角和恰好为 180°；而在弯曲空间中，内角和则不等于 180°，空间曲率越大，内角和越偏离 180°。

注意这里的大三角形中的"偏离"，表征了在检验空间平直性时的准确范围。比如，在地球表面附近的 $\triangle ABC$（边长与地球的直径相比可以忽略不计）的内角和都是 180°，即 $\alpha_1+\alpha_2+\alpha_3=180°$，如图 1.2.1(a) 所示，其内角和等于 180°说明在这样的范围内的几何空间是平直的；而当三角形的边长与地球的尺寸可以比拟时，如图 1.2.1(b) 所示，比如一点选在北极，而另外两点越过赤道的这样的"大"三角形的内角和就大于 180°，即 $\beta_1+\beta_2+\beta_3>180°$。这说明在地球表面这样的范围内，几何空间不是平直的。这也可以作为证明地球不是平直的物体的一个实验方法。

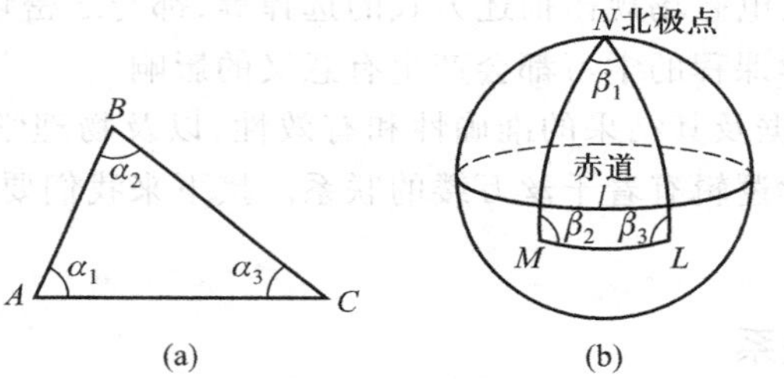

图 1.2.1

费曼曾经描述过 1920 年之前的物理学图像大致的样子：宇宙活动的"舞台"是欧几里得所描绘的三维几何空间，一切事物在被称为时间的一种介质里变化，舞台上的基本元素是粒子，例如原子、电子，它们具有某些特性。它们具有惯性，这就是牛顿运动定律的内容。第二个元素就是"力"，现在我们知道那就是万有引力和电力。

因此，几何对于物理学具有根本性，但是在着手用欧几里得几何或任何别的几何来描述自然界之前，必须要知道我们想要了解的自然界空间是什么样子的。是平直的，还是其他样子的？

通过有效的物理测量可以知道，在 $10^{-15}\sim10^{26}$ m 的范围内，自然界空间可以看成平直的，也就是说在这样大的范围内都可以用欧几里得几何来描述物理定律。而在更小的范围内或弯曲空间中，则需要用微分几何来描述物理定律。

欧几里得几何对于"空"的空间在实验上的正确性对于物理学有两个重要结果，即欧几里得空间的均匀性和各向同性。欧几里得几何的这两个特性在物理学规律的总结过程中起到了至关重要的作用,比如电力、万有引力的作用方向沿径向等。

二、描述物理学规律的三种数学方法

一件在数学与物理学关系方面十分有趣的事,是你能够通过数学论证,从许多看起来不同的出发点开始,推导出同样的结果。

以电磁学课程中的静电学定律为例,我们将用三种不同的方式来表述,它们都是精确等价的,但听起来却截然不同。

第一种方式就是通常情况下的静电学中库仑定律的数学表达式所描述的带电体之间的相互作用:

$$\boldsymbol{F}_{\mathrm{e}}=k\frac{q_1q_2}{r_{12}^2}\widehat{\boldsymbol{r}} \tag{1.2.1}$$

这种描述的原理是,一个所带电荷量为 q_1 的物体所受的静电力依赖于处在一定位移($\boldsymbol{r}_{12}$)处的另一个所带电荷量为 q_2 的物体。它具有一种被称为非定域的性质,这就是通常所说的超距作用的观点,即二者之间的相互作用是瞬时的、不需要中间媒介来传递的。

在经典物理学尤其是力学中,大部分物理定律的描述(包括数学方程式的描述)都采用超距作用的观点。如万有引力定律,

$$\boldsymbol{F}=G\frac{m_1m_2}{r_{12}^2}\widehat{\boldsymbol{r}}$$

它说明的原理是,其中一个物体(m_1 或 m_2)所受到的引力,仅取决于相距一定位移($\boldsymbol{r}_{12}$)的另一个物体,二者之间的相互作用同样是瞬时的、不需要中间媒介来传递的。

再比如,牛顿第二定律,$\boldsymbol{F}=m\boldsymbol{a}$,它说明的原理是,每一个物体,当它感受到作用在它上面的力时,就会产生加速度,或者说它以单位时间改变一个确定数量的物理量(动量)的方式改变它的运动状态。尽管牛顿第二定律在宏观上非常准确地描述了力与物体运动状态的关系,但是它并没有充分说明力是如何作用到物体上的,即力是如何传递到物体上的、传递媒介是什么、传递时间有多长。超距作用的观点是,力的传递是不需要媒介和时间的,是直接的、瞬时的。

实际上,库仑定律也是如此描述的。在当时的情况下也很难说清楚,电荷之间的作用力是如何传递的,媒介、时间为何。正是由于电相互作用描述方法的超距作用观点的局限性,引起了法拉第和麦克斯韦对近距作用的青睐,才有了"力线""场"等近距作用的观点诞生。

第二种方式叫做近距作用、局域的"场"的观点。库仑定律的数学表达式可以写成如下形式:

$$\boldsymbol{F}_{\mathrm{e}}=q_2\boldsymbol{E} \tag{1.2.2}$$

其中,$\boldsymbol{E}$ 称为带电体 q_2 所在空间处的电场强度。

比较式(1.2.1)和式(1.2.2),这种看起来简单的数学符号变换,在物理学上却带来了描述方式本质上的变化。在空间的每一点都有一个物理量的数值,即数学上的一个"数",并且应当知道那就是一个"数",而非一种机制;这种表述在物理上描述起来会很麻烦,它必须用数学来表达,并且在空间不同位置(点)时,这个"数"会发生变化。如果有一个带电物体处于空间的一点,它所受的力的方向就沿着那个"数"变化最剧烈的方向。通常会给那个"数"一个通

用名称——“势”，力的方向就沿着势函数变化最剧烈的方向。式(1.2.2)所给出的与静电力成正比的电场强度 $\boldsymbol{E}$ 就是这个势函数的空间变化率。力的大小正比于在空间移动时势变化的快慢，即势的空间变化率的大小。

这就是我们所说的与超距作用不同的另一种方式，局域的、“场”的方式。如果我们要了解一个带电体在空间某处所受到的“力”的作用，那么在这种表述方式中，我们不需要知道在一个带电体所在处之外的任何处发生了什么，如是否有另一个带电体、带电体在空间何处存在等，而只需考虑其所在空间位置处的“势”的数值。因此，关于静电场空间中带电体所受的静电力的问题就转换为关于空间关注点的静电“势”具体数值的问题。如果你想知道带电球体中心的静电势有多大，那么不管这个球体有多小，你只需告诉我球体表面的静电势(甚至不必关注球体外部的情况)以及球体所带的电荷量。因此，带电球体中心的势就等于球体表面势的平均值(满足拉普拉斯方程 $\nabla^2\phi=0$ 的调和函数 ϕ 的特征之一，对于下面的方程就是 $\phi_0=\overline{\phi}_a$)，减去库仑定律常量除以球体的直径($2a$)，再乘以球体所带的电荷量。

$$\phi_0=\overline{\phi}_a-kq/2a \tag{1.2.3}$$

其中，ϕ_0 是球心处的静电势；$\overline{\phi}_a$ 是半径为 a 的球表面静电势的平均值；$kq/2a$ 是半径为 a、所带电荷量为 q 的均匀带电球体在其中心处产生的静电势。

值得注意的是，式(1.2.3)所表述的带电球体中心处的静电势考虑了其自身的影响，而在采用“点电荷”近似的情况下，实际上就是不考虑其自身的影响，即式(1.2.3)中的第二项等于零，$\phi_0=\overline{\phi}_a$，在这种情况下，点电荷所在位置处的静电势就与其附近的以该点为球心、任一给定半径 a 的球面上的静电势的平均值相等。

这种表述方式与以往比较是特别不同的，因为它讲的是在空间任一点所发生的情况，仅是由同它非常接近的区域的情况决定的，我们通常将这种情况称为近距作用、局域的“场”的观点。

比较以上两种数学表述可以看出，第一种表述告诉我们的是，一个时刻的情况是由另一个时刻的情况决定的，它给出了由一个瞬间求出另一个瞬间的方法，但在空间上却是从一个地点跳跃到另一个地点。而第二种表述在时间和空间上都是定域的，因为它仅取决于近邻的情况(无论是时间还是空间，时间上描述的是当放置在该点时物体就会受到一个作用，空间上仅与它附近的“势”有关)。

虽然这两种电磁学规律的表述方式在数学上存在很大的差别，但是这两种表述方式在数学上是完全等价的，本质上都是通过某些物理概念来描述物理定律的表述方式。

下面我们讨论第三种物理学定律的数学表述方式，即极值的方式——在一个物理过程中某个物理量会取极值。最初人们认为这些极值问题仅仅是一些物理规律的偶然结果，但是随着物理学的发展，人们逐渐认识到关于“极值”的定律是自然界中最为本质的定律。到今天，物理学家已经找到了一种以统一的形式和精确的数学方式去描述这些物理过程极值问题的原理——最小作用量原理。它是一种比上述两种方式更基本的物理规律的数学表述方式，是一种与对称性和守恒律同等重要的自然规律。因此，这三种物理规律的数学表述方式是分等级的，越基本的等级就越高，在一定的条件下(比如宏观领域)上述三种表述方式在数学上是完全等价的，但是在更加深入的情况下(比如微观领域)其差别就越发明显。

我们通过以下例子来看一下最小作用量原理在具体物理过程中的应用情况。

在没有任何力场存在的真空中，水珠会表现为完美的球形，其原因是：相同体积的所有形状中，球体的表面积最小，在物理上可以说球形水珠的表面势能最小（表面张力会使液体有一定的表面势能，其大小正比于表面积），"表面势能"就是该系统的"作用量"，而它在实际的物理过程中一定会取最小值。而当有引力存在时，水珠由于受到重力的作用而变成了椭球形，如图 1.2.2 阴影部分所示。考虑系统受表面张力和重力的共同作用，重力尽可能地将水珠的重心向下拉，而表面张力又尽可能地使水珠保持球形，因此水珠就形成了这样一种椭球形。这时虽然水珠的表面势能不处于最小状态，但是系统的重力势能和水珠表面势能的和是一个最小值，因此，"重力势能和表面势能的和"就是该系统的"作用量"，而它在实际的物理过程中一定会取某种极值——最小值。

假定一个具有一定质量的质点在引力场中通过自由运动由一点 A 移动至另一点 B，如图 1.2.3 所示。当你把它抛出去时，它就会先上升再落下。利用已经学习过的相关的力学知识，我们可以很容易地计算出该质点的运动路线应当是一条"抛物线"，但是为什么不是别的曲线而一定是抛物线呢？我们可以设想一些不同的曲线，然后对不同的曲线计算某一个相同的"作用量"。假设这个作用量用 Ψ 来描述（这个作用量的性质在不同的情况下可以是不同的，但是在经典力学中这个作用量就是动能与势能之差关于时间的平均值），这样我们就得到关于不同的曲线的作用量 Ψ 的不同量值，其中一定有一条曲线的作用量 Ψ 的量值最小，而那条曲线就是质点在自然界中实际采取的路线，恰好就是"抛物线"。因此，系统的"动能与势能之差关于时间的平均值"就是该力学系统的"作用量"，而它在实际物理过程中一定会取某种极值——最小值。这就是最小作用量原理。

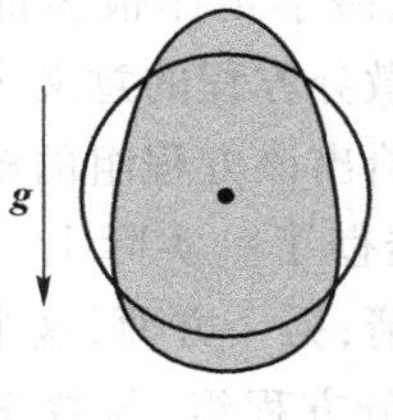

图 1.2.2

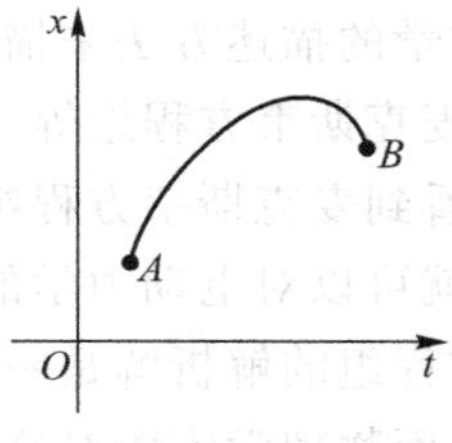

图 1.2.3

我们这样做的时候，已经失去了质点感受到力并且由于受力而使运动状态发生变化的那样一种因果性。代替那种因果性的是，质点以某种不可思议的方式找到了所有的曲线（所有的可能性），然后决定采取那一条它认为正确的（作用量 Ψ 值最小的）路径。

在电磁学中，我们同样可以给出这样的"作用量"。通过这个"作用量"的最大值或最小值，就能够准确地表述静电学，这个作用量就是

$$U'=\frac{\varepsilon_0}{2}\int(\nabla\phi)^2\mathrm{d}V-\int\rho\phi\mathrm{d}V \tag{1.2.4}$$

其中，ρ 是空间分布的电荷体密度，ϕ 是空间的静电势。这个"作用量"是一个关于全部空间的体积分。实际上，这是一个关于已知空间电荷分布的静电场中的"作用量"，对于正确的静电势分布 $\phi(x,y,z)$，作用量 U' 应当给出其最小值。

关于电磁学的最小作用量原理的表述暂时介绍到此，在后面我们将根据具体情况来讨论最小作用量原理是如何完整表述电磁学相关规律的。

当人们说自然界必定有因果性时，你就能够使用牛顿运动定律；或者当人们说自然界必须用最小作用量原理陈述时，你就用刚才讲到的方式去谈论；或者当人们说自然界必须有一种局域的场，你也能够那样做。问题是，哪一种是正确的呢？如果这些不同的做法在数学上不精确等效，从某些做法会得出与另一些做法不同的结果，那么我们需要做的事情就是实验，通过实验找出自然界实际上选择的是哪一种做法。在经典宏观电磁学中，自然界主要选择的是局域场的描述方法，当然有时也会选择"因果律"的描述方法。

在宏观的电磁学定律的描述中，我们大多数情况下选择了局域场的方法，这种方法对于电磁学规律的理解提供了极大的方便，比如运动电荷之间的相互作用规律等。为了方便，我们有时也会选择超距作用的描述方法，如电势函数的描述。因此，综合运用不同的描述方法有利于我们理解自然规律。

这里要强调的是，上述三种描述方法在某些特殊情况下是完全等效的，这里的特殊情况就是宏观的情况。实际上，在近现代物理学的研究过程中（尤其是在量子力学中），后两种方法都不能单独按照上面陈述的方式照搬，而第一种方法在一定范围内已经完全失效。较好的定律描述方法正是二者的结合，即最小作用量原理加上局域场的描述方法。物理学定律在本质上既需要局域的特征，又需要最小作用量原理。

三、物理学与数学的区别

通过上面的讨论，我们看到了数学与物理学密切相关的一面。但是我们同样要注意二者之间的区别。

我们可以通过数学的描述方法来描述物理学定律，电磁学定律很多都是通过数学的微分方程来描述的，例如麦克斯韦方程组等。在数学家眼里，微分方程的意义主要是求出微分方程的解。因此，当他们看到麦克斯韦方程组时，会认为只要给出该方程组的解或者对于方程组的解有了彻底的了解，就可以对电动力学的所有规律理解透彻了。实际上，一方面，按照数学的方法给出这个微分方程组的解析解是一件非常困难的事情；另一方面，这个微分方程组的边界条件是非常复杂的。而物理学家面对这样一个复杂的微分方程组，与数学家有不同的认识路径，要从不同的观点去观察、分析问题，也就是说要定性地给出方程组在不同条件下具有的不同的物理意义。实际的物理问题往往过于复杂，我们给出的边界条件只能尽可能地趋近真实的情况，因此，物理学的研究并不像数学推理那样完全符合某种逻辑，以至于不能直接通过解微分方程来对具体的物理过程进行分析。然而，如果能够对于在不同情况下方程解的某些特性有些了解，那么对于一个系统的行为仍可以获得良好的概念。比如，利用电磁学中的电容、电感、电势等概念来研究方程解的意义对于物理学来说是非常有益的。

学习过几何学的读者都知道，只要给出几个公理就可以推导出几何学的全部定理。数学的其他方向也是如此，它追求的是逻辑的严密和完整。物理学是否也可以像数学那样，从某个公理出发来严格地推导出自然界的所有规律呢？只有在对宇宙间的所有规律都了解清楚的情况下，我们才能找出所谓的"第一公理"。但是，自然界是如此复杂，到目前为止人类对其规律的了解百不及一（其实，远没有 1%）。因此，物理学的研究虽然在某些局部实践上按照数学的逻辑推理来进行,但是在整体上并不完全是从一些固定的公理出发的精密推理。

在物理学发展的过程中,物理学定律只能不断地修正自身的错误,而无限地趋近于正确的定律,因此物理学定律的成立都是有条件的、局域的。物理学的学习也是一个不断否定、不断进步的过程,我们越接近物理学研究前沿,这种感觉就会越强烈。但是对于宏观的、经典的电磁学来说,我们对其规律的认识已经比较完善,到目前为止还没有发现违反其规律的现象出现。因此,本书在一定基础知识准备的条件下直接给出电磁学定律正确的表述方式,然后在具体的特定条件下分析、讨论其物理意义及应用规律。

第一篇
电磁学定律

在本篇中，我们在中学物理课程讲授内容的基础上，通过近距作用、局域场的思想对电磁学的基本规律做进一步深入讨论，以使读者对电磁学基本规律的物理内涵及其相互关系有更加深刻的了解。

首先，我们对电、磁相互作用的最基本因素——电力——进行较为深入的讨论，通过与万有引力的类比，使读者对电力的基本性质有比较系统的理解，并进一步讨论电力与各种宏观形式的力之间的关系，阐明各种宏观力的电力本质，同时在原子核的空间尺度上讨论电力与核力（强相互作用）的相互关系，给出电力作用定律的适用范围。

其次，为了在时空中更为有效地描述电磁学定律，我们对对称性与矢量的概念以及局域场的思想进行适当讨论，从时空中最基本的规律——对称性与守恒律——出发，对物理定律在一定条件下的（即时空变化下的）不变性进行讨论，并对描述这种不变性的数学手段——矢量及其运算规则——进行讨论，给出描述“场”的时空变化规律的基本方法——梯度、散度和旋度。

最后，我们利用矢量场的数学表述形式对电磁学定律做系统的总结，给出描述电磁场性质的场方程，即麦克斯韦方程组的积分和微分表达式，以及带电体在空间对电磁场的响应规律——洛伦兹力定律。

这几乎就是经典物理学中电磁学定律的全部内容。实际上，如果再增加万有引力定律、牛顿运动定律和几个守恒定律——电荷守恒定律、质量守恒定律等，甚至可以说这些就是经典物理学中的全部定律。

第二章　关于“电力”

我们对于电磁学基本定律的最初了解都是从库仑定律开始的，对于“电力”的定量的、系统的了解同样源于库仑定律。如果我们能够对电力的起源、性质以及带电体之间的相互作用规律——电力与其他物理量之间的相互关系——有深入、系统的了解，原则上我们就可以给出带电物体的运动状态方程。

$$\frac{\mathrm{d}}{\mathrm{d}t}\left[\frac{m_0\boldsymbol{v}}{(1-v^2/c^2)^{1/2}}\right]=\boldsymbol{F}=q(\boldsymbol{E}+\boldsymbol{v}\times\boldsymbol{B}) \tag{2.0.1}$$

在宏观上，真正的有源力——基本力——只有两个，那就是万有引力以及我们将要介绍的电力（电磁力）。注意，这样说是由于其他的宏观力都是电力在不同宏观系统中的表象，其本质都是电力。对于万有引力，我们在力学课程中已经有了一些系统的了解，如果我们对电力也有了深入、系统的了解，那么原则上就可以说我们对整个宏观世界的物质运动规律有了一定的掌握。

为了对电的相互作用规律——电力——有一个系统的了解，我们将采取类比的方法，将库仑定律与万有引力定律相互比较，深入系统地对这两个关于“力”的定律进行剖析，加深对它们的认识和理解。

我们看一下与库仑定律的数学表述形式几乎相同的万有引力定律，并通过讨论二者之异同来了解自然界中最基本的两个力的性质及其作用规律。

万有引力定律：

宇宙中的每一个物体都以一定的力吸引其他物体，而对于任何两个物体来说，这个力的大小正比于相互作用的每一个物体的质量的乘积，反比于它们之间距离的平方，且与两个物体的化学组成和其间介质的种类无关；力的方向沿着二者的连线。

$$\boldsymbol{F}=G\frac{m_1m_2}{r_{12}^2}\hat{\boldsymbol{r}} \tag{2.0.2}$$

其中，m_1、m_2 分别为两物体的质量；r_{12} 为两物体之间的距离。

库仑定律：

真空中，两个静止点电荷之间的相互作用力与它们所带电荷量的乘积成正比，与它们之间距离的平方成反比；力的方向沿着二者的连线；同号电荷相互排斥，异号电荷相互吸引。

$$\boldsymbol{F}=k\frac{q_1q_2}{r_{12}^2}\hat{\boldsymbol{r}}=\frac{1}{4\pi\varepsilon_0}\frac{q_1q_2}{r_{12}^2}\hat{\boldsymbol{r}} \tag{2.0.3}$$

其中，q_1、q_2 分别为两点电荷的电荷量，它们是有正负之分的，即正电荷或负电荷；r_{12} 为二者之间的距离。

这是我们最为熟悉的超距作用观点下的两个定律的物理及数学描述。下面我们将在相互比较的过程中对这两个定律涉及的各个物理量进行讨论，对这两个定律进行详细分析，以使读者能够对万有引力和电力有更加深入和系统的了解。

第一节 力——F

力是我们系统学习物理学知识所接触的第一个概念。由于其在宏观世界中的表象看起来非常具体,所以我们天然地对“力”的概念有一种熟悉感。实际上,我们也正是在日常生活的宏观现象中认识了各种不同形式的力,如牵引力、推拉力、摩擦力、支撑力等。当看到物体的运动状态发生变化时,我们就会给这个引起变化的因素加上一个形容词,比如当看到机车在轨道上运动时,我们就会说有一个“牵引力”作用在机车上;当看到一个人推着一辆装满货物的车向前运动时,我们就会说那个人对那辆车施加了一个“推力”。这些“力”从宏观上看各有差异,难道自然界中真的存在那么多本质上各不相同的力吗?如果不是,那么这些力的本质是什么?它们的作用机制又是什么?

一、什么是力?力的特性

牛顿在他伟大的科学巨著《自然哲学的数学原理》中对于力给出了如下的说法:

其一,“物质固有的力——是一种抵抗的能力,由它每个物体尽可能地保持自身的或者静止的或者一直向前均匀运动的状态。”

其二,“外加的力——是施加于一个物体上的作用,以改变它的静止的或者一直向前均匀运动的状态。”

无论上述哪一种说法,都是在阐述一个物体的状态的改变需要有“作用”施加在物体上,这个“作用”要么来源于自身(惯性力),要么来源于外界(各种形象的外力)。源于自身的“作用”称为“惯性”力,宏观上平时并不显现出来而只有当其运动状态发生改变时才起作用。源于外界的“作用”就是宏观上我们日常所见的施加在物体上的各种力。

在物理学中,对于力最早的系统阐述来源于牛顿的三个定律——惯性定律、运动定律和相互作用定律。牛顿第二定律的数学表述式为

$$\boldsymbol{F}=m\boldsymbol{a} \tag{2.1.1}$$

我们在处理力的问题时总是默认:除非有某个物理实体存在,否则力等于零。如果发现力不等于零,我们就一定能在附近找到力的起源。因此,力的重要特征之一就是它具有实质性的起源。万有引力的起源就是“引力质量”;电力的起源就是带电体所携带的“电荷量”。

随着对牛顿力学规律研究的深入,我们逐渐认识到牛顿第二定律更准确的描述应当是

$$\boldsymbol{F}=m\frac{\mathrm{d}\boldsymbol{v}}{\mathrm{d}t}=\frac{\mathrm{d}\boldsymbol{p}}{\mathrm{d}t}=\frac{\mathrm{d}}{\mathrm{d}t}\left(\frac{m_0\boldsymbol{v}}{\sqrt{1-v^2/c^2}}\right) \tag{2.1.2}$$

式(2.1.2)说明:力与物体的动量随时间的变化率成正比。如果一个物体持续获得力的作用,那么它的速度将不断增大,因此其动量($m\boldsymbol{v}$)、动能[$(1/2)mv^2$]也将不断增加,反之亦然。所以,宏观上从另外一个角度来看,可以给力一个更加准确的描述——力是物体与物体(质点与质点)之间交换动量、能量的一种作用。

下面我们对各种力(既有宏观的力,也有微观的力)的特征进行一个基本的分析,对力做一个基本的分类,以便对力有一个系统的认识。

1. 基本力

到目前为止人类已经认识到的有四种基本力:万有引力(所有物质、物体之间)、电力(所有带电体之间)、强相互作用(核子之间,主要是质子和中子之间)和弱相互作用(粒子的各种衰变过程)。

强相互作用是核子(质子和中子)之间的相互作用,即核力。这些力存在于原子核内部,作用范围极小,差不多与原子核的大小(约 10^{-15} m)相同。对于这样小的粒子,再加上作用距离又是如此微小,牛顿运动定律已经失效,只有量子力学的定律才可能是正确的。在核子之间相互作用的分析中,我们将不再用力的概念来思考,而是用两个粒子的相互作用能的概念来代替力的概念。关于强相互作用的重要的相关描述之一是,核子之间的作用并不随距离的平方反比变化,而是在一定距离之后按照指数规律衰减。这些力在原子核的范围内是非常强的,但是一旦粒子之间距离稍大一点,力就会衰减得很厉害,通常我们称这种性质的力为短程力——即力的作用范围较小。核力的作用定律是非常复杂的,我们不能用简单的方式去理解它,因为关于核力的基本机理的问题到目前为止仍未解决。

实际上,电子与电子、质子与质子这种带有“质量”“电荷量”的核子的相互作用是多重的,既有强相互作用,也有万有引力及电力的作用,只不过在如此小的范围内强相互作用居于主要地位,而其他作用处于次要地位,这保证了原子核内核子之间相互作用的相对稳定性。

弱相互作用指的是这样一种作用,它与自然界中的许多微观粒子相关联,客观上存在一种称为 β 衰变或弱衰变的现象,即一个粒子经过衰变而变成其他的一个或多个不同的粒子,造成粒子衰变的作用称为弱相互作用。比如,奇异粒子 θ、τ 粒子的衰变过程就称为 β 衰变或弱衰变,其衰变过程为

$$\begin{gathered}\theta \longrightarrow \pi+\pi \\ \tau \longrightarrow \pi+\pi+\pi\end{gathered} \tag{2.1.3}$$

对于这种弱相互作用目前人们只是在现象层面进行分析,而其作用机理也仍未得到根本解释。

在经典物理学中我们关注的宏观上的基本力只有两个,即万有引力和电力。

2. 非基本力

日常宏观上人们所认识的除基本力之外的所有力都是非基本力,如拉力、摩擦力、支撑力、分子间作用力等。它们大都是基本力在各种复杂情况下的集合,因此从力的本质上来说并不存在所谓的非基本力,非基本力只是为了处理问题方便而给出的概念。

3. 赝力

所谓“赝力”就是与基本力相对应的像力的力(又与上述非基本力相区别,非基本力是有源力,是基本力的集合),也就是找不到“源”的力。赝力通常出现在非惯性参考系中,比如有加速度的参考系或转动参考系。如在有加速度参考系中的物体通常会感受到一个与加速度方向相反的作用力,而在转动参考系中的物体或处于转动状态的物体会感受到一种离心力。这些特殊的作用力由于找不到力的起源而被称为赝力。

通过实验可知,赝力的一个最重要的特征是,它们永远与质量成正比。重力就是与质量成正比的力,因此重力就是一种赝力。从另外的角度来理解,如果选取一个具有加速度 $\boldsymbol{g}$(重力加速度)的参考系,那么在该参考系中重力就可能消失。牛顿定义的第一种力——维持自身

运动状态的“固有的力”（或称为“惯性力”）也可以理解为一种“赝力”。

爱因斯坦曾提出一个假说：加速度产生力的赝物，加速度的力（赝力）与引力是不可区分的；要说出给定的力中有多少是重力（地球对某个物体的吸引力），有多少是赝力是不可能的。这给我们造成一个困惑：引力本质上是什么？在经典物理中这个困惑的影响不大，但是在近代物理中这个困惑就凸显了。

把重力看成赝力，比如说我们都保持向下是由于我们在向上加速，这似乎没有问题，但是在地球另一边的人会怎样呢？他们也在加速吗？爱因斯坦发现，每次只有在一个点上才可以把重力同时看成赝力，根据这个考虑，他认为世界的几何性要比欧几里得几何复杂得多。

引力本质上是什么一直是物理学讨论的焦点之一，由于引力无法量子化，所以引力无法与其他力进行统一。实质上就是难以找到一种合适的描述方法，将上述的四种基本力统一起来，进而最终找到物质间相互作用的“第一因”或者“第一原理”。从这个角度来说，宏观上真正的基本力就只有电力。因此，对于电力的了解就显得更为重要也更有意义了。

4. 规范场

说到此处，我们就简单介绍一下与力的统一相关的一些情况，尤其是能够相对有效描述核子之间相互作用的规范场理论。

杨-米尔斯（Yang-Mills）理论，是现代规范场理论的基础，是20世纪下半叶重要的物理学突破，旨在使用非阿贝尔李群描述粒子的行为，是由物理学家杨振宁和米尔斯在1954年首先提出来的。它起源于对电磁相互作用的分析，利用它所建立的弱相互作用和电磁相互作用的统一理论，已经被实验所证实，特别是该理论预言的传播弱相互作用的中间玻色子，已经在实验中被发现。杨-米尔斯理论又为研究强子（参与强相互作用的粒子）的结构提供了有力的工具。在某种意义上说，引力场也是一种规范场。因此，该理论在物理学中非常重要。

非阿贝尔规范场是为了描述原子核里的核子（当时认为就是质子和中子）为什么会被紧紧地拉在一起，而不会被正电荷之间强烈的排斥力推开（质子带正电，是具有电的相互排斥力的）而设想的一种作用力场。

电力是由电磁场传播的。电荷及其运动所形成的电流产生了电磁场，场传播出去后可以作用在远处电荷和电流上。于是，杨振宁和米尔斯设想了一种类似电磁场的场来传递核力，即非阿贝尔规范场。

关于规范场的问题就先简单介绍到此。这方面的理论有很多专门的著作，也是近现代物理学的一个热点领域。如果对这方面感兴趣，读者就要继续深入学习物理学的相关知识，这样才有可能真正触碰到物理学的前沿，才有可能窥探到自然规律的本质。

二、万有引力与电力

通过前面的讨论，我们对力的概念及其特征有了一定的了解。现在，我们回到对万有引力和电力的其他方面的讨论。从两个定律的物理阐述及数学表达式上，可以定性地看出在宏观上它们是非常相像的两种力，其作用规律及作用方式基本相同。但是对于两个基本力之间的异同还缺乏详细的定量分析，因此，下面通过两个电子之间万有引力及电力的比较来加以说明。

首先看一下电子的基本参量：电子的静止质量为 $m_e=9.1\times10^{-31}$ kg；所带电荷量为 $q_e=-1.6\times10^{-19}$ C。

当两个电子相距 1 m 时，其万有引力和电力的大小分别为

$$F_m=(6.671\times10^{-11}\ \mathrm{N\cdot m^2/kg^2})\times\frac{(9.1\times10^{-31}\ \mathrm{kg})^2}{(1\ \mathrm{m})^2}\approx5.524\times10^{-71}\ \mathrm{N}$$

$$F_e=(9.0\times10^{9}\ \mathrm{N\cdot m^2/C^2})\times\frac{(1.6\times10^{-19}\ \mathrm{C})^2}{(1\ \mathrm{m})^2}=2.304\times10^{-28}\ \mathrm{N}$$

电力与万有引力的大小之比为

$$F_e/F_m\approx4.17\times10^{42}$$

可以看出，在相同情况下电力是万有引力的约 10^{42} 倍，电力与万有引力相比是一个"巨大的力"。

万有引力是普遍存在的力——每一个物体都吸引其他物体；而电力仅存在于带电体的电荷之间，同号电荷之间存在的是排斥力，异号电荷之间存在的是吸引力。

万有引力只有吸引的唯一性质，本身并不具备中和的因素，为保证自然界的和谐有序（星球的运转、周期的变化等），只能通过其他方式来协调（如运动、多体引力平衡等）。万有引力恰到好处的"小"，避免了自然界中所有的物体都紧紧地聚拢在一起。电力虽然巨大，但是它仅发生在电荷之间，在自然界中正、负电荷的精细平衡使得在正常情况下其相互作用彼此抵消。而正是由于电力的巨大及吸引与排斥的耦合，才有了自然界各种物质千变万化的属性，如坚固与疏松、传导与绝缘、弹性与塑性等。正是这种万有引力与电力巧妙的安排使得自然界呈现今天这样生机盎然的景象。

由于在相同情况下电力比万有引力大得多，以至于在某些场合下万有引力可以忽略不计，因此前面所述的非基本力实质上都是电力的不同宏观表象，是其在不同情况下的不同反映，这些非基本力的物理机制都可以用电力来加以解释。因此，对于电力的特性的了解就显得非常重要，这也体现了电磁学这门课程的重要性。

第二节　平方反比律——$F\propto1/r_{12}^2$

前面简要地讨论了两个定律中所谓的"力"这个重要的物理量。在这两个描述物质相互作用的定律中，更使人惊奇的是，无论是质量之间还是电荷量之间的相互作用都遵从同一种规律（虽然这两种作用的机制相差很大）——平方反比律，而这一点也是这两种作用具有很多相同性质的基础。接下来就讨论平方反比律。

无论是万有引力定律还是库仑定律，其物理描述及数学表达式中最根本的问题就是：相互作用到底在时空中以何种形式表现出来，即相互作用力与时间和空间的相互关系如何。经过长时间的努力，牛顿和库仑通过对实验数据的归纳、总结相继证明了两种相互作用在空间上均与作用距离的平方成反比，而在作用时间上则是瞬时的（即超距作用的）。

万有引力定律是牛顿在 1687 年于《自然哲学的数学原理》上发表的，其核心内容之一就是"平方反比律"的发现及其证明。平方反比律的确认经历了相当复杂的过程。早在牛顿提出完整的定律之前，伽利略在 1632 年实际上已经提出离心力和向心力的初步想法，为平方反比律的证明奠定了一定的理论基础；1645 年，法国天文学家布里阿德（I. Bulliadus）提出了一个重要的假设，"开普勒力与到太阳的距离的平方成反比"，这就已经提出了平方反比关系的思

想猜测;比较系统的观点是 1680 年 1 月 6 日,胡克在给牛顿的一封信中,提出了引力反比于距离的平方的猜测,但胡克没有对这个猜测给出完整证明;直到 1684 年年底,牛顿根据由离心力定律演化出的惠更斯向心力公式和开普勒的三个定律以及数学上的极限概念(或微积分概念),才用几何法证明了这个难题,推导出了平方反比关系。1687 年,在哈雷的资助下,牛顿出版了《自然哲学的数学原理》,公布了他的研究成果,使万有引力定律进入定量化的阶段,并给出了具体的数学表达式。

万有引力定律的发现是 17 世纪自然科学最伟大的成果之一。它把地面上物体运动的规律与天体运动的规律统一了起来,对后来物理学与天文学的发展产生了深远的影响。它第一次揭示了一种基本相互作用的规律,在人类认识自然的历史上树立了一座里程碑。

拓展阅读:科学家牛顿

牛顿

库仑定律作为带电体之间的电的相互作用规律,是库仑通过扭秤及电引力单摆实验的结果归纳总结出来的。1785 年,库仑设计并制作了一台精巧的扭秤,它的灵敏度很高,可以测量小到 10^{-8} N 的微弱作用力,库仑用它来测量带电体上所携带电荷之间的相互作用力。扭秤实验对同号电荷的排斥力的测量得到了很好的结果,但在测量异号电荷的吸引力时却出现了平衡不稳定的困难;因此,库仑又通过与万有引力的类比,设计了电引力单摆实验,对异号电荷之间的吸引力进行了测量。通过对上述两个实验数据的归纳总结,库仑得出电荷之间的相互作用关系为

$$F \propto r^{-2\pm\delta}$$

其中,δ 是偏离平方反比的修正数。

库仑的实验数据总结得出的结果是 $\delta<4\times10^{-2}$,应该说,在当时的条件下,库仑的实验能够达到上述精度已经颇为不易。

下面我们简要介绍一下库仑扭秤实验原理。库仑扭秤实验原理示意图如图 2.2.1 所示。其中,带电小球 A 和 C 之间的电排斥力矩与细银丝的扭力矩平衡,通过测量这个扭力矩就可以测得两个带电小球之间的电排斥力。扭力矩的量值是通过读取刻度盘上指针的偏转角度而得出的,而偏转角度与细银丝的扭力矩成正

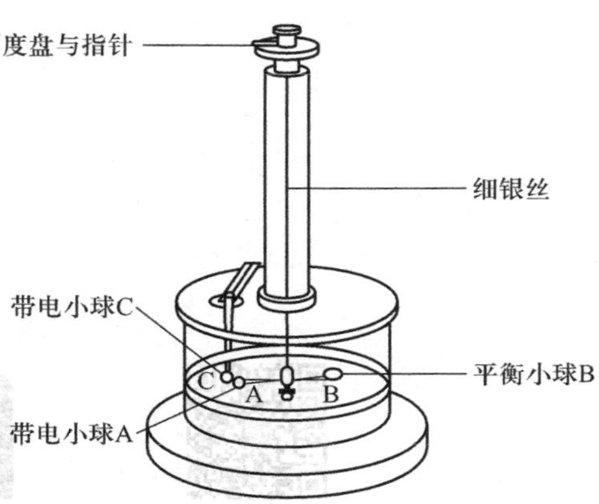

图 2.2.1

比。库仑让可以移动的小球 A 和固定的小球 C 带上不同量的同号电荷,并改变它们之间的距离,测量得到:第一次,两球相距 36 个刻度,细银丝的旋转角度为 36°;第二次,两球相距 18 个刻度,细银丝的旋转角度为 144°;第三次,两球相距 8.5 个刻度,细银丝的旋转角度为 575.5°。

上述实验结果表明,当两个电荷之间的距离之比为 4∶2∶1 时,与排斥力相关的偏转角度之比为 1∶4∶16,由此可得“两电荷之间的相互排斥力与距离的平方成反比”的结论。至于第三次旋转角度的偏差,即测量误差,库仑认为是由于带电球体漏电所致。

下面我们讨论电引力单摆实验原理。我们知道,在引力场中由于万有引力的平方反比律,在地球表面附近的单摆的摆动周期为

$$T=2\pi\sqrt{\frac{L}{Gm}}r \tag{2.2.1}$$

其中,G 为引力常量,L 为单摆的摆长,m 为地球的质量,r 为摆球到地球中心的距离。电引力单摆实验原理示意图如图 2.2.2 所示,其中带电球体 M 类比于引力场中的地球,摆球 m 带有与 M 异号的电荷,如果测得摆球 m 的摆动周期与其到带电球体 M 中心的距离成正比,就可以类比得出电吸引力与其作用距离的平方成反比的结论。

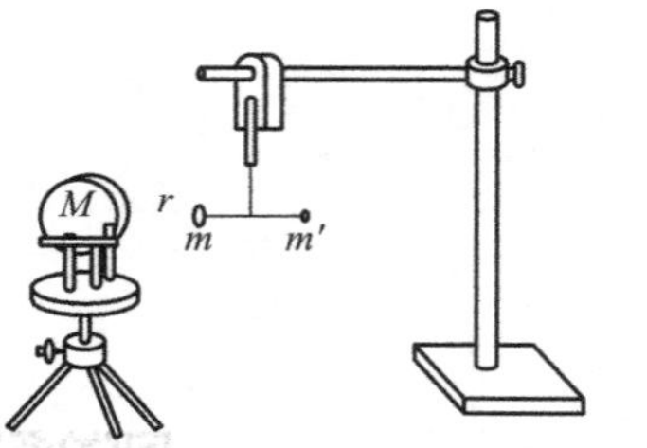

图 2.2.2

库仑做了三次测量,取摆球与带电球体 M 中心的距离之比为 3∶6∶8,实验测出摆球的摆动周期之比为 20∶41∶60,这与预期已经非常接近,库仑同样认为实验结果的误差源于带电球体漏电,造成引力逐渐变小而摆动周期逐渐变大。通过修正,他得出了异号电荷之间的电吸引力与作用距离的平方成反比的结论。

库仑在确定电荷之间的相互作用力与距离的关系时使用了两种方法,对于同号电荷之间的排斥力使用的是静电力学的方法;而对于异号电荷之间的吸引力则采用的是动力学的类比方法。

库仑的工作得到了普遍的承认,后人把带电体之间的相互作用定律——电力定律——命名为库仑定律。库仑定律是电磁学发展史上的第一个定量规律,它使电学的研究从定性进入定量阶段,从此,电学才真正成为一门自然科学。

带电体之间的静电相互作用规律——平方反比律,决定了静电场的性质,也为整个电磁场理论奠定了基础。

拓展阅读:科学家库仑

库仑

拓展阅读:关于平方反比律

第三节 质量(m)与电荷量(q)

通过前面的讨论我们发现,无论是万有引力定律还是库仑定律,通过实验或理论证明给出的仅是两个物体、两个带电体之间的相互作用与其距离的平方成反比。而与这两个定律的表述密切相关的两个物理量——质量和电荷量——则是定义量,因此,理解这两个物理量的概念与内涵有助于我们深入了解物质相互作用的规律。

一、质量的概念与内涵

在日常生活中,质量经常被用来表示重量,但是在物理学上,重量和质量是完全不同的两个概念。例如,把物体自地球移到其他星球上,其质量不变,而其重量将改变,同一物体在地球上的重量大约是在月球上的重量的 6 倍。

系统性地给质量下定义的人还是牛顿,他给出的质量的定义是:物质的量(质量)起源于同一物质的密度和大小(体积)联合起来的一种度量。

他用空气作为例子,在一个单位空间中有一定质量的空气,那么

$$质量=密度\cdot体积 \tag{2.3.1}$$

他进一步解释说,若在两个单位空间中存在两倍密度的压缩空气,那么空气的质量就应当是一个单位空间中空气质量的四倍(因为空气的密度及其所在的空间都增加了一倍)。

这里需要说明的是,在牛顿的年代,密度和比重是同义词,水的密度被定义为 1(在 1 atm、4 ℃的条件下),且以密度、长度、时间为基本量。现在的国际单位制中的基本量是质量、长度和时间,而密度则是通过质量来定义的,成了一个导出量。牛顿说:“我所说的物体有相同的密度是指它们的惯性与它们体积的乘积成正比。”这样就把质量和惯性联系起来了。

实际上,为了使经典物理学中质量的定义能表明质量的实质,首先应该明确用什么来度量物体中所含的物质。也就是说,物体的质量必须用物质固有的特性来度量。用万有引力或惯性来度量,就能比较不同物质的质量。

因此,物理学中质量曾经有两种概念:惯性质量和引力质量。惯性质量表示的是物体惯性大小的度量,而引力质量表示的是物质引力相互作用大小的度量。无数次精确的实验表明,对于同一物体,这两个质量严格相等,它们是同一物理量的不同表征。

下面,我们讨论质量的一些重要特征。

首先,我们要讨论的是质量守恒定律,它是自然界的基本定律之一。其内容为:在任何与周围隔绝的物质系统(孤立系统)中,无论发生何种变化或过程,总质量保持不变。

1756 年,俄国化学家罗蒙诺索夫在密闭容器中煅烧金属锡,第一次发现在煅烧前后金属锡与容器的总质量保持不变,因此他认为在化学变化中物质的质量是守恒的。1777 年,法国

化学家拉瓦锡重复了同样的实验,得到了与罗蒙诺索夫实验相同的结果。因此,他推翻了燃素说,提出了质量守恒定律,完成了化学研究从定性到定量的科学转变。德国化学家朗道耳特于1908年、英国化学家曼莱于1912年分别做了精确度很高的实验,所用的容器和化学反应物质量约为1 kg,化学反应前后的质量变化小于一千万分之一,因此质量守恒定律得到了科学界的一致承认。

质量守恒定律在一定条件下(即与观察者所在同一参考系中的物质系统处于宏观、低速的状态)可以表述为质量的可加性。因为在这种条件下物质的质量是一个不变的量,所以牛顿定义的质量在体积(广延量)的可加性保障下而具有可加性。在一些物理文献中,质量可加性被称为牛顿第零定律。

其次,我们要讨论的是物体质量与其运动状态和能量的关系,即质量的相对论修正(质速关系)及质能守恒定律。

在经典力学中,物体的质量是不变的,而在相对论力学中,物体的质量并不是一个常量,物体的质量与其运动速度之间有一定的函数关系,即存在质速关系:当静止质量为 m_0 的物体以速度 v 运动时,其质量为

$$m=\frac{m_0}{\sqrt{1-v^2/c^2}} \tag{2.3.2}$$

其中,c 为真空中的光速。m 称为相对论质量,又称为动质量。

现代物理学已经非常明确地给出了质量与能量的内在联系,即爱因斯坦的质能公式:$E=mc^2$。该式表明,任何物质的质量变化都将伴随着相应的能量变化,反之亦然。

这里要注意的是,公式(2.3.2)中的动质量(m)与质能公式中的质量(m)并不完全相同。

根据狭义相对论,质量是一重要的守恒量,这里经典力学中的质量守恒定律拓展为质能守恒定律。质能守恒定律是指在一个孤立的系统内,所有粒子的相对论动能与静能之和在相互作用过程中保持不变。质能守恒定律是能量守恒定律的特殊形式。在狭义相对论中,$E=mc^2$ 描述了质量与能量的对应关系。在经典力学中,质量与能量是相互独立的,但在相对论力学中,质量与能量是物体力学性质的两个方面的同一表征,质量被拓展为质量-能量。在经典力学中独立的质量守恒定律和能量守恒定律结合成统一的质能守恒定律,这充分体现了物质和运动的统一性。

其三,我们要讨论的是引力质量与惯性质量的关系,即质量的等效原理。

牛顿第二定律和万有引力定律分别定义了质量,并将其分别称为惯性质量与引力质量。由定义可以看出,前面讨论的“静质量”与“动质量”包含在惯性质量之中。因此,我们在此只需关注惯性质量与引力质量之间的关系,即质量的等效原理(或等价原理)。

惯性质量是描述物体在受到一定的外力作用时所具有的维持原来运动状态不变性质的一个物理量。它一方面反映了物质的客观实在性(惯性是物体的一种属性,作为其量度的质量就成为反映物体特性的物理量);另一方面反映了物质与运动之间的辩证关系。

质量的另一属性是度量物体引力作用的大小,具有这一属性的质量通常称为引力质量。引力质量的概念是在发现万有引力定律的过程中建立起来的,由万有引力定律可定义引力质量。

只要选择适当的参考系,如图2.3.1所示,在所有力学方程中,引力与惯性力都可相互抵

消，这称为弱等效原理。进一步推广，在该参考系中，力学方程和一切运动方程中的引力作用都被抵消，这就是等效原理，或称为强等效原理。

物质的惯性质量与引力质量是本质不同的物理量，但如果两者的比值对一切物体都相同，在实用上就可把它们当成同一个量（物体的质量），即引力质量与惯性质量成正比例；在适当的单位制下，令比例常数为 1，则引力质量与惯性质量相等。

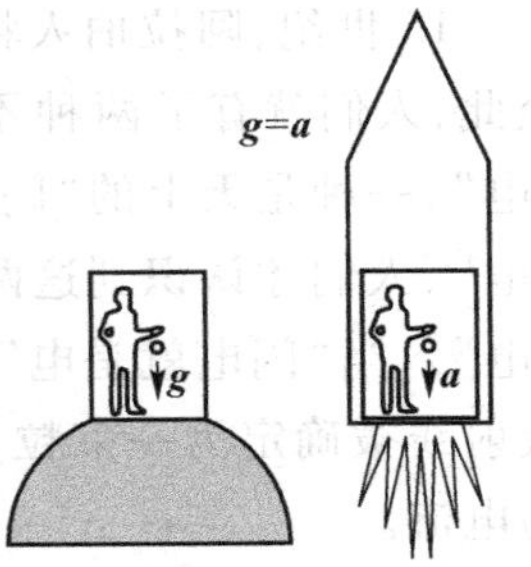

图 2. 3. 1

爱因斯坦利用广义相对论的几何方式（时空度规张量、时空曲率张量）去描述引力（引力场强度、引力势），以此来消除不同质量定义之间的差别。爱因斯坦以等效原理为基础而建立起来的广义相对论场方程在线性近似下可以写成麦克斯韦方程组的形式，其中物质的静质量是电型引力场（牛顿引力场）的源，物质的动质量（对应动能）是磁型引力场的源。引力波（引力子）的静质量是零，其运动速度为光速。

最后，我们简要讨论一下质量的起源。

从某种角度上讲，物理学研究的最终目的就是要弄清楚宇宙的起源，因此，质量的“起源”问题也是物理学最为关注的问题之一。

近现代物理学指出，普通物质的质量主要来源于两个部分，即希格斯机制和强相互作用。实际上，通过希格斯机制获得的质量不到可见物质总质量的 5%，也就是说，强相互作用是宇宙中大部分可见物质的质量来源。

物理学家认为，量子色动力学（QCD）是描述夸克之间的强相互作用的基础。物质的质量来源于原子，原子的质量主要来自核子，核子由夸克组成。夸克之间的强相互作用是非常强的，而这部分能量或许会通过某种机制以质量的形式表现出来。换句话说，宇宙中可见物质的质量几乎全部来自 QCD 的手征对称性自发破缺。不过，这只是实验观测结果，到目前为止科学家还无法从 QCD 中直接计算出这个结果。对于电子质量的起源，目前尚无理论上的解释。关于质量，人类目前还是无法准确完整地给出其概念及物理内涵，这可能也是万有引力难以处理（无法量子化）的原因。

二、电荷量的概念与内涵

据记载，在物理上对电荷的最初认识起源于“摩擦生电”的故事。

公元前 600 年左右，古希腊哲学家泰勒斯（Thales）记录，在用猫毛与琥珀摩擦以后，琥珀会吸引像羽毛一类的轻微物体，如图 2. 3. 2 所示，假若摩擦时间够久，甚至会有火花出现。

图 2. 3. 2

1600 年，英国人威廉 · 吉尔伯特对电磁现象做了很仔细的研究。他指出琥珀不是唯一可以经过摩擦而产生静电的物质。他创建了术语“electricus”，意指摩擦后吸引小物体的性质。与此相关的英文单词“electric”和“electricity”，最早出现于 1646 年布朗（Thomas Browne）的著作（英文书名为 *Enquries into very many received tenets and commonly presumed truths*）。

15 世纪，阿拉伯人将天空中有雷雨时经常出现的景象定义为"闪电"，如图 2.3.3 所示。至此，人们就有了两种不同的关于"电"的现象的认识，一种是在地面上摩擦琥珀所得到的"电"，一种是天上的"闪电"。直到 1752 年，法拉第通过一系列实验证明了它们是同一种类的"电"，人们才认识到这两种不同的现象源于同一种自然属性，并把物质的这种自然属性称为"电"。当"闪电就是电"被证明以后，人类对"电"才开始获得了一些实质性的认识。后来，阴极射线被确定为一束粒子流，人们将该粒子称为电子，并认为其上有电荷才使得一束电子表现为电流。

电荷(electric charge)字面的意思是"琥珀上带的东西"。电荷的多少叫电荷量，即物质(原子或电子等)所带的电的量，单位是 C(库仑，简称库)。电荷是许多亚原子粒子(电子、质子)拥有的一种基本守恒性质。我们常将"带电粒子"称为电荷，但电荷本身并非"粒子"，只是我们常将它想象成粒子以方便描述。根据电场作用力的方向，电荷可分为正电荷与负电荷，电子带有负电荷。在摩擦起电的过程中人们发现，琥珀与皮毛摩擦后，琥珀与皮毛间有吸引力，但是琥珀与琥珀间有排斥力，这让人猜测电也许有两种极性。在一般的教科书中，规定丝绸与玻璃棒摩擦后玻璃棒所带的电为正电，而橡胶棒与皮毛摩擦后橡胶棒所带的电为负电。

20 世纪初，密立根油滴实验证实了电荷具有量子性，即电荷量是由称为元电荷的小单位组成的。元电荷用符号 e 表示，其带有电荷量 1.602×10^{-19} C。该实验首次测出了电子的电荷量，密立根因此获得 1923 年诺贝尔物理学奖。

在对物质的基本结构(如图 2.3.4 所示)有了一定的认识之后，人们通常认为原子核内质子带有电荷量 e，而核外电子带有电荷量 $-e$。实验得出，质子携带的电荷量与电子携带的电荷量(绝对值)之差小于 $10^{-20}e$，通常认为两者完全相等。应该指出的是，电子电荷量的绝对值与质子电荷量的绝对值精确相等，这对于宇宙存在的形式是十分重要的。如果二者电荷量的绝对值有些许差别，那么形成的原子、分子就将是非电中性的，其间的电力将大大超过万有引力，从而不可能形成星体，各种生命(包括人类)也将失去存在的基础。

图 2.3.3

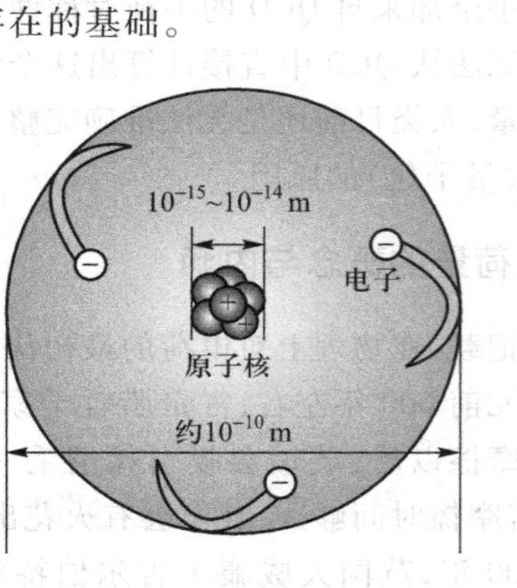

图 2.3.4

实际上，电荷量是库仑定律中定义的一个描述带电体(带电粒子)吸引或排斥力大小的物理量。

人们在对电现象即电荷的研究过程中，最为重要的收获是"电荷守恒定律"。学术界将富兰克林归功为这一定律的发现者。电荷守恒定律是物理学的基本定律之一。它指出，对于一个孤立系统，无论发生什么变化，其中所有电荷量的代数和保持不变。最著名的验证电荷守恒定律的实验是法拉第的冰桶实验。

宏观上的电荷守恒定律为：电荷既不能被创造，也不能被消灭，它只能从一个物体转移到另一个物体，或从物体的一部分转移到另一部分，在转移的过程中，系统的总电荷量保持不变。

在微观领域（即在粒子物理学里）电荷守恒定律意味着，在那些生成带电粒子的反应里，虽然会有带正电或负电的粒子生成，但是在反应前后，总电荷量不会改变；在那些带电粒子湮没的反应里，虽然会有带正电或负电的粒子湮没，但是在反应前后，总电荷量不会改变。

电荷亦称为“电”，有实物的属性，不能离开电子和质子而存在。物体带电的实质是物体获得或失去电子，所有带电体的电荷量或者等于 e，或者是 e 的整数倍，电荷量不能连续变化。“起电、带电”的本质都是将正、负电荷分开，使电荷发生转移，实质是电子的转移，并不是创造电荷。目前认为，使物体带电的方式有以下三种：

（1）摩擦起电。物体相互摩擦，电子会从一个物体转移到另一个物体。

（2）感应起电。金属导体中的电子从物体的一部分转移到另一部分。当一个带电体靠近导体时，由于电荷间相互吸引或排斥，导体中的自由电荷会趋向或远离带电体，使导体靠近带电体的一端带异号电荷，远离带电体的一端带同号电荷，这种现象叫做静电感应。利用静电感应使金属导体带电的过程叫做感应起电。

（3）接触起电。电荷从一个物体转移到另一个物体。一个电中性物体与某一带电体接触时，带电体上的电荷可以转移到电中性物体上而使其带电，这种由于接触而带电的过程称为接触起电。

在上述三种方式中，两种不同物质通过摩擦而转移电荷（电子）的过程是一个值得系统研究的问题。

分数电荷是指比元电荷 e 小的电荷，如果其存在，将动摇电子、质子作为电荷基本单元的地位。1964 年，盖尔曼和茨威格各自独立提出了强子的夸克模型。在该模型中，中子、质子等强子是由更基本的单元夸克（quark）组成的。夸克具有分数电荷（是元电荷的 2/3 或 -1/3）。目前，实验上已经观测到六种夸克。关于夸克及其分数电荷的问题是物理学研究的前沿，迄今还没有分数电荷测量的直接实验证据。

携带电荷的最小单位粒子——电子——具有稳定性。目前的理论模型认为，电子是没有内部结构的，它不可能发生自发的衰变，因此可以说电子的半衰期是无限大的。电子的稳定性也与电荷守恒定律密切相关，如果电子不稳定，那么电荷守恒定律可能失效。

三、质量与电荷量的异同

前面我们分别讨论了质量和电荷量的概念以及它们的一些基本性质。下面我们将讨论质量和电荷量的异同。

1. 共同点

电荷量是物质的一种属性，用以描述物体因带电而产生的相互作用；质量也是物质的一种属性，用以描述物体之间的万有引力或惯性。它们都是力的来源，质量是引力的来源，电荷量是电力的来源。在描述相互作用的情况下，质量在万有引力定律中的地位与电荷量在库仑定律中的地位相当。

电荷量与质量遵循各自的守恒定律。对于一个孤立系统,无论其中发生什么变化,系统中所有电荷量的代数和保持不变,这就是电荷守恒定律,它是物理学最基本的定律之一;孤立系统的质量-能量守恒也是物理学最基本的定律之一。(单就质量而言,质量在宏观、低速的情况下是守恒的;而电荷量则总是守恒的。)

2. 不同点

质量只有一种,其间总是彼此吸引;电荷有两种,即正电荷与负电荷,这种电荷符号的对称性给出了电荷共轭的守恒性。电荷的正与负是人为定义的,我们当然可以反过来定义电荷的正与负,比如定义质子带负电而电子带正电,在这种情况下我们所讨论的电磁相互作用规律不会发生任何变化,这就是电荷共轭的守恒性。同种电荷相互排斥而异种电荷相互吸引。正是这一重要区别,导致电力与万有引力性质上的重要差异,即电力可以屏蔽,而万有引力则无从屏蔽。

质量有相对论效应,电荷量没有相对论效应。质量会随着物体运动状态的变化而按照一定规则变化;电子、质子以及一切带电体的电荷量都不会因运动状态的变化而改变,是相对论不变量。这是电荷量与质量的一个非常重要的区别。

质量没有最小单位,是非量子化的;电荷量有最小单位,具有量子性。迄今为止的所有实验都表明,任何电荷量都是元电荷 e 的整数倍,电子所携带的电荷量(的绝对值)就是电荷量的最小单位。

第四节　位移单位矢量——$\hat{\boldsymbol{r}}$

在万有引力定律和库仑定律中,位移单位矢量符号 $\hat{\boldsymbol{r}}$ 所表达的物理意义可以做如下讨论。

首先,它表示一个单位矢量,即其标量绝对值为 1 的矢量。它出现在物理定律中的时候,说明该定律所描述的物理量是一个矢量,“力”是一个有大小和方向的矢量;该定律的数学方程式是一个矢量表达式。

其次,它表示位移 $\boldsymbol{r}$ 方向上的单位矢量,即相互作用连线方向的单位矢量。这说明两个物体之间的相互作用力的方向沿着二者连线的方向。

最后,它表示两个物体之间的相互作用力(无论是万有引力还是电力)的大小仅与二者之间的距离有关,而与二者连线的空间方位无关。

为了说明问题,我们先以库仑定律为例。

库仑定律说明两个静止点电荷之间相互作用力的方向沿着两个点电荷的连线,或者说点电荷在空间各点的电场强度方向沿径向,电场具有球对称性。值得注意的是,仔细考察库仑的实验以及卡文迪什、麦克斯韦的实验,得出的结论都只是电力与距离的平方成反比,而电力沿连线或点电荷的电场强度沿径向,以及点电荷在空间产生的电场具有球对称性,并非上述实验的严格结果。无论是分析上述实验,还是表述库仑定律,电力沿连线或点电荷电场强度沿径向等,都是作为前提或结论纳入的。实质上,这些前提或结论都是空间旋转对称性的结果。

在绪论中我们曾经谈到,欧几里得空间是均匀的和各向同性的,本质上这是自然界中对称性规律的结果。下面我们举个例子,从一个侧面证明这个解释的正确性。

考虑单个点电荷 Q 在空间产生的电场。把点电荷所在的位置定义为参考系的原点，将以该原点为出发点的整个空间看成欧几里得空间，在该空间的任意一点处 P 的电场强度定义为 $\boldsymbol{E}(P)$。空间是具有旋转对称性的，而且点电荷 Q 是理想的，即它在空间没有任何特殊的方向；若沿连线 QP 做任意旋转，则 $\boldsymbol{E}(P)$ 的方向不应发生任何变化，故 $\boldsymbol{E}(P)$ 的方向只能沿着由原点出发的径向，即沿着 QP 的连线，如图 2.4.1 所示。如果 $\boldsymbol{E}(P)$ 的方向不沿着连线而是沿着特殊的方向，比如向 QP 连线的左上方倾斜，如图 2.4.2 所示，那么当点电荷 Q 绕直线 QP 做某种旋转后，$\boldsymbol{E}(P)$ 的方向就可能指向 QP 连线的右下方或出现其他情形。换言之，$\boldsymbol{E}(P)$ 的方向将因绕 QP 连线旋转而改变，这与空间旋转对称性相矛盾，显然是不合理的。

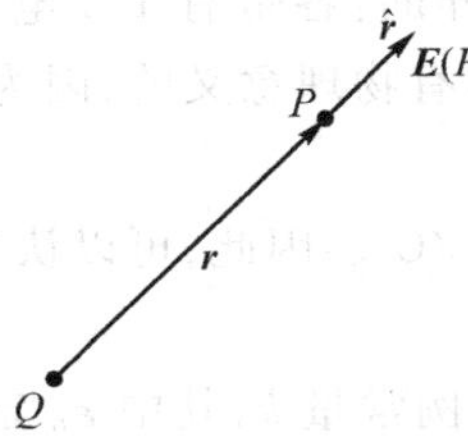

图 2.4.1

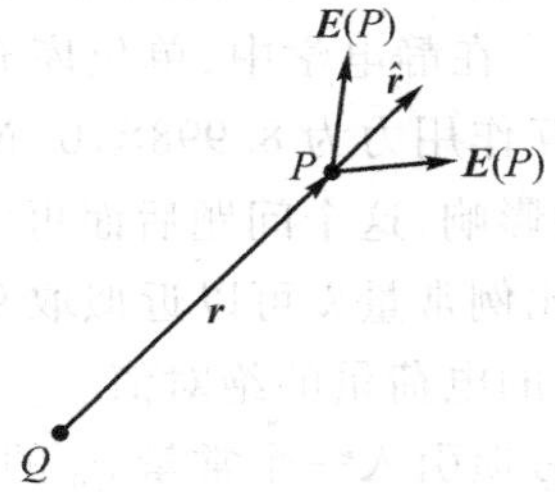

图 2.4.2

与此类似，两质点间的万有引力的方向沿二者的连线也是空间旋转对称性的结果。

为什么物理定律要遵从空间对称性的要求？这一点到目前为止还没有办法给出完备的证明，我们只能认为自然界的规律是分层次的。包括空间旋转对称性在内的对称性以及与之对应的守恒律是自然界的基本法则，万有引力定律、库仑定律、牛顿运动定律等具体的定律都要受这些基本法则的约束，不得违背，由基本法则得出的结论必须作为前提接受下来。

第五节　比例常量—— G 和 k

为了将物理定律描述成简洁、优美的数学矢量方程，通常会引入相应的比例常量。万有引力定律和库仑定律也不例外，牛顿在万有引力定律中引入了引力常量 G；而库仑则在库仑定律中引入了一个较为复杂的比例常量 k。

要了解物质的物理特性，很重要的一件事就是通过实验来确定各种物理常量，比如真空中的光速 c、真空介电常量 ε_0、真空磁导率 μ_0 等。引力常量 G 也是一个基本物理常量，人们非常关心如何准确测量它，以及它是否会随时间或空间的变化而变化。

万有引力定律虽然在天体物理上取得了惊人的成就，但该定律问世 100 多年后，还没有任何实验能证明在任意的两个物体之间确实存在引力，以及测出这一引力的大小。直到 1789 年，卡文迪什用扭秤实验（图 2.5.1）精确地测定了引力常量，并根据两个物体之间万有引力的测量结果间接求出了地球的质量和密度，才最终解决了万有引力定律的实验验证问题。

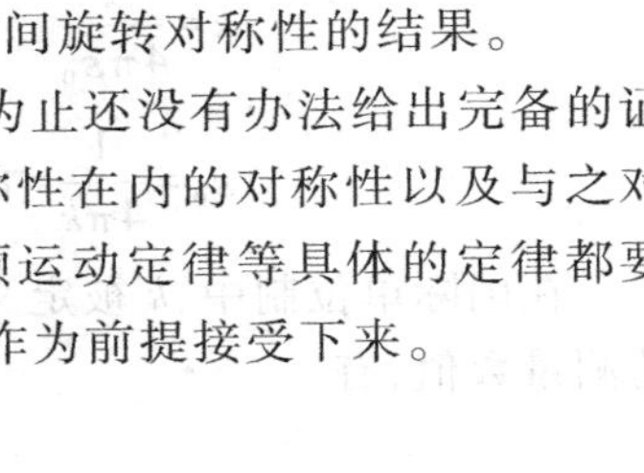

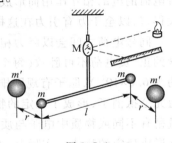

图 2.5.1

引力常量是一个非常重要的常量，也是一个难以测准的常量，因为引力是最弱的，而且难以屏蔽外界的干扰。几百年来，科学家不断改进测量方法，测量精度不断提高。国际科学理事会国际数据委员会（CODATA）2018 年推荐的引力常量值为

$$G=6.674\,30(15)\times10^{-11}\ \mathrm{N\cdot m^2/kg^2}$$

相对标准不确定度为 2.2×10^{-5}。

卡文迪什的扭秤实验证明了天上、地上的物体都遵循同一条定律，不仅证明了万有引力定律，而且让该定律有了更广泛的应用价值，如可以在地面上测量出地球的质量。卡文迪什通过扭秤实验测出的引力常量值与现在的公认值极为接近。

库仑定律的比例常量相对复杂，它取决于位移 $\boldsymbol{r}$、力 $\boldsymbol{F}$ 和电荷量 q 所使用的单位。在此，我们采用国际单位制（SI），长度、质量和时间的单位分别是米（m）、千克（kg）和秒（s），电荷量的单位是库仑（C）。在静电学中，单位库仑的定义是这样的：各带有 1 C 电荷量的两个电荷，相距 1 m 时，其相互作用力为 8.998×10^{9} N。这个数字是有物理意义的，因为“库仑”的完整定义还要包括磁力的影响，这个问题后面再解释。

一般情况下，比例常量 k 可以近似取 $9.0\times10^{9}\ \mathrm{N\cdot m^2/C^2}$。因此，可以认为 1 C 的电荷量是 6.242×10^{18} 个电子的电荷量的绝对值。

历史上，人们习惯引入一个常量 ε_0 的组合来代替比例常量 k，其中 ε_0 定义为真空介电常量，二者之间的关系可以写为

$$k=\frac{1}{4\pi\varepsilon_0}$$

$$\varepsilon_0=\frac{1}{4\pi k}=8.854\times10^{-12}\ \mathrm{C^2/(N\cdot m^2)}\quad 或\quad \mathrm{C^2\cdot s^2/(kg\cdot m^3)}$$

在国际单位制中，k 被定义为精确地等于 10^{-7} 乘以光速的平方（c^2），因此根据实验对光速的测量数值，有

$$\begin{aligned}k&=\frac{1}{4\pi\varepsilon_0}=10^{-7}c^2\\&=9.0\times10^{9}\ \mathrm{N\cdot m^2/C^2}\end{aligned}$$

第六节　关于“电力”

经过与万有引力对比的讨论，我们已经对电力及其作用规律有了一些基本的认识。随着对原子结构的了解，人们认识到自然界中所有的物质都是由各种元素原子中的质子、电子所携带电荷的电的相互作用而形成的。当然，其中一定也有万有引力的作用，但是电力比万有引力大得多，以至于万有引力在这样的范围内完全可以忽略不计。

同号电荷之间会以巨力相互排斥而散开，而异号电荷之间则正好相反。各种宏观物质包含的正、负电荷不可胜数（每个原子包含一到几十个质子和电子，而 1 mol 物质所含的原子数约为 6.0×10^{23}），原子有规则排列形成的精致混合体，使得这么多正负电荷和谐地把巨大的电力完全抵消了，形成了稳定的物质世界。如果正负电荷的数值稍有差别，如电子和质子的电荷量稍有不同或物质中电子与质子的数量稍有差别，就会形成存在巨大静电力的带电体，从而不会形成稳定的物体。实际上，无论是无机物、有机物还是生命体，都是由电力完美结合而形成

的。在各种形态的物体中这种巨大的电力完美地相互平衡，你可以想到它能具有多大的强度。在宏观上，当我们用绳子对物体施加牵引力时，绳子能够顺利传递力的原因也在于组成绳子的原子或分子之间存在电力，这种电力使绳子具有一定的强度而不断裂，同时将人们施加的力传递出去，这种传递出去的力本质上是电力。换句话说，施加于物体上的牵引力本质上是绳子上电荷之间的电力。再举个例子，当用手去推一个物体时，我们总以为是手与物体进行了直接的接触，其实手与物体之间存在一个我们眼睛分辨不清的微小的距离，这种接触作用是手的皮肤表面微小尺寸内的电荷与物体表面微小尺寸内的电荷之间的电的相互作用的宏观表象。因此，施加给物体的推力本质上是手与物体二者表面上电荷之间的电力。

在宏观上不能更多、更明显地直接感受到电力的原因是大量的正负电荷之间精密的平衡，但是如果在十分微小的尺度内观察物质，假设我们关注的区域内只有几个原子，就会造成在一个小的范围内的正负电荷不均等，从而产生强大的剩余电力。因此，那种带有净电荷量的原子有与其他原子结合而使净电荷量为零的强烈“愿望”，这种吸引或失去电荷同时形成稳定化合物的能力在化学上叫氧化、还原作用。那种把各种不同原子结合在一起的力，以及把各分子保持在一起的所谓化学力，本质上都是电力。电力只有在系统电荷的平衡不够完善或距离十分微小的那些区域里才起作用。

电力如此巨大，那么原子中的质子和电子为什么不是紧紧地靠在一起而是互相分开一适当的距离呢？经典物理学曾经给出了一个动力学平衡的解释，即电子轨道运动的离心力与电的吸引力之间存在一个动态的平衡。实际上，近现代的研究表明，这个问题必须用量子力学的理论才能给出正确的回答。正是由量子力学规律所支配的运动，使得质子与电子之间的电的吸引力没有把它们紧密地结合在一起。

现在我们再看一下原子核内部的情况，即电力与核力（强相互作用）之间的关系。不同的原子，其核内的质子数是不相同的，质子紧紧地局域在一个叫做核的非常小的空间内，如图 2.3.4 所示。如此巨大的电力（排斥力）为何没能使各个质子分开呢？实际上，在原子核内的质子之间除了电力之外还存在一种我们前面讲到的强相互作用（或者叫“核力”），核力比电力要强，它抵抗着质子之间的电排斥力并与其达到某种平衡。但是，核力是短程力，即在很小的距离内（两个紧邻的质子之间）起作用，而电力是在很大范围内起作用的长程力。当原子核比较大、其内部的质子比较多时[比如放射性元素钚（Pu）核，它内部有 94 个质子，所以其核的尺寸比较大]，作用于原子核最外层质子上的累加的电力就比较大（每一个其他的质子都会对这个质子施加一个电的排斥力，造成了这些电的排斥力的叠加），而对于核力（吸引力）来说却只有最近邻的质子才起作用，其他的质子由于相对位置较远、距离较大，核力对它们的吸引作用很快衰减，所以核力的合力很小。因此对于最外层的质子来说，电排斥力与核力（吸引力）相差无几，这种情形下的平衡就显得很脆弱，电力几乎就要使原子核内的质子脱离核力的束缚而分散。在这种情况下，只要有一个微弱的扰动力，比如在钚核中放入一个慢中子，这个慢中子就会像“鲶鱼”一样扰动着钚核的质子，使得这些质子由于电的排斥力而分裂开来并四散飞去。这个过程释放出来的能量就是原子弹“核裂变”的能量，这种核裂变的能量实际上是电力克服了核的吸引力所释放出的电能。

我们经常看到具有各种物理性质——如导电与绝缘、坚固与疏松、弹性与塑性等——的物体，可以结合电力与量子力学的效应来确定物体的细致结构，从而给出其特性的物理本质。当然,电的微观作用机制是一个十分复杂的物理问题,不是我们用现有知识可以讨论的,只能等读者有了相当的基础之后才能进一步研究。

第七节　再论库仑定律

前面我们分别对库仑定律涉及的电力及其性质、平方反比律、电荷量、径向单位矢量及比例常量五个方面做了较为详细的讨论。但是,还应当关注的是库仑定律的成立条件及其适用范围。

在此,我们回顾一下库仑定律的物理描述:

"真空"中,两个"静止"点电荷之间的相互作用力,与它们所带电荷量的乘积成正比,与它们之间"距离"的平方成反比。力的方向沿着二者的连线。同号电荷相互排斥,异号电荷相互吸引。

其中,"真空"和"静止"就是库仑定律的成立条件。下面我们分别讨论这两个成立条件。

"真空"是为了保证在测量电荷之间相互作用时没有其他电荷的干扰,以保障实验数据的精度。但是,对于"力的作用定律"来讲,由于力的独立作用原理以及力的叠加原理,当线性的作用规律总结出来之后,真空的条件就可以忽略。假如在实际关注的两个作用电荷的附近还有其他电荷,那么这些电荷对这两个电荷也都有作用,因此这两个电荷所受的总作用力将比较复杂。但这两个电荷之间的静电作用力仍然遵循库仑定律,即两个电荷之间的作用力并不因其他电荷的存在而受到影响。由此可见,库仑定律中的"真空"并非必要条件。

这让我们想起以前学过的静电屏蔽现象。接地的空腔导体会导致空腔内外的电场互不影响,即分处该空腔导体内外的两个电荷均不受相互作用力,这就是静电屏蔽现象。实际上,这两个电荷之间的相互作用力还是遵从库仑定律的,只是系统中的相互作用还有接地导体参与(空间不是"真空"),导体空腔上的感应电荷也分别对两个电荷施加了作用力,使导体空腔内的电荷受到的合力为零。这就产生了静电屏蔽现象。

我们再看"静止"的条件。首先将结论告诉大家:相对静止电荷之间的相互作用力遵循库仑定律,并且遵循牛顿第三定律;而当源电荷静止时,关注的受作用电荷可以是运动的,在这种情况下运动电荷所受的作用力遵循库仑定律,但是电荷之间的相互作用力不遵循牛顿第三定律;如果两个电荷在观察者看来都处于运动状态,它们之间的作用力就不遵循库仑定律,也不遵循牛顿第三定律(详见第十一章"运动电荷产生的场")。这是一个比较复杂的问题,在此用动量守恒定律做简单的解释。动量守恒定律告诉我们,当一个系统不受外力或者所受外力的和为零时,其内部的总动量是守恒的。两个电荷相互作用的系统包含电荷与"电磁场",因此在静止的情况下由于电磁场的动量没有发生变化,电荷之间的相互作用力遵循牛顿第三定律;而当电荷运动时,电磁场的动量会发生变化,两个电荷之间的相互作用力就变得非常复杂,也就不再遵循牛顿第三定律。因此,"静止"的条件在库仑定律中可以有限度地放宽。

"静止"或"运动"都是相对于观察者所在的参考系而言的。如果有两个电荷与观察者处在某一个参考系中并且是静止的,那么二者之间的相互作用力就是库仑定律所描述的电力,且遵循牛顿第三定律;而当两个电荷同时(两个电荷之间相对静止)相对于观察者以某一速度运动时,这两个电荷之间不但有电的相互作用力,还有由电荷的运动形成的电流导致的磁的相互作用力，二者之间的相互作用力也不遵循牛顿第三定律。如果这时观察者从原来的参考系来到与电荷一起运动的参考系，在观察者看来，两个电荷的相互作用力就与第一种情形没有区别。在一个惯性参考系中简单的静电现象，在另一个惯性参考系中就变成了复杂的电磁现象，这很不寻常，但恰恰说明了电磁现象的统一性，随着学习的深入我们将会讨论其物理本质。

库仑定律的适用范围指的是，平方反比律适用的两个电荷之间的距离范围。虽然验证库仑定律的实验大都在 $10^{-2}\sim10^{-1}$ m 范围内，但近现代科学实验发现其适用范围远不止于此。卢瑟福的 α 粒子散射实验证明，在 10^{-15} m 的尺度内库仑定律是成立的，原子核内质子之间的电排斥力也是遵循库仑定律的；地球物理学的相关实验证明，库仑定律在 10^{7} m 的尺度内是成立的。在更大的距离范围内，如 $10^{7}\sim10^{25}$ m，虽然没有具体的实验证据，但是电磁场（电磁波）仍以光速传播，电磁场的规律仍然起作用，因此库仑定律或许仍然适用。

第三章　对称性与矢量

在上一章中，我们通过类比的方式对库仑定律的基本内容进行了讨论，但是对其中一个问题并没有进行深入讨论，那就是电的相互作用力的矢量性质。在电磁学课程中，我们不可避免地要利用物理量的矢量性质，因此在本章中我们将介绍一些与矢量相关的基础知识，这些知识也是今后学习物理学必须要掌握的。矢量也是我们窥探微观世界的一把钥匙。

第一节　关于对称性

自然事物既有静态结构上的对称性、统一性，又有动态变化上的一致性、和谐性。而这往往意味着简单性，表明自然界具有一种美的属性。

我们要讨论的不是自然界中各种物体简单的几何对称性，而是物理学定律本身的对称性。

当你看到一个人的时候，你会发现他在某种程度上可以看成是左右对称的。在日常生活中，我们喜欢观赏自然界中的某些对称结构，如夏天花园里对称的花朵、冬天玻璃上对称的霜花。这些“漂亮的感觉”都是人的一些主观印象，虽然这些印象来源于或多或少的对“对称性”的某些理解。但是，如何定义对称性呢？对称性这个概念到底具有怎样的“物理”意义呢？或者说我们如何更加全面地理解“对称性”呢？当我们发现某些事物，比如人是左右对称的，这一事实意味着，你把这一边（左边）的东西放到另一边（右边），而把另一边（右边）的东西放到这一边（左边），即左右交换，这个“人”看起来应当是完全一样的；一只花瓶，将它在桌上转过任意角度，它的形状看起来完全一样，如图 3.1.1 所示。德国数学家外尔（Hermann Weyl，1885—1955）给对称性下了一个极好的定义：如果能够对一个事物施加某种操作，在此操作以后能使其与原来的情况完全相同，这个事物就是对称的。按照这个定义，“把一边（左边）的东西放到另一边（右边）”就相当于对“人”施加了一个“操作”，而“这个‘人’看起来应当是完全一样的”则说明在此操作后能够使其与原来的情况完全相同，因此，可以说“人”在某种意义上是具有“左右对称性”的；在桌上“转动花瓶”就相当于对花瓶施加了“某种操作”，而在这种操作之后花瓶的形状没有发生任何变化，我们就可以说这个花瓶是对称的，这种对称性可以称为“旋转对称性”。

图 3.1.1

物理学定律的对称性是指：对物理学定律或物理学定律的表达方式施加某种操作，而不引起任何差别，并且物理学定律的效果保持不变。

下面举个与电磁学相关的例子。19 世纪物理学最重要的成就就是建立了法拉第-麦克斯韦的电磁学理论，麦克斯韦把电磁学的基本规律写成了麦克斯韦方程组。1865 年，麦克斯韦发表了著名的论文《电磁场的动力学理论》，提出了一套方程组（即现在的麦克斯韦方程组的雏形），这套方程组表达了实验发现的库仑定律、高斯定律（编者注：或称高斯定理）、安培定律和法拉第电磁感应定律等。当时他给出的是分量形式的方程组，共有 20 个方程。后来人们利用矢量及其运算规则，对方程组进行重新整理，使得表达式变得极为简洁，只要四个方程就够了（这就是现在的麦克斯韦方程组），当有介质存在时再补充三个描述介质性质的方程。这一简化，就利用了对称性原理与矢量的关系，把对称性原理写进了方程，不仅减少了方程的数量，而且使其表达的物理内容更基本、更准确、更深入。这是对称性原理对物理学的一个重大贡献。

“物理学定律的对称性”正如外尔定义的那样，不仅是空间几何上的简单对称性，而且是物理事件在空间和时间上的可重复性。只要外界条件都得到满足，具有相同内因的“物理事件”就会在不同的时空中发生“完全相同的情况”；机械装置会有相同的功能，科学技术能在不同的地域、不同的时间发挥相同的作用。可以说到目前为止，现代科学技术具备生命力与其符合“对称性原理”不无关系。

下面我们将稍微系统地讨论一下与对称性相关的问题。

一、空间平移对称性

最简单的对称性是一种叫做空间中迁移的对称性，即空间平移对称性：物理规律并不依赖于空间坐标原点的选择，将整个空间平移一个位置，物理规律不会改变。如果你在北京安装了一台仪器，又在长春安装了一台与北京那台仪器物理原理完全相同的仪器，二者的差别仅在于从空间上移动了一千多公里的距离（此处将两地看成是在同一平面上的，而忽略地球的球面性所带来的误差，这种操作称为“平移”），你就会发现这两台仪器的功能完全相同。类似地，一辆汽车在北京开与在长春开也一定会有同样的性能。再举一个万有引力定律的例子，如果有两个天体，它们分别处于稳定的状态，譬如一个行星绕太阳转动的系统，我们把这一对物体作为整体移动到别处，二者之间的距离没有改变，因此相互作用力也就没有改变，它们之间的相对运动状态也没有改变。在移动的过程中，它们会以同样的速度运行，并且所有的变化都保持相同的比例。万有引力定律所说的“二者之间的距离”，是指相互作用的二者之间的相对距离，而不是距某个中心点的绝对距离（距某个中心点的绝对距离会因平移操作而改变），这就意味着万有引力定律具备空间平移对称性。

我们再具体分析一下牛顿运动定律的空间平移对称性，在此我们将牛顿运动定律作为物理学定律的一个特例来说明物理学定律的空间平移对称性。具体的证明方法就是在两个相对平移的参考系中考察牛顿运动定律的全同性，即其作用规律具有完全相同的性质。

现在我们选择一个坐标系 $O(x,y,z)$，同时有另外一个与坐标系 O 平行的坐标系 $O'(x',y',z')$，该坐标系的原点 O' 与坐标系 O 的原点在 x 轴方向上平移了一定的距离 a，如图 3.1.2 所示。当我们在这两个不同的坐标系中关注同一质点时，该质点的坐标分别为 $P(x,y,z)$ 和 $P'(x',y',z')$，其所受的力为 $\boldsymbol{F}$。

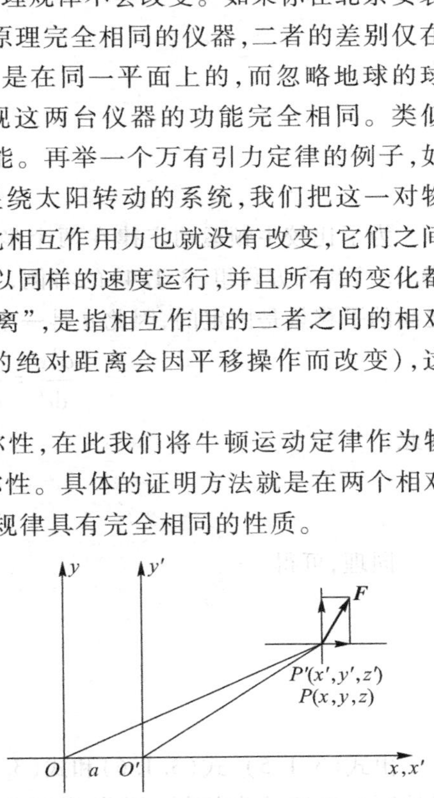

图 3.1.2

为了比较牛顿运动定律在两个坐标系中的具体情

况，即质量为 m 的质点受到作用力 $\boldsymbol{F}$ 时在两个坐标系中是否有相同的运动规律，我们要知道两个坐标系之间的关系，即

$$x'=x-a,\quad y'=y,\quad z'=z \tag{3.1.1}$$

我们还要知道该质点在两个不同坐标系中的受力情况。假设力沿着某一方向，如图 3.1.2 所示，考察力 $\boldsymbol{F}$ 在不同坐标轴上的分量。在两个不同坐标系中力 $\boldsymbol{F}$ 具有完全相同的投影，因此

$$F_{x'}=F_x,\quad F_{y'}=F_y,\quad F_{z'}=F_z \tag{3.1.2}$$

现在需要讨论的是，从不同坐标系原点来测量该质点，情况是否完全相同，即在坐标系 O 中与在坐标系 O'中观测到的该质点的运动状态是否完全相同。

在坐标系 O 中，对于质量为 m 的质点，牛顿运动定律 $\boldsymbol{F}=m\boldsymbol{a}$ 的分量方程为

$$\begin{aligned} F_x&=m\frac{\mathrm{d}^2x}{\mathrm{d}t^2}\\ F_y&=m\frac{\mathrm{d}^2y}{\mathrm{d}t^2}\\ F_z&=m\frac{\mathrm{d}^2z}{\mathrm{d}t^2} \end{aligned} \tag{3.1.3}$$

在坐标系 O'中，牛顿运动定律的分量方程为

$$\begin{aligned} F_{x'}&=m\frac{\mathrm{d}^2x'}{\mathrm{d}t^2}\\ F_{y'}&=m\frac{\mathrm{d}^2y'}{\mathrm{d}t^2}\\ F_{z'}&=m\frac{\mathrm{d}^2z'}{\mathrm{d}t^2} \end{aligned} \tag{3.1.4}$$

为了比较牛顿运动定律在两个坐标系中的数学方程组的具体情况，我们将坐标变换式 (3.1.1) 代入方程组 (3.1.4) 的右侧，考察 x 轴分量的情况。需要注意的是，两个坐标系原点之间的平移量是固定的，因此 a 是一个常量，有

$$\frac{\mathrm{d}^2x'}{\mathrm{d}t^2}=\frac{\mathrm{d}^2x}{\mathrm{d}t^2}-\frac{\mathrm{d}^2a}{\mathrm{d}t^2}\quad\Rightarrow\quad\frac{\mathrm{d}^2x'}{\mathrm{d}t^2}=\frac{\mathrm{d}^2x}{\mathrm{d}t^2}$$

因此，

$$F_{x'}=m\frac{\mathrm{d}^2x}{\mathrm{d}t^2}=F_x \tag{3.1.5}$$

同理，可得

$$F_{y'}=m\frac{\mathrm{d}^2y}{\mathrm{d}t^2}=F_y \tag{3.1.6}$$

$$F_{z'}=m\frac{\mathrm{d}^2z}{\mathrm{d}t^2}=F_z \tag{3.1.7}$$

由式 (3.1.5)、式 (3.1.6) 和式 (3.1.7) 可知，在相对坐标系 O 平移的坐标系 O'中也能正确地写出牛顿运动定律。因此，物理学定律对于空间平移是对称的，即坐标系平移时，物理学

定律的性质不变。

惯性参考系在空间的任何变化都可以视为坐标系平移和转动的叠加,为了完整地考察物理学定律的空间对称性,下面我们讨论物理学定律的空间转动对称性。

二、空间转动对称性

下面我们具体讨论参考系相对转动对物理学定律的影响。假设坐标系 O 与坐标系 O' 的原点重合,而坐标系 O' 的坐标轴相对于坐标系 O 的坐标轴转动了一定的角度 θ,如图 3.1.3 所示。我们关注的空间点在不同坐标系中的坐标分别为 $P(x,y,z)$ 和 $P'(x',y',z')$,为了简化起见,坐标系的相对转动仅限于 xy 平面,x 轴与 x' 轴之间的夹角为 θ,则坐标变换关系为

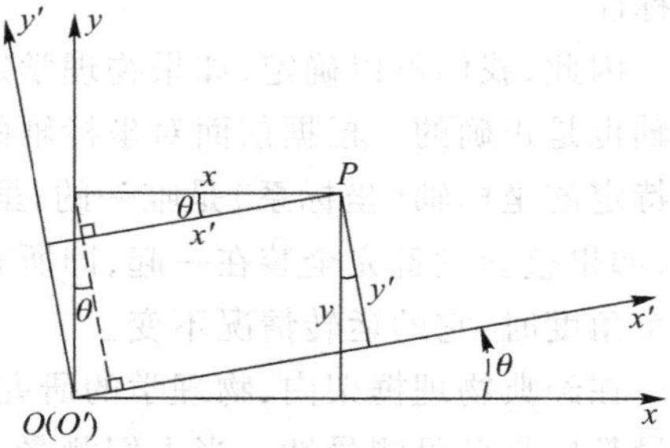

图 3.1.3

$$x'=x\cos\theta+y\sin\theta$$
$$y'=y\cos\theta-x\sin\theta \qquad (3.1.8)$$
$$z'=z$$

按照前面讨论空间平移的方法来分析两个坐标系中力的分量之间的关系,结果是

$$F_{x'}=F_x\cos\theta+F_y\sin\theta$$
$$F_{y'}=F_y\cos\theta-F_x\sin\theta \qquad (3.1.9)$$
$$F_{z'}=F_z$$

与前面一样,在此要讨论的就是牛顿运动定律在相对转动的不同参考系中给出的作用规律是否完全相同。假设牛顿运动定律在坐标系 O 中成立,如方程组(3.1.3)所示,而在坐标系 O' 中牛顿运动定律的表述形式为

$$F_{x'}=m\frac{d^2x'}{dt^2}$$
$$F_{y'}=m\frac{d^2y'}{dt^2} \qquad (3.1.10)$$
$$F_{z'}=m\frac{d^2z'}{dt^2}$$

为了验证牛顿运动定律在两个坐标系中的全同性,我们将坐标变换方程组(3.1.8)代入方程组(3.1.10)的右侧(这里应该注意的是,转动角度 θ、质量 m 均为常量),得到

$$F_{x'}=m\frac{d^2x'}{dt^2}=m\frac{d^2x}{dt^2}\cos\theta+m\frac{d^2y}{dt^2}\sin\theta$$
$$F_{y'}=m\frac{d^2y'}{dt^2}=m\frac{d^2y}{dt^2}\cos\theta-m\frac{d^2x}{dt^2}\sin\theta \qquad (3.1.11)$$
$$F_{z'}=m\frac{d^2z'}{dt^2}=m\frac{d^2z}{dt^2}$$

将坐标系 O 中牛顿运动定律的分量方程,如方程组(3.1.3)所示,分别代入转动坐标系 O' 中牛顿运动定律方程组(3.1.11),可以看出该方程组描述的力的关系与方程组(3.1.9)完全

相同。因此，物理学定律对于空间转动同样具有对称性。

如果我们用一件安装在某个位置的仪器做实验，然后拿另一件完全相同的仪器做空间转动，只是经过转动它的所有轴线都改变了方向，那么它也会以同样的方式工作。这需要相关的每一件东西都跟着转动，也就是所有的边界条件都需要跟着参考系的转动而做相应改变。我们知道这个仪器应用了很多的、不同方面的物理学定律，由此也可以说明物理学定律对于空间转动具有对称性。

因此，我们可以确定，如果物理学定律对一组坐标轴是正确的，那么它对其他任何一组坐标轴也是正确的。根据前面对坐标轴的平移和转动证实的结果可得出一些推论：第一，没有哪个特定的坐标轴（坐标系）是唯一的，虽然对于某些特定的问题，有些坐标轴可以带来方便；第二，如果整套设备完全装在一起，即所有产生力的装置都包含在这套设备内，那么当把它转过一个角度时，它的运转情况不变。

在经典物理框架内，物理学的研究对象皆是可测量量，因此，物理学定律描述的每一个物理量都应具备可测量性。当人们测量一个物理量时，总是要找到一个可以依赖的"原点"，而这个"原点"并不是唯一的，它可以在每次测量过程中改变，因为物理学定律是具有空间（平移或转动）对称性的，而原点是测量者人为选择的。这就足以说明，物理学定律在惯性系中不随参考系的变化而变化。

三、时间平移对称性

下面我们讨论物理定律在时间上迁移的对称性，即时间平移对称性。为了与空间上的迁移的说法"对称"才有了时间上迁移的说法，但是，时间的特性是永续向前，并不存在其他方向，因此我们在讨论物理定律在时间上迁移的对称性时，本意还是说物理定律在时间上的迁移不会造成任何差别，即物理定律的规律性不会随着时间的迁移而发生变化。

举个日常生活中简单的例子，在一个复杂的系统，如一台汽车中，它的正常工作需要很多利用物理定律的技术支撑，它会在几小时、几天甚至几年后都保持相同的功能，这就在某种意义上说明了物理定律不会随着时间的迁移而失效。也许你会说，对于一个复杂的系统，其组成材料随着时间的迁移而老化、磨损等因素可能造成系统功能的丧失，这是否意味着物理定律发生了变化？实际上，这也是物理定律所要求的，如果你将所有条件都恢复到最初的状态，那么它还是会具有完全相同的功能，就像空间对称性所要求的一样，这恰恰证明了物理定律在时间迁移上的不变性。

再举一个具体的例子，比如万有引力定律，它描述的是物体之间的相互吸引作用规律。最明显的现象就是天体的运行，从几千年前人们发现的天体运行的部分规律性的结论，到几百年前牛顿的具有普遍性的规律总结，直到今天利用这个规律还可以准确地观察、预测天体的运行状态，可以说万有引力定律所描述的规律性是不随时间的迁移而变化的。

值得注意的是，上面两个例子中的时间迁移量与宇宙的年龄相比是非常有限的。那么考察一个长时间的情况是否会使物理定律的性质发生变化呢？如果时间以"亿年"记，那么有可能在十几亿年的时间迁移过程中，造成相互作用的物体的质量会随时间而发生某些变化，如缓慢地衰变成其他物质而使其质量发生变化，或者引力常量发生某种长时间缓慢的变化（增大或减小），由此可能造成万有引力定律的规律性随时间的迁移而发生某种变化，我们关注的行星运行状态就会发生变化。但是，就目前我们人类共识的所知而言，在短时间内人们不会注意到时间迁移引起的显著变化。

当然，我们对物理定律符合对称性规律的认识仅局限在人类共识的所知范围内，我们只能从当前回顾到物理定律刚总结出来时，在这段时间迁移并且不断实践的过程中我们发现物理定律是符合“对称性”规律的，这就是“就目前我们人类共识的所知而言”的意思。我们没有办法预测未来很长一段时间之后物理规律会发生何种变化，我们知道目前所有总结出来的物理定律涉及的时间都是相对的、一段时间间隔的，即所谓单位时间的，而不涉及某种开始测量事物的绝对时间。按照目前的某些理论，如果将宇宙爆炸的某个“点”确定为时间的起点，并且“时间”也随着宇宙的膨胀而流逝、迁移，那么自然界的所有其他东西也将随之“膨胀”，当然也包括物理定律中的物理量（比如引力质量、引力常量等）及其边界条件。因此，在这种意义上我们可以认为物理定律在不同的时间点上都是相同的。

普遍情况下物理定律描述的是，如果在一定的条件下（包括时间迁移过程中的某一个时刻）启动某种作用，那么物体的运动状态的变化将符合某种规律。实际上，我们关注的物体符合某种规律的运动状态是在一段相对的时间间隔内的，而不是一定要从某个绝对的时间起点开始。如果一定要将某种理论中的自然世界开始运行的节点，例如大爆炸理论中爆炸开始的时刻，定义为时间的绝对起点，那么现在我们通常把物理定律同世界实际上是怎样开始的观点分割开来。如果我们将目前那些已知的物理定律的适用范围仅仅局限于我们自己已知的范畴内，那么时间上的迁移就不会对物理定律的规律性造成任何差别。物理定律的最根本性质是它的普适性，即普遍适应的特性。如果有什么东西是普适的，那么宇宙大爆炸应该是其中之一，因此没有办法定义那种差别。

第二节　关于矢量

前面讨论了一些物理定律具有对称性的例子（空间平移、转动及时间平移对称性都是连续对称性），实际上，我们迄今为止知道的物理定律都具有这种对称性，而且更具体地，它们都具有在轴平移或转动情况下的不变性。我们还讨论了物理定律在时间延迟下的不变性或对称性。这些对称性都具有几何的性质，时间和空间多少是类似的。这些对称性非常重要，并且人们为了尽可能简洁地处理它们，发展了一种数学技巧，用来表述和应用物理定律。这种数学技巧就是“矢量分析”。下面我们将讨论矢量的概念及矢量的运算法则。

一、矢量的概念

我们关注一个物理量通常会关注它的基本属性，那么一个有意义的物理量应当具备哪些属性呢？

首先，我们会看一下它的大小，即“量值”的多少。比如某人跑步的速度有多快，即速度的量值——速率的大小，空间中某一点的温度值是多少等。这些只需要单一数值就可以描述的物理量通常称为“标量”。

其次，我们还会看一下所关注的物理量的“量纲”或“单位”，比如长度的国际单位制单位为“米（m）”，质量的国际单位制单位为“千克（kg）”等。

再次，要注意该物理量是否需要用“方向”，即空间方位的表征才能准确地描述其物理意义，比如描述物体运动方向，即速度的方向等。

最后，要注意它们所遵循的运算法则。

在我们已经学习过的那些物理量中，有些只具有数值大小，也可以有正负，而没有方向；并且这种量之间的运算遵循一般的代数法则，这种量称为“标量”，如质量、密度、温度、功、能量、速率、体积、时间、热量、电阻、功率、势能、引力势能、电势能等。

物理学中，标量(或称为纯量)是指在坐标变换下保持不变的物理量。例如，欧几里得空间中两点间的距离在坐标变换下保持不变，相对论四维时空中的时空“间隔”在坐标变换下保持不变。

用通俗的说法来表述，标量是只有大小没有方向并遵循代数运算法则的量。

什么是矢量呢？下面我们从矢量应具有的特征及其特殊的运算规则来了解矢量的概念。

矢量描述的是既有方向又有数值的量，而且矢量与矢量之间的运算遵从特殊的规则。在物理学中，我们将遇到很多兼有数值和方向的量(如力、速度、动量、电场强度、磁场强度等)，因此，发展一种处理这些量的数学语言和方法是很重要的。

矢量应当具有两个重要的性质：

其一，物理定律的矢量表述与坐标系的选取无关。矢量符号提供了一种语言，使物理定律的表述具有相应的物理内涵而无需考虑坐标系的选择。

其二，物理定律的矢量表述更加简洁。许多物理定律都具有简单明了的形式，而把它们在某一特定坐标系中写出时，就会显得比较繁琐。

还应注意的是，矢量的数值就是标量。

尽管在解决具体问题时我们可能需要在具体的坐标系下进行计算，但是在陈述物理定律时，我们还是尽可能地采用矢量形式。有些更复杂的物理定律无法用矢量形式表示，就可能要用张量来表示。张量是矢量的推广，而矢量是张量的一个特例。

矢量在物理学问题中之所以有用和适用，主要是欧几里得几何的缘故。用矢量形式来陈述物理定律都附带欧几里得几何的假定。如果有关的几何不是欧几里得的，也许就不可能用简单明确的方法把矢量相加。对于弯曲空间，有一种更普遍的语言，即度规微分几何学，它是广义相对论的语言。在广义相对论这个物理学领域中，欧几里得几何就不再足够精确了。

因此，在欧几里得几何空间中描述物理定律时，一个矢量由三个数组成。要表示在空间中走了一步，比如，从某个坐标系的原点走到该空间中的某一特定点 $P(x,y,z)$，我们需要三个坐标数 (x,y,z)。但是，我们另外创造了一个矢量数学符号 $\boldsymbol{r}$(通常情况下我们用黑体字来表示矢量，或者在字母的上面加一个小箭头来表示矢量)，它与我们之前采用的数学符号都不同，如图 3.2.1 所示。符号 $\boldsymbol{r}$ 不是单一的数，它所代表的是三个具体的坐标数：x、y 和 z。一个矢量意味着三个数，但实际上又不仅仅是那三个数，因为如果我们采用不同的坐标系，这三个数就会发生变化，比如变成 x'、y' 和 z'。为了保持数学的简单性，我们想用同一个符号来表示不同的三个数 (x,y,z) 或 (x',y',z')。这样做大有好处，

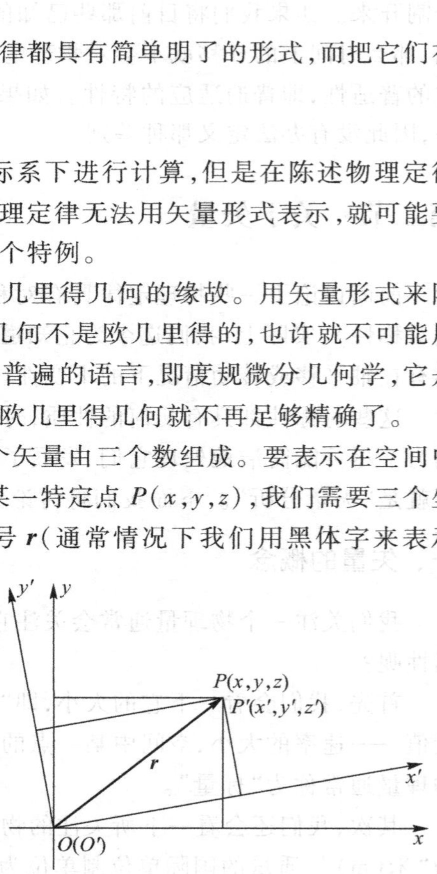

图 3.2.1

因为当我们改变坐标系时,就无需改变方程的字母。假设我们用 x、y 和 z 写出一个物理定律的方程式,当采用另一个坐标系时,就只需要换成 x'、y'和 z'。按照习惯,采用一组坐标轴时,用 $\boldsymbol{r}$ 表示(x,y,z),而采用另一组坐标轴时,用 $\boldsymbol{r}$ 表示(x',y',z')(注意,我们只要写 $\boldsymbol{r}$ 就可以了)。在一个给定的坐标系中,描述一个矢量的三个数称为矢量在三个坐标轴方向上的分量,即

$$\boldsymbol{r}=x\widehat{\boldsymbol{i}}+y\widehat{\boldsymbol{j}}+z\widehat{\boldsymbol{k}}=x'\widehat{\boldsymbol{i}}'+y'\widehat{\boldsymbol{j}}'+z'\widehat{\boldsymbol{k}}'$$

也就是说,我们用同一个符号来表示从不同的坐标轴看到的同一客体的三个字母。因此,不管我们怎样转动坐标轴,符号 $\boldsymbol{r}$ 都表示同一事物。

反过来说,任何与坐标系中三个数(x,y,z)相联系的某一物理量,当坐标轴变换时获得了新的三个数(x',y',z'),如果它们之间的变换关系符合空间平移、转动的对称性变换规则,就可以说这个物理量是矢量。

"矢量"是因物理定律符合对称性原则而定义的描述物理事实的"量";反过来说,要证明一个物理量是否是"矢量",就要看该物理量在不同坐标系中的三个分量是否符合空间平移、转动的对称性变换规则。

上面讨论了矢量的特征,矢量的特征包含两个部分:其一,它描述的是既有方向又有数值的量,并且它遵从对称性规则;其二,它的组合遵从特殊的运算规则。只有同时满足这两个特征的物理量才可以用矢量来描述。

二、矢量的运算规则

1. 矢量的相等

如何比较两个矢量呢?两个表示同一性质物理量的矢量 $\boldsymbol{A}$ 和 $\boldsymbol{B}$,如果它们的数值大小和方向都一样,就可以定义它们相等,写为 $\boldsymbol{A}=\boldsymbol{B}$。如图 3.2.2 所示,矢量 $\boldsymbol{A}$ 和 $\boldsymbol{B}$ 虽然在坐标系中具有不同的空间坐标,但是它们空间位移的数值大小却是相同的,并且具有相同的方向,即两个矢量对特定的坐标轴具有相同的方向余弦,因此,可以认为这两个矢量是相等的。虽然矢量可以指的是由某一个特定点所确定的量,但矢量却是无需限定位置的。即使两个矢量所量度的是在不同时间和不同空间位置的一个物理量,它们仍然是可以比较的。我们如果确信是在欧几里得空间处理问题,就可以肯定地把在不同时空点的两个矢量加以比较。

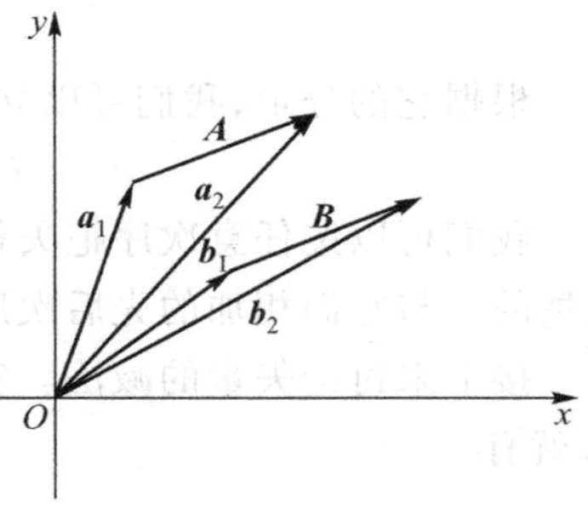

图 3.2.2

2. 矢量的加、减法

现在讨论一下矢量按照不同的方式组合时(通常所说的运算)的定律和规则(不同于标量的如四则运算般的普通代数运算规则)。我们会在坐标系中用矢量来描述一个物理量,这个矢量要遵从坐标系变换的对称性原理,因此,其运算规则的讨论应当从这一点开始。

首先看一下矢量加法。假如有两个矢量 $\boldsymbol{A}$ 和 $\boldsymbol{B}$,其在某一特定坐标系中的三个分量分别为(a_x,a_y,a_z)和(b_x,b_y,b_z),即

$$\boldsymbol{A}=a_x\widehat{\boldsymbol{i}}+a_y\widehat{\boldsymbol{j}}+a_z\widehat{\boldsymbol{k}}$$

$$\boldsymbol{B}=b_x\widehat{\boldsymbol{i}}+b_y\widehat{\boldsymbol{j}}+b_z\widehat{\boldsymbol{k}}$$

当两个矢量 **A** 和 **B** 相加时，它们的对应坐标分量可以按照代数规则相加，即 a_x+b_x、a_y+b_y、a_z+b_z。这三个新的空间坐标数是否构成一个新的矢量呢？前面曾经讨论过，如果这三个数满足坐标系变换下的对称关系，即当坐标系旋转时，这三个数正好按照我们之前讨论过的严格的规律相互“旋转”，彼此“混合在一起”，就像方程组(3.1.8)所描述的那样，这三个数就可以构成一个新矢量，或者可以说这三个数是一个新矢量的三个坐标分量。

当坐标系旋转时，矢量 **A** 和 **B** 的新坐标分量将分别变为 $a_{x'}$、$a_{y'}$、$a_{z'}$ 和 $b_{x'}$、$b_{y'}$、$b_{z'}$，为了方便我们仅考察两个矢量的 x 分量的变换，即

$$a_{x'}=a_x\cos\theta+a_y\sin\theta$$

$$b_{x'}=b_x\cos\theta+b_y\sin\theta$$

并且考察 $a_{x'}+b_{x'}$ 与 a_x+b_x 是否符合方程组(3.1.8)所描述的那样的变换关系。

因此，可以得到

$$a_{x'}+b_{x'}=(a_x+b_x)\cos\theta+(a_y+b_y)\sin\theta$$

而其他的坐标分量的和可以同样的方式处理。

我们注意到，方程组(3.1.8)的变换是线性变换，如果把这些变换应用于 a_x 和 b_x，得出 $a_{x'}$ 和 $b_{x'}$，就会发现已经变换的 a_x+b_x 的确是 $a_{x'}+b_{x'}$，而其他坐标分量的和同样符合这样的变换关系，即 $(a_x+b_x, a_y+b_y, a_z+b_z)$ 变成了 $(a_{x'}+b_{x'}, a_{y'}+b_{y'}, a_{z'}+b_{z'})$。当 **A** 和 **B** 在这个意义上“彼此相加”时，它们将构成一个新的矢量 **C**，即

$$\boldsymbol{C}=(a_x+b_x)\hat{\boldsymbol{i}}+(a_y+b_y)\hat{\boldsymbol{j}}+(a_z+b_z)\hat{\boldsymbol{k}}$$

我们可以把上式写成

$$\boldsymbol{C}=\boldsymbol{A}+\boldsymbol{B} \tag{3.2.1}$$

根据它的分量，我们可以立即看出 **C** 具有的重要性质，即

$$\boldsymbol{C}=\boldsymbol{B}+\boldsymbol{A},\quad \boldsymbol{A}+(\boldsymbol{B}+\boldsymbol{C})=(\boldsymbol{A}+\boldsymbol{B})+\boldsymbol{C} \tag{3.2.2}$$

我们可以按任意次序把矢量相加，即矢量加法遵从交换律。这个结论可以推广为有限个矢量的和与它们相加的先后次序无关。

接下来讨论矢量的减法。实际上，矢量的减法与其加法并没有本质的区别。如果 $\boldsymbol{C}=\boldsymbol{A}+\boldsymbol{B}$，就有

$$\boldsymbol{C}-\boldsymbol{A}=\boldsymbol{B},\quad \boldsymbol{C}-\boldsymbol{B}=\boldsymbol{A}$$

另外，若 k 是一个标量，则有

$$k(\boldsymbol{A}+\boldsymbol{B})=k\boldsymbol{A}+k\boldsymbol{B} \tag{3.2.3}$$

因此，标量乘以矢量的乘法遵从分配律。

一个矢量在空间上可以用一条有方向的直线段，即“箭矢”来表示。按照选定的标准尺度单位，它的长度就等于矢量的标量数值，“箭矢”的方向就是该矢量的方向，因此，矢量的和具有一定的几何意义，如图 3.2.3 所示。矢量的加法遵从平行四边形法则，即如果矢量 **A** 和 **B** 是某一平行四边形的两个边（**A** 和 **B** 的首尾相连），那么其对角线就是二者的矢量和（其长度为该矢量和的数值，方向由 **A** 的尾指向 **B** 的首）。

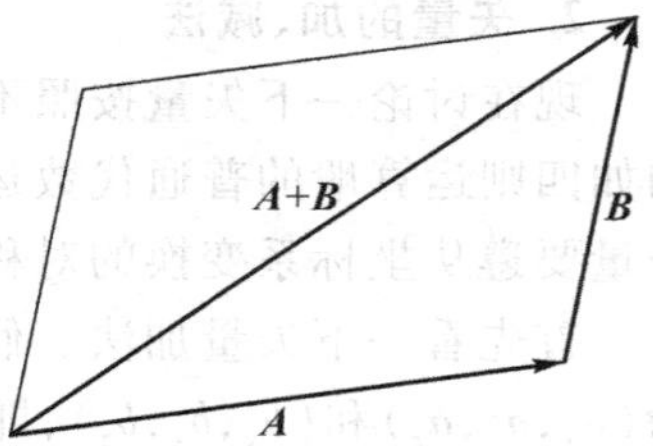

图 3.2.3

通过前面的讨论，现在重新考察一个物理量在什么情况下可以用矢量来表述。位移是矢

量，因为它既描述了从起始位置到最终位置的直线的方向，又描述了线段的长度，当矢量加法的规则应用于欧几里得空间中的位移时，就如图 3. 2. 3 所示，位移矢量 $\boldsymbol{A}$ 和 $\boldsymbol{B}$ 之和的矢量 $\boldsymbol{C}$ 表述的正是在空间中总的位移。力是一个矢量，在物体受力分析中，力在不同坐标系下进行分解，实际上就是矢量加法的特殊情形。因此，若物理量具有与位移、力同样的合成规律和不变性特征，该物理量就可以用矢量表示。

举一个具有数值和方向但不是矢量的特殊例子，有限（角）转动的量。这个量与角动量类似，它有数值（转角）也有方向（转轴的方向），但是它不符合矢量的运算规则（加法的交换律），因此它不是矢量。

3. 矢量的乘积

关于矢量的乘积，实际上有两种不同的定义方式，即

$$\boldsymbol{A}\cdot\boldsymbol{B}=\boldsymbol{C}\text{（标量）},\quad \boldsymbol{A}\times\boldsymbol{B}=\boldsymbol{C}\text{（矢量）}$$

其中，前一式的计算结果是标量，而后一式的计算结果是矢量。

这两种乘积运算都满足乘法的分配律，即

$$\boldsymbol{A}\cdot(\boldsymbol{B}+\boldsymbol{C})=\boldsymbol{A}\cdot\boldsymbol{B}+\boldsymbol{A}\cdot\boldsymbol{C} \tag{3.2.4}$$

$$\boldsymbol{A}\times(\boldsymbol{B}+\boldsymbol{C})=\boldsymbol{A}\times\boldsymbol{B}+\boldsymbol{A}\times\boldsymbol{C} \tag{3.2.5}$$

这两种矢量的乘积运算在物理学中都是有用的，即都具有相应的、明确的物理意义。

（1）标量积。

标量积的结果是标量。我们通常用 $\boldsymbol{A}\cdot\boldsymbol{B}$ 来表示两个矢量的标量积，因此，它有时也由于运算符号“·”而被称为“点积”。标量积的运算规则如下：

$$\boldsymbol{A}\cdot\boldsymbol{B}=AB\cos\theta \tag{3.2.6}$$

式中，$\cos\theta$ 表示矢量 $\boldsymbol{A}$ 和 $\boldsymbol{B}$ 的夹角的余弦。如图 3. 2. 4 所示，我们可以看到，标量积的定义与坐标系的选择无关。

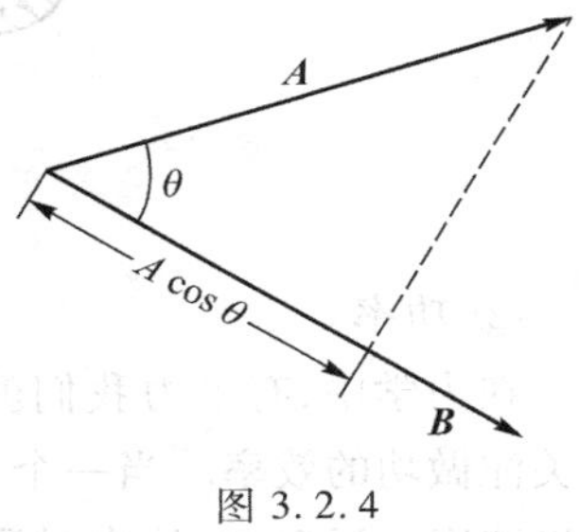

图 3. 2. 4

由式（3. 2. 6）所表述的运算规则可知，标量积是可以交换的：

$$\boldsymbol{A}\cdot\boldsymbol{B}=\boldsymbol{B}\cdot\boldsymbol{A} \tag{3.2.7}$$

标量积的数值会随着 $\boldsymbol{A}$ 和 $\boldsymbol{B}$ 之间的夹角的变化而发生正负号的变化。若 $\boldsymbol{A}=\boldsymbol{B}$，即矢量自身与自身“点积”，则

$$\boldsymbol{A}\cdot\boldsymbol{B}=A^2=|\boldsymbol{A}|^2$$

若 $\boldsymbol{A}\cdot\boldsymbol{B}=0$，且 $\boldsymbol{A}\neq\boldsymbol{0}$，$\boldsymbol{B}\neq\boldsymbol{0}$，则可以确定矢量 $\boldsymbol{A}$ 和 $\boldsymbol{B}$ 正交（或垂直）。两个单位矢量的标量积刚好等于两者夹角的余弦，若 $\widehat{\boldsymbol{i}}$、$\widehat{\boldsymbol{j}}$、$\widehat{\boldsymbol{k}}$ 为一直角坐标系的三个正交单位矢量，则有

$$\widehat{\boldsymbol{i}}\cdot\widehat{\boldsymbol{i}}=\widehat{\boldsymbol{j}}\cdot\widehat{\boldsymbol{j}}=\widehat{\boldsymbol{k}}\cdot\widehat{\boldsymbol{k}}=1,\quad \widehat{\boldsymbol{i}}\cdot\widehat{\boldsymbol{j}}=\widehat{\boldsymbol{j}}\cdot\widehat{\boldsymbol{k}}=\widehat{\boldsymbol{k}}\cdot\widehat{\boldsymbol{i}}=0$$

任意一个矢量在某一个坐标系中可以写为

$$\boldsymbol{A}=a_x\widehat{\boldsymbol{i}}+a_y\widehat{\boldsymbol{j}}+a_z\widehat{\boldsymbol{k}}$$

该矢量的分量就可以通过以下的“点积”运算获得：

$$a_x=\boldsymbol{A}\cdot\widehat{\boldsymbol{i}},\quad a_y=\boldsymbol{A}\cdot\widehat{\boldsymbol{j}},\quad a_z=\boldsymbol{A}\cdot\widehat{\boldsymbol{k}}$$

该矢量的标量值可以通过以下的“点积”运算获得：

$$A=\sqrt{\boldsymbol{A}\cdot\boldsymbol{A}}$$

$$=\sqrt{(a_x\hat{i}+a_y\hat{j}+a_z\hat{k})\cdot(a_x\hat{i}+a_y\hat{j}+a_z\hat{k})}$$
$$=\sqrt{a_x^2+a_y^2+a_z^2}$$

应当注意的是，标量积乘法没有逆运算，如果 $\boldsymbol{A}\cdot\boldsymbol{X}=b$，$\boldsymbol{X}$ 就没有唯一的解。被一个矢量除是一种无意义的、不确定的运算。

前面我们用两个矢量夹角的余弦来表示其标量积，实际上，用矢量分量来表示两个矢量 $\boldsymbol{A}$ 和 $\boldsymbol{B}$ 的标量积更便于记忆，即

$$\boldsymbol{A}\cdot\boldsymbol{B}=a_xb_x+a_yb_y+a_zb_z \tag{3.2.8}$$

现在我们讨论标量积在物理学中应用的几个例子。

① 电磁波中的电场矢量和磁场矢量及其在空间传播的特征。

光是一种电磁波，我们可以通过标量积的结果来讨论其在空间中的传播特征。假设 $\hat{\boldsymbol{k}}$ 是一平面电磁波在自由空间中传播方向上的单位矢量，则电场强度矢量 $\boldsymbol{E}$ 和磁感应强度矢量 $\boldsymbol{B}$ 一定位于与 $\hat{\boldsymbol{k}}$ 垂直的平面内，即相互垂直的 $\boldsymbol{E}$ 和 $\boldsymbol{B}$ 在空间构成一个平面，而 $\boldsymbol{k}$ 可以作为该平面的法向单位矢量，如图 3.2.5 所示。因此，我们可以用下列关系来表述平面电磁波在空间传播的特征（或空间几何条件），即

$$\hat{\boldsymbol{k}}\cdot\boldsymbol{E}=0,\quad \hat{\boldsymbol{k}}\cdot\boldsymbol{B}=0,\quad \boldsymbol{E}\cdot\boldsymbol{B}=0$$

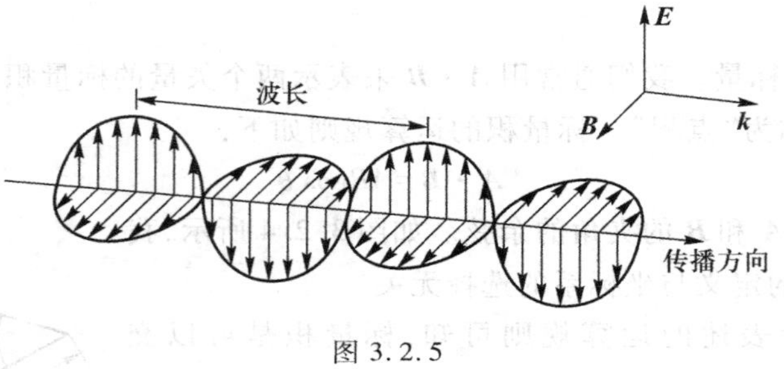

图 3.2.5

② 功率。

在力学中，有了力我们就会关注其做功的可能性，进而关注做功的效率。当一个力 $\boldsymbol{F}$ 作用在任一质点上并使其以速度 $\boldsymbol{v}$ 运动时，该力对质点做功的功率（即单位时间所做的功）可以用 $Fv\cos(\boldsymbol{F},\boldsymbol{v})$ 来描述，其中 $\cos(\boldsymbol{F},\boldsymbol{v})$ 是力 $\boldsymbol{F}$ 与速度 $\boldsymbol{v}$ 两个矢量之间夹角的余弦，如图 3.2.6 所示。可以看出，此表达式就是力 $\boldsymbol{F}$ 与速度 $\boldsymbol{v}$ 的标量积 $\boldsymbol{F}\cdot\boldsymbol{v}$。若将功对时间的微商作为表征功率的符号，则有

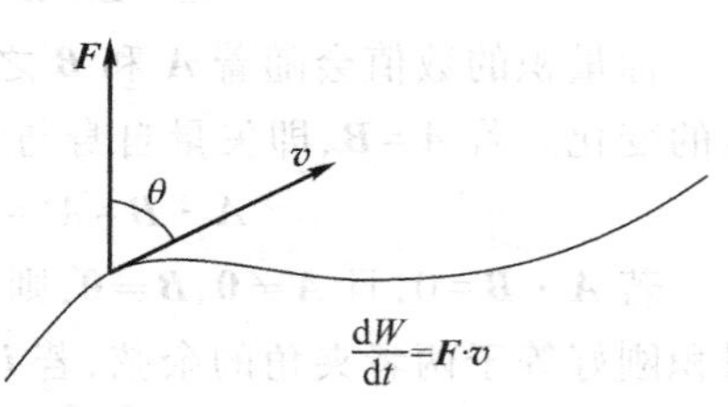

图 3.2.6

$$\frac{\mathrm{d}W}{\mathrm{d}t}=\boldsymbol{F}\cdot\boldsymbol{v}$$

（2）矢量积。

矢量积的运算结果是矢量。我们通常用 $\boldsymbol{A}\times\boldsymbol{B}$ 来表示两个矢量的矢量积，因此，它有时也由于运算符号“×”而被称为“叉积”。$\boldsymbol{A}$ 和 $\boldsymbol{B}$ 的矢量积被定义为一个在某种限定意义下的矢量，矢量积的运算规则如下：

$$C = A \times B = \hat{C} AB \sin \theta \tag{3.2.9}$$

其中，θ 为矢量 $\boldsymbol{A}$ 和 $\boldsymbol{B}$ 的夹角，$\hat{C}$ 为新的矢量 $\boldsymbol{C}$ 的单位矢量，它与矢量 $\boldsymbol{A}$ 和 $\boldsymbol{B}$ 所在平面法向单位矢量同向，如图 3.2.7(a)所示。

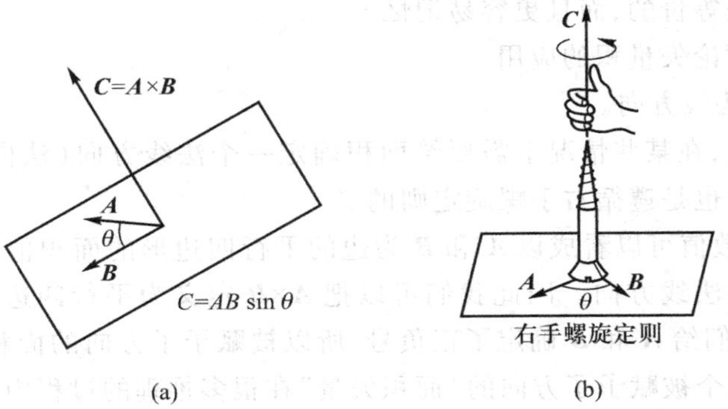

图 3.2.7

新的矢量 $\boldsymbol{C}$ 的方向，也就是 $\hat{C}$ 的方向由右手螺旋定则确定，转动矢量积中前一个矢量 $\boldsymbol{A}$，使之转过一最小角度与 $\boldsymbol{B}$ 的方向重合，$\boldsymbol{C}$ 的指向就是像一样转动的右手螺旋旋进的方向，如图 3.2.7(b)所示。由此可以看出，矢量积所确定的新的矢量 $\boldsymbol{C}$ 与 $\boldsymbol{A}$ 和 $\boldsymbol{B}$ 都垂直。

右手螺旋定则规定了沿最小的角度旋进的方向为“叉积”得到的新矢量的方向，如果沿最小的角度的 2π 弧度补角旋进，实际上就是 $\boldsymbol{B}\times\boldsymbol{A}$ 所得到的另一个新矢量的方向，你会发现该方向与 $\boldsymbol{A}\times\boldsymbol{B}$ 的方向完全相反，即

$$\boldsymbol{B}\times\boldsymbol{A} = -\boldsymbol{A}\times\boldsymbol{B} \tag{3.2.10}$$

因此，矢量积不满足交换律。

对于欧几里得几何空间中的直角坐标系，如图 3.2.8 所示，其坐标轴的单位矢量定义为 $\hat{i}$、$\hat{j}$、$\hat{k}$，其相互关系可以用“叉积”来表示，且规定右手螺旋旋进方向如图所示，因此有

$$\hat{i}\times\hat{j}=\hat{k},\quad \hat{j}\times\hat{k}=\hat{i},\quad \hat{k}\times\hat{i}=\hat{j}$$

单位矢量的矢量积同样不遵从交换律。

单位矢量的自身的“叉积”与“点积”有明显的区别，即

$$\hat{i}\times\hat{i}=\hat{j}\times\hat{j}=\hat{k}\times\hat{k}=0$$

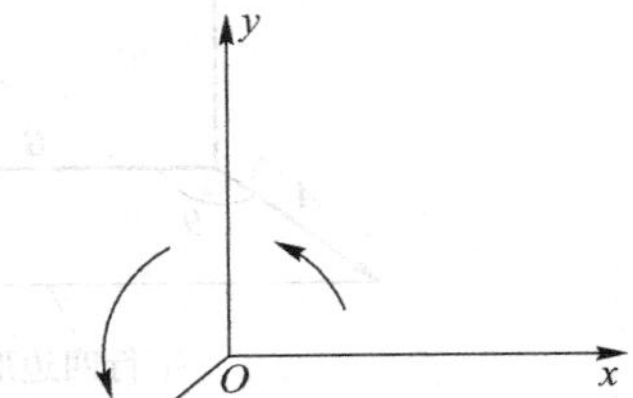

图 3.2.8

矢量积遵从分配律，即

$$\boldsymbol{A}\times(\boldsymbol{B}+\boldsymbol{C}) = \boldsymbol{A}\times\boldsymbol{B}+\boldsymbol{A}\times\boldsymbol{C} \tag{3.2.11}$$

下面我们用直角坐标分量来表示矢量积，即

$$\begin{aligned}\boldsymbol{A}\times\boldsymbol{B} &= (a_x\hat{i}+a_y\hat{j}+a_z\hat{k})\times(b_x\hat{i}+b_y\hat{j}+b_z\hat{k})\\ &= (\hat{i}\times\hat{j})a_xb_y+(\hat{i}\times\hat{k})a_xb_z+(\hat{j}\times\hat{k})a_yb_z+(\hat{j}\times\hat{i})a_yb_x+(\hat{k}\times\hat{i})a_zb_x+(\hat{k}\times\hat{j})a_zb_y\end{aligned}$$

根据上述运算规则，当矢量积中某项的下标按照 x、y、z 的顺序循环时，该项取正号，否则取负号，整理后可得

$$\boldsymbol{A}\times\boldsymbol{B} = \hat{i}(a_yb_z-a_zb_y)+\hat{j}(a_zb_x-a_xb_z)+\hat{k}(a_xb_y-a_yb_x)$$

矢量积还可以表述成行列式的形式，即

$$A\times B=\begin{vmatrix}\hat{i} & \hat{j} & \hat{k}\\ a_x & a_y & a_z\\ b_x & b_y & b_z\end{vmatrix} \tag{3.2.12}$$

它与上面的表达式是等价的,而且更容易记忆。

下面我们举例讨论矢量积的应用。

① 有关面积的法线方向。

前面已经讨论过,在某些情况下需要给面积确定一个法线方向(法向),实际上面积法向的确定在很多情况下也是遵循右手螺旋定则的。

矢量积 $\boldsymbol{A}\times\boldsymbol{B}$ 的数值可以看成以 $\boldsymbol{A}$ 和 $\boldsymbol{B}$ 为边的平行四边形的面积值;$\boldsymbol{A}\times\boldsymbol{B}$ 的方向就是平行四边形所在平面的法线方向。因此我们可以把 $\boldsymbol{A}\times\boldsymbol{B}$ 定义为平行四边形的面积矢量,如图 3.2.9 所示。因为我们给 $\boldsymbol{A}$ 和 $\boldsymbol{B}$ 确定了正负号,所以被赋予了方向的面积在某种情况下也可以看成一个矢量。这个被赋予了方向的"面积矢量"在很多推理的过程中得到应用。

② 磁场中带电粒子所受的力。

在中学物理知识学习的过程中我们知道,在磁场 $\boldsymbol{B}$ 中以速度 $\boldsymbol{v}$ 运动的点电荷 q 会受到磁场的作用力 $\boldsymbol{F}$,即洛伦兹力;作用力的方向与速度 $\boldsymbol{v}$ 和磁场 $\boldsymbol{B}$ 构成的平面垂直,作用力的大小与磁场 $\boldsymbol{B}$ 与 $\boldsymbol{v}$ 的垂直方向分量的乘积成正比,如图 3.2.10 所示,用矢量积表示就是

$$\boldsymbol{F}=q\boldsymbol{v}\times\boldsymbol{B}$$

式中,q 是粒子所带的电荷量。

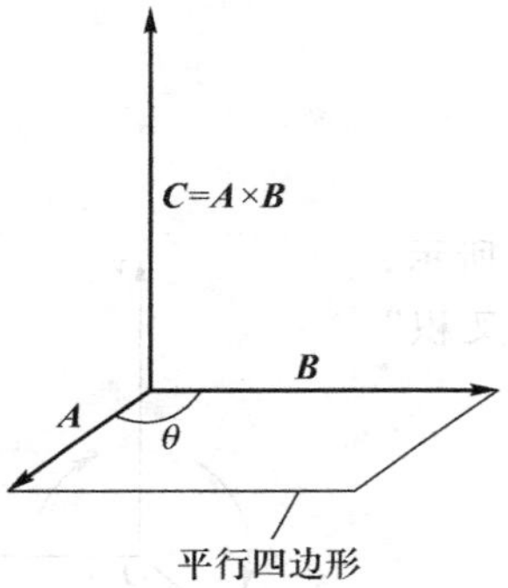

图 3.2.9

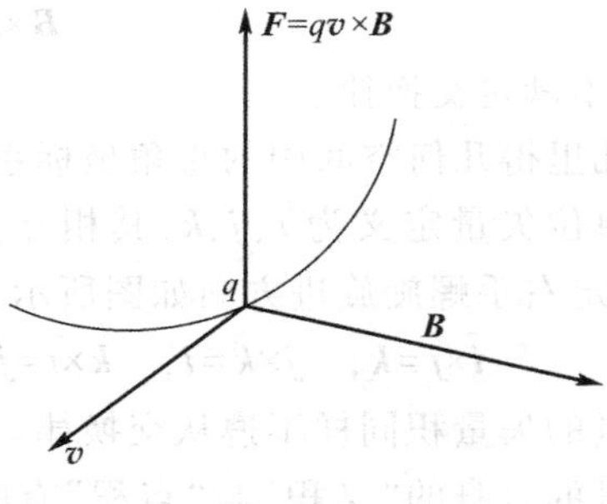

图 3.2.10

关于矢量乘积的运算规则我们就讨论到此。下面给出一些在电磁学课程中经常用到的矢量相关运算公式:

$$\boldsymbol{A}\cdot\boldsymbol{B}=a_xb_x+a_yb_y+a_zb_z$$

$$\boldsymbol{A}\times\boldsymbol{B}=\hat{\boldsymbol{i}}(a_yb_z-a_zb_y)+\hat{\boldsymbol{j}}(a_zb_x-a_xb_z)+\hat{\boldsymbol{k}}(a_xb_y-a_yb_x)$$

$$(\boldsymbol{A}\times\boldsymbol{B})\times\boldsymbol{C}=(\boldsymbol{A}\cdot\boldsymbol{C})\boldsymbol{B}-(\boldsymbol{B}\cdot\boldsymbol{C})\boldsymbol{A}$$

$$\boldsymbol{A}\times(\boldsymbol{B}\times\boldsymbol{C})=(\boldsymbol{A}\cdot\boldsymbol{C})\boldsymbol{B}-(\boldsymbol{A}\cdot\boldsymbol{B})\boldsymbol{C}$$

$$(\boldsymbol{A}\times\boldsymbol{B})\cdot(\boldsymbol{C}\times\boldsymbol{D})=(\boldsymbol{A}\cdot\boldsymbol{C})(\boldsymbol{B}\cdot\boldsymbol{D})-(\boldsymbol{A}\cdot\boldsymbol{D})(\boldsymbol{B}\cdot\boldsymbol{C})$$

$$(\boldsymbol{A}\times\boldsymbol{B})\times(\boldsymbol{C}\times\boldsymbol{D})=[\boldsymbol{A}\cdot(\boldsymbol{B}\times\boldsymbol{D})]\boldsymbol{C}-[\boldsymbol{A}\cdot(\boldsymbol{B}\times\boldsymbol{C})]\boldsymbol{D}$$

$$\boldsymbol{A}\times[\boldsymbol{B}\times(\boldsymbol{C}\times\boldsymbol{D})]=(\boldsymbol{A}\times\boldsymbol{C})(\boldsymbol{B}\cdot\boldsymbol{D})-(\boldsymbol{A}\times\boldsymbol{D})(\boldsymbol{B}\cdot\boldsymbol{C})$$

4. 矢量关于时间的微商

在力学课程中我们知道，质点的运动速度是矢量，它的加速度也是矢量，质点的速度是其位移矢量对时间的微商，因此，从物理学意义上可以认为矢量对时间的微商还是矢量，即时间微商运算并不改变物理量的矢量性质。

速度是质点的位置矢量随时间的变化率。质点在任何时刻 t 的位置可以用从固定点 O 到该质点的矢量 $\boldsymbol{r}(t)$ 来表示。随着时间的推移，运动质点的位置矢量的方向和数值都在改变，如图 3.2.11 所示。二者之差也就是该质点的位移矢量，即

$$\Delta\boldsymbol{r}=\boldsymbol{r}(t_2)-\boldsymbol{r}(t_1)$$

若矢量 $\boldsymbol{r}$ 能看成时间 t 这个变量的函数，则当 t_1 和 t_2 时刻的值已知时，$\Delta\boldsymbol{r}$ 的值就完全确定了，$\Delta\boldsymbol{r}$ 就是质点运动轨迹的弦 P_1P_2。比值 $\Delta\boldsymbol{r}/\Delta t$ 是一个与弦 P_1P_2 共线的矢量，其数值为 P_1P_2 的 $1/\Delta t$。随着 Δt 趋近于零，P_2 趋近于 P_1，弦 P_1P_2 趋近于 P_1 处曲线的切线。

这时矢量 $\Delta\boldsymbol{r}/\Delta t$ 将趋近于 $\mathrm{d}\boldsymbol{r}/\mathrm{d}t$，后者是一个与 P_1 处曲线相切的矢量，它指向变量 t 增加时质点在曲线上的走向，如图 3.2.12 所示。

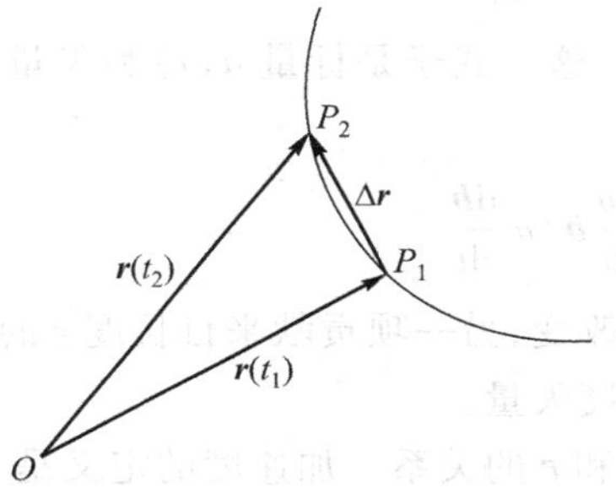

图 3.2.11

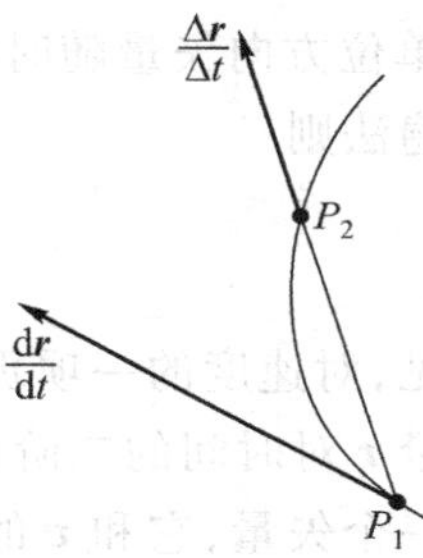

图 3.2.12

下面我们以位移矢量 $\boldsymbol{r}$ 的时间微商为例来讨论矢量的时间微商。

(1) 位移矢量 $\boldsymbol{r}$ 对时间的一阶微商，即速度矢量。

$$\frac{\mathrm{d}\boldsymbol{r}}{\mathrm{d}t}=\lim_{\Delta t\to 0}\frac{\Delta\boldsymbol{r}}{\Delta t}$$

称为位移矢量 $\boldsymbol{r}$ 的时间微商。速度的定义是

$$\boldsymbol{v}(t)\equiv\frac{\mathrm{d}\boldsymbol{r}}{\mathrm{d}t}$$

速度的数值 $v=|\boldsymbol{v}|$ 称为速率，速率是一个标量。

用分量表示，$\boldsymbol{r}$ 可以写为

$$\boldsymbol{r}(t)=x(t)\hat{\boldsymbol{i}}+y(t)\hat{\boldsymbol{j}}+z(t)\hat{\boldsymbol{k}}$$

于是

$$\frac{\mathrm{d}\boldsymbol{r}}{\mathrm{d}t}=\boldsymbol{v}=\frac{\mathrm{d}x}{\mathrm{d}t}\hat{\boldsymbol{i}}+\frac{\mathrm{d}y}{\mathrm{d}t}\hat{\boldsymbol{j}}+\frac{\mathrm{d}z}{\mathrm{d}t}\hat{\boldsymbol{k}}$$

$$=v_x\hat{\boldsymbol{i}}+v_y\hat{\boldsymbol{j}}+v_z\hat{\boldsymbol{k}}$$

$$v=|\boldsymbol{v}|=\sqrt{v_x^2+v_y^2+v_z^2}$$

这里我们已经假定式中那些单位矢量不随时间变化，所以

$$\frac{d\hat{\boldsymbol{i}}}{dt}=\frac{d\hat{\boldsymbol{j}}}{dt}=\frac{d\hat{\boldsymbol{k}}}{dt}=\mathbf{0}$$

通常,我们将 $\boldsymbol{r}$ 写成 $\boldsymbol{r}(t)=r(t)\hat{\boldsymbol{r}}(t)$。式中,标量 $r(t)$ 是矢量的长度,$\hat{\boldsymbol{r}}(t)$ 是 $\boldsymbol{r}$ 方向的单位矢量。$\boldsymbol{r}(t)$ 的时间微商定义为

$$\begin{aligned}\frac{d\boldsymbol{r}(t)}{dt}&=\frac{d}{dt}[r(t)\hat{\boldsymbol{r}}(t)]\\&=\lim_{\Delta t\to 0}\frac{r(t+\Delta t)\hat{\boldsymbol{r}}(t+\Delta t)-r(t)\hat{\boldsymbol{r}}(t)}{\Delta t}\end{aligned}$$

将 $r(t+\Delta t)$ 和 $\hat{\boldsymbol{r}}(t+\Delta t)$ 做级数展开,分别保留前两项,于是分子变为

$$\left[r(t)+\frac{dr}{dt}\Delta t\right]\left[\hat{\boldsymbol{r}}(t)+\frac{d\hat{\boldsymbol{r}}}{dt}\Delta t\right]-r(t)\hat{\boldsymbol{r}}(t)=\Delta t\left(\frac{dr}{dt}\hat{\boldsymbol{r}}+r\frac{d\hat{\boldsymbol{r}}}{dt}\right)+(\Delta t)^2\frac{dr}{dt}\frac{d\hat{\boldsymbol{r}}}{dt}$$

当 $\Delta t\to 0$ 时,上式中的第二项趋于零,从而得到

$$\boldsymbol{v}=\frac{d\boldsymbol{r}}{dt}=\frac{dr}{dt}\hat{\boldsymbol{r}}+r\frac{d\hat{\boldsymbol{r}}}{dt}$$

式中,$d\hat{\boldsymbol{r}}/dt$ 表示单位方向矢量随时间的变化率。这个式子是标量 $a(t)$ 和矢量 $\boldsymbol{b}(t)$ 的乘积的微商所依从的普遍法则

$$\frac{d}{dt}(a\boldsymbol{b})=\frac{da}{dt}\boldsymbol{b}+a\frac{d\boldsymbol{b}}{dt} \tag{3.2.13}$$

的一个实例。可见,对速度的一项贡献来自 $\hat{\boldsymbol{r}}$ 的改变,另一项贡献来自长度 r 的改变。

(2) 位移矢量 $\boldsymbol{r}$ 对时间的二阶微商,即加速度矢量。

加速度也是一个矢量,它和 $\boldsymbol{v}$ 的关系正如 $\boldsymbol{v}$ 和 $\boldsymbol{r}$ 的关系。加速度的定义是

$$\boldsymbol{a}\equiv\frac{d\boldsymbol{v}}{dt}=\frac{d^2\boldsymbol{r}}{dt^2}$$

我们用直角坐标系分量表示加速度:

$$\boldsymbol{a}=\frac{d\boldsymbol{v}}{dt}=\frac{d^2x}{dt^2}\hat{\boldsymbol{i}}+\frac{d^2y}{dt^2}\hat{\boldsymbol{j}}+\frac{d^2z}{dt^2}\hat{\boldsymbol{k}}$$

矢量关于时间的微商运算规则就讨论到此,矢量的空间微商及积分将在"矢量场"的处理部分适当加以介绍,在此不再赘述。

5. 不变量

与坐标轴的选择无关这一性质是物理定律的一个重要方面,也是采用矢量符号的一个重要理由。

对于有一个共同原点的两个坐标系,其中一个相对于另一个进行了任意转动,考察同一矢量在这两个坐标系中的数值,显然有

$$\boldsymbol{A}=a_x\hat{\boldsymbol{i}}+a_y\hat{\boldsymbol{j}}+a_z\hat{\boldsymbol{k}}$$

和

$$\boldsymbol{A}=a_{x'}\hat{\boldsymbol{i}}'+a_{y'}\hat{\boldsymbol{j}}'+a_{z'}\hat{\boldsymbol{k}}'$$

由于 $\boldsymbol{A}$ 并未改变,A^2 必须相同,所以

$$a_x^2+a_y^2+a_z^2=a_{x'}^2+a_{y'}^2+a_{z'}^2$$

换句话说，在一切只是由于坐标轴做一刚性转动而不同的那些直角坐标系中，一个矢量的数值是相同的。这种量称为形式不变量(简称不变量)。

根据形式不变量的定义，$\boldsymbol{A}\cdot\boldsymbol{B}=a_x b_x+a_y b_y+a_z b_z$表示的标量积是一个形式不变量，矢量积的数值也是一个形式不变量。

这是一个非常有用的原理，它不但说明了矢量乘积运算(标量积、矢量积)的性质，而且为我们讨论物理定律过程中的预测提供了一个有效的方法。

如果某一个物理量是一个不变量，即不随坐标系的变化而改变，那么在某种情况下就给我们思考它是否是某两个矢量的标量积提供了可能，也为我们判断某三个数是否是某个矢量的三个分量提供了前提。

如果 a_x、a_y 和 a_z 是矢量 $\boldsymbol{A}$ 在某个坐标系中的三个分量，另外在该坐标系中我们得到了一个形式不变量，即

$$a_x b_x+a_y b_y+a_z b_z$$

那么根据矢量标量积的逆运算，我们可以确定地知道 b_x、b_y 和 b_z 就是矢量 $\boldsymbol{B}$ 的三个分量，即

$$\boldsymbol{B}=b_x\hat{\boldsymbol{i}}+b_y\hat{\boldsymbol{j}}+b_z\hat{\boldsymbol{k}}$$

第三节　再谈对称性

除了前面讨论的时间、空间的对称性之外，现在我们讨论一下匀速直线运动中的对称性问题。同学们也许会问，为什么要强调“匀速、直线”？这是因为对于变速(存在加速度)运动或连续转动(存在角速度)的坐标系而言，它们都是非惯性系，而在非惯性系中对称性原理是破缺的(牛顿运动定律在惯性系中是符合对称性的，而在非惯性系中就不成立了，所以才被广义相对论所取代)，由此可以看出，系统的动力学行为的对称性是受到客观条件制约的，对称性也是有条件的。

我们相信沿着一条直线做匀速运动时，物理定律是不变的。这叫做相对性原理。

如果有一个匀速直线运动的车厢，该车厢里放置了一台正在工作的仪器，同时有另一台完全相同的仪器放置在地面上，那么车厢里面的人关注到的这台仪器的工作情况与地面上静止不动的观察者注意到的地面上的仪器的工作情况没有什么不同。只要他以均匀的速度沿直线运动，他所看到的物理定律同地面上的观察者所看到的物理定律就完全是一样的。

这一命题最早包含在牛顿的陈述里。他在万有引力定律里说，力与距离的平方成反比，并且力的作用产生速度的变化。假设现在我们已经知道了当一颗行星环绕一个固定的太阳运行时所发生的事，而现在我们又想知道当一颗行星环绕一个运动的太阳运行(环绕太阳运动的行星与太阳一起构成了一个系统，而这个系统以均匀的速度沿着直线运动)时会发生什么事。我们注意到第一种情况下的所有速度的值与第二种情况都是不同的，因为在第二种情况下要加上一个恒定的速度。但牛顿运动定律说的是速度的变化，因此实际上发生的是，相对观察者固定的系统中太阳对行星施加的力与相对观察者运动的系统中太阳对行星施加的力是一样的，在两种情况下行星相对于太阳运动速度的变化是相同的。因此，当启动第二颗行星时，外加的任何速度只是继续保持下去，而所有的速度变化都累加在那些速度之上。物理上的净效果是，如果加上一个恒定的速度，定律将会完全一样。

根据牛顿运动定律，这样一种在空间中的漂移，不会对各个行星环绕太阳的运动产生任何影响。因此牛顿补充说："各个物体在空间中，它们自己互相的运动都是一样的，不管空间自身相对于固定的恒星是静止不动还是以均匀的速度沿着一条直线运动。"

我们看一看电磁学定律的情况。电磁学定律的有益结果之一是电磁波的发现。光就是电磁波的一个例子，它以 3×10^8 m/s 的速度在空间行进。这样快的速度，会发生什么事呢？那么就容易区分哪里是静止的哪里是运动的了，因为以光的速度行进的定律，肯定不是一条允许运动得那么快而不产生某种效应的定律。但事实并非如此，如图 3.3.1 所示，如果你在一艘飞船 A 里，并且飞船相对于某静止坐标系 $O(x,y,z)$ 以 $v=2\times10^8$ m/s 的速度朝某一方向行进，同时坐标系 O 中的我静止不动，并且我发出一束以 $c=3\times10^8$ m/s 的速度行进的光，光透进你的飞船的一个小孔，由于你的速度是 $v=2\times10^8$ m/s 而光的速度是 3×10^8 m/s，所以你看到的光就好像应该以 1×10^8 m/s 的速度通过一样。但是，如果你做这样的实验，结果表明，你看到的光却是以 $c'=3\times10^8$ m/s $=c$ 的速度通过，就像我看到的光也是以 $c=3\times10^8$ m/s 的速度通过一样。

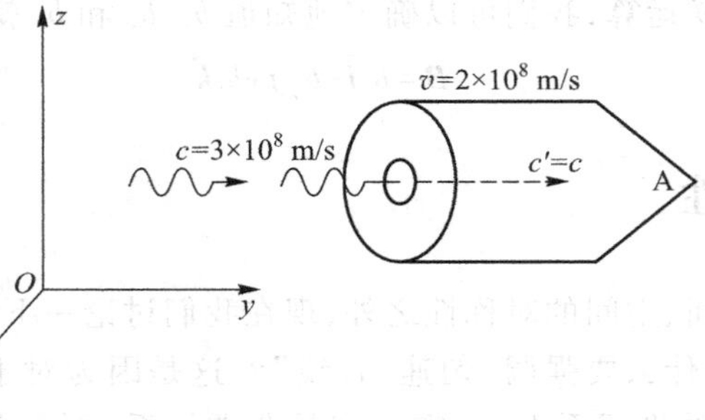

图 3.3.1

大自然的有些事实是不容易理解的，上述的实验事实是那么明显地违背常识（这里的常识是通常意义上的常识，可能并不是一个相对正确的常识，这是一个有条件的常识，是在低速、宏观参考系中的常识），以至于有些人依然不相信它。但一次又一次的实验证明，不管你运动得有多快，光的速度总是 3×10^8 m/s。现在的问题是，怎么会这样呢？爱因斯坦认识到，庞加莱也认识到，如果一个人在运动而另一个人在静止，但两个人却依然测量到相同的速度，那么唯一可能的方式是他们对时间和空间的感觉是不同的；在飞船空间里的时钟的走动速率与地面上的时钟是不同的，等等。你会说："啊，如果时钟在走动而我在宇宙飞船里注视着它，那我就看得到它走慢了。"不，你的大脑也"走慢"了！确定了每一件东西都在宇宙飞船里面运行，就有可能建立一个系统，在飞船里看来光好像是每"飞船秒"走 30 万公里；与此同时，在我看来光好像是每"我的秒"走 30 万公里。

这条相对性原理的结果之一是，你不能够说出你沿着一条直线所做的匀速运动有多快。假设有两辆车子 A、B，A 以一个恒定的速度相对于 B 运动，有两个事件在 B 车的两端同时发生。有一个人站在 B 车的中间，某一瞬间在他的车两边的每一端发生了事件 a 和 b，他宣称两件事是在同一时刻发生的，因为站在车子中间的他在同一时刻看到这两个事件发出的光。但对于在车子 A 上的那个人来说，他是以恒定的速度相对于 B 运动的，他也同样看到了两个事件，但不是在同一时刻发生的；事实上他先看到了 a 事件，因为他正向前运动。你看到了关于以均匀的速度沿着一条直线运动的对称性原理的结果之一是（在这里使用对称性这个词，指的是你不能够说出谁的观点是对的),使用“现在”这个词来谈论一件正在发生的事,是毫无意义的。如果你正在以均匀的速度沿着一条直线运动,那么在你看来同时发生的事件,在我看来并不是同时发生的事件,即使在我认为是同时的两个事件发生的那一刻我们两人正好相遇,我们也不能对一段距离之外的“现在”的意义达成一致。这意味着,为了保证不可能检测到沿着一条直线的均匀速度这条原理,我们对空间和时间的观念要产生一种深刻的转换。实际上只要两个人不在同一地点,两个事件从一个人的观点看是同时发生的,而从另一个人的观点看却不是同时发生的。

在某种意义上,真正空间的特征是它的存在与特定的地点无关,从不同的观点去看“前-后”坐标,会同“左-右”坐标混合。相似地,“过去-未来”的时间坐标,也会同某种空间坐标相混合。空间和时间必然是互相联结的。闵可夫斯基发现了这一点之后说:“空间本身和时间都将消退为一些阴影,并且只有它们的一种联合会留存下来。”

上面这个特殊的例子是学习物理学定律的对称性的真正开始。正是庞加莱建议做这种分析,看看你能对方程做些什么而方程依旧不变。这是庞加莱注意物理学定律的对称性的态度。空间的迁移、时间的延迟等,并不是非常深奥的;但是以均匀的速度沿着一条直线运动的对称性是十分有趣的,它能引出所有类型的结果。而且,这些结果还能够推广到我们还不知道的那些定律。

下面,我们讨论一种类型非常不同的对称性。

这种对称性是你能够把一个原子替换为另一个同一种的原子,这样做对任何现象都不会引起差别。同一种原子的意思是,当它(原子A)被替换成另一个(原子B)时,不会引起任何差别,即“它(原子A)”与“另一个(原子B)”是“同一种”的原子。我们知道有很多名称不同的原子,比如氧原子、氮原子、氢原子等,我们认为叫同一名称的原子是同一种原子。这件事情的真正意义是有一些原子是同一类的;有可能找到一组一组、一类一类的原子,使得你可以在同一类里将一个原子替换成另一个而不引起任何差别。现在我们知道,1 mol物质里的原子数大约是10^{23},那么多的原子的一个重要性质是它们都是相同的(或者它们不是完全相同的)。我们能够把它们分成数目有限的一两百种不同类型的原子,因此关于能够用另一个同类的原子来替换一个原子的陈述含有丰富的内容。

在量子力学中,能够把一个原子替换成另一个同类的原子这一命题具有一些奇特的结果。它产生了液态氦的特殊现象,液态氦可以不受任何阻力地流过管道,只是靠惯性永远流动。

事实上,存在同一类原子的这一事实,是整个元素周期表的来源,也是使得我们能够站在楼上而不会跌落到下面的力的来源。

下面关于“对称性的破缺”的拓展阅读内容虽然与电磁学的课程内容并不直接相关,但却是与物理定律的对称性相关的非常重要的内容,因此,作为自学内容提供给读者,仅供参考。

拓展阅读:对称性的破缺

第四章 关于场

爱因斯坦在1931年发表的《麦克斯韦对物理实在观发展的影响》一文中说："自从牛顿奠定理论物理学基础以来，物理学的公理基础——换句话说，就是我们关于实在结构的概念——最伟大的变革，是法拉第和麦克斯韦在电磁现象方面的工作所引起的。在麦克斯韦之前，人们以为物理实在——就它应当代表自然界中的事件而论——是质点，质点的变化完全是由那些服从全微分方程的运动所组成的。在麦克斯韦之后，人们则认为物理实在是由连续的场来代表的，它服从偏微分方程，不能对它做机械论的解释。实在概念的这一变革，是物理学自牛顿以来的一次最深刻、最富成效的变革。"

第一节 近距作用与场

在电磁现象及其作用规律发现的早期，从电的相互作用规律——库仑定律的定量描述方式就可以看出，超距作用一直占据着绝对的统治地位，即使在奥斯特发现电流磁效应之后的一段时间里，安培等科学家仍然坚持采用超距作用的观点来描述电流与磁体之间的相互作用。虽然这些理论在当时都取得了很大的成功，但是它们都没有给出这些相互作用发生的真正原因。超距作用将时空与物质之间的相互作用分割开来，因此，该理论的进一步发展受到了其历史局限性的影响。

电磁相互作用的近距作用思想源于法拉第，成熟于麦克斯韦。法拉第受康德哲学思想的影响，坚持电的相互作用的"间接传递"思想，而传递的媒质就是充满时空的"力线"和"电紧张态"。法拉第的这种观念经过了近半个世纪的实验与理论研究，1865年，麦克斯韦终于在他发表的论文《电磁场的动力学理论》中第一次明确而清晰地给出"场"的概念，将法拉第的"力线"和"电紧张态"思想统一起来。其后的一系列科学实践证明了"场"的观点的正确性。

著名物理学家杨振宁在总结20世纪的物理学时，认为"场和对称性"是两个最重要的革命性的概念。他指出："法拉第凭借着他的直觉概念以及他在实验现象中找到的那些正确的东西，最后便对力线做出了非常明确的陈述。"

爱因斯坦在1940年发表的《关于理论物理学基础的考察》一文中说："对于我们，法拉第的一些观念，……它们的伟大和大胆是难以估量的。对于一切要把电磁现象归于带电粒子之间彼此相互反应的超距作用的这种企图，法拉第必定是以其准确无误的本能看出了它们的人为的本性。"

下面我们以物体的相互作用为例来说明场的概念及其普遍性质。

既然物体之间的相互作用是近距、局域的，那么在某一时刻一个所带电荷量为 q 的物体 M

被放置在空间中的某一位置 $R(x,y,z)$ 处，以电荷 q 在电场 $\boldsymbol{E}$ 中所受的力 $\boldsymbol{F}$ 为例，如图 4.1.1 所示，如果它受到了一个力 $\boldsymbol{F}$，这个力就一定是其近邻的某种"东西"的传递作用施加给它的，这个起传递作用的"东西"就被定义为"场"。因此，

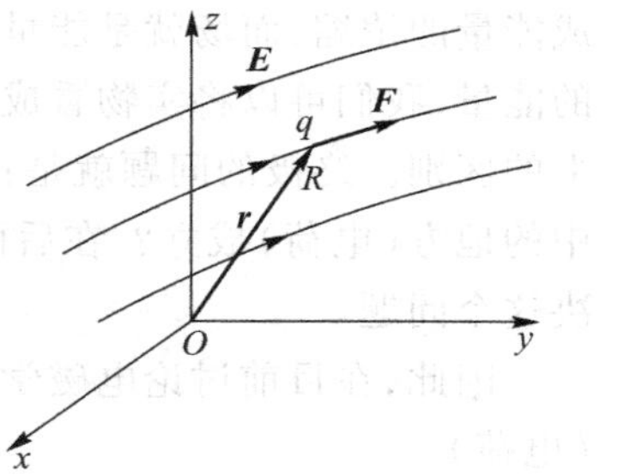

图 4.1.1

物体 M 所受的力 $\boldsymbol{F}$="表征物体性质的量"×物体所在空间的"场"

其中，"表征物体性质的量"指的是在某种运动状态下表述物体属性的物理量，如"质量 m""电荷量 q"等。

对于电的相互作用我们可以用如下的数学方程式来描述，即

$$\boldsymbol{F}=q\boldsymbol{E} \tag{4.1.1}$$

其中，q 是表述物体带电属性的电荷量；$\boldsymbol{E}$ 是给电荷 q 施加作用的"场"，定义为电场强度（本书后文或简称电场）。

对于引力的情况，我们完全可以做类似处理，物体所受的万有引力可以表述为

$$\boldsymbol{F}=m\boldsymbol{C} \tag{4.1.2}$$

对此我们可以做如下的类似分析：引力场中的物体所受的引力等于物体的质量 m 乘以引力场 $\boldsymbol{C}$。

由式(4.1.1)可以看出，电荷 q 所受的力是与其所在处的电场 $\boldsymbol{E}$ 密切相关的，当电荷 q 处在时空中不同位置时，所受到的力可能也是不同的。电场 $\boldsymbol{E}$ 应当是随着空间位置变化而变化的，同时也可能是随着时间变化而变化的，因此电场 $\boldsymbol{E}$ 应该是时空的某种函数，即可以写为$\boldsymbol{E}(x,y,z,t)$。

由式(4.1.1)还可以看出，由于"某种因素"而产生的电场 $\boldsymbol{E}(x,y,z,t)$ 分布在整个空间，而当电荷 q 被置于该空间的任意位置 R 处时，如图 4.1.1 所示，它就感受到了作用力 $\boldsymbol{F}$（假设电荷 q 的存在并不影响原来空间的电场分布，通常称之为"试探点电荷"）。这说明，电场 $\boldsymbol{E}$ 并不依赖电荷 q 的存在而存在，即当电荷 q 被移走时空间的电场 $\boldsymbol{E}$ 仍然存在。

因此，当我们将场的定义做有意义的推广之后，就可以认为：对物体发生物理作用的空间部分称为场。场是物理量的时空函数，根据物理量的性质，场可以分为标量场（如温度场、密度场、电势场等）和矢量场（如引力场、电场、磁场等），甚至还可以进一步定义为张量场。

"场"具有两个显著的特点：

(1) 场是物理的客观实在，是物质在自然界中区别于实物的不同的存在方式，具有物质的一切属性，如动量、角动量和能量等。因此，它不以坐标系的选取而发生变化，是坐标系变换下的形式不变量。当然，在不同的坐标系下场会有不同的外部表象，比如在某种坐标系下是电场，而在另一种相对运动坐标系下就会有部分磁场的表象。

(2) 场可以随时间和空间联合变化，它既是空间的函数也可以是时间的函数。根据它随时间变化的特征，场可以分为时不变场（恒定场）、慢时变场和快时变场。

值得注意的是，从目前的情况看，场和实物（粒子）是物质在空间存在的两种基本形态，场是物质连续性的表现，而实物是物质非连续性（粒子性）的表现。实物（粒子）是能量的集聚，而场则是能量的弥散。

从相对论的角度来讲，实物反映了巨大的能量，而能量也反映了质量。因此，实物可以看

成能量的浓缩,而场就是能量的稀释。我们感知到的实物(粒子),就是极小空间中高度浓缩的能量,我们可以将实物看成空间中“场”极强的区域。从这个意义上说,场和实物没有本质上的区别。终极的问题就是:如何修改关于场的方程(麦克斯韦方程组),使其在能量高度集中的地方(电荷)成立?在后面的讨论中我们会注意到这一点,然而目前我们仍然没有完全解决这个问题。

因此,在目前讨论电磁学规律的过程中,我们仍需要利用两种形态的物质——场和实物(电荷)。

普遍地,当用近距、局域的方法来分析物体的相互作用时,我们需要用到与场相关的两种定律。第一种是物体对场的响应,即物体在场中受到了力的作用,其运动状态将发生变化,因此可以给出物体的运动方程。例如,质量对引力场的响应定律为引力等于质量乘以引力场;如果物体还带有电荷,那么电荷对于电场的响应定律为电力等于电荷量乘以电场。第二种是把场的强度以及它在时空的性质用数学方程表示出来,我们把这些方程称为场方程。

由于物体的运动定律已经由牛顿运动定律(经过相对论修正)给出,因此,在电磁学课程中我们将主要讨论与场方程相关的物理问题。实际上,关于场的性质、场的相互作用及其运动规律的物理理论就是“场论”。

拓展阅读:场的概念及场论的起源

第二节　电场与磁场

一、电荷对电场与磁场的响应

在电磁学中,所谓的电力和磁力就是电荷对电场和磁场的响应。而电力和磁力是紧密相关的,磁力同样可以用场来分析。电力和磁力与电荷之间的一些定性关系可以用一个阴极射线管的实验来说明。这是一个很有说服力的实验,它的结果(现象)既能够说明电荷对电场的响应——电场对电荷的作用(无论电子是静止还是处于运动状态)规律,也能够说明电荷对磁场的响应——运动电荷在磁场中所受到的作用规律。图 4.2.1 即阴极射线管实验的原理示意图。阴极射线管一端的灯丝是一个发射电子的源,在管子里面有一套装置——阴极和加速电极(阳极)——可以把电子加速到很高的速度,并通过聚焦系统聚集成很窄的电子束再送到管子另一端的荧光屏上。在荧光屏的荧光涂层上,电子打到的地方会发出一个亮的光点,这样我们就能够通过光点的位置跟踪电子的径迹。在射向荧光屏的途中,电子束穿过一个水平放置的平行金属板之间的窄缝。两块金属板可以加上电压,这样在两块金属板之间就会产生一个电场。当金属板上的电压是上极板为正而下极板为负时(上极板累积了多余的正电荷,而下极板累积了等量的负电荷),我们观察到电子束向上偏移(运动电子受到下极板负电荷的排斥作用),如图 4.2.2 所示。反之,电子束向下偏移。这说明电子对电场做出了响应,而且电场强度是一个矢量。

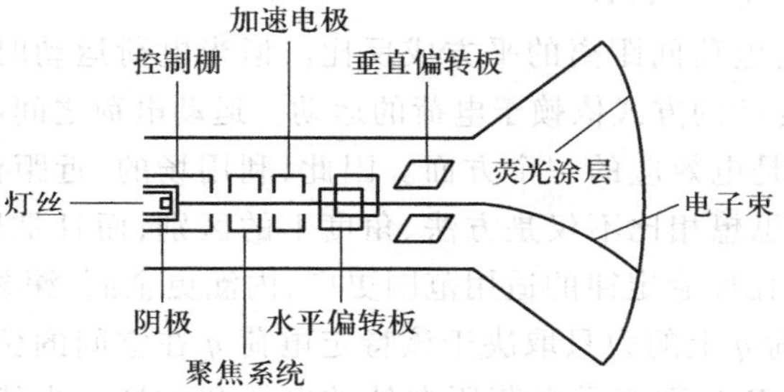

图 4.2.1

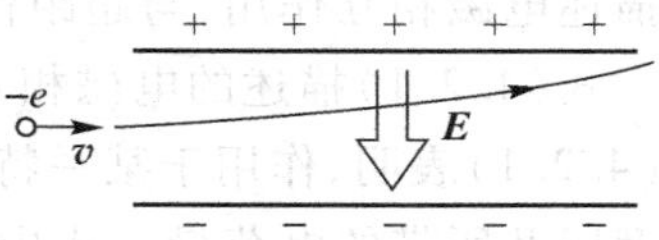

图 4.2.2

下面我们考察磁场对电子束的影响。我们在与金属板垂直的方向上(电子束前进的左右方向)用磁铁(或通电线圈)产生一个磁场,并且电子束将通过这个磁场。当左侧为 N 极而右侧为 S 极时,前进的电子束将向上偏移;若调转磁铁磁极的方向,则电子束将向下偏移,如图 4.2.3 所示。如果将磁铁以电子束前进的方向为轴转动 90 度,即磁场方向由原来的从左到右变为从上到下或从下到上,那么电子束的方向也由原来的上下偏移改变为左右偏移。电子束偏移的方向总是与磁场方向垂直,这说明磁场对运动电荷的作用力的方向与磁场方向垂直,并且与电荷的运动方向垂直,而这一点恰与电场对电子束的作用不同(电子束在电场中的偏移方向与电场方向平行)。

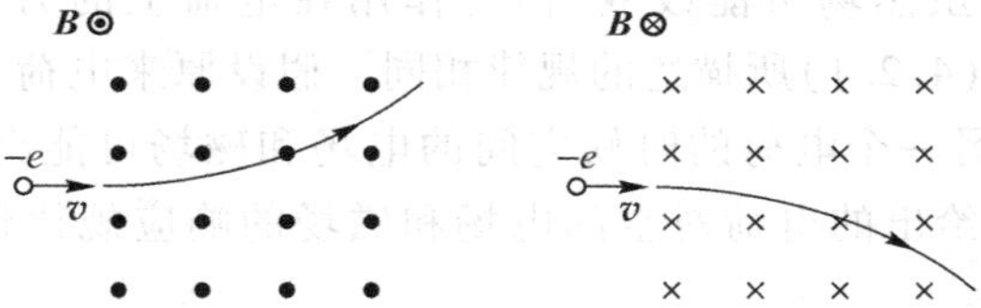

图 4.2.3

要理解这种独特的行为,我们必须有一种新的力的组合,因此,我们把它解释为:在磁铁的两极之间存在磁场,这种磁场是有方向的,它总是从 N 极(北极)指向 S 极(南极)。这个实验说明处于运动状态的电子对磁场做出了响应,而且磁感应强度(本书后文或简称磁场)也是一个矢量。

通过加速装置改变电子束的运动速度,观察电荷对电场和磁场的响应与电子运动速度的关系,我们发现了与电场对电荷的作用力具有明显不同性质的一个新的作用力,作用在带电物体上的这个新的作用力不仅与其所带的电荷量有关,而且与它的运动速度有关。

综合上述阴极射线管实验,可以发现,与电荷运动状态相关的新的作用力严格线性地取决于速度,并与速度和另一个我们称之为磁场的矢量正交,这个新的作用力就是洛伦兹力。另一方面,运动电子对电场的响应并没有因为其速度的变化而变化。因此,在总结带电体在空间受到的场的作用时,除了式(4.1.1)所表述的电场力之外,我们还要加上一项——磁场力。

由于电场和磁场均遵循叠加原理(在后面的讨论中会有部分证明),因此,空间任意场点的电场和磁场可以由受作用电荷之外的所有其他电荷产生的电场与磁场叠加而得到。如果已知空间任一点的电场 $\boldsymbol{E}$ 和磁场 $\boldsymbol{B}$,当某一个电荷 q 处于空间中该点时,该电荷对空间电场和磁

场的响应,即作用在电荷 q(无论其运动状态如何)上的总的电磁力就可以表示为

$$\boldsymbol{F}=q(\boldsymbol{E}+\boldsymbol{v}\times\boldsymbol{B}) \tag{4.2.1}$$

前面曾经讨论过,与引力相似,电力与电荷间距离的平方成反比。但当电荷运动时,这一定律就不完全准确了——电磁力以一种复杂的方式依赖于电荷的运动。运动电荷之间的作用力,有一部分我们称之为磁力,事实上,它是电效应的一个方面。因此,利用场的、近距作用的思想来描述电磁相互作用,与超距作用的思想相比不仅是方法、角度上的区别,而且是思想上的进步。式(4.2.1)描述的电磁相互作用比库仑定律的适用范围更广,内涵更全面、深刻。

式(4.2.1)表明,作用于某一特定电荷 q 上的力只取决于该特定电荷 q 在空间的位置、运动的速度以及所带的电荷量。式中,$\boldsymbol{E}$ 和 $\boldsymbol{B}$ 分别表示电荷所在处的电场和磁场。当然,空间的电场和磁场也可能是时间的函数,即在不同的时刻电场和磁场的量值或方向可能会发生变化。但是,这并不妨碍在某一特定时刻电荷在空间对电场和磁场的响应遵从相同的规律。

在空间中其他条件都没有发生变化的情况下,如果我们用另一个电荷来代替该电荷,那么作用于这一新电荷上的力恰好与其电荷量成正比。当然,前面讲的是理想情况,即受作用电荷是所谓的“试探点电荷”,试探点电荷只对空间的场产生响应,而对空间的情况——场的情况——并不产生影响。换句话说,该受作用电荷的存在(无论其带多少电荷量)不影响其他电荷在该处产生的场——电场和磁场。而在实际情况中,每一个电荷都会通过其自身产生的电场对所有其他电荷产生力的作用,从而可能引起这些电荷运动状态的改变。因此在某些情况下,如果我们用另一个电荷来代替该特定电荷,那么场的空间分布情况可能改变。实际上,虽然场可能改变,但是作用在电荷上的力仍与在空间该点改变后的场相关,其相关性与式(4.2.1)所描述的规律相同。假设原来电荷存在的时候,空间的电场和磁场是 $\boldsymbol{E}_1$ 和 $\boldsymbol{B}_1$,而换另一个电荷的时候空间的电场和磁场可能会改变为 $\boldsymbol{E}_2$ 和 $\boldsymbol{B}_2$。但式(4.2.1)所表述的电磁力给出的电荷对空间电场和磁场的响应规律仍然是正确的,并不会因为电荷的不同而发生变化。

由牛顿运动定律可知,如果知道了作用在质点上的力,就可能求出该质点运动规律。因此,把式(4.2.1)所表述的电磁力与牛顿运动方程结合,就可以给出在电磁力作用下的运动规律方程,再加入相对论修正后就可以将其表示成

$$q(\boldsymbol{E}+\boldsymbol{v}\times\boldsymbol{B})=\frac{\mathrm{d}}{\mathrm{d}t}\left[\frac{m\boldsymbol{v}}{(1-v^2/c^2)^{1/2}}\right] \tag{4.2.2}$$

因此,如果 $\boldsymbol{E}$ 和 $\boldsymbol{B}$ 已知,就可以得到带电体的运动方程。现在我们唯一需要弄清楚的是,$\boldsymbol{E}$ 和 $\boldsymbol{B}$ 是怎样产生的以及它们在空间的性质。我们接下来的主要任务是研究电场 $\boldsymbol{E}$ 和磁场 $\boldsymbol{B}$ 的产生、变化规律,并给出相应的数学表达式——场方程。

二、电、磁场方程及叠加原理

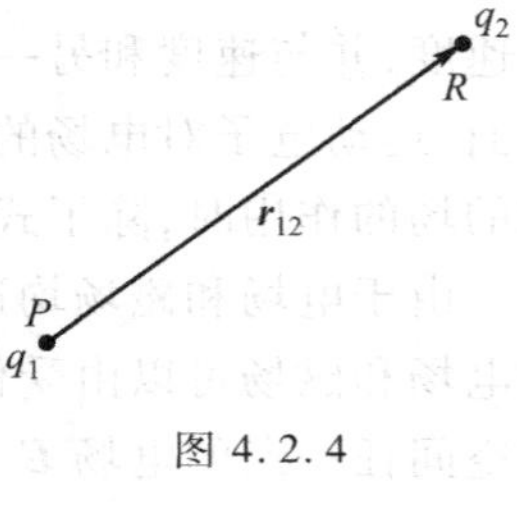

图 4.2.4

电、磁场方程几乎是今后电磁学课程的全部内容。下面我们通过库仑定律给出与电的场方程有关的普遍性质。

库仑定律描述的是两个静止点电荷之间的相互作用力,即在整个时空中只存在点电荷 q_1 和 q_2 而没有其他带电物体的特殊情况。它们的状态如图 4.2.4 所示,电荷 q_1 和 q_2 分别处在空间中直线距

离为 r_{12} 的两点，即 $P(x_1,y_1,z_1)$ 和 $R(x_2,y_2,z_2)$。根据库仑定律，二者之间的作用力可以表述成如下的形式，即

$$\boldsymbol{F}=\frac{1}{4\pi\varepsilon_0}\frac{q_1q_2}{r_{12}^2}\hat{\boldsymbol{r}} \tag{4.2.3}$$

如果考察电荷 q_2 在空间所受的力，可以将式(4.2.3)改写成式(4.1.1)的形式，即

$$\boldsymbol{F}=q_2\left(\frac{1}{4\pi\varepsilon_0}\frac{q_1}{r_{12}^2}\hat{\boldsymbol{r}}\right) \tag{4.2.4}$$

通过类比可以看出，括号中的物理量表述的就是电场 $\boldsymbol{E}$，即由处于空间点 $P(x_1,y_1,z_1)$ 处的电荷 q_1 在空间点 $R(x_2,y_2,z_2)$ 处产生的电场。因此，单独的源电荷 q_1 的场方程表述式为

$$\boldsymbol{E}=\frac{1}{4\pi\varepsilon_0}\frac{q_1}{r_{12}^2}\hat{\boldsymbol{r}} \tag{4.2.5}$$

其中，电场 $\boldsymbol{E}$ 是矢量，$\hat{\boldsymbol{r}}$ 是电场的方向——径向的单位矢量。

由空间中若干个源电荷 q_i 产生的总电场可以看成由每一个源电荷在空间产生的电场的矢量和，如图 4.2.5 所示。换句话说，如果许多电荷产生一个场，其中一个电荷独自产生的电场为 $\boldsymbol{E}_1$，另一个电荷独自产生的电场为 $\boldsymbol{E}_2$……那么，只要把所有的电场矢量加起来就得到了总电场。这个原理可以表示成

$$\boldsymbol{E}=\boldsymbol{E}_1+\boldsymbol{E}_2+\boldsymbol{E}_3+\cdots \tag{4.2.6}$$

根据上面给出的定义，有

$$\boldsymbol{E}=\frac{1}{4\pi\varepsilon_0}\sum_i\frac{q_i}{r_i^2}\hat{\boldsymbol{r}}_i \tag{4.2.7}$$

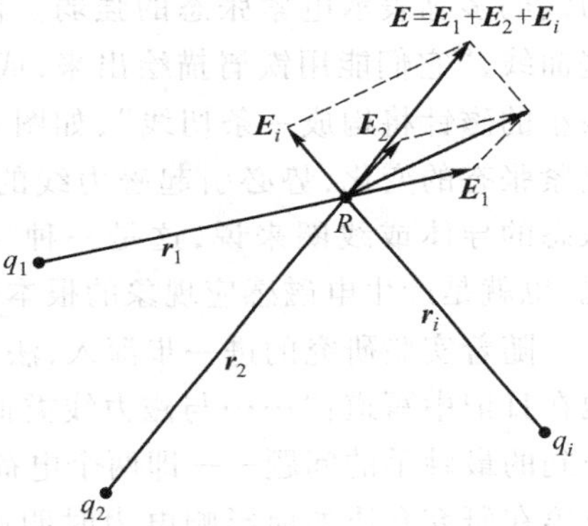

图 4.2.5

式(4.2.6)和式(4.2.7)表示的就是电场的叠加原理。这个原理说明，由所有的源电荷产生的总的电场等于由每一个源电荷产生的电场之和。这也是力的独立作用原理的另外一种表述。就目前所知，对于电磁学来说，这是一个绝对正确的原理。甚至在由于电荷运动而使情况变得复杂时，这个原理仍然正确。

通过上述讨论我们知道，叠加原理完全适用于电场。实际上，在电磁学的范围内，电场和磁场都是空间位置的函数，并且均与空间位置的变化呈线性关系变化，因此它们都符合叠加原理。叠加原理对于电磁场而言是一个简单而深刻的普遍原理，如果没有叠加原理，我们就无法讨论电荷系统的相互作用，库仑定律等电磁场方程也就失去了其本来的重要意义。但是我们还要注意它的适用范围，比如对于很强的引力场（如核力之间的引力场），由于其相互作用与空间位置函数呈非线性关系，因此，叠加原理不完全正确。

从更普遍的意义上来讲，电场和磁场是空间位置的函数，它们也可能是时间的函数，因此，它们可以表述成 $\boldsymbol{E}(x,y,z,t)$ 和 $\boldsymbol{B}(x,y,z,t)$。

在研究电磁学规律的过程中我们发现，如果在某种情况下确实存在两个静止不动的电荷，那么库仑定律是十分简单的。但是，在普遍情况下要想求出一个电荷对另一个电荷的作用力并不那么容易。比如当电荷运动时，由于时间上的延迟和加速度的影响以及其他一些因素，它们之间的相互作用关系就变得复杂了。而且，仅考虑两个电荷是一种极其特殊的情况，在实际

过程中一般是很多电荷组成系统,共同产生作用,这时仅靠库仑定律就显得不切实际了(分别计算每一对电荷之间的相互作用力几乎是不可能的)。因此,在研究电磁学问题时,应用电场和磁场——近距作用的局域场的观点——的规律要比仅仅凭作用于各个电荷的力——库仑定律——的规律来得简洁和方便。实际上,这种简洁和方便从另一个角度证明了近距作用的局域场的观点在描述物质的电磁相互作用时,更加符合自然规律。

三、场与力线

“力线”的概念最初是法拉第为解释电磁感应现象而引入的。法拉第于 1831 年 11 月 24 日在伦敦皇家学会宣读的《电学实验研究》第 1 辑的 4 篇论文中,提出了“电紧张态”(electro-tonic state)概念。他解释这是电流或磁体在空间产生的一种张力态,这种状态的产生、消失以及强弱变化,均能使处在这种状态中的导体感生电流。他还引入磁力线,用磁力线的多寡表示电紧张态的强弱。他称磁力线是这样一些曲线,“它们能用铁屑描绘出来,或者对于它们来说,一根小的磁针将构成一条切线”,如图 4.2.6 所示。他认为电紧张态的变化,势必引起磁力线的运动,对于处于静止状态的导体或线圈来说,这是一种导线切割磁力线的情况,也就是产生电磁感应现象的根本原因。

图 4.2.6

随着实验研究的进一步深入,法拉第磁力线概念的内涵也逐渐深化。1832 年 3 月 26 日,他在日记中写道:“……与磁力线类似,在带电体之间有‘电力线’”。为了解决超距作用理论遇到的最棘手的问题——即两个电荷间的作用力因电荷之间的介质不同而不同,1837 年,法拉第在研究介质如何影响电力时明确地引入了“电力线”——电感应线——的概念。他的电感应线(电力线)理论建立在介质中粒子极化的基础上,根据这个理论,电力不仅与带电物体上的电荷量及电荷之间的距离有关,而且与它们中间的介质有关。法拉第利用近距作用的物理模型系统地解决了这个难题。

超距作用强调两电荷之间的作用沿直线传播,因此超距作用遇到的另一个不能解释的问题是电感应沿曲线传播。法拉第用实验证明了电感应线是曲线。实验装置如图 4.2.7 所示,其中 A 代表一个绝缘树脂柱,B 代表一个良导体球。人们用摩擦的方法使 A 带电,再用电位计测出实验结果,即电感应线为虚线所表示的曲线。按照超距作用的观点,在 B 上方到圆锥形区域(曲线 C 上方区域)内是不会受到电力影响的,然而事实是在圆锥形区域内仍有电感应线存在,带电体在该区域内仍受到电力的作用。法拉第认为所有电感应都是相邻粒子间张力传递的过程,“这种力不像引力那样引起粒子沿着直线相互作用,不管有什么样的其他粒子位于它们中间,都是这样,它更类似于一系列磁针形成的力线……”

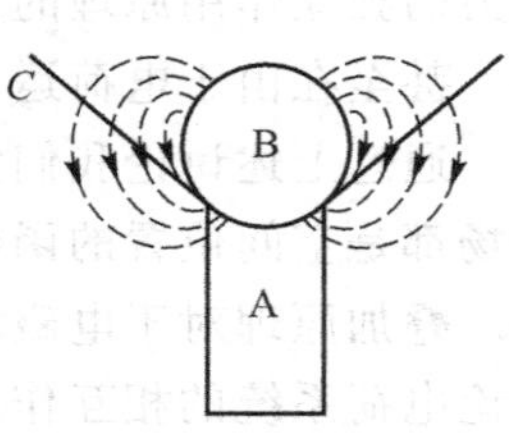

图 4.2.7

1855 年,法拉第在《论磁哲学的一些观点》中,将磁力线的物质性推广到其他力线,并给出了力线的四个基本性质:(1) 力线的存在与物体无关;(2) 物质可以改变力线的分布;(3) 力线具有传递力的作用;(4) 力线在时间中流动。

法拉第在《电学实验研究》第 28 辑的《论磁力线》一文中对磁力线和电力线进行了比较，指出了它们的区别：电力线是有源力线，是非闭合的；电力线是极性力线，决定介质的极化状态。因此，电力线起始于带正电的物体而终止于带负电的物体，其空间几何描述如图 4.2.8 所示。图 4.2.8(a) 表示的是单个正电荷在空间产生的电场的力线，可以看出力线都是沿着径向的，这与式(4.2.5)给出的单个电荷的场方程的性质是契合的。正负电荷之间的电场的力线如图 4.2.8(b) 所示，可以看出电力线起始于正电荷而终止于负电荷，并且空间电力线呈现曲线分布。

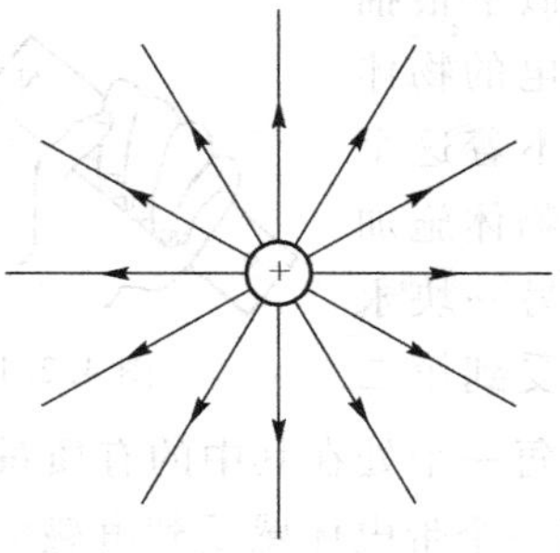

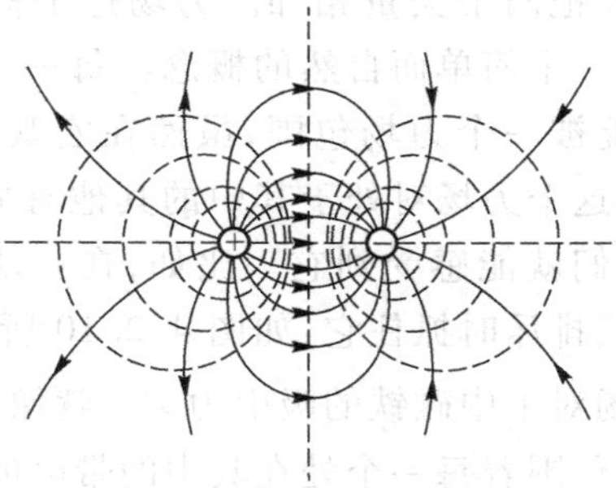

图 4.2.8

磁力线是无源力线（所谓“无源”，是与电力线的有源相对比而言的，而非没有源头），是闭合的；磁力线也是非极性力线，代表“纯空间”的一种基本属性。因此，磁力线是无始无终的闭合曲线，其空间几何描述如图 4.2.9 所示。左边是磁铁棒空间磁场的力线示意图，而右边是用铁屑做的实验演示，它表明磁铁棒在空间产生的磁场确实如左侧的原理图所示。细长的铁屑被磁场暂时磁化，作用在它们的北极(N)和南极(S)上的磁力使这些铁屑平行于磁铁棒空间的磁场方向排列。

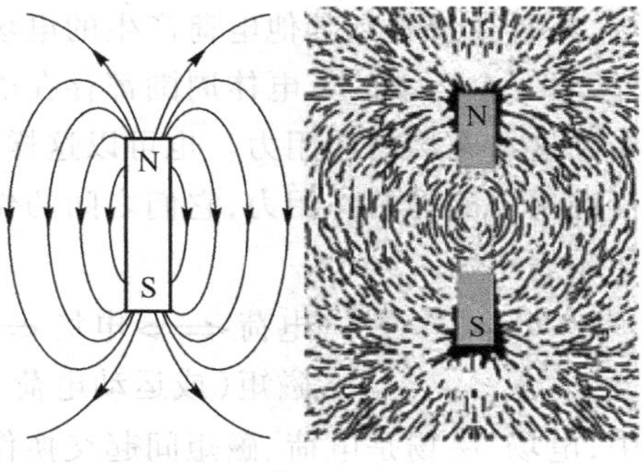

图 4.2.9

1845 年，法拉第首次使用了“磁场”这个词，两年后他又单独使用了“场”这个词，这是物理学中第一次提出的作为近距作用的“场”的概念。但是，真正赋予“场”的概念更加完整物理内涵的是麦克斯韦。1865 年，麦克斯韦发表了他的电磁学研究最重要的论文《电磁场的动力学理论》。在这篇论文中，他几乎已经抛弃了以太的力学模型，转向了电磁场概念。这篇论文概括了各种电磁学的实验定律，提出一整套关于电磁场的方程。

法拉第的力线的概念——电感应的思想——虽然在解决超距作用遇到的问题时起到了重要的作用，并且在某些情况下形象地给出了电、磁场的空间分布的几何描述，如图 4.2.7、图 4.2.8 和图 4.2.9 所示，但是，力线的概念在描述更加复杂的电磁相互作用时表现出它的局限性。力线的局限性主要体现在以下几个方面：首先，作为“场”的几何描述的力线无法定量地描述物理定律，力线只是定性地描述场的一种粗略的办法，要用力线直接给出定律的定量描述是很困难的；其次，作为“场”的几何描述的力线根本无法描述空间矢量场的叠加性，这是它的原理性缺陷，换句话说，力线的概念并不含有电动力学最普遍的原理，即叠加原理；最后，力线无法描述运动电荷在空间产生的场。后面的进一步研究发现，运动电荷在空间产生的场的表现形式是随着坐标系的变化而变化的,在一个坐标系中被视为电场的作用在另一个坐标系中却被视为磁场的作用,因此,力线无法描述这种坐标系变换下场的变换。由此我们可以看出,“场”也只是描述物质电磁相互作用规律的一种较为抽象的物理模型,是一种更加深刻的认识自然规律的手段。

场——空间不同点取不同数值的一种物理量——恰好能够很好地克服力线描述电磁相互作用过程中的这些困难,而且进一步揭示了电磁相互作用的物理本质。电磁场方程有效地给出了电磁场的定量描述。从数学的观点看,电磁场的叠加也很容易——只需要把两个矢量相加。力场这个概念初看起来似乎很抽象,但其实是一个简单而自然的概念。每一个有质量或带电的物体在空间都可能被一个力场包围,虽然在宏观上看不见、摸不着这个力场,但是当这个力场对处于其中的其他有质量或带电的物体施加作用力时,我们就能感受到它。比如,在一块永久磁铁被另一块永久磁铁吸引或排斥时抓住它,如图 4.2.10 所示,就可以感受到第二块磁铁的磁场对手中磁铁的吸引力 $\boldsymbol{F}$。就像引力场包围着每一个处在其中的有质量的物体一样,电磁场也包围着每一个处在其中的带电的物体,在任何一个带电体感受到电磁力的地方都存在电磁场。在任何带电体感受到电力的地方都存在电场,而在任何运动带电体感受到磁力的地方都存在磁场。

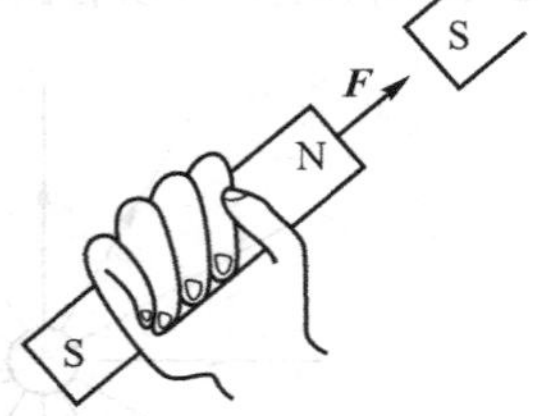

图 4.2.10

我们可以用场的语言来表述电磁学规律,即每个带电物体周围都存在电磁场,并且任何一个处于电磁场空间中的带电体都会感受到这个电磁场的作用力。换句话说,电荷在空间产生电场,并且会感受到其他电荷产生的电场的作用力,它们之间的作用力是通过电场来交换的。同样,每一个运动的带电体周围都存在磁场,并且任何一个处于磁场空间中的运动带电体都会感受到这个磁场的作用力。也可以这样说,运动电荷在空间产生磁场,并且会感受到其他运动电荷产生的磁场的作用力,它们之间的作用力是通过磁场来交换的。因此,可以将这种电磁相互作用表示为

电荷⟺电场⟺电荷

磁矩(或运动电荷)⟺磁场⟺磁矩(或运动电荷)

其中,电场、磁场是电荷、磁矩间起交换作用的媒介。

第三节 场的定义与性质

一、场的定义

根据前面讨论的有关场的概念的信息,我们可以从更普遍的意义上给出场的定义:所谓“场”,就是空间不同点取不同值的一种物理量。根据场的定义,我们可把场从“力场”(即对其中的物体产生力的作用的场,如电磁场、引力场等)推广到更大的范围。例如,温度就是可以在“空间中不同点取不同值的一种物理量”,即在空间不同点都会有一个可能相同也可能不同的温度值,因此温度的空间分布就是一种场,我们称它为“温度场”,温度场是一个标量场。温度场也可能是随时间变化的,即在不同时刻空间各点的温度值可能是不同的,因此,我们可以把它写成 $T(x,y,z,t)$。假设有一条河,对河水流动空间中的每一点在不同时刻都可以给出一

个速度值，因此它可以称为速度场，我们把时刻 t 空间每一点的河水的速度写成 $\boldsymbol{v}(x,y,z,t)$，它就是一个矢量场。如果我们只关心空间每一点速度的数值——速率，那么也可以将它称为速率场，速率场是一个标量场，可以写成 $v(x,y,z,t)$。

因此，我们可以根据物理量的性质将场分为标量场和矢量场。当然场也可以是张量场，但是，在电磁学研究的范围内主要考虑标量场和矢量场，因此我们主要讨论这两种场的性质。

相对于矢量场，标量场是比较简单的一种物理场。标量场的定义是：在任一时刻，空间中每一点都由一个标量数值所确定的场。作为标量场的一个例子，考察空间不同点具有不同温度值（标量值）的一般情况，如图 4.3.1 所示。在坐标系选定后，温度可以看成一个随时间和空间坐标变化的标量函数，因此，可以称温度 $T(x,y,z,t)$ 是时空中的一个标量场。

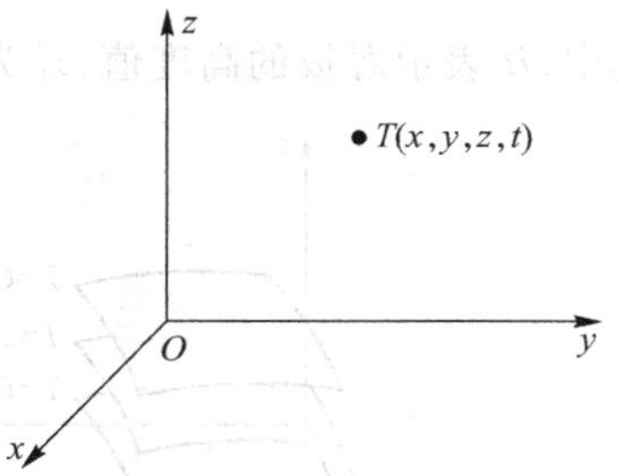

图 4.3.1

作为一种矢量场的例子，我们考察河水的流速场。在某一时刻 t，空间任一点的河水的流速由一个速度矢量来确定，如图 4.3.2 所示。在坐标系选定后，流速可以看成一个随时间和空间坐标变化的矢量函数，因此河水的流速 $\boldsymbol{v}(x,y,z,t)$ 可以称为矢量场。我们可以给矢量场一个定义：在任一时刻，空间中每一点都由一个矢量所确定的物理场。

图 4.3.3 是法拉第演示磁力线的示意图。根据磁力线的定义，空间中每一点的磁场由该点的小箭矢来表征，而其方向沿着该点的磁力线的切线方向。因此，磁场也是一个矢量场，在后面的讨论中我们将看到它是一类具有特殊性质的矢量场。

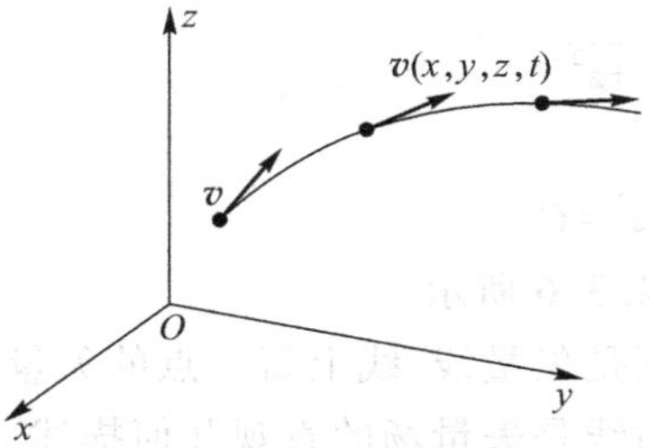

图 4.3.2

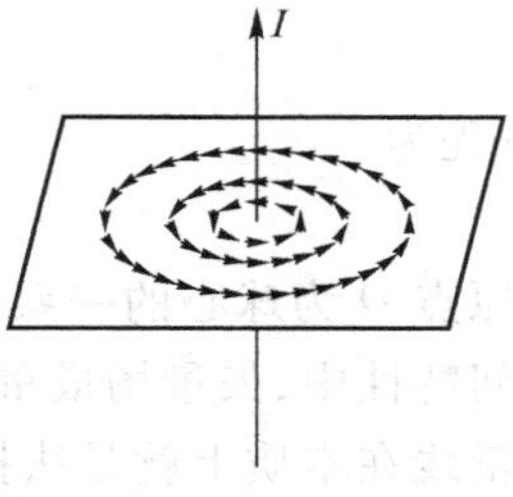

图 4.3.3

为了方便起见，在今后讨论场的过程中，除非特殊情况，我们都将重点考虑场的空间特性，当然时间特性并非不重要，只是相对确定的时间（某一时刻），场的性质比较简单罢了。

二、场的性质

在场的空间特性中，标量场最值得讨论的宏观特征就是等值性。它具体是指：在空间中，把标量函数值相同的点连接起来而构成的等值线或等值曲面，即

$$U(x,y,z)=\text{常量} \tag{4.3.1}$$

对应于具体物理场，有温度场的二维空间的等温线及三维空间的等温面，电场中的等势面等。

下面以温度场为例，讨论一下标量场的性质。图 4.3.4 为温度场的等温面示意图，其中 C_1、C_2 和 C_3 为空间中的三个不同的温度值，它们所在的曲面分别是具有不同温度值的等温

面。由此，我们可以看出标量场具有两个非常重要的特征：(1) 空间中的每一点均属于一个等值面；(2) 不同的等值面互不相交，也就是说，空间中的每一点只属于一个等值面。

关于等值线的一个例子出现在我们曾经学习过的地理课程中，通常用它来表示不同地形的特征。假如有一座复杂的山脉，$M(x,y,z)$ 表示山上任一点的坐标，如图 4.3.5 所示。我们可以把海拔高度相同的点连接起来构成地理上的"等高线"，如图中曲线所示。其对应的数学方程为

$$H=H(x,y,z_0)$$

其中，H 表示海拔的高度值，z_0 为高度的坐标。

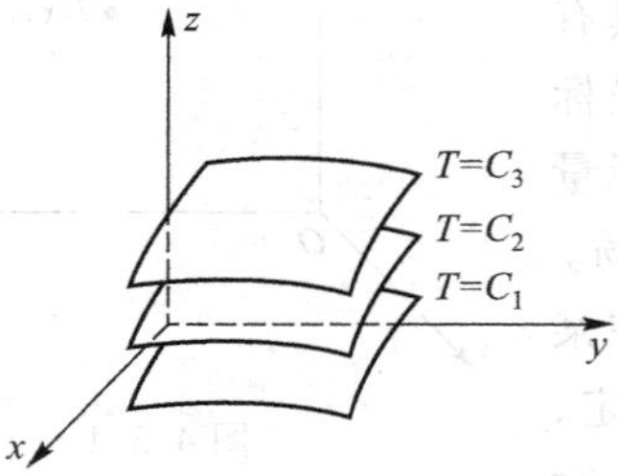

图 4.3.4

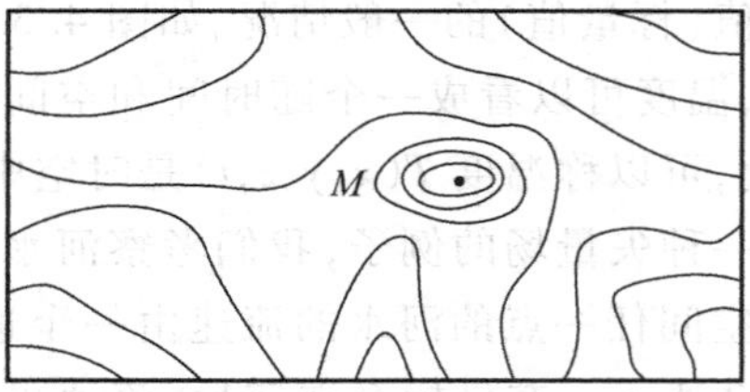

图 4.3.5

电磁学中最典型的等值面的例子就是点电荷的等势面。设点电荷 Q 位于直角坐标系的原点 O，它的静电势 ϕ 可以写为(无限远处为电势零点)

$$\phi=\phi(x,y,z)=\frac{Q}{4\pi\varepsilon_0 r}$$

它是一个标量场函数，其中，

$$r=\sqrt{x^2+y^2+z^2}$$

因此，等势面方程为

$$r^2=x^2+y^2+z^2=C$$

即等势面是以原点 O 为球心的一系列球面，如图 4.3.6 所示。

在场的空间特性中，矢量场最重要的宏观特征是矢量线，线上每一点的矢量都与该点的矢量线相切。矢量线在本质上就是法拉第的力线，力线是矢量场的直观几何描述。

下面，我们进一步考察矢量线的数学描述——微分方程。设 $\boldsymbol{l}$ 表示任一矢量场 $\boldsymbol{A}$ 中的任一矢量线，如图 4.3.7 所示。矢量线上任一点 $P(x,y,z)$ 的位矢为 $\boldsymbol{r}=x\hat{\boldsymbol{i}}+y\hat{\boldsymbol{j}}+z\hat{\boldsymbol{k}}$，根据矢量线的性质，矢量线上任一点 P 的位矢 $\boldsymbol{r}$ 在空间变化微元 $\mathrm{d}\boldsymbol{r}$ 的方向始终与该点的矢量 $\boldsymbol{A}$ 的方向平行。因此，$\mathrm{d}\boldsymbol{r}$ 的方向就是矢量线 $\boldsymbol{l}$ 在 P 点的切线方向，它一定与 P 点处的矢量场 $\boldsymbol{A}$ 平行共线。另外，已知

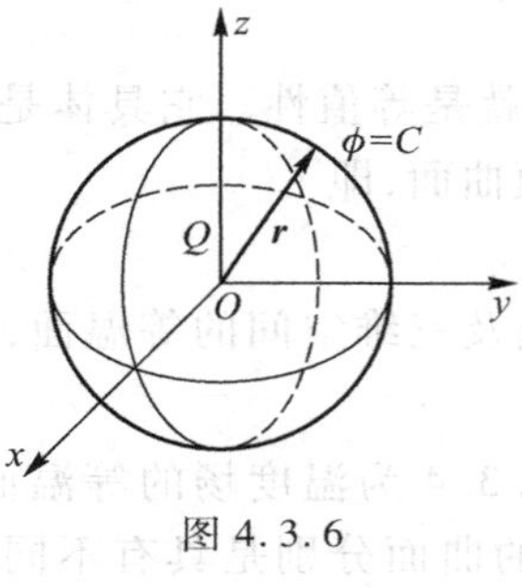

图 4.3.6

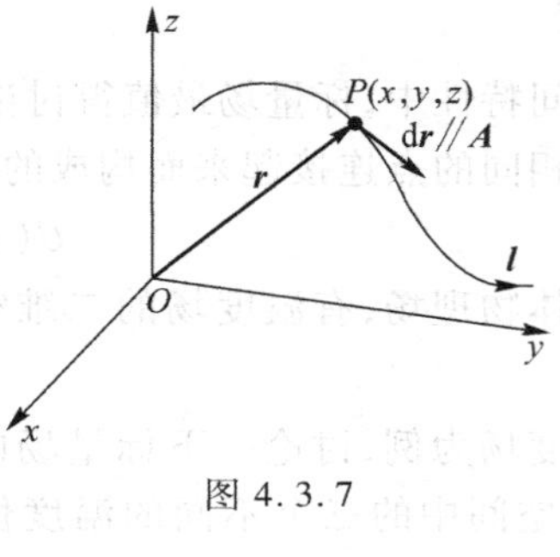

图 4.3.7

$$\mathrm{d}\boldsymbol{r}=\mathrm{d}x\hat{\boldsymbol{i}}+\mathrm{d}y\hat{\boldsymbol{j}}+\mathrm{d}z\hat{\boldsymbol{k}}$$

$$\boldsymbol{A}=a_x\hat{\boldsymbol{i}}+a_y\hat{\boldsymbol{j}}+a_z\hat{\boldsymbol{k}}$$

因此,根据平行条件可得

$$\frac{\mathrm{d}x}{a_x}=\frac{\mathrm{d}y}{a_y}=\frac{\mathrm{d}z}{a_z} \tag{4.3.2}$$

上式即矢量线的微分方程。除个别奇点(物理源,如产生电场的电荷)外,矢量线之间互不相交。

下面,我们讨论一下空间点电荷场的电力线(今称电场线)方程。假设点电荷 Q 处于坐标原点,它在空间产生电场的方程为

$$\boldsymbol{E}=\frac{Q}{4\pi\varepsilon_0 r^2}\hat{\boldsymbol{r}}$$

其中,r 是空间任一点到坐标原点的距离。

根据式(4.3.2),点电荷的电力线方程可以写为

$$\frac{\mathrm{d}x}{E_x}=\frac{\mathrm{d}y}{E_y}=\frac{\mathrm{d}z}{E_z}$$

因此,

$$\frac{\mathrm{d}x}{x}=\frac{\mathrm{d}y}{y}=\frac{\mathrm{d}z}{z}$$

很容易得出三个坐标之间的相互关系,如

$$y=C_1x$$

$$z=C_2x$$

式中,C_1 和 C_2 为常数。因此,由电力线的方程可以看出,电力线是由坐标原点发出的射线,而原点 O 为奇点——点电荷 Q 所在的空间点,如图 4.3.8 所示。

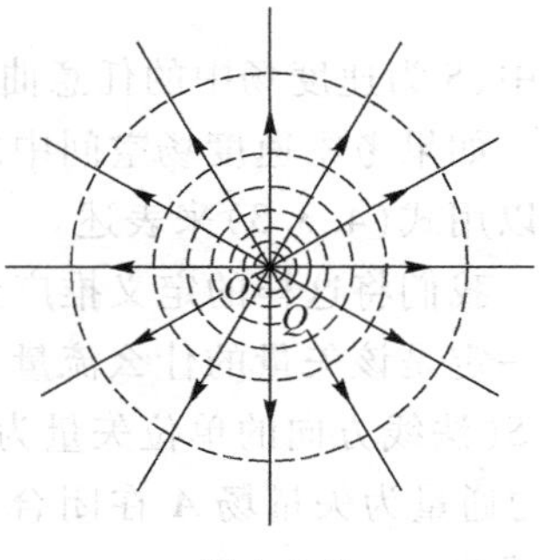

图 4.3.8

用近距作用、局域场的观点来讨论电磁相互作用,重要的是关注空间场点与其邻近的场点之间的关系。因此,场的性质也取决于邻近场点之间的空间变化关系。从数学的观点看,邻近场点之间的关系可以通过场点在空间曲线或曲面上的某些特征来描述。对于标量场,我们关注邻近场点的标量值是否处于同一等值面,以及不同等值面之间的空间变化关系如何。因此,我们可以用“等值线”或“等值面”来描述一个标量场的特征。那我们如何来描述矢量场呢?或者说,矢量场具有哪些共同的特征呢?前面我们讨论过矢量线,它可以简洁且直观地给出矢量场的某些性质。但是,由于矢量场比标量场复杂得多,因此仅靠矢量线无法完整而全面地描述矢量场的性质(前面已经讨论过“力线”的某些局限性),为了获得矢量场更加准确的物理图像,或者说为了对矢量场的性质有更深入的了解,以便进一步了解电磁相互作用的物理本质,我们还要进一步讨论矢量场点在空间曲线或曲面上的某些特征。下面我们先看一下矢量场的数学性质,然后再将其推广到物理性质。

矢量场在数学上有两个重要的性质——通量和环流,实际上它们也是物理矢量场的共同

特征，实践证明，我们可以利用它们从场的观点来准确地描述电磁学定律。通量和环流实际上是流体力学里的两个概念，为了更容易理解，在此我们利用流体的速度场来看一下通量和环流这两个概念的物理意义。

假设空间有一个各处均匀的速度场(矢量场)，例如河水流动空间中的速度分布是各处相同的，即具有相同的速度大小和方向。在该空间中选取一个与流动速度方向垂直的面积为 a 的平面，我们把单位时间通过该面积的河水的流量定义为河水通过该面的速度通量，记为 $\Phi=va$，其中 v 是河水流动的速率。

下面我们尝试将该平面放在流速场中的不同位置，考察河水通过该面的速度通量。

首先，将平面如图 4.3.9(a)所示那样放置，该平面的法线方向 $\hat{\boldsymbol{n}}$ 与速度的方向平行，按照定义，通过该面的速度通量为 $\Phi=va$。如果将平面如图 4.3.9(b)所示那样放置，即该平面的法线方向 $\hat{\boldsymbol{n}}$ 与速度的方向垂直，那么通过该面的速度通量为 $\Phi=0$。看一下更普遍的情形，将平面如图 4.3.9(c)所示那样放置，即该平面的法线方向 $\hat{\boldsymbol{n}}$ 与速度的方向成一任意角度 θ，则河水通过该面的速度通量为 $\Phi=va\cos\theta$。

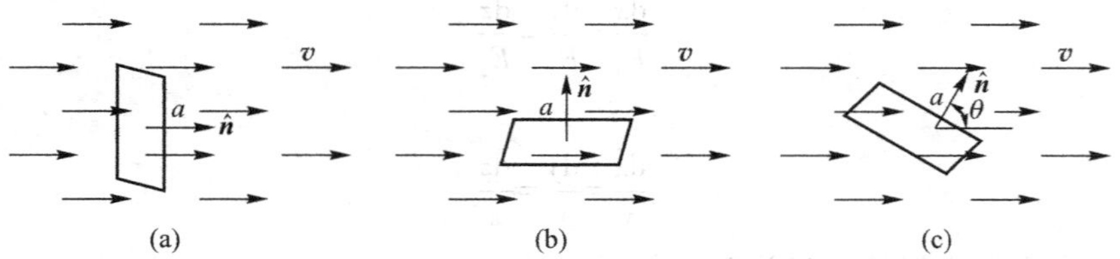

图 4.3.9

因此，我们可以定义通过速度场中任一曲面 S 的通量为

$$\Phi=\int_S \boldsymbol{v}\cdot\hat{\boldsymbol{n}}\mathrm{d}a \tag{4.3.3}$$

其中，S 为速度场中的任意曲面，$\mathrm{d}a$ 为该曲面上的面积元，$\hat{\boldsymbol{n}}$ 为面积元法线方向的单位矢量。

如果考察速度场空间中的任意一个闭合曲面 S，那么通过该闭合曲面 S 的速度通量同样可以用式(4.3.3)来表述。

我们将这样的定义推广到任意的矢量场，虽然对于任意矢量场的通量来说，其物理意义并不一定是该矢量的什么流量。假设有任意的一个矢量场 $\boldsymbol{A}$，在其存在的空间中有任一闭合曲面 S(法线方向的单位矢量为 $\hat{\boldsymbol{n}}$，定义为由内指向外)，定义矢量场 $\boldsymbol{A}$ 通过空间中任一闭合曲面 S 的通量为矢量场 $\boldsymbol{A}$ 在闭合曲面 S 上的平均法向分量与闭合曲面 S 面积的乘积，其数学表述式为

$$\Phi=\int_S \boldsymbol{A}\cdot\hat{\boldsymbol{n}}\mathrm{d}a \tag{4.3.4}$$

下面，我们还是通过流速场来讨论矢量场的闭合曲面通量的物理意义。如图 4.3.10 所示，其中的曲面是我们关注区域内流速场中的任一闭合曲面，根据矢量场通量的定义式(4.3.4)可知，我们可以通过积分得到通过该闭合曲面的通量。该通量有三种情况，分别如图 4.3.10(a)(b)和(c)所示。对于(a)的情况，通量 $\Phi>0$，有净的通量通过该闭合曲面，说明该闭合曲面内有“水源”(或简称为“源”)；对于(b)的情况，通量 $\Phi=0$，说明水流从该闭合曲面的左边流进而从右边流出，也可以说该闭合曲面的一部分曲面上的通量为正，其余部分曲面上的通量为

负,因此通过闭合曲面上的总的净通量为零,这样的流速场可以看成“恒定”场;对于(c)的情况,通量 $\Phi<0$,有净的通量通过该闭合曲面,只不过这个净的通量是负值,即说明水流在该闭合曲面上有流入的净流量,因此可以认为该闭合曲面内有“汇”。

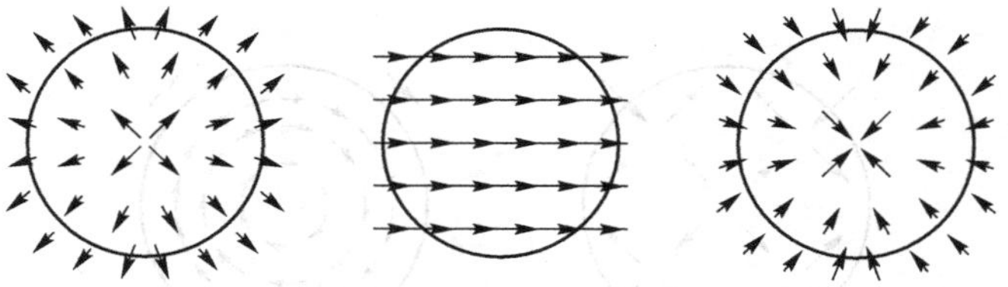

(a) (b) (c)

图 4.3.10

我们还是以流速场为例来讨论矢量场的另一个性质——环流。当考察流速场的空间分布时,为了表述流速场的性质,在通常情况下,我们不但要关注它的流量,还要关注在流动过程中是否存在环流,这是一个在流速场中经常出现的情况,比如流动过程中遇到障碍而形成的湍流,如图 4.3.11 所示。在流速场的空间内某处就可能存在沿某个闭合回路的净旋转运动,即流速在某个闭合回路上的切向分量的积分不为零。因此,我们可以在流速场的空间中任意选取一条闭合曲线,如图 4.3.12 所示,把这条曲线上的有效速率(流速在曲线上各个点处的切向分量)与曲线回路的周长的乘积定义为流速场在该闭合曲线(回路)上的环流。

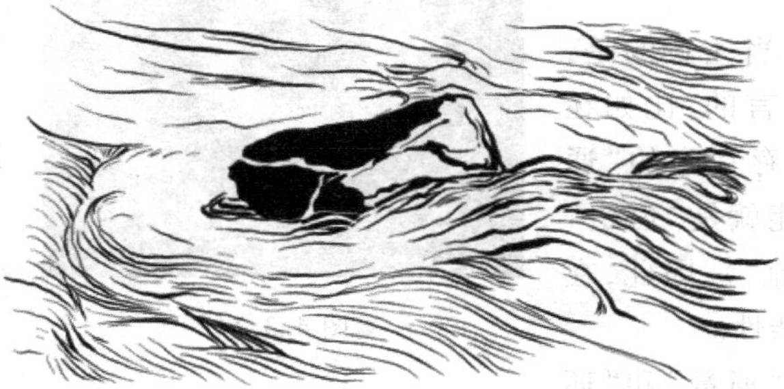

图 4.3.11

图 4.3.12

我们可以把这个概念加以引申,从而定义任一矢量场的“环流”(即使没有任何东西流动)。假设有任意的一个矢量场 $\boldsymbol{A}$,在其存在的空间中有任一闭合曲线 L(闭合曲线 L 的方向通常定义为逆时针方向),定义矢量场 $\boldsymbol{A}$ 绕空间中任一闭合曲线 L 的环流为矢量场 $\boldsymbol{A}$ 在闭合曲线 L 上的平均切向分量与闭合曲线 L 的周长的乘积,其数学表述式为

$$\Gamma=\int_L \boldsymbol{A}\cdot\widehat{\boldsymbol{l}}\mathrm{d}l \tag{4.3.5}$$

其中,$\widehat{\boldsymbol{l}}$ 为闭合回路上任一点的切向线元的单位矢量。

对于具有某些性质的矢量场,我们可以给出式(4.3.5)所描述的物理意义。如果矢量场 $\boldsymbol{A}$ 是某种“力”场,那么沿其中某一闭合曲线 L 的环流就表示力场在该闭合曲线上移动所做的功。

对于如图 4.3.13(a)所示的矢量场的结构,场是向四面扩散的,在我们关注的区域内进行闭合回路的环路积分时，矢量场在闭合回路上的切向分量有时为正，有时为负，总量抵消，矢量场在该闭合曲线上的环流为零；对于如图 4. 3. 13(b)所示的矢量场的结构，场的方向与闭合回路的方向大体一致，矢量场在闭合回路上的切向分量都为正，因此矢量场在该闭合曲线上的环流不为零。

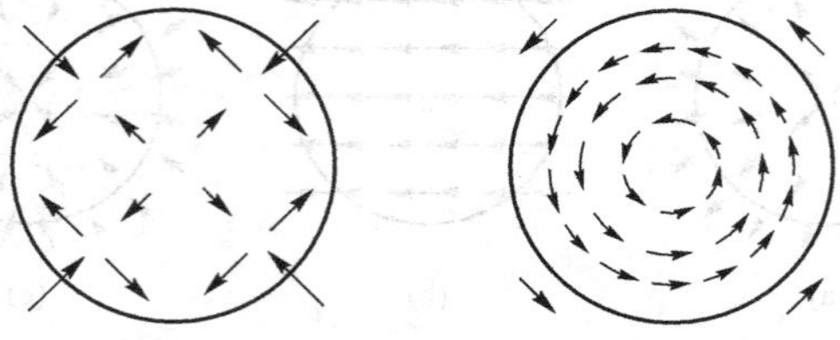

图 4. 3. 13

上述结论从矢量场的几何描述——场线的分布——可以很容易地看出来。图 4. 3. 13(a)的场线“不打转”，故称该矢量场“无旋”；图 4. 3. 13(b)所示的场线呈现“涡旋状”，故称该矢量场“有旋”。

在自然界中，龙卷风的流速场就是一个典型的“有旋”速度场，如图4. 3. 14 所示。

图 4. 3. 14

从法拉第演示磁力线的示意图 4. 3. 3 可以看出，磁场是一个“有旋”的矢量场。

在使用矢量场的通量和环流的概念时应当注意的是，这两个概念都是针对矢量场空间某一局部而言的，比如在流速场中，某一局部由于存在“源”或“汇”而存在净的“通量”，还可能会出现“环流”，而在另一部分可能就是“恒定”流速场，既无闭合曲面的净“通量”，也无“环流”。因此，在讨论矢量场的性质时应该注意其局域性和复杂性。

关于电磁场性质的研究与实践证明，利用“通量”和“环流”这两个概念就能够准确地描述电场和磁场的宏观性质，并利用它们给出电磁学的所有定律。并且，它们将给出有关电磁学基本描述方法的一些概念。

第四节　场在时空中的性质——场的时间及空间变化率

我们在关注场随时间和空间的变化情况时，通常用场的微商来描述这种变化。场随时间的变化情况可以用场随时间的偏微商来描述，如果 $T(x,y,z,t)$ 为标量场，$\boldsymbol{A}(x,y,z,t)$ 为矢量场，那么它们随时间的变化率分别表述为

$$\frac{\partial T}{\partial t},\quad \frac{\partial \boldsymbol{A}}{\partial t}$$

偏微商说明场既是时间的函数，又是空间坐标的函数。

场的空间变化用什么来描述呢？我们希望用与描述时间变化相同的方法来描述场对空间

位置的变化。在笛卡儿的三维平直空间中，描述场的空间位置需要三个不同的坐标数，因此，描述场的空间变化同样需要对三个不同的坐标数取偏微商，即$\partial T/\partial x$ 、$\partial T/\partial y$、$\partial T/\partial z$，但是这三个孤立的偏微商会随着坐标系的变化而变化。物理规律是不随坐标系的变化而变化的，它的表述方程式的两端都应当写成标量或矢量的形式，因此这三个偏微商应当符合某种对称变换关系。为了更有效地描述场的空间变化性质，我们引入一个算符——哈密顿(Hamilton)矢量算符。

一、矢量算符 ∇

场的空间变化确定其微观特征，它的研究方法就是考察场的空间微商和导数，并给出相应的分析。因此，在三维空间引入矢量算符

$$\boldsymbol{\nabla}=\frac{\partial}{\partial x}\hat{\boldsymbol{i}}+\frac{\partial}{\partial y}\hat{\boldsymbol{j}}+\frac{\partial}{\partial z}\hat{\boldsymbol{k}} \tag{4.4.1}$$

用以表示场的空间变化性质。

式(4.4.1)中，∇ 读作“Nabla”或“del”算符；$\hat{\boldsymbol{i}}$、$\hat{\boldsymbol{j}}$、$\hat{\boldsymbol{k}}$ 是笛卡儿直角坐标系的单位方向矢量。它与其他矢量一样也有三个分量：

$$\nabla_x=\frac{\partial}{\partial x},\quad \nabla_y=\frac{\partial}{\partial y},\quad \nabla_z=\frac{\partial}{\partial z}$$

式(4.4.1)是直角坐标系中矢量算符的表述形式，矢量算符在其他正交坐标系中的形式如下。

柱坐标系中，

$$\boldsymbol{\nabla}=\frac{\partial}{\partial \rho}\hat{\boldsymbol{e}}_\rho+\frac{1}{\rho}\frac{\partial}{\partial \varphi}\hat{\boldsymbol{e}}_\varphi+\frac{\partial}{\partial z}\hat{\boldsymbol{e}}_z \tag{4.4.2}$$

球坐标系中，

$$\boldsymbol{\nabla}=\frac{\partial}{\partial r}\hat{\boldsymbol{e}}_r+\frac{1}{r}\frac{\partial}{\partial \theta}\hat{\boldsymbol{e}}_\theta+\frac{1}{r\sin\theta}\frac{\partial}{\partial \varphi}\hat{\boldsymbol{e}}_\varphi \tag{4.4.3}$$

其中，$\hat{\boldsymbol{e}}_z$、$\hat{\boldsymbol{e}}_\rho$、$\hat{\boldsymbol{e}}_r$、$\hat{\boldsymbol{e}}_\theta$和 $\hat{\boldsymbol{e}}_\varphi$是各坐标系中坐标轴的单位矢量。

当然，我们必须始终记住“∇”是一个矢量算符，它单独存在时没有什么意义。像其他算符一样，只有当它作用于一个物理量上时才有意义，相关的矢量运算表示该物理量的空间变化率。矢量算符具有矢量和运算的双重特性，其优点在于可以把矢量函数的微分运算转变为矢量代数的运算，从而简化运算过程，并且推导简明扼要，易于掌握。矢量算符及其相关运算已经成为场论分析中不可缺少的工具，在电磁学中应用较多的有哈密顿算符和拉普拉斯算符。

应该注意的是，矢量算符∇的显著特点是它的双重性，它既是一个算符，又是一个矢量，但它首先是一个算符，因此它的运算法则与矢量略有不同。

一般情况下，两个矢量的点积符合交换律，即 $\boldsymbol{A}\cdot\boldsymbol{B}=\boldsymbol{B}\cdot\boldsymbol{A}$，但是矢量算符$\nabla$和矢量场的点积不能交换，即 $\boldsymbol{A}\cdot\boldsymbol{\nabla}\neq\boldsymbol{\nabla}\cdot\boldsymbol{A}$，因为$\boldsymbol{\nabla}\cdot\boldsymbol{A}$ 表述的是矢量场 $\boldsymbol{A}$ 的某种空间变化率，具有确定的物理意义，而 $\boldsymbol{A}\cdot\boldsymbol{\nabla}$还是一个算符，没有任何确定的物理意义。

同理，矢量的叉积可以反交换，但矢量算符∇和矢量场的叉积不能交换，即

$$\boldsymbol{A}\times\boldsymbol{B}=-\boldsymbol{B}\times\boldsymbol{A},\quad \boldsymbol{A}\times\boldsymbol{\nabla}\neq-\boldsymbol{\nabla}\times A$$

二、场在空间性质的描述

下面，我们根据矢量算符的性质及相关的矢量运算规则，在直角坐标系中讨论一下场在空间的性质，即矢量算符与场的作用关系。

我们先看一下它与标量场的作用关系。当矢量算符作用到一个标量场上时，若 T 是任意标量场，则

$$\begin{aligned}\boldsymbol{\nabla} T &= \boldsymbol{\nabla}_x T+\boldsymbol{\nabla}_y T+\boldsymbol{\nabla}_z T \\ &= \frac{\partial T}{\partial x}\hat{\boldsymbol{i}}+\frac{\partial T}{\partial y}\hat{\boldsymbol{j}}+\frac{\partial T}{\partial z}\hat{\boldsymbol{k}}\end{aligned} \tag{4. 4. 4}$$

这个作用结果显然给出的是一个矢量。我们把这样的一个作用结果定义为标量场在空间关注点的梯度，即$\boldsymbol{\nabla} T=\mathrm{grad}\ T$。这种对标量场取空间偏微商的运算称为梯度运算。梯度的运算还可以包括

$$\begin{aligned}&\boldsymbol{\nabla} C=\boldsymbol{0}\\ &\boldsymbol{\nabla}(CT)=C\boldsymbol{\nabla} T\\ &\boldsymbol{\nabla}(T+U)=\boldsymbol{\nabla} T+\boldsymbol{\nabla} U\\ &\boldsymbol{\nabla}(TU)=(\boldsymbol{\nabla} T)U+T(\boldsymbol{\nabla} U)\\ &\boldsymbol{\nabla}(T/U)=1/U^2[(\boldsymbol{\nabla} T)U-T(\boldsymbol{\nabla} U)]\\ &\boldsymbol{\nabla} f(T)=(\partial f/\partial T)\boldsymbol{\nabla} T\end{aligned} \tag{4. 4. 5}$$

上述式中，C 为常量，$f(T)$ 为 T 的复合函数，U 为另一标量场。

我们再看一下它与矢量场的作用关系。按照之前讨论的矢量的运算规则，显然矢量算符与矢量场的作用同样有两种运算方式，第一种是被称为“点积”或“标积”的运算，即$\boldsymbol{\nabla}\cdot\boldsymbol{A}$。

如果 $\boldsymbol{A}=a_x\hat{\boldsymbol{i}}+a_y\hat{\boldsymbol{j}}+a_z\hat{\boldsymbol{k}}$，$\boldsymbol{A}$ 是任意矢量场，那么

$$\begin{aligned}\boldsymbol{\nabla}\cdot\boldsymbol{A} &= \nabla_x a_x+\nabla_y a_y+\nabla_z a_z\\ &=\frac{\partial a_x}{\partial x}+\frac{\partial a_y}{\partial y}+\frac{\partial a_z}{\partial z}\end{aligned} \tag{4. 4. 6}$$

这个作用结果显然给出的是一个标量。我们把这样的一个作用结果定义为矢量场在空间关注点的散度，即$\boldsymbol{\nabla}\cdot\boldsymbol{A}=\mathrm{div}\ \boldsymbol{A}$。这种对矢量场取空间偏微商的运算称为散度运算。散度的运算还可以包括

$$\begin{aligned}&\boldsymbol{\nabla}\cdot(C\boldsymbol{A})=C\boldsymbol{\nabla}\cdot\boldsymbol{A}\\ &\boldsymbol{\nabla}\cdot(\boldsymbol{A}\pm\boldsymbol{B})=\boldsymbol{\nabla}\cdot\boldsymbol{A}\pm\boldsymbol{\nabla}\cdot\boldsymbol{B}\\ &\boldsymbol{\nabla}\cdot(U\boldsymbol{A})=U\boldsymbol{\nabla}\cdot\boldsymbol{A}+\boldsymbol{\nabla} U\cdot\boldsymbol{A}\end{aligned} \tag{4. 4. 7}$$

上述式中，C 为常数，U 为任意线性标量函数，$\boldsymbol{B}$ 为任意矢量场。

矢量算符与矢量场的第二种作用是被称为“叉积”或“矢积”的一种运算，即$\boldsymbol{\nabla}\times\boldsymbol{A}$。

如果 $\boldsymbol{A}=a_x\hat{\boldsymbol{i}}+a_y\hat{\boldsymbol{j}}+a_z\hat{\boldsymbol{k}}$，$\boldsymbol{A}$ 是任意矢量场，那么

$$\boldsymbol{\nabla}\times\boldsymbol{A}=\begin{bmatrix}\hat{\boldsymbol{i}} & \hat{\boldsymbol{j}} & \hat{\boldsymbol{k}}\\ \dfrac{\partial}{\partial x} & \dfrac{\partial}{\partial y} & \dfrac{\partial}{\partial z}\\ a_x & a_y & a_z\end{bmatrix}$$

$$\nabla\times\boldsymbol{A}=(\nabla\times\boldsymbol{A})_x\hat{\boldsymbol{i}}+(\nabla\times\boldsymbol{A})_y\hat{\boldsymbol{j}}+(\nabla\times\boldsymbol{A})_z\hat{\boldsymbol{k}} \tag{4.4.8}$$

这个作用结果显然给出的是一个矢量。我们把这样的一个作用结果定义为矢量场在空间关注点的旋度，即$\nabla\times\boldsymbol{A}=\text{rot }\boldsymbol{A}$。$\nabla\times\boldsymbol{A}$ 的分量为

$$\begin{aligned}(\nabla\times\boldsymbol{A})_x&=\nabla_y a_z-\nabla_z a_y=\frac{\partial a_z}{\partial y}-\frac{\partial a_y}{\partial z}\\(\nabla\times\boldsymbol{A})_y&=\nabla_z a_x-\nabla_x a_z=\frac{\partial a_x}{\partial z}-\frac{\partial a_z}{\partial x}\\(\nabla\times\boldsymbol{A})_z&=\nabla_x a_y-\nabla_y a_x=\frac{\partial a_y}{\partial x}-\frac{\partial a_x}{\partial y}\end{aligned} \tag{4.4.9}$$

这种对矢量场取空间偏微商的运算称为旋度运算。旋度的运算还可以包括

$$\begin{aligned}&\nabla\times(C\boldsymbol{A})=C\nabla\times\boldsymbol{A}\\&\nabla\times(\boldsymbol{A}\pm\boldsymbol{B})=\nabla\times\boldsymbol{A}\pm\nabla\times\boldsymbol{B}\\&\nabla\times(U\boldsymbol{A})=U\nabla\times\boldsymbol{A}+\nabla U\times\boldsymbol{A}\\&\nabla\times(\nabla\times\boldsymbol{A})=\nabla(\nabla\cdot\boldsymbol{A})-\nabla^2\boldsymbol{A}\end{aligned} \tag{4.4.10}$$

上述式中，C 为常数，U 为任意线性标量函数，$\boldsymbol{B}$ 为任意矢量场。

综上所述，矢量算符∇同场的作用的运算组合有三种：

$$\begin{aligned}&\text{grad }T=\nabla T=\text{矢量}\\&\text{div }\boldsymbol{A}=\nabla\cdot\boldsymbol{A}=\text{标量}\\&\text{rot }\boldsymbol{A}=\nabla\times\boldsymbol{A}=\text{矢量}\end{aligned} \tag{4.4.11}$$

利用这些组合，我们可以用一些常规的方法，即一种不依赖于任何特定坐标系的普遍方法，来写出关于场的空间变化。

基本运算公式的算符表示，即用矢量算符（哈密顿算符）表示场的梯度、散度和旋度的基本运算公式。矢量算符（哈密顿算符）是描述场与空间相互作用的统一工具，它与梯度、散度和旋度共同构成物理场描述的完备体系。

三、场的梯度、散度和旋度的物理意义

1. 梯度的物理意义

梯度是标量场在空间最重要的微观变化特征量。

如果说等值面是标量场的宏观特征，那么标量场在空间的变化率即其微观特征，在空间某点的标量场允许向各种不同的方向做出变化。因此，变化方向就成为标量场的重要微观特征。

标量场 $T(x,y,z)$ 在空间的方向导数是一个标量，它表示在空间某点处沿某一方向的变化率。标量场 T 空间的坐标系如图 4.4.1 所示，因此标量场在 $\Delta\boldsymbol{R}$ 方向的方向导数为

$$\frac{\mathrm{d}T}{\mathrm{d}R}=\frac{\partial T}{\partial x}\cos\alpha+\frac{\partial T}{\partial y}\cos\beta+\frac{\partial T}{\partial z}\cos\gamma \tag{4.4.12}$$

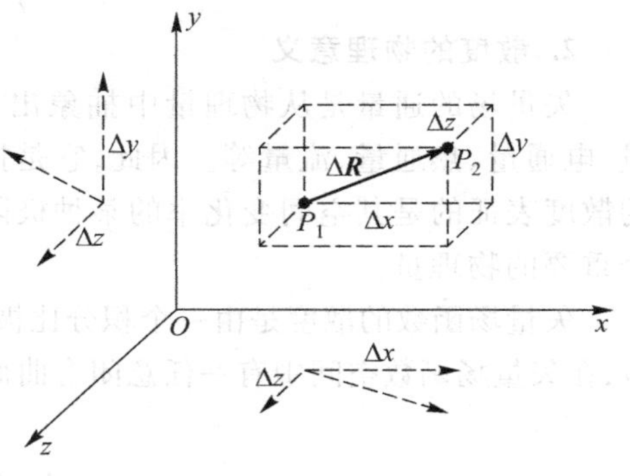

图 4.4.1

ΔR 是标量场 $T(x,y,z)$ 空间中任意方向的任一线段,即位移矢量 $\Delta \boldsymbol{R}=\Delta x\hat{\boldsymbol{i}}+\Delta y\hat{\boldsymbol{j}}+\Delta z\hat{\boldsymbol{k}}$ 的模,$\Delta R=|\Delta \boldsymbol{R}|$。而余弦函数

$$\cos\alpha=\lim_{\Delta R\to 0}\frac{\Delta x}{\Delta R},\quad \cos\beta=\lim_{\Delta R\to 0}\frac{\Delta y}{\Delta R},\quad \cos\gamma=\lim_{\Delta R\to 0}\frac{\Delta z}{\Delta R}$$

是 $\Delta \boldsymbol{R}$ 的方向余弦。

因此,任一位移矢量 $\Delta \boldsymbol{R}$ 的单位矢量为

$$\hat{\boldsymbol{R}}=\cos\alpha\hat{\boldsymbol{i}}+\cos\beta\hat{\boldsymbol{j}}+\cos\gamma\hat{\boldsymbol{k}}$$

则式(4.4.12)可以写成

$$\begin{aligned}\frac{\mathrm{d}T}{\mathrm{d}R}&=\left(\frac{\partial T}{\partial x}\hat{\boldsymbol{i}}+\frac{\partial T}{\partial y}\hat{\boldsymbol{j}}+\frac{\partial T}{\partial z}\hat{\boldsymbol{k}}\right)\cdot(\cos\alpha\hat{\boldsymbol{i}}+\cos\beta\hat{\boldsymbol{j}}+\cos\gamma\hat{\boldsymbol{k}})\\&=\nabla T\cdot\hat{\boldsymbol{R}}\end{aligned}\tag{4.4.13}$$

由式(4.4.13)可以看出,梯度 ∇T 是一个矢量,描述了标量场 $T(x,y,z)$ 在空间给定点的固有特性,与方向 $\hat{\boldsymbol{R}}$ 无关。

因此,梯度具有如下的性质:梯度的模 $|\nabla T|$ 就是标量场空间给定点处的最大的方向导数,梯度的方向就是该点具有最大方向导数的方向;梯度的方向也称为最快上升方向,与等值面垂直,如图 4.4.2 所示。对于三维函数,梯度的方向与法线方向一致;标量场中任一点的方向导数等于该点的梯度(矢量场)在该方向的投影,如图 4.4.2 所示。

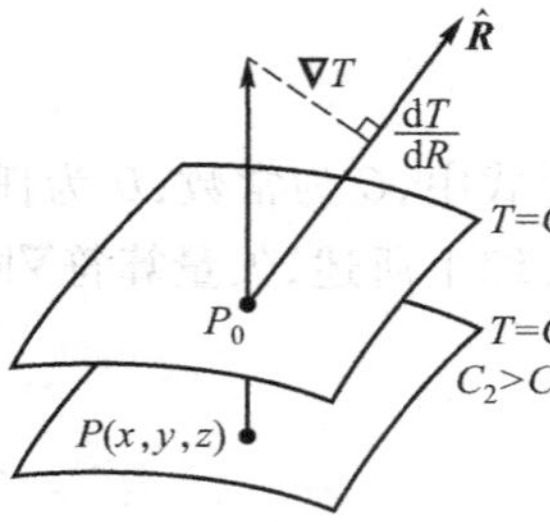

图 4.4.2

如果标量场是一个温度场 $T(x,y,z)$,∇T 就是一个有确定物理意义的运算,给出一个有意义的物理量——温度场的梯度,它代表了温度场 T 的空间变化率。∇T 的 x 分量就是 T 在 x 方向上变化的速率。那么,矢量 ∇T 的方向是什么? 我们知道,T 在任一方向上的变化率(方向导数)等于 ∇T 在该方向上的分量,由此可以推知,∇T 的方向是它最大且可能存在的分量的方向,换句话说,是 T 变化最快的方向(最大方向导数的方向)。所以,T 的梯度具有(在关注的空间场点处)最急剧上升的斜率的方向(这可以看成梯度的物理意义)。

下面我们简单介绍一下在球坐标系中的梯度。

在球坐标系中,T 为任意一个标量场,那么它的梯度表示为

$$\nabla T=\frac{\partial T}{\partial r}\hat{\boldsymbol{r}}+\frac{1}{r}\frac{\partial T}{\partial\theta}\hat{\boldsymbol{\theta}}+\frac{1}{r\sin\theta}\frac{\partial T}{\partial\phi}\hat{\boldsymbol{\phi}}\tag{4.4.14}$$

2. 散度的物理意义

矢量场的通量是从物理量中抽象出来的一个数学概念,通常具有若干物理意义,如磁通量、电通量、热通量、流量等。因此,它是描述矢量场的空间宏观特征的一个重要参量。矢量场的散度表征的是其空间变化率的某种极限状况,因此,散度是描述矢量场的空间微观性质的一个重要的物理量。

矢量场函数的散度是由一个积分比极限来定义的。假设空间任一矢量场函数为 $\boldsymbol{C}=\boldsymbol{C}(x,y,z)$,在矢量场函数空间中有一任意闭合曲面 S 及其包围的体积 V,定义矢量场函数 $\boldsymbol{C}$ 的散度为

$$\mathrm{div}\,\boldsymbol{C}=\lim_{V\to 0}\frac{\int_S \boldsymbol{C}\cdot\hat{\boldsymbol{n}}\mathrm{d}a}{V}\tag{4.4.15}$$

其中，积分是在整个闭合曲面 S 上进行的，如图 4.4.3(a) 所示。当 $V\to 0$ 时，V 始终包含空间中的某一点（我们关注的场点）$P(x,y,z)$，所以最后的结果是关于点 P 的函数。

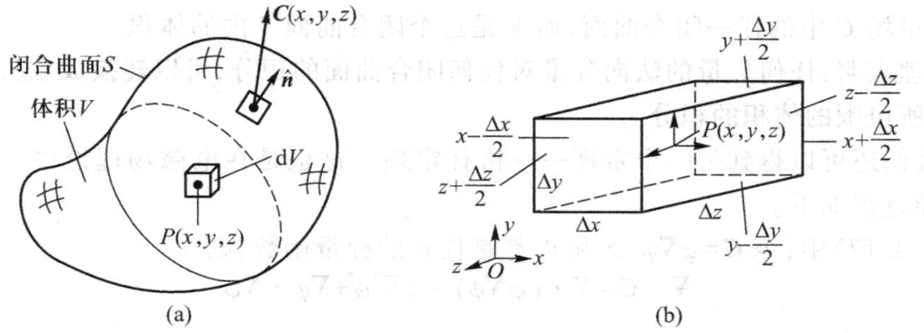

图 4.4.3

关于矢量场散度的定义是无坐标的，即在任何参考系中都是等价的。换句话说，对于任一参考系来说，它都是一个不变量，即对于同一个矢量场，这个极限式可以得到相同的结果。

为了讨论矢量场散度的物理意义及其定量描述方式，我们在直角坐标系中对式(4.4.15)进行推导。如图 4.4.3(b) 所示，我们可以将体积的极限等效成一个平行六面体的微小体积，即 $\Delta V=\Delta x\Delta y\Delta z$。在平行六面体的每一微小平面上的矢量场值都可以看成是相同的，而且我们所关注的场点 $P(x,y,z)$ 始终在这个微小体积中。因此，我们可以对式(4.4.15)右侧的面积分进行计算，对整个闭合曲面 S 的面积分可以看成平行六面体的六个面积分的和。

假设 $\boldsymbol{C}=C_x(x,y,z)\hat{\boldsymbol{i}}+C_y(x,y,z)\hat{\boldsymbol{j}}+C_z(x,y,z)\hat{\boldsymbol{k}}$，那么在垂直于 x 轴方向的两个坐标平面上，小面积的积分和近似为

$$\left[C_x\left(x+\frac{\Delta x}{2},y,z\right)-C_x\left(x-\frac{\Delta x}{2},y,z\right)\right]\Delta y\Delta z=\frac{\partial C_x}{\partial x}\Delta x\Delta y\Delta z$$

同理，在垂直于 y 轴和 z 轴方向上的面积分分别为

$$\frac{\partial C_y}{\partial y}\Delta x\Delta y\Delta z,\quad \frac{\partial C_z}{\partial z}\Delta x\Delta y\Delta z$$

对整个闭合曲面 S 的面积分为

$$\int_S \boldsymbol{C}\cdot\hat{\boldsymbol{n}}\mathrm{d}a=\left(\frac{\partial C_x}{\partial x}+\frac{\partial C_y}{\partial y}+\frac{\partial C_z}{\partial z}\right)\Delta x\Delta y\Delta z=\left(\frac{\partial C_x}{\partial x}+\frac{\partial C_y}{\partial y}+\frac{\partial C_z}{\partial z}\right)V$$

因此，矢量场 $\boldsymbol{C}$ 的散度为

$$\operatorname{div}\boldsymbol{C}=\frac{\partial C_x}{\partial x}+\frac{\partial C_y}{\partial y}+\frac{\partial C_z}{\partial z}=\boldsymbol{\nabla}\cdot\boldsymbol{C}\tag{4.4.16}$$

由式(4.4.16)可以看出，矢量场 $\boldsymbol{C}$ 关于空间变化率的标积 $\boldsymbol{\nabla}\cdot\boldsymbol{C}$ 正是矢量场的散度。

由散度的定义式(4.4.15)，我们可以给出矢量场散度的物理意义：矢量场 $\boldsymbol{C}(x,y,z)$ 在空间中的任意一点 $P(x,y,z)$ 的散度，就是围绕 P 点附近单位体积的通量。散度是标量，它表征的是通过 P 点处的通量体密度。

由上面的证明，我们得到一个关于散度的定理——高斯定理。[它首先是由俄国数学家奥斯特洛格拉特斯基(1801—1855)撰文发表的，但是在实际上由于著名数学家高斯(1777—1855)在此之前就已经发现了这一定理，只是未及时发表，所以有些文献称此定理为奥-高定理。]

高斯定理：

$$\int_S \boldsymbol{C}\cdot\hat{\boldsymbol{n}}\mathrm{d}a=\int_V \nabla\cdot\boldsymbol{C}\mathrm{d}V \tag{4.4.17}$$

式中 S 是矢量场 $\boldsymbol{C}$ 中的任一闭合曲面，而 V 是这个闭合曲面 S 内的体积。

高斯定理表明：任何矢量的法向分量对任何闭合曲面的积分，可以转换成该矢量的散度对该闭合曲面所包围的体积的积分。

由此，我们还可以得到另一个定理——格林定理。这也是在电磁场理论中一个很重要的定理，其推导过程如下。

在式(4.4.17)中，令 $\boldsymbol{C}=\varphi\nabla\psi$，$\varphi$ 和 ψ 都是任意的标量函数，则

$$\nabla\cdot\boldsymbol{C}=\nabla\cdot(\varphi\nabla\psi)=\varphi\nabla^2\psi+\nabla\varphi\cdot\nabla\psi$$

因此，

$$\begin{aligned}\int_V \nabla\cdot\boldsymbol{C}\mathrm{d}V&=\int_V(\varphi\nabla^2\psi+\nabla\varphi\cdot\nabla\psi)\mathrm{d}V\\&=\int_S(\varphi\nabla\psi)\cdot\hat{\boldsymbol{n}}\mathrm{d}a\\&=\int_S\varphi\frac{\partial\psi}{\partial n}\mathrm{d}a\end{aligned}$$

即

$$\int_V(\varphi\nabla^2\psi+\nabla\varphi\cdot\nabla\psi)\mathrm{d}V=\int_S\varphi\frac{\partial\psi}{\partial n}\mathrm{d}a \tag{4.4.18}$$

上式就是格林第一恒等式。其中，$\hat{\boldsymbol{n}}$ 是面积元的正法向单位矢量，即闭合曲面的外法向单位矢量。

同理，将 ψ 和 φ 进行调换，则

$$\int_V(\psi\nabla^2\varphi+\nabla\varphi\cdot\nabla\psi)\mathrm{d}V=\int_S\psi\frac{\partial\varphi}{\partial n}\mathrm{d}a \tag{4.4.19}$$

因此，比较式(4.4.18)和式(4.4.19)可得

$$\int_V(\varphi\nabla^2\psi-\psi\nabla^2\varphi)\mathrm{d}V=\int_S\left(\varphi\frac{\partial\psi}{\partial n}-\psi\frac{\partial\varphi}{\partial n}\right)\mathrm{d}a \tag{4.4.20}$$

式(4.4.20)称为格林第二恒等式。

拓展阅读：科学家高斯

高斯

3. 旋度的物理意义

矢量场的环流也是从物理量中抽象出来的一个数学概念，通常具有若干物理意义，如电流、功、环流等。因此，它是描述矢量场空间宏观特征的另一个重要参量。矢量场的旋度表征的是其空间变化率的某种极限状况，因此，旋度是描述矢量场空间微观性质的另一个重要的物理量。

设有任一矢量场函数 $\boldsymbol{C}=\boldsymbol{C}(x,y,z)$，在矢量场函数空间中有一关注的场点 $P(x,y,z)$，包含场点 P 的任一小平面的面积为 S，法线方向的单位矢量为 $\widehat{\boldsymbol{n}}$，并且定义小平面周线 L 上的线元 $\mathrm{d}\boldsymbol{l}$ 的方向是与 $\widehat{\boldsymbol{n}}$ 成右手螺旋的方向，如图 4.4.4(a) 所示。因此，将矢量场 $\boldsymbol{C}$ 在空间任一点 P 处所对应的环流面密度的最大值定义为矢量场在该点的旋度，

$$\operatorname{rot}\boldsymbol{C}=\widehat{\boldsymbol{n}}\left[\lim_{S\to 0}\frac{\int_L \boldsymbol{C}\cdot\mathrm{d}\boldsymbol{l}}{S}\right]_{\max} \tag{4.4.21}$$

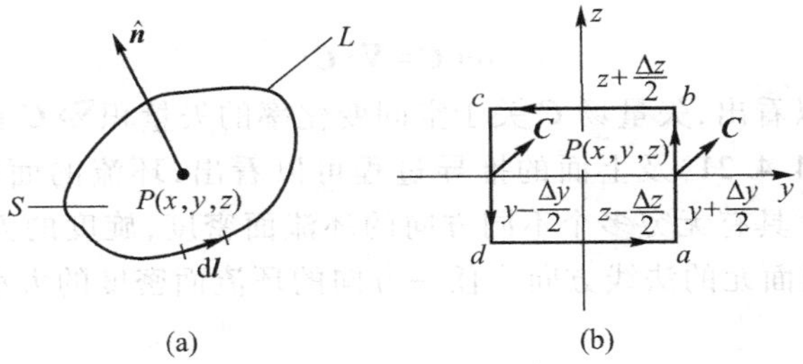

图 4.4.4

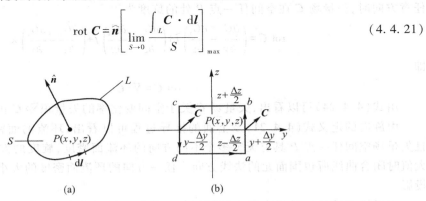

关于矢量场旋度的定义同样也是无坐标的，即在任何参考系中都是等价的。换句话说，对于任一参考系来说，它都是一个形式不变量，即对于同一个矢量场，这个极限式可以得到相同的结果。

为了讨论矢量场旋度的物理意义及其定量描述方式，我们在直角坐标系中对式(4.4.21)进行推导。如图 4.4.4(b) 所示，我们可以将面积 S 的极限等效成一个在直角坐标系中 yz 平面内的正方形的微小面积，即 $S=\Delta y\Delta z$，$\widehat{\boldsymbol{n}}=\widehat{\boldsymbol{i}}$。在正方形的每一微小边长上的矢量场值都可以看成是相同的，而且我们所关注的场点 $P(x,y,z)$ 始终在这个微小平面中。因此，我们可以对式(4.4.21)右侧的线积分进行计算，对整个闭合曲线 L 的线积分可以看成正方形四个边积分的和。

假设 $\boldsymbol{C}=C_x(x,y,z)\widehat{\boldsymbol{i}}+C_y(x,y,z)\widehat{\boldsymbol{j}}+C_z(x,y,z)\widehat{\boldsymbol{k}}$，那么在微小面积 S 边长上矢量场 $\boldsymbol{C}$ 的环路积分，即 $a\to b\to c\to d\to a$ 的线积分可以按如下方式计算。

先计算 $a\to b$ 加上 $c\to d$：

$$\left[C_z\left(x,y+\frac{\Delta y}{2},z\right)-C_z\left(x,y-\frac{\Delta y}{2},z\right)\right]\Delta z=\frac{\partial C_z}{\partial y}\Delta y\Delta z$$

再计算 $b\to c$ 加上 $d\to a$：

$$\left[-C_y\left(x,y,z+\frac{\Delta z}{2}\right)+C_y\left(x,y,z-\frac{\Delta z}{2}\right)\right]\Delta y=-\frac{\partial C_y}{\partial z}\Delta y\Delta z$$

因此，在 yz 平面内的环路积分为

$$\left(\frac{\partial C_z}{\partial y}-\frac{\partial C_y}{\partial z}\right)\Delta y\Delta z \tag{4.4.22}$$

式(4.4.22)中的括号内项正好是 $\nabla\times\boldsymbol{C}$ 的 x 分量。

同理可得，在 xz 平面和 xy 平面内的环路积分分别为

$$\left(\frac{\partial C_x}{\partial z}-\frac{\partial C_z}{\partial x}\right)\Delta x\Delta z,\quad \left(\frac{\partial C_y}{\partial x}-\frac{\partial C_x}{\partial y}\right)\Delta y\Delta x \tag{4.4.23}$$

式(4.4.23)中的两个括号内项正好是 $\nabla\times\boldsymbol{C}$ 的 y 分量和 z 分量。

将式(4.4.22)和式(4.4.23)中的各项代入旋度的定义式(4.4.21)，我们可以得到当 $\hat{\boldsymbol{n}}$ 沿任意方向时，矢量场 $\boldsymbol{C}$ 在空间任一点 P 处的旋度为

$$\text{rot}\,\boldsymbol{C}=\left(\frac{\partial C_z}{\partial y}-\frac{\partial C_y}{\partial z}\right)\hat{\boldsymbol{i}}+\left(\frac{\partial C_x}{\partial z}-\frac{\partial C_z}{\partial x}\right)\hat{\boldsymbol{j}}+\left(\frac{\partial C_y}{\partial x}-\frac{\partial C_x}{\partial y}\right)\hat{\boldsymbol{k}}$$

即

$$\text{rot}\,\boldsymbol{C}=\nabla\times\boldsymbol{C} \tag{4.4.24}$$

由式(4.4.24)可以看出，矢量场 $\boldsymbol{C}$ 关于空间变化率的矢量积 $\nabla\times\boldsymbol{C}$ 正是矢量场的旋度。

由旋度的定义式(4.4.21)及上面的推导过程可以看出，环流的面密度也是一个矢量，并且矢量场空间任一点 P 具有无穷多个不同方向的环流面密度，旋度的方向为取环流面密度最大值时闭合曲线所包围面元的法线方向。任一方向的环流面密度的大小就是旋度在该方向的投影。

旋度描述的是矢量场中各点的场量与涡旋源之间的关系，刻画了矢量场沿等值面(线)切线方向的变化率。

由上面的证明推导过程，我们得到一个关于旋度的定理——斯托克斯定理：

$$\oint_L \boldsymbol{C}\cdot \mathrm{d}\boldsymbol{s}=\int_S(\nabla\times\boldsymbol{C})_{\mathrm{n}}\mathrm{d}a \tag{4.4.25}$$

式中 S 是以 L 为边界的任意曲面。

矢量场的旋度涉及一种称为“矢积”的运算，而其结果也是一个矢量。旋度的运算规则与前面讨论的矢量乘积(“矢积”)的运算规则一样，其方向遵从右手螺旋定则。

拓展阅读：科学家斯托克斯

斯托克斯

第五节　有关场方程的一些定义及定理

下面我们介绍几个在电磁学中将要用到的关于场方程的定义和定理，这有助于我们理解电磁场的有关性质和处理方法。

一、无旋场及其标量势

我们把满足场方程 $\mathrm{rot}\,\boldsymbol{C}=\nabla\times\boldsymbol{C}=\boldsymbol{0}$ 的矢量场 $\boldsymbol{C}(x,y,z)$ 定义为无旋场（或保守场）。

定理 1　$\boldsymbol{C}(x,y,z)$ 为任意矢量场，如果满足场方程 $\nabla\times\boldsymbol{C}=\boldsymbol{0}$，有标量函数 $\phi(x,y,z)$，使得 $\boldsymbol{C}=\nabla\phi$，那么 ϕ 称为 $\boldsymbol{C}$ 的势函数，矢量 $\boldsymbol{C}$ 称为标量函数 ϕ 的梯度。因此，无旋场（或保守场）又称为有势场。

证明：如果 $\boldsymbol{C}=\nabla\phi$，矢量 $\boldsymbol{C}$ 就与矢量算符 ∇ 具有相同的方向。因此，$\nabla\times\boldsymbol{C}=\nabla\times\nabla\phi\equiv\boldsymbol{0}$。

证毕。

二、无散场及其矢量势

我们把满足场方程 $\mathrm{div}\,\boldsymbol{C}=\nabla\cdot\boldsymbol{C}=0$ 的矢量场 $\boldsymbol{C}(x,y,z)$ 定义为无散场（或无源场），无源场又称为管形场。

定理 2　$\boldsymbol{C}(x,y,z)$ 为任意矢量场，如果满足场方程 $\nabla\cdot\boldsymbol{C}=0$，有矢量函数 $\boldsymbol{A}(x,y,z)$，使得 $\boldsymbol{C}=\nabla\times\boldsymbol{A}$，那么 $\boldsymbol{A}$ 称为 $\boldsymbol{C}$ 的矢量势函数，矢量 $\boldsymbol{C}$ 称为矢量 $\boldsymbol{A}$ 的旋度。

证明：如果 $\boldsymbol{C}=\nabla\times\boldsymbol{A}$，矢量 $\boldsymbol{C}$ 就与矢量算符 ∇ 和矢量 $\boldsymbol{A}$ 构成的平面垂直，矢量 $\boldsymbol{C}$ 就与矢量算符 ∇ 的方向垂直。因此，

$$\nabla\cdot\boldsymbol{C}=\nabla\cdot(\nabla\times\boldsymbol{A})\equiv 0$$

证毕。

三、调和场与拉普拉斯方程

我们把既无散又无旋（$\nabla\cdot\boldsymbol{C}=0,\nabla\times\boldsymbol{C}=\boldsymbol{0}$）的矢量场定义为调和场。

根据定理 1，由于 $\nabla\times\boldsymbol{C}=\boldsymbol{0}$，因此存在标量势 ϕ，使得 $\boldsymbol{C}=\nabla\phi$；又因为 $\nabla\cdot\boldsymbol{C}=0$，所以

$$\nabla\cdot\nabla\phi=\nabla^2\phi=0 \tag{4.5.1}$$

场方程 $\nabla^2\phi=0$ 称为拉普拉斯方程，算符 ∇^2 称为拉普拉斯算符，ϕ 称为调和场的标量势函数——调和函数。

四、矢量场的唯一性定理——亥姆霍兹定理

前面讨论了矢量场的性质——散度和旋度，利用这两个性质是否能够完整地描述一个矢量场呢？下面我们给出矢量场唯一性定理的证明。

定理 3　设有矢量场 $\boldsymbol{C}$，在以 S 为边界的区域 V 内，它的散度和旋度及其在边界上的法向分量均已知，即

$$\nabla\cdot\boldsymbol{C}=h(x,y,z),\quad \nabla\times\boldsymbol{C}=\boldsymbol{J}(\boldsymbol{r})\quad (V\text{ 内})$$
$$C_{nS}=f(\boldsymbol{r})\qquad\qquad (S\text{ 面上})$$

则区域 V 内的 $\boldsymbol{C}$ 被唯一确定。

证明：采用反证法。设有两个矢量 $\boldsymbol{C}_1$、$\boldsymbol{C}_2$ 同时满足定理的条件，即

$$\nabla\cdot\boldsymbol{C}_1=h(x,y,z),\quad \nabla\cdot\boldsymbol{C}_2=h(x,y,z)$$

$$\nabla\times\boldsymbol{C}_1=\boldsymbol{J}(\boldsymbol{r}),\quad \nabla\times\boldsymbol{C}_2=\boldsymbol{J}(\boldsymbol{r})$$

$$C_{1nS}=f(\boldsymbol{r}),\quad C_{2nS}=f(\boldsymbol{r})$$

需要证明 $\boldsymbol{C}_1=\boldsymbol{C}_2$，为此，令 $\boldsymbol{C}'=\boldsymbol{C}_1-\boldsymbol{C}_2$，因此它满足

$$\nabla\cdot\boldsymbol{C}'=0,\quad \nabla\times\boldsymbol{C}'=\boldsymbol{0}\quad (V\text{ 内})$$

$$C'_{nS}=0\quad (S\text{ 面上})$$

由于 $\nabla\times\boldsymbol{C}'=\boldsymbol{0}$，必有 $\boldsymbol{C}'=\nabla\varphi$，因此

$$\nabla\cdot\boldsymbol{C}'=\nabla^2\varphi=0$$

在 S 面上：
$$C'_{nS}=\nabla\varphi\cdot\hat{\boldsymbol{n}}=\partial\varphi/\partial n=0$$

由格林第一恒等式（取 $\psi=\varphi$），有

$$\int_S\varphi\frac{\partial\varphi}{\partial n}\mathrm{d}S=\int_V[\varphi\nabla^2\varphi+(\nabla\varphi)^2]\mathrm{d}V$$

将 $\nabla^2\varphi=0$，$\partial\varphi/\partial n=0$ 代入上式，有

$$\int_V(\nabla\varphi)^2\mathrm{d}V=0$$

而 $(\nabla\varphi)^2\geqslant 0$，要使上式成立必有 $\nabla\varphi=\boldsymbol{0}$，因此 $\boldsymbol{C}'=\boldsymbol{0}$。

所以

$$\boldsymbol{C}_1=\boldsymbol{C}_2$$

证毕。

五、有散无旋场的方程——泊松方程

如果矢量场 $\boldsymbol{C}(x,y,z)$ 满足方程组：

$$\nabla\times\boldsymbol{C}=\boldsymbol{0}$$

$$\nabla\cdot\boldsymbol{C}=h(x,y,z)\quad [h(x,y,z)\text{为已知函数}]$$

根据定理 1，由于 $\nabla\times\boldsymbol{C}=\boldsymbol{0}$，因此存在标量势 ϕ，使得 $\boldsymbol{C}=\nabla\phi$；又因为 $\nabla\cdot\boldsymbol{C}=h(x,y,z)$，所以

$$\nabla\cdot\nabla\phi=\nabla^2\phi=h(x,y,z)$$

则

$$\nabla^2\phi=h(x,y,z)\tag{4.5.2}$$

式(4.5.2)称为泊松方程。

六、有旋无散场的方程组——泊松方程组

如果矢量场 $\boldsymbol{C}(x,y,z)$ 满足方程组：

$$\nabla\cdot\boldsymbol{C}=0$$

$$\nabla\times\boldsymbol{C}=\boldsymbol{J}(x,y,z)\quad [\boldsymbol{J}(x,y,z)\text{为已知函数}]$$

根据定理 2，由于 $\nabla\cdot\boldsymbol{C}=0$，因此存在矢量势 $\boldsymbol{A}$，使得 $\boldsymbol{C}=\nabla\times\boldsymbol{A}$；又因为 $\nabla\times\boldsymbol{C}=\boldsymbol{J}(x,y,z)$，所以

$$\nabla\times(\nabla\times\boldsymbol{A})=\boldsymbol{J}(x,y,z)$$

利用公式(4.4.10)可得

$$\nabla(\nabla\cdot\boldsymbol{A})-\nabla^2\boldsymbol{A}=\boldsymbol{J}(x,y,z) \tag{4.5.3}$$

这是一个复杂的方程,但我们可以将其简化。由亥姆霍兹定理可知,原方程的解是唯一的,而我们引入的矢量势 $\boldsymbol{A}$ 却可以有无穷多个,因此只要找到其中之一,就能确定原方程的解。为了简化式(4.5.3),可以令$\nabla\cdot\boldsymbol{A}=0$(这也称为规范条件,在静磁场中会有详细讨论),这样式(4.5.3)就简化为

$$\nabla^2\boldsymbol{A}=-\boldsymbol{J}(x,y,z) \tag{4.5.4}$$

式(4.5.4)可以看成矢量的泊松方程,在直角坐标系下它可以分解为三个如式(4.5.2)的泊松方程,即

$$\nabla^2 A_x=-J_x,\quad \nabla^2 A_y=-J_y,\quad \nabla^2 A_z=-J_z \tag{4.5.5}$$

因此,式(4.5.5)就是有旋无散场的泊松方程组。

七、矢量场的分解

定理 4 如果矢量场 $\boldsymbol{C}$ 具备由唯一性定理所要求的边界条件,那么该矢量场可以唯一地分解为无旋场和无散场的叠加,即对于任意矢量场 $\boldsymbol{C}$,有 $\boldsymbol{C}=\boldsymbol{C}_1+\boldsymbol{C}_2$,其中 $\boldsymbol{C}_1$ 和 $\boldsymbol{C}_2$ 是两个具有某些特殊性质的矢量场,即

$$\nabla\times\boldsymbol{C}_1=\boldsymbol{0},\ \nabla\cdot\boldsymbol{C}_2=0$$

证明:因为矢量场 $\boldsymbol{C}$ 已知,所以

$$\nabla\times\boldsymbol{C}=\nabla\times\boldsymbol{C}_1+\nabla\times\boldsymbol{C}_2=\boldsymbol{D},\quad \boldsymbol{D}\text{ 为已知的矢量}$$

$$\nabla\cdot\boldsymbol{C}=\nabla\cdot\boldsymbol{C}_1+\nabla\cdot\boldsymbol{C}_2=h,\quad h\text{ 为已知的标量}$$

令$\nabla\times\boldsymbol{C}_1=\boldsymbol{0}$,$\nabla\cdot\boldsymbol{C}_2=0$,得到方程组:

$$\begin{cases}\nabla\times\boldsymbol{C}_1=\boldsymbol{0}\\ \nabla\cdot\boldsymbol{C}_1=h\end{cases}\quad\text{和}\quad\begin{cases}\nabla\cdot\boldsymbol{C}_2=0\\ \nabla\times\boldsymbol{C}_2=\boldsymbol{D}\end{cases}$$

按照泊松方程和泊松方程组中的方法可以求出 $\boldsymbol{C}_1$ 和 $\boldsymbol{C}_2$,因此

$$\boldsymbol{C}=\boldsymbol{C}_1+\boldsymbol{C}_2$$

如果还有 $\boldsymbol{C}'=\boldsymbol{C}_1+\boldsymbol{C}_2$,那么$\nabla\cdot\boldsymbol{C}'=\nabla\cdot\boldsymbol{C}_1=h$,$\nabla\times\boldsymbol{C}'=\nabla\times\boldsymbol{C}_2=\boldsymbol{D}$。根据已知条件,$\nabla\cdot\boldsymbol{C}=h$,$\nabla\times\boldsymbol{C}=\boldsymbol{D}$,由解的唯一性,一定有 $\boldsymbol{C}'=\boldsymbol{C}$。

证毕。

第五章　电磁学定律——电磁场方程

在从 18 世纪到 19 世纪近 150 年的时间里，科学家对电、磁现象进行了大量的实验与理论研究，从各个方面给出了关于电与磁的各种观点、理论，几乎涵盖了静电场、静磁场、电生磁和磁生电的全部内容。1845 年，关于电磁现象的四个最基本的实验定律：库仑定律（1785 年）、毕奥-萨伐尔定律（1820 年）、安培定律（1820 年）、法拉第电磁感应定律（1831—1845 年）已被总结出来，法拉第提出的“电力线”和“磁力线”概念已发展成“电磁场”概念。

1855—1865 年，麦克斯韦在全面审视库仑定律、毕奥-萨伐尔定律和法拉第电磁感应定律的基础上，把流体力学中的某些概念和数学分析方法引入电磁学研究领域，由此导致了麦克斯韦电磁场理论的诞生。

在麦克斯韦电磁场理论诞生之前的很长一段时间里，关于电磁现象的学说都以超距作用观念为基础，认为带电体、磁化体或载流导体之间的相互作用，都是可以超越中间媒质而直接进行并立即完成的，即认为电磁作用的传播速度为无限大。在那个时期，持不同意见的只有法拉第，他认为上述这些相互作用与中间媒质有关，是通过中间媒质的传递而进行的，即主张间接传递学说，并据此提出了“力线”与“场”的概念。

麦克斯韦继承了法拉第的观点，参照流体力学的模型，应用严谨的数学形式总结了前人的工作，提出了位移电流的假说，推广了电流的涵义，将电磁场基本定律归结为四个微分方程，这就是著名的麦克斯韦方程组（关于麦克斯韦方程组，后面还有专门的章节系统地进行讨论）。

麦克斯韦方程组几乎涵盖了电磁学的全部定律，至今还没有任何实验现象违反该方程组给出的定律。既然如此，我们直接给出电磁场基本定律的内容，并通过一些特殊的、设定的实验结果的总结给出定律的具体数学表述形式，即电磁场方程，然后在详细讨论的基础上深入理解其物理意义和物理本质。现在学习的电磁学及后续的电动力学等相关课程都将对现在给出的电磁场的基本定律及其应用给予深入、系统的分析。

实际上，中学物理课程已经基本包含了关于电磁场的主要定律的内容，只是由于数学和物理知识准备不足，对这些定律的理解还停留在一些比较特殊、理想的情况下，以及一些比较宏观的层面上。即便如此，这也为我们直接给出电磁场方程，即电磁学定律，奠定了良好的基础。

如果要用近距作用、“场”的观点来系统地阐述电磁学规律，就要用矢量场的特征来描述，即用矢量场的宏观特征“通量”和“环流”以及微观特征“散度”和“旋度”来描述。电磁场是典型的矢量场（静电场是典型的“有散无旋”的场，而静磁场则是典型的“有旋无散”的场），因此，应当用电场、磁场的“通量”和“环流”以及“散度”和“旋度”来描述其基本规律。

根据亥姆霍兹关于矢量场的唯一性定理，下面我们利用矢量场的“通量”和“环流”以及“散度”和“旋度”的概念来给出确定电磁场性质的方程组——电磁学的基本规律。

为了利用矢量场的特征来描述电磁学定律，并且给出更加完善的电磁场方程，我们还需要一些其他的相关物理量，下面给出这些相关物理量的定义及其物理意义。

第一节　相关物理量

在讨论电磁学的基本规律的具体表述之前，我们首先讨论一下在表述电磁学的基本规律时经常使用的一些物理模型和数学方法，以及相关物理量的定义及其物理意义。

一、离散分布模型——点电荷

物理学的研究对象是自然界中的各种物理客体，包括各种客观存在及其作用规律。由于物理客体通常都太过复杂，因此，在研究、总结物理规律的过程中，为了抓住主要矛盾并排除干扰，人们经常会用到各种抽象于客体的物理模型。人们首先通过对理想模型进行充分研究，总结出相应的认识规律，然后将其运用到实际的客体中进行检验、修正，最后得出相对准确的结论。因此，构建理想的物理模型在物理学的研究与实践中是非常重要的方法、手段。

在电磁学规律的研究与总结过程中，类比于运动学的"质点"模型，使用最多的物理模型就是"点电荷"模型。点电荷模型是实际带电体的抽象和近似，它既是建立具有普遍意义的基本规律过程中不可或缺的理想模型，又是把复杂多样的实际问题转化或分解为简单问题时必不可少的分析手段。例如，库仑定律、洛伦兹力定律的建立，带电体产生的电场以及带电体之间的相互作用的定量研究，试验电荷的引入等，都离不开点电荷模型。

但是，在理想模型的应用过程中要十分注意它的适用范围，实际的带电体(包括电子、质子等)都有一定的空间尺寸，都不是点电荷。因此，只有当所讨论的相互作用的电荷之间的线度大到电荷的大小、形状都可以忽略时，同时我们关注的空间点的距离远大于带电体的自身线度，才可以把带电体看成点电荷；另外，还要注意点电荷模型的作用特征，试验"点电荷"只对其周围的电场产生响应，而不对空间电场的分布产生影响。

实际上，我们曾经计算过电荷的基本单元——电子——的经典半径，$r_e \approx 1.1\times10^{-15}$ m；20 世纪 80 年代，著名物理学家丁肇中曾报告其测量电子半径的实验结果，$r_e<1.1\times10^{-18}$ m。因此，在一定的空间尺度范围内把电子看成一个点电荷所带来的误差是可以接受的。

另外，由于具体的电磁学问题的复杂性，在处理宏观客体的电磁学问题时我们通常会在不同的空间维度上讨论电的相互作用规律，比如，有时我们会关注某个空间体积内的电荷分布情况，有时我们还会关注某个面积上、某条线上的电荷分布情况。因此，为了方便起见，在通常情况下我们会采用连续性电荷分布的模型，这对于问题的讨论、研究同样不会带来更大的误差。

二、连续分布模型——电荷密度

从宏观效果来看，带电体上的电荷在一定误差范围内可以认为是连续分布的，电荷分布的疏密程度可用电荷密度来量度。体分布的电荷用电荷体密度来量度，面分布和线分布的电荷分别用电荷面密度和电荷线密度来量度。

1. 电荷体密度

空间一点上的电荷体密度就是以该点为心的一个球体积中的电荷量和球的体积在半径无

限减小(即体积趋于零)时的比值极限,如图 5.1.1 所示。实际上,电荷体密度也可以看成带电体中单位体积的电荷量。我们用符号 ρ 来代表这个比值,它可以为正或负,其具体的数学表述式为

$$\rho=\lim_{\Delta V\to 0}\frac{\Delta q}{\Delta V} \tag{5.1.1}$$

2. 电荷面密度

在一个表面上,某一给定点的电荷面密度就是以该点为心的一个球体积中的电荷量和该球表面的面积在半径趋于无限小时的比值极限。实际上,电荷面密度也可以看成单位面积上的电荷量,如图 5.1.2 所示。我们用符号 σ 来代表这个比值,它可以为正或负,其具体的数学表述式为

$$\sigma=\lim_{\Delta S\to 0}\frac{\Delta q}{\Delta S} \tag{5.1.2}$$

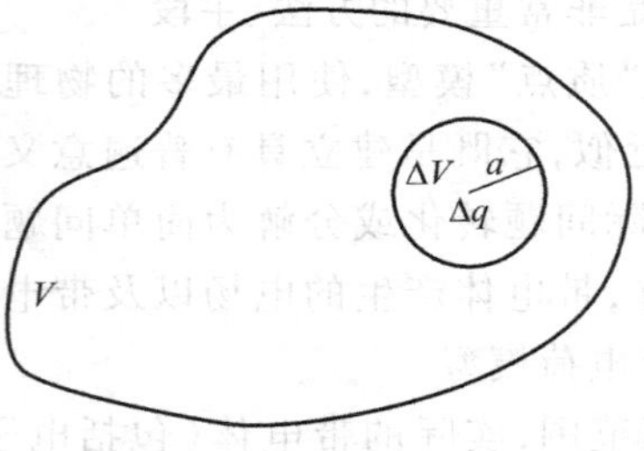

图 5.1.1

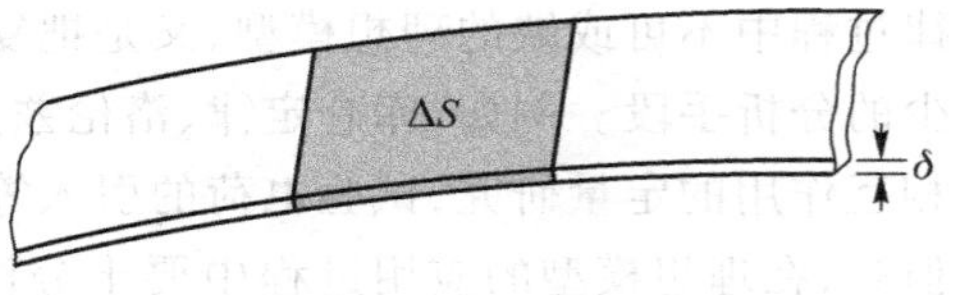

图 5.1.2

3. 电荷线密度

当我们关注的电荷分布在一条线上,即电荷分布在可以忽略其粗细的细长物体上时,如图 5.1.3 所示,我们可以定义电荷线密度为一个线元上的电荷量与该线元长度之比在线元趋于无限小时的极限值。我们用符号 λ 来代表这个比值,它可以为正或负。

$$\lambda=\lim_{\Delta L\to 0}\frac{\Delta q}{\Delta L} \tag{5.1.3}$$

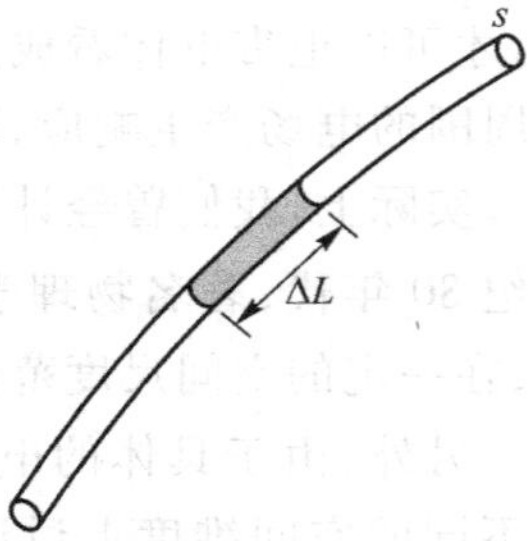

图 5.1.3

如果 $\rho(x,y,z)$ 是空间任一点上的电荷体密度,那么空间某一体积中的总电荷量为

$$Q=\int_V \rho\,\mathrm{d}V=\iiint \rho\,\mathrm{d}x\mathrm{d}y\mathrm{d}z \tag{5.1.4}$$

同样,分布在空间某一曲面 S 或某一曲线 L 上的总电荷量为

$$Q=\int_S \sigma\,\mathrm{d}a=\iint \sigma\,\mathrm{d}x\mathrm{d}y$$

和

$$Q=\int_L \lambda\,\mathrm{d}s=\int \lambda\,\mathrm{d}x$$

其中,我们把线元选在参考系的 x 轴上,面积元选在 xy 平面上,而 $\mathrm{d}x\mathrm{d}y\mathrm{d}z$ 则代表空间的任意体积元。

电荷密度都是空间位置的函数，即可简略地描述成 $\rho(x,y,z)$、$\sigma(x,y)$ 和 $\lambda(x)$；很显然，ρ、σ、λ 是不同种类的量，每一个量都比前一个量低一次空间量纲。电荷密度有时也可以是时间的函数，因此在更普遍的情形下，电荷密度的具体表述为 $\rho(x,y,z,t)$、$\sigma(x,y,t)$ 和 $\lambda(x,t)$。

三、电流密度矢量

电流密度矢量($\boldsymbol{J}$)是描述电荷运动路径中某点电流强弱和流动方向的物理量，其大小等于单位时间内通过与电荷运动方向垂直的某一单位面积的电荷量，其方向为正电荷通过的单位面积截面的法线方向，如图 5.1.4 所示。

$$\boldsymbol{J}=\lim_{\substack{\Delta t\to 0\\ \Delta S\to 0}}\frac{Q}{\Delta t\Delta S}\hat{\boldsymbol{n}} \tag{5.1.5}$$

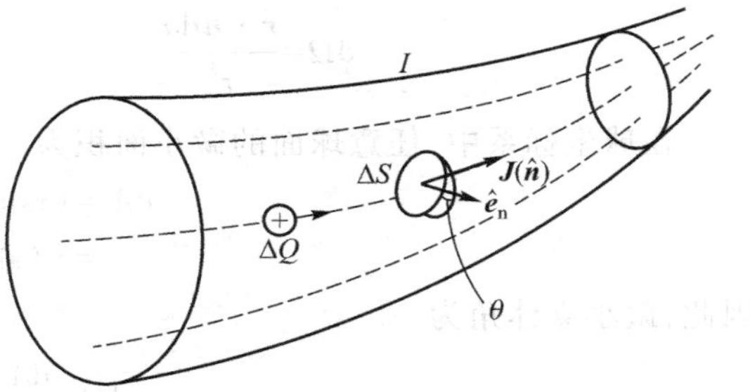

图 5.1.4

其中，$\hat{\boldsymbol{n}}$ 是正电荷通过的与其运动方向垂直的相应截面的法向单位矢量。

实际上，电流密度矢量可以理解为单位面积上的电流的通量，如图 5.1.4 所示。因此，通过空间某一截面的电流为

$$I=\int_S \boldsymbol{J}\cdot\hat{\boldsymbol{e}}_{\mathrm{n}}\mathrm{d}a \tag{5.1.6}$$

其中，$\hat{\boldsymbol{e}}_{\mathrm{n}}$ 是图 5.1.4 所示的某一截面的法线方向的单位矢量。

四、曲面法线方向的约定

任意曲面上某点的法线方向指的都是与该点所在处的单位面积垂直的方向。

因此，对于一般的非闭合曲面，如图 5.1.5(a)所示，通常可以根据具体问题约定一个方向为曲面上某点的法线方向 $\hat{\boldsymbol{n}}$。对于空间的一个平面，通常可以根据具体问题约定其法线方向；而对于一个曲面，则通常将曲面上所在点的曲率为正的方向约定为其法线方向。对于闭合曲面，如图 5.1.5(b)所示，我们通常约定闭合曲面上每点的法线方向 $\hat{\boldsymbol{n}}$ 是从曲面内指向曲面外的。需要注意的是，在同一个问题中，法线方向的约定只能进行一次。

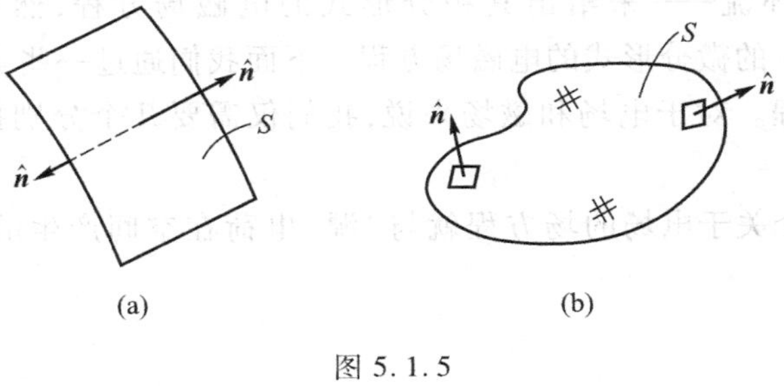

图 5.1.5

五、立体角

立体角是一个物体对特定点的三维空间的角度，是平面角在三维空间中的类比。

以观测点 O 为球心构造一个单位球面，如图 5.1.6 所示。任意物体投影到该单位球面上的投影面积即该物体相对于该观测点的立体角。

因此，立体角是单位球面上的一块面积，这和“平面角是单位圆上的一段弧长”类似。因此，立体角可以表述为

$$d\Omega=\frac{\hat{\boldsymbol{r}}\cdot\hat{\boldsymbol{n}}da}{r^2} \tag{5.1.7}$$

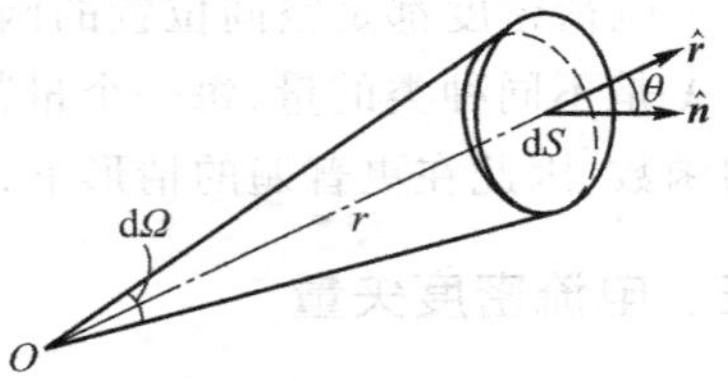

图 5.1.6

在球坐标系中，任意球面的微小面积为

$$\begin{aligned} dA &= (r\sin\theta d\varphi)(rd\theta) \\ &= r^2(\sin\theta d\theta d\varphi) \end{aligned}$$

因此，微小立体角为

$$d\Omega=\frac{dA}{r^2}=\sin\theta d\theta d\varphi \tag{5.1.8}$$

立体角是投影面积与球半径平方的比，这和“平面角是圆的弧长与半径的比”类似。对微小立体角做曲面积分即可得投影面积对应的立体角：

$$\Omega=\iint\sin\theta d\theta d\varphi \tag{5.1.9}$$

根据立体角的定义，球面对球心所张的立体角就是 4π，这与平面圆周对圆心所张的平面角是 2π 类似。实际上，任一闭合曲面对于曲面内任一点所张的立体角都是 4π，而对于闭合曲面外任一点所张的立体角都是零。

第二节　电磁学定律的具体描述

几乎所有的实验物理定律都是通过某些特殊设计的实验，并观察实验结果而归纳总结出来的，然后再不断地通过实践来检验和修正，使之日趋完善。根据场的唯一性定理——亥姆霍兹定理，在讨论电磁场方程的过程中，只需给出电磁场关于其通量和环流或散度和旋度的方程，就可以确定空间电磁场的性质。因此，在考察电磁场方程的过程中，我们先通过电磁场的宏观特性——通量和环流——来给出其积分形式的电磁场方程，然后给出表征其微观特性——散度和旋度——的微分形式的电磁场方程。下面我们通过一些实验现象及结果的总结给出电磁场的相关方程。对于电场和磁场来说，我们仅需要几个分别描述其通量、环流或散度、旋度的方程即可。

我们给出的第一个关于电场的场方程就与“源”电荷在空间产生的电场有关——电场的通量和散度。

一、高斯电场定律

在电荷产生的电场空间中，电场通过其中任一闭合曲面的通量与该曲面内的净电荷量成正比。

根据通量的定义，电通量(电场强度通量)——电场通过空间任一闭合曲面的通量——是

电场在给定闭合曲面上各个点的法向分量与该点的面积元的乘积对整个曲面的积分求和。

假设一个点电荷 q 在空间产生一个电场,我们知道该电场是球对称的(这是空间各向同性及对称性的要求),即在与点电荷等半径(r)的球面上的电场强度是大小相等的,方向均沿着径向。先取一特殊的闭合面,如图 5.2.1 所示。该闭合面即以点电荷 q 所在空间点为中心的、半径为 r 的球面,那么该球面上任一小面积元($d\boldsymbol{S}=\hat{\boldsymbol{n}}da$)的电通量为

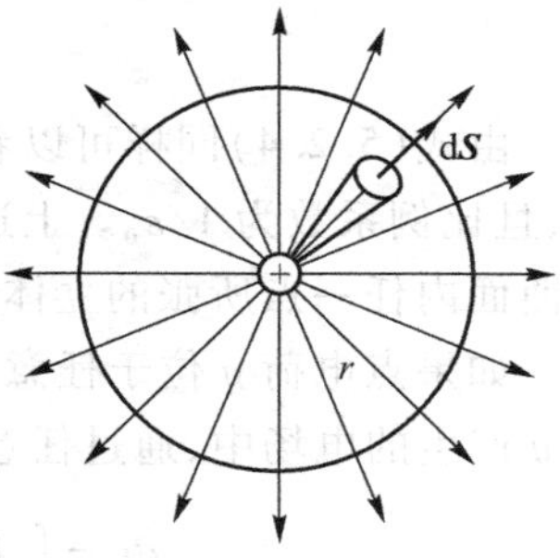

图 5.2.1

$$d\Phi_e=\boldsymbol{E}\cdot\hat{\boldsymbol{n}}da \tag{5.2.1}$$

其中,$\hat{\boldsymbol{n}}$ 为面积元的法向单位矢量。

通过该闭合曲面(球面)的电通量为

$$\Phi_e=\int_S\boldsymbol{E}\cdot\hat{\boldsymbol{n}}da=\int_S\frac{q}{4\pi\varepsilon_0r^2}\cdot da=\frac{q}{4\pi\varepsilon_0}\int_S d\Omega$$
$$=\frac{q}{\varepsilon_0} \tag{5.2.2}$$

由式(5.2.2)可以看出,电通量 Φ_e 与球面内部的电荷量 q 成正比,且比例系数为 $1/\varepsilon_0$。上面讨论的是点电荷位于高斯面(球面)中心的特殊情况,下面我们讨论更一般的情况。

点电荷 q 位于任意(非球对称)的闭合曲面 S 内的任意位置处,如图 5.2.2(a)所示。因此,点电荷 q 产生的电场通过闭合曲面 S 的电通量为

$$\Phi_e=\int_S\boldsymbol{E}\cdot\hat{\boldsymbol{n}}da=\frac{q}{4\pi\varepsilon_0}\int_S\frac{\hat{\boldsymbol{r}}\cdot\hat{\boldsymbol{n}}da}{r^2}=\frac{q}{4\pi\varepsilon_0}\int_S d\Omega \tag{5.2.3}$$

其中,$d\Omega$ 是闭合曲面 S 上的面积元 $d\boldsymbol{S}$ 对 q 所张的立体角,即

$$d\Omega=\frac{\hat{\boldsymbol{r}}\cdot\hat{\boldsymbol{n}}da}{r^2}=\frac{\cos\theta da}{r^2}$$

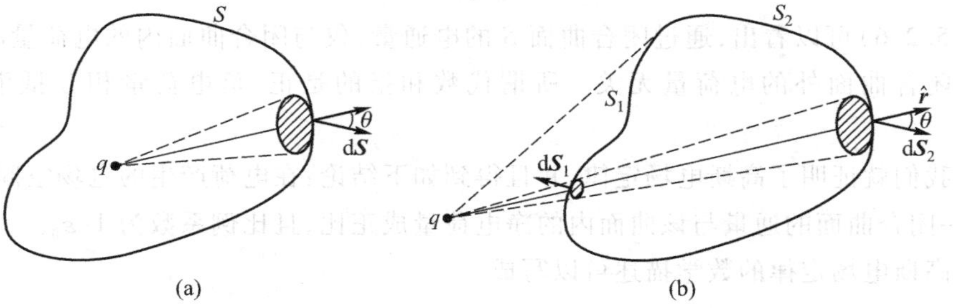

图 5.2.2

它可以通过以 q 为中心、R 为半径的球面对 q 所张的立体角来求得,即

$$\Omega=\int_S d\Omega=\frac{1}{R^2}\int_S\hat{\boldsymbol{r}}\cdot\hat{\boldsymbol{n}}da=\frac{1}{R^2}4\pi R^2=4\pi$$

将上式代入式(5.2.3)可得

$$\Phi_e=\int_S \boldsymbol{E}\cdot\hat{\boldsymbol{n}}\mathrm{d}a=\frac{q}{4\pi\varepsilon_0}\int_S \mathrm{d}\Omega=\frac{q}{\varepsilon_0} \tag{5.2.4}$$

由式(5.2.4)同样可以看出,通过任意闭合曲面 S 的电通量 Φ_e 与其内部的电荷量 q 成正比,且比例系数为 $1/\varepsilon_0$。上述讨论也证明了前面关于立体角的部分结论,即任一闭合曲面对于曲面内任一点所张的立体角就是 4π。

如果点电荷 q 位于任意的闭合曲面 S 外的任意位置处,如图 5.2.2(b)所示,那么在点电荷 q 产生的电场中,通过任意的闭合曲面 S 的电通量为

$$\Phi_e=\int_S \boldsymbol{E}\cdot\hat{\boldsymbol{n}}\mathrm{d}a=\frac{q}{4\pi\varepsilon_0}\int_S \mathrm{d}\Omega=\frac{q}{4\pi\varepsilon_0}\left(\int_{S_1}\mathrm{d}\Omega+\int_{S_2}\mathrm{d}\Omega\right)=0 \tag{5.2.5}$$

这是因为,闭合曲面 S 对 q 点所张的立体角,可以分为左半部分 S_1 对 q 点所张的立体角和右半部分 S_2 对 q 点所张的立体角之和。因为两者的大小相等而符号相反,所以总的电通量为零。因此,我们可以得出如下结论:如果闭合曲面内没有电荷,那么通过该闭合曲面的电通量恒为零。

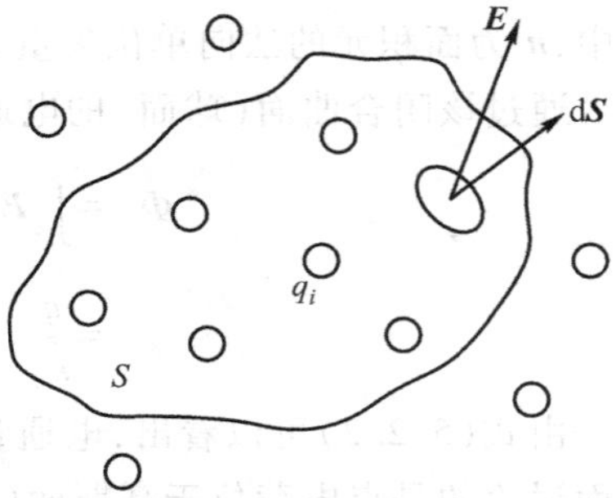

图 5.2.3

如果有 n 个点电荷位于任意闭合曲面 S 内,其他电荷位于闭合曲面 S 外,如图 5.2.3 所示,根据上面关于电通量的讨论,闭合曲面外的电荷对电通量的贡献为零,而闭合曲面内可以依据电场的叠加性,得到通过闭合曲面 S 的总的电通量,则

$$\begin{aligned}\Phi_e=\int_S \boldsymbol{E}\cdot\hat{\boldsymbol{n}}\mathrm{d}a&=\int_S(\boldsymbol{E}_1+\boldsymbol{E}_2+\cdots+\boldsymbol{E}_n)\cdot\hat{\boldsymbol{n}}\mathrm{d}a\\&=\frac{q_1}{\varepsilon_0}+\frac{q_2}{\varepsilon_0}+\cdots+\frac{q_n}{\varepsilon_0}\\&=\frac{1}{\varepsilon_0}\sum_{i=1}^{n}q_i\end{aligned} \tag{5.2.6}$$

由式(5.2.6)可以看出,通过闭合曲面 S 的电通量,仅与闭合曲面内的电荷量的代数和成正比,而与闭合曲面外的电荷量无关。所谓代数和指的是正、负电荷量相互抵消后的净电荷量。

至此,我们就证明了高斯电场定律,并且得到如下结论:在电荷产生的电场空间中,电场通过其中任一闭合曲面的通量与该曲面内的净电荷量成正比,且比例系数为 $1/\varepsilon_0$。

因此,高斯电场定律的数学描述可以写成

$$\oint_S \boldsymbol{E}\cdot\hat{\boldsymbol{n}}\mathrm{d}a=\frac{1}{\varepsilon_0}Q_{净} \tag{5.2.7}$$

式(5.2.7)的左侧是电场 $\boldsymbol{E}$ 通过空间任一闭合曲面 S 的通量——电通量,右侧则是包含在该闭合曲面内的净电荷量。

高斯电场定律的物理意义是:在有电荷存在的空间电场中的任一闭合曲面的电通量与该闭合曲面内所包含的净电荷量成正比;净电荷量越大,通过这个任意闭合曲面的电通量就越大,反之亦然。这就是关于空间电场性质的第一个场方程——高斯电场定律的核心思想。

下面我们利用该定律讨论一下点电荷在空间相互作用的问题。

假设真空中有两个点电荷 q_1 和 q_2，二者之间的距离为 r_{12}，那么二者之间的相互作用力如何？在此，我们可以利用局域场的方法来解决二者之间相互作用力的问题。首先考察一个点电荷在另一个点电荷处产生的电场，然后考察该电场对另一个点电荷的作用力，亦即另一个点电荷对该电场的响应。选取一个以点电荷 q_1 为中心、半径为 r_{12} 的球形闭合曲面 S，如图 5.2.4 所示，通过该闭合曲面 S 的电场的通量为曲面 S 上电场矢量的法向分量的平均值与球面面积的乘积，根据高斯电场定律，并依据空间电场的对称性，可以得到

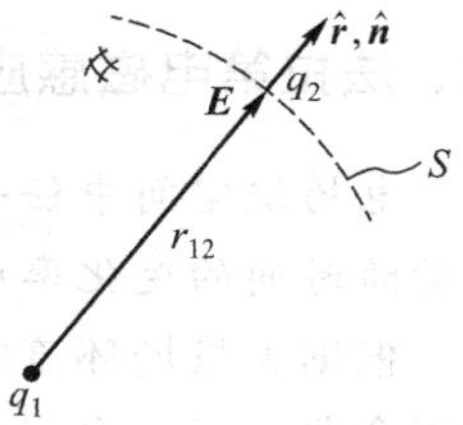

图 5.2.4

$$E\cdot 4\pi r_{12}^2=\frac{q_1}{\varepsilon_0}$$

因此，q_1 在点电荷 q_2 处产生的电场为

$$\boldsymbol{E}=\frac{q_1}{4\pi\varepsilon_0 r_{12}^2}\hat{\boldsymbol{r}}$$

在距点电荷 q_1 距离为 r_{12} 的位置处电场的方向沿径向 $\hat{\boldsymbol{r}}$，即二者连线的方向。

因此，两个点电荷 q_1 和 q_2 之间的作用力 $\boldsymbol{F}$，亦即点电荷 q_2 对电场 $\boldsymbol{E}$ 的响应可以写成

$$\boldsymbol{F}=q_2\boldsymbol{E}=\frac{q_1q_2}{4\pi\varepsilon_0 r_{12}^2}\hat{\boldsymbol{r}}$$

由上式给出的结果完全可以看出，高斯电场定律与库仑定律在描述两个点电荷相互作用上是完全等价的，只是采取的描述方法不同而已。

如果将电荷空间分布看成连续的，那么在闭合曲面 S 内的净电荷量可以描述成电荷体密度对空间体积的积分，即

$$Q_{净}=\int_V \rho \mathrm{d}V \tag{5.2.8}$$

其中，V 是闭合曲面 S 包围的空间体积，ρ 是该空间中的电荷体密度。

将式(5.2.8)的结果代入式(5.2.7)，并利用数学中的高斯定理，可得

$$\oint_S \boldsymbol{E}\cdot\hat{\boldsymbol{n}}\mathrm{d}a=\int_V \nabla\cdot\boldsymbol{E}\mathrm{d}V=\frac{1}{\varepsilon_0}\int_V \rho\mathrm{d}V \tag{5.2.9}$$

由于上式的积分对任何闭合曲面及该曲面包围的体积均成立，因此，可以将式(5.2.9)的后面两项的被积函数从积分号中提出来，即

$$\nabla\cdot\boldsymbol{E}=\frac{\rho}{\varepsilon_0} \tag{5.2.10}$$

到此，关于电通量以及散度描述的电场方程就告一段落，我们将其称为“高斯电场定律”。其中，式(5.2.7)是高斯电场定律的积分表述形式，即通量表述形式；而式(5.2.10)是其微分表述形式，即散度表述形式。

高斯电场定律反映了“源”电荷产生的电场是有源场这一特性。高斯电场定律如此简洁、漂亮的表述形式完全依赖于电荷间相互作用力的平方反比律。

下面我们讨论关于电场的第二个方程，即关于电场的环流及旋度的方程——法拉第电磁

感应定律。

二、法拉第电磁感应定律

电场绕空间中任一闭合曲线 C 的环流，与通过以该闭合曲线 C 为边界的任一曲面 S 的磁通量随时间的变化率成正比。

根据矢量场环流的定义，电场环流——电场绕空间任一闭合曲线 C 的环流——是电场在该闭合曲线 C 上各点的切向分量的平均值乘以该闭合曲线环路的周长。那么，在什么情况下电场的环流才不为零呢？或者说，在何种情况下电场存在环流？

电场在空间存在环流，就是指在电场空间中的任一有限的闭合回路（这个闭合回路可以是空间中任意的数学曲线，而不一定是有实体的闭合回路）上各点电场处处不为零。如果在该空间中存在导体，或者闭合回路是由导体构成的，如图 5.2.5 所示，那么在该闭合回路中就会存在电流。所以，我们可以通过观察闭合回路中是否有电流来判断该回路中是否存在电场的环流。

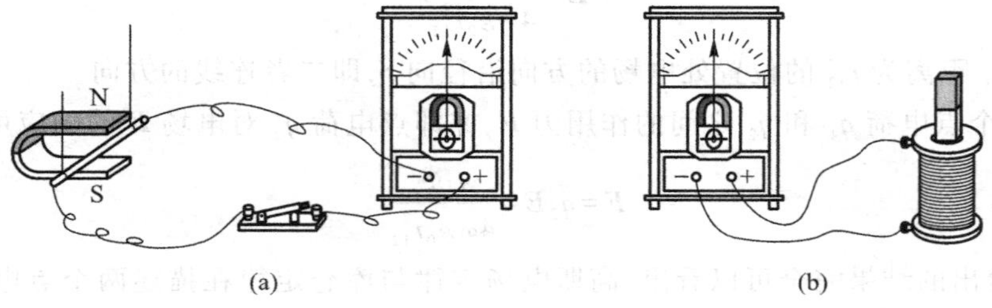

图 5.2.5

方法一就是动生电动势原理的演示实验，当导体棒（闭合回路的一部分）在磁场中运动（切割磁力线）时，在闭合回路中就会产生感应电流，电流表指针将发生偏转，如图 5.2.5(a) 所示；方法二就是感生电动势原理的演示实验，通过磁铁与线圈的相对运动，即在磁铁插入或拔出螺线管的过程中，使螺线管线圈截面中的“磁通量”发生改变，从而导致在闭合回路中产生感应电流，如图 5.2.5(b) 所示。还有另外一种方法，就是将方法二中的磁铁换成小的螺线管线圈，回路线圈中“磁通量”的改变不是通过移动磁铁而是通过改变放置其中（相当于将磁铁放入其中，但它是不移动的）小的螺线管线圈中的电流，同样可以在闭合回路中产生感应电流。在这种方法中，系统中没有任何机械运动，只是回路线圈中的“磁通量”发生了变化，使得闭合回路中产生了感应电流。认真总结实验现象之后可以发现，无论是导体的运动，还是磁铁的运动以及小螺线管线圈内电流的改变，在闭合回路中产生感应电流——存在“电场环流”——的根本原因都可以归结为该闭合回路内的“磁通量”发生了变化。

在导体回路中产生电流的物理本质是电场作用在导体中的自由传导电子上，导致传导电子做定向漂移运动。我们把在上述导体回路中导致传导电子做定向漂移运动的电场力称为电动势。

因此，无论是动生电动势还是感生电动势都定义为感应电动势，其物理本质都是作用于电荷上的电场力。在任一闭合回路中，感应电动势的定义为

$$\mathscr{E}=\oint \boldsymbol{E}\cdot \mathrm{d}\boldsymbol{l} \tag{5.2.11}$$

其中，$\boldsymbol{E}$ 为感应电场，$\mathrm{d}\boldsymbol{l}$ 为闭合回路上的任一有向线元。

电动势的物理表述是：单位正电荷所受的电场力沿某一闭合回路的积分。而且，应该注意到这个线积分正是感应电场在某一闭合回路中的环流。

可能有人会问，磁通量的变化导致回路里产生了电流，那么直接用电流来描述这种"电现象"就行了，为何还要用电场环流来描述？实质上，在实验中的回路里之所以有可以观测到的电流，是因为我们用导体（导线、金属棒）连成了一个闭合回路。如果我们没有用导线连接金属棒，或者没有用导体形成闭合回路，那么肯定没有回路电流存在，在电流表中也不能观测到回路电流的变化。在这种情况下，虽然回路电流消失了，但是空间中还有感应电场存在，而且感应电场在空间中一定存在环流。

因此，感应电流并不是电磁感应现象最本质的东西，那个最本质的东西是"电场环流"。如图 5.2.6 所示，当空间中磁通量发生变化时，在其周围就会有无数个感应电场的环流产生，即产生感应电动势。感应电动势的方向遵从楞次定律。如果空间中有导体存在，并且在该导体所构成的平面内存在磁通量的变化，那么感应电动势会驱动导体回路中的自由电子做定向漂移运动，从而在导体中形成电流。因此，就算没有导线和导体回路，进而没有形成回路电流，感应电场的环流——感应电动势——在空间依然存在。

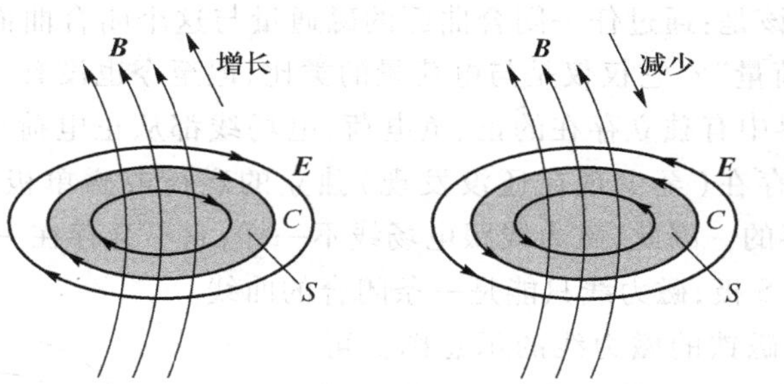

图 5.2.6

若将该定律写成数学方程式的形式，则有

$$\oint_C \boldsymbol{E} \cdot \mathrm{d}\boldsymbol{l} = -\frac{\mathrm{d}}{\mathrm{d}t}\int_S \boldsymbol{B} \cdot \hat{\boldsymbol{n}}\mathrm{d}a \tag{5.2.12}$$

式（5.2.12）中，C 为空间中任一闭合曲线，S 为该闭合曲线所包围的任一曲面；右边的负号表示的是楞次定律的内容，即感应电动势（电场环流）的方向与磁通量增量变化的方向相反，如图 5.2.6 所示。

对方程式（5.2.12）的左侧应用斯托克斯定理，则有

$$\oint_C \boldsymbol{E} \cdot \mathrm{d}\boldsymbol{l} = \int_S (\nabla\times\boldsymbol{E}) \cdot \hat{\boldsymbol{n}}\mathrm{d}a = -\int_S \frac{\partial \boldsymbol{B}}{\partial t} \cdot \hat{\boldsymbol{n}}\mathrm{d}a \tag{5.2.13}$$

由于上式对任一闭合曲线及该曲线包围的任一曲面均成立，因此，可以将式（5.2.13）的后面两项关于面积分的被积函数从积分号中提出来，即

$$\nabla\times\boldsymbol{E} = -\frac{\partial \boldsymbol{B}}{\partial t} \tag{5.2.14}$$

至此，关于电场环流及旋度的方程就全部给出来了。其中，式（5.2.12）是电场方程的积

分形式——法拉第电磁感应定律的环流表述，式(5.2.14)是其微分形式——法拉第电磁感应定律的旋度表述。

到此，表述电场性质的场方程，即关于电场的通量和散度、环流和旋度的场方程就全部给出了。

下面我们讨论关于磁场的第一个场方程，即与磁场的通量和散度有关的方程——高斯磁场定律。

三、高斯磁场定律

磁场通过空间任一闭合曲面的通量恒为零。

"磁通量"——磁场通过空间任一闭合曲面的通量——这个概念我们应该比"电通量"更熟悉一些，因为在高中学习时会经常与这个概念打交道。要注意的是，$\boldsymbol{B}$ 并不像 $\boldsymbol{E}$ 叫做电场强度那样叫做磁场强度，由于历史的原因，磁场强度的概念被"磁荷"观点引入的 $\boldsymbol{H}$ 使用，而 $\boldsymbol{B}$ 被"分子电流"观点所引入，叫做磁感应强度。但这并不妨碍我们把"磁通量"定义为"磁场(或磁感应强度)$\boldsymbol{B}$ 通过空间任一闭合曲面的通量"，并用符号 Φ_B 来表示磁通量。

关于"磁通量"的方程，可以类比高斯电场定律的思想建立一个高斯磁场定律。那么，它的核心思想似乎就应该是：通过任一闭合曲面的磁通量与这个闭合曲面内所包含的"磁荷量"成正比。什么是"磁荷量"？它仅仅是与电荷量的类比，但至今也没有一个明确的物理意义。

我们知道，自然界中有独立存在的正、负电荷，电场线都从正电荷出发，并终止于负电荷。但是在自然界中并不存在(至少现在还没发现)独立的磁荷或磁单极子，任何一个磁体都是南、北(S、N)两极共存的。因此，磁力线跟电场线不一样，它不会存在一个单独的源头，即不存在一个单独的 N 极或 S 极，磁力线只能是一条闭合的曲线。

图 5.2.7 是一个磁铁的磁力线的示意图。可以看出，磁力线都是从 N 极出发而终止于 S 极的闭合曲线(在磁铁内部，磁力线由 S 极回到 N 极)。通俗地想一想，在这样的磁场中无论选择一个什么样的闭合曲面，都一定是有多少磁力线从该闭合曲面的一部分"进入"就一定会有多少磁力线从该闭合曲面的另一部分"出去"。如果在闭合曲面内有磁力线只进不出或只出不进，就说明磁力线是非闭合的，到目前为止，还没有发现这样的实验证据。在这种情况下，"磁荷"就成为描述磁现象的一个类比假设，也就谈不上所谓的"磁荷量"了。因此，通过任意闭合曲面的"磁通量"一定为零。我们把这个定律叫做"高斯磁场定律"。

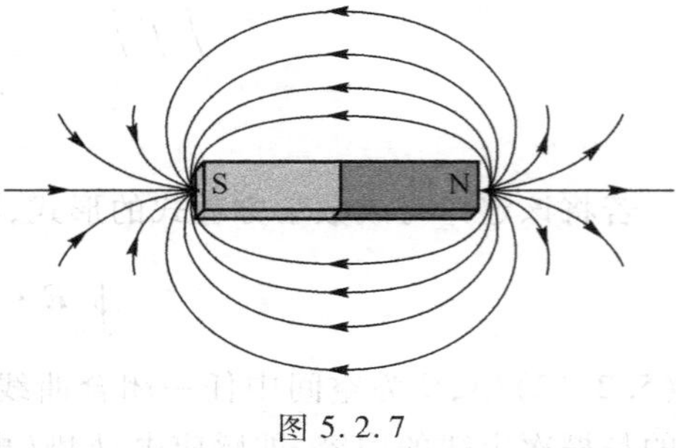

图 5.2.7

高斯磁场定律的数学描述为

$$\oint_S \boldsymbol{B} \cdot \hat{\boldsymbol{n}} \mathrm{d}a = 0 \tag{5.2.15}$$

其中，S 是磁场空间中任一闭合曲面。方程式(5.2.15)的左侧就是"磁场通过空间任一闭合曲面的通量"——"磁通量"的数学描述。

与电场定律类比，对式(5.2.15)的左边应用高斯定理，可得

$$\oint_S \boldsymbol{B} \cdot \hat{\boldsymbol{n}} \mathrm{d}a = \int_V \nabla \cdot \boldsymbol{B} \mathrm{d}V = 0$$

其中，V 是闭合曲面 S 所包围的体积。

由于上述体积分恒等于零，因此可以将被积函数从积分式中提出来，即

$$\nabla \cdot \boldsymbol{B} = 0 \tag{5.2.16}$$

至此，关于磁通量及散度的方程就全部给出了。式(5.2.15)是磁场方程的积分形式——高斯磁场定律的通量表述形式，式(5.2.16)是其微分形式——高斯磁场定律的散度表述形式。

下面我们讨论关于磁场的第二个方程，即关于磁场的环流及旋度的方程——安培-麦克斯韦定律。

四、安培-麦克斯韦定律

磁场绕空间任一闭合曲线 C 的环流，或者与通过该闭合曲线 C 包围的任一曲面 S 的电流通量成正比，或者与通过任一曲面 S 的电场通量随时间的变化率成正比。

电场的环流只有在空间存在磁通量随时间的变化率时才不为零，与电场相比不同的是，在磁场存在的空间中，磁场的环流一定不为零。该定律是由两个相对独立的部分组成的，一部分与电流的通量相关，另一部分与电场通量随时间的变化率相关。

首先看该定律的第一部分，即“磁场的环流”与“电流通量”相关的部分。

1820 年，奥斯特发现了电流的磁效应，即通有电流的导线周围会产生一个令小磁针转动的力，而且该力总是与电流的方向垂直，如图 5.2.8 所示。我们知道，能对磁针产生作用的力一定类似于磁铁产生的磁力，因此，可以得出电流可以在其周围产生磁场的结论。这一现象带来了电磁学研究领域的一场革命，人们一直认为电现象与磁现象是两个互相独立的领域，它们终于有了实质性的联系，即电流可以产生磁场——“电能生磁”。

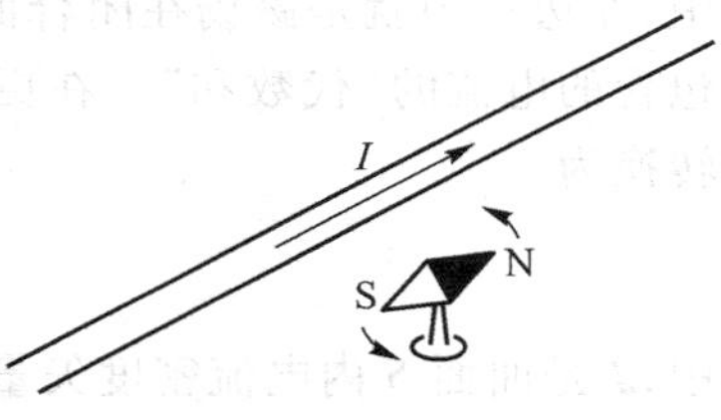

图 5.2.8

随后，安培等人的实验逐渐证实了电流和磁场之间的定量关系。如图 5.2.9(a)所示的实验，给出了同向电流相互吸引、反向电流相互排斥的结论。实验证明，磁场 $\boldsymbol{B}$ 在电流存在的空间中与电流方向垂直，并且围绕着电流而形成闭合的磁力线——磁场环流，这就是“安培环路定理”。图 5.2.9(b)形象地描述了电流与其产生磁场的方向之间的关系——右手螺旋定则，这个定则被称为“安培定则”。

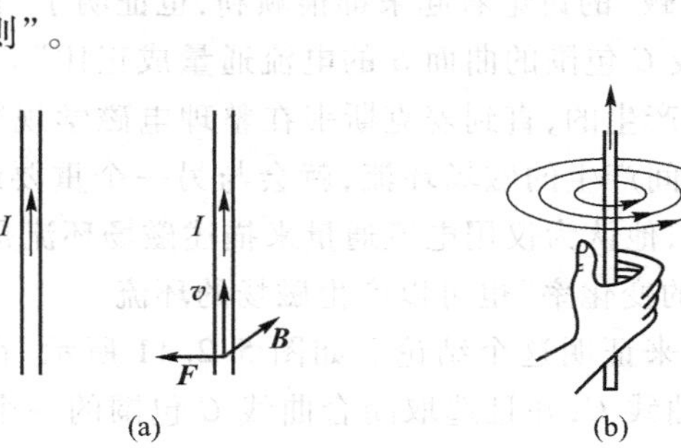

图 5.2.9

根据上述电流在空间产生磁场的性质，我们在围绕载流导线的空间中取任一闭合曲线 C，该闭合曲线包围的面积为 S，导线中通过的电流为 I，如图 5.2.10 所示。实验发现，当导线中的电流增大时，闭合曲线 C 上的磁场也增大，反之则减小。按照通量的概念，我们可以将闭合曲线 C 内电流的变化表述成电流密度在曲面 S 内通量的变化，即电流的增大或减小意味着曲面 S 内电流密度矢量 $\boldsymbol{J}$ 通过该曲面的通量的增大或减小。

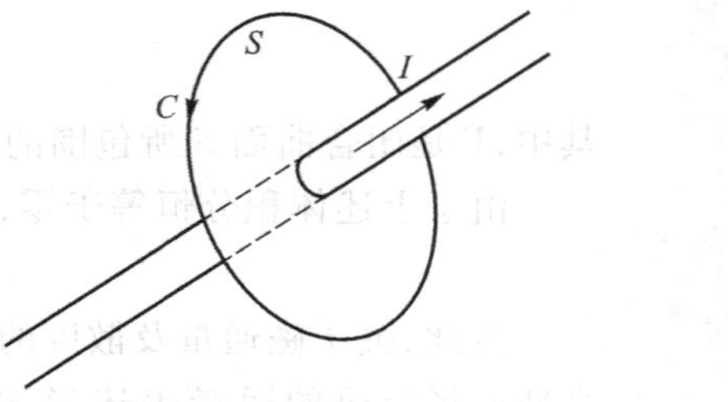

图 5.2.10

如果闭合曲线 C 内有多个电流 I_i，它们将分别在空间产生多个与电流对应的磁场，那么根据磁场的叠加原理，这些磁场在空间任意闭合曲线 C 上的矢量叠加的平均切向分量值和闭合曲线长度的乘积——磁场的环流——与包围在该闭合曲线范围内电流的“代数和”成正比。所谓电流的“代数和”指的是按照“安培定则”约定的方向将具体电流约定为正或负，计算得到的任意闭合曲线 C 内的净电流。实际上，任意闭合曲线 C 内的净电流的增加或减少同样意味着曲面 S 内电流密度矢量 $\boldsymbol{J}$ 通过该曲面的通量的增大或减小。

因此，我们可以给出磁场在任意闭合曲线 C 上的环流与曲面 S 内电流之间的关系，即安培环路定理的数学表述：

$$\oint_C \boldsymbol{B} \cdot \mathrm{d}\boldsymbol{l} \propto \sum_i I_i$$

其中，左边一项就是磁场在闭合曲线 C 上的环流，而右边一项则是闭合曲线 C 内任意曲面 S 所包含的电流的“代数和”。在更普遍的情形下，我们可以用电流密度来表述电流，那么上式将转换为

$$\oint_C \boldsymbol{B} \cdot \mathrm{d}\boldsymbol{l} \propto \int_S \boldsymbol{J} \cdot \hat{\boldsymbol{n}} \mathrm{d}a \tag{5.2.17}$$

其中，$\boldsymbol{J}$ 是曲面 S 内电流密度矢量，因此，右边一项就是电流密度矢量 $\boldsymbol{J}$ 在曲面 S 内的通量。

安培环路定理在磁场中的作用类似于电场高斯定律在电场中的作用，但在数学表达式上却与法拉第电磁感应定律很相似。因为法拉第电磁感应定律说的是磁通量随时间的变化率会导致它周围产生一个涡旋的电场，而电流的磁效应——安培环路定理——说的是在电流的周围会产生一个涡旋的磁场。前面用电场环流（也就是电场在闭合路径上的线积分）来描述这个涡旋的电场，这里同样可以使用磁场环流（磁场在闭合路径上的线积分）来描述这个涡旋的磁场。

到目前为止，关于“电生磁”的讨论看起来都很顺利，也证明了“磁场绕空间任一闭合曲线 C 上的环流，与通过闭合曲线 C 包围的曲面 S 的电流通量成正比”。在很长的一段时间里，人们认为磁场一定都是由电流产生的，直到麦克斯韦在整理电磁学规律的场方程时对此产生了怀疑。如果仅考虑电流在空间产生的磁场环流，就会与另一个重要的物理学定律——电荷守恒定律——产生矛盾。因此，他认为仅用电流通量来描述磁场环流是不完备的，于是他在理论上证明了“电场通量随时间的变化率”也可以产生磁场的环流。

我们可以设计一个实验来证明这个结论。如图 5.2.11 所示，在一个电容器充电的回路中，围绕导线选取任一闭合曲线 C，并且选取闭合曲线 C 包围的一个平面 S，根据安培环路定理，一定有一个沿着图示安培环路的磁场环流，因为有电流在图示平面上产生了通量。我们以

同一闭合曲线 C 为边界，选取闭合曲线 C 包围的一个如图 5.2.12 所示的曲面 S，该曲面是一个桶状的曲面，其底面在电容器的两个极板之间。在选择这样的曲面 S 时（以同一回路为边界有无限多个曲面，也可以说，无限多个曲面可以有同一个边界），我们发现在该曲面上没有电流的通量，按照安培环路定理，磁场的环流就应当消失。难道空间磁场的环流与所选择的曲面有关？这肯定不对。因此，一定有别的因素在闭合曲线 C 上产生了磁场的环流。虽然在这个曲面内没有电流的通量，但是仔细观察会发现，对于这个桶状曲面的底面存在电场的通量，并且该电场通量还随着时间变化。虽然电容器对于传导电流来说是断路的，但是电容器两极板之间的电场会随着充电而发生变化（由小到大），那么一定存在由于电场通量随时间的变化而产生的磁场的环流。

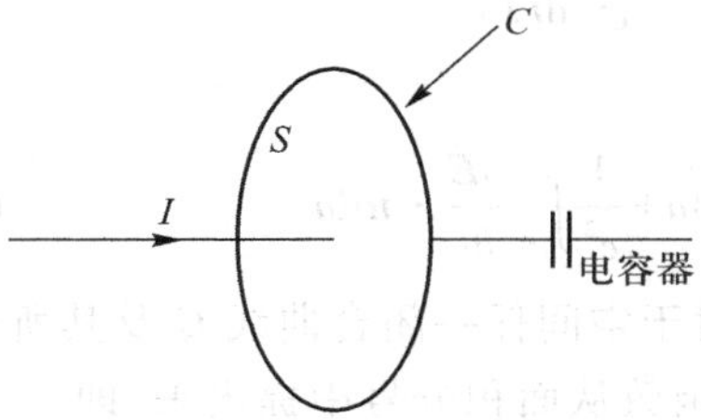

图 5.2.11

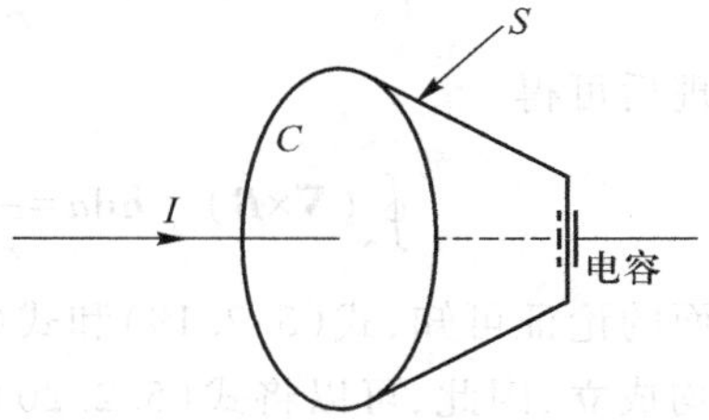

图 5.2.12

因此，我们同样可以给出磁场的环流与电场通量随时间的变化率之间的数学表述式：

$$\oint_C \boldsymbol{B}\cdot \mathrm{d}\boldsymbol{l} \propto \frac{\mathrm{d}}{\mathrm{d}t}\int_S \boldsymbol{E}\cdot \hat{\boldsymbol{n}}\mathrm{d}a \tag{5.2.18}$$

其中，$\boldsymbol{E}$ 是电容器两极板间随时间变化的电场，S 是以闭合曲线 C 为边界在变化电场空间中的任一曲面。

上述就是麦克斯韦的“思想实验”的结果，证明了“磁场绕空间任一闭合曲线 C 上的环流，与通过闭合曲线 C 包围的曲面 S 的电场通量随时间的变化率成正比”。实际上，“罗兰实验”也给出了随时间变化的电场产生磁场的实验结论。1876 年，美国物理学家罗兰完成了著名的罗兰实验，他使一个橡胶圆盘携带大量的电荷，然后使其绕中心轴转动，发现在圆盘附近的小磁针发生了偏转，即圆盘附近的空间产生了磁场。在通常情况下，人们利用这个实验来证明运动的电荷（电流）产生磁场的安培定律。但是，罗兰实验本质上也证明了随时间变化的电场可以在空间产生磁场的环流。橡胶圆盘不动，其上电荷静止，空间只有静电场而没有磁场；橡胶圆盘转动，其上电荷运动，电场也将随时间变化，空间就产生了磁场；电荷量越大、转动速度越快，产生的磁场就越强。

今天，或许我们可以这样思考，法拉第电磁感应定律给出了空间磁通量的变化产生了电场的环流，那么从对称性的角度来看，是否也应当存在空间电场通量的变化产生磁场的环流呢？实践证明，这个想法是正确的。在没有电荷与电流存在的空间中，电场和磁场是相互激励产生的，这就是电磁波产生的基本原理。

如果我们将式（5.2.17）和式（5.2.18）结合到一起，就可以给出普遍意义下磁场的环流与产生机制的关系，即

$$\oint_C \boldsymbol{B}\cdot \mathrm{d}\boldsymbol{l} \propto \int_S \boldsymbol{J}\cdot \hat{\boldsymbol{n}}\mathrm{d}a + \frac{\mathrm{d}}{\mathrm{d}t}\int_S \boldsymbol{E}\cdot \hat{\boldsymbol{n}}\mathrm{d}a$$

上述正比式的左侧为磁场沿空间任一闭合曲线 C 的环流，右侧第一项为电流通过以闭合曲线 C 为边界的任一曲面 S 的通量，右侧第二项就是通过该曲面 S 的电场通量的时间变化率。

若将上述正比式写成方程式，则有

$$\oint_C \boldsymbol{B} \cdot \mathrm{d}\boldsymbol{l} = \frac{1}{\varepsilon_0 c^2}\int_S \boldsymbol{J} \cdot \hat{\boldsymbol{n}}\mathrm{d}a + \frac{1}{c^2}\frac{\mathrm{d}}{\mathrm{d}t}\int_S \boldsymbol{E} \cdot \hat{\boldsymbol{n}}\mathrm{d}a \tag{5.2.19}$$

式(5.2.19)的右侧出现一个新的常量 c^2，它是光速的平方，它的出现是由于磁实际上是电的相对论效应，后续的课程会对此给出深入的讨论。

利用斯托克斯定理对式(5.2.19)的左侧做转换可得

$$\oint_S (\nabla\times\boldsymbol{B}) \cdot \hat{\boldsymbol{n}}\mathrm{d}a = \frac{1}{\varepsilon_0 c^2}\int_S \boldsymbol{J} \cdot \hat{\boldsymbol{n}}\mathrm{d}a + \frac{1}{c^2}\frac{\mathrm{d}}{\mathrm{d}t}\int_S \boldsymbol{E} \cdot \hat{\boldsymbol{n}}\mathrm{d}a$$

将上式整理后可得

$$\oint_S (\nabla\times\boldsymbol{B}) \cdot \hat{\boldsymbol{n}}\mathrm{d}a = \frac{1}{\varepsilon_0 c^2}\int_S \boldsymbol{J} \cdot \hat{\boldsymbol{n}}\mathrm{d}a + \frac{1}{c^2}\int_S \frac{\partial \boldsymbol{E}}{\partial t} \cdot \hat{\boldsymbol{n}}\mathrm{d}a \tag{5.2.20}$$

由前面的论证可知，式(5.2.19)和式(5.2.20)对于空间任一闭合曲线 C 及其所包围的任一曲面 S 均成立，因此，可以将式(5.2.20)中的被积函数从面积分号中提出来，即

$$\nabla\times\boldsymbol{B} = \frac{1}{c^2}\frac{\partial \boldsymbol{E}}{\partial t} + \frac{1}{\varepsilon_0 c^2}\boldsymbol{J} \tag{5.2.21}$$

由此可以看出，式(5.2.20)是磁场方程的积分形式——安培-麦克斯韦定律的环流表述形式，而式(5.2.21)则是磁场方程的微分形式——安培-麦克斯韦定律的旋度表述形式。

如果你对麦克斯韦方程组有些了解的话，那么上述电磁场方程——电磁场的定律——就全部包括在这个方程组中。可以将这些电磁场方程整理成下面的方程组。

积分形式为

$$\begin{aligned}
&\oint_S \boldsymbol{E} \cdot \hat{\boldsymbol{n}}\mathrm{d}a = \frac{1}{\varepsilon_0}\int_V \rho \mathrm{d}V \\
&\oint_C \boldsymbol{E} \cdot \mathrm{d}\boldsymbol{l} = -\frac{\mathrm{d}}{\mathrm{d}t}\int_S \boldsymbol{B} \cdot \hat{\boldsymbol{n}}\mathrm{d}a \\
&\oint_S \boldsymbol{B} \cdot \hat{\boldsymbol{n}}\mathrm{d}a = 0 \\
&\oint_C \boldsymbol{B} \cdot \mathrm{d}\boldsymbol{l} = \frac{1}{c^2}\frac{\mathrm{d}}{\mathrm{d}t}\int_S \boldsymbol{E} \cdot \hat{\boldsymbol{n}}\mathrm{d}a + \frac{1}{\varepsilon_0 c^2}\int_S \boldsymbol{J} \cdot \hat{\boldsymbol{n}}\mathrm{d}a
\end{aligned} \tag{5.2.22}$$

微分形式为

$$\begin{aligned}
&\nabla \cdot \boldsymbol{E} = \frac{\rho}{\varepsilon_0} \\
&\nabla\times\boldsymbol{E} = -\frac{\partial \boldsymbol{B}}{\partial t} \\
&\nabla \cdot \boldsymbol{B} = 0 \\
&\nabla\times\boldsymbol{B} = \frac{1}{c^2}\frac{\partial \boldsymbol{E}}{\partial t} + \frac{1}{\varepsilon_0 c^2}\boldsymbol{J}
\end{aligned} \tag{5.2.23}$$

方程组(5.2.22)或(5.2.23)构成了电磁场方程的全部数学描述。目前所知的全部宏观电磁现象都可以用上述规律来解释。而且,上述方程组所表述的全部定律均具有相对论不变性,也可以说上述定律的数学描述已经包含相对论效应,因此,在坐标系变换过程中不需要对其进行相对论修正。接下来电磁学课程的全部内容就是讨论上述电磁场方程的物理内涵及外延,并通过上述理论进行推理和预言,发现新的现象及规律,为接下来的研究找到方向和思路。

方程组(5.2.22)或(5.2.23)从不同的角度描述了电磁学的基本定律,同时也给出了确定电磁场性质的场方程。

实际上,全面、完整的电磁学定律还应当包括带电体对空间电磁场的响应规律——洛伦兹力定律。

五、洛伦兹力定律

如果我们考虑更普遍的情形,即所带电荷量为 q 的带电体以速度 $\boldsymbol{v}$ 在既有电场 $\boldsymbol{E}$ 又有磁场 $\boldsymbol{B}$ 存在的空间中运动,那么该带电体对空间电场与磁场的响应(即所受的作用力)就应当是二者的矢量和,即

$$\begin{aligned}\boldsymbol{F} &= q\boldsymbol{E}+q\boldsymbol{v}\times\boldsymbol{B}\\ &= q(\boldsymbol{E}+\boldsymbol{v}\times\boldsymbol{B})\end{aligned} \tag{5.2.24}$$

因此,带电体对空间电磁场的响应不但与其所带的电荷量有关,而且与其在空间的运动状态有关,这就是洛伦兹力定律。

第二篇
时不变电磁场

在前面的讨论中,我们由库仑定律及电力的类比分析引入了“电场”和“磁场”的概念,并在近距和局域作用思想上进一步推广得到广义的“场”的概念,同时给出了“场”的定义、“场”的性质以及“场”的分类——标量场与矢量场——的表述方式等。在第五章我们给出了电磁场方程组——电磁学定律——的物理描述及其积分和微分矢量方程的数学表述式。现在,我们讨论一种特殊形态的场,即时不变电磁场。所谓“时不变”,是指物理量(电磁场)不随时间变化,与“时变”相对应。

当我们将电磁场方程组(5.2.23),即

$$\nabla \cdot \boldsymbol{E}=\frac{\rho}{\varepsilon_0}$$

$$\nabla \times \boldsymbol{E}=-\frac{\partial \boldsymbol{B}}{\partial t}$$

$$\nabla \cdot \boldsymbol{B}=0$$

$$\nabla \times \boldsymbol{B}=\frac{1}{c^2}\frac{\partial \boldsymbol{E}}{\partial t}+\frac{1}{c^2\varepsilon_0}\boldsymbol{J}$$

与时间相关的项都去掉,即空间电场和磁场都不随时间变化时,一种特殊形态的场——时不变场——及其规律的表述式就呈现在我们面前。上述方程组变为

$$\nabla \cdot \boldsymbol{E}=\frac{\rho}{\varepsilon_0}$$

$$\nabla \times \boldsymbol{E}=\boldsymbol{0}$$

$$\nabla \cdot \boldsymbol{B}=0$$

$$\nabla \times \boldsymbol{B}=\frac{1}{c^2\varepsilon_0}\boldsymbol{J}$$

这是一组看似毫无关联的关于电场与磁场的方程,根据矢量场的唯一性定理——亥姆霍兹定理,它们唯一地确定了这种形态下“场”,即“时不变电场”与“时不变磁场”的性质。下面我们分别对它们进行讨论。

第六章　真空中的静电场

为了对时不变电场的性质有一个深入的了解,我们首先考察它在一种特殊条件——真空、静止——下的性质,然后在此基础上进一步讨论其在物质中、运动状态下的一般性质。

采用“真空”的条件,主要是为了排除其他环境因素对我们利用实验来考察场的性质所造成的干扰,使我们对场的性质有一个相对准确的认识。应当注意的是,“真空”是没有“实物”存在的空间,并非“虚空”(即没有任何物质存在),我们讨论的以另一种形式存在的物质——“场”——就可以在“真空”中存在。

采用“静止”的条件,就是说相对于观察者来讲空间的电场是不随时间变化的,主要目的是排除相对论效应对电场基本性质的考察所造成的影响,当我们对电场的基本性质有了一定了解之后,还会进一步讨论时变的电场的性质。

所谓“静电场”,就是不随时间变化的电场,即时不变电场。因此,在今后讨论过程中我们就用“静电场”的概念来描述这种特殊形态的电场,但是要注意这个概念本身的物理意义。真空中的静电场是在真空中由相对于观察者静止的电荷在空间产生的电场,这种电场的性质由下列关于静电场“散度”和“旋度”的矢量方程组唯一地确定下来。

$$\begin{cases}\nabla\cdot\boldsymbol{E}=\dfrac{\rho}{\varepsilon_0}\\ \nabla\times\boldsymbol{E}=\mathbf{0}\end{cases}\qquad(6.0.1)$$

另外,需要说明的是,为了知识内容的系统性,我们在有些部分的讨论中涉及了均匀带电体内部的情况,在某种意义上我们可以将带电体内部电荷之间的空间看成“真空”。实质上,这种界限(物质与真空)不可能是清晰的,它是根据我们关注的重点而做的不同方面的分类。

下面,我们将通过对静电场方程组(6.0.1)中矢量方程性质的讨论,了解这种特殊情形下静电场的性质,并对静电场建立一个系统的认识。

第一节　静电场的定量描述

方程组(6.0.1)唯一地确定了不随时间变化电场——静电场的性质。但是如何获得空间的电场分布规律呢?或者说,当我们知道空间电荷的某种分布后,如何定量地给出空间各点的电场强度呢?如果我们确切知道产生空间电场的全部源电荷的分布状态,那么利用库仑定律来解决这个问题不失为一种有效的方法。

库仑定律给出了关于静电场的表达式:

$$\boldsymbol{E}(1)=\frac{1}{4\pi\varepsilon_0}\frac{q_2}{r_{12}^2}\hat{\boldsymbol{r}}_{12}\qquad(6.1.1)$$

上式描述的是空间中处于(2)处的一个点电荷 q_2 在空间(1)处产生的电场,如图 6.1.1 所示。

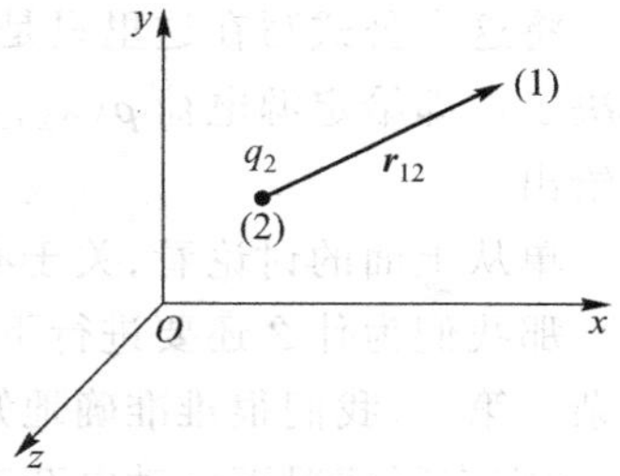

图 6.1.1

应当注意的是,矢量在定性描述物理定律时非常有效,但是在利用该定律解决具体问题,即需要定量地给出空间电场的具体数值时,还是利用其分量式更为有效。

电场是个矢量,因此式(6.1.1)实际指的是三个分量方程式——每一个分量就是一个方程式。其中 x 分量为

$$E_x(x_1,y_1,z_1)=\frac{q_2}{4\pi\varepsilon_0}\frac{x_1-x_2}{[(x_1-x_2)^2+(y_1-y_2)^2+(z_1-z_2)^2]^{3/2}}$$

其他分量可与此相仿地给出。

如果有许多电荷(源电荷),那么空间任意场点(1)处的电场 $\boldsymbol{E}(1)$ 就是其他每个源电荷电场贡献之和。令 q_j 为第 j 个源电荷,而 r_{1j} 为 q_j 至点(1)的距离,则点(1)处的电场可以表述为

$$\boldsymbol{E}(1)=\sum_j\frac{1}{4\pi\varepsilon_0}\frac{q_j}{r_{1j}^2}\hat{\boldsymbol{r}}_{1j} \tag{6.1.2}$$

当然,该式意味着其 x 分量为

$$E_x(x_1,y_1,z_1)=\sum_j\frac{1}{4\pi\varepsilon_0}\frac{q_j(x_1-x_j)}{[(x_1-x_j)^2+(y_1-y_j)^2+(z_1-z_j)^2]^{3/2}} \tag{6.1.3}$$

对于少量(可以简单计数)的电荷分布来说,通过式(6.1.3)来计算空间中所关注点(1)的电场强度是可行的。但是,当有大量电荷存在时,这样的求和就显得有点麻烦。只要我们不去关注在尺度很小的范围内——即 r_{1j} 与源电荷所在空间尺度可以比拟的情况——所发生的事情,并且源电荷所在空间分布可以看成均匀的,那么,把电荷看成在空间的某种连续性的"分布"要比把它们看成分立的情形方便一些。这样,我们便可以通过"电荷密度" $\rho(x,y,z)$ 来描述电荷分布。如果点(2)处一个小体积 ΔV_2 内含有电荷量 Δq_2,如图 6.1.2 所示,那么电荷量可以表述为

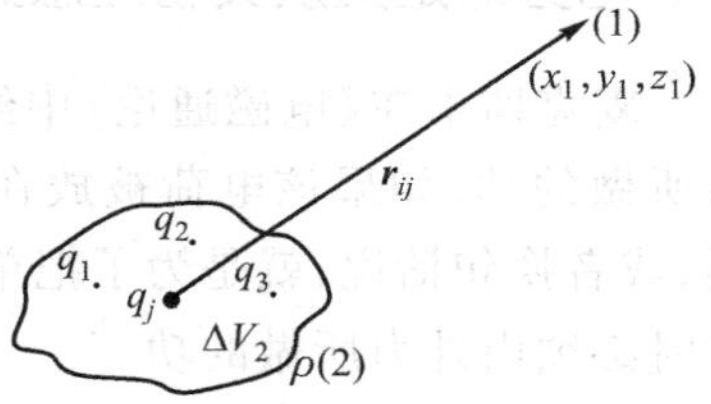

图 6.1.2

$$\Delta q_2=\rho(2)\Delta V_2 \tag{6.1.4}$$

为了将这种方法应用于库仑定律的电场表达式,我们将式(6.1.2)及其分量式(6.1.3)中的那些求和,用包含电荷的全部体积的积分来代替。这样就可以得到

$$\boldsymbol{E}(1)=\frac{1}{4\pi\varepsilon_0}\int_V\frac{\rho(2)}{r_{12}^2}\hat{\boldsymbol{r}}_{12}\mathrm{d}V_2 \tag{6.1.5}$$

式中,$\hat{\boldsymbol{r}}_{12}$ 是从空间位置点(2)至点(1)的位移单位矢量,V 是源电荷分布的全部空间。

当我们要用这个积分做具体运算时,通常要将其写成分量的形式,比如式(6.1.5)的 x 分量为

$$E_x(x_1,y_1,z_1)=\iiint\frac{(x_1-x_2)\rho(x_2,y_2,z_2)\,\mathrm{d}x_2\mathrm{d}y_2\mathrm{d}z_2}{4\pi\varepsilon_0[(x_1-x_2)^2+(y_1-y_2)^2+(z_1-z_2)^2]^{3/2}}$$

将这个公式写在这里只是为了说明，对于电荷分布已知的所有静电学问题，我们已经完全解决了。即给定源电荷 $\rho(x_2,y_2,z_2)\,dx_2dy_2dz_2$ 分布，电场就可以通过式(6.1.5)及其分量的积分给出。

单从上面的讨论看，关于有限的"静止电荷"分布在空间产生"静电场"的问题已经解决了。那我们为什么还要进行下面的讨论呢？实际上，关于时不变电场的问题远比我们想象的复杂。第一，我们很难准确地知道电荷的空间分布状态；第二，电荷静止是一种理想的特殊情况，而在实际情况下运动电荷产生的场的求解远比上述讨论的困难；第三，带电体之间的相互作用、电场与物质之间的相互作用都不是上述简单的积分可以解决的。

因此，我们还要通过其他途径进一步了解物质之间电的相互作用的物理机制。

第二节　静电场的性质

为了更好地解决静电场的问题，首先要了解静电场的基本性质。

由静电场方程组(6.0.1)，并根据前面讨论过的矢量场的数学定理可知，由于静电场的旋度恒为零，即 $\nabla\times\boldsymbol{E}=\mathbf{0}$，一定存在一个标量函数 ϕ，电场 $\boldsymbol{E}$ 就是这个标量函数 ϕ 的梯度，即 $\boldsymbol{E}=-\nabla\phi$。通常将这个标量函数 ϕ 定义为电场 $\boldsymbol{E}$ 的势函数——电势。因此，静电场与引力场类似，都是无旋场——保守力场；电势也一定与静电力做功——静电势能——有关(就像引力场中的引力势能一样)。

一、电势的定义及其物理意义

麦克斯韦在《电磁通论》中给出了电势的定义："一点上的势就是电力将对一个单位正电荷所做的功，如果该电荷被放在该点上而并不扰乱电场的分布，并从该点被带到无限远处的话；或者换句话说，就是为了把单位正电荷从无限远处(或从势为零的任何地方)带到所给定点时必须由外力所做的功。"

本质上电势与静电场力做功或外力抵抗静电场力做功的性质有关，所以我们先从单位正电荷抵抗电场力做功的讨论开始。

假设某种电荷分布在空间产生了一个静电场，问把一个单位正电荷从一处移至另一处需要做多少功？沿某一路径移动单位正电荷反抗电场力所做的功，等于电场力在运动方向分量的负值沿该路径的积分。若我们把单位电荷从点 a 移至点 b，则抵抗电场力所做的功为

$$W=-\int_a^b \boldsymbol{E}\cdot d\boldsymbol{s} \tag{6.2.1}$$

式中，$\boldsymbol{E}$ 是在空间路径每一点施加于单位电荷的电场力，而 $d\boldsymbol{s}$ 则是沿路径的微分位移矢量，如图 6.2.1 所示。

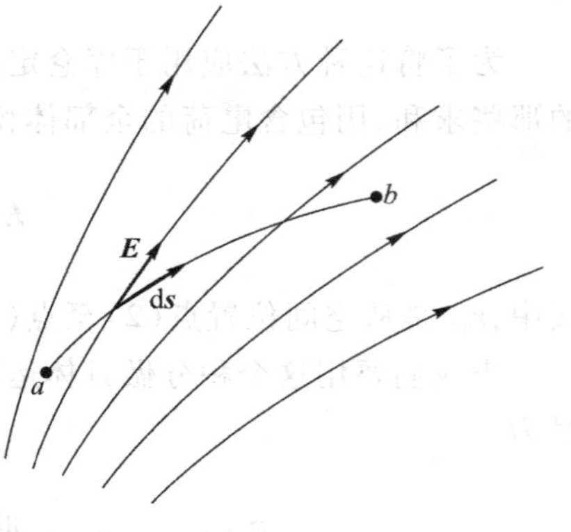

图 6.2.1

对于式(6.2.1)给出的力沿路径移动做功的数学表述来说，一般情况下这个积分过程和结果——做功的过程和数值——与路径相关。但是对于静电场力来说，如

果做功与路径相关，我们就可以在静电场中沿路径 1 移动电荷从点 a 到点 b，然后再通过路径 2 将电荷从点 b 移回点 a，如图 6.2.2 所示，这样我们就可以在该电场中获得额外的能量。这个结果显然是不可能实现的，因为这样就违反了能量守恒定律。从另一个角度来看，对于旋度恒为零（$\nabla\times\boldsymbol{E}=\mathbf{0}$）的静电场来说，它沿任一闭合回路的积分（静电场的环流）也恒等于零。而对于静电场中的任一闭合回路 Γ（由路径 1 和路径 2 构成）而言，式（6.2.1）所描述的抵抗电场力做功的积分也恒等于零。如果将点 a 和点 b 看成闭合回路 Γ 上的两个位置点，那么无论怎样移动电荷从点 a 到点 b 再回到点 a，抵抗电场力所做的功都恒为零，即不可能从静电场中获得额外的能量。因此，可以得出“在静电场中电场力或抵抗电场力所做的功均与路径无关而只与路径的起点和终点的位置有关”的结论。

以静止电荷在空间产生的静电场为例，由于该静电场是径向场，与引力场类似，因此，在静电场中的任何路径都可以分解为平行于电场径向与垂直于电场径向的分量，如图 6.2.3 所示，△123 就是路径分解后的放大示意图，其中 3 到 1 的边 s 是实际路径上的一个小段，而 3 到 2 的边 x 就是平行于电场径向的路径分量，1 到 2 的边 y 就是垂直于电场径向的路径分量。假设三角形足够小，路径分解得足够细，保证在三角形各个边上的电场都相等，那么沿路径 s 抵抗电场力所做的功为

$$W_s=\int_1^3 \boldsymbol{E}\cdot \mathrm{d}\boldsymbol{s}=Es\cos\theta=Ex \tag{6.2.2}$$

由上式可以看出，抵抗电场力沿路径 s 所做的功与沿平行于电场径向的路径分量 x 所做的功完全相同，而在垂直于电场径向的路径分量 y 上抵抗电场力所做的功恒为零。如果点 a 和点 b 是静电场中任一闭合回路上的任意两个位置点，那么移动电荷从点 a 到点 b 抵抗电场力所做的功就等于沿电场径向的路径所做的功的和，仅与路径的起点 a 与终点 b 的位置有关而与具体路径的选择无关。因此，沿该闭合回路抵抗电场力所做的功一定为零。而空间存在的任意静电场，都可以看成多个静止电荷在空间产生的静电场的矢量叠加，因此，上述结论对于空间静电场具有普适性。

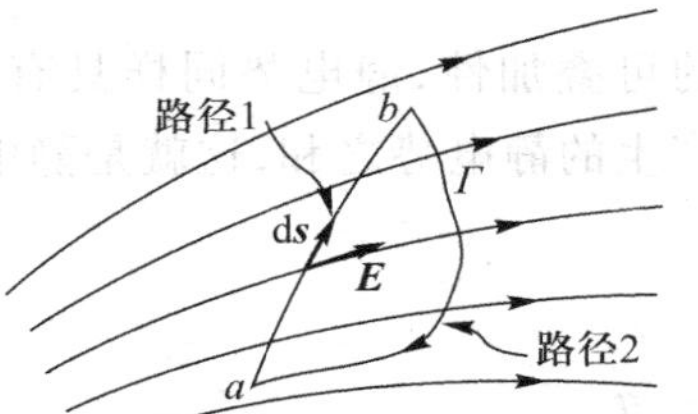

图 6.2.2

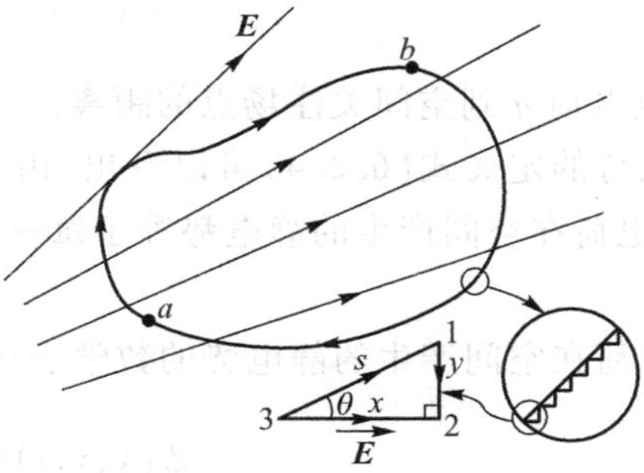

图 6.2.3

既然电场力做功或抵抗电场力做功都与路径无关而仅与路径的起点和终点的位置相关，那么静电力就是一个保守力，静电场就是一个保守力场。对于保守力场，我们可以引入一个标量势函数，与引力场类似，我们称这个标量势函数为静电势，用 ϕ 来表示。

由于静电场的上述性质，我们可以在空间取任一点 P_0 为参考点，定义 $\phi(a)$ 为从点 P_0 到点 a 抵抗电场力所做的功，$\phi(b)$ 为从点 P_0 到点 b 抵抗电场力所做的功，如图 6.2.4 所示。我们可

以选取一条经过参考点 P_0 从点 a 到点 b 的路径，则经该路径抵抗电场力所做的功可以表述为

$$W(a\to b)=-\int_a^b \boldsymbol{E}\cdot \mathrm{d}\boldsymbol{s}=\phi(b)-\phi(a) \tag{6.2.3}$$

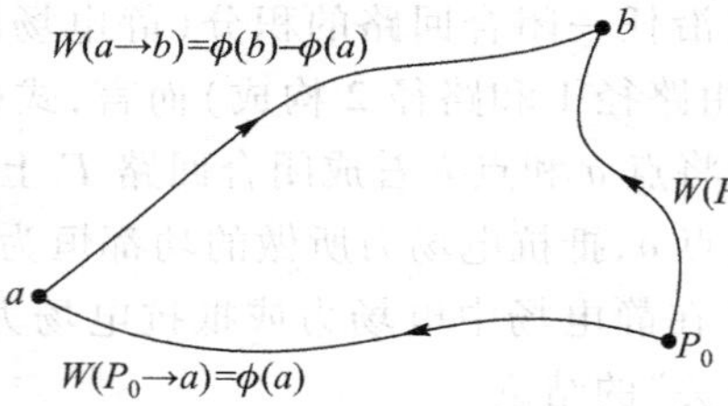

图 6.2.4

由于参考点 P_0 选取的任意性，$\phi(a)$ 和 $\phi(b)$ 的数值并不是唯一的，而是随着参考点 P_0 变化的，但是二者之差 $\phi(b)-\phi(a)$ 却是一个恒定值。因此，一旦选定了参考点 P_0，空间任一点就有一个确定的静电势的值 $\phi(x,y,z)$。静电势是空间不同点取不同标量值的一种物理量，也是一个标量场。

静电场空间任一点 $P(x,y,z)$ 的静电势定义为

$$\phi(P)=-\int_{P_0}^{P} \boldsymbol{E}\cdot \mathrm{d}\boldsymbol{s} \tag{6.2.4}$$

它表示在静电场中从参考点移动单位正电荷到指定点抵抗电场力所做的功。

由式(6.2.4)可知，点电荷 q 在空间任一点 $P(x,y,z)$ 处产生的静电势可以写为

$$\phi(x,y,z)=-\int_{P_0}^{P} \boldsymbol{E}\cdot \mathrm{d}\boldsymbol{s}=-\frac{q}{4\pi\varepsilon_0}\int_{P_0}^{P}\frac{\mathrm{d}r}{r^2}=-\frac{q}{4\pi\varepsilon_0}\left(\frac{1}{r_{P_0}}-\frac{1}{r_P}\right)$$

参考点 P_0 的选取往往是为了讨论物理问题的方便，在这种情况下，我们会选取无限远处为电势零点（参考点），即 $r_{P_0}\to\infty$。因此，点电荷 q 在空间任一点产生的静电势就可以表述为

$$\phi(x,y,z)=\frac{1}{4\pi\varepsilon_0}\frac{q}{r} \tag{6.2.5}$$

其中，r 为点电荷 q 到空间关注场点的距离。

由静电势的定义式(6.2.4)可以看出，由于电场的可叠加性，静电势同样具有可叠加性。因此，多个电荷在空间产生的静电势等于每一个电荷产生的静电势之和，这就是静电势的叠加原理。

多个电荷在空间产生的静电势的数学表述式为

$$\phi(x,y,z)=\frac{1}{4\pi\varepsilon_0}\sum_j\frac{q_j}{r_j} \tag{6.2.6}$$

其中，r_j 是电荷 q_j 到空间关注场点的距离。

如果空间的电荷可以看成某种连续分布的情形，那么式(6.2.6)就可以写成关于电荷分布积分的形式，即

$$\phi(x,y,z)=\frac{1}{4\pi\varepsilon_0}\int_{\text{全部空间}}\frac{\rho\mathrm{d}V}{r} \tag{6.2.7}$$

其中，ρ 为空间电荷体密度。

因此，式(6.2.7)为静电势的解析式，给定电荷的空间分布就可以通过式(6.2.7)给出静电势的空间分布。

通过上面的讨论可以看出静电势 ϕ 的物理意义：它是单位正电荷在空间从某个参考点被移动至指定点时所具有的静电势能。

二、静电场与电势的关系

在"关于场"一章中我们讨论过一个关于矢量场方程的定理 1：$\boldsymbol{C}(x,y,z)$ 为任意矢量场，如果满足场方程 $\nabla\times\boldsymbol{C}=\boldsymbol{0}$，有标量函数 $\phi(x,y,z)$，使得 $\boldsymbol{C}=\nabla\phi$，那么 ϕ 称为 $\boldsymbol{C}$ 的势函数，矢量 $\boldsymbol{C}$ 称为标量函数 ϕ 的梯度。因此，矢量场 $\boldsymbol{C}$ 称为无旋场(或保守场)，又称为有势场。

由此，我们可以联想到：静电场的旋度恒为零，并且电势就是静电力做功与路径无关的结论的产物(一个只与空间位置有关的标量)，那么静电场应该是静电势的梯度的负值。

在静电场中考虑两个点 a 和 b，点 a 的坐标为 (x,y,z)，点 b 的坐标为 $(x+\Delta x,y+\Delta y,z+\Delta z)$，两点之间的位移为 $\Delta\boldsymbol{R}=\Delta x\hat{\boldsymbol{i}}+\Delta y\hat{\boldsymbol{j}}+\Delta z\hat{\boldsymbol{k}}$。当把一单位正电荷从点 a 移至点 b 时抵抗电场力所做的功应当是这两点的电势之差，即

$$\phi(b)-\phi(a)=-\int_a^b\boldsymbol{E}\cdot\mathrm{d}\boldsymbol{s} \tag{6.2.8}$$

当 $\Delta\boldsymbol{R}\to\boldsymbol{0}$，即 $\Delta x\to0$、$\Delta y\to0$、$\Delta z\to0$ 时，利用数学定理，式(6.2.8)左边静电势函数之差可以写成如下的形式：

$$\phi(b)-\phi(a)=\Delta\phi=\frac{\partial\phi}{\partial x}\Delta x+\frac{\partial\phi}{\partial y}\Delta y+\frac{\partial\phi}{\partial z}\Delta z=\nabla\phi\cdot\Delta\boldsymbol{R} \tag{6.2.9}$$

而且，式(6.2.8)右边抵抗电场力所做的功可以写成

$$-\int_a^b\boldsymbol{E}\cdot\mathrm{d}\boldsymbol{s}=-(E_x\Delta x+E_y\Delta y+E_z\Delta z)=-\boldsymbol{E}\cdot\Delta\boldsymbol{R} \tag{6.2.10}$$

比较式(6.2.9)和式(6.2.10)可以得出

$$\boldsymbol{E}=-\nabla\phi \tag{6.2.11}$$

因此，静电场是静电势的梯度的负值。负值是因为电场的方向总是指向电势减小的方向，而电势梯度的方向却指向电势增加的方向。这就是静电场与静电势的关系，实际上，式(6.2.8)已经给出了静电势与静电场的关系，式(6.2.11)是式(6.2.8)的微分形式，具有更加明确的物理意义。任何具有确定电荷分布的静电场问题，都可以通过式(6.2.7)求解出电势，再用式(6.2.11)求出电场加以解决。

实际上，在目前的情况下我们更关心的是电场，那么电势有什么用呢？可以看到，利用静电势(或能量)来描述电场有下面三点有益之处。第一，静电场是矢量而静电势是标量，给定电荷分布计算电势要比计算电场容易(求电场需要三个积分，而求电势只需要一个积分)，然后利用式(6.2.11)通过对电势取梯度就可以求出电场；第二，电势给出了静电场中从某一参考点移动单位正电荷至给定点时所具有的势能，也就是说，如果参考点确定，电势就是单位正电荷在空间给定点的静电势能；第三，电势给出了静电场的性质，即静电场是无旋场。

前两点在前面的讨论中都有证明，最后一点也很容易给出进一步的论证。由式(6.2.11)可知，静电场 $\boldsymbol{E}$ 是一个标量电势场 ϕ 的梯度，从矢量分析我们可以知道静电场 $\boldsymbol{E}$ 的旋度必定等于零，即

$$\nabla\times\boldsymbol{E}=-\nabla\times\nabla\phi\equiv\boldsymbol{0}$$

另外,如果静电场 $\boldsymbol{E}$ 是一个标量场 ϕ 的梯度,那么从式(6.2.11)可知,梯度 $\nabla\phi$ 沿某一路径的积分就是标量函数 ϕ 沿该路径总的变化。如果该路径是一个闭合回路,那么总的变化应该等于零。由此同样可以得出静电场 $\boldsymbol{E}$ 的旋度必定等于零的结论。

因此,静电场是无旋场。这就自洽地证明了上述论述的过程及相关结论的正确性。

实质上,静电势的"有用之处"远非上述说明的那样简单,它不仅给出空间电场的中间变量,而且有自己独特的物理意义,它是电场空间分布的能量表述形式。

三、静电场方程与库仑定律

上面根据静电场方程 $\nabla\times\boldsymbol{E}=\boldsymbol{0}$ 给出了静电场是无旋场的性质,在整个论述过程中,我们仅用了静电场是径向力场的事实,实际上只是由于静电力具有方向及对称性。

下面我们考察静电场方程组中的另一个方程,即静电场的散度方程——高斯电场定律,

$$\nabla\cdot\boldsymbol{E}=\frac{\rho}{\varepsilon_0} \tag{6.2.12}$$

由式(6.2.12)可以看出,在空间电荷分布确定之后,静电场中包含源电荷空间的散度就恒等于一个常量。在"电磁学定律"一章关于电场散度方程的讨论过程中,我们注意到关于电场的散度之所以能得出如此简洁的表述式,主要是因为电场强度与距离符合平方反比律。

现在,我们回顾一下库仑定律给出的电场表述形式:

$$\boldsymbol{E}=\frac{1}{4\pi\varepsilon_0}\frac{q}{r^2}\hat{\boldsymbol{r}} \tag{6.2.13}$$

由此可以看出,静电场的高斯定律同样起因于库仑定律中距离的幂指数精确等于 2 这个事实。对于任何 $1/r^n$ 且 n 不等于 2 的场,不可能给出如此简洁的高斯"某"场定律。因此,高斯电场定律只不过是用一种不同形式来表述电荷之间的相互作用规律(库仑定律)而已。事实上,只要注意到电荷间的作用力是径向的,就可以完全倒过来,你将会从高斯电场定律中推导出库仑定律,从这个意义上说二者完全等价。本质上,式(6.2.13)是静电场方程的积分表述形式,而静电场方程组(6.0.1)是静电场方程的微分表述形式。

因此,库仑定律确定了静电场的性质,而静电场的旋度等于零的场方程以及散度方程——高斯电场定律——都不能单独确定静电场的性质。只有静电场方程组(6.0.1)——静电场的散度和旋度方程——才完全确定了静电场的性质。

静电场是一个典型的"有散"而"无旋"的场。

第三节　高斯电场定律的应用

一、均匀带电球体在空间产生的静电场

高斯电场定律最重要的应用之一就是证明两个均匀带电球体之间的相互作用与所有电荷量都集中于球心的点电荷之间的相互作用等价。

牛顿在论证万有引力定律过程中遇到的一个主要问题就是如何证明月球在围绕地球的轨

道运行时所受的引力和地球上物体下落时所受的力是同一种力。牛顿的万有引力定律在解释月球围绕地球的轨道运行时取得了非常圆满的结果,这主要是两个星体之间的距离与其自身的线度相比要大得多的缘故。而要证明地球表面的物体下落与星球运行所受的力是同一种力,就要证明:一个实心球形物体(地球)所产生的力(对地球表面物体的吸引力),与所有质量都集中在其中心所产生的力是相同的。牛顿的万有引力定律发表晚了近 20 年,这是因为(至少一部分原因是)他在获得令人满意的证明时遇到了困难。他最终在《自然哲学的数学原理》中给出的证明非常巧妙。大致地讲,他没有用我们现在知道的微积分运算,而是用一个巧妙的简单的体积积分代替了现代的微积分。

由于带电体之间的相互作用与万有引力具有相同的规律,即平方反比律,因此,由电场高斯定律得出的关于电力的相关结论同样可以应用于万有引力。

两个均匀带电球体之间的相互作用问题可以转化为均匀带电球体在球体外空间产生的场等价于所有电荷量集中于球心处的点电荷在空间产生的场。这样,两个均匀带电球体之间的相互作用就可以等价为所有电荷量都集中在球心的两个点电荷之间的相互作用。因此,我们首先考察一下均匀带电球体在球体外空间产生的电场。

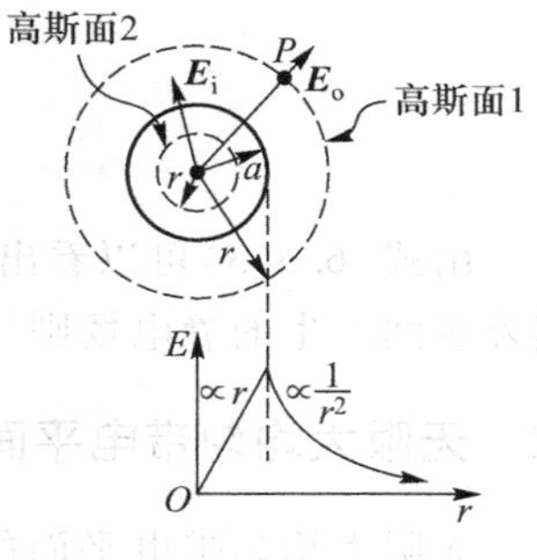

图 6.3.1

所谓"均匀带电球体",指的是半径为 a、球体上的电荷密度 ρ 处处均匀等同,并且完美球对称的球体。因此,它在空间产生的电场是具有球对称性的,如果球体带的是正电荷,那么空间电场的方向将处处由球心沿径向指向外。因此,我们选取一个与球体同心的球面作为高斯面 1,该高斯面通过球外空间任一关注场点 P,如图 6.3.1 所示。

因此,通过高斯面 1 的电场的通量为

$$\oint \boldsymbol{E}_{\mathrm{o}} \cdot \hat{\boldsymbol{n}} \mathrm{d}a = E_{\mathrm{o}} \cdot 4\pi r^2$$

由高斯电场定律可知,通过高斯面 1 的电场的通量等于该高斯面内包含的总电荷量 Q(即带电球体所带的电荷量)除以 ε_0。因此,

$$E_{\mathrm{o}} \cdot 4\pi r^2 = \frac{Q}{\varepsilon_0}$$

均匀带电球体在球外空间产生的电场为

$$\boldsymbol{E}_{\mathrm{o}} = \frac{1}{4\pi\varepsilon_0} \frac{Q}{r^2} \hat{\boldsymbol{r}} \tag{6.3.1}$$

由式(6.3.1)可以看出,这与点电荷 Q(电荷量为 $Q = 4\pi a^3 \rho/3$)在空间产生的电场的表达式完全相同。因此,均匀带电球体在球外空间产生的静电场等价于所有电荷量集中于球心处的点电荷 Q 在空间产生的电场。

因此,两个均匀带电球体之间的相互作用与所有电荷量都集中于球心的点电荷之间的相互作用等价。同理也可以证明,在引力场中一个实心球形物体产生的引力与所有质量都集中在其中心所产生的引力相同。

现在我们考察均匀带电球体内部空间的电场情况。同样可以在球体内部选取高斯面 2,

如图 6.3.1 所示，通过高斯面 2 的电场的通量为

$$\int \boldsymbol{E}_{\mathrm{i}} \cdot \widehat{\boldsymbol{n}} \mathrm{d}a = E_{\mathrm{i}} \cdot 4\pi r^2$$

应用高斯电场定律，

$$E_{\mathrm{i}} \cdot 4\pi r^2 = \frac{1}{\varepsilon_0} \frac{4\pi r^3}{3} \rho$$

因此，均匀带电球体在球体内部空间产生的电场为

$$\boldsymbol{E}_{\mathrm{i}} = \frac{r\rho}{3\varepsilon_0} \widehat{\boldsymbol{r}} \tag{6.3.2}$$

因此，我们可以得出均匀带电球体在球体内、外空间产生的静电场为

$$\boldsymbol{E} = \begin{cases} \dfrac{a^3\rho}{3\varepsilon_0} \dfrac{1}{r^2} \widehat{\boldsymbol{r}} & (r>a) \\ \dfrac{a\rho}{3\varepsilon_0} \widehat{\boldsymbol{r}} & (r=a) \\ \dfrac{\rho}{3\varepsilon_0} r\widehat{\boldsymbol{r}} & (r<a) \end{cases} \tag{6.3.3}$$

由式(6.3.3)可以看出，均匀带电球体在其内部产生的静电场与空间距离 r 成正比，而在其外空间产生的静电场则与 $1/r^2$ 成正比。静电场随距离 r 的变化关系曲线如图 6.3.1 所示。

二、无限大均匀带电平面在空间产生的静电场

无限大均匀带电平面的电荷面密度可以记为 σ，我们考察平面外距离平面垂直距离为 r 处的电场。如果带电平面携带均匀正电荷，那么根据其对称性分析可知，平面外的电场均垂直于平面，并且与平面的法线同向。因此，我们可以选择通过关注的空间场点 P 的圆柱形高斯面，如图 6.3.2 所示，场点 P 位于与带电平面平行的高斯面的底面，而高斯面侧面的法线方向处处与电场方向垂直。因此，通过该高斯面的电场的通量为

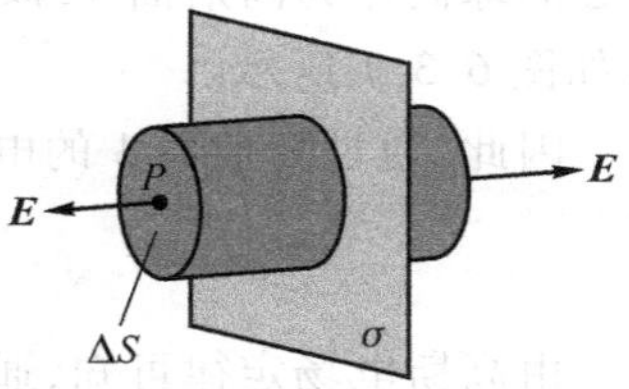

图 6.3.2

$$\int \boldsymbol{E} \cdot \widehat{\boldsymbol{n}} \mathrm{d}a = \int_{底面} \boldsymbol{E} \cdot \widehat{\boldsymbol{n}} \mathrm{d}a + \int_{侧面} \boldsymbol{E} \cdot \widehat{\boldsymbol{n}} \mathrm{d}a = 2E\Delta S + 0$$

应用高斯电场定律，

$$2E\Delta S = \frac{\sigma \Delta S}{\varepsilon_0}$$

因此，无限大均匀带电平面外一点 P 处的电场为

$$\boldsymbol{E}_P = \frac{\sigma}{2\varepsilon_0} \widehat{\boldsymbol{n}} \tag{6.3.4}$$

其中，$\boldsymbol{E}_P$ 是平面外空间任一场点的电场，$\widehat{\boldsymbol{n}}$ 是带电平面的法线方向单位矢量。

由式(6.3.4)可以看出，无限大均匀带电平面外的电场是一个与平面法线方向平行的常量，仅与其所带电荷面密度有关而与到平面的距离无关。

在一般情况下，如果空间还有其他电荷产生的电场，平面两边的电场就可能不相等了，如

图 6.3.3 所示。换句话说，穿过带电平面的电场 $\boldsymbol{E}_{\perp}$ 的不连续量是

$$\Delta \boldsymbol{E}_{\perp}=\boldsymbol{E}_{\perp,P}-\boldsymbol{E}_{\perp,P'}=\frac{\sigma}{\varepsilon_0}\hat{\boldsymbol{n}} \tag{6.3.5}$$

在平面附近，与平面垂直方向($\hat{\boldsymbol{n}}$)上的电场 $\boldsymbol{E}_{\perp,P}$ 和 $\boldsymbol{E}_{\perp,P'}$(它们分别表示平面两侧附近的电场法向分量)不相等，所以 $\boldsymbol{E}_{\perp}$ 不连续($\boldsymbol{E}_{\perp}$ 表示与平面垂直的电场分量)。在这种情况下，仅空间电场的法向分量 $\boldsymbol{E}_{\perp}$ 是不连续的，而平行分量 $\boldsymbol{E}_{/\!/}$ 是连续的。

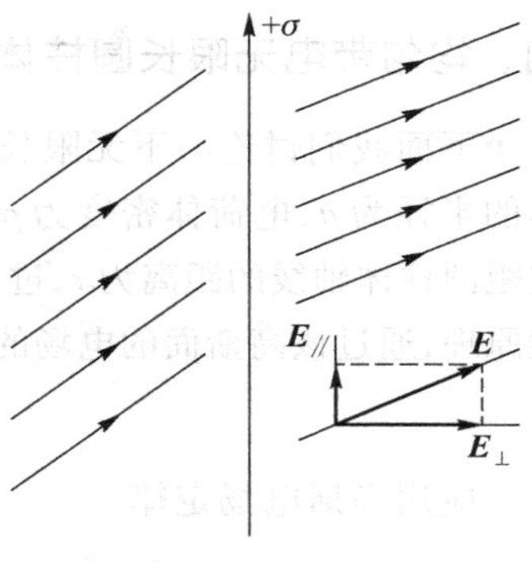

图 6.3.3

当我们仅关注实际带电物体表面附近的电场时，若关注点到物体表面的距离远小于表面的曲率半径，则可以认为利用式(6.3.5)描述带电体表面附近的电场不会带来太大的误差。

三、均匀带电无限长直线在空间产生的静电场

均匀带电的无限长直线的电荷线密度可以记为 λ，我们考察直线外距离直线垂直距离为 r 处的电场。如果带电直线携带均匀正电荷，根据对称性分析可知，直线外空间的电场方向均垂直于直线。因此，我们可以选择通过关注的空间场点 P 的圆柱形高斯面，如图 6.3.4 所示。场点 P 位于高斯面的侧面，而高斯面的上、下两个底面的法线方向与空间电场的方向垂直。因此，通过该高斯面的电场的通量为

$$\int \boldsymbol{E}\cdot\hat{\boldsymbol{n}}\mathrm{d}a=\int_{\text{侧面}}\boldsymbol{E}\cdot\hat{\boldsymbol{n}}\mathrm{d}a=E\cdot 2\pi rL$$

应用高斯电场定律，

$$E\cdot 2\pi rL=\frac{\lambda L}{\varepsilon_0}$$

因此，无限长均匀带电直线外任一点 P 处的电场为

$$\boldsymbol{E}=\frac{\lambda}{2\pi\varepsilon_0 r}\hat{\boldsymbol{r}} \tag{6.3.6}$$

其中，$\hat{\boldsymbol{r}}$ 是带电直线的径向单位矢量。

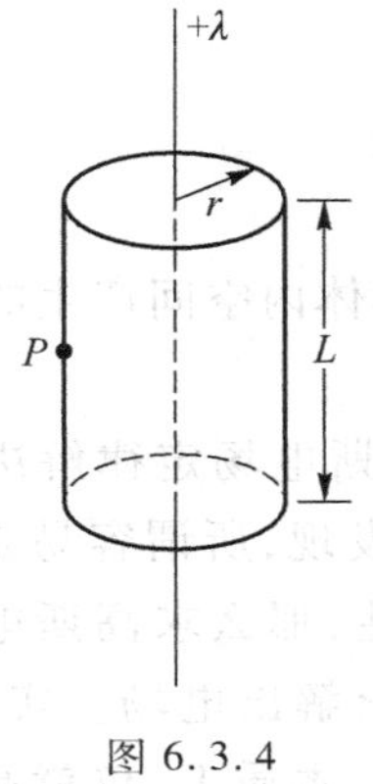

图 6.3.4

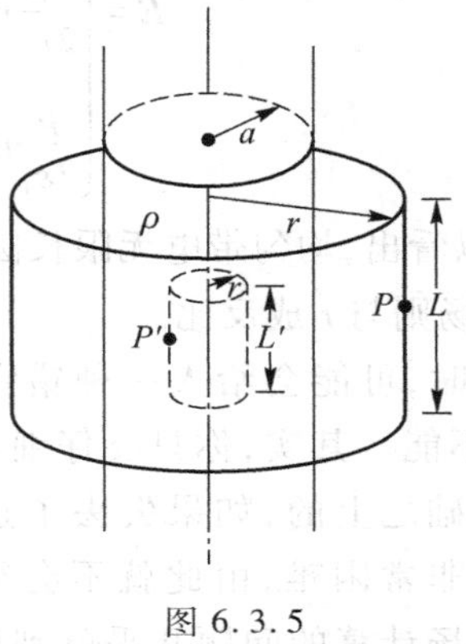

图 6.3.5

四、均匀带电无限长圆柱体在其内外空间产生的静电场

下面我们讨论一下无限长带电直线的拓展问题。如图 6.3.5 所示，均匀带电无限长圆柱体的半径为 a，电荷体密度为 ρ。首先看一下内部的电场，我们在圆柱体内部选取任一场点 P'，它距圆柱体轴线的距离为 r，过该点作一长为 L'的柱状高斯面，如图 6.3.5 中虚线所示，根据对称性原理，通过该高斯面的电场的通量为

$$\int \boldsymbol{E} \cdot \hat{\boldsymbol{n}} \mathrm{d}a = E \cdot 2\pi r L'$$

应用高斯电场定律，

$$E \cdot 2\pi r L' = \frac{Q}{\varepsilon_0} = \frac{1}{\varepsilon_0}\pi r^2 L'\rho$$

因此，圆柱体内的电场为

$$\boldsymbol{E} = \frac{r\rho}{2\varepsilon_0}\hat{\boldsymbol{r}} \quad (r \leqslant a) \tag{6.3.7}$$

同理，我们可以考察圆柱体外的电场。我们在圆柱体外部选取任一场点 P，它距圆柱体轴线的距离为 r，过该点作一长为 L 的柱状高斯面，根据对称性原理，通过该高斯面的电场的通量为

$$\int \boldsymbol{E} \cdot \hat{\boldsymbol{n}} \mathrm{d}a = E \cdot 2\pi r L$$

应用高斯电场定律，

$$E \cdot 2\pi r L = \frac{Q}{\varepsilon_0} = \frac{1}{\varepsilon_0}\pi a^2 L\rho$$

因此，圆柱体外的电场为

$$\boldsymbol{E} = \frac{a^2\rho}{2\varepsilon_0 r}\hat{\boldsymbol{r}} \quad (r > a) \tag{6.3.8}$$

因此，我们可以得出均匀带电无限长圆柱体内外空间的静电场为

$$\boldsymbol{E} = \begin{cases} \dfrac{a^2\rho}{2\varepsilon_0 r}\hat{\boldsymbol{r}} & (r > a) \\[2ex] \dfrac{a\rho}{2\varepsilon_0}\hat{\boldsymbol{r}} & (r = a) \\[2ex] \dfrac{\rho}{2\varepsilon_0} r\hat{\boldsymbol{r}} & (r < a) \end{cases} \tag{6.3.9}$$

由式(6.3.9)可以看出，均匀带电无限长圆柱体在其体内空间产生的静电场与 r 成正比，而其外部空间的静电场则与 r 成反比。

在计算上述电场时，可能会给人一种错觉，认为高斯电场定律解决空间电场问题是如此容易，它几乎无所不能。其实，你只要仔细一点就会发现，所谓容易是建立在电场空间分布的高度对称性的基础之上的，如果失去了这种对称性，那么求高斯电场定律中关于电场通量的积分就会变得非常困难，由此就不会很容易地求解出电场。实际上，利用高斯电场定律很方便地解决电场计算的问题几乎就到此为止了。本质上，仅就高斯电场定律并不能

够完全解决关于电场的问题。因为给一个场来定性不仅需要给出其散度，而且需要给出其旋度。我们已经证明，只有给出散度和旋度两个条件才能唯一地确定一个场的性质。因此，想要用高斯电场定律完全解决某些电场的问题还要注意对称性的条件。其实，对称性的条件就是场的旋度的反映。

既然如此，高斯电场定律还有什么用处呢？高斯电场定律的用处不仅体现在简单求解几种特殊对称情形下的电场的解析表达式，更重要的是它可以帮助我们预测和推理复杂的物理问题。比如，在误差允许的情况下，我们可以利用式(6.3.4)和式(6.3.6)的结果来预测某些具体电场(如导体表面的电场)的性质及强度的数量级。它还可以帮助我们推理得到很多物理问题的定性结论，如将高斯定律应用到引力场中就可以肯定地给出万有引力定律的表述。

第四节　静电场方程组的一般解

一、静电势的泊松方程及其解的形式

前面已经讨论过，关于静电场的特征及描述方法都可以由矢量方程组(6.0.1)给出，此即关于静电场散度和旋度的微分方程组。那么，关于静电场的全部数学问题就在于如何解以下两个静电场的矢量微分方程：

$$\nabla\cdot\boldsymbol{E}=\frac{\rho}{\varepsilon_0}$$

$$\nabla\times\boldsymbol{E}=\mathbf{0}$$

实际上，这两个方程可以合并成一个关于静电势的场方程。从静电场的旋度方程可以立即知道静电场与静电势函数的关系：

$$\boldsymbol{E}=-\nabla\phi$$

将上式代入关于静电场散度的场方程，就得到了静电势函数 ϕ 所服从的微分方程，即

$$\nabla\cdot\nabla\phi=\nabla^2\phi=-\frac{\rho}{\varepsilon_0} \tag{6.4.1}$$

其中，

$$\nabla^2=\frac{\partial^2}{\partial x^2}+\frac{\partial^2}{\partial y^2}+\frac{\partial^2}{\partial z^2}$$

称为拉普拉斯算符(在有些场合还可将其写为“Δ”)，式(6.4.1)则称为静电势的泊松方程。

静电势的泊松方程还可以写成如下形式，即

$$\frac{\partial^2\phi}{\partial x^2}+\frac{\partial^2\phi}{\partial y^2}+\frac{\partial^2\phi}{\partial z^2}=-\frac{\rho}{\varepsilon_0} \tag{6.4.2}$$

到目前为止，我们通过静电势这个物理量的引入使静电场方程组转变为一个关于静电势函数 ϕ 的二阶偏微分方程——泊松方程。因此，只要从方程(6.4.2)中解出静电势的关于某种边界条件的解析解，就可以通过对其取梯度而获得我们关注的静电场方程组的解析解。因此，完全可以用静电势函数 ϕ 完整地描述一个静电场的性质。

在通常情况下，给出这样一个非齐次二阶偏微分方程的解析解在数学上并不是一件简单的事情，但是，静电势函数 ϕ 的泊松方程的解的形式我们可以通过物理学的方式给出。

从前面关于静电势问题的讨论可知，在空间电荷分布已经确定的情况下，即对于电荷密度 $\rho(x,y,z)$ 作为空间位置的函数是已知的那种特殊类型的问题，空间任一场点 P 处的静电势表述式就可以写成

$$\phi(P)=\frac{1}{4\pi\varepsilon_0}\int\frac{\rho\mathrm{d}V}{r} \tag{6.4.3}$$

式中，ρ 和 $\mathrm{d}V$ 分别代表电荷分布处的电荷体密度和体积元，而 r 则为电荷分布处与所关注的空间场点 P 之间的距离。

因此，静电势的泊松方程(6.4.2)的解的表述式即式(6.4.3)，微分方程(6.4.2)的解已经简化为电荷分布对整个空间的积分。这样，当电荷分布确定后，静电场方程组的一般解就是直截了当的。

拓展阅读：科学家泊松

泊松

二、电偶极子在空间产生的静电势与静电场

下面我们通过一个特殊的电荷分布的例子来看一下如何通过它的静电势求出其静电场空间分布的解析解。

1. 电偶极子

(1) 电偶极子的定义。

如图 6.4.1 所示，有两个相距 l 的点电荷 $+q$ 和 $-q$，我们把具有这样结构的电荷系统定义为电偶极子。电偶极子的特征可用电偶极矩来描述，即

$$\boldsymbol{p}=q\boldsymbol{l} \tag{6.4.4}$$

其中，$\boldsymbol{p}$ 称为电偶极矩，矢量 $\boldsymbol{l}$ 的方向从负电荷指向正电荷。

(2) 电偶极子在电场中受到的力及力矩。

如果我们将某个电偶极子(可以将其看成连接在一根刚性杆上的两个点电荷)放到一个均匀的外电场中(我们先不考虑电偶极子在空间产生的场)，该电偶极子就将受到外电场的作用力。

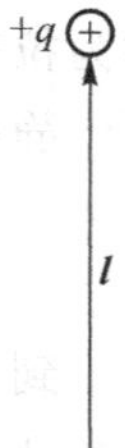

图 6.4.1

当电偶极矩 $\boldsymbol{p}$ 的方向与外电场的方向平行时，如图 6.4.2(a)所示，系统中的两个点电荷受到的静电力大小相等而方向相反，且作用在一条直线上，因此，该电偶极子所受的合力为零，

力矩也为零，系统处于一个稳定平衡的状态。

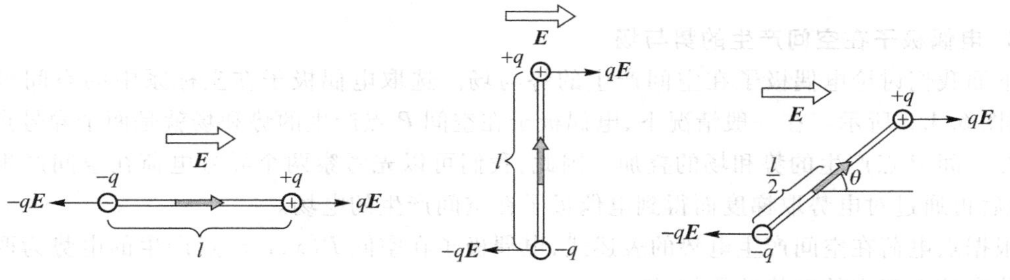

图 6.4.2

当电偶极矩 $\boldsymbol{p}$ 的方向与外电场的方向垂直时，如图 6.4.2(b)所示，系统中的两个点电荷受到的静电力虽然大小相等而方向相反，但是由于这两个作用于系统的静电力并不在一条直线上，因此，系统受到了一个力矩的作用，其大小为

$$M=(l/2)F_{+}+(l/2)F_{-}$$
$$=lqE=pE \tag{6.4.5}$$

力矩的方向为顺时针方向。该力矩试图将电偶极矩 $\boldsymbol{p}$ 转动到与外电场平行的方向。

上述两种情况是电偶极矩在电场中的特殊情况，在一般情况下，如图 6.4.2(c)所示，电偶极矩与外电场成任意角度 θ，电偶极矩受到的力矩为

$$M=pE\sin\theta$$

因此，电偶极子在外电场中受到的力矩矢量为

$$\boldsymbol{M}=\boldsymbol{p}\times\boldsymbol{E} \tag{6.4.6}$$

由此可以看出，电偶极矩 $\boldsymbol{p}$ 虽然在外电场 $\boldsymbol{E}$ 中所受的合力为零，但是却受到一个力矩 $\boldsymbol{M}$ 的作用，并且该力矩 $\boldsymbol{M}$ 总是试图将电偶极矩 $\boldsymbol{p}$ 转动到外电场 $\boldsymbol{E}$ 的方向。在图 6.4.2(a)所示的情况下，电偶极矩 $\boldsymbol{p}$ 受到的力矩 $\boldsymbol{M}$ 为零；在图 6.4.2(b)所示的情况下，电偶极矩 $\boldsymbol{p}$ 受到的力矩 $\boldsymbol{M}$ 最大，其值如式(6.4.5)所表述；在一般情况下，电偶极矩 $\boldsymbol{p}$ 在电场 $\boldsymbol{E}$ 中受到的力矩 $\boldsymbol{M}$ 如式(6.4.6)所表述。

(3) 电偶极子在电场中的能量。

在一般情况下，电偶极子在外电场中都要受到一个力矩的作用，并且该力矩总是试图将电偶极子的方向转动到外电场的方向，即系统能量最低的方向。实际上，由上述分析可以看出，在如图 6.4.2(a)所述的状态下，即电偶极子与外电场的夹角 θ 为零时，系统的能量最低。而当电偶极子与外电场成任意夹角 θ 时，电偶极子都要抵抗电场力做功，这个功就是电偶极子在电场中具有的能量。因此，电偶极子在电场中的能量可以用下式来表述：

$$-\int_0^{\theta}M\mathrm{d}\theta=-\int_0^{\theta}pE\sin\theta\mathrm{d}\theta=-pE\cos\theta+pE \tag{6.4.7}$$

如果我们定义如图 6.4.2(a)所示的状态下系统的能量为参考点，即当电偶极子与外电场的夹角 θ 为零时，系统的能量为零，而当 $\theta=\pi$ 时，系统的能量最大，那么，电偶极子在外电场中的能量的一般表述式为

$$U=-pE\cos\theta=-\boldsymbol{p}\cdot\boldsymbol{E} \tag{6.4.8}$$

2. 电偶极子在空间产生的势与场

下面我们讨论电偶极子在空间产生的势与场。选取电偶极子在坐标系中的空间坐标位置，如图 6.4.3 所示。在一般情况下，电偶极子在空间 P 点产生的势和场就是两个异号点电荷分别在空间 P 点产生的势和场的叠加。因此，我们可以先考察两个异号电荷在空间产生的电势，然后再通过对电势取梯度而得到电偶极子在空间产生的电场。

根据点电荷在空间产生电势的表述式，电偶极子在空间 $P(x,y,z)$ 点产生的电势为两个异号电荷在该点产生的电势的叠加，即

$$\phi(x,y,z)=\frac{1}{4\pi\varepsilon_0}\frac{q}{r_+}+\frac{1}{4\pi\varepsilon_0}\frac{-q}{r_-} \tag{6.4.9}$$

其中，$r_+=\sqrt{x^2+y^2+(z-l/2)^2}$，$r_-=\sqrt{x^2+y^2+(z+l/2)^2}$，它们分别是两个异号电荷到空间场点 P 的距离。

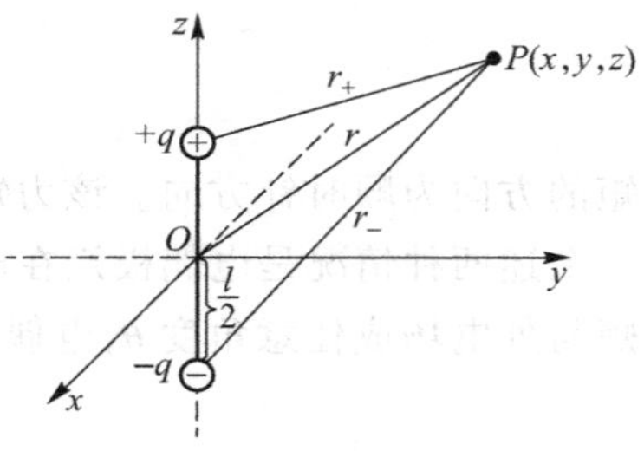

图 6.4.3

因此，图 6.4.3 所示的电偶极子在空间产生的电场就可以通过对式(6.4.9)求梯度而得到。

到此看来一切都很顺利，但是如果你想了解电偶极子在空间产生的静电势与静电场的特征，就需要给出它们的解析表述式。但是，仅就静电势表述式(6.4.9)来说，要想通过对其求梯度而给出电场的具体表述式还是很困难的。如果我们关注的是电偶极子在远场空间产生的场的情况，即空间坐标 $z\gg l/2$ 的情况，那么，在静电势的运算中就可以忽略 $l/2$ 的高阶小项，即仅保留其一次幂项，则有

$$\frac{1}{r_+}=\left[x^2+y^2+\left(z-\frac{l}{2}\right)^2\right]^{-\frac{1}{2}}\approx(r^2-zl)^{-\frac{1}{2}}=\frac{1}{r}\left(1-\frac{zl}{r^2}\right)^{-\frac{1}{2}}$$

在运算中同样可以忽略 zl/r^2 的高阶小项，因此

$$\frac{1}{r_+}\approx\frac{1}{r}\left(1+\frac{1}{2}\frac{zl}{r^2}\right) \tag{6.4.10}$$

其中，$r^2=x^2+y^2+z^2$。

同理，

$$\frac{1}{r_-}\approx\frac{1}{r}\left(1-\frac{1}{2}\frac{zl}{r^2}\right) \tag{6.4.11}$$

将式(6.4.10)和式(6.4.11)代入式(6.4.9)，可得

$$\phi(x,y,z)=\frac{q}{4\pi\varepsilon_0}\frac{1}{r}\frac{zl}{r^2}=\frac{1}{4\pi\varepsilon_0}\frac{z}{r^3}ql \tag{6.4.12}$$

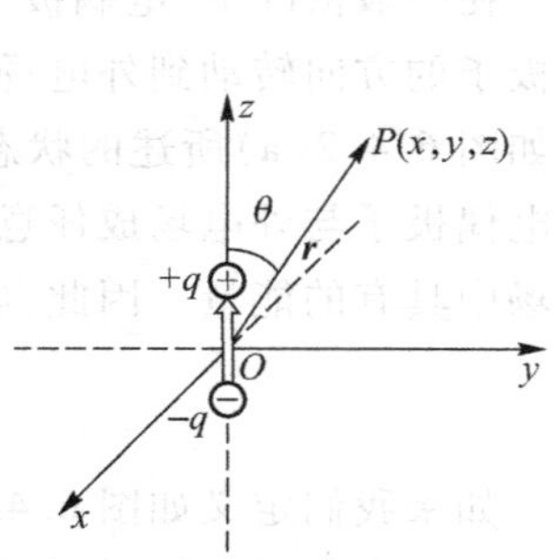

图 6.4.4

当关注的是电偶极矩 $\boldsymbol{p}=q\boldsymbol{l}$ 产生的远场的情况时，我们可以将电偶极子看成一个整体，如图 6.4.4 所示，它的中心点（坐标系原点选择在 $l/2$ 处）到空间场点 $P(x,y,z)$ 的位移为 $\boldsymbol{r}$，电偶极矩

$\boldsymbol{p}$ 与 $\boldsymbol{r}$ 的夹角为 θ。在这种情况下，式(6.4.12)就可以写成

$$\phi(x,y,z)=\frac{1}{4\pi\varepsilon_0}\frac{p\cos\theta}{r^2}$$

其中，$\cos\theta=z/r$。

当我们用 $\boldsymbol{r}$ 来描述关注的空间场点 $P(x,y,z)$ 到电偶极矩 $\boldsymbol{p}$ 的位移时，电偶极矩 $\boldsymbol{p}$ 在远场点产生的电势可以表述为

$$\phi(r)=\frac{1}{4\pi\varepsilon_0}\frac{\boldsymbol{p}\cdot\hat{\boldsymbol{r}}}{r^2} \tag{6.4.13}$$

这时，我们可以通过对电偶极子的电势取梯度而得到相应的电场，即

$$E_x=-\frac{\partial\phi(r)}{\partial x}=-\frac{\partial}{\partial x}\left(\frac{1}{4\pi\varepsilon_0}\frac{z}{r^3}ql\right)=\frac{3pxz}{4\pi\varepsilon_0 r^5}$$

$$E_y=-\frac{\partial\phi(r)}{\partial y}=-\frac{\partial}{\partial y}\left(\frac{1}{4\pi\varepsilon_0}\frac{z}{r^3}ql\right)=\frac{3pyz}{4\pi\varepsilon_0 r^5}$$

$$E_z=-\frac{\partial\phi(r)}{\partial z}=-\frac{p}{4\pi\varepsilon_0}\left(\frac{1}{r^3}-\frac{3z^2}{r^5}\right)$$

由此可以看出，在如图6.4.4所示的坐标系中，电偶极子产生的电场是关于 z 轴旋转对称的，电场 $\boldsymbol{E}(x,y,z)$ 在坐标系的 xy 平面上投影的大小，即电场 $\boldsymbol{E}$ 的 x 分量 E_x 和 y 分量 E_y 的方均根的大小是完全相同的。因此，我们可以将电偶极子在空间产生的电场分解为与电偶极矩方向垂直的场 $E_\perp=(E_x^2+E_y^2)^{1/2}$，以及与电偶极矩方向平行的场 $E_{/\!/}=E_z$。

对于这种轴对称形式的电场，采用柱坐标系会更加方便，即用坐标 r 和 θ 来描述。电偶极子在空间产生的电场在 $\hat{\boldsymbol{r}}$ 方向上的分量 E_r 以及在 $\hat{\boldsymbol{\theta}}$ 方向上的分量 E_θ 分别为

$$\boldsymbol{E}_r=-\frac{\partial\phi(r)}{\partial r}=\frac{p}{2\pi\varepsilon_0 r^3}\cos\theta\hat{\boldsymbol{r}}$$

$$\boldsymbol{E}_\theta=-\frac{1}{r}\frac{\partial\phi(r)}{\partial\theta}=\frac{p}{4\pi\varepsilon_0 r^3}\sin\theta\hat{\boldsymbol{\theta}}$$

因此，

$$\boldsymbol{E}(r,\theta)=\frac{p}{4\pi\varepsilon_0 r^3}(2\cos\theta\hat{\boldsymbol{r}}+\sin\theta\hat{\boldsymbol{\theta}}) \tag{6.4.14}$$

图6.4.5所示的就是柱坐标系中的电场(用电场线表示)分布图。注意，其中的单位矢量 $\hat{\boldsymbol{r}}$ 和 $\hat{\boldsymbol{\theta}}$ 是与位置相关的。

我们注意到，当 $\theta=0$ 和 $\theta=\pi$ 时，电偶极子产生的电场仅有 $\hat{\boldsymbol{r}}$ 分量，且方向始终与电偶极矩的方向相同；而当 $\theta=\pi/2$ 和 $\theta=3\pi/2$ 时，电场仅有 $\hat{\boldsymbol{\theta}}$ 分量，在 $\theta=\pi/2$ 处电场指向正切向，在 $\theta=3\pi/2$ 处电场指向负切向。图中并没有画出电偶极子附近的电场线，而只是画出了满足 $z\gg l/2$ 条件的远场的电场线。因为，在所关注场点距离电偶极子比较近的情况下(z 与 $l/2$ 可以比拟)，空间电场就是两个异号点电荷在空间产生的电场的叠加，只有远离电偶极子，即 $z\gg l/2$ 处的电场分布才可以用式(6.4.14)来表述，其电场的几何描述如图6.4.5所示。图6.4.6所示的是一个电偶极子的电场线(虚线所示)和等势线(实线所示)的空间分布，这两种曲线在每

一交点处都是互相垂直的。

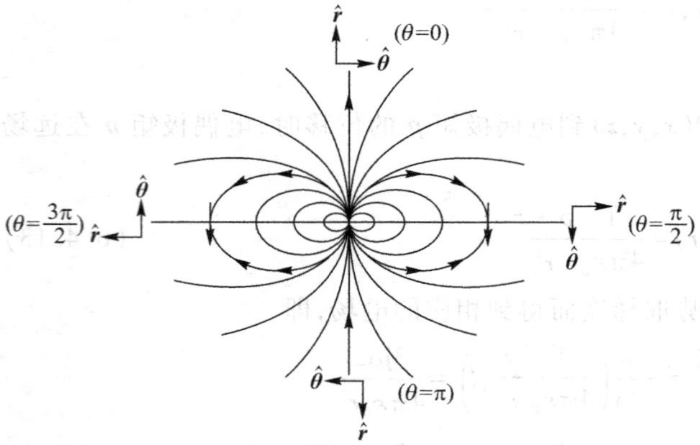

图 6.4.5

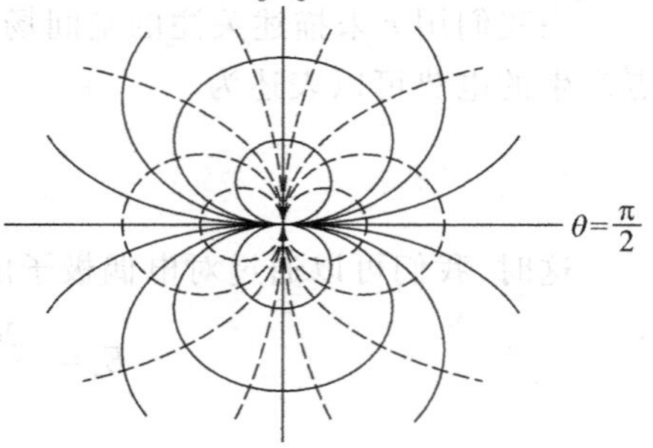

图 6.4.6

由式(6.4.13)和式(6.4.14)可以看出,电偶极子产生的电势与距离的平方成反比,而点电荷产生的电势与距离的一次方成反比,因此,电偶极子产生的电势要比点电荷产生的电势随距离的增加而衰减得更快;同样,电偶极子产生的电场与距离的三次方成反比,也要比点电荷产生的电场衰减得更快。这是由于从远处看,电偶极子的电荷量在某种程度上可以近似看成零,它所产生的电势及电场是由于其结构(正负电荷中心不重合)造成的某种精细效应。

对于电偶极子这种特殊的电荷分布来说,它在空间产生的电势及电场的规律是具有一定普遍性的。对于那些由极性分子构成的宏观物质(如水),以及在外电场中发生电极化的某些物质来说,它们在空间产生的静电场的性质就可以利用电偶极子模型来讨论。

三、拉普拉斯方程

前面讨论了静电势的泊松方程及其解的形式,即当电荷分布 $\rho \mathrm{d}V$ 已知时,或者说,在我们关注的空间 V_1 中,如图 6.4.7 所示(V 是整个空间),存在某种静态电荷分布,其空间静电势就如式(6.4.3)所示。如果在我们关注的空间 V_2 中的任何位置处都没有电荷,即在任何位置处都有 $\rho=0$,那么静电势函数一定满足以下方程:

$$\nabla^2 \phi = 0 \tag{6.4.15}$$

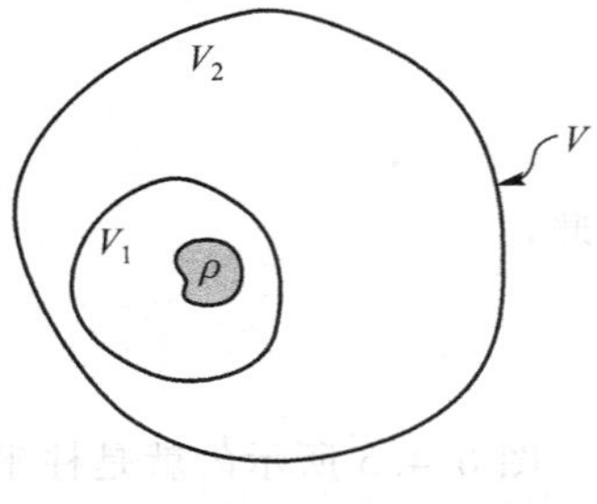

图 6.4.7

式(6.4.15)称为拉普拉斯方程。

可以看出,静电势的拉普拉斯方程是泊松方程的特殊形式,是最简单的椭圆型偏微分方程。

实际上,在很多物理学的分支学科中会看到,很多物理量都满足泊松方程或拉普拉斯方程。因此,从数学角度看,经典物理的场理论主要研究这两个方程的解及其性质。下面我们就定性讨论一下电磁场中这两个偏微分方程的解的一些性质,即静电势的性质。

由于泊松方程和拉普拉斯方程都是线性偏微分方程,所以函数在方程成立的区域内是解析的。因此,我们可以给出一个重要的性质,即对于任意两个函数,如果它们都满足泊松方程或拉普拉斯方程,那么这两个函数之和同样满足前述方程。这种非常有用的性质亦称为叠加原理。我们可以根据该原理将复杂问题的已知简单的特解组合起来,构造出适用面更广的通解。电磁场问题一般情况下都是非常复杂的,因此我们可以在某种条件下利用叠加原理将其简化为简单问题的组合,并给出复杂电磁场方程的解的组合。电势函数的可叠加性从数学上可以得到证明。

对于泊松方程,我们通过物理学的方式而未经过繁复的数学计算就给出了它的解析解的形式。实际上,物理学中有许多物理量都会得到像泊松方程

$$\nabla^2(\text{某种物理量 } \alpha)=(\text{另一种物理量 } \beta)$$

这样一种形式的方程,而式(6.4.3)便是这类方程的典型解的形式。

如果有泊松方程$\nabla^2\alpha=\beta$,而α和β都是描述某种物理性质的有限值的物理量,那么,我们可以利用式(6.4.3),通过类比立即给出解的形式,即

$$\alpha=\int\frac{\beta \mathrm{d}V}{4\pi r}$$

本质上,对于描述物理学规律的数理方程,形式相同的微分方程一定具有相同的解的形式,这也是对称性的要求。在电磁场学习过程中,比如在学习磁场的矢量势时,就会用到这样一个原理。

从数学上说,凡是满足拉普拉斯方程的一类函数都被称为调和函数。如果静电势在一定条件下(无电荷分布的空间中)满足拉普拉斯方程,那么静电势在该空间的分布性质同样符合调和函数的性质。因此,我们可以将静电势函数的性质与调和函数的性质进行类比。根据调和函数的性质,其在空间任一球面上的平均值都等于其在球心的值。那么,静电势ϕ在空间任一球面上(不一定限于一个很小的球面)的平均值也等于其在球心的值。

这样的性质在静电场中很容易证明。考察一个点电荷q和一个电荷量为q'的均匀带电球面S的情况,如图6.4.8所示。将q从无限远处移到距带电球面中心O'点为R的O点。带电球面S在O点产生的电场就如同电荷量q'都集中在球心O'点产生的电场一样,因此移动电荷q至O点所需要的功为$qq'/4\pi\varepsilon_0 R$。

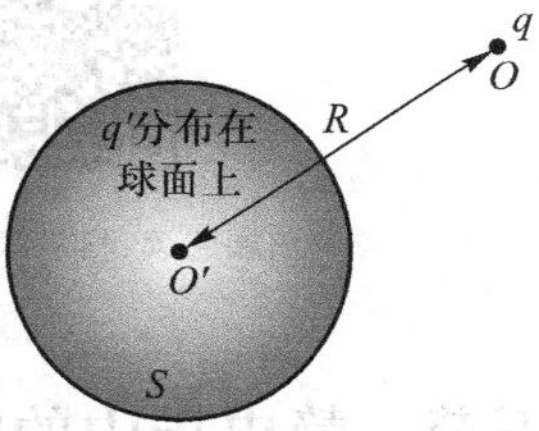

图 6.4.8

反过来,现在假定点电荷q在一开始就存在,然后带电球面S才从无限远处移到附近(球心位于O'点),则抵抗电场力需要做的总功为分布在球面S上的电荷q'和点电荷q在表面S上产生的电势的平均值的乘积。在这种情况下,所需要做的功一定也是$qq'/4\pi\varepsilon_0 R$,所以q在球面上形成的电势的平均值一定是$q/4\pi\varepsilon_0 R$。实际上,这就是球面外的点电荷q在球面中心O'点产生的静电势。

这就证明了一个点电荷在空间产生的静电势具有调和函数的性质,而多个电荷系统在空间产生的静电势就是各个点电荷在空间产生的静电势之和,并且其和的平均值就等于平均值的和。这表明在任意静电场中,如果关注的空间中没有任何电荷,静电势ϕ在该空间的任何球面上的平均值就等于在其球心处的静电势。

由此可以进一步推论:在静电场中不存在电荷的稳定平衡点。因为一个带电粒子若要在静电场中处于稳定平衡状态,其平衡点的电势必须比附近点的电势低(带电粒子带正电)或高(带电粒子带负电),即必须存在静电势的极值。而通过上述讨论,很显然,一个在球面上的平

均值和在球心的值相等的函数是不可能存在极值的。因此,在没有电荷存在的空间中,静电势不可能有极值,这就证明了上述的推论。

实际上,我们还可以通过高斯电场定律来证明这一推论。

如果在静电场中存在电荷的稳定平衡点 P,那么可以围绕该点构建一个任意的高斯面 S,如图 6.4.9 所示。根据稳定平衡条件,假设在 P 点存在一个正电荷的稳定平衡点,那么在其周围的各个方位上就都应当存在指向 P 点的电场,因此通过高斯面 S 的通量就一定是一个负值,而在没有电荷存在的空间内(即在高斯面 S 内)这是不可能的。因此,在静电场中不可能存在电荷的稳定平衡点。

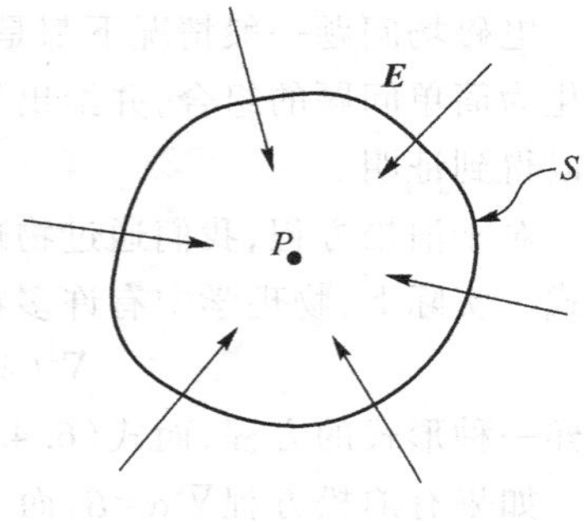

图 6.4.9

这个独特的“不可能定理”,就像物理学中的其他定理一样,可以避免我们去做一些无谓的推测和努力(比如原子的稳定结构等)。

拓展阅读:科学家拉普拉斯

拉普拉斯

第五节　静电场中的能量

能量守恒定律是物理学中最重要的规律之一。在力学中的机械能守恒定律(能量守恒定律的特殊应用之一)为力学问题的解决提供了非常有用的工具;在电磁学中,能量守恒定律也将发挥重要的作用。下面我们系统考察一下静电场中的能量概念及其应用规律。

一、电荷系统的静电能

静电场是典型的“有散”而“无旋”的场,因此静电场不仅是一个保守力场,而且是一个有势场,“静电势能”在静电场中就是一个有用的概念。在静电场中,把一个带电粒子放到某个固定位置一定会抵抗电场力而做功,因此,这个带电粒子就一定具有某种与其空间位置相关的能量,这种只与相对位置有关的能量就叫做“势能”。

我们定量地看一下,把两个相距无限远、电荷量分别为 q_1 和 q_2 的带电体或带电粒子放到

彼此相距 r_{12} 的位置时，如图 6.5.1 所示，需要做多少功。在这个系统中一定存在叫做“势能”的能量。不管把 q_1 移向 q_2，还是把 q_2 移向 q_1，结果都是一样的，每种情况下抵抗电场力所做的功都可以用下述积分表述：

$$W=\int(\text{力}\cdot\text{位移})=-\int_{r=\infty}^{r_{12}}\frac{1}{4\pi\varepsilon_0}\frac{q_1q_2}{r^2}\mathrm{d}r=\frac{1}{4\pi\varepsilon_0}\frac{q_1q_2}{r_{12}}$$

注意，因为 r 的变化范围是从 ∞ 到 r_{12}，所以位移增量 $\mathrm{d}r$ 是负的。我们知道，如果电荷是同号的，那么对系统所做的功肯定是正的，它们是被推到一起的（做功的力是负的——抵抗电场力）。

上式表述的就是相距一定距离 r_{12} 的两个电荷系统的静电能。若系统存在多个电荷，则作用于任一电荷的总静电力等于其他电荷分别作用于它的静电力之和。很显然，多个电荷的系统所具有的总静电能，等于每一对电荷间相互作用能之和。多个电荷系统如图 6.5.2 所示，若 q_i 和 q_j 是任一对相距 r_{ij} 的电荷，则这一特定电荷对的能量为

$$\frac{1}{4\pi\varepsilon_0}\frac{q_iq_j}{r_{ij}}$$

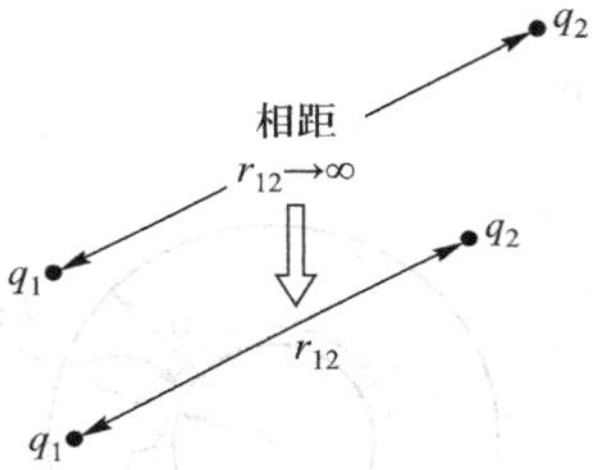

图 6.5.1

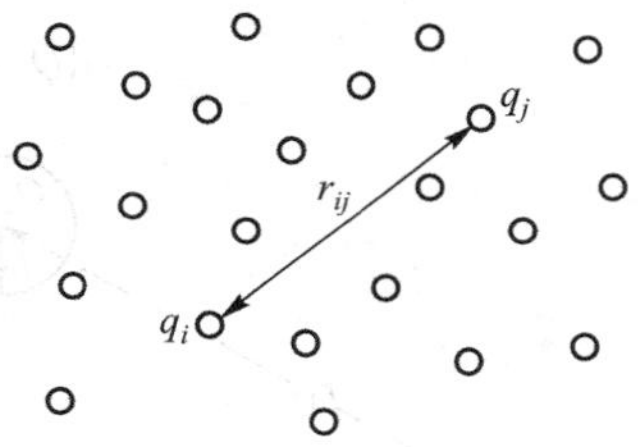

图 6.5.2

因此，系统的总静电能 U 等于所有可能的电荷对之间的能量之和：

$$U=\sum_{\text{所有的电荷对}}\frac{q_iq_j}{4\pi\varepsilon_0r_{ij}}=\frac{1}{2}\sum_{i=1}^{N}\sum_{j\neq i}\frac{q_iq_j}{4\pi\varepsilon_0r_{ij}} \tag{6.5.1}$$

式(6.5.1)在求和的过程中对每对电荷都无差别地计算了两次，系数 1/2 消除了重复计算的误差。

如果空间的电荷可以看成某种连续分布，并用电荷体密度 ρ 来描述，那么上式的求和要用积分来代替，即

$$U=\frac{1}{2}\int_{\text{全部空间}}\frac{\rho(1)\rho(2)}{4\pi\varepsilon_0r_{12}}\mathrm{d}V_1\mathrm{d}V_2 \tag{6.5.2}$$

其中，$\rho(1)\mathrm{d}V_1$ 和 $\rho(2)\mathrm{d}V_2$ 分别为全部空间中相距 r_{12} 的两个位置处的电荷量。

我们可以注意到，所有电荷将都对称地出现在上式中，而无关电荷到达相对位置的先后。因此，系统的静电能 U 与电荷被移来的先后顺序无关。又因为它和每一个电荷被移入时所经历的路径无关，所以静电能 U 只是电荷最终排布方式的一种特定属性，将静电能 U 称为这个特定系统的电势能。由此，势能取决于整体系统的电荷分布形态，换句话说，势能就是与相对位置有关的能量，给单独一个电荷定义一个特定的势能是没有意义的。

二、带电体的静电能

前面我们讨论的电荷系统的静电能实际上是电荷系统中各个电荷之间的相互作用势能的

总和。在电荷系统的静电势能表述式中，无论是式(6.5.1)中的 q 还是式(6.5.2)中的 ρdV 都是宏观带电体的电荷量，它们的选择取决于我们关注的宏观系统的尺度。如图 6.5.3 所示，当两个宏观带电体 O_1 和 O_2 自身的线度与它们之间的距离 r_{12} 不可比拟时，或者可以将两个带电体看成电荷集中在球心的点电荷的理想模型时，我们可以利用前面讨论的式(6.5.1)或式(6.5.2)来计算它们之间的相互作用势能。但是，当我们考察得更加仔细时就会注意到，电荷系统中的每一个带电体同样是由很多基元电荷构成的，因此将基元电荷从无限分散的状态聚集到具有一定空间尺度的带电体上时，同样要抵抗电场力做功，实际上，每一个带电体本身就具有一定的静电能，我们把这种静电能看成带电体的自身能量。

下面我们考察一下球形带电体自身的静电能。假设带电体可以看成一个理想的球体，其电荷 Q 以密度 ρ 均匀分布在半径为 a 整个球体上，如图 6.5.4 所示。它所带的电荷量 Q 是从无限远处以微小电荷量 ρdV 逐渐聚集到球体上的，并且每次都将电荷量 $dQ_r = \rho dV_r$ 放置在 dr 厚的球壳上。当聚集到半径为 r 时，电荷量为

$$Q_r = \frac{4}{3}\pi r^3 \rho$$

$$dQ_r = \rho dV_r = \rho \cdot 4\pi r^2 dr$$

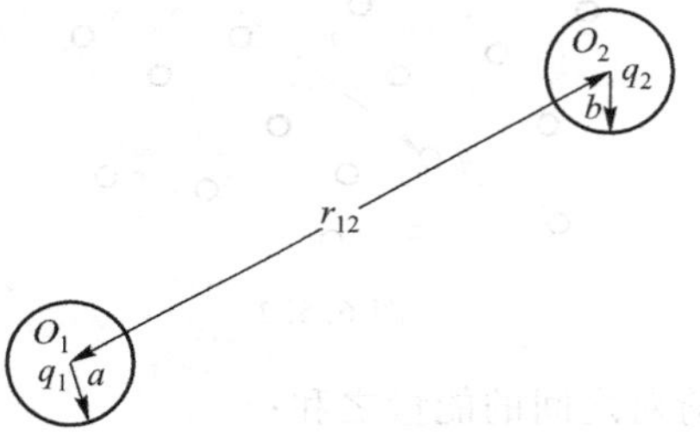

图 6.5.3

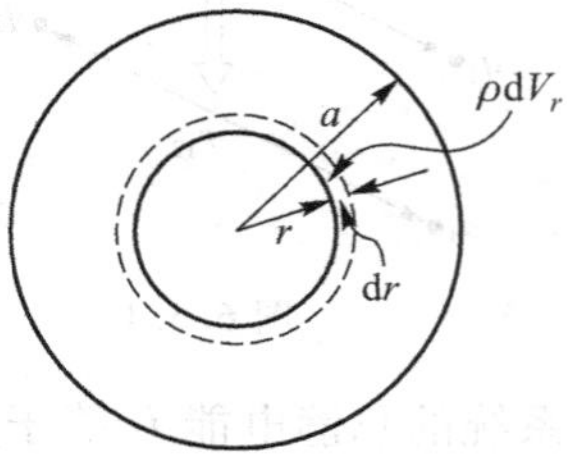

图 6.5.4

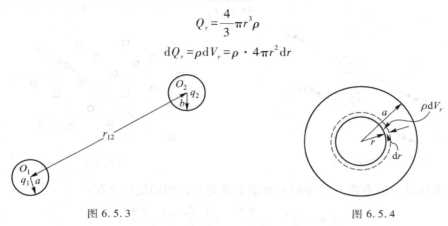

因此，当电荷量达到 Q 时，球形带电体的静电能为

$$U = \frac{1}{2}\int_0^a \frac{Q_r}{4\pi\varepsilon_0 r} dQ_r = \frac{4\pi\rho^2 a^5}{15\varepsilon_0} = \frac{3}{5}\frac{Q^2}{4\pi\varepsilon_0 a}$$

由此可见，球形带电体自身的静电能与其所带电荷量的平方成正比，而与其半径成反比。

当我们考察整个电荷系统的静电能时，实际上，系统总的静电能包括带电体自身的静电能与带电体之间的相互作用势能之和。由于在电荷系统中带电体之间相对位置发生变化而引起相互作用势能发生变化时，带电体内部电荷之间的相对位置并没有受到影响而发生变化，其自身的静电能并不发生变化，因此，在通常情况下我们所说的电荷系统的静电能主要指电荷系统中的带电体之间相对位置变化所引起的能量变化。

此处应当特别注意的是，我们上面的讨论都是以带电体内的基元电荷是均匀分布的、基元电荷之间的相对位置不可移动为条件的。如果带电体是传统意义上的导体，即电荷在其上可以自由移动，那么需要考虑的问题就要复杂得多，我们将在下一章中对此做进一步讨论。

三、静电场的能量密度

由电荷系统的静电能表述式(6.5.1)可以看出，具有 N 个带电体的系统的静电能可以

写成

$$U=\frac{1}{2}\sum_{i=1}^{N} q_i\phi_i \tag{6.5.3}$$

其中，

$$\phi_i=\sum_{j\neq i}\frac{q_j}{4\pi\varepsilon_0 r_{ij}}$$

它是由系统中除 q_i 之外的 $N-1$ 个其他电荷在电荷 q_i 处产生的静电势。

因此，虽然单独一个电荷自身的势能没有意义，但是在电荷系统中任一电荷具有的静电能却等于其所在系统中位置的静电势与其自身所带电荷量的乘积。实际上，这个结论进一步验证了静电势的物理本质。

对于可以看成连续分布的电荷系统，由其静电能表述式(6.5.2)同样可以看出，对 $\mathrm{d}V_2$ 的积分恰好是电荷 $\rho(2)\mathrm{d}V_2$ 在点(1)处的电势，即

$$\int\frac{\rho(2)}{4\pi\varepsilon_0 r_{12}}\mathrm{d}V_2=\phi(1)$$

因此，从更普遍的意义上看，任一电荷系统总的静电能都可以表述为

$$U=\frac{1}{2}\int_{全部空间V}\rho\phi\mathrm{d}V \tag{6.5.4}$$

其中，电荷 $\rho\mathrm{d}V$ 的势能等于该电荷与其所在处的静电势的乘积，因此，总能量就是对 $\phi\rho\mathrm{d}V$ 的积分。

此处我们应当注意式(6.5.3)和式(6.5.4)的区别。式(6.5.3)表述的是有限个带电体之间的相互作用势能，这个表述式使用了具有有限电荷量的点电荷模型，而该模型的缺陷是点电荷在其自身所在的几何点处产生的静电势是发散的，因此，我们只能将 ϕ_i 定义为系统中除了 q_i 之外的 $N-1$ 个其他电荷在电荷 q_i 处产生的静电势。这样做实际上并没有包括电荷 q_i 自身的静电能，因此，式(6.5.3)表述的是带电体系统(点电荷模型)的相互作用势能。而在式(6.5.4)中，对全部空间的体积分实质上已经将带电体上电荷的自身能量包含其中，即将带电体上电荷聚集过程中抵抗电场力所做的功包含进来，因此它表述的就是电荷系统的总静电能。因此，对于这种电荷连续分布的模型所描述的电荷系统的静电能，式(6.5.4)给出的数学表述式更具普遍意义。

任一电荷系统空间都具有静电能，也可以说由电荷系统产生的任一电场存在的空间都具有静电能，那么静电能储存在哪里呢？当然，有一部分静电能(带电体自身的能量)储存在带电体中，而带电体之间的相互作用能一定局域在电荷系统存在的空间中，即一定局域在电场空间中。当我们将一个电荷置于电场空间中某一位置时，如果要保持其相对静止，就一定要有外力作用，而当外力撤去后，该电荷一定会受到电场力的作用而运动，因此电荷在电场空间中获得了一定的能量，而且它在空间不同位置获得的静电能是不同的。那么，电场空间的能量与空间位置的关系如何呢？

由静电能的表述式(6.5.4)可以看出，若我们用电场来表示空间总的静电能，就可以得出电场中的能量与空间位置的关系，因为电场始终是空间位置的函数。

因此，由泊松方程，有限电荷分布与电势的关系为

$$\rho=-\varepsilon_0\nabla^2\phi$$

将上式代入式(6.5.4)可得

$$U=-\frac{\varepsilon_0}{2}\int_{\text{全部空间}V}\phi\nabla^2\phi\mathrm{d}V \tag{6.5.5}$$

注意被积函数,由矢量法则变换,有

$$\nabla\cdot(\phi\nabla\phi)=(\nabla\phi)\cdot(\nabla\phi)+\phi\nabla^2\phi$$

将 $\phi\nabla^2\phi=\nabla\cdot(\phi\nabla\phi)-(\nabla\phi)\cdot(\nabla\phi)$ 代入式(6.5.5)可得

$$\begin{aligned}U&=\frac{\varepsilon_0}{2}\int_{\text{全部空间}V}(\nabla\phi)\cdot(\nabla\phi)\mathrm{d}V-\frac{\varepsilon_0}{2}\int_{\text{全部空间}V}\nabla\cdot(\phi\nabla\phi)\mathrm{d}V\\&=\frac{\varepsilon_0}{2}\int_{\text{全部空间}V}(\nabla\phi)\cdot(\nabla\phi)\mathrm{d}V-\frac{\varepsilon_0}{2}\int_{\text{曲面}S}\phi\nabla\phi\cdot\hat{\boldsymbol{n}}\mathrm{d}a\end{aligned}$$

上式中第二个积分运用了数学上的高斯定理。

由于上述积分是对全部空间 V 进行的,因此关于曲面 S 的积分就是关于无限远处的无限大曲面的积分(该闭合曲面包围全部空间 V)。对于有限电荷分布系统,我们总是选取无限远处为电势零点,因此关于无限大曲面 S 的积分为零。

因此,空间总的静电能可以表述为

$$U=\frac{\varepsilon_0}{2}\int_{\text{全部空间}V}(\nabla\phi)\cdot(\nabla\phi)\mathrm{d}V=\frac{\varepsilon_0}{2}\int_{\text{全部空间}V}\boldsymbol{E}\cdot\boldsymbol{E}\mathrm{d}V$$

由此可见,对于任何空间有限的电荷分布,我们总能将空间的总的能量表达为对电场中能量密度的积分,即

$$U=\int_{\text{全部空间}V}u\mathrm{d}V=\frac{\varepsilon_0}{2}\int_{\text{全部空间}V}\boldsymbol{E}\cdot\boldsymbol{E}\mathrm{d}V=\int_{\text{全部空间}V}\frac{\varepsilon_0}{2}E^2\mathrm{d}V$$

因此,可以定义

$$u=\frac{\varepsilon_0}{2}E^2 \tag{6.5.6}$$

其中,u 称为空间电场的能量密度,即单位体积中的能量。

电场空间的能量都是局域在空间不同位置处的,式(6.5.6)表述了电场空间不同位置处单位体积中电场的局域能量,局域能量的大小与该点处电场的平方成正比。

应注意的是,我们得到的电场能量密度式(6.5.6)是在空间中有限的电荷分布的条件下获得的,因此对于前面提到的无限大带电平面、无限长带电直线等非有限电荷分布的情况来讲,利用电场能量密度式(6.5.6)获得的静电能不会是一个有意义的结果。

四、静电场的“作用量”

在第一章中我们给出了静电场的“作用量”表述式,即

$$U'=\frac{\varepsilon_0}{2}\int(\nabla\phi)^2\mathrm{d}V-\int\rho\phi\mathrm{d}V \tag{6.5.7}$$

通过上面的讨论我们可以看出,静电场作用量表述式的第一项为静电场空间总的静电能,而第二项为有限的固定电荷分布(已知电荷体密度 ρ)在静电场中具有的静电能。因此,静电

场的作用量本质上是静电场总的静电能减去电荷本身在静电场中具有的静电能。

前面我们曾经讨论过，静电势 ϕ 满足静电场的一般解的表述形式——静电势的泊松方程——$\nabla^2\phi=-\rho/\varepsilon_0$。

我们知道，若给定空间电荷分布（已知电荷体密度 ρ），并选定电势参考点，在空间中就唯一地给定了一个电势分布函数 $\phi(x,y,z)$。现在，当式（6.5.7）描述的“作用量”U'取极值（最大、最小或恒定值）时，我们可以考察一下，假设式（6.5.7）的一个解是

$$\phi'=\phi+s \tag{6.5.8}$$

其中，s 是一个小量，即 ϕ'偏离 ϕ 的小量。

如果式（6.5.7）有极值，那么 U'的一阶空间微商将有等于零的解，即在一级近似下 U'的变化为零。

将式（6.5.8）代入式（6.5.7），仅保留关于 ϕ 和 s 的变化的一阶项（略去二阶以上的高阶项）并整理可得

$$\begin{aligned}\Delta U'&=U'(\phi')-U'(\phi)\\&=\int(\varepsilon_0\boldsymbol{\nabla}\phi\cdot\boldsymbol{\nabla}s-\rho s)\,\mathrm{d}V\end{aligned} \tag{6.5.9}$$

注意到，$\boldsymbol{\nabla}\cdot(s\boldsymbol{\nabla}\phi)=\boldsymbol{\nabla}\phi\cdot\boldsymbol{\nabla}s+s\nabla^2\phi$，因此，上式变为

$$\Delta U'=\int[\varepsilon_0\boldsymbol{\nabla}\cdot(s\boldsymbol{\nabla}\phi)-\varepsilon_0 s\nabla^2\phi-\rho s]\,\mathrm{d}V \tag{6.5.10}$$

对于上式积分中的第一项，我们可以利用高斯定理将体积分转换成面积分，即

$$\int\boldsymbol{\nabla}\cdot(s\boldsymbol{\nabla}\phi)\,\mathrm{d}V=\int s\boldsymbol{\nabla}\phi\cdot\hat{\boldsymbol{n}}\mathrm{d}a \tag{6.5.11}$$

由于积分是对全部空间进行的，因此上式的积分面在无限远处，而那里的 s 等于零，因此上述积分就恒等于零。

因此，式（6.5.10）变为

$$\Delta U'=\int(-\varepsilon_0\nabla^2\phi-\rho)s\,\mathrm{d}V \tag{6.5.12}$$

为了使上述变分对于任何 s 都为零，s 的系数就一定恒为零，因此，

$$-\varepsilon_0\nabla^2\phi-\rho=0$$

$$\nabla^2\phi=-\frac{\rho}{\varepsilon_0} \tag{6.5.13}$$

这就证明了如果式（6.5.7）存在极值，即 U'的一阶变分为零，其势函数 ϕ 就满足式（6.5.13）所述的泊松方程。这与静电场的一般解具有完全相同的形式，因此，通过局域场的方法获得的静电场的性质及规律与通过最小作用量原理得到的结果完全相同。

第七章　物质中的静电场

在上一章中我们主要讨论的是在真空中、时不变电场的基本性质,即相对静止的电荷产生的静电场及其性质。下面我们将在更普遍的意义上讨论静电场的产生及其性质,即物质中的静电场。根据物质的电特性我们可以将物质统称为电介质,分为电的导体(简称导体)和电的绝缘体(更详细的分类会在凝聚态物理中介绍),根据传统习惯在大多数情况下我们将绝缘体称为电介质。

第一节　导体与绝缘体

人们对物质电性质的研究源于摩擦起电现象。人们观察到一些材料很容易摩擦带电并且保持带电的状态,而另外一些材料却不能通过这种方式带电,或者即使接触到带电体时也不容易获得并保持带电状态。1600 年,吉尔伯特认为所有物质都可以分为带电的(像琥珀那样通过摩擦能够起电的物质)与不带电的(像金属)。

18 世纪早期,格雷否定了这个理论,他证明了当金属被绝缘时,它们也能通过摩擦而起电。1730 年前后,格雷的一个重要实验证明了这种性质(导电或不导电)可以通过一条水平(不考虑重力的影响)引线是否能将电荷从一个物体传导到数百英尺远的另一个物体来区分。因此,这种关于物质中电荷的传导性和非传导性的性质被定义出来,他按照电荷在不同物质中的传导性质把物质分成了电学绝缘体和电学导体。

与此相反,法拉第的理论认为,尽管导电性有程度上的不同,但是所有的物体都可以是导体,只不过一些物体比另一些物体更易于导电。从这时起,“非导体”或“绝缘体”就可以用来描述导电性很差的物体了。

宏观物质对外加电场的响应作用主要有两种,即电极化和电传导。在外界电场作用下,若物质中的束缚电荷引起的电极化起主要作用,这种宏观物质就称为电介质(dielectric);若自由电荷的传导起主要作用,这种宏观物质就称为电导体。物质中的自由电荷的电传导性能可以用一个物理量——电导率(conductivity),用符号 σ 表示(其物理意义将在下一章中详细介绍)——来描述。在各向同性物质中,电导率是个标量常量,可以按照它对物质的电性质进行分类。通常称 $\sigma>10^6$ S/m(西门子每米)的物质为电导体,称 $\sigma<10^{-12}$ S/m 的物质为绝缘体(即电介质),电导率介于二者之间的物质可称为半导体。可以看出,电导体和电介质之间的电导率相差 10^{15} 以上的数量级,因此,电导体与电介质在电场中的性质会有很大的不同。

在表 7.1.1 中,银、铜、金、铝、铁和汞是导体,纯锗和纯硅是半导体,而玻璃、石蜡和云母是绝缘体。

表 7.1.1　部分常见材料在 20 ℃时的电导率

材料	电导率 $\sigma/(S/m)$
银	6.2×10^{7}
铜	5.8×10^{7}
金	4.1×10^{7}
铝	3.5×10^{7}
铁	1.0×10^{7}
汞	1.0×10^{6}
纯锗	2.2
纯硅	4.4×10^{-4}
玻璃	10^{-12}
石蜡	10^{-15}
云母	10^{-15}

理想导体的电导率 $\sigma\to\infty$，理想电介质的电导率 $\sigma\to0$。理想导体内部拥有大量在原子核最外层弱束缚的电子，它们在导体内可以自由移动；而在理想的电介质中，电子被紧紧地束缚在原子核周围，即使在外加电场作用下，也很难脱离原子核的束缚，因此，不可能存在电荷的定向传导。在本书中，我们在讨论物质与静电场的相互作用特性时如果不加特殊说明，都将以理想的电导体和理想的电介质为例。现实中的大多数电导体与电介质都和这种理想模型比较接近，所以我们将要讨论的情况不太偏离现实。

第二节　导体存在空间的电场性质

一、静电场中的导体

我们现在讨论的问题的对象是“固体”的导体（“电的导体”不一定都是固体，也可能是液体、气体等）。电导体（简称导体）是含有许多“自由”电荷的固体，电荷能够在固体内部自由地运动，但是却不能离开其表面。电导体内部含有大量自由电荷，它们在外电场作用下会做定向运动，它们在静电场中的作用规律如图 7.2.1 所示。在一般情况下，电导体处于电中性状态（体内的大量正、负电荷相互抵消而对外不显示电性）；当有静电场作用于其上时，最初电导体内部的自由电荷受到静电场力的作用但还没有开始运动，如图 7.2.1(a) 所示，此时电导体内部的电场就是外加的静电场；当电导体内部的正、负自由电荷在电场力作用下开始运动时，电导体内部的电场及自由电荷均处于不稳定的状态，如图 7.2.1(b) 所示，在此过程中电导体内部的部分自由电荷不断累积到电导体的表面，并且其内部的电场也不断减小，直到导体表面累积的电荷在导体内部产生的电场与外加静电场完全抵消，使得导体内部的自由电荷不再受到电场力的作用，从而达到一个新的电相互作用的平衡状态，即导体内部的复合静电场为零并且其内部的自由电荷全都处于相对稳定的静止状态，如图 7.2.1(c)所示。我们把导体在静电场中的这个最终状态称为静电平衡状态。

实际上，导体在静电场中从电中性状态到静电平衡状态的过程是导体在静电场中其内部自由电荷重新分布的过程，在通常情况下我们把这种自由电荷重新分布过程称为弛豫过程，把自由电荷从非平衡态逐渐恢复到平衡态的时间称为弛豫时间(用 τ 表示)。对于金属导体来说，这个弛豫时间非常短，例如铜的弛豫时间 $\tau \approx 10^{-19}$ s。对于处于电中性状态的导体，其内部自由的正、负电荷完美地相互抵消，其内部不会出现剩余电荷，即净电荷密度为零。而对于在静电场中处于静电平衡状态的导体，虽然其内部的净电荷密度为零，但是在其表面出现了一定的电荷分布，正是这部分电荷在导体内产生的静电场与外部静电场相互抵消。导体在静电场中的静电平衡状态并不是一个电中性状态，它对外显示电性——即在导体外产生电场，导致空间电场的分布发生变化，如图 7.2.1(c)所示。

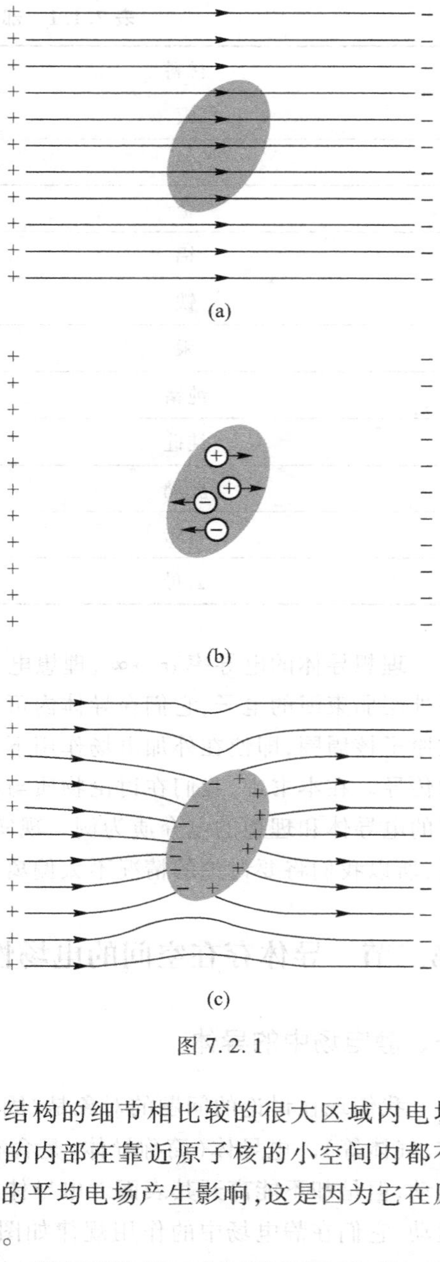

图 7.2.1

此处应当注意的是，在静电场中处于静电平衡状态的导体内部的自由电荷(包括导体表面累积的净的正、负电荷，这部分电荷只存在于导体表面的一两个电子壳层内)是处于稳定平衡状态的，但是在上一章中我们曾经讨论过在静电场中不存在电荷的稳定平衡点，因此在这个系统中就一定存在某种非静电场力(比如金属导体表面对自由电荷的约束力)，以维持自由电荷在导体表面的相对平衡。在静电平衡状态下，导体内部的电场指的是一个平均电场，是在可以和原子结构的细节相比较的很大区域内电场的平均值。当然，我们知道包括良导体在内的所有物质的内部在靠近原子核的小空间内都有一个强电场。通常来说，原子核的电场不会对物质内部的平均电场产生影响，这是因为它在原子核的一侧指向一个方向，而在另一侧指向相反的方向。

通过上面的讨论，我们可以给出在静电场中导体的一些主要性质。在通常情况下，处于静电场中的导体在很短的时间内就完成了电荷的重新分布，使得导体达到静电平衡状态。因此，在此状态下我们会得到：①导体内部的宏观电场为零，$\boldsymbol{E}_{\mathrm{i}}=\mathbf{0}$。如果内部电场不为零，那么电荷一定会移动而重新分布，直到内部电场为零。电场是电势的梯度，$\boldsymbol{E}_{\mathrm{i}}=-\nabla\phi$，这也说明②导体内部及其表面的电势是一个常量，$\phi=C$($C$ 为常量)，即导体是等势体而其表面是等势面。根据高斯电场定律，$\nabla\cdot\boldsymbol{E}_{\mathrm{i}}=\rho/\varepsilon_0$，电场的散度恒等于零，故③导体内部的电荷密度等于零，即 $\rho=0$。④导体外表面附近的电场一定与导体的表面垂直，即与导体表面的法线方向平行。由于导体内部电场为零,而导体外的电场不为零,因此在导体表面内、外电场发生了突变,这种电场的不连续性可以用导体的表面电荷累积来解释,即⑤导体外表面附近的电场 $E_n=\sigma/\varepsilon_0$,这里 E_n 是表面法线方向的电场分量,我们也注意到在这种情况下不会有其他的电场分量。导体外表面附近电场与导体电荷面密度的关系如图 7.2.2 所示,我们在导体表面附近选取一个盒状的高斯面,其中高斯面的上、下两个底面分别在导体的外部和内部,而侧面的法线方向与导体表面的法线方向垂直。高斯面内的导体表面可以近似看成一个平面,其上的电荷面密度为 σ,由于高斯面与导体表面非常接近,因此,可以近似认为高斯面上的电场 $\boldsymbol{E}$ 处处与高斯面上、下两个底面的法线方向平行且数值相等,而与高斯面侧面的法线方向垂直。根据电场高斯定律,有

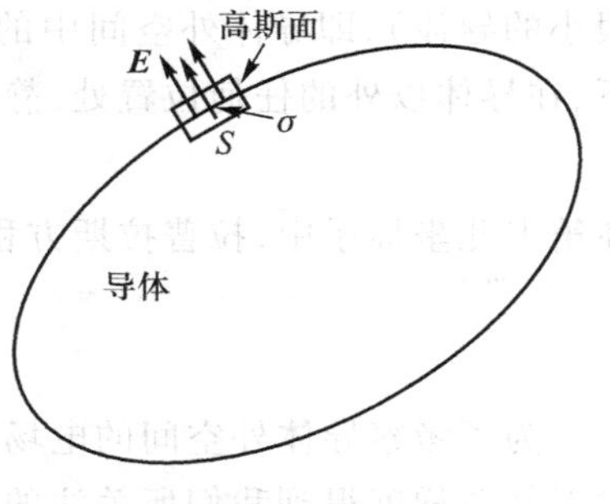

图 7.2.2

$$\boldsymbol{E}\cdot\boldsymbol{S}_{外}+\boldsymbol{E}_i\cdot\boldsymbol{S}_{内}+\boldsymbol{E}\cdot\boldsymbol{S}_{侧}=\frac{\sigma S}{\varepsilon_0}$$

其中,$S_{外}=S_{内}=S,\boldsymbol{E}_i=\boldsymbol{0},\boldsymbol{E}\perp\boldsymbol{S}_{侧}$。因此,导体外表面附近的电场为

$$E_n=\frac{\sigma}{\varepsilon_0} \tag{7.2.1}$$

其中,E_n 是导体外表面附近总的电场。应该注意的是,E_n 不仅包括导体表面局部电荷的贡献,还包括空间和导体上其他电荷的贡献,而 σ 是导体表面高斯面包围的局部的电荷面密度。

我们还可以通过式(7.2.1)来考察导体表面任一关注点 P 附近的电荷量与空间电场的关系,即

$$Q_P=\int_{S_P}\sigma\mathrm{d}a=\varepsilon_0\int_{S_P}\boldsymbol{E}_n\cdot\mathrm{d}\boldsymbol{a} \tag{7.2.2}$$

其中,S_P 是关注点 P 最近邻的导体表面局部面积元。

上面我们通过孤立的、电中性的导体与静电场的相互作用的分析讨论,得出了静电场中的导体的一系列性质。实际上,无论导体是否带电(即导体上是否有净电荷),它们在静电场中的规律都是一样的,同样具有上述总结的导体在静电场中的性质。下面我们将讨论更加普遍的有导体存在的外部空间的静电场的性质。

二、静电场中的唯一性定理

在空间中存在多个导体的普遍情况下,如图 7.2.3 所示,无论导体是否带电,当所有导体都达到静电平衡状态时,它们也都具有上述孤立导体在静电场中的所有性质:导体内部的电场为零,导体是等势体,导体表面是等势面,导体表面附近的电场与表面垂直等。

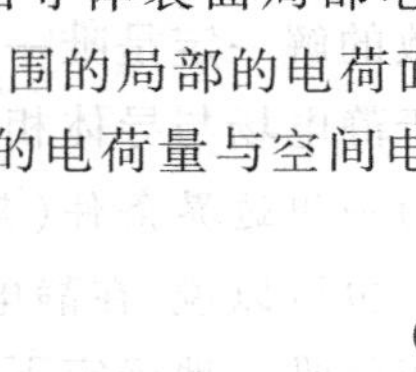

图 7.2.3

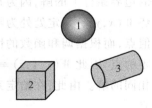

那么,在同样的条件下,即所有导体都处于静电平衡状态时,导体外部空间的静电场如何呢?我们知道,除了导体上带的净电荷或感应电荷外,在导体外空间中是不存在电荷的(整个空间中所有的电荷均集中在导体上,即使有电荷也把它看成体积

很小的导体），即导体外空间中的电荷密度为零，$\rho=0$。根据上一章的结论可知，在这种情况下，在导体以外的任何位置处，静电势 ϕ 一定满足拉普拉斯方程，即

$$\nabla^2\phi=0 \tag{7.2.3}$$

在笛卡儿坐标系中，拉普拉斯方程可写为

$$\frac{\partial^2\phi}{\partial x^2}+\frac{\partial^2\phi}{\partial y^2}+\frac{\partial^2\phi}{\partial z^2}=0 \tag{7.2.4}$$

为了考察导体外空间的电场，我们可以通过拉普拉斯方程找出符合条件的静电势，然后通过对其取梯度得到我们所关注的空间电场。接下来的问题就变成如何求解微分方程（7.2.3）和（7.2.4），并找到满足静电平衡条件下导体表面边界条件的解。我们看一下空间中多个导体系统普遍意义下的边界条件，假设系统中每个导体带的电荷量为 Q_i，并且每个导体都在系统中其他带电导体产生的静电场中达到静电平衡，如果我们选取无限远处为系统的电势零点，那么系统中的每个导体就具有一个确定的静电势 ϕ_i。因此，对于系统中每个导体只要给出它带的电荷量 Q_i 或者静电势 ϕ_i 作为边界条件，就可以给出微分方程（7.2.3）和（7.2.4）的解析解。

1. 唯一性定理及其证明

从数学观点看，给定一个微分方程的某些边界条件后就可以给出函数的解析解，并且可能有不止一个解。但是，对于一个具体的物理问题来说，在给定相应的边界条件之后，描述物理量的函数的解一定是唯一的。

对于静电场与导体相互作用规律，我们给出其唯一性定理：*在多个导体存在的空间中，对于给定的一组边界条件（静电势 ϕ_i、电荷量 Q_i 或二者的某种组合），空间的电场将被唯一地确定下来。*也可以说，在静电平衡状态下，如果给定导体上的电荷量或电势，导体周围空间中的电场分布就唯一地确定下来。

对于静电场中的唯一性定理的证明，我们可以采取反证法，即首先假定在给定边界条件下微分方程（7.2.4）的解不唯一，然后再证明这些所谓不唯一的解实质上是同一个解。

我们给定系统中所有导体的静电势，并假定导体外空间电势的微分方程（7.2.4）有两个不同的解，即 ϕ 和 ψ。由于微分方程（7.2.4）是线性的，因此 ϕ 和 ψ 的任意线性组合，比如

$$W(x,y,z)=\phi(x,y,z)-\psi(x,y,z)$$

同样应该是微分方程（7.2.4）的一个解，只不过 $W(x,y,z)$ 是系统中所有导体上的静电势均为零的边界条件下的解，因为在同一个导体上静电势 ϕ 和 ψ 具有相同的值。因此，导体外空间电势 $W(x,y,z)$ 一定处处为零。如果空间中有电势不为零的点，这一点就是该静电场中的一个极值点，而根据调和函数的性质（在上一章中曾经讨论过），在空间中 $W(x,y,z)$ 不可能存在不为零的点，因此 $W(x,y,z)\equiv 0$，$\phi(x,y,z)\equiv\psi(x,y,z)$，也就是说，$\phi$ 和 ψ 是在此边界条件下完全相同的解。由此，在给定系统中所有导体的静电势的边界条件下，静电场中的唯一性定理成立。

我们再给定系统中所有导体的电荷量，将其作为一种边界条件，采用与上述相同的方法来进行论证。

由于系统中每个导体所带的电荷量是一确定值，因此根据式（7.2.2），有

$$Q_i=\varepsilon_0\int_{S_i}\boldsymbol{E}_{1n}\cdot d\boldsymbol{a}=\varepsilon_0\int_{S_i}\boldsymbol{E}_{2n}\cdot d\boldsymbol{a} \tag{7.2.5}$$

其中，Q_i 是第 i 个导体上的电荷量，$\boldsymbol{E}_{1n}$ 和 $\boldsymbol{E}_{2n}$ 为导体外表面附近的电场，并且存在 $\boldsymbol{E}_{1n}=-\nabla\phi$，$\boldsymbol{E}_{2n}=-\nabla\psi$，静电势 ϕ 和 ψ 分别是微分方程(7.2.4)在该边界条件下的两个不同的解。

根据式(7.2.5)，我们可以看出

$$\varepsilon_0\int_{S_i}(\boldsymbol{E}_{1n}-\boldsymbol{E}_{2n})\cdot d\boldsymbol{a}=\varepsilon_0\int_{S_i}(\nabla\psi-\nabla\phi)\cdot d\boldsymbol{a}\equiv 0$$

因此，$\boldsymbol{E}_{1n}\equiv\boldsymbol{E}_{2n}$，即在空间任意点的电场是唯一的，而当空间电场被确定之后，如果电势的参考点也被确定，空间的电势就被唯一地确定下来。因此，在给定系统中所有导体的电荷量的边界条件下，静电场中的唯一性定理同样成立。

显而易见，在给定系统中一部分导体的静电势以及另一部分导体的电荷量来作为一种组合边界条件的情况下，采用上述反证法同样可以得出唯一性定理成立的结论。

因此，不难得出在任一边界条件下，静电场中的唯一性定理正确的结论。

2. 唯一性定理的应用

下面我们将应用唯一性定理来讨论静电学中的一些基本问题。

(1) 导体空腔内的电场。

所谓“导体空腔”就是指在由导体所包围的空间内没有任何电荷的腔体，如图 7.2.4 所示。我们知道处于静电平衡状态下的导体内部的电场恒为零，那么导体空腔内的电场如何呢？实际上，我们同样可以证明：在没有电荷存在的任意导体空腔内部的电场恒为零。

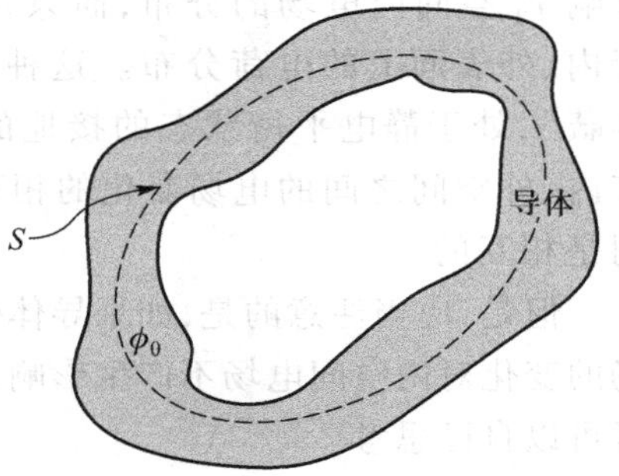

图 7.2.4

在静电平衡状态下，导体具有一个恒定的电势 ϕ_0，因此导体空腔的内表面上各点的电势同样为 ϕ_0。导体空腔内的电势函数 $\phi(x,y,z)$ 必须满足拉普拉斯方程，显然 $\phi=\phi_0$ 这个解适合整个导体空腔内部空间。根据唯一性定理，这只能是导体空腔内部电势的唯一解，因此，导体空腔内部空间的静电势就是一个常量，即 $\phi=$ 常量，导体空腔内部空间的静电场恒为零，即 $\boldsymbol{E}_i=-\nabla\phi\equiv\boldsymbol{0}$。

(2) 平方反比律的精确验证。

根据上面的结论，我们还可以证明：在任意导体空腔内部没有电荷存在的情况下，导体空腔内表面上没有电荷；如果导体自身带电，那么所有电荷都将分布在导体的外表面上。

如图 7.2.4 所示的导体空腔内部没有电荷存在，我们在导体空腔壳内部选取一个高斯面 S(如图中虚线所示)，由于导体内部的电场恒为零，因此，高斯面内的电荷密度也恒为零，即 $\rho\equiv 0$。到此，还不足以说明导体空腔内表面上没有电荷。如果在其内表面上的不同位置分布有等量异号电荷，那么其电荷密度也恒为零。但是，果真如此的话，我们就会发现静电场的旋度恒等于零这一基本定律被破坏，而那些分布在内表面不同位置的异号电荷一定会相互吸引、移动并最终中和掉。因此，可以证明上述结论是正确的。

因此，无论导体空腔的形状如何，在静电平衡状态下其内表面都不带电，而这个结论正是静电场服从“平方反比律”所要求的。这也正是卡文迪什-麦克斯韦的示零实验——导体壳(无论壳的形状如何,即并非一定为球形)内表面电荷量为零——的精确度可以很高的原理。

(3) 静电屏蔽。

根据上面的结论,我们很容易地推论出:在任意导体空腔内部没有电荷存在的情况下,导体空腔内部的电场为零,无论空腔外的电场如何变化。

这个推论为“静电屏蔽”现象提供了原理性的根据,而“静电屏蔽”现象就是指接地的导体腔将整个空间分割成腔内、腔外两个相对“独立”的空间,这里的“独立”指的是导体腔内部和外部空间的电场变化是独立的、互不影响的。如图 7.2.5 所示,接地的导体壳 A 将空间分成了两个相对独立的空间 V_1 和 V_2,V_1 内的电荷 q(位置、电荷量)无论如何变化都不会对 V_2 的空间电场分布产生影响;同样,无论 V_2 中的电荷 Q 如何变化,也都不会影响 V_1 空间内电场的分布,而只是分别改变导体壳内、外表面上的电荷分布。这种现象称为“静电屏蔽”,处于静电平衡状态的接地的导体壳将屏蔽其内、外空间之间的电场变化的相互影响。因此,在这种情况下可以说“屏蔽”对于内、外空间是相互的。

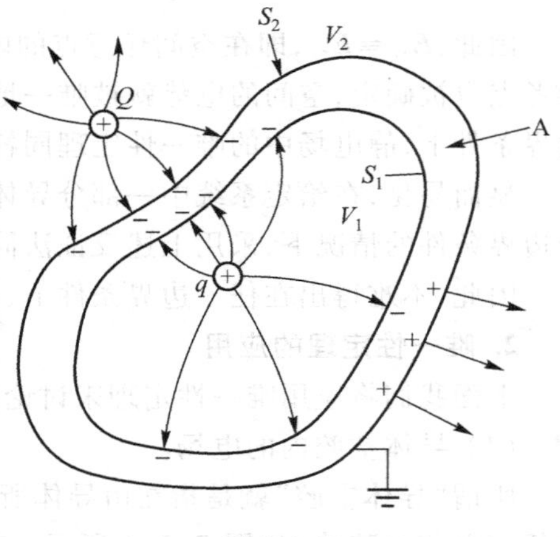

图 7.2.5

但是,应当注意的是,如果导体壳并没有接地,这种“屏蔽”效应就是单向的,即外空间电场的变化对内空间电场不产生影响,而内空间电场的变化却对外空间电场产生影响,这一点读者可以自己思考。

(4) 导体表面上的电荷分布。

由前面的讨论可知,处于静电平衡状态下的导体内部的电场为零,其表面上的电荷也都为了满足上述要求而分布。实际上,只要我们知道导体表面的电荷分布规律,由式(7.2.1)就可以知道其表面附近的电场分布,因此,我们主要考察其表面的电荷分布规律。

首先,我们考察孤立的球形导体表面的电荷分布规律及其附近的电场。对于孤立的球形导体,其电荷一定均匀地分布在表面,其附近及其外空间的电场也一定等同于所有电荷均集中在球心的点电荷在空间产生的电场。

其次,当空间有其他电荷(或电场)存在时,其电场的分布情况就会比较复杂,某些特殊的情况我们将在后面的“镜像法”中讨论,而对于一般情况下的导体表面附近的电场,我们只能给出一些定性的结论。在此,我们只要注意到无论表面电荷如何分布,其目的就是使导体内部电场为零即可。

最后,我们考察一下非球形导体(即导体各处表面曲率不同的一般情况)表面电荷的分布情况。非球形导体表面的电荷分布比较复杂,但是我们可以给出其原则性的规律,即电荷分布与其表面曲率的关系。以下面的特殊情况为例,我们考察导体表面电荷分布与其表面曲率的关系。假设有两个半径分别为 a 和 b($a<b$)的导体球,如图 7.2.6 所示,两球相距很远以至于

一个球上的电荷产生的电场不能对另一个球的电荷分布产生影响，即两个导体球上的电荷都均匀分布在表面。我们向两个导体球注入电荷，并通过一导线连接，使二者的静电势完全相同，即 $\phi_1=\phi_2$，二者的电荷量分别为 q_1 和 q_2。因此，两导体球的静电势分别为

$$\phi_1=\frac{q_1}{4\pi\varepsilon_0 a}=\frac{\sigma_1}{\varepsilon_0}a,\quad \phi_2=\frac{q_2}{4\pi\varepsilon_0 b}=\frac{\sigma_2}{\varepsilon_0}b$$

其中，σ_1 和 σ_2 分别为两个球的电荷面密度。因此，

$$\frac{\sigma_1}{\sigma_2}=\frac{b}{a} \tag{7.2.6}$$

这里值得注意的是，虽然从式(7.2.6)似乎可以得出导体上的电荷面密度与导体的曲率半径成反比，但这只是一个近似的结论，通过进一步研究就会发现我们只能给出曲率半径大的地方其电荷面密度小的结论，但并不一定是反比关系。尽管如此，我们至少可以得到带电导体曲率半径小的地方其表面附近的电场比较强的结论，如图 7.2.7 所示，其中导体表面的 A 点比 B 点的曲率半径小得多，因此导体表面 A 点附近的电场就要比 B 点附近强。

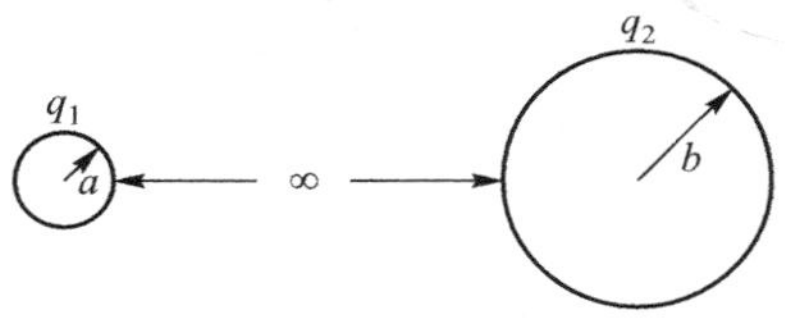

图 7.2.6

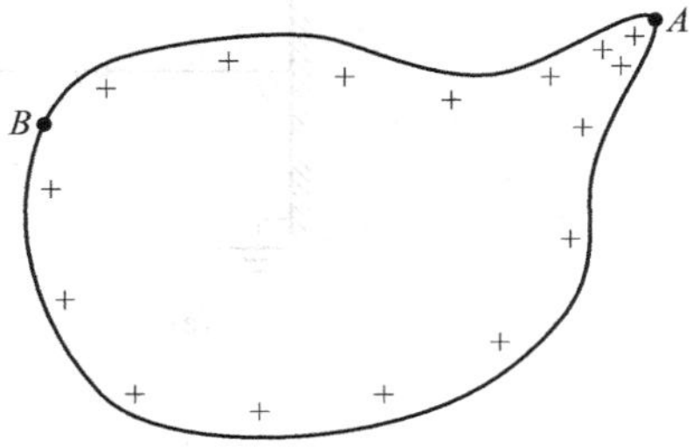

图 7.2.7

虽然无法给出导体表面附近电场分布规律的解析表达式，但是这一定性结论在应用技术上也很重要，因为若电场太大，空气就会被击穿（实验表明，若电场强度达到 3×10^6 V/m，空气就会发生电击穿）。所发生的情况是：一个在空气中某处的游离电荷（电子或离子）将被导体附近的电场加速，若电场很大，该电荷就会在打击附近的另一个原子或分子之前获得足够高的能量以致能够从该原子中打出一个电子。结果，越来越多的离子就呈爆发式产生了，它们的运动构成放电或火花。因此，如果希望将一导体充电至高压而又不让它通过空气中的火花放电，就必须保证其表面是平滑的（尽可能地保持球形，且其表面要尽可能地平滑，即没有小的“尖端”，避免“尖端放电”现象），从而不会在任何一处出现异常强的电场。

这个技术的具体应用之一就是在建筑物上安装避雷针，其目的是提供一条让雷电产生的电流流向大地的路径，也就是提供一个建筑物自身以外的金属导电路径。这个避雷针的顶端做成尖的好还是圆的好呢？顶端产生的电场越强，就越容易形成雷电的通路，也就是说，相对于建筑上的其他点，这个避雷针更容易被雷击中。一方面，尖形的顶端能够在顶端附近产生更强的电场，另一方面，相对于圆形顶端产生的电场，这个电场会衰减得更快（你可以把圆形的顶端用一个小球来模拟一下）。这两种情况到底哪一种更占优势并不是很明显，但是大量实验证实，圆形顶端被雷电击中的概率更大。（实践中的选择基于大量的实验验证，而在理论上还没有更为确切的解析解。）

(5) 镜像法。

虽然一般情况下的非孤立导体(空间有多个带电导体,并且它们之间的相互影响不可忽略)的表面电荷分布与其附近电场的解析表述形式比较复杂,很难具体给出,但是对于一些特殊的情况(如下所述的球体或圆盘的等效结构),我们可以通过一些特殊的方法来求解出其表面电荷分布的解析表述形式,这种特殊的方法称为“镜像法”。

我们先看一下“镜像法”的基本原理。

假设空间有一个接地(静电势为零)的无限大导体平面,在距其表面 h 处有一个电荷量为 q 的“点电荷”,如图 7. 2. 8(a)所示。此处我们可以将“点电荷”看成一个非常小的球形带电导体(“小”到它上面的电荷分布基本不受外界电场变化的影响),这样我们就获得一个和唯一性定理指出的内容完全相符的混合边界条件,即其中一个导体的电势已知(导体平面电势为零),而另一个导体的电荷量 q 已知。如果我们通过某种方法得到满足这个边界条件的拉普拉斯方程的一个解,这个解就是它唯一的解。

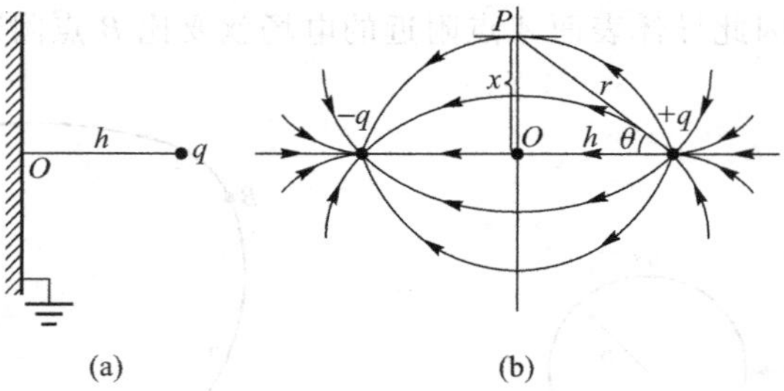

图 7. 2. 8

这种结构的导体分布空间的电场如何呢?导体平面上的电荷如何分布呢?

我们知道,电荷 q(正电荷)在导体平面上一定会吸引一些负电荷,而且这些负电荷肯定不会在电荷 q 的垂足位置 O 处堆积成一个密度无限大的点电荷(因为电荷在导体内是可以自由移动的,电荷堆积在一起所需要的能量远大于电荷平铺所需要的能量。电荷在平面分布的原因,一是电荷 q 对它们的吸引,二是负电荷之间的相互排斥,而影响系统电荷排布的主要因素是能量最小原理),而一定按照某种方式分布在导体平面上。另外,电荷 q 在空间产生的电场也由于导体平面的存在而受到某些影响,其电场线与导体平面处处垂直。在这种情况下,通过与两个异号点电荷在空间产生场的类比,即两个等量异号电荷连线的中垂面(平面的法向正好与电场线平行)就是一条电势为零的无限大平面,而且空间的电场线均垂直于该平面,如图 7. 2. 8(b)所示,我们就找到了(“找到了”就是“猜测到”或“类比到”,而非严格推导或数学解析而得到的)这个问题的解,并且这个解满足上述问题的边界条件,这就是这个问题的唯一的解。这个电荷 $-q$ 等价于导体平面表面的感应负电荷所起的作用,而这个等效点电荷就可以看成导体外实际电荷 q 的一个“镜像”,导体外电荷 q 与导体之间的关系等价于实际电荷 q 与“镜像”电荷($-q$)之间的关系。历史上,人们把这种方法称为“镜像法”。

电荷周围的电场与导体平面上的电荷是如何分布的呢?利用上面的分析,我们可以把它等价于相距 $2h$ 的两个点电荷 q 和 $-q$ 的系统,如图 7. 2. 8(b)所示。考察距原点 O 距离为 x 的点 P 处与平面垂直方向的电场分量,点电荷 q 到该点的距离为 $r=(x^2+h^2)^{1/2}$,因此,利用库仑定律很容易得到该电场分量,即

$$\boldsymbol{E}_{\mathrm{n}}=-2\times\frac{q}{4\pi\varepsilon_0 r^2}\cos\theta\hat{\boldsymbol{n}}=\frac{-qh}{2\pi\varepsilon_0(x^2+h^2)^{3/2}}\hat{\boldsymbol{n}} \tag{7.2.7}$$

其中，$\boldsymbol{E}_{\mathrm{n}}$ 为与导体平面法线方向平行的分量，$\hat{\boldsymbol{n}}$ 为导体平面法线方向单位矢量，在导体表面处由左指向右。

实际上，式(7.2.7)就是导体平面上距原点 O 距离为 x 的任一点上方附近位置处的电场分布，有了这个电场分布我们就可以计算出导体平面上任一点的电荷面密度，即

$$\sigma=\varepsilon_0 E_{\mathrm{n}}=\frac{-qh}{2\pi(x^2+h^2)^{3/2}} \tag{7.2.8}$$

上式为分布在导体表面距离坐标原点 O 为 x 处的电荷面密度表达式。通过积分可以得到这种面电荷分布的总电荷量，如图 7.2.9 所示。

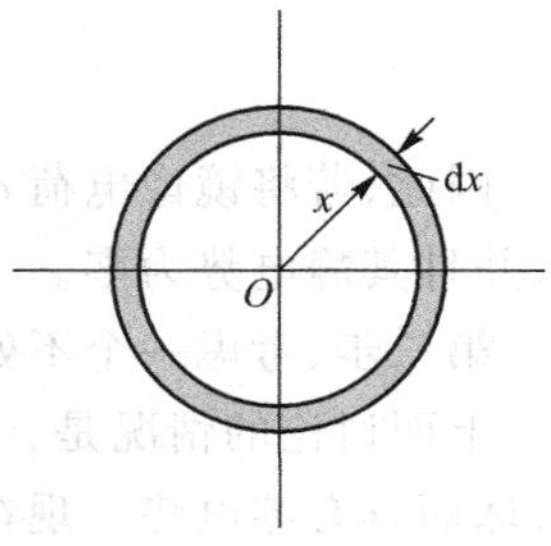

图 7.2.9

$$\int_0^{\infty}\sigma\cdot 2\pi x\mathrm{d}x=-qh\int_0^{\infty}\frac{x\mathrm{d}x}{(x^2+h^2)^{3/2}}=\left.\frac{qh}{(x^2+h^2)^{1/2}}\right|_0^{\infty}=-q$$

我们已经预料到这个结果了。这意味着所有从正电荷 q 出发的电场线最终都终止在导体平面上。

下面我们考察一下"镜像法"的具体应用。

我们利用"镜像法"讨论：一个带电荷量为 Q 的导体球(半径不可忽略)附近有一个带正电荷量 q 的点电荷系统，那么该空间中的电场情况如何？

这看起来是一个非常复杂的问题。但是，对于具有这种特殊形状(球形)的导体系统的电场问题，可以通过"镜像法"来加以解决。

这个问题可以看成两个已知电荷量的边界条件的导体系统的问题，其中的点电荷可以近似理想地看成一个小的导体球，其上电荷分布不随外部电场的变化而变化，而导体球上的电荷(自身携带的电荷 Q 以及感应电荷)的分布会随着外部电场的变化而变化，这是非常复杂的分布状态。但是，我们注意到导体球在达到静电平衡状态时，其电势是一个常量，即导体球是一个等势体，其表面是一个等势面。因此，我们可以将上述问题的边界条件转化为已知导体的电势和电荷量的组合边界条件。

根据前面的经验，我们发现，一个孤立的电荷(或者两个电荷量不相等的点电荷)在空间产生的电场会有一个球形的等势面，因此，只要我们找出导体球表面感应电荷的等效"镜像电荷"的位置及其电荷量，就找到了解决此问题的简单途径。对于这种非接地的带电导体球与附近电荷系统的情况，我们需要分两步来讨论。

第一步，我们将导体球接地，这样系统就变成了已知导体球电势(静电势 $\phi=0$)和一个带电"小"导体球(正电荷 q 的理想模型)电荷量的混合边界条件下的情况。

这时，导体球上仅有大致分布在离点电荷较近的球面上的与点电荷 q 异号的感应电荷，如图 7.2.10 所示。因此，我们

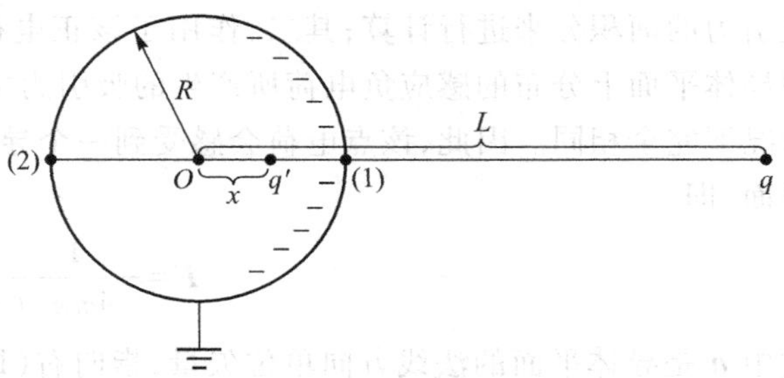

图 7.2.10

可以假设镜像电荷 q' 位于正电荷 q 与导体球心连线、距离球心 O 为 x 的位置。连线 L 及其延长线与球面相交于(1)和(2)两点,并且注意到这两个点的电势均为零。

根据电势的性质,这两个电荷(电荷 q 与其镜像电荷 q')在(1)和(2)两点产生的电势为

$$\frac{q}{L-R}+\frac{q'}{R-x}=0$$

$$\frac{q}{L+R}+\frac{q'}{R+x}=0$$

联立求解上述方程组,可得

$$q'=-\frac{R}{L}q,\quad x=\frac{R^2}{L} \tag{7.2.9}$$

因此,若将镜像电荷 q' 放到连线上距半径为 R 的球心距离为 x 的位置上,球面就是一等势面,并且其静电势为零。

第二步,考虑一个不处于零电势(不接地)的导体球。

上面讨论的情况是,当"镜像电荷"等于 $q'=-(R/L)q$ 并且放置在距球心 $x=R^2/L$ 的位置时,球面具有零电势。现在的情况是导体球没有接地,因此其电势不为零,这是由两个原因造成的,其一是不仅在导体球表面上有异号的感应电荷(在点(1)附近的表面),而且在离点电荷较远的球面处(在点(2)附近的表面)会有同号的感应电荷,这两处感应电荷的数量相等而符号相反;其二是导体球自身携带电荷量 Q。

其实,这样的问题并不难,只要我们利用上面的讨论结果,总可以在球心加上另一个"镜像电荷"$q''=-q'=(R/L)q$,该"镜像电荷"q'' 是分布在导体球远端表面上的感应电荷的等效电荷;然后把导体球自身携带的分布在导体球表面的电荷的等效点电荷 Q 放置在球心上(我们知道点电荷产生的等势面就是球面,所以将其他所有电荷均放置在球心处),通过叠加,该球面就仍然保持为一等势面,只是电势的大小将改变。

因此,导体球系统周围空间的电场就与按照一定位置连线分布的正电荷 q、"镜像电荷"q'、q'' 和等效点电荷 Q 四个点电荷在空间产生的电场完全等价。我们也可以求出导体球表面上的电荷分布规律。

我们在前面利用"镜像法"讨论了无限大导体平面附近的点电荷的镜像电荷的相关问题,给出了二者之间的电场分布规律和导体表面电荷面密度表述式(7.2.8)。现在我们还可以考虑另一个问题:来自导体平面上的感应负电荷对正电荷的吸引力如何?这个问题可以从两个方面来考虑,其一,我们在知道导体平面上感应电荷的分布后,可以通过面积元电荷对正电荷吸引力的面积分来进行计算;其二,作用于该正电荷上的力应该与用一负的"镜像电荷"来代替导体平面上分布的感应负电荷所产生的吸引力完全相同,因为在正电荷附近的场在这两种情况下完全相同。因此,该点电荷会感受到一个导体上感应电荷的吸引力,力的方向指向导体平面,即

$$\boldsymbol{F}=-\frac{1}{4\pi\varepsilon_0}\frac{q^2}{(2h)^2}\hat{\boldsymbol{n}}$$

式中 $\hat{\boldsymbol{n}}$ 是导体平面的法线方向单位矢量,指向右(即正电荷的方向)。利用"镜像法"求力比对所有负电荷取积分要容易得多。

同样,我们可以考察导体球(自身不带电)与其附近正电荷之间的相互作用。根据前面的讨论,导体球与正电荷之间的相互作用等价于正电荷与两个镜像电荷之间的相互作用之和,即

$$\boldsymbol{F}=\frac{1}{4\pi\varepsilon_0}\left[-\frac{R}{L}\frac{q^2}{(L-x)^2}+\frac{R}{L}\frac{q^2}{L^2}\right]\hat{\boldsymbol{L}}$$
$$=\frac{Rq^2}{4\pi\varepsilon_0}\left[\frac{1}{L^3}-\frac{L}{(L^2-R^2)^2}\right]\hat{\boldsymbol{L}} \tag{7.2.10}$$

其中,$\hat{\boldsymbol{L}}$ 为连线方向的单位矢量。

如果导体球所带电荷量为 Q,其等效电荷就是位于球心的电荷量为 Q 的点电荷。因此,上述作用力就是在式(7.2.10)中增加一项,即球外正电荷 q 与位于球心的电荷量为 Q 的点电荷之间的相互作用力的库仑表述。

由式(7.2.10)可以看出,二者之间的相互作用力沿正电荷与导体球心的连线,但是相互作用的性质(吸引还是排斥)还要取决于系统参量 L 与 R 的关系。因此,有导体存在的空间系统的相互作用不仅与其中电荷量有关,而且与系统的结构参量有关。这个问题读者可以自行讨论。

三、电容及电容器

下面我们讨论一个有关唯一性定理的颇为有趣且有用的概念。由前面的讨论可知,在真空中对于一个半径为 a、其上带有电荷量 Q 的导体球,如果将无限远处定义为电势零点,那么它的电势(从无限远处移动单位电荷抵抗电场力所做的功)为

$$\phi=-\int_{\infty}^{a}\boldsymbol{E}\cdot\mathrm{d}\boldsymbol{r}=-\int_{\infty}^{a}\frac{Q}{4\pi\varepsilon_0 r^2}\mathrm{d}r=\frac{Q}{4\pi\varepsilon_0 a} \tag{7.2.11}$$

对于半径相同的导体圆盘,在相同的条件下其自身的电势为

$$\phi=\frac{(\pi/2)Q}{4\pi\varepsilon_0 a} \tag{7.2.12}$$

因此,由式(7.2.11)和式(7.2.12)可以看出,不同形状的导体具有相同的电势所需要的电荷量是不同的,且电势与电荷量成正比,可以将电势与电荷量的关系写成

$$C=\frac{Q}{\phi} \tag{7.2.13}$$

C 为比例常量,它是一个仅与导体形状有关的常量。其物理意义是:使导体提高单位电势所需要的电荷量,或者说导体在保持单位电势时容纳电荷的能力。人们将这个常量 C 命名为导体的“电容量”——电容。因此,导体球的电容为 $4\pi\varepsilon_0 a$,而导体圆盘的电容为 $8\varepsilon_0 a$。

接下来,我们讨论另一个与导体电容有关的系统——电容器。

首先,我们讨论电容器中最为简单的情形——平行板电容器。考虑两块彼此平行并相隔一定距离的导体板,导体板的面积为 A,两个导体板之间的距离为 d,如图 7.2.11 所示,在一般情况下,间距 d 要比导体板的线度小得多。假定它们分别带有等量异号电荷,电荷面密度分别为 $+\sigma$ 和 $-\sigma$。这样,两极板上的电荷将互相吸引,导致这些自由电荷均匀地分布在电容器导体板内侧的表面上。在理想的情况下,平行板电

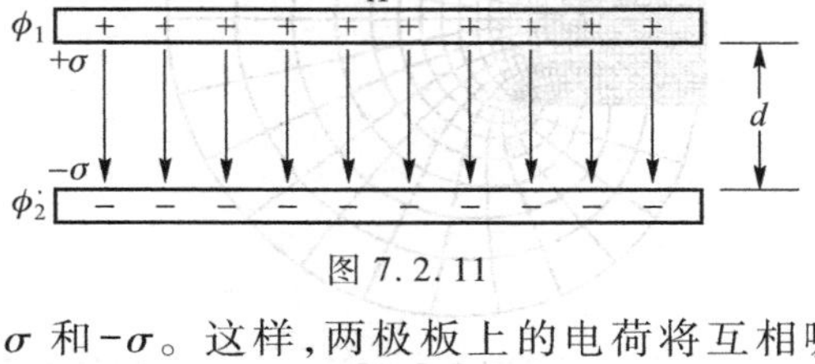

图 7.2.11

容器两极板之间的电场为 $E=\sigma/\varepsilon_0$，而在两极板外面的电场为零。

在静电势的参考点选定后，两导体板将有不同的电势 ϕ_1 和 ϕ_2。为了方便起见，我们称这种电势差为"电压"，它通常用符号"V"表示，即

$$\phi_1-\phi_2=V \tag{7.2.14}$$

电势差就是将单位正电荷从一极板移至另一极板所做的功，因此

$$V=Ed=\frac{\sigma}{\varepsilon_0}d=\frac{d}{\varepsilon_0 A}Q \tag{7.2.15}$$

式中 Q 为每个导体板上的电荷量。

由式(7.2.15)，我们发现两个导体板之间的电势差与其所带电荷量成正比。它们之间的关系同样可以写成

$$Q=CV \tag{7.2.16}$$

C 同样是仅与导体系统结构因素（面积 A、间距 d 以及两极板之间电介质的 ε_0）有关的量，在导体系统的结构确定后，它就是一个常量，即

$$C=\frac{\varepsilon_0 A}{d} \tag{7.2.17}$$

C 称为平行板电容器的电容，式(7.2.17)就是给定结构的理想平行板电容器的电容的数学表述式。称其为理想平行板电容器的原因在于，我们忽略了导体板的边缘效应，即认为导体板之间的电场为常量而外部电场恒为零。实际情况并非如此，如图 7.2.12 所示，这是麦克斯韦给出的导体板边缘的电场线与等势线的分布图，可以看出在导体板边缘的电场分布并不像我们假设的那样理想，因此式(7.2.17)给出的平行板电容器电容的计算公式并不完全准确，而是有一定的误差。但是，在大多数情况下我们还是可以通过式(7.2.17)给出平行板电容器电容比较准确的数量级的估算。

实际上，对于在空间中的任何两个导体，无论其形状和尺寸如何，当它们被绝缘体（或电介质）分开时，就构成了一个电容器，如图 7.2.13 所示。并且，只要其中一个导体带正电荷而另一个导体带等量负电荷，它们之间的电势差与其上所带电荷量之间的这种正比性就总能找到。对于前面讨论的单个导体（如导体球等）的电容，可以把另一端设想为一个半径无限大的球——即当有电荷$+Q$ 放在导体球面上时，有相反的电荷$-Q$ 放在一个无限大的球面上。

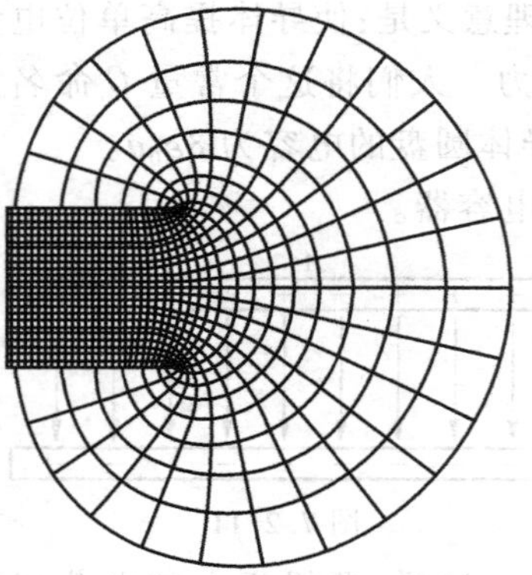

图 7.2.12

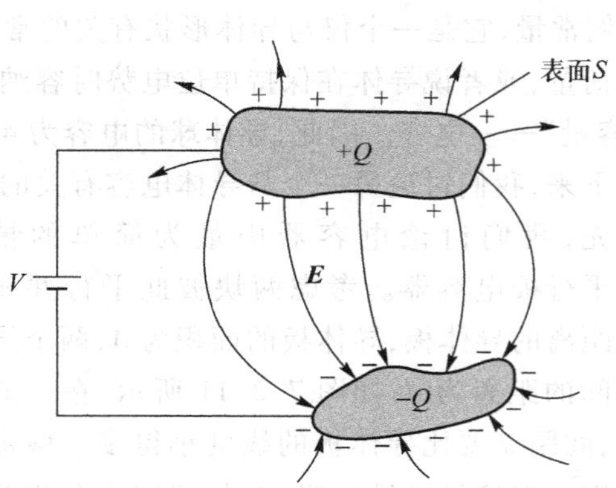

图 7.2.13

从电容的定义可以看出,它的单位是库仑每伏(特)(C/V),这个单位也叫法拉(F)(此单位是以发现电磁感应现象的英国物理学家法拉第命名的。法拉是一个极大的单位。实际上,几乎没有人用如此大的单位来计量电容器的电容。)从平行板电容器电容的表达式可以看出,ε_0 的单位为法(拉)每米(F/m),ε_0 通常称为真空电容率。电容总是包含一个系数 ε_0 和一个具有长度量纲的量(例如,导体球的电容为 $4\pi\varepsilon_0 a$)。因此,对于给定形状的导体,电容和导体的几何尺寸成某种线性关系。

本质上,“电容”是物体对电荷的容纳能力的定性表征,其定量表述是物体升高单位电势所需要的电荷量。在通常情况下,这种性质对于导体而言更加明显,因此,在电磁学中讨论物体的电容和电容器性质时,针对的都是导体。无论是单个导体还是多个导体,不管它们的形状如何都具有一定的电荷容纳能力,都有“电容”;而像上述的两个导体的系统可以构成具有一定应用性的容纳电荷的器具,因此称其为“电容器”。实际上,“电容”的概念可以同水库的“库容”的概念进行类比,水库的“库容”的定量描述就是水库升高单位水位所需要的蓄水量。

四、带电导体系统的静电能

1. 电容器的静电能

现在讨论一个宏观上的关于能量的问题,即电容器充电时所需要转化的能量。如图 7.2.14 所示,在电源给平行板电容器充电的过程中,如果电容器极板上的电荷量为±Q,那么它们之间的电势差为

$$V=\frac{Q}{C}$$

式中 C 是该电容器的电容。那么,电容器充电到电荷量为 Q 时电源需要做多少功呢?我们设想系统是逐步把小的电荷增量 dQ 从电容器的一极板移至另一极板而进行充电的。电源转移电荷 dQ 所需要的功为

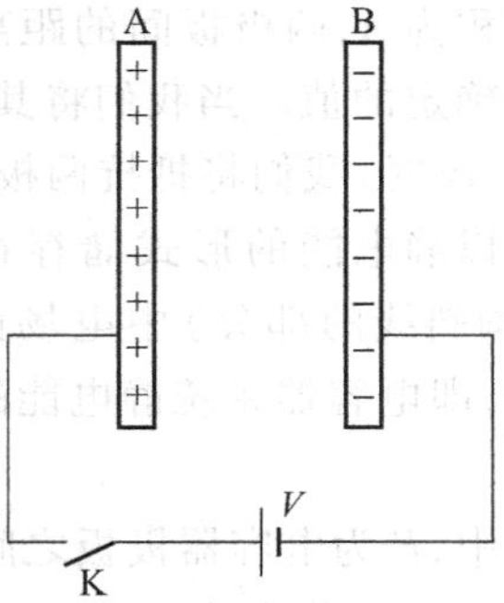

图 7.2.14

$$\mathrm{d}U=V\mathrm{d}Q=\frac{Q\mathrm{d}Q}{C}$$

对上式从零到 Q 进行积分,则电源做的总功(即“储存”在电容器中的总的静电能)为

$$U=\frac{1}{2}\frac{Q^2}{C}=\frac{1}{2}CV^2 \tag{7.2.18}$$

式(7.2.18)所表述的电容器储存的能量具有普遍性,即对于任何一个已知电容的导体系统,当系统的电压 V 或电荷量 Q 达到某一确定值时,该系统储存的静电能就可以通过式(7.2.18)来进行计算。

比如前面我们得出导体球(相对于无限远处)的电容为

$$C_{\text{球体}}=4\pi\varepsilon_0 a$$

如果利用某种电源(如起电机等)将该导体球充电到一定的电荷量 Q,利用式(7.2.18),立即就可以得到此种状态下带电导体球所获得的由电源能量转化而来的静电能为

$$U=\frac{1}{2}\frac{Q^2}{4\pi\varepsilon_0 a}$$

当然这也是一个带有总电荷量 Q 的薄球壳的能量。其他已知电容的导体系统都可以如此来计算其在不同情况下所携带的静电能。

在给电容器充电的过程中是有能量转移的，即能量从电源转移至电容器系统。下面我们从平行板电容器中储存的能量出发来讨论一下这些能量到底储存在哪里。

我们以图 7.2.14 所示的平行板电容器的充电过程为例来讨论。

对于极板面积为 A、板间距离为 d 的平行板电容器，电容的表达式为 $C=\varepsilon_0 A/d$，电容器极板间的电场为 $E=V/d$。因此电容器储存的能量可写成

$$U=\frac{1}{2}CV^2=\frac{1}{2}\left(\frac{\varepsilon_0 A}{d}\right)(Ed)^2=\frac{\varepsilon_0 E^2}{2}\cdot Ad=\frac{\varepsilon_0 E^2}{2}\cdot(\text{体积})$$

上式中的“体积”是电容器中电场所占空间的体积。是否可以说，储存在电容器中的能量都局域在空间的电场里，并且单位体积的能量——能量密度——就是 $\varepsilon_0 E^2/2$？的确是这样，下面我们还可以通过其他方法来论证。

如图 7.2.15 所示为一充有电荷量 Q 的平行板电容器，极板的面积为 A，两极板间的距离为 x。此时，两极板间的电场 $\boldsymbol{E}$ 就是一个确定的值。当我们将其中一个极板沿 x 方向拉开一个微小的距离 $\mathrm{d}x$ 时，我们将抵抗两极板之间的吸引力而做功，这部分机械能也将以静电能的形式储存在电容器系统中，很明显，在 $A\mathrm{d}x$ 的空间（画斜线的部分）中电场由零变成了 $\boldsymbol{E}$。外力抵抗电场力所做的功，即电容器系统静电能的变化量为

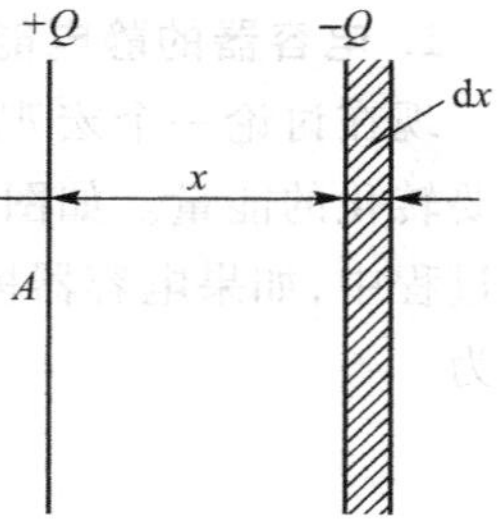

图 7.2.15

$$\mathrm{d}U=F\mathrm{d}x \tag{7.2.19}$$

其中，F 为电容器极板之间吸引力的抵抗力，其值为 $(1/2)QE$。将有关的电容公式，即 $Q=CV$，$C=\varepsilon_0 A/x$ 代入式（7.2.19），可得

$$\mathrm{d}U=\frac{1}{2}\frac{\varepsilon_0 A}{x}VE\mathrm{d}x=\frac{1}{2}\frac{\varepsilon_0 A}{x}ExE\mathrm{d}x=\frac{\varepsilon_0 E^2}{2}A\mathrm{d}x=\frac{\varepsilon_0 E^2}{2}\mathrm{d}V$$

因此，电容器中电场存在空间的能量密度为

$$u=\frac{\varepsilon_0 E^2}{2} \tag{7.2.20}$$

这与式（6.5.6）给出的电场空间的能量密度完全相同，因此也可以说在给电容器充电的过程中，电源消耗的能量都转化为静电能储存在电容器电场所在的空间中。如果要计算电容器系统中的总的静电能，同样可以利用式（7.2.20）对电容器电场所在空间进行积分，即

$$U=\frac{\varepsilon_0}{2}\int_{\text{整个空间}}E^2\mathrm{d}V$$

其中，$E^2\equiv\boldsymbol{E}\cdot\boldsymbol{E}$，是个标量。

因此，无论是真空中的静电场，还是有导体存在空间的静电场，其系统的静电能都局域在空间的电场之中，其能量密度与空间坐标处的电场强度的平方成正比。

2. 静电能的应用

(1) 导体上电荷所受的静电力。

我们现在讨论的导体上的电荷所受的静电力主要是指处于静电平衡状态下,导体上的电荷(携带的固有电荷或感应电荷)所受到的外部电场的作用力。对于任一“电容器”(对于孤立导体,同样可以认为它的另一个“极板”处于无限远处)来讲,在它的两个“极板”分别带有等量异号电荷之后,它们之间就一定存在相互吸引力,为了维持电容器的电容不变,就需要一定的机械力来抵抗它们之间的电的吸引力,以保持两个“极板”之间的距离(两个导体在空间的形态)不变。维持电容器的电容保持不变的这个机械力在本质上就等于两个导体上的异号电荷之间的静电吸引力。这个静电吸引力可以通过如下方式,即“虚功原理”进行计算。

被充电的电容器中一定存在静电能,其与导体上的电荷量 Q 及电容器的电容 C 之间的关系如式(7.2.18)所示。为了讨论方便,假定电容 C 以某种方式和某一个坐标轴(如图 7.2.15 所示,以 x 轴为例)上的表征电容器的一个“极板”的坐标位置线性相关,这个“极板”可以是相对于另一个“极板”的任何形状的导体。用 F 表示施加在每一“极板”上的用来克服电荷之间的吸引力以维持 x 为一常量的力。现在假想固定住一个“极板”,并保持电荷量 Q 不变,而使“极板”间的距离 x 增加一个量 Δx。那么,加在另一个“极板”上的力 F 所做的功为 $F\Delta x$,并且如果能量是守恒的,那么电容器储存的静电能 $U=Q^2/2C$ 必定有一个增量,即

$$\Delta U=\frac{\mathrm{d}U}{\mathrm{d}x}\Delta x \tag{7.2.21}$$

上式与静电力 F 所做的功 $F\Delta x$ 相等,因此

$$F=\frac{\mathrm{d}U}{\mathrm{d}x} \tag{7.2.22}$$

通过式(7.2.21)和式(7.2.22)求导体上电荷所受的静电力的原理称为“虚功原理”。对于不同的情况(电容器上的电荷量保持不变或电势差保持不变),力的表达式为

$$F=\frac{Q^2}{2}\frac{\mathrm{d}}{\mathrm{d}x}\left(\frac{1}{C}\right)=\frac{V^2}{2}\frac{\mathrm{d}C}{\mathrm{d}x} \tag{7.2.23}$$

实际上,通过静电能的空间变化率来得出导体之间的相互作用规律或导体上电荷所受的静电力——式(7.2.23)所表述的关系——具有一定的普遍性,我们可以将它推广到任意形状的导体以及力的各个分量。

(2) 平行板电容器两极板之间的吸引力。

下面我们就以平行板电容器为例来讨论两极板之间的吸引力,即极板上电荷所受的静电力。在此,还是以图 7.2.15 所示的电容器为例,根据平行板电容器的公式,电容为

$$C=\varepsilon_0\frac{A}{x} \tag{7.2.24}$$

其中,A 是极板的面积,x 是两极板之间的距离,而两极板之间为真空。对于两极板上的电荷量保持不变的情况,作用于两个极板之间的吸引力为

$$F=\frac{Q^2}{2}\frac{\mathrm{d}}{\mathrm{d}x}\left(\frac{1}{C}\right)=\frac{Q^2}{2\varepsilon_0 A} \tag{7.2.25}$$

我们将式(7.2.25)做一点变换,即

$$F=\frac{Q^2}{2\varepsilon_0 A}=\frac{1}{2}Q\frac{Q}{\varepsilon_0 A}=\frac{1}{2}Q\frac{\sigma}{\varepsilon_0}=\frac{1}{2}QE \tag{7.2.26}$$

其中，Q 为极板上的电荷量，σ 为极板上的电荷面密度，E 为两极板之间的电场强度的值。

对于极板（导体表面）上电荷所受的静电力，最直观的想法就是极板上的电荷在电场中所受的力，即 $F=QE_0$，而将其与式（7.2.26）比较之后就会发现，$E_0=E/2$。实际上，虽然 E 是电容器内部的电场，也是由电容器极板上的电荷分布产生的，但是它并不是作用在极板表面电荷上的全部电场。因为无论导体内的电荷分布在导体表面多么薄的空间内，它们都要受到导体内部的电场（虽然为零）和导体外部的电场共同的作用。因此，从宏观上看，作用在极板表面上的电荷的电场是这两个电场的平均值，即

$$E_0=\frac{1}{2}(E_{内}+E_{外})=\frac{1}{2}(0+E)=\frac{1}{2}E$$

因此，通过静电能的虚功原理来讨论电容器极板之间，或导体上电荷所受的静电力是比较准确的途径。实际上，这个结论还可以进一步推广为对任意处于外电场中的带电导体，其上自由电荷所受到的静电力都可以用式（7.2.26）所表达的规律来讨论。

第三节 电介质存在空间的电场性质

一、物质的宏观电效应

到目前为止，我们对物质的组成结构有了一定的共识，即任何物质都是由各种不同的原子或分子构成的。从物质的电结构来看，所有的原子都是由原子核中带正电荷的质子、不带电荷的中子及核外带负电荷的电子组成的。因此，当我们将不同物质放入电场时，其中的正、负电荷都会受到电场力的作用而使其电特性发生不同的变化。前面讨论过导体在电场作用下的基本特征，由于导体内部含有可以自由移动的电荷——自由电荷，因此在电场作用下导体内部的自由电荷将重新排布，而重新排布的电荷将对导体内部及外部空间的电场产生影响，例如在静电平衡状态下，导体内部的电场将被抵消为零。

对于很多电介质，由于原子核对核外电子的束缚比导体强烈得多，因此其内部不存在自由电荷，在外电场的作用下其电荷也不能自由移动，在通常情况下，我们将具有这种性质的物质称为电的绝缘体。在过去很长一段时间内，人们认为绝缘体在电场的作用下不会产生任何电效应。

法拉第断言，绝对的非导体并不存在，并且他在实验上验证了自己的观点。法拉第实验的原理如图 7.3.1 所示，在一个平行板电容器的两端通过电池施加一个稳定的电势差，即无论发生何种情况电容器两极板之间的电势差都将保持不变，这样做的目的是在一定的空间中产生一个相对稳定的电场，通过不同物质对同一电场的响应来考察物质的电效应；另外，在实验中将一个验电器连接在电容器的一个极板与地之间，以检验电容器极板上电荷量的变化。当电容器

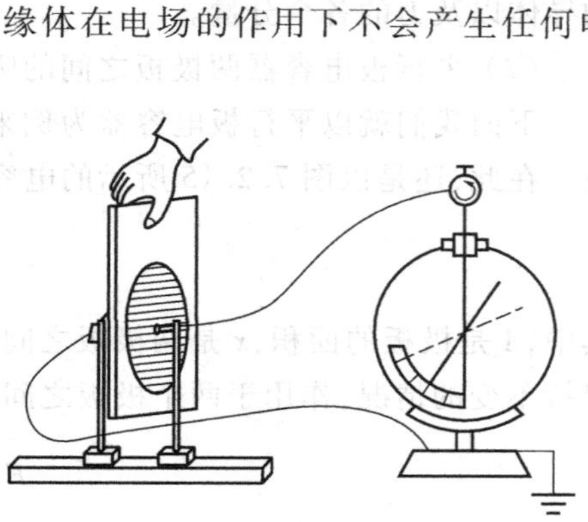

图 7.3.1

极板之间的空间处于“真空”(比如,干燥的空气可以类似于真空)状态时,由于极板上会携带一定量的电荷,验电器的指针会偏转一定的角度,即验电器指针偏转角度的大小表明电容器极板上电荷量的多少。

当将一定厚度的导体板插入电容器的两个极板之间时,正如所预料的那样,验电器指针偏转角度明显增大了,这表明导体在电场的作用下表现出明显的电效应。而将一块同样尺寸的非导体(如玻璃等)插入电容器的两个极板之间时,验电器的指针同样发生了明显的变化——偏转角度也增大了。法拉第利用其他非导体(如硫黄、树脂等)进行了同样的实验,得到了几乎相同的实验结果——验电器指针的偏转角度不同程度地增大了。我们知道,验电器指针偏转角度的增大意味着电容器极板上电荷量的增加,利用前面讨论过的电容器的相关知识可知,这种现象意味着电容器的电容的增加。当将不同的非导体充满电容器两个极板之间的空间时,电容器的电容将有不同程度的增加。因此,实验证明,所谓“非导体”在电场的作用下同样表现出明显的电效应,这也进一步证明了法拉第的断言。

现在的问题是如何解释非导体在电场中的电效应,即非导体对电场响应的机制及规律。

二、电介质及电极化

为了了解非导体在电场中的电效应产生的物理机制,我们先类比看一下导体在电场中的电效应的物理机制。由上述实验结果可知,将导体插入平行板电容器极板之间会使电容器的电容增大,其原因及物理机制如图 7.3.2 所示。理想平行板电容器电容的数学表述式为

$$C=\frac{Q}{V}=\frac{\varepsilon_0 S}{d} \tag{7.3.1}$$

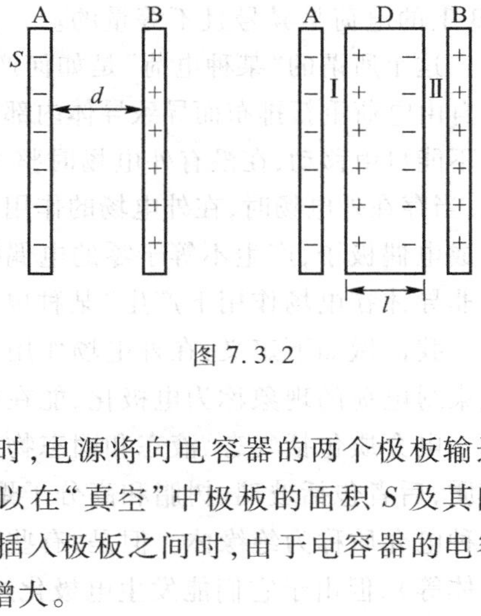

图 7.3.2

其中,Q 是极板上的电荷量,V 是两个极板之间的电势差,S 是极板的面积,d 是两个极板之间的距离。由式(7.3.1)可知,当电容器两个极板之间的电势差保持不变时,电源将向电容器的两个极板输送一定的电荷量 Q(由于电容器的电容仅取决于其结构,所以在“真空”中极板的面积 S 及其间距 d 确定之后,电容器的电容将保持不变)。而当导体 D 插入极板之间时,由于电容器的电容增大,因此极板上的电荷量增加,验电器指针的偏转角度增大。

如图 7.3.2 所示,在没有插入导体 D 时,极板 AB 之间的电势差为 $V=Ed$,其中 E 是极板 AB 之间的电场强度值。而当导体 D 插入极板 AB 之间时,导体内部的电场为零,因此极板 AB 之间的电势差为 $V=E'(d-l)$,其中 E' 是极板 AB 之间的Ⅰ和Ⅱ两个区域内的电场值,l 为导体 D 的厚度。可见,E' 比 E 要大,所以极板上的电荷面密度也随之增大,电容器的电容也就随之增大,电荷面密度 σ' 和电容 C' 分别为

$$\sigma'=\varepsilon_0 E'=\varepsilon_0 E\,\frac{1}{1-l/d}=\sigma\,\frac{1}{1-l/d} \tag{7.3.2}$$

$$C'=\frac{\varepsilon_0 S}{d-l}=\frac{\varepsilon_0 S}{d}\,\frac{1}{1-l/d}=C\,\frac{1}{1-l/d} \tag{7.3.3}$$

其中,σ 是插入导体前极板 AB 上的电荷面密度,C 是插入导体前电容器的电容。

通过讨论可知，导体的电效应导致电容器的结构发生了变化（电容器极板间距减小为 $d-l$），电容器的电容增大，电源为保持电容器两个极板之间的电势差不变而需要向极板输送更多的电荷。

如果在电容器极板之间插入某种非导体，我们同样得到了电容器电容增大的结果，由实验现象可知，电容器电容的增大同样导致了极板上电荷面密度的增大（验电器指针偏转角度增大）。通过与导体的类比，我们可以认为：在电容器极板之间插入某种非导体导致电容增大，进而导致极板 AB 上的电荷面密度增加。为了讨论方便，将充满电容器空间的非导体 G 画成与极板 AB 有一个小的空隙的情形，如图 7. 3. 3 所示。由式 (7. 3. 1) 表述的电容器电容的数学式可知，在电容器极板 AB 之间的电势差 V 保持不变的前提下，电容器电容的增大同样导致极板 AB 上的电荷量增加，即极板电荷面密度增加。电压 V 保持不变，充满非导体 G 的电容器极板 AB 之间的电场 $E'=V/d$ 一定要与没有非导体时的电场 $E=V/d$ 保持相等，因此，电源输送到极板 AB 上的多余电荷也一定抵消了非导体在电场作用下产生的“某种电荷”，即图 7. 3. 3 中非导体 G 与电容器极板 AB 对应面上的电荷，这部分电荷与极板 AB 上的电荷是异号且不等量的。

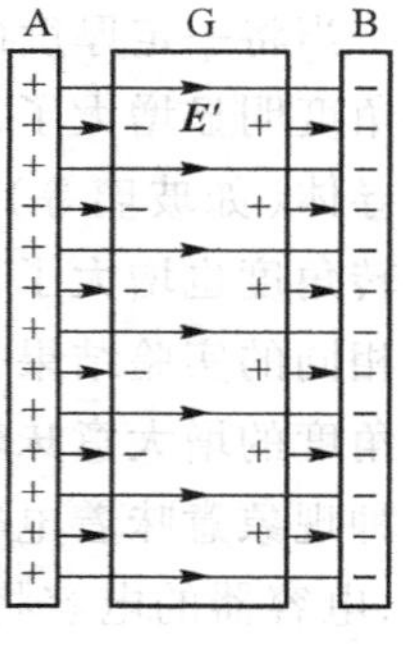

图 7. 3. 3

这个所谓的“某种电荷”是如何产生的呢？我们知道，导体中存在自由电荷，电场的作用会使自由电荷重新排布而导致导体内部电场为零。非导体（绝缘体）的核外电子由于被原子核束缚而不能自由移动，在没有外电场时整个原子或分子的正负电荷中心是重合的，对外呈电中性状态；当存在外电场时，在外电场的作用下其正负电荷中心将发生一定的分离，从而在电场方向上形成电偶极子，产生不等于零的电偶极矩。因此，在宏观物体表面上就会形成束缚电荷，这就是非导体在电场作用下产生“某种电荷”的原因，“某种电荷”本质上就是束缚电荷。

我们做如下定义：在外电场作用下，物体中产生宏观上不等于零的电偶极矩，因而形成宏观束缚电荷的现象称为电极化，能在电场中产生电极化现象的物质统称为电介质。

电介质包括气态、液态和固态物质，也包括真空。固态电介质包括晶态电介质和非晶态电介质，后者包括玻璃、树脂和高分子聚合物等，是良好的绝缘材料。电介质的电阻率一般很高，这种电介质称为绝缘体。但是，有些电介质的电阻率并不很高，它们不能称为绝缘体（比如铁电体等），但由于它们能发生电极化过程，所以在某种情况下也将它们归为电介质。

电介质与绝缘体是按照物质的性质、用途及研究方法对物质进行分类而命名的专业名词，绝缘体都是电介质，但是电介质不一定都是绝缘体。

极化（polarization），指事物在一定的条件下发生两极分化，使其性质相对于原来状态有所偏离的现象。电介质的电极化，就是指在外电场作用下，电介质内部沿外电场方向产生感应电偶极矩，并在电介质表面出现极化电荷（或束缚电荷）的现象。

电介质在外电场作用下通常可以产生三种不同类型的极化。

（1）原子核外的电子云分布形态在外电场作用下产生畸变，从而产生不等于零的电偶极矩，这种极化称为电子云畸变极化。

（2）原来正负电荷中心重合的分子，在外电场作用下其正负电荷中心彼此分离，产生不等于零的电偶极矩，这种极化称为位移极化。

（3）具有固有电偶极矩的分子，由于热运动其固有电偶极矩取向是混乱的，宏观上固有电偶极矩的矢量和等于零；在外电场作用下，固有电偶极矩趋向于一致排列，从而在宏观上产生不等于零的电偶极矩，这种极化称为取向极化。

不同结构、性质的电介质可能产生不同类型的电极化，但是无论哪种类型的电极化都是以在电介质中产生电偶极矩进而形成宏观束缚电荷为标志的，只是电偶极矩形成的机制不同而已。不同类型的电极化有一些共同的性质，也有一些各自不同的特性。为了方便起见，下面在分析电介质的共性时，采用位移极化模型。后面你就会注意到，无论采取哪种单一模型，都只能给出一些定性的结论，由于电介质极化过程的复杂性，电极化大都是各种机制的复合作用，因此，我们在本书中也只能给出一些定性的讨论，使读者对电介质的性质有一个初步的认识。

三、描述电介质电极化性质的相关物理量

1. 电偶极矩 $\boldsymbol{p}$

宏观物质都可以看成由原子和分子组成，在一般情况下，这些粒子（原子或分子）是电中性的，但其中含有核贡献的正电荷以及核外电子贡献的等量负电荷（记为 $\pm q, q>0$），总电荷量的代数和为零。若在某种情况下，如外电场作用或其他原因，造成正负电荷中心不重合，即存在一个由负电荷指向正电荷的位移矢量 $\boldsymbol{l}$，该粒子就具有一个电偶极矩，亦称之为“电矩”，其定义式为

$$\boldsymbol{p}=q\boldsymbol{l} \tag{7.3.4}$$

由定义式可以看出，它的数学表述形式与电偶极子完全相同。

电矩的单位为库（仑）米（C·m）。

在外电场作用下，电矩的势能表述式与电偶极子完全相同，即

$$U=-\boldsymbol{p}\cdot\boldsymbol{E} \tag{7.3.5}$$

上式表明，电矩的方向与外电场同向时能量最低，反向时能量最高。

“矩”在数学上是表示空间分布的量，“电矩”描述的就是电荷在空间的分布状态。电矩有电零次矩、电一次矩、电二次矩等之分。电零次矩就是系统的总电荷，或称为电单极子；电一次矩就是电偶极矩，电偶极子的分布构成了电偶极矩，如图 7.3.4(a) 所示；电二次矩是电四极矩，或称为电四极子，如图 7.3.4(b) 所示，有不同结构。在通常情况下，电四极矩或更高极矩只出现在与原子核有关的问题中，用来描述核内正电荷分布与球对称的偏离状况。在电介质物理学中，很少涉及电高次矩，因此，通常就将电偶极矩简称为“电矩”。

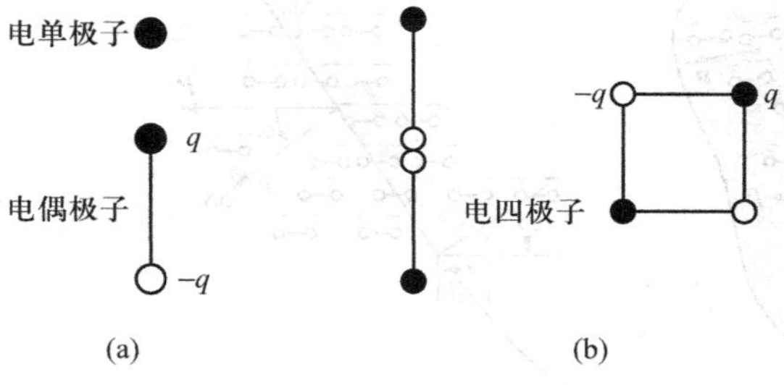

图 7.3.4

注意到电矩的空间分布意义，如果把电偶极矩定义中的近独立子系统（独立子系统就是由相

互独立的微观粒子组成的系统，粒子间的相互作用可以忽略，如理想气体分子、稀溶液中的溶质分子等）的限制条件放宽，就可以将电偶极矩的概念应用到宏观物质中，即可以将前面讨论过的电偶极子模型及其作用规律应用到宏观物质中。在讨论电偶极子在空间产生的势与场时，我们都将其视为独立的子系统（一种理想的情况）。如果物质的原子或分子的正负电荷中心不重合，就可以用一个电偶极矩对其进行定量描述。在凝聚态物质中，电偶极矩通常可以在一定条件下看成近独立子系统，因此上述条件可以在很宽的范围内得到满足，这样的近似是合理的。

2. 电极化矢量 $\boldsymbol{P}$

为了定量描述宏观物质的电极化效应，我们引入电极化矢量 $\boldsymbol{P}$ 这个物理量。由具有电矩的粒子组成的宏观物质称为极性物质，在极性物质中取一个宏观有限小的体积元 ΔV，在这个宏观小的体积中仍有数目庞大的粒子，对其中所有粒子的电矩做矢量求和（$\sum \boldsymbol{p}$），则定义单位体积的电矩的矢量和为电极化矢量，即

$$\boldsymbol{P}=\frac{\sum \boldsymbol{p}}{\Delta V} \tag{7.3.6}$$

电极化矢量在某些情况下也称为电极化强度，其物理意义是：表述物质在外电场作用下的电极化程度。电极化强度是一个具有平均意义的宏观物理量，其单位为库（仑）每平方米（$\mathrm{C/m^2}$）。

3. 极化电荷（$Q_{极化}$、$\rho_{极化}$ 和 $\sigma_{极化}$）

电介质在宏观上对外电场的响应主要表现在两个方面，其一是电介质内部单位体积的极化状态，由电极化矢量来描述；其二是在电介质的任一表面上产生的极化电荷。

如图 7.3.5 所示，我们在电介质内部取任一体积 V，其表面为闭合曲面 S。在一般情况下，当电介质在外电场作用下发生电极化时，正负电荷之间产生了一定的位移 $\boldsymbol{d}$ 而形成电偶极矩 $\boldsymbol{p}=q\boldsymbol{d}$，这时就会有一部分电荷（电偶极子一端的电荷）通过闭合曲面 S 进入体积 V，也会有一部分电荷通过闭合曲面 S 离开体积 V。

考察闭合曲面 S 上的任一小面积 $\mathrm{d}S$，如图 7.3.6（a）所示。可以看出电极化矢量 $\boldsymbol{P}$ 指向闭合曲面 S 的外侧，它与小面积元 $\mathrm{d}S$ 的法线方向之间的夹角为 α（$\alpha<90°$）。以 $\mathrm{d}S$ 为底、高为 h 的小体积（图中阴影部分）为 $\mathrm{d}V=h\mathrm{d}S$，其中 $h=d\cos\alpha$。如果该电介质单位体积内有 N 个电矩，那么小体积 $\mathrm{d}V$ 内的束缚电荷量为

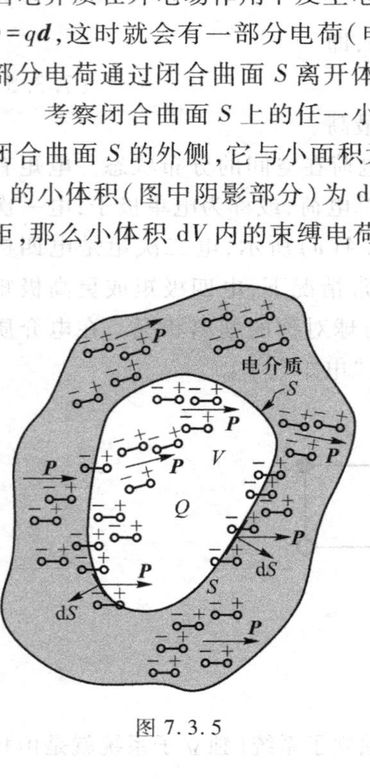

图 7.3.5

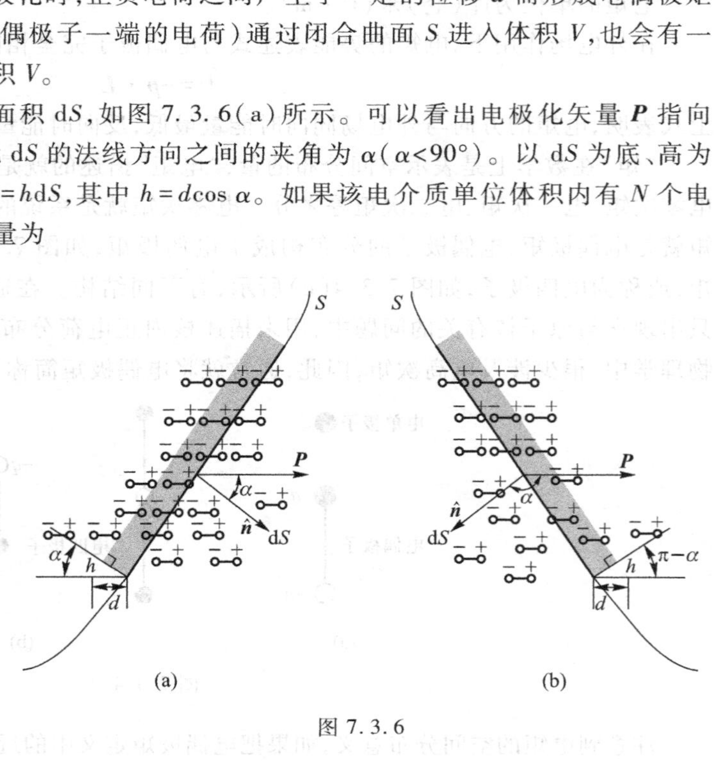

图 7.3.6

$$dQ_{极化}=qNdV=qNd\,dS\cos\alpha \tag{7.3.7}$$

当 $0°\leqslant\alpha\leqslant 90°$ 时，小体积 dV 内的束缚电荷为负电荷；当 $90°<\alpha\leqslant 180°$ 时，如图 7.3.6(b)所示，小体积 dV 内的束缚电荷为正电荷。

因此，任意小体积 dV 内的束缚电荷量 $dQ_{极化}$ 可以写为

$$dQ_{极化}=-N\boldsymbol{p}\cdot\hat{\boldsymbol{n}}dS=-\boldsymbol{P}\cdot\hat{\boldsymbol{n}}dS \tag{7.3.8}$$

其中，$\boldsymbol{P}$ 是电介质的电极化矢量，$\hat{\boldsymbol{n}}$ 是面积元的法向单位矢量。

由式(7.3.8)可知，在一般情况下，由于电介质极化而在其体内任一体积 V 内累积的极化电荷量为 $dQ_{极化}$ 在体积 V 内的积分，即

$$Q_{极化}=\int_V dQ_{极化}=-\int_S \boldsymbol{P}\cdot\hat{\boldsymbol{n}}dS \tag{7.3.9}$$

若我们用极化电荷体密度来描述极化电荷，并对式(7.3.9)右边运用高斯定理进行积分变换，则有

$$\int_V \rho_{极化}\,dV=-\int_V \nabla\cdot\boldsymbol{P}dV$$

因此，极化电荷体密度为

$$\rho_{极化}=-\nabla\cdot\boldsymbol{P} \tag{7.3.10}$$

由式(7.3.8)可以得到极化电荷面密度为

$$\sigma_{极化}=-\boldsymbol{P}\cdot\hat{\boldsymbol{n}} \tag{7.3.11}$$

如果电介质是均匀极化的，即电介质内部电极化矢量处处相等且为常量($\boldsymbol{P}=$常量)，在电介质内部，电极化矢量的空间变化率就将为零($\nabla\cdot\boldsymbol{P}=0$)，因此，极化电荷体密度也将为零($\rho_{极化}=0$)。这说明，在电介质内部任一体积 V 内的极化电荷量的代数和为零，即有多少电荷通过闭合曲面 S 进入体积 V，就会有多少异号电荷通过闭合曲面 S 离开体积 V。

由式(7.3.11)可知，在极化电介质的任一表面上，只有电极化矢量与表面法线方向垂直的地方的极化电荷面密度为零($\sigma_{极化}=0$)，其他地方一定存在极化电荷($\sigma_{极化}\neq 0$)，即使当电介质均匀极化($\boldsymbol{P}=$常量)而使极化电荷体密度为零($\rho_{极化}=0$)时也同样如此。图 7.3.7，就是电介质在外电场中均匀极化的理想情形。

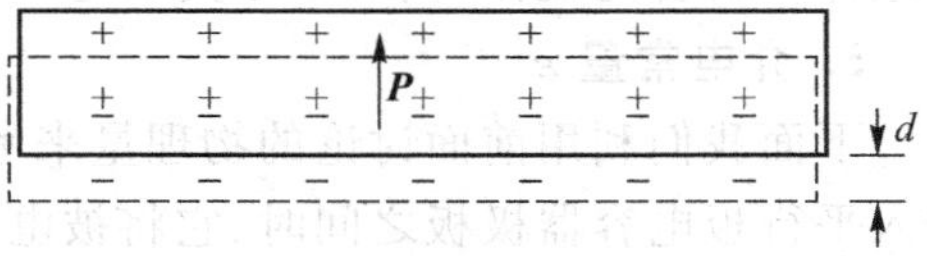

图 7.3.7

所谓电介质的均匀极化，就是指组成物质的基本粒子在外电场作用下，其正负电荷中心分离而形成的电偶极矩大小都相同，即获得相同的位移矢量 $\boldsymbol{d}$，使得电偶极矩 $\boldsymbol{p}=q\boldsymbol{d}$ 具有相同的值，并且其方向都沿着外电场的方向。在这种情况下，假设某个粒子的正负电荷中心在外电场作用下发生了一个小的位移，那么它最邻近的粒子的正负电荷中心同样要做一个相同的小的位移，最邻近粒子的正负电荷就刚好填充了由于正负电荷中心移动而产生的空位。因此，在电介质内部，电矩的正端总是和最近邻电矩的负端相接，电矩正负端的束缚电荷刚好抵消，从而使其内部各处束缚电荷体密度仍然为零，即保持其电中性的状态不变。因此，在均匀极化的电介质中，极化电荷体密度为零($\rho_{极化}=0$)，而极化电荷仅存在于电介质表面上那个小的位移的空间中，因此，产生了极化电荷的面分布，即其极化电荷面密度不为零($\sigma_{极化}\neq 0$)。

4. 电极化率 χ_e

如果像多数电介质那样，在无外电场作用时，电介质的电极化矢量为零(即 $\boldsymbol{P}=\boldsymbol{0}$)，电极化

矢量就可以看成电介质对外电场 $\boldsymbol{E}$ 的一种响应,它们的关系可以写成

$$\boldsymbol{P}=\chi_e\varepsilon_0\boldsymbol{E} \tag{7. 3. 12}$$

其中,χ_e 称为电极化率。

对于各向同性的线性电介质来说,电极化率 χ_e 是一个标量;而对于各向异性的电介质来说,电极化率 χ_e 是一个张量。如图 7. 3. 8 所示,电场与电极化矢量之间的关系曲线称为电极化曲线;其中的曲线①表示的是各向同性的线性电介质的电极化规律,电极化矢量是随外电场线性变化的,其电极化率 χ_e 是一个标量;而曲线②表示的是各向异性的电介质(如铁电体)在外电场中的电极化规律,电极化矢量与外电场的关系比较复杂,对于式(7. 3. 12)来说,电极化率 χ_e 是一个与外电场有关的函数,它是一个张量。曲线②称为电介质的电滞回线,这种电介质的电极化矢量不但是状态的参量(与外电场相关,不同电场强度下具有不同的值),而且是极化过程的参量(相同电场强度下会有不同的值)。

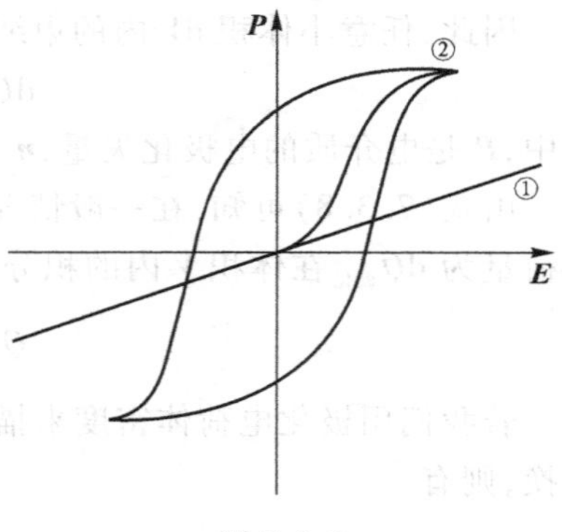

图 7. 3. 8

电极化率 χ_e 的物理意义是:电介质在外电场作用下被极化的能力。对于各向同性的线性电介质,也可以说电极化率是真空中在单位外电场作用下电介质的电极化强度。

这里应当强调的是,即使对于各向同性的线性电介质来说,式(7. 3. 12)所表述的电极化矢量与外电场的关系也仅在外电场不太强的情况下成立,当外电场很强时,电介质将发生电击穿(对于不同电介质,击穿的电场强度各不相同),使电介质的性质发生根本性改变。对于各向异性的电介质来说,在外电场强到一定程度时同样存在电击穿效应。因此,在利用式(7. 3. 12)分析电介质的物理规律时,对于不同的电介质要注意它的成立条件。

5. 介电常量 ε

下面我们利用前面讨论的物理量来考察法拉第电介质实验现象的物理机制。当把电介质插入平行板电容器极板之间时,它将被电容器极板之间的电场极化,如图 7. 3. 9 所示。

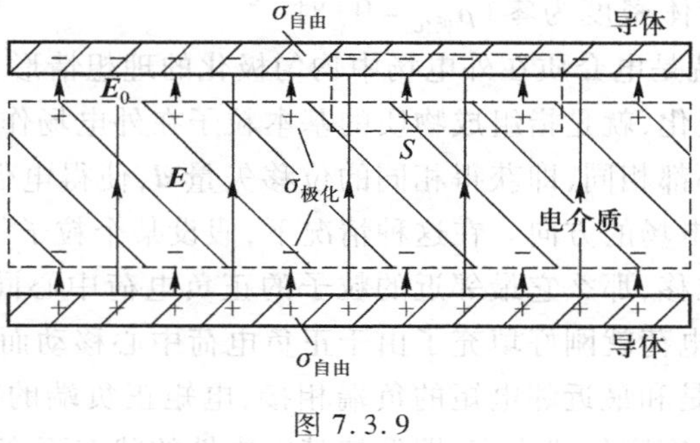

图 7. 3. 9

平行板电容器极板上的自由电荷面密度为 $\sigma_{自由}$,而被电极化的电介质表面则存在极化电荷面密度 $\sigma_{极化}$。假设电介质是各向同性且线性的,那么其内部的极化电荷量为零,而仅在电介质的表面存在极化电荷。极化电荷是电介质对自由电荷在空间产生的电场响应的结果。因此,在自由电荷消失的情况下,即在导体极板之间的电场消失时,电介质的极化电荷也将消失,

只不过它不像导体那样被放电，而是由于电极化的衰减至消失而缩回电介质。因此，$\sigma_{极化}$刚好与$\sigma_{自由}$具有相反的符号。

我们选取如图 7.3.9 所示的矩形高斯面 S，高斯面的上下两个底面分别在极板和电介质中，其法线方向与电场方向平行，而其侧面法线方向则与电场方向垂直。那么电介质内部的电场大小为

$$E=\frac{\sigma_{自由}-\sigma_{极化}}{\varepsilon_0} \tag{7.3.13}$$

将式(7.3.11)代入式(7.3.13)可得

$$E=\frac{\sigma_{自由}-P}{\varepsilon_0} \tag{7.3.14}$$

将式(7.3.12)代入式(7.3.14)，并整理可得

$$E=\frac{\sigma_{自由}}{\varepsilon_0}\frac{1}{1+\chi_e} \tag{7.3.15}$$

由式(7.3.15)可知，在保持电容器极板上的自由电荷量不变的情况下，插入电介质后极板之间的电场 E 将是没有电介质时极板之间的电场 $E_0=\sigma_{自由}/\varepsilon_0$ 的 $1/(1+\chi_e)$。因此，电容器的电容就是未插入电介质时的$(1+\chi_e)$倍，即

$$C=\frac{Q_{自由}}{V}=\frac{\sigma_{自由}A}{Ed}=\frac{\varepsilon_0 A}{d}(1+\chi_e)=\varepsilon_r C_0 \tag{7.3.16}$$

其中，C_0 为未插入电介质时真空电容器的电容。

我们将 ε_r 定义为电介质的相对介电常量(介电常量又称电容率)，它与电介质电极化率的关系为

$$\varepsilon_r=1+\chi_e \tag{7.3.17}$$

例如，真空的相对介电常量为 $\varepsilon_r=1$。有时我们将电介质的介电常量写为 ε，三者之间的关系为

$$\varepsilon=\varepsilon_0\varepsilon_r \tag{7.3.18}$$

因此，当法拉第将不同的电介质插入电容器时，电容器的电容会有不同程度的增大，其原因就在于不同的电介质具有不同的相对介电常量 ε_r，这也是我们称真空介电常量 ε_0 为真空电容率的原因。

表 7.3.1　部分物质在恒定电场作用下的相对介电常量

物质	状态	相对介电常量
真空		1.000 00
水蒸气(H_2O)	气态，110 ℃，1 atm	1.007 85
空气	气态，27 ℃，1 atm	1.000 585
氮气(N_2)	气态，27 ℃，1 atm	1.000 58
氧气(O_2)	气态，27 ℃，1 atm	1.000 51
水(H_2O)	液态，27 ℃，1 atm	81.5
氮(N_2)	液态，27 ℃，1 atm	1.058

续表

物质	状态	相对介电常量
氧(O_2)	液态,27 ℃, 1 atm	1.465
甲醇(CH_3OH)	液态,27 ℃, 1 atm	33.7
苯(C_6H_6)	液态,27 ℃, 1 atm	2.283
琥珀	固态,27 ℃, 1 atm	2.8
玻璃	固态,27 ℃, 1 atm	5~10
硅(Si)	固态,27 ℃, 1 atm	11.8
食盐(NaCl)	固态,27 ℃, 1 atm	7.5

由表 7.3.1 可以看出,物质的相对介电常量具有如下特征:

(1) 所有物质的相对介电常量均大于1,即电极化率χ_e大于零。这说明在恒定电场(如果电场变化速率远小于介质中电荷对电场的响应速率,就可以将该极化电场看成恒定电场)的作用下,电介质的电极化矢量方向总是与外电场相同,这是由于负电荷的受力方向总是与电场相反。

(2) 同一物质的相对介电常量还与其自身结构状态有关,例如水在气态和液态时的相对介电常量会有很大的变化。

实际上,介电常量作为描述电介质在电场中电极化性质的一个物理量,远非前面描述的那样简单。它不但是电场强度的函数,在很多情况下还是电场变化频率的函数,即当电场变化的速率大于电荷对电场的响应速率时,会有复杂的情况发生;它还与物质自身结构状态及所处环境有很复杂的相关性,深入讨论需要很多相关的知识,在凝聚态物理等后续相关课程中还会对此进行详细讨论,在此我们就不做过多探讨了。

四、电介质极化的微观机制

组成宏观物质的结构粒子都是复合粒子,如原子、离子、离子团、分子等。在一般情况下,宏观物体含有数目巨大的结构粒子,由于热运动等,这些结构粒子的空间取向处于混乱状态,因此,无论结构粒子本身是否具有电矩,由于热运动的平均结果,结构粒子对宏观电极化的贡献总是等于零。只有在外电场作用下,结构粒子才可能沿电场方向贡献一个可以累加起来给出宏观电极化强度的电矩。在一般情况下,宏观外加电场的作用比结构粒子内部的相互作用要小得多,因此,结构粒子受到外电场 $\boldsymbol{E}$ 的极化作用而产生电矩 $\boldsymbol{p}$,二者之间存在如下线性关系:

$$\boldsymbol{p}=\alpha\boldsymbol{E} \tag{7.3.19}$$

其中,α 称为微观极化率(polarizability)。

结构粒子对极化率的贡献可以来自不同的方面,电子云分布畸变引起的正负电荷中心的位移极化部分记为 α_e,离子位移极化部分记为 α_i,而固有电偶极矩取向极化部分记为 α_d。因此,总的微观极化率为这三部分的总和,即

$$\alpha=\alpha_e+\alpha_i+\alpha_d \tag{7.3.20}$$

虽然在很多凝聚态物质,如高聚物等中,还会有更加复杂的极化机理,但是上述三种极化

类型是大多数电介质的共同属性,并且其他复杂的极化类型也都可以看成这三种极化类型的组合叠加。因此,下面就分别对它们加以讨论。

1. 电子云分布畸变引起的极化

现在先介绍一个原子或离子在外电场作用下因电子云畸变而产生的极化率。处于基态的自由原子或自由离子,其电子云的负电荷中心与原子核的正电荷中心是完全重合的,因此没有固有电矩。目前,由于计算机技术的发展,一个自由原子或自由离子的电子结构问题已经完全解决,因此可以在量子力学的基础上将电子云分布畸变引起的极化率 α_e 精确计算出来,只是这种计算结果目前还看不出有多少理论意义和实践价值,因此这方面的工作做得不多。因为除了氦、氖、氩、氪、氙、氡这六种惰性元素外,其他原子或离子通常不以单独的方式出现,而是束缚于离子团、分子或液体中,这时原子或离子中的电子运动状态起了一定的变化,使得 α_e 的精确计算失去了意义。因此,我们只介绍一个定性的简化模型,对于计算方法仅着重于原理上的讨论。

设原子核有 Z 个正电荷,在核的周围束缚着 Z 个电子。因为自由原子是球对称的,所以可以近似认为 Z 个电子形成的电子云均匀分布在以 a 为半径的球内,如图 7. 3. 10(a)所示。当外电场等于零时,带正电的原子核恰好在球心上,与电子云的负电荷中心重合,此时原子的电矩为零。当加上外电场 $\boldsymbol{E}$ 时,正电荷受到电场的作用力($Ze\boldsymbol{E}$)而偏离球心,沿电场方向产生位移,正电荷同时还受到负电荷的吸引力,当两种力达到平衡时原子核偏离球心的位移大小为 l,如图 7. 3. 10(b)所示。此时,若以负电荷均匀分布的球的中心为球心,以 l 为半径作一个球面,则可以认为球面外的电子云对原子核的库仑力为零,而球面内的电子云就好像集中于球心,负电荷对核施加一个方向与电场 $\boldsymbol{E}$ 相反的吸引力。因此,由力的平衡条件可以给出

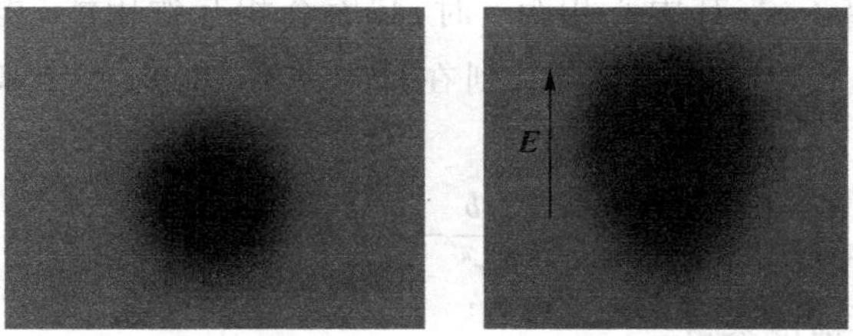

(a) (b)

图 7. 3. 10

$$ZeE=\frac{Ze}{4\pi\varepsilon_0 l^2}\left(Ze\frac{l^3}{a^3}\right) \tag{7. 3. 21}$$

由上式可以解出

$$l=\frac{4\pi\varepsilon_0 a^3}{Ze}E \tag{7. 3. 22}$$

因此,原子在电场 $\boldsymbol{E}$ 作用下产生的电偶极矩为

$$\boldsymbol{p}=4\pi\varepsilon_0 a^3\boldsymbol{E} \tag{7. 3. 23}$$

电子云畸变引起的位移极化率为

$$\alpha_e=4\pi\varepsilon_0 a^3 \tag{7. 3. 24}$$

对于各种原子，合理的球半径 a 的数量级为 10^{-10} m。若用具有宏观现象的常见数量级的电场，可以令 $E=10^5$ V/m，则得到的 l 的数量级为 10^{-17} m。因此，在一般情况下，$l \ll a$。

上述模型给出了两点有用的定性结论：其一，一般大小的宏观电场能引起的电子云畸变是很小的；其二，式(7.3.24)表明，半径越大的原子，其电子云畸变引起的位移极化率越大。第二个结论是很明显的，远离原子核的电子受核的束缚较弱，容易受到外电场的作用而对极化率做出较大的贡献。然而，这个模型过于简单，用它来进行定量讨论毫无意义。要得到精确的定量计算结果需要用量子力学的方法，这有待读者的进一步学习。

2. 离子位移引起的极化

宏观电介质中有很大一部分属于离子型晶体，离子是组成离子型化合物的基本粒子。离子型化合物在任何状态下（晶体、熔融状态、蒸气状态或溶液中）都是以离子的形式存在的。因此，离子的性质在很大程度上决定了离子化合物的性质。离子的性质，即离子的三种重要特征：离子的电荷、离子的半径、离子的电子层结构的类型（简称离子的电子构型）是决定离子型化合物的共性和特性的根本原因。在外电场的作用下，离子晶体中的正负离子也将发生一定的位移而引起的离子的电极化。

离子的概念来自化学。戈尔德施米特（Goldschmidt）把离子看成带电的刚性球，因此在离子晶体中最近邻的距离等于两个离子的接触距离，即最近邻两个离子的半径之和。稍有不同的另一种观点是将离子看成有一定弹性的刚性球，在刚性球接触之后，弹性斥力随距离的进一步减小而迅速增加，在与离子之间的库仑引力达到平衡时给出稳定的最近距离。根据量子力学，所谓离子半径并无明显的物理意义。但是在某些定性讨论的场合，应用这样的经典模型还是比较方便的。

对于一对 $\pm Z$ 价的离子，当其中心相距 r 时，其库仑相互作用能（电势能）为 $-Z^2e^2/4\pi\varepsilon_0 r$，若假设弹性排斥力的能量为 b/r^n 的形式，则在外电场作用下，两个离子之间的总相互作用能为

$$u=\frac{b}{r^n}-\frac{Z^2e^2}{4\pi\varepsilon_0 r} \tag{7.3.25}$$

其中，b 和 n 都是待定的理论参量。

当我们将式(7.3.25)运用到离子晶体时，在计算电势能时必须考虑长程作用，而计算弹性排斥力的能量时只取最近邻贡献。由力平衡条件，$\mathrm{d}u/\mathrm{d}r=0$，很容易求出 $A^{+Z}B^{-Z}$ 型双原子分子的平衡中心距离：

$$R=\left(\frac{4\pi\varepsilon_0 nb}{Z^2e^2}\right)^{\frac{1}{n-1}} \tag{7.3.26}$$

令 $r=R+x$，其中 x 为由外电场作用导致的离子之间的压缩距离（即刚性球之间的弹性压缩距离），与 R 相比为无穷小量。将其代入式(7.3.25)，并在 $r=R$ 点附近将能量 u 展开，近似取到二次项，则有

$$u\approx u_0+\left(\frac{\mathrm{d}u}{\mathrm{d}r}\right)_{r=R}\cdot x+\frac{1}{2}\left(\frac{\mathrm{d}^2u}{\mathrm{d}r^2}\right)_{r=R}\cdot x^2$$

根据力的平衡条件，上式右边第二项为零，u_0 是分子在平衡位置处的能量。若将上式右边第

三项中的二次微商在平衡点的值记为 k，则上式可以写为

$$u-u_0 \approx \frac{1}{2}kx^2 \tag{7.3.27}$$

其中，k 为回复力系数。

分子一般是有固有电矩的，因此它将在平衡点附近振动。如果沿离子键轴方向有外电场 $\boldsymbol{E}$，那么当外电场作用力与回复力平衡时，有

$$ZeE = kx \tag{7.3.28}$$

电场 $\boldsymbol{E}$ 诱导的电矩增量为

$$\Delta p = Zex = (Z^2e^2/k) \cdot E \tag{7.3.29}$$

因此，离子位移极化率为

$$\alpha_i = Z^2e^2/k \tag{7.3.30}$$

$A^{+Z}B^{-Z}$ 型双原子分子的典型代表是氯化钠（NaCl）晶体，其晶体结构如图 7.3.11 所示，氯化钠是典型的立方晶系的离子晶体。图中较小的球为钠离子（Na^+），而较大的球为氯离子（Cl^-），氯离子与钠离子中心的连线是离子键的键轴——晶轴，如图 7.3.11(b) 所示。对于氯化钠这种类型的离子晶体，沿其晶轴方向施加一个外电场是很容易的。其离子位移极化的情况如图 7.3.12 所示，当无外加电场时，由于正负离子空间排列的对称性，晶胞的固有电偶极矩为零；当有外电场时，所有正离子受电场作用沿电场方向产生位移，而负离子却沿相反方向产生位移。按照上述方法不难计算出每对离子的平均位移极化率 α_i，对于氯化钠型的离子晶体，得到的结果为

$$\alpha_i = \frac{12\pi\varepsilon_0 a^3}{M(n-1)} \tag{7.3.31}$$

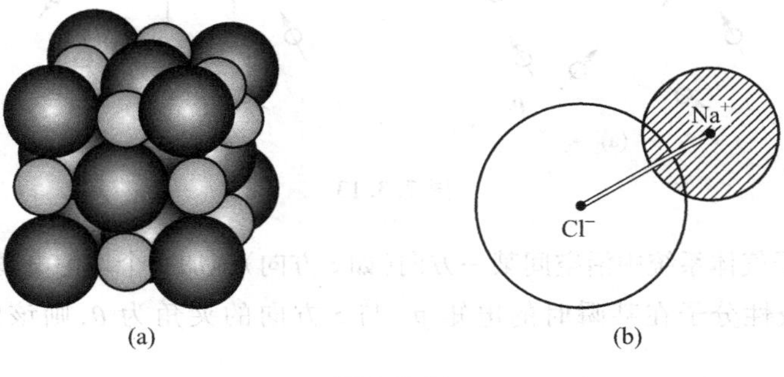

图 7.3.11

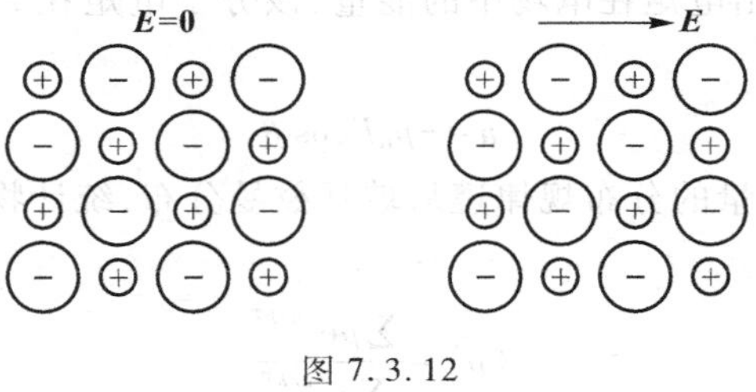

图 7.3.12

其中，a 为最近邻平衡距离，M 为马德隆常数。离子晶体的位移极化率与电子云畸变极化率有大致接近的数量级。实际上，很多非立方晶系的离子晶体由于热运动，其键轴在空间的取向是不断变化的，所以很难沿键轴方向施加电场并产生离子的位移极化。

3. 固有电偶极矩取向引起的极化

有一类物质的分子，其内部结构决定了整个分子具有非零的电偶极矩 $\boldsymbol{p}_0$，$\boldsymbol{p}_0$ 的值不随时间改变，也很难受到外界宏观条件(例如电场等)的影响，因此可以将其看成一个固定的值，$\boldsymbol{p}_0$ 称为分子的固有电偶极矩(或永久偶极子，permanent dipole)。这一类具有固有电偶极矩的分子称为极性分子，而由极性分子构成的物质称为极性物质。

为了了解取向极化的物理机制，我们考察由具有固有电偶极矩的分子所组成的气体系统。在热平衡状态下，热运动产生的平均效果具有两种意义：一方面，对于特定的某个分子来说，由于整体的旋转运动以及同其他分子的碰撞，它的电矩 $\boldsymbol{p}_0$ 在空间的取向无规则地变化，于是电矩矢量按时间的平均值为零；另一方面，对于气体中数目巨大的分子集体来说，热运动使得在同一瞬间、在一定空间范围内的不同分子的电矩取向杂乱无章，因此，在任一瞬时各个分子的电矩在平均意义上互相抵消，使得大量分子的平均瞬时电矩等于零，如图 7.3.13(a)所示。关于热平衡的这两种解释在统计物理中是作为公理而被人们承认的，两者是等效的，并且可以用统一的公式来表述，即

$$\langle \boldsymbol{p}_0 \rangle = \boldsymbol{0} \tag{7.3.32}$$

式中的尖括号表示热平衡的平均值。

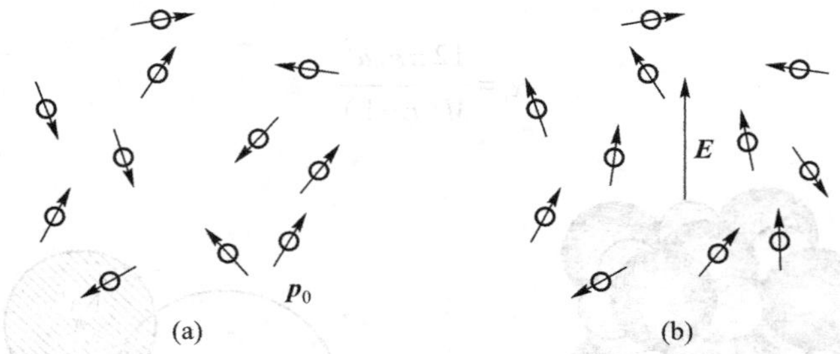

图 7.3.13

在这个极性分子气体系统中沿空间某一方向(如 z 方向)施加一个均匀电场 $\boldsymbol{E}$，如图 7.3.13(b)所示，假设某一个极性分子在某瞬时的电矩 $\boldsymbol{p}_0$ 与 z 方向的夹角为 θ，则该电矩沿 z 方向的分量为

$$p = p_0 \cos\theta \tag{7.3.33}$$

由式(7.3.33)可以给出电矩在电场中的能量，该分子电矩在 z 方向电场中的能量可以表述为

$$u = -p_0 E \cos\theta \tag{7.3.34}$$

在热平衡下，分子按能量的分布规律遵从玻耳兹曼分布，统计物理给出的计算热平衡平均值的公式为

$$\langle p \rangle = \frac{\sum p \mathrm{e}^{-u/kT}}{\sum \mathrm{e}^{-u/kT}} \tag{7.3.35}$$

其中的求和遍及气体系统中的所有分子。

对于按式(7.3.34)所示的角分布的能量表述,我们可以取立体角 $\mathrm{d}\Omega = 2\pi\sin\theta\mathrm{d}\theta$,则电矩沿电场取向的极性分子在此立体角内的数目正比于

$$\mathrm{e}^{-u/kT}\mathrm{d}\Omega = \mathrm{e}^{-u/kT}2\pi\sin\theta\mathrm{d}\theta$$

对于常压下的气体,式(7.3.35)中的求和可以用积分代替,则

$$\langle p\rangle = p_0\langle\cos\theta\rangle \tag{7.3.36}$$

其中

$$\langle\cos\theta\rangle = \frac{\int_0^{\pi}\cos\theta\sin\theta\mathrm{e}^{p_0E\cos\theta/kT}\mathrm{d}\theta}{\int_0^{\pi}\sin\theta\mathrm{e}^{p_0E\cos\theta/kT}\mathrm{d}\theta} \tag{7.3.37}$$

上式中,分母的积分等于

$$\left[2\sinh\left(\frac{p_0E}{kT}\right)\right]\cdot\left(\frac{kT}{p_0E}\right)$$

而分子为分母对 p_0E/kT 的微商,因此

$$\langle\cos\theta\rangle = \coth\left(\frac{p_0E}{kT}\right) - \left(\frac{p_0E}{kT}\right)^{-1} = L\left(\frac{p_0E}{kT}\right) \tag{7.3.38}$$

其中,$L(x)$ 称为郎之万(Langevin)函数,其展开式为

$$L(x) = \frac{x}{3} - \frac{x^3}{45} + \cdots \tag{7.3.39}$$

在一般情况下,取上述展开式的第一项就足够了,因此

$$\langle p\rangle = p_0\langle\cos\theta\rangle = \left(\frac{p_0^2}{3kT}\right)E$$

由此得到极性分子的取向极化率为

$$\alpha_{\mathrm{d}} = \frac{p_0^2}{3kT} \tag{7.3.40}$$

其中,k 为玻耳兹曼常量,T 为热力学温度。

从上面的推导过程可以清楚地看出极性分子取向极化率 α_{d} 的物理意义。在有外电场存在的情况下,分子的电矩沿外电场方向取向,具有较低的能量,但是热运动扰乱了这样的取向,使在平均意义上电矩沿电场方向的取向占优势,故 α_{d} 称为电偶极子的取向极化率。在上面的推导中,我们假设分子是一个刚性电偶极子,电极化过程是一个非常复杂的过程,是上述所有极化机制的综合效应,总的微观极化率如式(7.3.20)所示。如果单位体积内含有 N 个分子,则宏观极化率为

$$\chi_{\mathrm{e}} = \frac{N\alpha}{\varepsilon_0} = \frac{N}{\varepsilon_0}\left(\alpha_{\mathrm{e}} + \alpha_{\mathrm{i}} + \frac{p_0^2}{3kT}\right) \tag{7.3.41}$$

因电子云畸变引起的极化率和离子位移极化率完全由微观结构决定,与环境温度无关,因此,只要测出物质的宏观极化率随温度的变化规律,就可以由式(7.3.41)计算出分子的固有电矩 p_0。

上面的数学方法最早是郎之万于 1905 年在讨论固有磁矩对磁化率的取向贡献时提出来的,后来,德拜(Debye)将这个方法应用于电矩取向极化的问题,因此式(7.3.41)称为郎之万-德拜公式。

由上述电介质极化的微观物理机制的讨论我们发现,宏观电介质的电极化过程是一个非常复杂的物理过程,在很多情况下并不是哪种单一极化机制起作用,而是多种极化机制共同起作用。在气体、液体和理想的完整晶体中,经常出现的极化微观机制为电子云畸变极化、离子位移极化和电偶极子的取向极化。在非晶体、高分子聚合物和不完整的晶体中,还会出现其他更为复杂的微观极化机制。在通常情况下,在处理这些复杂的极化机制时,可以在一定程度上将其等效简化为电偶极子取向机制,并采用繁琐的统计力学方法。

五、电介质存在空间的电场

1. 弥散态物质中的电场

(1) 弥散态物质。

“弥散态物质”是凝聚态物理中的一个概念,在弥散态物质中,分子与分子之间的平均距离很大,分子内各部分之间的相互作用比分子之间的相互作用要强得多,每一个分子都可以看成一个独立子系,分子之间碰撞的效果归结为按一定的热平衡分布。当出现外加电场 $\boldsymbol{E}$ 时,每个分子都被极化,并产生一个电矩,从而在周围建立自己的电场。由于库仑作用是长程的,所以每个分子除了受到外加电场 $\boldsymbol{E}$ 的作用外,还受到其他分子的感应电矩的电场的作用,这两部分电场合起来记为 $\boldsymbol{E}_1$,称为局域场(local field)。对于单个分子来说,$\boldsymbol{E}_1$(局域场)才是真正的外电场。对于弥散态物质,电极化矢量 $\boldsymbol{P}$ 与 $\boldsymbol{E}_1$ 成线性关系,即 $\boldsymbol{P}=\chi_e\varepsilon_0\boldsymbol{E}_1$。

一般来说,一个分子内部含有多个原子。当讨论分子中某个原子或离子所受到的电场的作用时,除了 $\boldsymbol{E}_1$ 以外还要计入这个分子内其他原子或离子所产生的总电场 $\boldsymbol{E}_{in}$,$\boldsymbol{E}_{in}$ 称为内场(internal field)。也就是说,一个分子中某个原子或离子受到的总电场为

$$\boldsymbol{E}_e=\boldsymbol{E}_1+\boldsymbol{E}_{in} \tag{7.3.42}$$

其中,$\boldsymbol{E}_e$ 称为有效场(effective field)。

从物质的介电性质来讲,大部分气体电介质、非极性分子的液体以及极性物质的稀释溶液,甚至一些固态晶体在某种情况下都可以看成弥散态物质。

在气体中,由于分子的整体旋转热运动,$\boldsymbol{E}_{in}$ 取向随着分子一起旋转,因此其效应在做热平均值时抵消了,在宏观上表现不出来。这时,可以简单地认为 $\boldsymbol{E}_e=\boldsymbol{E}_1$。那么,局域场 $\boldsymbol{E}_1$ 如何获得呢?它与外加电场 $\boldsymbol{E}$ 的关系又如何呢?下面我们就讨论如何给出局域场的解析表述式。

(2) 洛伦兹理论修正。

为了求得局域场 $\boldsymbol{E}_1$ 的解析表述式,我们采用如下理论模型进行讨论。如图 7.3.14 所示为一个充满均匀电介质的平行板电容器。极板上的自由电荷在电介质中产生的电场记为 $\boldsymbol{E}$,该电场与介质的介电常量有关,故其中已经包括了电介质的宏观效应的贡献。假设组成电介质的结构粒子可以看成独立子系,我们计算作用于每个粒子并使之极化的微观有效场 $\boldsymbol{E}_e$。

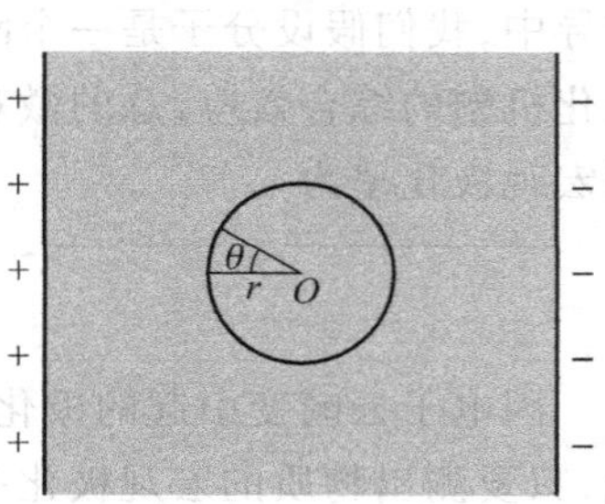

图 7.3.14

以我们所关注的粒子为圆心 O,取适当的半径 r 作一球

面。把球面以外的介质作为连续介质处理,其在球心处产生的电场记为 $\boldsymbol{E}_1$,球内的介质在球心处产生的电场记为 $\boldsymbol{E}_2$。在计算 $\boldsymbol{E}_2$ 时,要对球内各个粒子产生的电场求和,求和不包括被关注的位于球心的那个粒子自身的电场。因此,圆心 O 处的有效场为

$$\boldsymbol{E}_e=\boldsymbol{E}+\boldsymbol{E}_1+\boldsymbol{E}_2 \tag{7.3.43}$$

在弥散态物质中,由于各个粒子是无规则混乱分布的,因此,$\boldsymbol{E}_2=\mathbf{0}$(莫索提假设),即球内电介质在中心处产生的电场相互抵消。实际上,在具有立方对称性的晶体(如氯化钠晶体)中,也可以证明 $\boldsymbol{E}_2=\mathbf{0}$。

洛伦兹在莫索提假设的基础上,认为电场 $\boldsymbol{E}_1$ 应归结为电介质被挖去一个球体后,球形空腔内壁上的极化电荷在球心处产生的电场,从而计算出了有效场 $\boldsymbol{E}_e$。

如图 7.3.14 所示,如果想得到球形空腔内壁电荷在球心处产生的电场,就要求出球形空腔内壁上的电荷分布形式,而它正好与被挖去的那个电介质球体表面的电荷分布形式完全相同,因此,只要求出电介质球体表面极化电荷的分布形式即可。对于均匀电介质球,当它在外电场中被极化时,如图 7.3.15 所示。假设电介质极化后的电极化矢量为 $\boldsymbol{P}$,电介质球的上边分布有正的极化电荷,同时其下边分布有负的极化电荷,我们考察球面上任一点 R 处的极化电荷面密度,假设 R 点与球心的连线同外电场方向的夹角为 θ,则由式(7.3.11)可知,该点的极化电荷面密度为

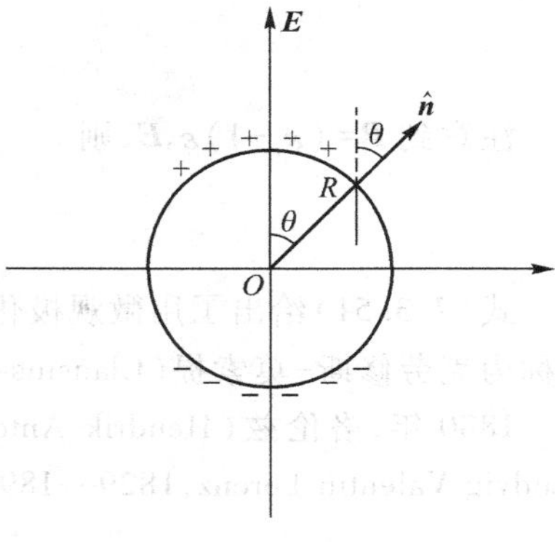

图 7.3.15

$$\sigma_e=\boldsymbol{P}\cdot\hat{\boldsymbol{n}}=P\cos\theta \tag{7.3.44}$$

因此,球形空腔内壁上的电荷分布就是式(7.3.44)所表述的形式,只是符号相反。这种形式的电荷分布在球心 O 处产生的电场为

$$E_1=\int_S\frac{\boldsymbol{P}\cdot\hat{\boldsymbol{n}}\mathrm{d}a}{4\pi\varepsilon_0 r^2}\cos\theta \tag{7.3.45}$$

其中,S 为球形空腔的内表面积,$\cos\theta$ 表示电场只有与电极化矢量同向的分量,而与其垂直的分量相互抵消。

求式(7.3.45)的积分可得

$$\boldsymbol{E}_1=\frac{\boldsymbol{P}}{3\varepsilon_0} \tag{7.3.46}$$

于是,有效场为

$$\boldsymbol{E}_e=\boldsymbol{E}+\frac{\boldsymbol{P}}{3\varepsilon_0} \tag{7.3.47}$$

式(7.3.46)给出的电场 $\boldsymbol{E}_1$ 称为洛伦兹修正场。

(3) 弥散态物质中的电场。

由前面的讨论可知,对于具有弥散态性质的电介质,其有效场可以写为

$$\boldsymbol{E}_e=\boldsymbol{E}_1=\boldsymbol{E}+\frac{\boldsymbol{P}}{3\varepsilon_0} \tag{7.3.48}$$

其中，$\boldsymbol{P}$ 为弥散态物质因受到宏观外电场 $\boldsymbol{E}$ 的作用而引起的均匀电极化强度，这里假设电场 $\boldsymbol{E}$ 也是均匀的。

若分子总的微观极化率为 α，则每个分子受局域场 $\boldsymbol{E}_1$ 作用而产生的电矩为

$$\boldsymbol{p}=\alpha\boldsymbol{E}_1=\alpha\left(\boldsymbol{E}+\frac{\boldsymbol{P}}{3\varepsilon_0}\right) \tag{7.3.49}$$

假设电介质单位体积内有 N 个分子，则电极化矢量为

$$\boldsymbol{P}=N\boldsymbol{p}=N\alpha\left(\boldsymbol{E}+\frac{\boldsymbol{P}}{3\varepsilon_0}\right)$$

整理上式得到电极化矢量 $\boldsymbol{P}$ 与宏观电场 $\boldsymbol{E}$ 的关系为

$$\boldsymbol{P}=\frac{3N\alpha\varepsilon_0}{3\varepsilon_0-N\alpha}\boldsymbol{E} \tag{7.3.50}$$

注意到 $\boldsymbol{P}=(\varepsilon_r-1)\varepsilon_0\boldsymbol{E}$，则

$$\varepsilon_r-1=\frac{N\alpha}{1-N\alpha/3\varepsilon_0} \tag{7.3.51}$$

式(7.3.51)给出了用微观极化率 α 表达的弥散态物质相对介电常量 ε_r 的数学表述式，该式称为克劳修斯-莫索提(Clausius-Mossotti)方程。

1880 年，洛伦兹(Hendrik Antoon Lorentz，1853—1928，荷兰物理学家、数学家)和洛伦茨(Ludvig Valentin Lorenz，1829—1891，丹麦数学家、物理学家)同时各自独立得到了方程式：

$$\frac{\varepsilon_r-1}{\varepsilon_r+2}=\frac{N\alpha}{3\varepsilon_0} \tag{7.3.52}$$

上式称为洛伦兹-洛伦茨公式。

如果略去洛伦兹修正场，就忽略了系统中各分子的电矩产生的电场的极化贡献，即认为 $\boldsymbol{E}_1=\boldsymbol{E}$。在这种情况下，式(7.3.51)和式(7.3.52)变为

$$\varepsilon_r-1=\frac{N\alpha}{\varepsilon_0} \tag{7.3.53}$$

对于很多弥散态物质，例如表 7.3.1 中列的 $\varepsilon_r\approx1$ 的气态和液态电介质(如空气的相对介电常量为 $\varepsilon_r=1.000\,585$)，式(7.3.53)与式(7.3.52)的差别很小。

实际上，在标准状况下，一个空气分子平均占据的空间约为分子本身体积的 3×10^4 倍。进一步的实验结果表明，在这种情况下，空气分子作为近独立子系的假设是相当精确的。因此，式(7.3.53)给出的用微观极化率 α 表达的弥散态物质相对介电常量 ε_r 的数学表述还是比较准确的。

但是，对于很多非极性液体以及极性物质的稀释溶液等弥散态电介质，还是要应用洛伦兹修正场，否则就会产生较大的误差。在实践中，使用式(7.3.51)或式(7.3.52)得到的理论值与实验测量值符合得很好，这也证明了洛伦兹修正场理论在一定范围内的正确性。当然，这种修正对那些 $\varepsilon_r\approx1$ 的气态和液态电介质同样给出了更加准确的结果。

在通常情况下，人们在获得一种相对准确的理论后，总是试图将其推广到更广泛的应用范围。下面我们就尝试将这种修正的应用范围推广一下，看看会出现怎样的结果。

还是以空气为例，对于标准状况下的空气，$N=2.69\times10^{19}\ \text{cm}^{-3}$，可由相对介电常量的实验

值求出 α。我们将 N 和 α 的数值代入式(7.3.51),得到分母的值为$(1-1.95\times10^{-4})$。如果在 α 不变的情况下使 N 增大到原来的 10^4 倍,即此时的空气压强比标准状况下的空气压强大 10^4 数量级,式(7.3.51)中分母的值就将变为负值,这显然是不正确的。其原因在于,在上述情况下空气中分子间的平均中心距离已经减小到与分子线度可比拟的数量级,这就破坏了理论推导中将分子看成近独立子系的假设,因此,这种推广就显得毫无意义。从另一个方面看,式(7.3.51)和式(7.3.52)所表述的弥散态物质的电介质理论是有一定的适用范围的。

下面我们看看再将它推广到极性液体——特别是“水”——中的情况。水分子具有固有电矩 $\boldsymbol{p}_0$,其微观极化率主要来自固有电矩取向极化的贡献。因此,根据式(7.3.40)可得

$$\alpha \approx \alpha_{\mathrm{d}} = \frac{p_0^2}{3kT}$$

将上式代入式(7.3.51),则当温度 T 下降到某一临界温度

$$T_{\mathrm{c}} = \frac{Np_0^2}{9\varepsilon_0 k} \tag{7.3.54}$$

时,式(7.3.51)的分母等于零。这种情况表明,即使外电场 $\boldsymbol{E}=\boldsymbol{0}$,水也会由于温度下降而出现自发极化,即具有不等于零的电极化强度 $\boldsymbol{P}$。将水的固有电矩 $p_0=1.87$ deb(德拜,电偶极矩的单位)、单位体积的分子数 $N=3.3\times10^{22}\ \mathrm{cm}^{-3}$ 代入式(7.3.54),得到的临界温度为 $T_{\mathrm{c}}=1\ 200$ K。按照洛伦兹修正场理论给出的这个临界温度值,水在自然界中存在的状态就应当是自发极化的状态。如果真是这样的话,有规则取向的水分子的固有电矩将产生强烈的电场,这对于依赖于水生存的生命来说,其结果是可怕的。因此,历史上将这种推广所得到的结果称为莫索提灾难。这也说明了洛伦兹修正场理论的局限性。

(4) 昂萨格理论修正。

昂萨格(L. Lars Onsager ,1903—1976,美国化学家)指出,出现这种理论的局限性主要是由于洛伦兹的有效场修正方法中过多地计算了周围介质分子的极化对于中心分子电矩转向极化的作用。

昂萨格在处理这个极其复杂的问题时,做了大胆的简化假设。他把极性液体的分子看成一个位于球形空腔中心的点电矩 $\boldsymbol{p}_0$,并且这个球形空腔只包围一个点电矩;另外,假设这球形空腔处于周围的连续介质中,如图 7.3.16 所示。

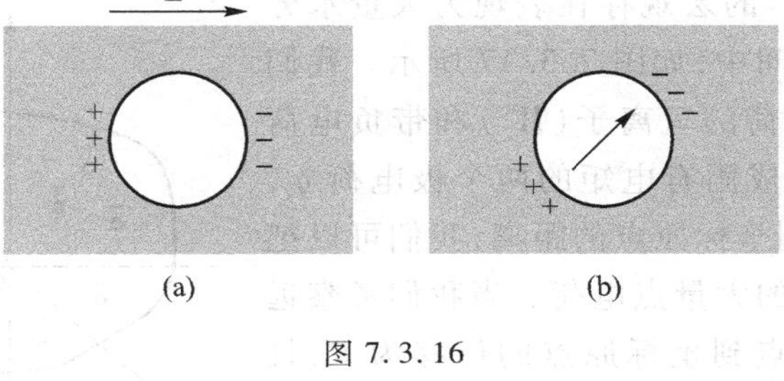

图 7.3.16

因此,极性介质分子在外电场 $\boldsymbol{E}$ 中的总电矩为

$$\boldsymbol{p} = \boldsymbol{p}_0 + \alpha \boldsymbol{E}_{\mathrm{e}} \tag{7.3.55}$$

其中，$\boldsymbol{p}_0$ 是极性分子的固有电矩，$\boldsymbol{E}_e$ 就是我们要求的分子极化的有效场。

昂萨格认为，在极性液体介质中，使极性分子固有电矩发生转向极化的有效场不是洛伦兹场。原因是，中心分子的固有电矩对周围其他分子引起的感应极化，反作用于中心分子时，只能使中心分子发生电子云的畸变极化或离子的位移极化，而不能使中心分子电矩发生转向极化。因此，考虑中心分子固有电矩的转向极化时，必须把中心分子排除，而且只能排除一个中心分子。换句话说，真正的球形空腔是只包围一个点电矩分子的。

设想在一个半径为 a 的球形空腔中心放着一个点电矩 $\boldsymbol{p}_0$，并假设该球形空腔由相对介电常量为 ε_r 的连续介质包围。点电矩 $\boldsymbol{p}_0$ 产生的电场使球形空腔周围分子极化，在没有外加电场时，球形空腔周围介质的感应极化在球形空腔内产生一电场，该电场的方向恰好与点电矩 $\boldsymbol{p}_0$ 的方向相反，因此称之为反作用场 $\boldsymbol{R}$。如果介质是均匀的，那么反作用场 $\boldsymbol{R}$ 与点电矩 $\boldsymbol{p}_0$ 平行，自然不会使点电矩 $\boldsymbol{p}_0$ 发生转向。再设想把中心电矩排除（即令 $\boldsymbol{p}_0=\boldsymbol{0}$）而加进一个外电场 $\boldsymbol{E}$，如图 7.3.16(a)所示，这时球形空腔内存在一个与外电场同向的作用电场 $\boldsymbol{G}$，它包括挖去位于球心处点电矩所在球形空腔后因连续介质的极化而受到的影响，这是它与洛伦兹修正场最大的区别，而洛伦兹修正场没有考虑挖去球内介质后引起的球形空腔外电场的畸变。因此，当外电场 $\boldsymbol{E}$ 存在时，作用于球形空腔中心点电矩 $\boldsymbol{p}_0$ 上的有效场为 $\boldsymbol{E}_e=\boldsymbol{G}+\boldsymbol{R}$。

昂萨格的理论研究的主要目的在于说明莫索提灾难不会在极性电介质中出现，这实际上也是对洛伦兹理论的进一步修正，他近似地认为极性分子的微观极化率 α 与高频介电常量相联系，并且假设在不涉及固有电矩取向极化的情况下洛伦兹理论仍然是成立的。虽然昂萨格的理论修正解释了相对介电常量不可能为无穷大，但是他的理论模型同样过于简单，忽略了极性分子与最近邻分子之间的强烈相互作用引起的各种复杂因素，因此，在将该理论应用于定量计算时会引起较大的误差。在此，我们不对该理论做进一步定量分析，而只是给出其修正的理论模型，有关凝聚态物质的介电极化理论后续还有很多课程要做深入探讨。

2. 几种特殊形态的电介质在空间产生的场

(1)“水”在空间产生的电场。

水分子具有固有电矩，以蛋白质为主的生物大分子通常也具有很大的电偶极矩，因此生物和生命现象一定与其介电性质有着必然的联系，水的介电性质成为近现代生命科学研究的热点之一。限于知识的局限，前面我们仅初步地讨论了“水”在外电场中的一些作用机制，下面我们将讨论“水”在无外电场作用时在空间产生的电场。

在通常情况下，“水”的宏观存在表现为大量水分子被局域在某一有限空间中，如图 7.3.17 所示。我们可以将水分子中带正电荷的氢离子（H^+）和带负电荷的氢氧根离子（OH^-）看成固有电矩的两个极电荷 q_i，而 d_i 为每个极电荷 q_i 到坐标原点的距离，我们可以把它们当成在某一区域内的大量点电荷。当我们考察远场点 P 处的电场时，P 点到坐标原点的位移为 $\boldsymbol{R}$，且 $R \gg d_i$，而极电荷 q_i 到 P 点的位移为 $\boldsymbol{r}_i$。因此，系统中所有极电荷在场点 P 处产生的电势就等于每一个极电荷 q_i 在场点 P 处产生的电势之和，即

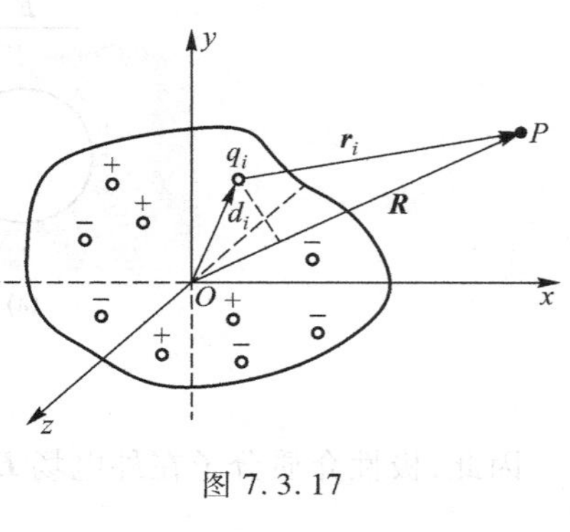

图 7.3.17

$$\phi=\frac{1}{4\pi\varepsilon_0}\sum_i\frac{q_i}{r_i} \tag{7.3.56}$$

其中，$r_i=|\boldsymbol{R}-\boldsymbol{d}_i|$。

由于 $R\gg d_i$，因此在一般情况下我们可以认为 $r_i\approx R$，式(7.3.56)就可以写为

$$\phi\approx\frac{1}{4\pi\varepsilon_0 R}\sum_i q_i \tag{7.3.57}$$

如果系统中存在净电荷量 Q，那么 q_i 对所有电荷的求和应当等于 Q；而在一般情况下对于纯净的"水"来说，它的净电荷量 $Q=0$，即从宏观上看纯净水是电中性的，系统在空间产生的电势就为零。这是否说明，极性介质与非极性介质在空间的宏观电性质完全相同呢？实际上，造成这种结果的原因是我们的理论模型太粗糙，即假设 $r_i\approx R$。因此，我们将 $r_i\approx R-d_i$ 代入式(7.3.56)，空间的电势就写成

$$\phi\approx\frac{1}{4\pi\varepsilon_0 R}\sum_i\frac{q_i}{1-d_i/R} \tag{7.3.58}$$

其中，d_i/R 可以看成一个小量，将 $1/r_i$ 在 $1/R$ 附近以 d_i/R 为幂进行泰勒展开并代入式(7.3.58)后得到

$$\phi=\frac{1}{4\pi\varepsilon_0 R}\left(\sum_i q_i+\sum_i q_i\frac{\boldsymbol{d}_i\cdot\widehat{\boldsymbol{R}}}{R}+\cdots\right) \tag{7.3.59}$$

式中的省略号代表有关小量 d_i/R 的二阶以上的高次项。

式(7.3.59)右边括号内的第一项就是上面讨论的系统的净电荷量，对于水来说，由于它是电中性的，因此这一项等于零；而对于第二项，定义

$$\boldsymbol{p}=\sum q_i\boldsymbol{d}_i \tag{7.3.60}$$

为系统的电偶极矩。这里应当注意的是，我们定义的 $\boldsymbol{p}$ 并不是水分子的固有电矩，而是由于极性物质分子的正负电荷中心不重合造成的整体系统效应。

因此，在式(7.3.59)中忽略高次项后（仅保留展开式的一次非零项，而忽略高阶无穷小项）可以得到

$$\phi=\frac{1}{4\pi\varepsilon_0}\frac{\boldsymbol{p}\cdot\widehat{\boldsymbol{R}}}{R^2} \tag{7.3.61}$$

对于有些宏观上电中性的极性介质，例如"水"，其在空间产生的电势就类似于电偶极矩在空间产生的电势，因此，电场的表述形式同样应该是电偶极矩在空间产生的电场的表述形式。通过对式(7.3.61)的电势取梯度，就可以得到我们关注的空间点的电场。

(2) 均匀极化的电介质球在空间产生的电场。

一个置于均匀电场 $\boldsymbol{E}$ 中被均匀极化的电介质球，半径为 a，如图 7.3.18 所示，则电介质球极化电荷面密度为

$$\sigma_e=\boldsymbol{P}\cdot\widehat{\boldsymbol{n}}=P\cos\theta \tag{7.3.62}$$

其中，$\widehat{\boldsymbol{n}}$ 为球面上任一点的面法向单位矢量。

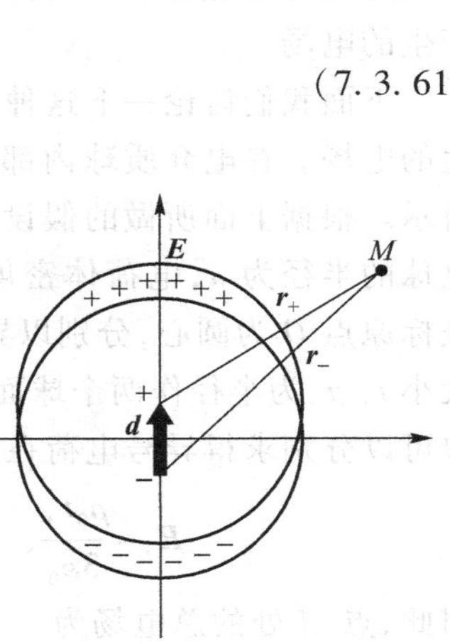

图 7.3.18

由式(7.3.62)可以看出，极化电荷的分布在球表面并不均匀，而与电极化矢量的余弦函数有

关。当 $\theta=0$ 或 π 时，在与电场方向平行的南北极点附近球面上的极化电荷面密度最大($\sigma_e=P$)；而当 $\theta=\pi/2$ 或 $3\pi/2$ 时，在与电场方向垂直的赤道面上的极化电荷面密度为零($\sigma_e=0$)。

处理这样的面电荷分布问题时有一个技巧，即在没有外加电场时，电中性介质球可以看成由两个分别带有异号电荷的均匀带电球体重叠而成；而当有外加电场时，电场力的作用使得带异号的带电球体在与电场平行方向上产生一个小的位移 $\boldsymbol{d}$ 而极化，因此在介质球的表面形成了如式(7.3.62)所表述的极化电荷分布。因此，这种电荷分布在球外空间($r>a$)产生的电场就可以等效成电荷集中在两个异号带电球中心、位移大小为 d 的电偶极子在空间产生的电场，如图 7.3.18 所示。假设这两个带电球体所带的电荷量均为 Q，则其极化后的电偶极矩为

$$\boldsymbol{p}=Q\boldsymbol{d}$$

注意到正负电荷在介质球外空间 M 点产生的电势分别为

$$\phi_+=\frac{1}{4\pi\varepsilon_0}\frac{Q}{r_+}$$

$$\phi_-=\frac{1}{4\pi\varepsilon_0}\frac{Q}{r_-}$$

因此，电偶极矩在球外空间 M 点产生的总电势为

$$\phi_e=\phi_++\phi_-=\frac{Q}{4\pi\varepsilon_0}\left(\frac{1}{r_+}-\frac{1}{r_-}\right)=\frac{Q}{4\pi\varepsilon_0}\frac{r_--r_+}{r_+r_-} \tag{7.3.63}$$

由于 d 远小于球心到空间点 M 的距离 r，因此，$r_+r_-\approx r^2$，而 $\boldsymbol{r}_--\boldsymbol{r}_+=\boldsymbol{d}$。式(7.3.63)可以写成

$$\phi_e\approx\frac{Q}{4\pi\varepsilon_0}\frac{d}{r^2}=\frac{\boldsymbol{p}\cdot\hat{\boldsymbol{r}}}{4\pi\varepsilon_0 r^2} \tag{7.3.64}$$

其中，r 是坐标原点到空间 M 点的位移大小。

因此，这种余弦形式的电荷分布在电介质球外空间产生的电场可以通过对式(7.3.64)所表述的电势取梯度而得到。实际上，这种电荷分布在空间产生的电场就是电偶极子 $\boldsymbol{p}$ 在空间产生的电场。

下面我们讨论一下这种电荷分布在电介质球内部产生的电场。在电介质球内部取任一场点 M，如图 7.3.19 所示。根据上面所做的假设，带有等量异号电荷 Q 的带电球的半径为 a，电荷体密度为 $\rho_0=3Q/4\pi a^3$。因此，以坐标原点 O 为圆心，分别以异号电荷中心到点 M 的位移大小 r_+、r_- 为半径作两个球面高斯面，利用电场的高斯定律可以分别求得异号电荷在点 M 处产生的电场：

$$\boldsymbol{E}_+=\frac{\rho_0\boldsymbol{r}_+}{3\varepsilon_0},\quad \boldsymbol{E}_-=\frac{-\rho_0\boldsymbol{r}_-}{3\varepsilon_0}$$

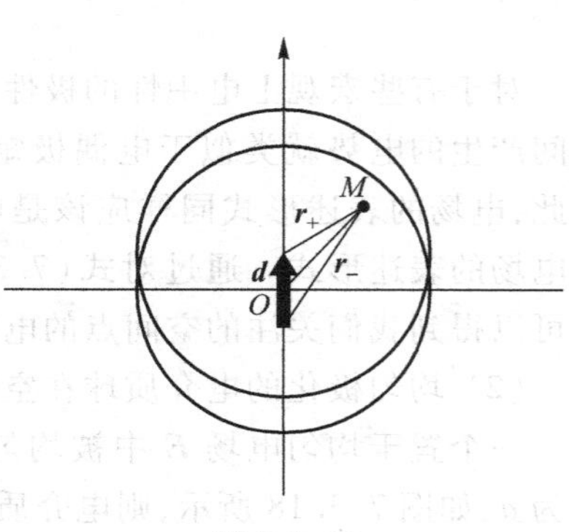

图 7.3.19

因此，点 M 处的总电场为

$$\boldsymbol{E}_d=\boldsymbol{E}_++\boldsymbol{E}_-=\frac{\rho_0}{3\varepsilon_0}(\boldsymbol{r}_+-\boldsymbol{r}_-)=\frac{-\rho_0\boldsymbol{d}}{3\varepsilon_0}=\frac{-\boldsymbol{p}}{3\varepsilon_0} \tag{7.3.65}$$

其中,负号表明余弦电荷分布在电介质球内产生的电场与外电场的方向相反,并且注意到 $\boldsymbol{p}=\rho_0\boldsymbol{d}$,所以这个电场 $\boldsymbol{E}_d$ 称为均匀极化电介质的退极化场。退极化场是一个具有普遍意义的概念,电介质在外电场的极化作用下产生的极化电荷在电介质内部都将产生一个退极化场。因此,在外电场中极化的电介质球内部的电场 $\boldsymbol{E}_{\mathrm{i}}$ 为

$$\boldsymbol{E}_{\mathrm{i}}=\boldsymbol{E}+\boldsymbol{E}_d=\boldsymbol{E}-\frac{\boldsymbol{p}}{3\varepsilon_0}$$

其中,$\boldsymbol{E}$ 为外加电场。

我们还应当注意,这种余弦电荷分布在球形电介质内部产生的电场是一个均匀场,即在电介质球内部的电场处处相等。

实际上,这就是前面洛伦兹修正中球形空腔内部的电场,也就是球形空腔球心处的电场。

由于空间中有这样一个均匀极化的电介质球,因此,空间中电介质球外的总电场为

$$\boldsymbol{E}_{\mathrm{ext}}=\boldsymbol{E}+\boldsymbol{E}_{\mathrm{e}}=\boldsymbol{E}-\nabla\phi_{\mathrm{e}}$$

其中,ϕ_{e} 为极化电荷在空间产生的电势,如式(7.3.64)所表述。

六、电介质中电场的性质

1. 电介质中的电场方程

通过前面的讨论我们知道,电介质以外空间的电场就是极化电介质的外加电场与电介质极化电荷在空间产生的电场的叠加。因此,这个复合电场本质上相当于静止电荷在空间产生的静电场,其性质还可以用如下的微分方程来描述,即

$$\nabla\cdot\boldsymbol{E}=\frac{\rho}{\varepsilon_0} \qquad (7.3.66)$$

$$\nabla\times\boldsymbol{E}=\boldsymbol{0}$$

其中,$\boldsymbol{E}$ 为电介质外部空间的总电场;ρ 为全电荷密度,既包含自由电荷密度,也包含极化电荷密度。

由于电介质在外电场中电极化性质的复杂性,电介质内部空间电场要比电介质外部空间电场复杂得多。我们先从简单的情况,即电介质在外电场中均匀、线性极化的情形,对电介质内部空间电场的性质进行讨论。

首先,将方程组(7.3.66)的第一个方程展开,即

$$\nabla\cdot\boldsymbol{E}=\frac{\rho_{自由}+\rho_{极化}}{\varepsilon_0} \qquad (7.3.67)$$

将式(7.3.10)代入上式得

$$\nabla\cdot\boldsymbol{E}=\frac{\rho_{自由}-\nabla\cdot\boldsymbol{P}}{\varepsilon_0} \qquad (7.3.68)$$

整理可得

$$\nabla\cdot(\varepsilon_0\boldsymbol{E}+\boldsymbol{P})=\rho_{自由} \qquad (7.3.69)$$

电介质的电极化规律可以用式(7.3.12),即 $\boldsymbol{P}=\chi_{\mathrm{e}}\varepsilon_0\boldsymbol{E}$ 来描述,将其代入式(7.3.69),可得方程组

$$\nabla \cdot [(1+\chi_e)\boldsymbol{E}] = \frac{\rho_{自由}}{\varepsilon_0} \tag{7.3.70}$$

$$\nabla \times \boldsymbol{E} = \boldsymbol{0}$$

方程组(7.3.70)就是电介质内部空间的静电学方程组,同样给出了电介质内部空间中静电场的性质。上述方程组虽然看似给出了电介质内部空间中静电场定量的数学表述,但是由于电介质在电场中的极化行为非常复杂,在一般情况下,电极化率χ_e并不是一个标量常量,而是一个随外电场变化的张量,因此,要想给出电介质空间静电场的解析表述式就需要很明确的边界条件。通过前面的讨论可知,在一般情况下给出较为合理的电介质边界条件的理论模型是一件非常困难的事情。

在某种特殊情况下,即电介质极化是均匀、线性的,给出方程组(7.3.70)中电场的解析表述形式还是有可能的。在这种特殊条件下,电极化率χ_e就是一个标量常量,可以用相对介电常量ε_r来描述它,因此,方程组(7.3.70)就可以写成如下形式:

$$\nabla \cdot (\varepsilon_r \boldsymbol{E}) = \frac{\rho_{自由}}{\varepsilon_0} \tag{7.3.71}$$

$$\nabla \times \boldsymbol{E} = \boldsymbol{0}$$

上述方程组中并没有将相对介电常量ε_r提到空间微分符号以外,主要的原因是,虽然ε_r是一个不随极化电场变化的常量,但是它在整个电介质空间中可能是不均匀的,它还可能是空间位置坐标的函数。

如果情况再理想一点,即整个电介质空间的相对介电常量处处相等,或者在我们所关注的空间中可以满足这个条件,那么在电介质内部空间的静电场微分方程组与真空中的静电学方程组仅差一个常量ε_r,即

$$\nabla \cdot \boldsymbol{E} = \frac{\rho_{自由}}{\varepsilon_r \varepsilon_0} = \frac{\rho_{自由}}{\varepsilon} \tag{7.3.72}$$

$$\nabla \times \boldsymbol{E} = \boldsymbol{0}$$

其中,ε为电介质的介电常量。

2. 电介质中电场的边界条件

前面我们讨论了在电介质中静电场的基本性质,那么静电场在从一种电介质过渡到另外一种电介质时,其性质会如何变化呢?接下来,我们将一般性地讨论不同电介质分界面的边界条件,即电介质与电介质、绝缘体与导体、绝缘体与真空等情况下的电场之间的相互关系。

我们假设讨论过程中矢量场在每一种电介质的内部都是线性、连续的,即矢量场的大小和方向都不随空间位置的变化而发生突变。在相邻的两种电介质中,尽管电场在每一种电介质内部是连续的,但是在两种不同电介质的分界面上却不一定连续。边界条件将确定在两种不同电介质的分界面上,两侧电介质中电场的切向分量及法向分量之间的关系。首先,我们讨论普遍一点的情形,即任意两种不同电介质分界面上电场的边界条件。这里应该注意的是,尽管这些边界条件是从非时变的静电场中推导出来的,但是实践证明它们对时变电场同样有效。如图7.3.20所示为两种不同电介质(介电常量分别为ε_1、ε_2)之间的分界面。在一般情况下,在两种不同电介质的分界面上可能存在净电荷量,它们可以用密度ρ_S或σ_S表示。

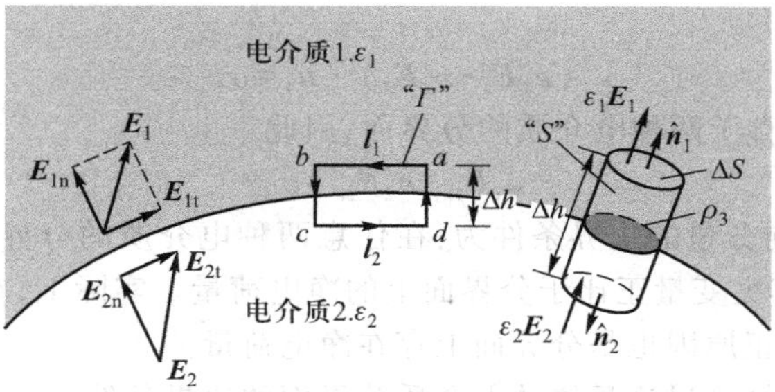

图 7.3.20

如图 7.3.20(左侧)所示,将两种电介质中的静电场 $\boldsymbol{E}_1$ 和 $\boldsymbol{E}_2$ 沿边界分解为平行于边界的切向分量和垂直于边界的法向分量,即

$$\boldsymbol{E}_1=\boldsymbol{E}_{1t}+\boldsymbol{E}_{1n}$$

$$\boldsymbol{E}_2=\boldsymbol{E}_{2t}+\boldsymbol{E}_{2n}$$

其中,$\boldsymbol{E}_t$ 为切向分量,即与界面法线方向垂直的分量;$\boldsymbol{E}_n$ 为法向分量,即与界面法线方向平行的分量。

我们先利用静电场的保守性来讨论电介质中关于静电场的切向分量的边界条件。在两种不同电介质的边界面上作一个跨越两种电介质的矩形闭合回路"Γ",即 $a\to b\to c\to d\to a$,如图 7.3.20(中间)所示,并且令边长 bc 和 da 都很小(即 $\Delta h\to 0$),使电场沿这两个边的积分等于零,同时边长 ab 和 cd 也都比较小,使其上的电场切向分量的大小处处相等。根据静电场的保守性,两种电介质中的静电场沿这个闭合回路"Γ"的积分恒为零,即

$$\oint_\Gamma \boldsymbol{E}\cdot \mathrm{d}\boldsymbol{l}=\int_a^b \boldsymbol{E}_1\cdot\hat{\boldsymbol{l}}_1\mathrm{d}l+\int_c^d \boldsymbol{E}_2\cdot\hat{\boldsymbol{l}}_2\mathrm{d}l=0 \tag{7.3.73}$$

其中,$\hat{\boldsymbol{l}}_1$ 和 $\hat{\boldsymbol{l}}_2$ 分别为闭合回路 Γ 中 ab 和 cd 的线度单位矢量;并应该注意到,$\hat{\boldsymbol{l}}_1=-\hat{\boldsymbol{l}}_2$,因此,式(7.3.73)可化为

$$(\boldsymbol{E}_1-\boldsymbol{E}_2)\cdot L\hat{\boldsymbol{l}}_1=0 \tag{7.3.74}$$

其中,L 为线段 ab 和 cd 的长度。由于 $\hat{\boldsymbol{l}}_1$ 和 $\hat{\boldsymbol{l}}_2$ 都平行于两种电介质的分界面,因此

$$\boldsymbol{E}_{1t}=\boldsymbol{E}_{2t} \tag{7.3.75}$$

因此,静电场的切向分量的边界条件为:在任意两种不同电介质的分界面上,电场的切向分量 $\boldsymbol{E}_t$ 都是连续的。

我们再利用高斯电场定律来讨论电介质中关于静电场的法向分量的边界条件。根据高斯电场定律,在两种电介质的分界面附近作一个如图 7.3.20(右侧)所示的小圆柱形的高斯面 S,并且令圆柱的高度很小(即 $\Delta h\to 0$),使电介质中的电场通过圆柱形高斯面侧面的通量为零;同时其上、下底面也都比较小,使两种电介质中的电场法向分量的大小处处相等。因此,电场通过该高斯面的通量为

$$\int_{上底面}(\varepsilon_1\boldsymbol{E}_1)\cdot\hat{\boldsymbol{n}}_1\mathrm{d}a+\int_{下底面}(\varepsilon_2\boldsymbol{E}_2)\cdot\hat{\boldsymbol{n}}_2\mathrm{d}a=\sigma_S\Delta S \tag{7.3.76}$$

其中,σ_S 为分界面上净电荷面密度。当 $\Delta h\to 0$ 时,分界面上的净电荷量可以用电荷面密度来表示,即 $Q=\sigma_S\Delta S$。$\hat{\boldsymbol{n}}_1$ 和 $\hat{\boldsymbol{n}}_2$ 分别为上、下底面的外法向单位矢量,且 $\hat{\boldsymbol{n}}_1=-\hat{\boldsymbol{n}}_2$,$\varepsilon_1$ 和 ε_2 分别为两种电介质的介电常量。

因此

$$(\varepsilon_1 \boldsymbol{E}_1 - \varepsilon_2 \boldsymbol{E}_2) \cdot \hat{\boldsymbol{n}}_1 = \sigma_S \tag{7.3.77}$$

由于 $\hat{\boldsymbol{n}}_1$ 和 $\hat{\boldsymbol{n}}_2$ 都垂直于两种电介质的分界面,因此

$$\varepsilon_1 E_{1\mathrm{n}} - \varepsilon_2 E_{2\mathrm{n}} = \sigma_S \tag{7.3.78}$$

因此,静电场的法向分量的边界条件为:在任意两种电介质的分界面上,电场的法向分量 $\boldsymbol{E}_{\mathrm{n}}$ 是不连续、突变的,其突变量正比于分界面上的净电荷量。实际上,在两种不同电介质分界面上电场发生突变的真正原因也是分界面上存在净电荷量。

下面我们根据上述结论讨论具体的电介质分界面的边界条件。

(1) 绝缘体与导体的分界面。

考虑图 7.3.20 中的电介质 1 为绝缘体,而电介质 2 为理想导体的情况。由于在理想导体中,电场为零,即 $\boldsymbol{E}_2$ 的切向分量及法向分量均为零,因此,根据式(7.3.75)和式(7.3.77),绝缘体中的电场在导体表面附近满足

$$\boldsymbol{E}_{1\mathrm{t}} = \boldsymbol{0}, \quad E_{1\mathrm{n}} = \frac{\sigma_S}{\varepsilon_1}$$

上式可以总结为

$$\boldsymbol{E}_1 = \frac{\sigma_S}{\varepsilon_1} \hat{\boldsymbol{n}} \tag{7.3.79}$$

其中,σ_S 为电介质分界面上总的电荷面密度,即包括导体上的自由电荷与电介质上的极化电荷的净电荷面密度;$\hat{\boldsymbol{n}}$ 为导体表面的外法向单位矢量。

由式(7.3.79)可以看出,当 σ_S 为正时,电场线由导体表面指向电介质一侧;而当 σ_S 为负时,电场线由电介质一侧指向导体表面,并且电场线总是与导体的表面垂直。

(2) 绝缘体与真空的分界面。

我们可以把真空看成介电常量为 ε_0 的电介质,考虑图 7.3.20 中的电介质 2 是绝缘体,而电介质 1 为真空的情况,在绝缘体与真空的分界面上,电场的边界条件为

$$\boldsymbol{E}_{1\mathrm{t}} = \boldsymbol{E}_{2\mathrm{t}}, \quad \varepsilon_0 E_{1\mathrm{n}} - \varepsilon_2 E_{2\mathrm{n}} = \sigma_S \tag{7.3.80}$$

由式(7.3.80)可以看出,在绝缘体与真空的分界面上,电场的切向分量是连续的,而法向分量是突变的,其突变量正比于绝缘体表面的电荷量。

(3) 导体与真空的分界面。

导体与真空的分界面的情况大致分为以下几种:其一是带电导体在真空中产生电场,其二是电中性的导体处于真空中的电场中,或者是二者的某种组合。无论是哪一种情形,导体内部的电场均为零,其电荷(可以是净电荷,也可以是感应电荷)都分布在导体的表面上,真空中的电场方向总是垂直于导体的表面,导体表面附近的电场强度(真空中)与导体表面上的电荷面密度成正比,即从导体到真空的电场的突变取决于导体表面局部的电荷面密度。

(4) 导体与导体的分界面。

在第八章中,我们将系统地讨论在两种导体(电导率各不相同)分界面上电流场的边界条件,即两种导体中的电流密度矢量 $\boldsymbol{J}_1$、$\boldsymbol{J}_2$ 及电场强度矢量 $\boldsymbol{E}_1$、$\boldsymbol{E}_2$ 之间的关系,在此就不赘述了。

七、电介质存在空间的静电能

对于连续、线性的电介质来说,在我们关注的整个电介质存在的空间中其相对介电常量 ε_{r}

处处相同。因此，其中的静电能量密度的表述形式就同式(7.2.20)所描述的真空中静电场的能量密度的表述形式完全相同，只是其中的介电常量为 $\varepsilon=\varepsilon_r\varepsilon_0$，而非 ε_0。因此，电介质存在空间的静电能量密度为

$$u=\frac{\varepsilon_r\varepsilon_0 E^2}{2} \tag{7.3.81}$$

其中，E 为电介质中的电场强度大小。

下面我们举例考察稍微复杂一点的系统的静电能，如图 7.3.21 所示。以平行板电容器中插入电介质(绝缘体)的情形为例来讨论导体与绝缘体组成的静电系统中静电能的情况，带恒定电荷量 Q 的电容器的极板面积为 A，长为 l，极板间距为 d。当电介质(其形状、尺寸与电容器完美契合)部分插入时，该系统的能量将发生什么样的变化呢？

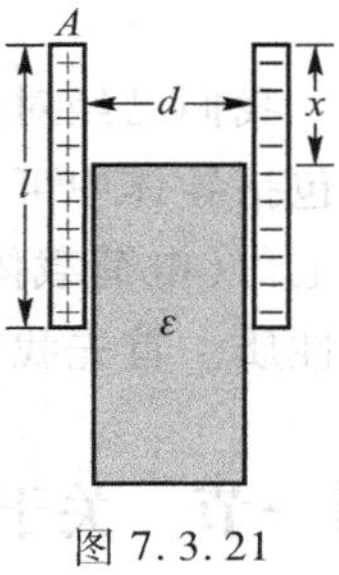

图 7.3.21

当电介质没有插入电容器时，极板之间为真空(真空的相对介电常量为 1)，而当其中插入相对介电常量为 ε_r($\varepsilon_r>1$)的电介质时，电容器的电容将增大 ε_r 倍，即

$$C=\varepsilon_r\varepsilon_0\frac{A}{d}=\varepsilon_r C_0$$

其中，C_0 为真空中的电容。

电介质在电容器中的静电场作用下发生极化，导致绝缘介质存在的电容器两极板之间的电场强度下降。由式(7.3.81)可以看出，对于上述孤立系统来说，系统总的静电能将随其中电场强度的降低而降低。因此，从能量守恒定律的角度，我们可以预见电介质将受到一个向上的吸引力，力图使整个系统的能量处于更低的状态，即更加稳定的状态。当然，电介质在电场中受力的分析相对来讲是非常复杂的，比如受电容器边缘、周围电场的非均匀性等影响，但是，我们可以通过虚功原理对作用于绝缘介质上的静电力的一般性质进行估计。

在实际应用过程中，电容器结构通常是平行板电容器结构的变形，但基本原理是一样的。人们通常在两个导体极板之间夹一层电介质来提高单位体积的电容，这样在相同的电压下存储的能量更大。在电容器的设计过程中，应尽可能地使两个极板的面积 A 增大、间距 d(电介质的厚度)减小、电介质的介电常量 ε 增大。本质上，就是要在单位体积的电容器的两个极板上存储尽可能多的电荷，即在单位体积的电容器中存储更多的电能。

电容器作为存储能量的器件得到了广泛应用。由于电容器在充放电过程中所需要的时间较短，因此其可以作为一种随时释放能量的电路器件(一种特殊的“电源”)。为了提高电容器单位体积存储的能量，科技工作者一直在努力地改进电容器极板及电介质材料的性质，使电容器能够存储更多的电荷。

拓展阅读：超级电容器

第八章　电流场与恒定电流

我们已经对静止电荷在空间产生的静电场及其性质,以及静止电荷对其他电荷(静止的,也包括导体中可以运动的——但最后都是稳定的情况)的作用规律进行了讨论。现在我们讨论电荷(电荷载体——载流子)在电场的作用下、在不同介质中的运动规律,以及“恒定电流”的性质。首先我们讨论电流场的概念、性质及其规律。

第一节　关于电流场的概念——电流和电流密度矢量

通俗意义上可以说,电流是运动的电荷,是电荷的“流动”。电荷流动的载体可能是像电子和质子那样的亚原子基本粒子,也可能是某些具体物质的结构粒子——离子。对于“电流”这个概念来讲,我们关注的不是电荷载体的自然属性,而是由它们的运动引起的电荷净传输量的变化以及对其他电荷、电场的影响。为了定量地描述电荷的这种运动状态,我们定义了一个物理量——电流,它的物理意义是:在单位时间内通过空间中与电荷运动方向垂直的某一截面的电荷量的多少。实际上,我们更关注的是电荷在导体中的运动状态——导体中的电流。因此,导线上的电流的定义为:在单位时间内通过导线上的一个固定位置的电荷量——这是最初的比较具体的定义。为了纪念法国物理学家安培在电流研究方面所做的贡献,人们把“电流”的单位命名为“安培”(A),即“库(仑)每秒”(C/s)。

在讨论电现象时,我们知道电荷是有符号的,因此电荷的流动也是有方向的。在通常情况下,我们把正电荷在电场作用下的运动方向确定为电流的方向,因此“电流”有时可以看成一个“矢量”。实际上,一方面,“电流”并不一定是在电场作用下产生的,比如在有压力的管线中流动的液体就会涉及大量电荷的流动,但是因为有同样多的正负电荷同时移动,所以净的“电流”为零。另一方面,某些机械运动可以导致电荷的运动而形成电流,比如使一根带有净负电荷的绝缘棒在空间运动,这样就形成了电荷的流动——电流,其方向正好与绝缘棒的运动方向相反;范德格拉夫起电机的传输带同样导致电荷的运动而形成了电流。

从“电流”的定义可以看出,它涉及两个关键的物理量,一个是电荷量,另一个是时间。如果电荷在流动过程中其状态是不随时间变化的,也就是说单位时间通过空间某一点的电荷量是一个固定值,我们就把这样的“电流”叫做恒定电流。电流随时间变化的情况比较复杂,在本章中如果没有特殊说明,讨论的都是恒定电流。

一般来说,“电流”是电荷载体在三维空间的运动。为了定量地描述电荷的运动状态,对不同的电流进行比较,仅从电流的定义是无法给出确切或定量的描述的。因此,我们引入电流密度矢量这个新的物理量,用 $\boldsymbol{J}$ 来表示它。它的物理意义是:单位时间通过空间与电荷流动方向垂直的单位面积上的净电荷量,其单位为安培每平方米(A/m^2),或库仑每秒每平方米

[C/(s · m^2)]。与前面定义的电荷体密度 ρ 一样,电流密度矢量实际上就是“通过电荷运动方向的单位时间单位体积的净电荷量”。

为了进一步理解电流密度矢量的物理意义,我们讨论一个特殊情形的例子,即假设空间中单位体积内的运动电荷数是 n,并且它们都以平均速度 $\boldsymbol{v}$ 沿着同一方向运动,且带有相同的电荷量 q。具体情况如图 8. 1. 1 所示,在空间中取任一小的面积 ΔS,其法线方向与电荷运动方向成一定角度,那么在 Δt 时间内通过这个小面积 ΔS 的电荷量就是相应的电流,即

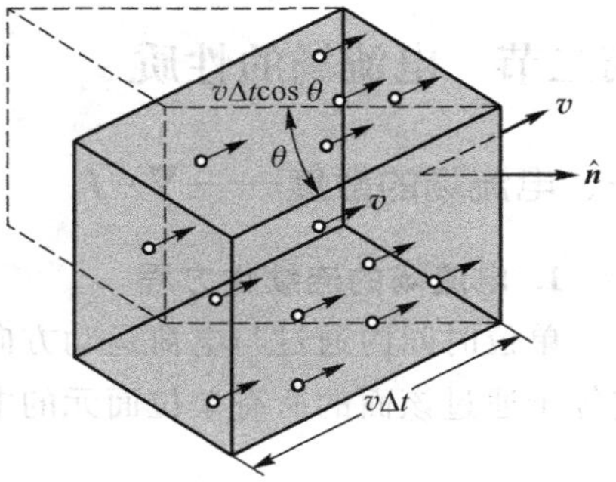

图 8. 1. 1

$$I_{\Delta S}=\frac{nq(\Delta S\hat{\boldsymbol{n}}\cdot\boldsymbol{v}\Delta t)}{\Delta t}=nq\Delta S\hat{\boldsymbol{n}}\cdot\boldsymbol{v}$$

式中 $\hat{\boldsymbol{n}}$ 是面积 ΔS 的法线方向单位矢量。根据电流密度矢量的定义,则有

$$\boldsymbol{J}=\frac{I_{\Delta S}}{\Delta S(\hat{\boldsymbol{n}}\cdot\hat{\boldsymbol{v}})}=nq\boldsymbol{v}$$

式中,$\hat{\boldsymbol{v}}$ 为速度的单位矢量,$\Delta S(\hat{\boldsymbol{n}}\cdot\hat{\boldsymbol{v}})$ 是在电荷运动方向上的有效面积,即与运动方向垂直的面积。

在一般情形下,系统空间中有多种不同的载流子,它们携带的电荷量不同,或者运动速度不同(大小或方向),或者两者都不同。我们用下角标 i 来标记每一种不同的载流子,第 i 种载流子带有电荷量 q_i,以速度 $\boldsymbol{v}_i$ 运动,单位体积内有 n_i 个载流子。流过面积 ΔS 的总的电流为所有不同载流子电流的和,即

$$I_{\Delta S}=n_1q_1\Delta S\hat{\boldsymbol{n}}\cdot\boldsymbol{v}_1+n_2q_2\Delta S\hat{\boldsymbol{n}}\cdot\boldsymbol{v}_2+\cdots=\sum_i n_iq_i\Delta S\hat{\boldsymbol{n}}\cdot\boldsymbol{v}_i$$

则电流密度矢量为

$$\boldsymbol{J}=\sum_i n_iq_i\boldsymbol{v}_i$$

注意到 $n_iq_i=\rho_i$,有

$$\boldsymbol{J}=\sum_i \rho_i\boldsymbol{v}_i$$

若载流子只有一种,比如电子,每个载流子具有电荷量 q,并以平均速度 $\boldsymbol{v}$ 运动,则电流密度矢量为

$$\boldsymbol{J}=nq\boldsymbol{v}=\rho\boldsymbol{v} \tag{8.1.1}$$

式中 n 为单位体积内的载流子数。

由此可见,在通常情况下,电流密度矢量是一个“在空间不同点取不同值的物理量”,即描述空间不同点电荷运动状态的物理量。因此,它是一个矢量场,我们定义这个矢量场为电流场。

对于电流场这样一个矢量场,我们可以通过考察其在空间的散度和旋度来了解其性质。

第二节　电流场的性质

一、电流场的散度——$\nabla \cdot \boldsymbol{J}$

1. 电流场的连续性方程

单位时间内通过与电荷运动方向垂直的任一曲面 S 的总电荷量称为通过该曲面的电流。它等于通过该面的所有单位面元的电流密度矢量法向分量对该曲面 S 的积分，即

$$I=\int_S \boldsymbol{J}\cdot\widehat{\boldsymbol{n}}\mathrm{d}a$$

如果曲面 S 是一个任意的闭合曲面，那么从闭合曲面 S 中流出的电流 I 代表电荷从闭合曲面 S 包围的体积 V 内离开的速率。物理学的一个基本定律就是电荷守恒定律：电荷是不灭的，它既不能产生也不能消失；电荷只能从一个物体转移到另一个物体，或从物体的一处转移至另一处。如果有净的电荷量从一个闭合曲面内流出，即有净的电流，那么其内部的电荷量应当相应地减少。因此，我们能够将电荷守恒定律写成

$$\int_{\text{任一闭合面}S}\boldsymbol{J}\cdot\widehat{\boldsymbol{n}}\mathrm{d}a=-\frac{\mathrm{d}}{\mathrm{d}t}(Q_{\text{内}}) \tag{8.2.1}$$

闭合曲面 S 内部的电荷量 $Q_{\text{内}}$ 可以写成电荷密度的体积分，则

$$Q_{\text{内}}=\int_{S\text{内之}V}\rho\mathrm{d}V$$

因此，式(8.2.1)可以写成

$$\int_{\text{任一闭合面}S}\boldsymbol{J}\cdot\widehat{\boldsymbol{n}}\mathrm{d}a=-\frac{\mathrm{d}}{\mathrm{d}t}\int_{S\text{内之}V}\rho\mathrm{d}V$$

对上式的左侧应用高斯定理，并对右侧调换微分、积分运算顺序，可得

$$\int_{S\text{内之}V}\nabla\cdot\boldsymbol{J}\mathrm{d}V=\int_{S\text{内之}V}\left(-\frac{\mathrm{d}\rho}{\mathrm{d}t}\right)\mathrm{d}V$$

综合上面的讨论，如果上式对任何闭合曲面都成立，那么被积函数可以从积分号中提出来，所以电荷守恒定律可以写成

$$\nabla\cdot\boldsymbol{J}=-\frac{\partial\rho}{\partial t} \tag{8.2.2}$$

注意到电荷密度 ρ 的时间变化率写成了偏微分的形式，其主要原因是通常情况下的电荷密度 ρ 既可以是时间的函数，也可以是空间坐标的函数。因此，式(8.2.1)是电荷守恒定律的积分表达式，而式(8.2.2)是其微分表达式，也称为电流的连续性方程。

对于我们关心的恒定电流的性质可以做如下说明：当一个系统的电流密度矢量 $\boldsymbol{J}$ 既不随时间变化也不随空间坐标变化时，我们就说这是一个恒定的电流状态；也就是说，在这样的电流系统空间中的任何闭合曲面的电荷流量通量（电荷流动速度在闭合曲面法线方向分量的平均值）恒等于零，即单位时间内流进该曲面与流出该曲面的电荷量相等；也可以说在该闭合曲面内的电荷密度不随时间变化，它对时间的偏微分等于零。注意，恒定电流同样必须遵守电荷守恒定律，因此，其电流密度矢量 $\boldsymbol{J}$ 对空间任何一个闭合曲面的面积分一定为零。这等价于在

空间任一点电流密度矢量的散度等于零，即

$$\operatorname{div}\boldsymbol{J}=\nabla\cdot\boldsymbol{J}=0 \tag{8.2.3}$$

这就是恒定电流的电荷守恒定律。

2. 电流场的边界条件

在电导率不同的宏观导体相连接的情况下，我们需要考虑两种导体分界面上的边界条件。关于边界条件的主要结论有两条：一是电流密度矢量 $\boldsymbol{J}$ 的法向分量连续；二是电场强度 $\boldsymbol{E}$ 的切向分量连续。

(1) 电流密度矢量 $\boldsymbol{J}$ 的法向分量连续。

如图 8.2.1 所示，在两种导体的分界面上作一个小的圆柱形闭合曲面，其特点为：它的上下两个底面分别位于分界面两侧不同的导体中，并与分界面平行，且无限地靠近分界面；底面积足够小，使得其上的电流密度矢量处处相等；圆柱体的高度足够小，即通过侧面的电流密度矢量的通量为零。分界面的法向单位矢量为 $\hat{\boldsymbol{n}}$，它的指向是由导体 1 到导体 2，并假设在两侧不同导体中的电流密度矢量分别为 $\boldsymbol{J}_1$、$\boldsymbol{J}_2$（它们一般是不相等的），则通过闭合曲面的电流密度矢量的通量可以写为

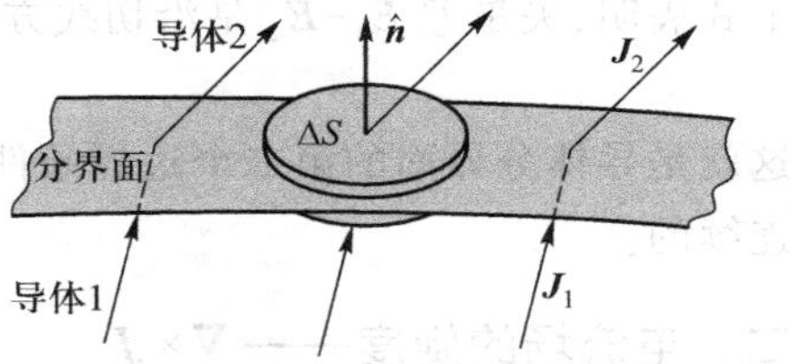

图 8.2.1

$$\int_{闭合面}\boldsymbol{J}\cdot\hat{\boldsymbol{n}}\mathrm{d}S=\int_{底面1}\boldsymbol{J}\cdot(-\hat{\boldsymbol{n}})\,\mathrm{d}S+\int_{底面2}\boldsymbol{J}\cdot\hat{\boldsymbol{n}}\mathrm{d}S+\int_{侧面}\boldsymbol{J}\cdot\hat{\boldsymbol{n}}\mathrm{d}S$$

其中，对于闭合面来说，$\hat{\boldsymbol{n}}$ 是底面 1 的内法线，方向单位矢量故第一项出现负号。

根据前面讨论的条件，上式中右端前两项的积分结果分别等于 $-\boldsymbol{J}_1\cdot\hat{\boldsymbol{n}}\Delta S$ 和 $\boldsymbol{J}_2\cdot\hat{\boldsymbol{n}}\Delta S$；侧面积分为零，所以第三项为零。因此，

$$\int_{闭合面}\boldsymbol{J}\cdot\hat{\boldsymbol{n}}\mathrm{d}S=(\boldsymbol{J}_2-\boldsymbol{J}_1)\cdot\hat{\boldsymbol{n}}\Delta S$$

按照电流的连续性方程可以得到

$$(\boldsymbol{J}_2-\boldsymbol{J}_1)\cdot\hat{\boldsymbol{n}}=0\quad 或\quad \boldsymbol{J}_{2\mathrm{n}}=\boldsymbol{J}_{1\mathrm{n}}$$

其中，$\boldsymbol{J}_{2\mathrm{n}}$ 和 $\boldsymbol{J}_{1\mathrm{n}}$ 分别代表 $\boldsymbol{J}_2$ 和 $\boldsymbol{J}_1$ 的法向分量。

这就是导体分界面的第一个边界条件，它表明在两种导体分界面两侧，电流密度矢量的法向分量是连续的。

(2) 电场强度 $\boldsymbol{E}$ 的切向分量连续。

如图 8.2.2 所示，在两种导体的分界面上取一矩形闭合回路 $ABCDA$，其中 AB 和 CD 两边长均为 Δl，它们与分界面平行，且无限靠近分界面；BC 和 DA 两边与分界面垂直。设分界面两侧不同导体中的电场强度分别为 $\boldsymbol{E}_1$ 和 $\boldsymbol{E}_2$（它们一般是不相等的），则 $\boldsymbol{E}$ 沿此闭合回路的线积分为

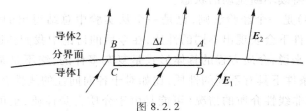

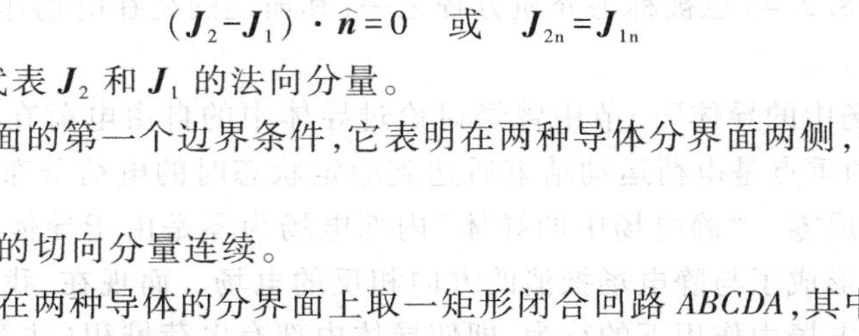

图 8.2.2

$$\oint \boldsymbol{E}\cdot \mathrm{d}\boldsymbol{l}=\int_A^B \boldsymbol{E}\cdot \mathrm{d}\boldsymbol{l}+\int_B^C \boldsymbol{E}\cdot \mathrm{d}\boldsymbol{l}+\int_C^D \boldsymbol{E}\cdot \mathrm{d}\boldsymbol{l}+\int_D^A \boldsymbol{E}\cdot \mathrm{d}\boldsymbol{l}$$

令 $\boldsymbol{E}_{1t}$ 和 $\boldsymbol{E}_{2t}$ 代表 $\boldsymbol{E}_1$ 和 $\boldsymbol{E}_2$ 的切向分量，则沿 AB 和 CD 段的积分分别为 $-E_{2t}\Delta l$ 和 $E_{1t}\Delta l$（有负号是因为在 AB 段内 $\boldsymbol{E}$ 的切向分量与 $\Delta \boldsymbol{l}$ 方向相反）。此外，因 BC 和 DA 的长度趋于零（高阶无穷小），使得这两段的积分为零，故按照静电场的环路定理，有

$$\oint \boldsymbol{E}\cdot \mathrm{d}\boldsymbol{l}=(E_{1t}-E_{2t})\Delta l=0$$

故

$$E_{1t}-E_{2t}=0 \quad 或 \quad E_{1t}=E_{2t}$$

上式表明，矢量差 $\boldsymbol{E}_1-\boldsymbol{E}_2$ 是沿切线方向的，故又有

$$(\boldsymbol{E}_1-\boldsymbol{E}_2)\times\hat{\boldsymbol{n}}=\boldsymbol{0}$$

这就是导体分界面的第二个边界条件，它表明在两种导体分界面两侧，电场强度的切向分量是连续的。

二、电流场的旋度——$\nabla\times \boldsymbol{J}$

1. 介质方程——电场作用下电荷的运动规律

我们知道，造成电流（电荷流动）有各种各样的方法，如机械运输（范德格拉夫起电机）、携带电荷的雨滴下落等。但是，我们重点要研究和利用的是电荷传递的基本媒介，也就是通过电场加在电荷上的力形成的电流的一般性质。在电场的作用下，正电荷沿着电场的方向运动，负电荷逆着电场的方向运动。如果在电场作用的系统中有多种载流子存在，电流的方向就是电场的方向。在大多数物质中，并且在较大范围的电场强度下，人们在实验中发现电流密度矢量与引起电流的电场强度成正比。这种关系可以写成如下形式：

$$\boldsymbol{J}=\sigma \boldsymbol{E} \tag{8.2.4}$$

式中 σ 叫做材料的电导率。电导率描述的是介质的“导电能力”。它既是一个与介质材料的性质密切相关的量，也是一个与介质材料的物理状态（如温度、压力等）相关的量。因此，在近现代物理学中，式（8.2.4）也被称为介质方程之一，其描述的是在电场作用下不同介质中电荷传导的性质及规律。

前面在“静电场中的导体”一节中曾经讨论过导体中的自由电荷在静电场作用下的运动规律，但那时关注的重点是电荷运动结束后达到稳定状态时的电荷分布及导体的性质——导体内的电场很快变成零。“静电场中的导体”内部电场为零是由于导体内部电荷在其内表面适当的地方堆积而形成了与静电场抵消的方向相反的电场。而现在，我们关注的是物质中的电荷在持续不断的电场力作用下的行为，即使导体内部有电荷堆积（注意，即使在恒定电流的情况下，导体内部仍然有部分自由电荷堆积在导体的内表面）也不会导致导体内部的电场为零，电荷在导体中保持持续不断流动的状态。

实际上，式（8.2.4）是一个经验法则，也是一个从实验中总结得出的结论，它有其自身的适用范围，在不同的条件下会表现出不同的性质，在今后的讨论中我们会逐渐了解这一点。世间万物性质各异，一般来说，介质方程的具体形式是复杂多样的，绝不是某种特定形式能概括的。电导率在不同的条件下具有不同的性质，比如对于各向同性的线性介质来说，它是一个标量，而对于各向异性或非线性介质的情况（可能是由于介质自身性质，也可能是由于介质所处

状态)，它可能是一个张量。因此，我们首先考察电导率的定义、物理意义及性质。

(1) 电导率的物理机制。

电导率(conductivity)是用来描述物质中电荷定向漂移运动难易程度的物理量。电导率 σ 的单位是西门子每米(S/m)，西门子实际上等效于安培每伏特(A/V)。

我们将部分应用经典物理理论，并以各向同性的、线性的电荷传导介质为例来讨论介质中电导率的物理机制，在这种情况下，电导率 σ 可以看成一个标量常量。实际上，所有具有上述性质的导电介质，无论它们是像铜、铁那样的金属导体，还是像纯硅、锗或掺杂的硅、锗那样的半导体以及在某种特殊情况下的液态(酸、碱或盐的水溶液等)或气态导体，都在一定的电场范围内遵循式(8.2.4)所描述的规律。但是，如果外界电场过强，式(8.2.4)所述的规律就会出现偏差。

下面我们就以金属导体为例来讨论电导率的物理机制，并把分析建立在自由电子模型上，即假定金属导体中的传导电子在导体中可以自由移动，并且忽略传导电子之间相互碰撞的影响而只考虑其与金属中的原子碰撞所造成的影响。上述这种经典的模型对于其他电流传导介质来说也具有一定的相似性，因此以金属导体为例来定性讨论电导率的性质具有一定的普适性。

按照经典物理理论，金属中的传导电子有点像封闭容器中的气体分子那样遵从麦克斯韦速率分布。在这样的分布中，电子的平均速率将正比于热力学温度的平方根。然而，电子的运动并不由经典物理学规律支配而是由量子力学规律支配，其结果就是在金属中传导电子以单一的有效速率 v_{eff} 运动，而这个速率基本上与温度无关。例如铜的实际有效速率为 $v_{\text{eff}}\approx1.6\times10^6$ m/s，而按照经典统计理论计算，其有效速率为 $v_{\text{eff}}\approx1.08\times10^5$ m/s。造成上述误差的原因是把适用于气体运动的经典统计理论搬到了自由电子的运动中。实际上，"电子气"并不遵循经典统计，而遵循量子力学的费米-狄拉克统计。在经典理论中，v_{eff} 称为电子的热运动速率，是一个与温度相关的量；而在量子理论中，v_{eff} 称为电子的有效速率，是一个基本上与温度无关的量。

当我们在金属导体样品两端施加电场时，自由电子会稍微改变它们的不规则运动，即在以有效速率自由运动的基础上叠加一个小的定向运动，沿与电场强度相反的方向以平均漂移速率 v_{d} 非常缓慢地运动。在常见的金属导体中，这种漂移速率约为 5×10^{-7} m/s，比有效速率($v_{\text{eff}}\approx1.6\times10^6$ m/s)小很多个数量级。图 8.2.3 提供了这两种速率之间的关系示意图，实线表示自由电子在没有外加电场时运动的一条可能的不规则路径，而虚线则表示当加上外电场时同一过程另外的可能路径。我们看到电子稳定地发生了向右的定向漂移，结束在 B' 处而不在 B 处。

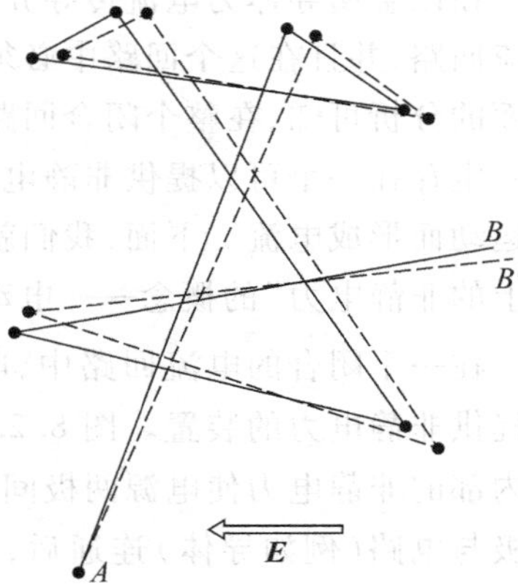

图 8.2.3

通过上面的讨论，我们可以得出以下的结论。传导电子在电场作用下的运动是由电子的有效自由运动和定向漂移运动叠加而成的。但是，当我们考虑所有自由电子的统计效果时，由于电子运动的有效速率 v_{eff} 的无序性，有效速率 v_{eff} 对于传导电子漂移运动速率的贡献就是零。因此，漂移速率仅是电场对电子作用的结果。

传导电子在漂移运动过程中会与导体的晶格发生碰撞，在每次碰撞之后，电子将获得一个全新的漂移速度，其大小和方向都将发生随机改变，如图 8.2.3 所示。如果在金属导体两端加上电场强度为 $\boldsymbol{E}$ 的电场，那么质量为 m 的传导电子将获得的加速度为

$$\boldsymbol{a}=\frac{\boldsymbol{F}}{m}=\frac{e\boldsymbol{E}}{m} \tag{8.2.5}$$

在连续两次碰撞之间的平均时间 τ 内，具有平均特征的电子将获得 $v_d=a\tau$ 的漂移速率。而且，如果我们在任一时刻测量所有电子的漂移速率，将发现它们的平均漂移速率还是 $a\tau$。因此，平均来说，在任一时刻电子将具有的漂移速率为 $v_d=a\tau$。于是由式(8.2.5)可得

$$v_d=a\tau=\frac{eE\tau}{m}$$

将上式与式(8.1.1)结合，可得

$$\boldsymbol{J}=nq\boldsymbol{v}=ne\boldsymbol{v}_d=\frac{ne^2\tau}{m}\boldsymbol{E} \tag{8.2.6}$$

因此，金属导体中的电导率在经典理论模型下可以表述为

$$\sigma=\frac{ne^2\tau}{m} \tag{8.2.7}$$

式(8.2.7)中，在金属导体材料性质确定的情况下，n、m 和 e 都是常量，而由于外加电场引起的漂移速率 v_d 比有效速率 v_{eff} 小得多，以至于可以认为电子整体运动的速率基本不受外加电场大小的影响。因此，自由电子的连续两次碰撞之间的平均时间 τ 可以看成常量，通常也称为平均自由时间，并将乘积 τv_{eff} 称为电子自由运动的平均自由程。因此，式(8.2.7)所示的电导率就可以看成一个常量。在这种情况下，在电场作用下传导电介质中电荷的运动将遵循式(8.2.4)所描述的规律。

(2) 电动势——单位电荷上的非静电力。

在以金属导体为电流传导介质的情况下，要想获得持续的电流就一定要形成一个闭合的电流回路，并且在这个回路中必须有能够提供持续推动自由电荷运动的电场力的装置。通过前面的分析可知，在整个闭合回路中完全靠静电力是不能维持电荷的持续运动的，因此，回路中一定存在一个可以提供非静电力的装置，正是它提供的能量使导体回路中自由电荷持续漂移运动而形成电流。下面，我们就以电池(电源)为例来讨论维持回路电流的作用在“单位电荷上的非静电力”的概念——电动势。

在一个闭合的电流回路中，电源(电池、发电机等)就是一种能够提供非静电力的装置。图 8.2.4 所示的是电源工作的原理图，电源内部的非静电力使电源两极间产生并维持一定的电势差。当电源两极与电路(例如导体)连通后，在静电力推动下，正电荷从电源正极经电路漂移至负极，电势降低；在电源内部，非静电力克服静电力的阻碍，使正电荷又从负极经电源内部移至正极，从而形成电荷流动的回路，在电路中形成持续电流。因此，静电力和非静电力是构成回路电流的两个必要因素。

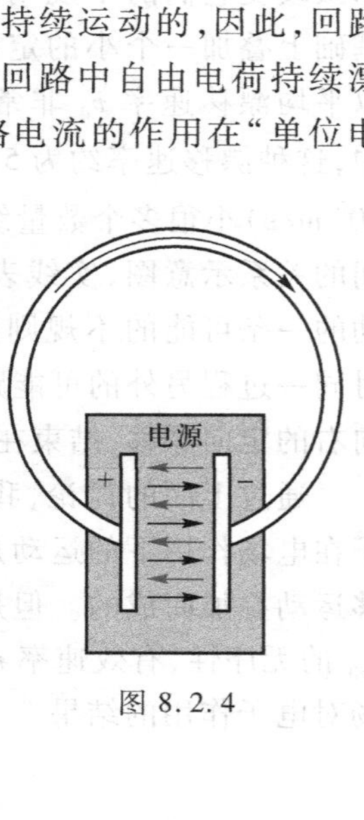

图 8.2.4

电源通过它提供的非静电力克服静电力做功而不断地把其他形

式的能量转化为电荷的电势能。在不同的电源内,由于非静电力的原理不同,使同样多的正电荷从负极移到正极(对于电子则正好相反)所做的功是不同的。这说明,不同的电源转化能量的效率是不同的。为了定量描述电源转化能量的本领,我们引入了电动势的概念。

电动势的定义是:在电源内,单位正电荷从负极移动到正极的过程中非静电力所做的功。

如果假设 $W_{非}$ 为电源中非静电力把电荷量为 q 的正电荷从负极经过电源内部移动到电源正极所做的功,那么电动势为

$$\mathscr{E}=\frac{W_{非}}{q} \tag{8.2.8}$$

从电动势的定义可以看出,它在国际单位制中的单位与电势是一样的,也是伏特(V)。

从能量的角度来考察,式(8.2.8)描述的电动势就是非静电力抵抗静电力对单位正电荷所做的功,即单位正电荷增加的电势能。换一种说法,电动势等于单位正电荷从电源负极移动到正极所引起的电势升高,通常把这个电势升高的方向,即从负极通过电源内部到正极的方向,叫做电动势的方向。但是应当注意,虽然电动势在此处是一个有大小以及方向的物理量,但是它并不是一个矢量。

从场的观点看,我们也可以把这种抵抗电场力做功的非静电力的作用看成一种非静电场的作用,我们用 $\boldsymbol{K}$ 来描述这个非静电场,那么,根据电动势的定义,非静电场做功的数学表述为

$$\mathscr{E}=\int_{-}^{+}\boldsymbol{K}\cdot\mathrm{d}\boldsymbol{s} \tag{8.2.9}$$

式(8.2.9)表示电源内部(从负极到正极)的电动势。

在一般情况下,电动势并不一定局限在电源内的这一段路径上,也可能分布在整个电路中,如由于电磁感应而引起的涡旋电场同样是一种非静电场,实际上它也是一种电动势。因此,普遍意义上将电动势定义为回路的电动势,

$$\mathscr{E}=\oint\boldsymbol{K}\cdot\mathrm{d}\boldsymbol{s} \tag{8.2.10}$$

即使单位正电荷绕回路一周时非静电力所做的功。

2. 电流场的旋度

电流场是电荷定向漂移运动产生的,电荷运动产生的原因及运动状态的复杂性导致了电流场性质的复杂性。因此,我们在讨论电流场性质,尤其是电流场的旋度时,只能在某些特殊的条件下进行讨论。

在电流场存在的空间中,尤其是对于自由电荷在某种介质(比如导体)中运动所形成的电流场,根据实验结论给出了电流密度矢量与推动电荷运动的电场之间的关系,我们可以通过对式(8.2.4)的两端取旋度而得到在这种情况下电流场的旋度,则

$$\nabla\times\boldsymbol{J}=\sigma\nabla\times\boldsymbol{E} \tag{8.2.11}$$

其中,电导率 σ 被看成一个标量常量。

将导体的电导率看成一个标量常量,主要是为了讨论方便,即将电流场存在的电荷传导介质看成均匀的、各向同性的;另外一个原因是在实际应用过程中,这个边界条件适用的范围还是比较广泛的。

式(8.2.11)就是电荷传导介质中电流场旋度的一般表述式。特别需要注意的是,其中电

场 $\boldsymbol{E}$ 表述的是导致单位电荷定向漂移的所有推动因素，并不一定全部是静电场，尤其是在闭合回路的电流场中。

对于恒定电流这种特殊的电流场来说，式(8.2.11)的右边是一定不能为零的。为了获得恒定电流，一定要有一个闭合的电流回路，因此电流密度矢量的环路积分一定不能是零。换句话说，在恒定电流条件下一定存在电流密度矢量的环流。而对于式(8.2.11)的右边，若电场 $\boldsymbol{E}$ 仅是静电场，则 $\nabla\times\boldsymbol{E}=\boldsymbol{0}$，因此，式(8.2.4)中的电场 $\boldsymbol{E}$ 不可能仅是静电场，还应当包括其他非静电场 $\boldsymbol{K}$。我们把"静电场"写成 $\boldsymbol{E}_{静}$，那么式(8.2.4)右边的电场就应当写成静电场与回路中非静电场(电动势)的函数，即

$$\boldsymbol{E}=\boldsymbol{E}(\boldsymbol{E}_{静},\boldsymbol{K}) \tag{8.2.12}$$

电流密度矢量的旋度就可以表述为

$$\nabla\times\boldsymbol{J}=\sigma\nabla\times\boldsymbol{E}=\sigma\nabla\times\boldsymbol{E}(\boldsymbol{E}_{静},\boldsymbol{K})$$

因此，

$$\nabla\times\boldsymbol{J}=\sigma\nabla\times\boldsymbol{E}(\boldsymbol{E}_{静},\boldsymbol{K}) \tag{8.2.13}$$

这里应当注意的是，式(8.2.13)中的电场 $\boldsymbol{E}_{静}$，不仅包括由非静电场 $\boldsymbol{K}$ 推动到电源极板上的电荷在导体中形成的静电场，而且包括导体回路中堆叠电荷产生的静电场(比如在电流场回路中导体弯曲的部分，即与电源极板所提供电场的方向不一致的导体部分，将形成电荷的某种形式的堆叠，进而在导体内形成与电源电场方向不同的电场)，正是这两种电场的叠加才在导体中形成了使电荷转向运动的静电场。因此，给出这个电场的解析表述形式是很困难的，给出电源非静电场的解析表述形式同样是很困难的。

三、电流场的性质

按照矢量场的特点，电流场的性质也应该用它的散度和旋度来表述。对于电流场的散度，电荷守恒定律

$$\nabla\cdot\boldsymbol{J}=-\frac{\partial\rho}{\partial t}$$

是具有普遍性的，无论是在电流传导介质中还是在电源中。

但是，对于电流场的旋度就很难给出一个具有一定普遍性的定律，因此，我们只能在某些特定的条件下去讨论它。

在一般情况下，我们可以通过下述方程组给出电流场的性质：

$$\begin{aligned}\nabla\cdot\boldsymbol{J}&=-\frac{\partial\rho}{\partial t}\\ \nabla\times\boldsymbol{J}&=\sigma\nabla\times\boldsymbol{E}(\boldsymbol{E}_{静},\boldsymbol{K})\end{aligned} \tag{8.2.14}$$

要注意的是，方程中电场 $\boldsymbol{E}$ 在不同的条件下可能具有不同的性质，其中非静电场 $\boldsymbol{K}$ 包括所有能够推动电荷运动的"非静电场"。

在恒定电流的情况下，电流场 $\boldsymbol{J}$ 的散度和旋度分别为

$$\begin{aligned}\nabla\cdot\boldsymbol{J}&=0\\ \nabla\times\boldsymbol{J}&=\sigma\nabla\times\boldsymbol{E}(\boldsymbol{E}_{静},\boldsymbol{K})\end{aligned} \tag{8.2.15}$$

因此，可以说恒定电流条件下的电流场 $\boldsymbol{J}$ 是一个有旋而无散的场。

在通常情况下,我们仍将电流传导的介质方程写为

$$\boldsymbol{J}=\sigma \boldsymbol{E} \tag{8.2.16}$$

要注意的是,上述方程中的电场 $\boldsymbol{E}$ 既包括各种不同形式的静电场也包括其他形式的非静电场。

下面我们讨论一下导体与绝缘体的分界面上电流场的边界条件,其中介质 1 是导体,介质 2 是绝缘体。

在导体与绝缘体的分界面上,由于绝缘体一侧的电导率与导体的电导率相比可以忽略不计,可以认为 $\sigma_2=0$,因此,导体一侧的电场的法向分量 $E_{1n}=0$(根据 $J_{1n}=J_{2n}$,有 $\sigma_1 E_{1n}=\sigma_2 E_{2n}$)。也就是说,导体一侧的电场都沿分界面的切向分布,即电场线都与导体表面平行。否则,E_{1n} 将使电荷流向分界面,由此在分界面上形成堆叠电荷,这部分电荷形成的电场将抵消 E_{1n},就像静电平衡中的导体一样。正是这些堆叠分布的面电荷才导致无论导线如何弯曲,导体内部的电场始终沿着导线的方向。

因为导线的表面可能有面电荷分布,所以导线表面外侧的电场强度存在垂直于导线表面的分量。当导线内有电流时,导线的表面一定有不同形式的电荷堆叠分布,这不但保证了电流场方向沿导线方向,而且是电能传递过程所必需的,这部分内容会在后面讨论坡印亭矢量时涉及。由环路定理可知,导线外侧电场强度的切向分量应当等于导线内侧的电场强度。

因此,导体空间的电流场——静电场部分 $\boldsymbol{E}_{静}$——并不仅取决于电源,还取决于导体表面的堆叠电荷,多种复杂因素的共同作用使导体内部的电流场保持稳定。

第三节　恒定电流

一、电源

维持导体回路中的恒定电流的一个重要条件就是电源,电源在其内部提供了电流场所必需的非静电力,以保持电源提供给导体回路的电势差不变,并且持续不断地向外电路输出能量以维持导体回路中电流的恒定。

在导体回路中产生恒定电流最基本、最普遍的电源就是电池。下面我们以汽车用的电池——铅酸电池——为例来讨论一下电源的工作原理。这种电池有一个重要的性质,就是它的充放电过程是可逆的。这种电池的示意图及其充放电工作原理如图 8.3.1 所示。

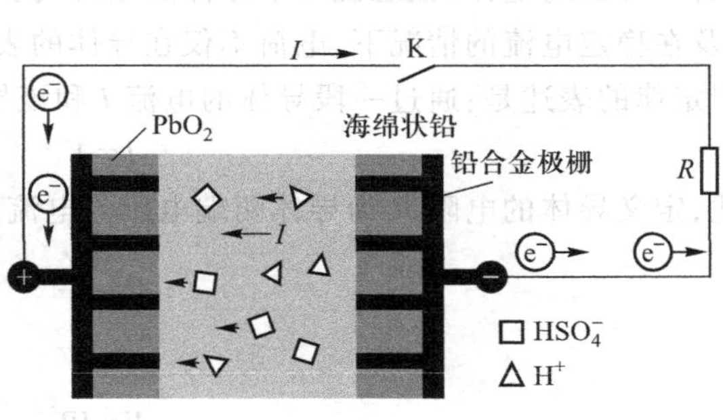

图 8.3.1

铅酸(铅-硫酸)电池的正极板由二氧化铅(PbO_2)的粉末构成,而负极板由海绵状结构的纯铅构成,电解质即硫酸溶液充满正极板的二氧化铅颗粒和负极板的铅多孔空隙。正负端点之间的电势差为 2.1 V。当外电路连接时,在两个极板上的固体和液体的界面上就开始发生不同的化学反应,在电池正极板处进行的化学反应为

$$PbO_2+HSO_4^-+3H^++2e^-\longrightarrow PbSO_4+2H_2O$$

其中,$2e^-$为外电路中流进正极板的传导电子。

与此同时,在负极板处进行的化学反应为

$$Pb+HSO_4^-\longrightarrow PbSO_4+H^++2e^-$$

其中,$2e^-$为准备从负极板流出到外电路中的传导电子。

在上述化学反应不断进行的过程中,电解质里的硫酸不断消耗,电子从负电极经过外电路流向正电极,这就形成了电流。这个过程实际上就是电源对外放电的过程。

当给这个电池充电时,把负载电阻替换成大于 2.1 V 的电动势,就可以迫使电流朝着与原来相反的方向流动,化学反应也朝着逆反应的方向进行。

这种在电池内部将传导电子由正极移动到负极的非静电力做功是由氧化还原反应实现的,完成了由化学能向电能的转化;给蓄电池充电的过程正好与上述过程相反。

拓展阅读:电池的发展历史

二、欧姆定律

在电流回路中,电流传导介质大都具有一定的对电子移动的阻碍作用(超导体除外),这也是不同的电传导介质具有不同的电导率的原因之一。因此,我们定义一个叫做电阻率(ρ)的物理量,用它来定量描述不同电传导介质对电子漂移的阻碍作用。电阻率是电导率的倒数,即

$$\rho=\frac{1}{\sigma} \tag{8.3.1}$$

德国物理学家欧姆(Georg Simon Ohm)发现了具有电阻的回路导体中电流与电压的正比关系,即著名的欧姆定律;他还证明了导体的电阻与其长度成正比,与其横截面积和电导率成反比,以及在稳定电流的情况下,电荷不仅在导体的表面上,而且在导体的整个截面上运动。

欧姆定律的表述是:通过一段导体的电流 I 和该导体两端的电压 V 成正比,即

$$I\propto V$$

由此,定义导体的电阻 R 为导体两端电压与电流的比值,即

$$R=\frac{V}{I}$$

所以,

$$V=IR \tag{8.3.2}$$

式(8.3.2)是欧姆定律的积分形式。它给出了一段有一定长度和截面积的导体两端的电压、

导体中的电流以及导体电阻三者之间的关系。

为了纪念欧姆对电磁学的贡献，在国际单位制中，电阻的单位定义为欧姆（Ω），根据式(8.3.2)可知，$1\ \Omega=1\ V/A$。若电阻的单位是欧姆，则电阻率的单位是欧姆米（Ω·m）。

图 8.3.2 是电流回路中的一段理想导体，即导体处处均匀且各向同性，电导率为常量。假设这段导体两端的电势差为 V，导体内的电流为 I，导体的横截面积为 A，长度为 L，则在导体内部电流密度矢量的数学表述为

$$\boldsymbol{J}=\frac{I}{A}$$

理想导体内部电场强度的大小为

$$E=\frac{V}{L}$$

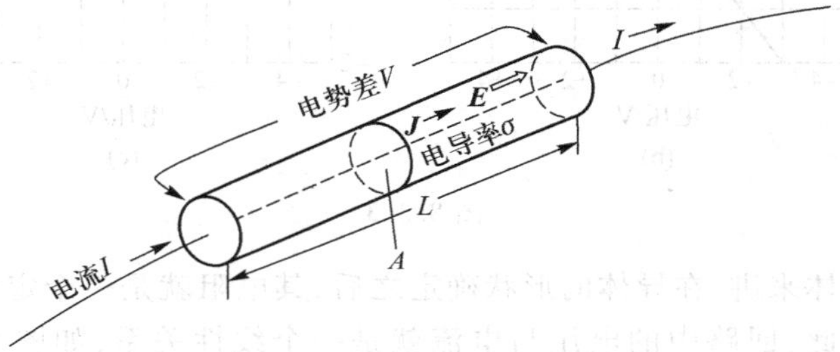

图 8.3.2

根据式(8.3.2)中电阻与电流和电压的关系，并通过上述两式，同时注意到导体内推动电荷漂移运动的静电场 $\boldsymbol{E}$ 与电流密度矢量 $\boldsymbol{J}$ 的方向是相同的，很容易得到

$$R=\frac{V}{I}=\frac{LE}{AJ}=\frac{L}{A\sigma}=\rho\frac{L}{A} \tag{8.3.3}$$

上式表明，电阻是一个与物体形状有关的物理量，因此电阻是物体的属性；而电阻率则是一个与物体形状无关的物理量，因此电阻率是物质（材料）的属性。

另外，由式(8.3.3)可得

$$\frac{L}{A\sigma}=\frac{V}{I}=\frac{LE}{JA}$$

所以，

$$\boldsymbol{J}=\sigma\boldsymbol{E} \tag{8.3.4}$$

式(8.3.4)称为欧姆定律的微分形式。

我们注意到，式(8.3.4)与电传导介质方程(8.2.4)具有完全相同的形式。实际上，欧姆定律的微分形式就是电传导介质方程。式(8.3.4)是在理想导体、恒定电流条件下获得的，但它的适用范围仍遵从前面讨论的介质方程的情况。

对于一个电流回路来讲，电源和带有阻抗的用电器是构成电路的元器件。前面讲过的电容器以及后面将要讲的电感、二极管等都是构成电路的元器件。我们可以通过欧姆定律来区分不同元器件的性质，式(8.3.2)所述欧姆定律中的电压（电势差）与电流的关系曲线就称为

"伏安特性曲线",我们可以根据该曲线的形状来确定电子元器件是线性的还是非线性的。如图 8. 3. 3(a)所示,阴影部分代表元器件,V 是元器件两端的电压,i 是通过元器件的电流。

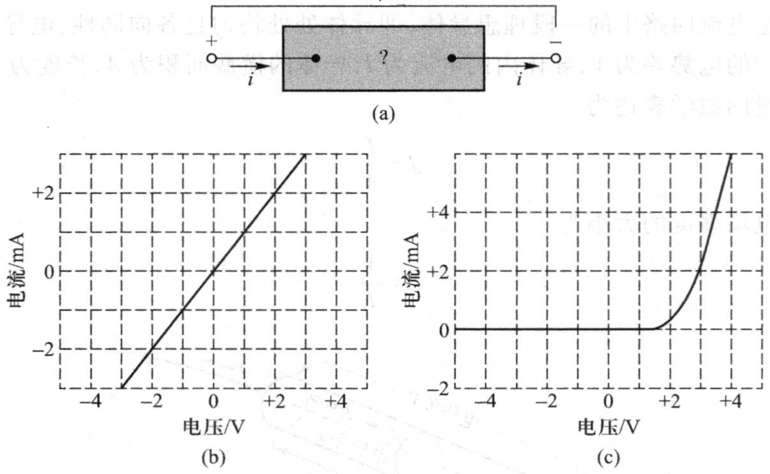

图 8. 3. 3

对于上述理想导体来讲,在导体的形状确定之后,其电阻就是一个定值,"电阻"就是上述电路中的元器件。因此,回路中的电压与电流就是一个线性关系,如图 8. 3. 3(b)所示,"电阻"是线性元器件。

而对于某些元器件来讲,其伏安特性曲线如图 8. 3. 3(c)所示,那么,它就是一个非线性的元器件。实际上,在电子电路中的大多数元器件都是非线性的,如电容器、电感及二极管等。因此,在电子电路中,欧姆定律的积分形式(8. 3. 2)的适用范围是十分有限的,而欧姆定律的微分形式(8. 3. 4)的适用范围就要大得多。

欧姆定律的积分形式(8. 3. 2)适用于恒定情形,也适用于变化不太快的非恒定情形(例如非迅变的似稳交变电场)。欧姆定律的微分形式(8. 3. 4)给出的是电流场($\boldsymbol{J}$)与电场($\boldsymbol{E}$)的点-点对应关系,对一般的非恒定情形均适用。就此而言,微分形式比积分形式更具有普遍性。

从前面的讨论可知,欧姆定律适用的条件是导电介质的电导率与外加电场无关。而在某些情形下,如当外加电场足够强时,电导率与外加电场表现出明显的相关性,欧姆定律也就不成立了。

比如对于在部分电离的气体中电场很强的情形,如果电场强度很大,足以使电子获得的定向漂移速率 v_{d} 可以和它的有效速率 v_{eff} 相比拟,那么平均时间 τ 会比没有外加电场时短。在这种情况下,平均时间 τ 就不可能看成一个与电场无关的常量,电导率就会是电场强度的函数。

另外,可以考虑电传导介质中的电场增强到能够使其发生电离的情形。所谓电离,就是指被加速的电子或离子与原子碰撞时使原子中的外层电子特别是价电子摆脱原子核的束缚而成为自由电子的过程。如果在两个电极之间的气体中电离过程正反馈爆发式地增长,就会迅速形成导电通路,这就是电火花。在某些固体材料中也会发生这种电子的电离过程,在电离过程中系统的传导电荷数量将快速增加,导致电传导介质中传导电荷密度迅速增加,以至于系统的电导率成为与电场强度相关的函数。

在低压气体中，电子的自由程非常长，就像在一个普通的荧光灯管中，电子冲击导致电离的过程以一个恒定的比率发生，在合适的电压下就可以维持一个恒定的电流。这个物理过程非常复杂，远非欧姆定律能够解释。因此，在使用欧姆定律时应当注意其适用范围。

拓展阅读：欧姆及欧姆定律

欧姆

拓展阅读：科学家西门子

西门子

三、焦耳定律

电流回路中的电源不断地将化学能转化成电能并输出到导体回路中做功，电能在回路中也不断地进行能量转化，比如转化成机械能、热能等。如图 8.3.4 所示的一个电流回路包括一个电源和一个未加说明的电气设备，回路中导线的电阻可以忽略。电池保持电路中的电流恒定，因此，在 dt 时间内电荷量为 $dq=idt$ 的电荷经过电气设备，并使其电势能减少 $dW=Vdq$（其中，V 是电池在电气设备上的电压降）。

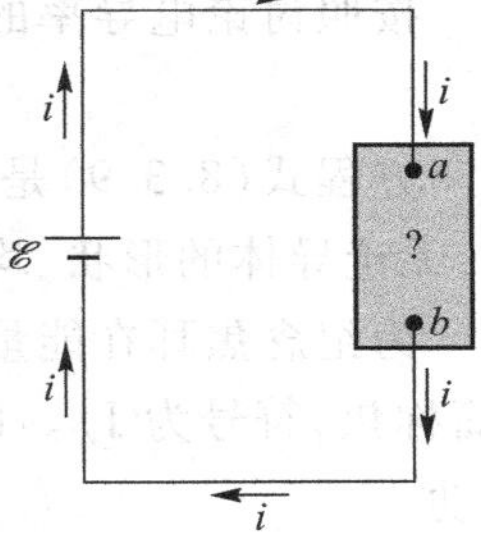

图 8.3.4

根据能量守恒定律，电势能的减少一定伴随着其他形式的能量转化。因此，转化功率为

$$P=\frac{\mathrm{d}W}{\mathrm{d}t}=\frac{\mathrm{d}q}{\mathrm{d}t}V=iV \tag{8.3.5}$$

上式为电能的转化率。即功率 P 是能量从电池到未知的电气设备的转化率，若电气设备是电动机，则电能转化为机械能对外做功；如果电气设备是蓄电池，则电能转化为化学能存储在蓄电池中。

如果电气设备是电阻性设备（如白炽灯、加热电器等），电能就转化为热能。在微观尺度上，这个能量的转化归因于传导电子与电阻性设备中原子之间的碰撞，这导致其晶格温度的升高。

对于前面所述的电阻回路，利用欧姆定律，式(8.3.5)可以变换为

$$P=iV=i^2R \quad 或 \quad P=V^2/R \tag{8.3.6}$$

如果将上式写成能量的形式，那么

$$W=Pt=i^2Rt$$

这就是英国物理学家焦耳于 1840 发现的传导电流将电能转化为热能的定律——焦耳定律。实际上，焦耳定律本质上说明电能与其他能量之间存在相互的转化，其规律如式(8.3.5)所述，而电能与热能之间的转化符合式(8.3.6)所述的规律，这种热能称为焦耳热。

式(8.3.6)所述的焦耳定律是其积分形式，它仅适用于恒定电流的情况。实际上，可以给出焦耳定律的微分形式使之可以在更广泛的范围内成立。如图 8.3.5 所示，在导体中的一段电流管中流过的电流为 $\mathrm{d}I$，电流管的每一个正截面都是等势面，正截面 $\mathrm{d}A_1$ 和 $\mathrm{d}A_2$ 之间的电势差为 $\mathrm{d}V$，$\mathrm{d}l$ 为 $\mathrm{d}A_1$ 和 $\mathrm{d}A_2$ 之间的长度，$\mathrm{d}A$ 为 $\mathrm{d}A_1$ 和 $\mathrm{d}A_2$ 之间的正截面的平均面积。我们用单位体积的热功率 p 来描述能量转化，p 称为热功率密度，因此利用式(8.3.6)可得

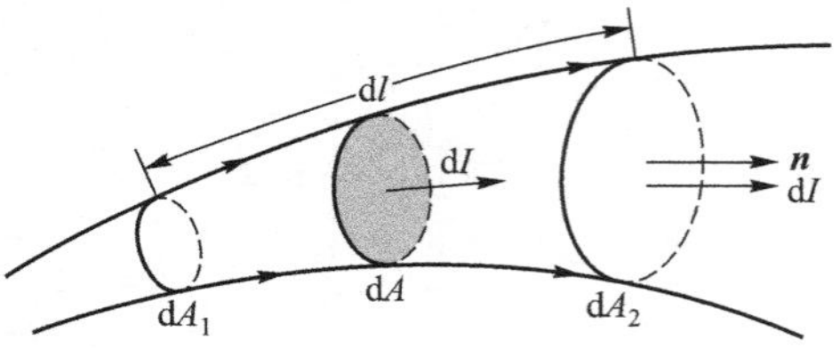

图 8.3.5

$$p=\frac{R(\mathrm{d}I)^2}{\mathrm{d}A\mathrm{d}l}=\frac{1}{\sigma}\left(\frac{\mathrm{d}I}{\mathrm{d}A}\right)^2=\frac{1}{\sigma}J^2 \tag{8.3.7}$$

或者

$$p=\sigma E^2 \tag{8.3.8}$$

其中，J 是电流密度矢量的标量数值，E 是导线中电场的标量数值。

按照讨论电导率的经典电子理论，还可以将热功率密度写成

$$p=\boldsymbol{J}\cdot\boldsymbol{E} \tag{8.3.9}$$

方程式(8.3.9)是焦耳定律最普遍的表述形式，即微分表述形式。它可以应用到任何导体，无论导体的形状、均匀性等如何，甚至也可以无论是恒定电流还是非恒定电流。

为纪念焦耳在能量转化方面的贡献，人们将国际单位制中能量和功的单位定义为焦耳（简称焦，符号为 J）。1 J 能量相当于 1 N 力作用在质点上并在力的方向上移动 1 m 距离所做的功。

拓展阅读:科学家焦耳

焦耳

四、基尔霍夫定律

从 19 世纪 40 年代开始,由于电气技术迅速发展,电路变得越来越复杂。某些电路呈现网络形状,并且网络中还存在一些由 3 条或 3 条以上支路形成的交点(节点)。很显然,这种复杂电路的问题不是简单的串、并联电路的公式能解决的。

刚大学毕业,年仅 21 岁的基尔霍夫在他的第一篇论文中就提出了适用于这种网络状电路计算的两个定律,即著名的基尔霍夫定律。基尔霍夫定律能够迅速求解任何复杂电路,成功地解决了这个难题。

基尔霍夫电流定律,简称 KCL(Kirchhoff current law),是电流回路中电流的连续性在集总参数电路上的体现,其物理本质是电荷守恒定律。基尔霍夫电流定律是确定电路中任意节点处各支路电流之间关系的定律,因此又称为节点电流定律。

基尔霍夫电流定律表明:所有进入某节点的电流的总和等于所有离开该节点的电流的总和。或者可以描述为:假设进入某节点的电流为正值,离开该节点的电流为负值,则所有涉及该节点的电流的代数和等于零。以方程表达,对于电路的任意节点,有

$$\sum_{k=1}^{n} i_k = 0$$

其中,i_k 是第 k 个进入或离开该节点的电流,即流过与该节点相连接的第 k 个支路的电流。节点电流可以是实数或复数,既可以是恒定电流,也可以是满足一定条件的变化电流。

下面我们通过两个具体的实例来讨论基尔霍夫电流定律的应用。

例 1 任一多节点的整体电路。

任一多节点的电路例子如图 8.3.6 所示。对于节点电流,规定流入节点的电流为正,流出节点的电流为负,那么,

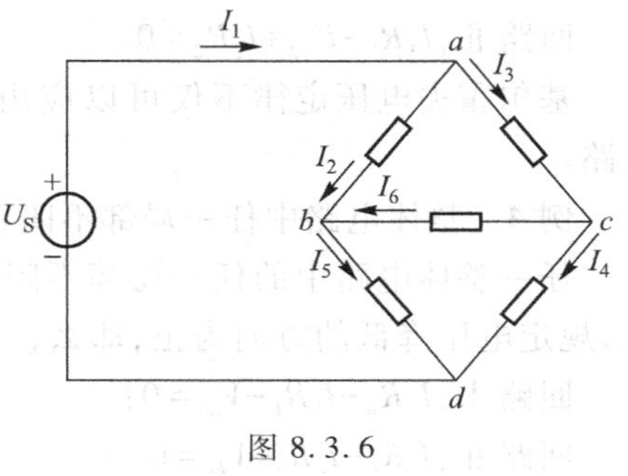

图 8.3.6

节点 a，$I_1-I_2-I_3=0$；

节点 b，$I_2+I_6-I_5=0$；

节点 c，$I_3-I_6-I_4=0$；

节点 d，$I_4+I_5-I_1=0$。

可见，流入节点的电流等于流出节点的电流。

例 2　整体电路中任一局域空间的多节点电路。

任一整体电路中任一局域空间的多节点电路例子如图 8.3.7 所示。对于节点电流，规定流入的电流为正，流出的电流为负，那么，

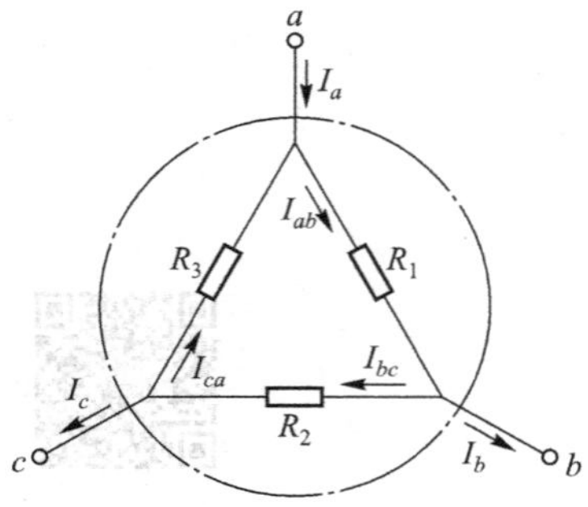

图 8.3.7

节点 a，$I_a+I_{ca}-I_{ab}=0$；

节点 b，$I_{ab}-I_b-I_{bc}=0$；

节点 c，$I_{bc}-I_{ca}-I_c=0$。

综上：

$$I_a=I_b+I_c$$

因此，流入虚线所包围的闭合面的电流的代数和为零。

基尔霍夫电压定律，简称 KVL(Kirchhoff voltage law)，是电势场中电势的单值性在集总参数电路上的体现，其物理本质是能量守恒定律。基尔霍夫电压定律是确定电路中任意回路内各电压之间关系的定律，因此又称为回路电压定律。

基尔霍夫电压定律表明：沿着闭合回路所有元器件两端的电势差(电压)的代数和等于零。或者可以描述为：沿着闭合回路的所有电动势的代数和等于所有电压降的代数和。

以方程表达，对于电路中的任意闭合回路，有

$$\sum_{k=1}^{m} u_k=0$$

其中，m 是该闭合回路中的元器件数目，u_k 是第 k 个元器件两端的电压(包括电源两端的电压)。回路电压可以是实数或复数，既可以是恒定电压，也可以是满足一定条件的变化电压。

下面我们通过两个具体的实例来讨论基尔霍夫电压定律的应用。

例 3　多回路电路。

多回路电路的例子如图 8.3.8 所示，选取两个回路Ⅰ、Ⅱ，规定电压降低的方向为正，那么，

回路Ⅰ，$U_{S2}-U_{S1}+I_1R_1-I_2R_2=0$；

回路Ⅱ，$I_3R_3-U_{S2}+I_2R_2=0$。

基尔霍夫电压定律不仅可以应用于闭合回路，而且可以推广应用于整体回路中的部分电路。

例 4　整体电路中任一局部不闭合回路。

任一整体电路中的任一局部不闭合电路的例子如图 8.3.9 所示，同样选取两个回路Ⅰ、Ⅱ，规定电压降低的方向为正，那么，

回路Ⅰ，$I_aR_a-I_bR_b-V_{ab}=0$；

回路Ⅱ，$I_bR_b-I_cR_c+V_{bc}=0$。

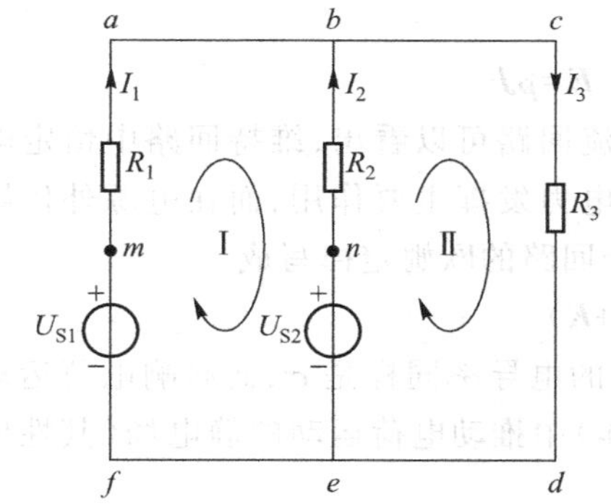

图 8.3.8

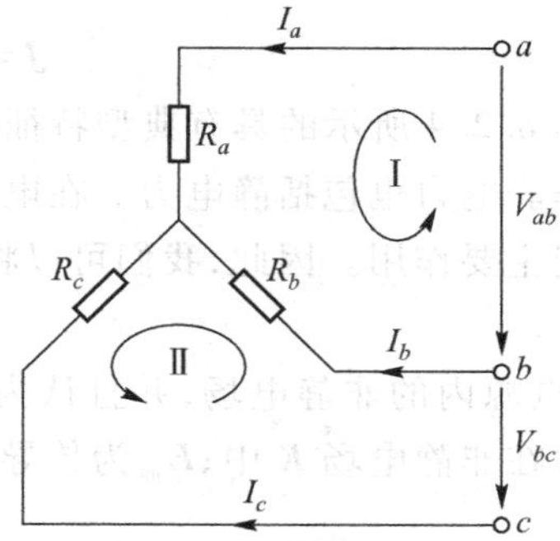

图 8.3.9

基尔霍夫定律的适用条件：集总参数电路。

在通常情况下，满足 $d \ll \lambda$ 条件的电路称为集总参数电路。其中，d 为电路的空间尺度参数，$\lambda = c/f$ 为电路中电压和电流的波长，c 为光速。集总参数电路的特点是电路中任意两个端点间的电压和流入任一元器件端口的电流完全确定，与元器件的几何尺寸和空间位置无关。

由于似稳电流（低频交流电）具有的电磁波长远大于电路的尺度，所以它在电路中每一瞬间的电流与电压均能在足够好的程度上满足基尔霍夫定律。因此，基尔霍夫定律的应用范围亦可扩展到交流电路。

拓展阅读：科学家基尔霍夫

基尔霍夫

第四节　恒定电流回路

一、恒定电流回路的性质

根据我们前面讨论的恒定电流回路中电流场的性质：

$$\nabla \cdot \boldsymbol{J} = 0$$

可知，回路中空间各点的电荷密度 ρ 不随时间变化。

恒定电流回路中的传导介质（导体）遵守欧姆定律，其内部的电场与电流密度矢量之间的

关系满足

$$\boldsymbol{J}=\sigma\boldsymbol{E} \quad 或 \quad \boldsymbol{E}=\rho\boldsymbol{J}$$

从如图 8.2.4 所示的具有典型特征的恒定电流回路可以看出，维持回路中恒定电流的条件既包括非静电力也包括静电力。在电源内非静电力发挥主要作用，而在电源外传导介质中的静电力起主要作用。因此，我们可以将满足整个回路的欧姆定律写成

$$\boldsymbol{J}=\sigma(\boldsymbol{E}_{静}+\boldsymbol{K}) \tag{8.4.1}$$

其中，$\boldsymbol{K}$ 为电源内的非静电场，并且认为电源内部的电导率同样是 σ，而影响电荷运动的其他因素都包含在非静电场 $\boldsymbol{K}$ 中；$\boldsymbol{E}_{静}$ 为传导介质（导体）中推动电荷运动的静电场（其性质在前面讨论过）。

接下来，我们讨论一下恒定电流在导体回路中的性质。图 8.4.1 是恒定电流回路中的一部分，这样一个导体中的电流场空间被周围的绝缘体所包围，传导电子只能在导体中漂移运动而不能运动到周围的绝缘介质中（导体中单位体积的电荷数 n 保持不变，以保证电导率 σ 为常量），因此，传导电子只能在导体回路中运动。当我们将导体连接到电源上时，电源给导体提供了一个静电场并在导体的两端产生一个电势差。如果导体在远离电源的地方发生了弯曲，但是电源提供的静电场并不能保证自由电子沿着改变了的导体路径运动，那么在电流场空间一定存在其他静电场来保证传导电子在导线中运动。实际上，这部分电场来源于导体表面堆积的电荷，这部分电荷按照某种需要堆积在导线的不同部位，以至于在不同的地方产生不同的静电场（大小和方向都有可能不同），目的就是保证在导体内的电流场——电流密度矢量——是恒定的，在导体内具有恒定电流。

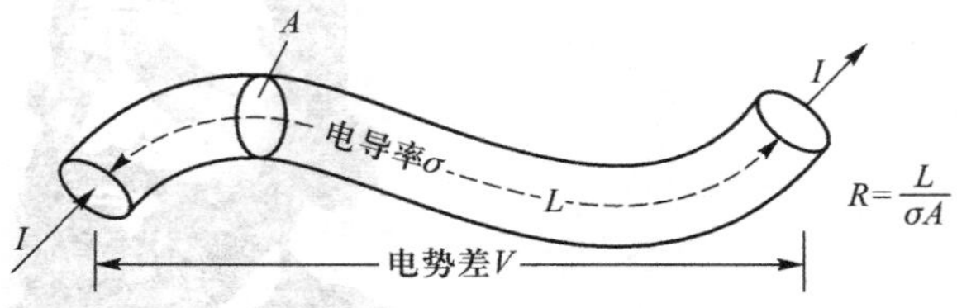

图 8.4.1

二、全电路欧姆定律

1. 含源电路的欧姆定律

对于恒定电流回路，式(8.4.1)就是含源电路欧姆定律的微分表述形式。下面我们讨论一下其积分表述形式。

我们用一均匀导体将电池的正负极相连，这时正传导电荷由电池的正极出发经导体回到电池的负极，而在电池内部非静电力克服电场力做功将正电荷从负极移动到正极。如图 8.4.2 所示，这是一个包含电池（电源）和等效电阻及开关 K 等电路元器件的理想的闭合回路。其中，电阻 R 为电源外导体回路的等效电阻（长为 L，截面积为 A），而连接电源与电阻 R 的导线是理想的（电阻为零）。沿此闭合回路，静电场 $\boldsymbol{E}_{静}$

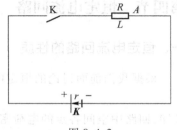

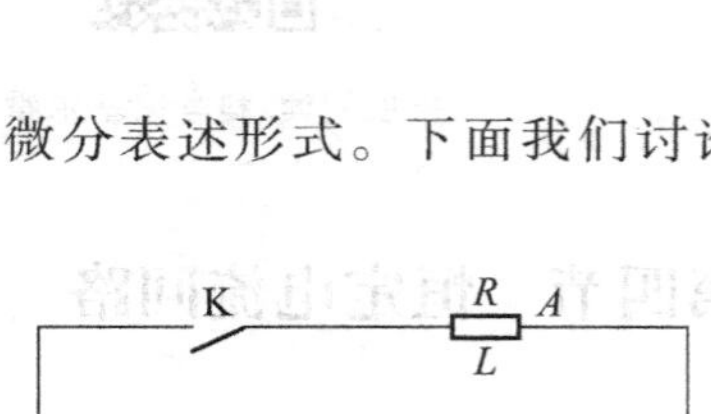

图 8.4.2

与非静电场 $\boldsymbol{K}$ 对单位正电荷所做的功为

$$\oint(\boldsymbol{E}_{静}+\boldsymbol{K})\cdot \mathrm{d}\boldsymbol{l}=\oint\boldsymbol{E}_{静}\cdot\mathrm{d}\boldsymbol{l}+\oint\boldsymbol{K}\cdot\mathrm{d}\boldsymbol{l}=\frac{1}{\sigma}\oint\boldsymbol{J}\cdot\mathrm{d}\boldsymbol{l} \tag{8.4.2}$$

静电场的回路积分为零，根据电动势的定义，有

$$\mathscr{E}=\oint\boldsymbol{K}\cdot\mathrm{d}\boldsymbol{l} \tag{8.4.3}$$

在如图 8.4.2 所示的闭合回路内，非静电场仅存在于电源内部，在电源外的导体回路上 $\boldsymbol{K}=\boldsymbol{0}$。

积分方程(8.4.2)的最后一项可以写为

$$\frac{1}{\sigma}\oint\boldsymbol{J}\cdot\mathrm{d}\boldsymbol{l}=\frac{1}{\sigma}\int_{外}\boldsymbol{J}\cdot\mathrm{d}\boldsymbol{l}+\frac{1}{\sigma}\int_{内}\boldsymbol{J}\cdot\mathrm{d}\boldsymbol{l}$$

考虑到对于等效电阻，$I=JA$，$R=L/\sigma A$，并且注意到在闭合回路导体中的任何一个部位，恒定电流密度矢量 $\boldsymbol{J}$ 与导体 $\mathrm{d}\boldsymbol{l}$ 的方向完全相同，因此

$$\frac{1}{\sigma}\int_{外}\boldsymbol{J}\cdot\mathrm{d}\boldsymbol{l}=I\int_{外}\frac{1}{\sigma A}\mathrm{d}l=IR \tag{8.4.4}$$

$$\frac{1}{\sigma}\int_{内}\boldsymbol{J}\cdot\mathrm{d}\boldsymbol{l}=Ir \tag{8.4.5}$$

其中，I 为回路的电流，r 为电源的内阻。综合式(8.4.3)、式(8.4.4)和式(8.4.5)可得

$$\mathscr{E}=IR+Ir \tag{8.4.6}$$

式(8.4.6)就是全电路欧姆定律的积分表述形式。

我们注意到，在考虑电源具有内阻的情况下，电源两端的电压降(电势差)在不同的情况下是不同的，即

$$V_{电源}=\mathscr{E}\quad(电路开路)$$

$$V_{电源}=\mathscr{E}-Ir\quad(电路闭合放电)$$

$$V_{电源}=\mathscr{E}+Ir\quad(电路闭合充电)$$

由此可知，如果电源的内阻不可忽略，电源的端电压就与通过电源的电流有关。并且，电源对外放电时端电压小于电动势，电源充电时端电压大于电动势，电流为零时端电压等于电动势。

2. 含源电路的能量关系

对于如图 8.4.2 所示的电路，当开关 K 闭合，电路导通时，电路中有电流 I 通过，电源将输出功率。电源放电时，电源中的非静电力推动正电荷由电源负极移到正极而做功，非静电力对单位正电荷的输出功率为

$$\boldsymbol{K}\cdot\boldsymbol{v}$$

若电源内部单位体积有 n 个电荷量为 q 的正电荷，则功率密度为

$$p=nq\boldsymbol{K}\cdot\boldsymbol{v}=\boldsymbol{K}\cdot\boldsymbol{J}$$

因此，电源输出功率为

$$P=\int_V p\mathrm{d}V=\int_V\boldsymbol{K}\cdot\boldsymbol{J}\mathrm{d}V=\left(\int\boldsymbol{K}\cdot\mathrm{d}\boldsymbol{l}\right)\times\left(\int\boldsymbol{J}\cdot\widehat{\boldsymbol{n}}\mathrm{d}S\right)$$

因此，

$$P=\mathscr{E}I \tag{8.4.7}$$

由于电源具有内阻，在内阻上消耗的功率为 I^2r，因此在电源放电时输出到外电路上的功

率为

$$VI = \mathscr{E}I - I^2 r \tag{8.4.8}$$

同理,当电源充电时,外电路对电源提供的功率为

$$VI = \mathscr{E}I + I^2 r \tag{8.4.9}$$

其中,$\mathscr{E}I$ 为反抗电源非静电力所需要的功率,对于电池(化学电源),它将转化为化学能;I^2r 则消耗在电源内阻上而转化成热能。

实际上,回路中的电源对外输出的功率应当等于电路元器件上能量转化的功率,这是能量守恒定律所要求的。若电路上的元器件是电阻,如图 8.4.2 所示,则电源输出的功率将转化为电阻上的焦耳热。因此,

$$P_{输出} = VI = I^2 R \tag{8.4.10}$$

而电路中的电流为 $I = \mathscr{E}/(R+r)$,则

$$P_{输出} = \frac{\mathscr{E}^2 R}{(R+r)^2} \tag{8.4.11}$$

在实际应用过程中,我们感兴趣的是什么情况下电源输出的功率最大,效率最高。因此,对式(8.4.11)求极值,即将电阻 R 看成变量,

$$\frac{\mathrm{d}P_{输出}}{\mathrm{d}R} = \frac{\mathscr{E}^2(R-r)}{(R+r)^3} = 0$$

由上式可知,当 $R=r$ 时,$P_{输出}$ 有最大值。也就是说,当外电路的电阻与电源内阻相等时,电源才能对外输出最大功率 $(P_{输出})_{\max} = \mathscr{E}^2/4r$。

电源功率输出的效率为

$$\eta = \frac{P_{输出}}{P} = 1 - \frac{r}{R+r} \tag{8.4.12}$$

当 $R \gg r$ 时,$\eta \to 1$;当 $R \to 0$ 时,$\eta \to 0$;当 $R = r$ 时,$\eta = 1/2$。

从上述分析可以看出,对于电源的输出功率及输出效率,还要根据实际情况分别考虑。

实际上,如果仅考虑热功率转化,式(8.4.8)表述的就是含源电路的焦耳定律。

从能量的角度看全电路欧姆定律,本质上它也符合欧姆定律的微分方程式(8.4.1)的表述。在含源电路中,维持电路恒定电流状态需要非静电场和静电场的共同作用。在外部电路的导体中,主要是静电场起作用,静电场在把正电荷从高电势处移动到低电势处的过程中做正功,将静电能转化为电路元器件的能量,若元器件是一电阻,则静电场做的功就转化为电阻上的焦耳热。在非静电场存在的电源内,非静电场将正电荷从低电势处移动到高电势处的过程中抵抗静电场力做功,消耗非静电能的同时增加静电能。在绕闭合回路一周的过程中,静电场做的总功为零,静电能变化的总和也为零。电路上消耗的能量归根结底是非静电场提供的,若电源是化学电池,这部分能量就来源于化学能。但是,静电场在其中起能量转化的作用,将电源内部的非静电能转送到外电路的元器件上。

三、恒定电流回路的网络定理

基尔霍夫根据电荷守恒定律和能量守恒定律建立了复杂电流网络的分析方法,即节点电流定律和回路电压定律。有了上述定律,原则上任何复杂的电流网络的问题都可以解决。但

是在实际应用过程中,往往由于电路过于复杂而需要借助一些网络定理来简化分析工作。下面我们简单介绍几个网络定理,这些定理都是建立在欧姆定律和基尔霍夫定律基础上的线性定理,仅适用于线性(由线性元器件构成的)电流网络。

1. 叠加定理

叠加定理:由全部独立电源在线性电阻电路中产生的任一响应(电压或电流),等于每一个独立电源单独作用所产生的相应响应(电压或电流)的代数和。

应用条件:① 适用于线性网络,不适用于非线性网络;② 某一电源单独作用时,其内阻、受控源(电动势)均应保留,而其他电源置零,即独立电压源短路,独立电流源开路;③ 叠加结果为代数和,应注意电压或电流的参考方向;④ 只适用于电压和电流,不能用于功率和能量的计算(它们是电压或电流的二次函数)。

例 1 利用叠加原理求电路网络图 8.4.3(a)中的各个电流。其中,$\mathscr{E}_1 = 140\ \mathrm{V}$,$\mathscr{E}_2 = 90\ \mathrm{V}$,$R_1 = 20\ \Omega$,$R_2 = 5\ \Omega$,$R_3 = 6\ \Omega$。

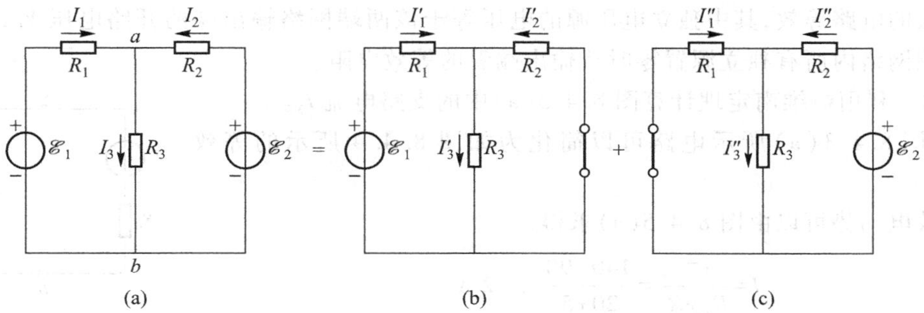

图 8.4.3

解:图 8.4.3(a)所示电路可以看成图 8.4.3(b)和图 8.4.3(c)所示电路的叠加。

在图 8.4.3(b)中,

$$I_1' = \frac{\mathscr{E}_1}{R_1 + \dfrac{R_2 R_3}{R_2 + R_3}} = \frac{140}{20 + \dfrac{5\times 6}{5+6}}\ \mathrm{A} = 6.16\ \mathrm{A}$$

$$I_2' = \frac{R_3}{R_2 + R_3} I_1' = \frac{6}{5+6} \times 6.16\ \mathrm{A} = 3.36\ \mathrm{A}$$

$$I_3' = \frac{R_2}{R_2 + R_3} I_1' = \frac{5}{5+6} \times 6.16\ \mathrm{A} = 2.80\ \mathrm{A}$$

在图 8.4.3(c)中,

$$I_2'' = \frac{\mathscr{E}_2}{R_2 + \dfrac{R_1 R_3}{R_1 + R_3}} = \frac{90}{5 + \dfrac{20\times 6}{20+6}}\ \mathrm{A} = 9.36\ \mathrm{A}$$

$$I_1'' = \frac{R_3}{R_1 + R_3} I_2'' = \frac{6}{20+6} \times 9.36\ \mathrm{A} = 2.16\ \mathrm{A}$$

$$I_3'' = \frac{R_1}{R_1 + R_3} I_2'' = \frac{20}{20+6} \times 9.36\ \mathrm{A} = 7.20\ \mathrm{A}$$

因此，

$$I_1 = I_1' - I_1'' = 4.0\ \text{A}$$

$$I_2 = I_2'' - I_2' = 6.0\ \text{A}$$

$$I_3 = I_3'' + I_3' = 10.0\ \text{A}$$

在线性电路中，因为电流与电压之间的线性关系，不仅电流可以叠加，电压也可以叠加。例如在图 8.4.3(a) 中，

$$V_{ab} = R_3 I_3 = R_3(I_3' + I_3'') = R_3 I_3' + R_3 I_3''$$

但是，功率不适用于叠加定理。例如，

$$P_3 = R_3 I_3^2 = R_3(I_3' + I_3'')^2 \neq R_3 I_3'^2 + R_3 I_3''^2$$

这是因为电流与功率之间不是线性关系。

2. 戴维南定理

戴维南定理：任一线性有源两端网络，就其两个输出端而言总可与一个独立电压源和线性电阻串联的电路等效，其中独立电压源的电压等于该两端网络输出端的开路电压 V_0，电阻 R_0 等于两端网络内所有独立源置零时从输出端看的等效电阻。

例 2 利用戴维南定理计算图 8.4.3(a) 中的支路电流 I_3。

解：图 8.4.3(a) 所示电路可以简化为如图 8.4.4 所示的等效电路。

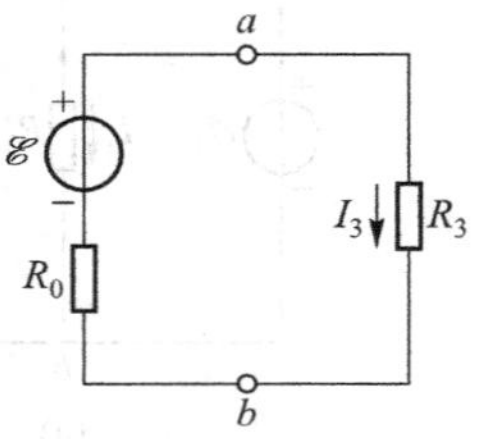

图 8.4.4

等效电动势可以由图 8.4.5(a) 求得，

$$I = \frac{\mathscr{E}_1 - \mathscr{E}_2}{R_1 + R_2} = \frac{140-90}{20+5}\ \text{A} = 2\ \text{A}$$

于是，

$$\mathscr{E} = V_0 = \mathscr{E}_1 - R_1 I = (140 - 20\times 2)\ \text{V} = 100\ \text{V}$$

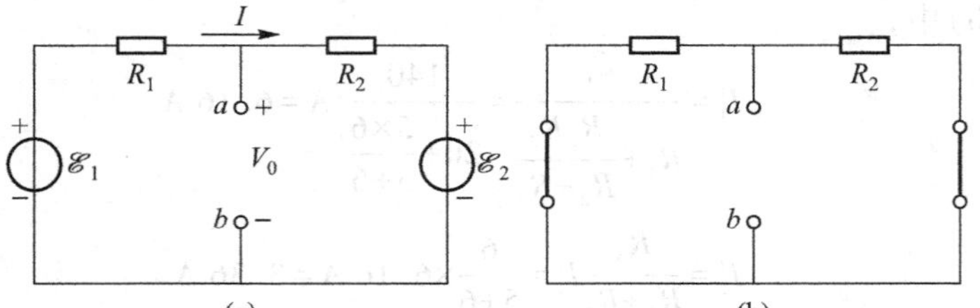

图 8.4.5

或者

$$\mathscr{E} = V_0 = \mathscr{E}_2 + R_2 I = (90 + 5\times 2)\ \text{V} = 100\ \text{V}$$

等效电源的内阻 R_0 可以由图 8.4.5(b) 求得。对 a、b 两端来讲，R_1 和 R_2 是并联的，因此

$$R_0 = \frac{R_1 R_2}{R_1 + R_2} = \frac{20\times 5}{20+5}\ \Omega = 4\ \Omega$$

则

$$I_3 = \frac{\mathscr{E}}{R_0 + R_3} = \frac{100}{4+6}\ \text{A} = 10\ \text{A}$$

3. 诺顿定理

诺顿定理：任一线性有源两端网络，就端口而言，可以等效为一个电流源和电阻的并联。电流源的电流等于网络外部短路时的端口电流，电阻则是网络内全部独立源为零时的等效电阻。

例 3　利用诺顿定理计算图 8.4.3(a)中的支路电流 I_3。

解：图 8.4.3(a)可以简化为如图 8.4.6 所示的等效电路。

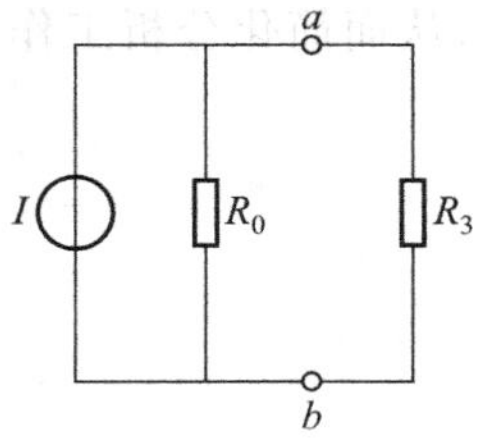

图 8.4.6

等效电流可以由图 8.4.7(a)求得，

$$I=\frac{\mathscr{E}_1}{R_1}+\frac{\mathscr{E}_2}{R_2}=\frac{140}{20}\ \mathrm{A}+\frac{90}{5}\ \mathrm{A}=25\ \mathrm{A}$$

等效电源的内阻 R_0 可以由图 8.4.7(b)求得。对 a、b 两端来讲，R_1 和 R_2 是并联的，因此

$$R_0=\frac{R_1R_2}{R_1+R_2}=\frac{20\times5}{20+5}\ \Omega=4\ \Omega$$

则

$$I_3=\frac{R_0}{R_0+R_3}I=\frac{4}{4+6}\times25\ \mathrm{A}=10\ \mathrm{A}$$

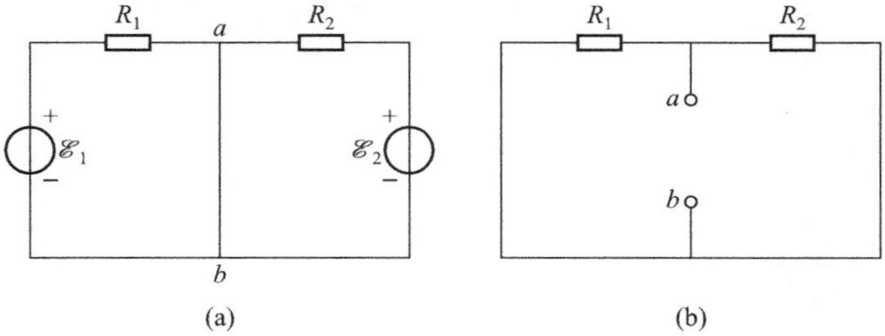

图 8.4.7

从上述关于戴维南定理和诺顿定理的描述及应用举例可以发现，对于任一具体的线性有源两端网络而言，它们所得到的结论是完全一致的。换句话说，戴维南等效电压源和诺顿等效电流源既然都可以用来代替同一个线性有源两端网络，那么在对外等效条件下，它们相互之间可以等效变换。即等效电流与等效电压与内阻之间存在如下的变换公式：

$$I=\frac{V_0}{R_0}$$

变换时内阻保持不变，等效电流源中电流应由等效电压源的负极流向正极。

上述两个定理可以统称为等效电源定理，它的应用可以将一个复杂的电路简单化，尤其是在只需要计算复杂电流网络中的某一支路的电流或电压时。

应用等效电源定理时必须注意：

(1) 等效电源定理只对外电路等效，对内电路不等效。也就是说，不可应用该定理求出等效电源的电动势或电流和内阻之后，又返回来求原电路（即有源二端网络内部电路）的电流或电压和功率。

（2）应用等效电源定理进行分析和计算时，如果待求支路的有源二端网络仍为复杂电路，那么可再次运用等效电源定理，直至成为简单电路。也就是说，等效电源定理可以在一个复杂电路网络中多次使用。

（3）等效电源定理只适用于线性的有源二端网络。若有源二端网络含有非线性元件，则不能应用等效电源定理求解。但是可以将非线性网络中的线性部分用戴维南或诺顿电路等效，从而简化分析工作。

第九章　真空中的恒磁场

在第二篇“时不变电磁场”中我们曾经讨论过，当麦克斯韦方程组中不考虑时间变化的项——电场和磁场都不随时间变化——时，方程组就分成两个看似毫无关联的关于电场与磁场的特殊方程，它们也唯一地确定了这种形态下“场”的性质——即“时不变电场”与“时不变磁场”。

关于“时不变电场”，我们在第六章、第七章和第八章中进行了系统讨论。

“时不变磁场”的有关性质由下述关于磁场散度和磁场旋度的矢量微分方程组唯一地确定：

$$\begin{aligned}\nabla\cdot\boldsymbol{B}&=0\\ \nabla\times\boldsymbol{B}&=\frac{1}{\varepsilon_0c^2}\boldsymbol{J}\end{aligned}\tag{9.0.1}$$

下面我们将就“时不变磁场”的相关内容展开讨论。

第一节　磁力与磁场

一、磁场的定义

在研究时不变磁场时，可以通过与电场类比的方式来了解磁场。时不变电场通常可以用电荷在空间对电场的响应——电力——来描述。磁场也可以用运动电荷在空间对磁场的响应——磁力(洛伦兹力)——来描述，因为只有相对于磁场运动的电荷才能对磁场产生响应。

在某一特定的时刻 t，一个电荷量为 q 的粒子以速度 $\boldsymbol{v}$ 经过空间某一坐标系中的 $P(x,y,z)$ 点，如图 9.1.1 所示，存在一个与粒子运动状态——粒子运动速度 $\boldsymbol{v}$ 相关的力，即“磁力”。与电力相比，“磁力”的大小不仅取决于电荷量，而且取决于带电粒子的速度大小及速度方向与空间某一方向的夹角 θ，并与 $\sin\theta$ 成正比；“磁力”的方向垂直于速度矢量的方向，还垂直于空间中某一个固定的方向，即图 9.1.1 中(?)的方向。上述“磁力”的所有性质都可以通过一个定义为磁场的矢量 $\boldsymbol{B}(x,y,z,t)$ 来描述。因此，作用于带电粒子的磁场力方程可以表述为

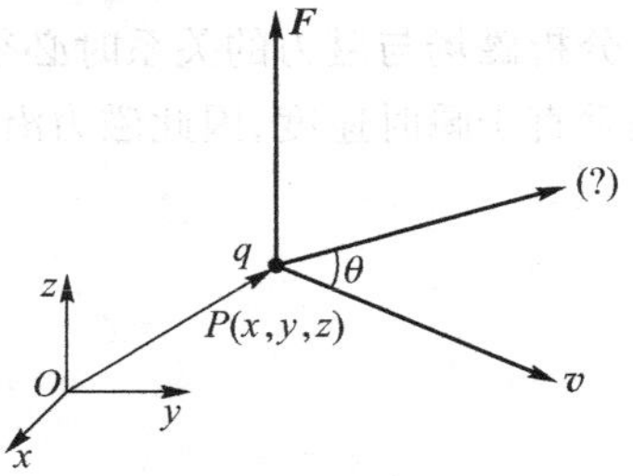

图 9.1.1

$$\boldsymbol{F}=q\boldsymbol{v}\times\boldsymbol{B}\tag{9.1.1}$$

其中，$\boldsymbol{F}$ 是磁力，q 是电荷量，$\boldsymbol{v}$ 是电荷的运动速度，$\boldsymbol{B}$ 是描述磁场的矢量，它可以称为“磁感应强度”矢量或“磁通量密度”矢量。

与电场的定义类似，我们通过运动电荷在空间所受到的力(与电场力不同的另一种力)来定义磁场，式(9.1.1)也是磁场 $\boldsymbol{B}$ 的定义式。

阴极射线管实验是比较明显的磁场力演示实验，如图 9.1.2 所示。可以看出，电子束的运动速度方向由左至右，而空间磁场的方向指向纸面内。可以明显观察到电子束的偏转，因此，电子束一定受到了磁场的作用。这个磁场力的特征——大小和方向——正如前面讨论的一样。

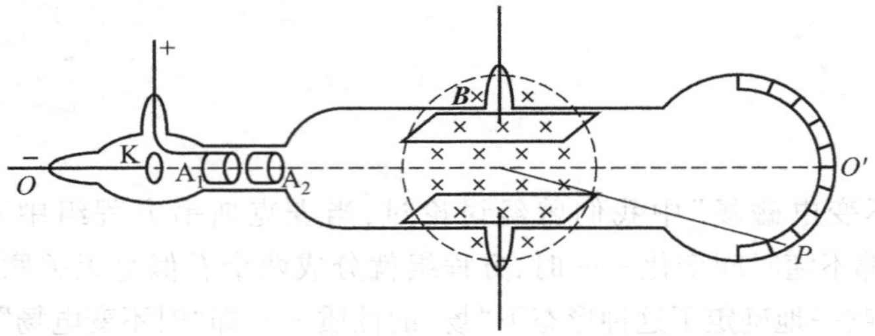

图 9.1.2

根据式(9.1.1)，我们可以看到磁力 $\boldsymbol{F}$ 与运动电荷的速度 $\boldsymbol{v}$ 及电荷所在处的磁场 $\boldsymbol{B}$ 之间的关系，磁力 $\boldsymbol{F}$ 总是与速度 $\boldsymbol{v}$ 及磁场 $\boldsymbol{B}$ 所形成的平面垂直。图 9.1.2 给出了一种特殊情况，即三者是互相垂直的。实际上，并不要求速度和磁场一定是垂直的，二者可以是任意的方向，只是磁场力总是垂直于二者。

由磁场 $\boldsymbol{B}$ 的定义式(9.1.1)可以看出，磁场的单位是 $1\ \mathrm{N\cdot s\cdot C^{-1}\cdot m^{-1}}$。在国际单位制中，磁场的单位定义为：在单位场强的磁场中，带电荷量 1 C 的电荷以 1 m/s 的速度垂直于磁场运动，该电荷受到 1 N 的力。如此定义的磁场的单位为特斯拉(T)：

$$1\ \mathrm{T}=1\ \frac{\mathrm{N}}{\mathrm{C\cdot m/s}}=1\ \frac{\mathrm{N}}{\mathrm{A\cdot m}}=1\ \frac{\mathrm{Wb}}{\mathrm{m^2}} \tag{9.1.2}$$

其中，韦伯(Wb)是磁通量的单位。磁场 $\boldsymbol{B}$ 的单位还有高斯单位制中的“高斯”(Gs)，变换关系为 $1\ \mathrm{T}=10^4\ \mathrm{Gs}$。

与电场类比，可以发现磁场与电场的区别：与电场类似，磁场也正比于磁力，但电场的方向平行于电力，而磁场的方向垂直于磁力；磁场也可以用试探电荷的受力来描述，但与电场不同的是，在分析磁场与磁力的关系时必须考虑试探电荷的运动状态——速度的大小和方向；由于磁力总是垂直于瞬时速度，因此磁力沿电荷运动方向的分量总是等于零，磁力做的功也总是等于零。

韦伯

拓展阅读：科学家韦伯

二、磁场的分类

从磁场产生的基本原理来说,空间存在的任何磁场都可以称为电磁场(目前认为,磁性本质上源于电荷的运动,即电流和原子磁矩)。但在实际应用过程中,为了便于区别,人们根据磁场的性质对其进行了分类。这种分类并不是绝对的,有些还是相互交叉的(如电磁波既可以在天然磁场和人造磁场的分类中,也可以在时空特性的分类中)。因此,人为进行的磁场分类只是为了更好地了解磁场的性质,有利于人们在具体实践过程中的应用。下面我们从几个方面对磁场进行分类讨论。

我们先考察磁场的时空特性,即时不变磁场与时变磁场。时不变磁场就是空间磁场的大小和方向都不随时间变化的磁场,如永久磁体产生的静磁场、恒定电流产生的恒定磁场等,如图 9.1.3 所示。时变磁场就是空间磁场的大小或方向随时间变化的磁场,如交流电流产生的磁场、脉冲磁场、微波磁场、电磁波等。在螺线管中通入交流电流或脉冲电流,就会在螺线管空间得到时变磁场或脉冲磁场(时间变化很快的磁场,或者说,在空间存续时间很短的磁场),在空间传播的电磁波也是时变电磁场的例子,如图 9.1.4 所示。

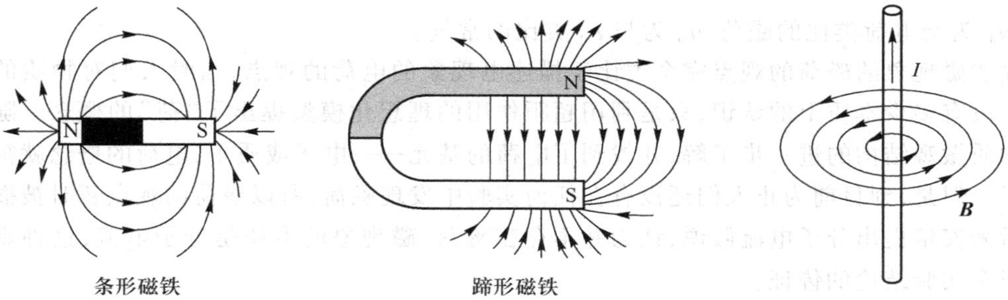

图 9.1.3

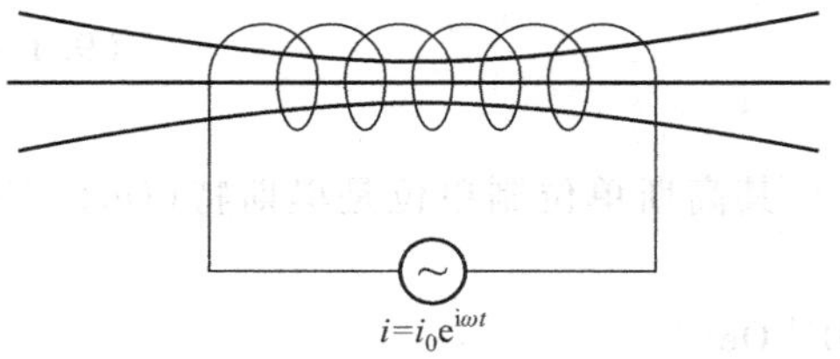

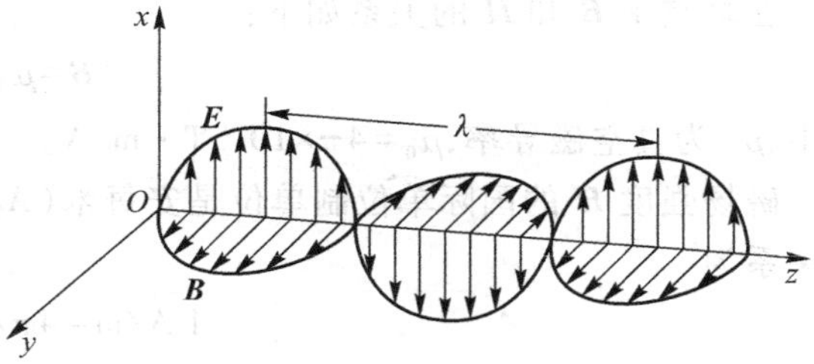

图 9.1.4

我们再从磁场的产生途径来考察天然磁场与人造磁场。天然磁场就是自然界中天然存在的磁场,如地磁场、生物磁场等。目前人们经常关注的自然界中存在的磁场有:生物磁场,如人类正常脑磁场:$\leqslant 5\times10^{-12}$ T、人类正常心磁场:$\leqslant 10^{-10}$ T;自然空间中磁场,如外太空:$10^{-10}\sim10^{-8}$ T、地球表面:$2\times10^{-5}\sim5\times10^{-5}$ T、天然磁石:$10^{-4}\sim10^{-2}$ T、太阳黑子:1 ~ 10 T、白矮星:$10^{2}\sim10^{3}$ T、中子星:$10^{6}\sim10^{8}$ T、磁星:$10^{8}\sim10^{11}$ T 等。

人造磁场就是人们根据生产、科研实践的需要而人为构造的磁场,如在磁电式仪表中利用永久磁铁构造的恒定磁场、人造电磁铁等装置产生的磁场，如图 9.1.5 所示。

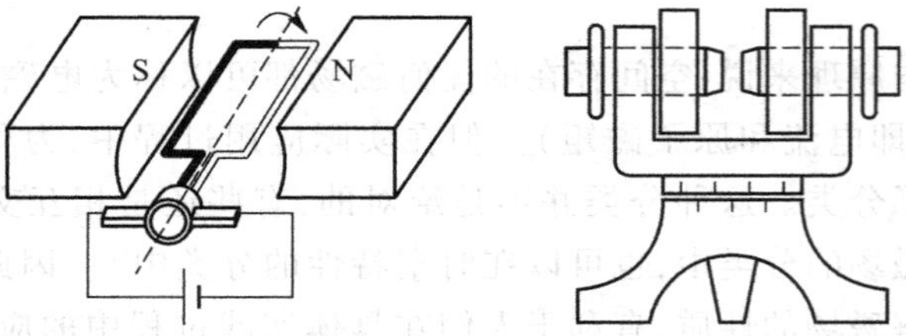

图 9.1.5

三、磁场强度 H

为了定量描述磁相互作用，类比于电荷的库仑定律，人们认为存在正负两种磁荷，并提出磁荷的库仑定律。同样，类比于电场强度 $\boldsymbol{E}$，人们在描述磁场性质的过程中定义了磁场强度 $\boldsymbol{H}$，磁场强度 $\boldsymbol{H}$ 可以理解为单位正磁荷 q_m 在磁场中所受的力，即

$$\boldsymbol{H}=\frac{1}{4\pi\mu_0}\frac{q_m}{r^2}\hat{\boldsymbol{r}} \tag{9.1.3}$$

其中，q_m 为与电荷类比的磁荷，μ_0 为与 ε_0 类比的常量。

描述磁现象的磁荷的观点完全类比于描述电现象的电荷的观点，当时人们对物质的微观结构并没有多少本质上的认识，只是利用超距作用的理想化模型提出了“荷”的概念。随着人们对物质微观结构的进一步了解，并找到了电荷的基元——电子或质子，电荷的概念就被人们接受了。但是，到目前为止人们还没有在任何实验中发现磁荷，所以磁荷的观点暂时被搁置起来。后来安培提出分子电流假说，认为并不存在磁荷，磁现象的本质是分子电流，这种观点得到了很多实验结论的佐证。

分子电流观点和磁荷观点的微观模型不同，但宏观结果几乎完全一样。不管磁荷是否存在，在讨论磁介质问题时采用磁荷观点往往比较简便，因此，磁荷观点仍有应用价值。

在真空中 $\boldsymbol{B}$ 和 $\boldsymbol{H}$ 的关系如下：

$$\boldsymbol{B}=\mu_0\boldsymbol{H} \tag{9.1.4}$$

其中，μ_0 为真空磁导率，$\mu_0=4\pi\times10^{-7}\ \mathrm{T\cdot m/A}$。

磁场强度 $\boldsymbol{H}$ 的国际单位制单位是安每米（A/m），其高斯单位制单位是奥斯特（Oe），二者的关系为

$$1\ \mathrm{A/m}=4\pi\times10^{-3}\ \mathrm{Oe}$$

四、ε_0、μ_0 和 c 的相互关系

到目前为止，我们已经得到了描述电、磁现象的物理常量 ε_0、μ_0。现在我们知道，它们都是具有确定物理意义的物理量，ε_0 是描述真空介电特性的物理量——真空介电常量；而 μ_0 是描述真空磁传导特性的物理量——真空磁导率。

19 世纪中叶，即使人们通过奥斯特和法拉第的实验已经观察到了电与磁之间的联系，人们对于电场 $\boldsymbol{E}$ 表达式中的 ε_0 和磁场 $\boldsymbol{H}$ 表达式中的 μ_0 之间的联系仍不明确，它们似乎是两种独立的理论中没有关系的两个常量。

1861—1865 年,麦克斯韦完成了描述电磁学规律的电磁场方程组的总结,并推导出电磁场的波动方程,预言了电磁波的存在并计算出电磁波的传播速度为 $1/\sqrt{\varepsilon_0\mu_0}\approx 3\times 10^8$ m/s,这与当时实验测定的光速非常接近,这个结果强烈暗示了光是一种电磁波。1888 年,赫兹通过一系列的实验对此进行了验证,得到了肯定的答案。上述过程证明光速 c 是由常量 μ_0 和 ε_0 决定的,即 $c=1/\sqrt{\varepsilon_0\mu_0}$。

爱因斯坦于 1905 年提出了狭义相对论,狭义相对论是以光速 c 不变为基础的。在讨论运动电荷相互作用的过程时可以发现,μ_0 是由光速 c 和常量 ε_0 决定的,即 $\mu_0=1/\varepsilon_0 c^2$。

总之,无论以哪一种方式给出这三个常量之间的关系,都表明自然界的各种物理现象及其规律是相互关联的,不存在孤立的情形。若我们发现还有哪些现象及其规律看似孤立无关,那一定是还有需要我们探索和总结的更深层次的规律——那些将它们联系在一起的规律。这也正是我们探索自然、找寻其规律的方法论。

至此,我们可以将时不变磁场的方程组(9.0.1)改写为

$$\begin{aligned}\nabla\cdot\boldsymbol{B}&=0\\ \nabla\times\boldsymbol{B}&=\mu_0\boldsymbol{J}\end{aligned}\tag{9.1.5}$$

第二节　电流产生的磁场

一、电生磁的实验研究——奥斯特实验

1820 年 4 月,奥斯特(Hans Christian Ørsted,1777 年 8 月 14 日—1851 年 3 月 9 日)发现了电流的磁效应,使电磁现象的研究从定性走向了定量,这标志着电磁学的开始。

18 世纪末的几十年间,电现象的定量研究——静电学——达到了一个空前的高度,库仑做实验并总结出了电相互作用的基本定律——库仑定律。1783 年,库仑把形式上完全相同的定律推广到磁极之间的相互作用(磁库仑定律),这件事意义重大,标志着电学和磁学研究从定性阶段进入了定量阶段。库仑也探讨过电与磁的相关性,但是在实验上一无所获。他从电荷可以传导而磁荷不能传导的事实,进一步肯定电与磁是不相同的实体,进而确信电与磁没有关系。这种思想延续到 19 世纪初,当时的物理学家如安培和毕奥等人都认为电和磁不会有任何联系。1800 年发明的伏打(伏特)电池,宣告了第二类电源时代的开始(第一类电源是指静电摩擦起电——电源——而言的)。恒定持续的电流为化学家开辟了新领域,电化学随即诞生。它也为电磁学的创立提供了条件,然而由于一些固有的观念(库仑等人宣称的电与磁没有任何关系的结论),在随后整整 20 年中几乎没有人利用这种条件去寻找电与磁的联系。

18 世纪后期,在德国兴起的自然哲学思潮,弘扬自然界中联系、发展的观点,批评牛顿理论中机械论的成分对当时的一些科学家产生了重要的影响。奥斯特青年时代就是康德哲学的崇拜者,1799 年他的博士论文讨论的就是康德哲学,后来他访问德、法,周游欧洲,成为德国自然哲学的追随者。奥斯特认为各种自然力都来自同一根源,可以相互转化。他一直坚信电和磁之间一定有某种关系,电一定可以转化为磁。奥斯特仔细地审查了库仑的论断,发现库仑研究的对象全是静电和静磁,二者确实不可能转化。他猜测,非静电、非静磁可能是转化的条件,应该把注意力集中到电流和磁体有没有相互作用来进行探索。在 1812 年出版的《关于化学力

和电力统一的研究》一书中，奥斯特推测，既然电流通过较细的导线会产生热，那么通过更细的导线就可能发光，导线直径再小下去，就完全有可能产生磁效应。沿着这个思路，他做了许多实验，但都没有获得成功。

1819 年冬天，作为哥本哈根大学的物理学教授，奥斯特受命给学生讲授电学、流电学和磁学，并在此期间继续开展电流磁效应的研究。奥斯特一直相信电、磁、光、热等现象相互存在内在的联系，尤其是富兰克林曾经发现莱顿瓶放电能使钢针磁化，更坚定了他的观点。

当时，有些人做过实验，寻求电和磁的联系，结果都失败了。奥斯特分析这些实验后认为：在电流方向上去找磁效应，看来是不可能的，那么磁效应的作用会不会是横向的呢？为了验证这个想法，他于次年春天设计了几个实验，但还是没有成功。直到 1820 年 4 月的一个晚上，在今天的人们看来十分简单，但是在电磁学的历史上却是一个开创性的伟大发现终于到来。哈斯坦曾经目睹这一事件，他在 1857 年写给法拉第的信中追述当时的情景写道：

"奥斯特将一根与伽伐尼电池相连接的导线垂直地放在一枚磁针上方，没有发现磁针运动。然后他用一只更强的伽伐尼电池做另一次同样的实验，并打算随后便结束他的讲演。就在这时他突然又说道：'让我们把导线同磁针平行地放置试试看……'瞬时他完全愣住了，因为他看到磁针几乎和磁子午线成直角地大幅度摆动着。接着他又说道：'现在让电流方向反过来'，于是磁针就沿着相反的方向偏转。"

奥斯特实验

奥斯特惊喜万分，然而他是一个十分认真的学者，针对这个激动人心的发现又用了整整三个月的时间进行仔细研究。在这期间，他做了一系列的实验，在通电导线和磁针之间放置玻璃、木块、水，以至于石头等物质，发现它们都不会影响磁针的偏转。继而，他又用黄铜针、玻璃针和橡皮针代替磁针，结果它们都不发生偏转。这样，奥斯特才终于肯定了这是一种电流的磁效应。1820 年 7 月 21 日，奥斯特发表了论文《关于磁针上电流碰撞的实验》。该论文指出，电流所产生的磁力既不与电流方向相同也不与之相反，而是与电流方向垂直。这一发现是奥斯特创新性研究成果的核心。他用"电碰撞"的概念来解释电流的磁效应。所谓"电碰撞"是指在电流周围存在一种环形力，它可以穿透非磁性物质，但不能穿透磁体，一旦碰上磁体就会发生碰撞致使磁体的轴转到与电流垂直的方向。

他认为电碰撞是沿着以导线为轴线的螺旋线方向传播的，螺旋的方向与轴线方向垂直，这就是形象的横向效应的描述。

奥斯特对电流磁效应的解释虽然不完全正确，但并不影响这一实验的重大意义，它证明了电和磁能相互转化，这为电磁学的发展打下基础。

奥斯特发现的电流磁效应，是科学史上的重大发现，它立即引起了那些懂得它的重要性和价值的人们的注意。在这一重大发现之后，一系列的新发现接连出现。安培两个月后发现了电流间的相互作用，阿拉果制成了第一个电磁铁，施魏格发明了电流计等。安培曾写道："奥斯特先生……已经永远把他的名字和一个新纪元联系在一起了。"奥斯特的发现揭开了物理学史上的一个新纪元。

拓展阅读:科学家奥斯特

奥斯特

二、安培定律与毕奥-萨伐尔定律

1820 年,奥斯特公布了研究成果——电流的磁效应——之后,安培在不到半年的时间内就将一个“超距作用(action at a distance)”范畴的电动力学框架建立起来,并提出了后来以他的名字命名的电动力学基本公式——安培定律。同年,另两位法国科学家毕奥(J. B. Biot)和萨伐尔(F. Savart)也通过实验,利用数学方法总结了这一实验结果,给出了电流元之间的相互作用规律——毕奥-萨伐尔定律。

安培定律和毕奥-萨伐尔定律正如库仑定律一样,是源自实验的定律,最后又纳入超距力学的框架,即电磁相互作用既符合距离平方反比律,又符合作用与反作用原理,而且作用是瞬间在平直空间中完成的。它们对电磁相互作用的分析方法源于牛顿力学,处理了“电流元”或“分子电流”对磁体的作用,特别处理了这种作用力的大小和方向。

值得注意的是,在安培实验中有一些巧合,本质上作为作用实体的恒定电流元是不能单独存在的,它一定是恒定电流回路的一部分,实验中的现象应该是恒定电流回路整体效应而非电流元产生的。后面在具体讨论中我们会发现,电流元之间的相互作用有时不符合牛顿第三定律,这也体现了电流元模型的局限性。尽管如此,安培定律和毕奥-萨伐尔定律在处理某些电流产生磁场的问题时仍起到了一定的作用,并且这两个定律在电磁学发展过程中同样发挥了重要的作用。因此,我们将较为详细地介绍这两个定律。

1. 安培定律

(1) 安培的典型实验。

① 圆形载流导线对磁针的作用。

实验原理如图 9.2.1 所示,这个实验表明,不仅奥斯特实验的通电直导线可以使磁针偏转,而且圆导线中的电流也可以使磁针偏转。并且磁针偏转的方向与圆电流的方向之间满足右手螺旋定则,即磁针偏转方向沿着载流圆线圈的中轴线。

② 载流导线之间的相互作用。

不仅电流对磁针有力的作用,而且电流与电流之间存在力的作用。实验原理如图 9.2.2 所示,图中演示了两条载流直导线之间的相互作用。空间中放置两条平行直导线,它们的距离较近且相互平行,当导线中通过同向电流时,它们之间存在相互吸引力;当导线中通过反向电流时,它们之间就会存在相互排斥力。实际上,圆形载流导线之间同样存在类似的相互作用。

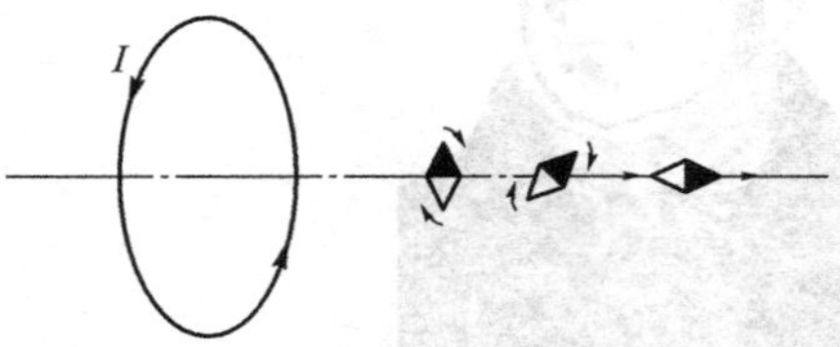

图 9.2.1

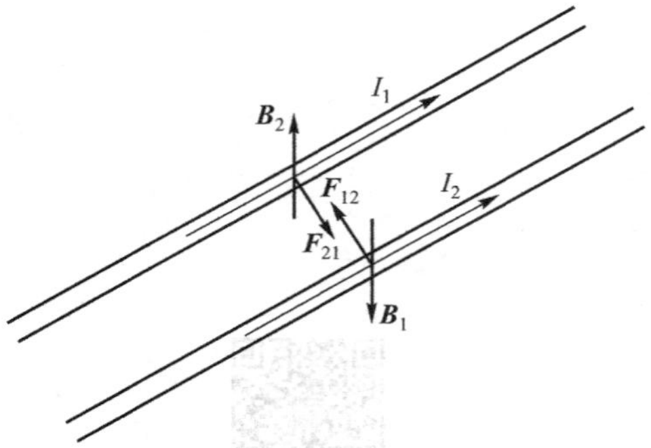

图 9.2.2

③ 载流线圈(螺线管)与磁铁的类比。

安培还发现,电流在线圈中流动时表现出来的磁特性和永久磁铁相似,于是他创制了螺线管,如图 9.2.3 所示,并在此基础上发明了探测和量度电流的电流计。

螺线管产生的磁场遵循右手螺旋定则:伸开右手握住螺线管,四指弯曲方向与螺线管中电流方向一致,则拇指所指的方向即通电螺线管的 N 极,另一端为 S 极。

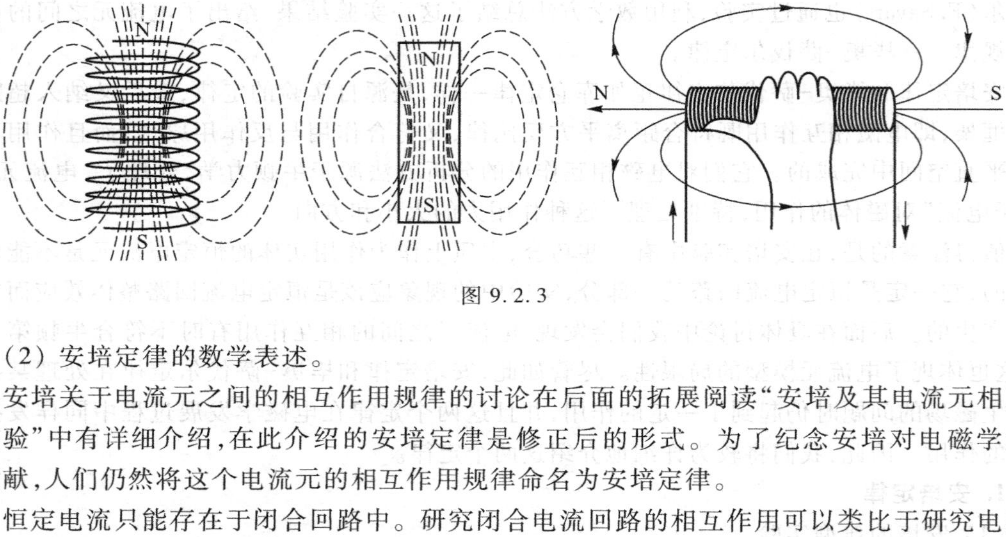

图 9.2.3

(2) 安培定律的数学表述。

安培关于电流元之间的相互作用规律的讨论在后面的拓展阅读"安培及其电流元相互作用实验"中有详细介绍,在此介绍的安培定律是修正后的形式。为了纪念安培对电磁学发展的贡献,人们仍然将这个电流元的相互作用规律命名为安培定律。

恒定电流只能存在于闭合回路中。研究闭合电流回路的相互作用可以类比于研究电荷的相互作用,把闭合电流回路看成由无数个小的电流单元组成,这种小的电流单元叫做电流元。只要知道了电流元之间的相互作用规律,就可以通过积分的方式求出整个闭合回路之间的相互作用。此处不对复杂的论证过程进行阐述,而直接给出结论。

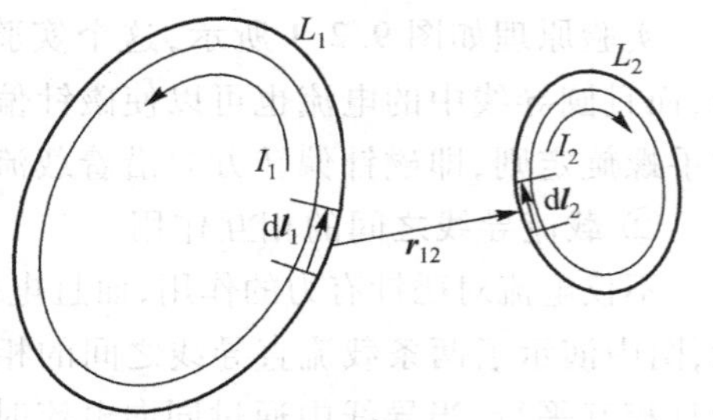

图 9.2.4

以闭合电流回路之间的相互作用为例,两个任意闭合电流回路如图 9.2.4 所示。$I_1 d\boldsymbol{l}_1$ 和 $I_2 d\boldsymbol{l}_2$ 分别是电流回路 L_1 和 L_2 的两个任意的电流元,两个回路的电流分别为 I_1 和 I_2,r_{12} 为两个电流元之间的距离。

因此,两个电流元之间的相互作用的数学表述式为

$$
\mathrm{d}\boldsymbol{F}_{12}=K\frac{I_2\mathrm{d}\boldsymbol{l}_2\times(I_1\mathrm{d}\boldsymbol{l}_1\times\widehat{\boldsymbol{r}}_{12})}{r_{12}^2} \tag{9.2.1}
$$

式中的比例系数 K 与“单位”的选择有关。

在国际单位制中,安培定律式(9.2.1)可以写成

$$
\mathrm{d}\boldsymbol{F}_{12}=\frac{\mu_0}{4\pi}\frac{I_2\mathrm{d}\boldsymbol{l}_2\times(I_1\mathrm{d}\boldsymbol{l}_1\times\widehat{\boldsymbol{r}}_{12})}{r_{12}^2} \tag{9.2.2}
$$

式中系数由原来的 K 变成了现在的 $\mu_0/4\pi$,完全是历史和单位制造成的。

矢量式(9.2.2)全面反映了电流元 $I_1\mathrm{d}\boldsymbol{l}_1$ 对电流元 $I_2\mathrm{d}\boldsymbol{l}_2$ 的作用力,是安培定律的完整表达式。

(3) 安培定律的成立条件。

在应用安培定律讨论电流之间的相互作用时,应当注意这个相互作用的电流元是闭合电流回路的一部分,还是单独存在的电流元(在非稳态下存在可以单独看成电流元模型的电流单元,比如运动的带电粒子等)。由安培定律的数学表述式(9.2.2)可以看出,仅对于孤立的电流元来讲,在某种条件下可能存在 $\mathrm{d}\boldsymbol{F}_{12}\neq-\mathrm{d}\boldsymbol{F}_{21}$,如两个电流元相互垂直。实际上,在很多情况下都会发生这种不满足牛顿第三定律的情形,而闭合电流回路之间的相互作用一定满足 $\boldsymbol{F}_{12}=-\boldsymbol{F}_{21}$($\mathrm{d}\boldsymbol{F}_{12}$、$\mathrm{d}\boldsymbol{F}_{21}$ 分别对整个回路进行积分)。因此,在利用安培定律讨论电流相互作用的过程中一定要注意其成立的条件。

拓展阅读:安培及其电流元相互作用实验

安培

2. 毕奥–萨伐尔定律

(1) 毕奥–萨伐尔定律的实验验证及数学表述。

仅比安培得到他的电流元相互作用公式早一个月,毕奥–萨伐尔发表了载流长直导线对磁极作用与距离成反比的实验结果。他们的实验装置如图 9.2.5 所示。在垂直的长直导线上悬挂一水平的有孔圆盘,沿盘的某一直径对称地放置一对固定磁棒,当导线中通过电流时,若

它对磁极的作用力与 r 成反比,则磁棒两端受到的两个力矩 F_1r_1 和 F_2r_2 应大小相等、方向相反,圆盘可以维持平衡,实验结果证明的确如此。后经数学家拉普拉斯的参与,得到的电流元的磁感应强度公式为

$$\mathrm{d}\boldsymbol{B}=K\frac{I\mathrm{d}\boldsymbol{l}\times\hat{\boldsymbol{r}}}{r^2} \tag{9.2.3}$$

式中 $\mathrm{d}\boldsymbol{B}$ 矢量的方向定义为磁棒 N 极在磁场中受力的方向。

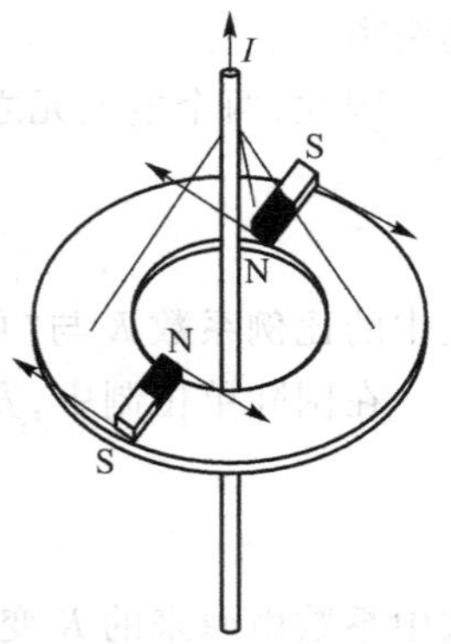

图 9.2.5

考察图 9.2.4 所示的两个闭合电流回路之间的相互作用,利用局域场的观点这种情形可以看成电路 1 中的电流元 $I_1\mathrm{d}\boldsymbol{l}_1$ 在电路 2 中的电流元 $I_2\mathrm{d}\boldsymbol{l}_2$ 处产生一个磁场 $\mathrm{d}\boldsymbol{B}_1$,而电路 2 中的电流元 $I_2\mathrm{d}\boldsymbol{l}_2$ 对磁场 $\mathrm{d}\boldsymbol{B}_1$ 产生某种响应。因此,

$$\mathrm{d}\boldsymbol{B}_1=K\frac{I_1\mathrm{d}\boldsymbol{l}_1\times\hat{\boldsymbol{r}}_{12}}{r_{12}^2} \tag{9.2.4}$$

整个闭合回路 L_1 对电流元 $I_2\mathrm{d}\boldsymbol{l}_2$ 的作用可以用其在 $\boldsymbol{r}_{12}$ 处产生的磁场来描述。因此,在国际单位制中,

$$\boldsymbol{B}_1=\frac{\mu_0}{4\pi}\oint_{L_1}\frac{I_1\mathrm{d}\boldsymbol{l}_1\times\hat{\boldsymbol{r}}_{12}}{r_{12}^2} \tag{9.2.5}$$

现在我们来看电流产生磁场的公式(9.2.5),在该式中 $I_1\mathrm{d}\boldsymbol{l}_1$ 是任意一个电流闭合回路 L_1 上的任意一个电流元,角标 2 代表空间任意场点,因此任意电流闭合回路在空间 $\boldsymbol{r}$ 处产生的磁感应强度 $\boldsymbol{B}$ 可以写成各个电流元 $I\mathrm{d}\boldsymbol{l}$ 产生的元磁感应强度 $\mathrm{d}\boldsymbol{B}$ 的矢量叠加,即电流元 $I\mathrm{d}\boldsymbol{l}$ 对整个电流回路的积分求和。

$$\mathrm{d}\boldsymbol{B}=\frac{\mu_0}{4\pi}\frac{I\mathrm{d}\boldsymbol{l}\times\hat{\boldsymbol{r}}}{r^2} \tag{9.2.6}$$

$$\boldsymbol{B}=\oint_L\mathrm{d}\boldsymbol{B}=\frac{\mu_0}{4\pi}\oint_L\frac{I\mathrm{d}\boldsymbol{l}\times\hat{\boldsymbol{r}}}{r^2} \tag{9.2.7}$$

式(9.2.6)和式(9.2.7)称为毕奥-萨伐尔定律。

毕奥-萨伐尔定律适用于计算一个稳定电流所产生的磁场。电流是连续流过一条导线的电荷,电流不随时间而改变。

根据近距作用的观点,并注意到安培已经从实验上发现任何载流回路对电流元的作用总是垂直于电流元,可以认为电流元 $I_1\mathrm{d}\boldsymbol{l}_1$ 通过磁场对电流元 $I_2\mathrm{d}\boldsymbol{l}_2$ 的作用力也与受力的电流元垂直,从而得到

$$\mathrm{d}\boldsymbol{F}_{12}=I_2\mathrm{d}\boldsymbol{l}_2\times\mathrm{d}\boldsymbol{B}_1=K\frac{I_2\mathrm{d}\boldsymbol{l}_2\times(I_1\mathrm{d}\boldsymbol{l}_1\times\hat{\boldsymbol{r}}_{12})}{r_{12}^2}$$

如果我们知道电流元 $I_2\mathrm{d}\boldsymbol{l}_2$ 所在位置处的磁场 $\boldsymbol{B}_1$,而且注意到 $\boldsymbol{I}_2$ 与 $\mathrm{d}\boldsymbol{l}_2$ 是同向的,那么上式可以改写成

$$\mathrm{d}\boldsymbol{F}_{12}=\mathrm{d}l_2(\boldsymbol{I}_2\times\boldsymbol{B}_1)\quad\Rightarrow\quad\mathrm{d}\boldsymbol{F}=\mathrm{d}l(\boldsymbol{I}\times\boldsymbol{B})$$

因此,单位长度导线所受的力为

$$\mathrm{d}\boldsymbol{F}/\mathrm{d}l=\boldsymbol{I}\times\boldsymbol{B} \tag{9.2.8}$$

式(9.2.8)就是安培力公式。容易证明,这样的公式满足安培所有的实验结果。

拓展阅读:科学家毕奥

毕奥

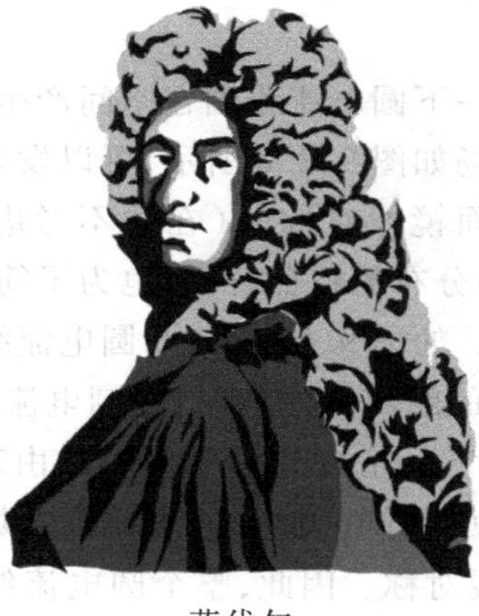

拓展阅读:科学家萨伐尔

萨伐尔

(2) 毕奥-萨伐尔定律的应用。

利用毕奥-萨伐尔定律解决问题的最常见的例子就是载流直导线在空间产生的磁场。

假设有一通过电流 I 的长直导线,求导线外距导线垂直距离为 r 的任意一点 P 处的磁感应强度 $\boldsymbol{B}$。由空间的均匀性及对称性可知,对于长直导线在空间产生的磁场,在以导线为圆心、r 为半径的圆上各点的 $\boldsymbol{B}$ 的大小均相等,其方向为各点的圆弧的切向(遵循右手螺旋定则),如图 9.2.6 所示。

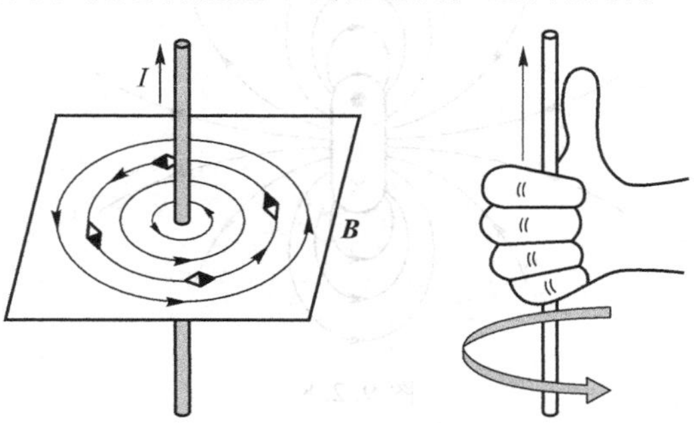

图 9.2.6

下面我们考察一有限长的载流直导线 ab 在空间产生磁场的情形,如图 9.2.7 所示。选取由考察场点 P 向直导线引垂线的点为坐标原点 O,在直导线上距原点 O 为 l 的位置处选取一小电流元 $I\mathrm{d}l$,对于有限长的一段载流导线 ab 来说,它在空间产生的磁场为

$$B=\frac{\mu_0}{4\pi}\int_a^b\frac{Idl\sin\theta}{r'^2}\qquad(9.2.9)$$

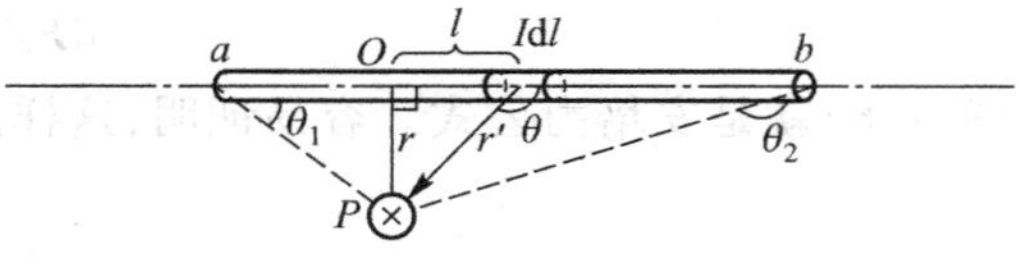

图 9.2.7

由图 9.2.7 所示，由于 $l=r/\tan\theta$，因此，$dl=rd\theta/\sin^2\theta$，而 $r'=r/\sin\theta$。将 dl 和 r' 代入式(9.2.9)并积分，可得

$$B=\frac{\mu_0}{4\pi}\int_{\theta_1}^{\theta_2}\frac{I\sin\theta d\theta}{r}=\frac{\mu_0}{4\pi}\frac{I}{r}(\cos\theta_1-\cos\theta_2)$$

式中 θ_1、θ_2 分别为 θ 在 ab 两端的数值。

若导线为无限长，即 $\theta_1=0,\theta_2=\pi$，则

$$B=\frac{\mu_0 I}{2\pi r}\qquad(9.2.10)$$

式中 r 为空间任意点到直导线的垂直距离。

由式(9.2.10)可以看出，在载流无限长直导线周围的磁感应强度 $\boldsymbol{B}$ 的大小与距离 r 成反比。这一结论可以推广到更为普遍的情况，即空间点的磁感应强度 $\boldsymbol{B}$ 的大小与其距场源的距离成反比。

下面我们考察一下圆电流线圈在空间产生的磁场的情况。由对称性分析可知，圆电流线圈在空间产生的磁场如图 9.2.8 所示，可以发现其磁场线是关于中轴线旋转对称的，也是关于圆电流线圈所在平面镜像对称的(在此不考虑磁场线的矢量方向，仅考虑其大小分布)。因此，为了考察其磁场分布的特征，同时也为了简单起见，我们将主要讨论圆电流线圈中轴线上的磁场定量解析式。如图 9.2.9 所示，圆电流线圈的半径为 R，电流为 I，中轴线上的场点 P 到圆电流线圈中心 O 的距离为 r。我们在圆电流线圈上任意选择一个小的电流元 Idl，这个电流元在场点 P 产生一个垂直于 $\boldsymbol{r}'$ 的磁场 $d\boldsymbol{B}$。由对称性可知，在与电流元 $I\boldsymbol{dl}$ 相对的圆线圈直径的另一端一定存在另一个电流元($-Id\boldsymbol{l}$)，它在场点 P 产生的磁场的大小与 $d\boldsymbol{B}$ 完全相同，而方向与 $d\boldsymbol{B}$ 关于中轴线对称。因此，整个圆电流线圈在中轴线上产生的磁场仅有与中轴线平行的分量，而其他分量相互抵消。因此，

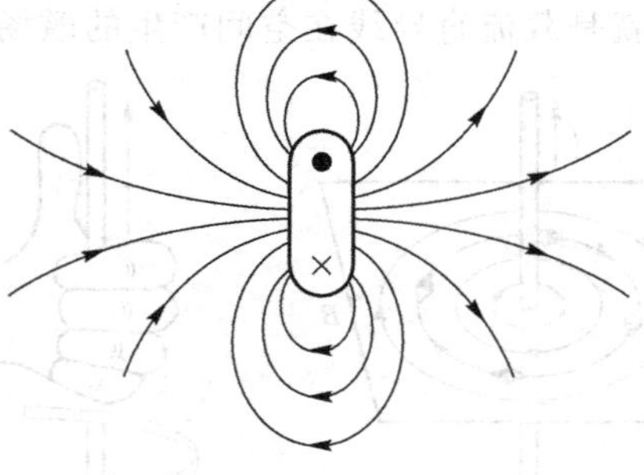
图 9.2.8

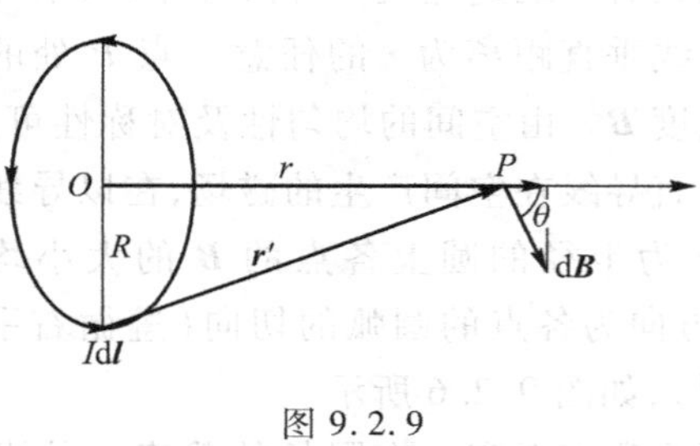

图 9.2.9

$$dB=dB_{/\!/}=\frac{\mu_0 I}{4\pi}\frac{dl}{r'^2}\cos\theta=\frac{\mu_0 I}{4\pi}\frac{dl}{r'^2}\frac{R}{r'}\qquad(9.2.11)$$

对整个线圈环路积分，并注意到 $r'=\sqrt{r^2+R^2}$，因此，圆电流线圈中轴线上任一场点 P 上的磁

场为

$$B=\frac{\mu_0 I}{4\pi}\frac{2\pi R}{r'^2}\frac{R}{r'}=\frac{\mu_0 IR^2}{2(r^2+R^2)^{3/2}} \tag{9.2.12}$$

在圆电流线圈的中心,即 $r=0$ 处,磁场大小为

$$B=\frac{\mu_0 I}{2R} \tag{9.2.13}$$

应注意的是,圆电流线圈在轴线上的磁场方向都沿着轴线方向,与圆电流方向遵循右手螺旋定则——安培定则。

圆电流线圈的重要应用之一就是它的双线圈组合——亥姆霍兹线圈,亥姆霍兹线圈可以在一定的空间范围内产生一个相对均匀的磁场,即磁场数值相对恒定。如图 9.2.10 所示,亥姆霍兹线圈可以在两个线圈的中间部分产生在轴向上相对均匀的磁场。因此,它是一种重要的磁场产生装置,在第十章"物质中的恒磁场"中我们将会看到,对磁介质进行磁化需要不同类型的磁场,尤其是均匀磁场。这种磁场产生装置的原理目前还广泛地应用于科学研究和生产实践。下面我们将利用上述圆电流线圈产生磁场的性质来讨论亥姆霍兹线圈的工作原理。

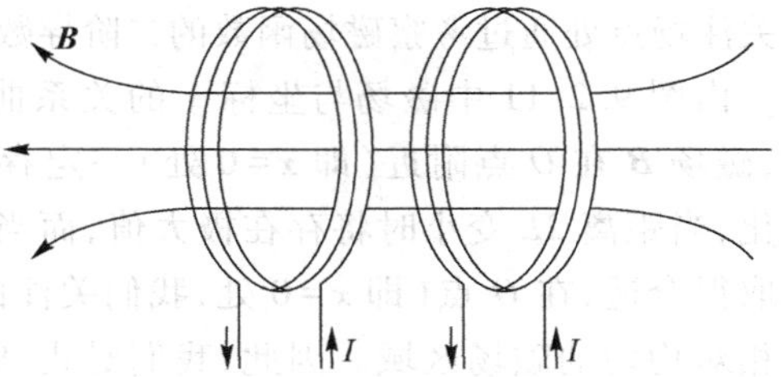

图 9.2.10

亥姆霍兹线圈的结构原理如图 9.2.11 所示,两个圆电流线圈的半径均为 R,间距为 $2L$。当线圈中通入同向的电流 I 时,两线圈在其中心 O 点附近产生的磁场是同向叠加的。我们选取两圆电流线圈轴线上的中心 O 点为坐标系的原点,在两线圈中间的轴线上选取任一点 $P(x,0,0)$,其与两个圆电流线圈中心点的距离分别为 $L\pm x$。利用式(9.2.12),可以得到在点 $P(x,0,0)$ 处磁场的表述式为

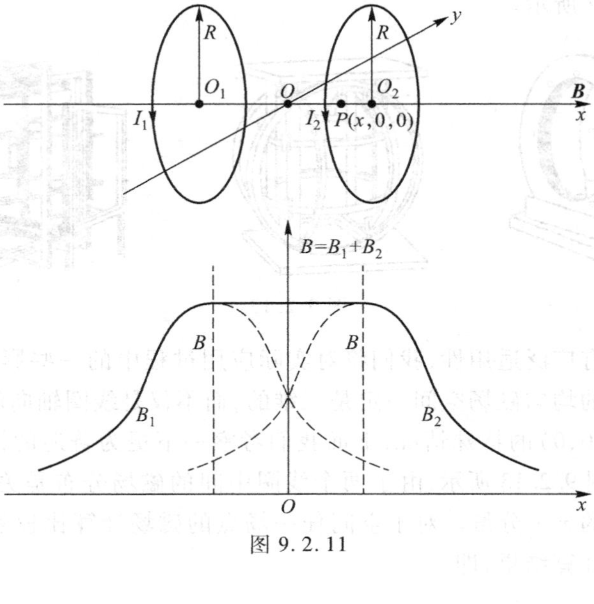

图 9.2.11

$$B_P=\frac{\mu_0 I}{2}\frac{R^2}{[(L+x)^2+R^2]^{3/2}}+\frac{\mu_0 I}{2}\frac{R^2}{[(L-x)^2+R^2]^{3/2}} \tag{9.2.14}$$

由圆电流线圈产生磁场的特征可以推知，亥姆霍兹线圈在两个线圈中间的空间磁场方向是沿着轴向分布的，其大小由式(9.2.14)表征。我们可以把式(9.2.14)看成磁场 B_P 对于空间坐标的数学函数，因此，可以通过对该函数取一阶导数，并注意结果是否存在为零的解（即 $\mathrm{d}B_P/\mathrm{d}x=0$）来判断磁场 B_P 是否存在极值；也可以继续对其取二阶导数（$\mathrm{d}^2B_P/\mathrm{d}x^2$）并通过其符号（结果是大于零还是小于零）来判断其极值是极小值还是极大值；当二阶导数的结果为零（即 $\mathrm{d}^2B_P/\mathrm{d}x^2=0$）时，磁场 B_P 在关注的场点处既没有极大值，也没有极小值，而是相对均匀的。因此，我们可以在关注场点处通过考察磁场函数的二阶导数为零的条件来得到获得均匀磁场的条件。

由图 9.2.11 中磁场与坐标 x 的关系曲线可以看出，两个圆电流线圈产生的磁场对称叠加，磁场 $\boldsymbol{B}$ 在 O 点附近（即 $x=0$ 处）一定存在极值，并且随着两个线圈之间的距离 $2L$ 变化而变化，当距离 $2L$ 变小时将存在极大值，而当距离 $2L$ 变大时则存在极小值。因此，只要距离 $2L$ 选取得合适，在 O 点（即 $x=0$ 处，我们关注的场点处）满足 $\mathrm{d}^2B_P/\mathrm{d}x^2=0$ 的条件，就一定存在一个相对均匀的磁场区域。因此，我们对式(9.2.14)取二阶导数，

$$\frac{\mathrm{d}^2B_P}{\mathrm{d}x^2}=\frac{3\mu_0 IR^2}{2}\left\{\frac{4(x+L)^2-R^2}{[(x+L)^2+R^2]^{7/2}}+\frac{4(x-L)^2-R^2}{[(x-L)^2+R^2]^{7/2}}\right\} \tag{9.2.15}$$

取 $x=0$，并且令 $\mathrm{d}^2B_P/\mathrm{d}x^2=0$，可以得到 $2L=R$。也就是说，当两个线圈之间的距离 $2L$ 与线圈的半径 R 相等时，两个圆电流线圈产生的叠加磁场在 O 点附近一定存在一个相对均匀的区域。

因此，亥姆霍兹线圈是一种制造小范围区域均匀磁场的器具。由于亥姆霍兹线圈具有开放性质，可以很容易地将其他仪器置入或移出，也可以直接观察实验现象，因此，目前它还是物理实验研究及工业实践中经常使用的产生均匀磁场的器具。

实际上，亥姆霍兹线圈在实践中被不断加以改进，不但可以产生双线圈的单一轴向均匀磁场，而且可以产生多组线圈的三维空间均匀磁场。另外，在屏蔽地磁场时人们通常采用矩形线圈的组合，如图 9.2.12 所示。

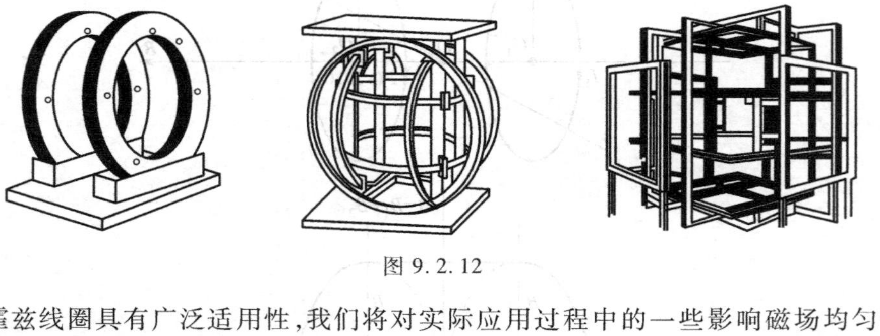

图 9.2.12

亥姆霍兹线圈具有广泛适用性，我们将对实际应用过程中的一些影响磁场均匀性的误差因素进行讨论。有用的均匀磁场空间一定是三维的，而不仅是线圈轴向的，上面的结论针对的是轴线上的场点 $P(x,0,0)$ 的特殊情况，下面我们考察一下更为普遍的情况，即空间任一场点 $P(x,y,z)$ 的情形。如图 9.2.13 所示，由于两个线圈中间的磁场分布是关于 yz 平面对称的，所以我们只需讨论磁场的 x、y 分量。对于空间任一场点的磁场计算比较复杂，在此我们不做具体的推导而直接给出计算结果，即

$$B_x \approx 0.715\frac{\mu_0 NI}{R}\left[1-0.144\frac{1}{R^4}(8x^4-24x^2y^2+3y^4)+\cdots\right]$$

$$B_y \approx 0.0412\frac{\mu_0 NIy}{R^5}[x(4x^4-3y^4)+\cdots]$$

由 B_x、B_y 的具体表述式可见，对于空间任一场点的磁场，其垂直于轴线的分量 B_y 远小于轴线上的分量 B_x，因此，在通常情况下 B_y 可以忽略。下面我们通过不同位置 x 处与中心点 O(即 $x=0$)处磁场的比值，来考察亥姆霍兹线圈磁场的均匀程度，其空间分布如表 9.2.1 所示。表 9.2.1 中，第一行为 x/R 的值，第一列为 y/R 的值，中间的数值为 B_x/B_O 的值。

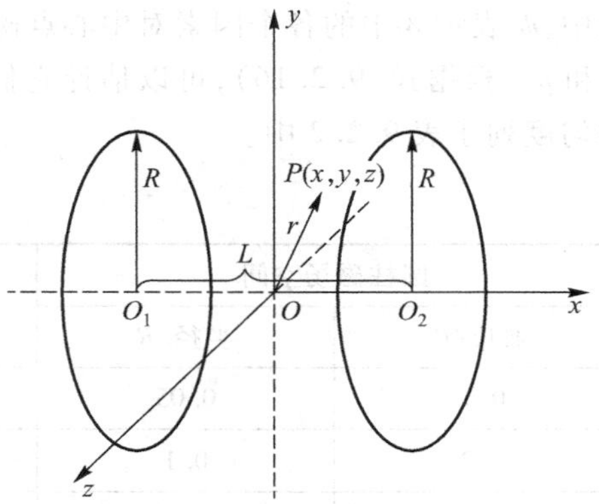

图 9.2.13

表 9.2.1

	0	0.05	0.10	0.15	0.20
0	1.000 000	0.999 997	0.999 957	0.999 781	0.999 309
0.05	0.999 993	1.000 012	1.000 036	0.999 969	0.999 647
0.10	0.999 895	0.999 968	1.000 187	1.000 444	1.000 576
0.20	0.998 157	0.998 500	0.999 496	1.001 049	1.002 995

根据表 9.2.1 中的数据可知，在这样的一个空间(轴长为 0.2R，半径为 0.1R 的圆柱，该圆柱的轴线与亥姆霍兹线圈的轴线重合)中磁场的均匀度为 5×10^{-4}。若圆柱空间轴长为 0.2R，半径为 0.2R，则磁场的均匀度为 3×10^{-3}。由此可见，亥姆霍兹线圈产生磁场的均匀范围还是相当大的。这就为它的具体应用奠定了良好的基础。但是，要达到上述的磁场均匀度，线圈在结构上必须严格满足以下条件：两个线圈完全相同，且绝对平行，它们之间的距离 $L=R$，线圈的轴向厚度为零等。然而实际上，以上条件是难以严格满足的，因此磁场的均匀度就受到上述因素的影响。

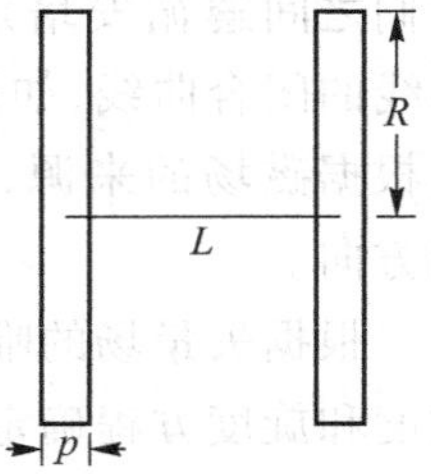

图 9.2.14

考虑以下修正因素，参量符号如图 9.2.14 所示。

① 线圈之间的距离与线圈半径的偏差为 $\Delta=L-R$；

② 线圈的轴向厚度为 p；

③ 线圈的直径不规则，线圈的匝数不是整数，以及引线的影响等。

经过计算得到轴向磁场的表述式为

$$B_x \approx 0.715\frac{\mu_0 NI}{R}\left\{1+\psi+\left[0.9\frac{\Delta}{R}-0.864\left(\frac{\Delta}{R}\right)^2-1.152\left(\frac{p}{R}\right)^2\right]\frac{2x^2-y^2}{R^2}-\right.$$

$$\left.\frac{0.144}{R^4}(8x^4-24x^2y^2+3y^4)+\cdots\right\} \tag{9.2.16}$$

式中,ψ 表示③中的各个因素对中心点磁场的修正。由此可见,对磁场均匀性有影响的因素是 Δ 和 p。根据式(9.2.16),可以估计它们的影响。考虑 $p/R=0.1$,$\Delta/R=\pm0.1$ 的情况,磁场的均匀度列于表 9.2.2 中。

表 9.2.2

圆柱磁场空间		理想情况下的磁场均匀度	修正后的磁场均匀度	
轴长/R	半径/R		$\Delta/R=+0.1$	$\Delta/R=-0.1$
0.1	0.05	2×10^{-5}	5.2×10^{-4}	7.5×10^{-4}
0.2	0.1	3×10^{-4}	2.0×10^{-3}	3.1×10^{-3}
0.4	0.2	5×10^{-3}	9.3×10^{-3}	1.3×10^{-2}

由上表可以看出,$\Delta>0$ 时的磁场均匀度要优于 $\Delta<0$ 时,而且在较小的空间中修正因素的影响要大一些。因此,要想得到高均匀度的磁场,必须使线圈结构尽可能满足理想条件。

虽然亥姆霍兹线圈能产生比较均匀的磁场,但是磁场的强度并不高,一般为 10^4 A/m(10^2 Oe)左右。亥姆霍兹线圈常用来产生与地磁场大小相等、方向相反的磁场,以抵消地磁场对实验的影响。

第三节 磁场的性质

与电场类似,磁场也是一种用来描述带电粒子相互作用的体系。当具有某种速度的带电粒子在空间受到一个与运动方向垂直的作用力时,我们就说该带电粒子受到一个磁场力。根据前面的讨论,我们知道磁场的大小与源电流的距离成反比;磁场的方向与源电流的方向密切相关,它们之间遵循安培定则;磁场的场线为环绕载流导线的闭合曲线,如图 9.3.1 所示。因此,我们可以根据磁场的来源,即电流的方向确定空间磁场的方向。

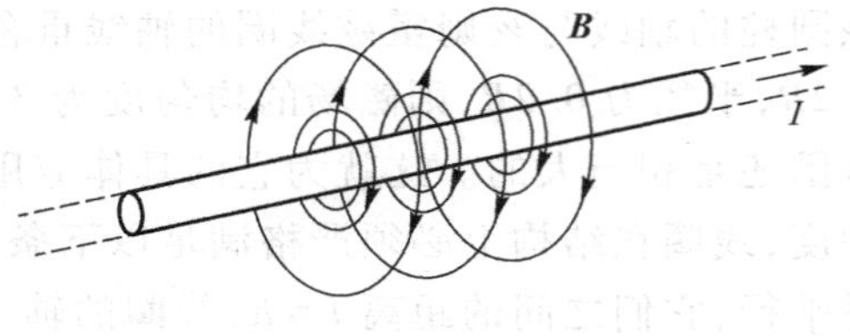

图 9.3.1

根据矢量场的唯一性定理——亥姆霍兹定理,在讨论静电场的过程中,我们通过静电场的散度和旋度方程确定了静电场的基本性质。类似地,我们可以通过磁场的通量及散度方程和环流及旋度方程来讨论(恒定电流产生的)恒定磁场的基本性质。我们回顾一下前面讨论过的时不变磁场的散度和旋度方程:

$$\nabla\cdot\boldsymbol{B}=0$$

$$\nabla\times\boldsymbol{B}=\mu_0\boldsymbol{J}$$

上述矢量微分方程给出了"恒定磁场"的基本性质,它是一个具有一定旋度而没有散度的矢量场。

上述矢量方程对于 $\boldsymbol{B}$ 和 $\boldsymbol{J}$ 来说都是线性的。这意味着,叠加原理也适用于磁场。也就是说,两个不同的恒定电流产生的磁场等于每个电流单独存在时产生的磁场之矢量和。

我们先考察与恒定电流相关的磁场的环流与旋度，再考察磁场的通量与散度。

一、磁场的环流与旋度——安培环路定理

安培环路定理：在恒定磁场空间中，磁场沿任一闭合回路的环流与穿过这一闭合回路的电流的代数和成正比。

其数学表述方程式为

$$\oint_L \boldsymbol{B} \cdot \mathrm{d}\boldsymbol{l}=\mu_0 \sum_i \boldsymbol{I}_i \tag{9.3.1}$$

其中，电流的代数和是指穿过闭合回路 L 中所有电流按照某种规定的正负方式的相加求和。在通常情况下，规定电流方向遵循闭合回路的右手螺旋定则为正，反之为负，如图 9.3.2 所示。

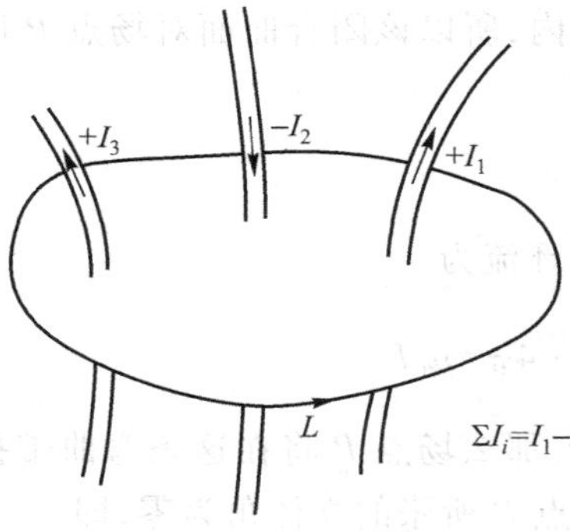

图 9.3.2

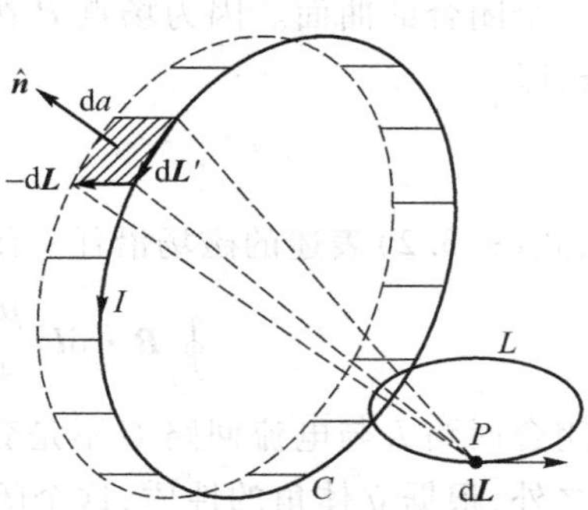

图 9.3.3

1. 安培环路定理的证明

为了说明问题方便，我们选取如图 9.3.3 所示的单一闭合电流回路 C，曲线 L 是电流产生的磁场空间中的任一闭合回路，P 是闭合回路曲线 L 上的任一场点。由磁场环流的定义和毕奥-萨伐尔定律可以得到闭合电流回路 C 在空间产生的磁场沿其中任一闭合回路 L 的环流，即

$$\begin{aligned}\oint_L \boldsymbol{B} \cdot \mathrm{d}\boldsymbol{L} &=\frac{\mu_0}{4\pi}\oint_L\oint_C \frac{I\mathrm{d}\boldsymbol{L}'\times\hat{\boldsymbol{r}}}{r^2}\cdot \mathrm{d}\boldsymbol{L}\\ &=\frac{\mu_0 I}{4\pi}\oint_L\oint_C \frac{\mathrm{d}\boldsymbol{L}\times\mathrm{d}\boldsymbol{L}'}{r^2}\cdot\hat{\boldsymbol{r}}\end{aligned} \tag{9.3.2}$$

上式变换过程中利用了矢量变换公式 $\boldsymbol{a}\cdot(\boldsymbol{b}\times\boldsymbol{c})=(\boldsymbol{a}\times\boldsymbol{b})\cdot\boldsymbol{c}$。

应注意的是，当沿着闭合回路 L 做积分而求磁场环流时，场点 P 沿回路 L 移动 $\mathrm{d}\boldsymbol{L}$ 与场点 P 不动而载流回路 C 所在的环路平移 $-\mathrm{d}\boldsymbol{L}$ 相当，而 $\mathrm{d}\boldsymbol{L}'\times(-\mathrm{d}\boldsymbol{L})=-\hat{\boldsymbol{n}}\mathrm{d}a$，因此，根据立体角的定义式（5.1.7），即

$$\mathrm{d}\Omega=\frac{\hat{\boldsymbol{r}}\cdot\hat{\boldsymbol{n}}\mathrm{d}a}{r^2}$$

可知

$$\frac{\mathrm{d}\boldsymbol{L}\times\mathrm{d}\boldsymbol{L}'}{r^2}\cdot\hat{\boldsymbol{r}}=\frac{\hat{\boldsymbol{r}}\cdot\hat{\boldsymbol{n}}\mathrm{d}a}{r^2}=\mathrm{d}\Omega$$

上式即元面积 $\hat{\boldsymbol{n}}\mathrm{d}a$ 对场点 P 所张的立体角。

下面我们对式(9.3.2)右边的积分进行分析,在这个表达式中,将 $\mathrm{d}\boldsymbol{L}$ 看成常量,$\mathrm{d}\boldsymbol{L}'$ 绕闭合回路 C 一周的积分就是许多元面积对场点 P 所张的立体角之和。这些元面积在空间围成一条封闭的弯曲带,如图 9.3.3 所示,这条弯曲带对场点 P 所张的立体角为

$$\mathrm{d}\Omega=\oint_C \frac{\mathrm{d}\boldsymbol{L}\times\mathrm{d}\boldsymbol{L}'}{r^2}\cdot\hat{\boldsymbol{r}} \tag{9.3.3}$$

因此,磁场沿任一闭合回路 L 的环流可以写成

$$\oint_L \boldsymbol{B}\cdot\mathrm{d}\boldsymbol{l}=\frac{\mu_0 I}{4\pi}\oint_L \mathrm{d}\Omega \tag{9.3.4}$$

式(9.3.4)中对回路 L 积分一周,即场点 P 绕闭合回路 L 一周。这条弯曲带在磁场空间将扩展成一个闭合的曲面。因为场点 P 在该闭合曲面内,所以该闭合曲面对场点 P 所张的立体角为 4π,即

$$\oint_L \mathrm{d}\Omega=4\pi$$

因此,式(9.3.2)表述的磁场沿任一闭合回路 L 的环流为

$$\oint_L \boldsymbol{B}\cdot\mathrm{d}\boldsymbol{l}=\frac{\mu_0 I}{4\pi}\oint_L \mathrm{d}\Omega=\frac{\mu_0 I}{4\pi}\cdot 4\pi=\mu_0 I \tag{9.3.5}$$

如果闭合回路 L 与电流回路 C 不是套连在一起的,那么场点 P 将在这条弯曲带扩展成的闭合曲面之外,根据立体角的性质,这个闭合曲面对场点 P 所张的立体角为零,即

$$\oint_L \mathrm{d}\Omega=0$$

出现这种情况是由于没有电流穿过闭合回路 L 所包围的任一曲面,因此磁场沿任一闭合回路 L 的环流为

$$\oint_L \boldsymbol{B}\cdot\mathrm{d}\boldsymbol{l}=0 \tag{9.3.6}$$

对于空间中有多个电流回路的情况,利用上述方法,每一个单独的电流回路在不同的情况下都将有式(9.3.5)或式(9.3.6)所表述的磁场的环流。

若电流穿过闭合回路 L 包围的任一曲面,则

$$\oint_L \boldsymbol{B}_1\cdot\mathrm{d}\boldsymbol{l}=\mu_0 I_1,\quad \oint_L \boldsymbol{B}_2\cdot\mathrm{d}\boldsymbol{l}=\mu_0 I_2,\quad \cdots,\quad \oint_L \boldsymbol{B}_n\cdot\mathrm{d}\boldsymbol{l}=\mu_0 I_n$$

若电流不穿过闭合回路 L 包围的任一曲面,则

$$\oint_L \boldsymbol{B}_{n+1}\cdot\mathrm{d}\boldsymbol{l}=0,\quad \oint_L \boldsymbol{B}_{n+2}\cdot\mathrm{d}\boldsymbol{l}=0,\quad \cdots,\quad \oint_L \boldsymbol{B}_i\cdot\mathrm{d}\boldsymbol{l}=0$$

根据磁场的叠加原理,有

$$\begin{aligned}\oint_L \boldsymbol{B}\cdot\mathrm{d}\boldsymbol{l}&=\oint_L(\boldsymbol{B}_1+\boldsymbol{B}_2+\cdots+\boldsymbol{B}_n+\boldsymbol{B}_{n+1}+\boldsymbol{B}_{n+2}+\cdots+\boldsymbol{B}_i)\\&=\mu_0 I_1+\mu_0 I_2+\cdots+\mu_0 I_n+0+0+\cdots+0\\&=\mu_0\sum_{i=1(L内)}^{N} I_i\end{aligned} \tag{9.3.7}$$

因此,多个电流回路在空间产生的磁场绕任一闭合回路的环流可以表述为

$$\oint_L \boldsymbol{B} \cdot \mathrm{d}\boldsymbol{l}=\mu_0 \sum_{i=1(L内)}^{N} I_i \tag{9.3.8}$$

式(9.3.8)也称为安培环路定理的数学表述形式。

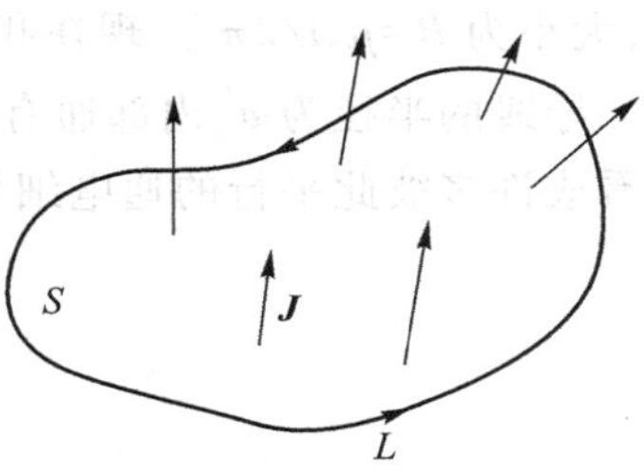

图 9.3.4

为了以更一般的方式表述安培环路定理,对于有电流流过的以任一闭合回路 L 为边界的任一曲面 S,可以通过电流密度矢量 $\boldsymbol{J}$ 对曲面 S 的积分来表述通过该曲面的电流 I,如图 9.3.4 所示。恒定电流的分布可以用空间中不同点处的电流密度矢量 $\boldsymbol{J}(x,y,z)$ 来描述,电流密度矢量会随位置而变,但是不随时间而变。在讨论导线中的电流时,可以认为导线中的 $\boldsymbol{J}$ 有恒定值,而导线外的电流密度矢量 $\boldsymbol{J}$ 处处为零。

若利用电流密度矢量 $\boldsymbol{J}$ 来表述闭合回路 L 内的电流分布,则

$$I=\sum_{i=1(L内)}^{N} I_i=\oint_S \boldsymbol{J} \cdot \hat{\boldsymbol{n}}\mathrm{d}a \tag{9.3.9}$$

其中,S 是以任一闭合回路 L 为边界的任一曲面。因此,

$$\oint_L \boldsymbol{B} \cdot \mathrm{d}\boldsymbol{l}=\mu_0\oint_S \boldsymbol{J} \cdot \hat{\boldsymbol{n}}\mathrm{d}a \tag{9.3.10}$$

对式(9.3.10)的左边,可以利用斯托克斯定理将磁场的线积分转换成其旋度的面积分,由于式(9.3.10)对于任一闭合回路和以闭合回路为边界的任一曲面均成立,所以可以将被积函数从积分符号中提出来,即

$$\nabla\times\boldsymbol{B}=\mu_0\boldsymbol{J} \tag{9.3.11}$$

式(9.3.10)为安培环路定理的积分形式,而式(9.3.11)为安培环路定理的微分形式。

2. 安培环路定理的应用

下面我们利用安培环路定理讨论电流产生磁场的具体情况。还是回到无限长直导线的问题。前面通过毕奥-萨伐尔定律对导线进行积分求得了磁场的表达式(9.2.10),下面看一下利用安培环路定理如何处理该问题。

载流长直导线在空间产生的磁场存在良好的轴对称性,即以直导线为轴的任一等半径的闭合环路上磁场的数值都相等,方向均沿着环路的切向,如图 9.3.5 所示。在上述条件下,我们可以选择任意一个半径为 r 的环路(只要该环路通过关注的空间场点)。磁场绕该闭合环路的积分,即环流为

$$\oint \boldsymbol{B} \cdot \mathrm{d}\boldsymbol{l}=B \cdot 2\pi r$$

利用安培环路定理,可得

$$\oint \boldsymbol{B} \cdot \mathrm{d}\boldsymbol{l}=B \cdot 2\pi r=\mu_0 I$$

因此,环路上磁场的大小为

$$B=\frac{\mu_0 I}{2\pi r} \tag{9.3.12}$$

可以看出,式(9.2.10)与式(9.3.12)完全等价。

通过前面的讨论我们知道,在载流直导线的外部存在磁场,磁场方向沿着导线的切线方

向，大小为 $B=\mu_0 I/2\pi r$。现在我们仔细考察一下载流直导线的半径较大的情况，如图 9.3.6 所示。导线的半径为 a，内部通有均匀分布的电流 $I=\pi a^2 J$，J 为电流密度矢量的大小。该导线可以看成许多彼此平行的通电细导线的叠加。

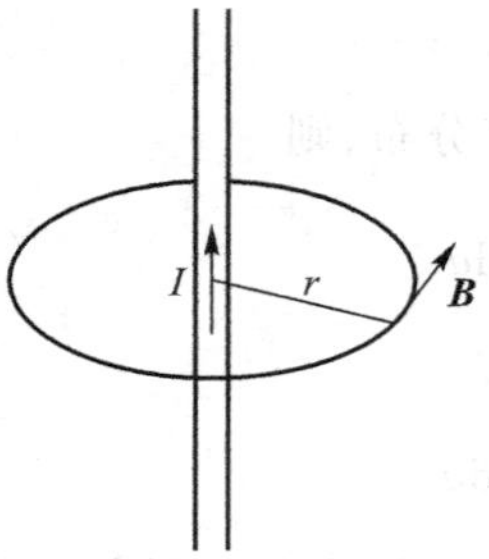

图 9.3.5

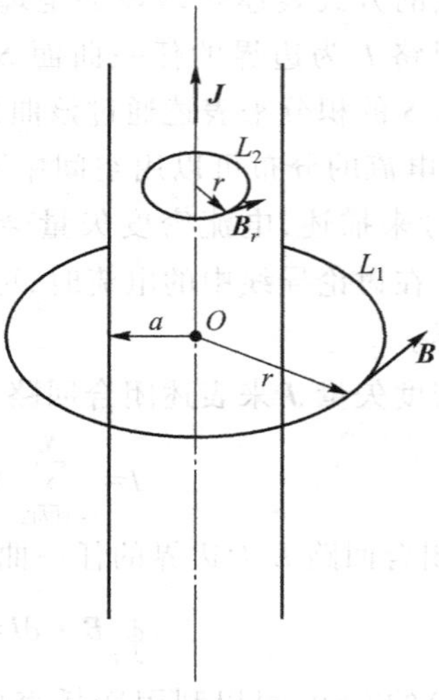

图 9.3.6

对于导线外任一场点的磁场，我们考虑这样一个安培环路 L_1，它是一个环绕着导线的中轴线、半径为 r 的圆。由载流直导线的对称性可知，环路上各点的磁感应强度大小相等。由于该导线可以看成许多细导线的对称叠加，所以 $\boldsymbol{B}$ 的方向为切线方向，无径向分量。因此磁场绕安培环路的线积分等于 $B\cdot 2\pi r$，$B=\mu_0 I/2\pi r$。对于一条半径不可忽略的导线，其外部磁场可以看成电流为 I 的一条位于其轴线处的细导线在空间产生的磁场。

现在考察导线内部任一点的磁场。选取一个安培环路 L_2，它同样是一个环绕着导线的中轴线并位于导线内部的半径为 r 的圆。由于导线的电流密度矢量为 $\boldsymbol{J}$，所以导线内部半径为 r 以内的部分携带的电流为 $I_r=\pi r^2 J=Ir^2/a^2$。根据对称性分析，由安培环路定理可知，半径为 r 处的（切向）磁感应强度大小为

$$2\pi r B=\mu_0 I_r$$

$$B=\frac{\mu_0(Ir^2/a^2)}{2\pi r}=\frac{\mu_0 I r}{2\pi a^2}\quad (r<a) \tag{9.3.13}$$

具有一定尺寸的载流直导线在其内部及其外部空间产生的磁场分布如图 9.3.7 所示。由式(9.3.13)可知，在载流导线内部，磁场会随着半径 r 成正比变化，而在载流导线外部，磁场会随着距轴心的距离成反比变化，如式(9.3.12)所述。

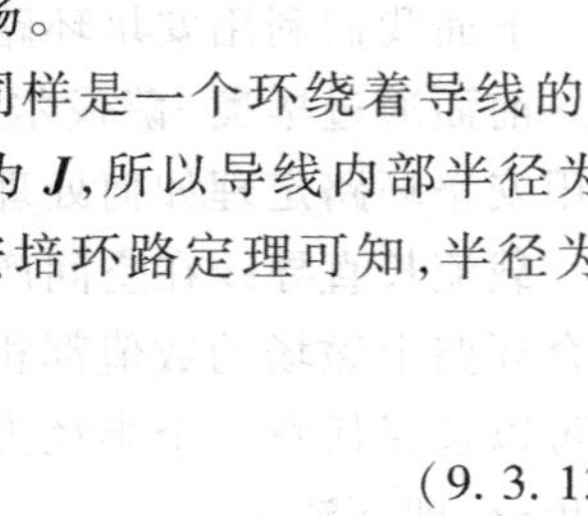

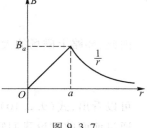

图 9.3.7

让我们来考察另外一个例子。假设有一条由长导线缠绕而成的紧密螺旋线，其结构如图 9.3.8 所示，拥有这样结构的线圈称为螺线管。螺线管的电流从下面流进而从上面流出，因此螺线管内部磁场的方向遵从安培定则而指向右侧。当螺线管的长度

比其直径大得多,即 $L \gg D$ 时,可以认为螺线管内部的磁场平行于轴线。在这种情况下,其内部的磁场强度要比外部大得多(由于磁力线之间相互排斥,在螺线管外广阔的空间中它们将尽可能地彼此分开,所以磁力线的密度将很小),实验结果也验证了这一点。因此,我们可以定性考察螺线管内部磁场与载流导线中电流之间的关系。我们选取如图 9.3.8 所示的 $L_1 \to L_2 \to L_3 \to L_4$ 矩形安培环路,L_2 和 L_4 平行于轴线且分别位于螺线管的外部和内部,L_1 和 L_3 都穿过螺线管且与轴线垂直。根据对称性分析,矩形安培环路的三条边(L_1、L_2、L_3)上的环流分量均为零。因此,通过这个矩形安培环路的磁场环流为

$$\oint_L \boldsymbol{B} \cdot \mathrm{d}\boldsymbol{l} = BL_4 = \mu_0 \sum_{i=1(L内)}^{N} I_i = \mu_0 NI \tag{9.3.14}$$

其中,N 为矩形安培环路内载流导线的匝数,I 为每一根导线中的电流。

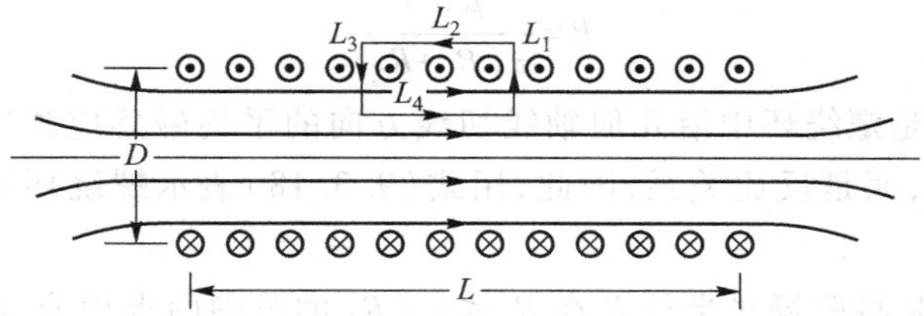

图 9.3.8

因此,可以得出螺线管内部的磁场与螺线管电流之间的关系为

$$B = \frac{\mu_0 NI}{L_4}$$

令 $n = N/L_4$ 为螺线管线圈的匝密度,则

$$B = \mu_0 nI \tag{9.3.15}$$

可以看出,螺线管线圈在其内部产生的磁场与通过其中的电流及螺线管线圈匝密度的乘积成正比。

实际上,上述关于螺线管线圈内部磁场的数学表述式的推导并不严格,人们通常将其作为判断螺线管线圈产生磁场数量级的基本方法,而其精确值通常采用实验测量的方法获得。在一般情况下,实际螺线管的长径比不可能无限大,而且为了增强磁场常采用多层螺线管,因此,螺线管在其内部空间产生的磁场的数量级通常用下式估计:

$$B = \mu_0 kI \tag{9.3.16}$$

其中,k 称为螺线管常量,通常由实验测得。

螺线管的应用是很广泛的,它是产生磁场也是测量物质磁性的一种非常有用的器具。在使用螺线管产生磁场时,需要注意的是其内部磁场并不是处处均匀的,比如,以螺线管轴线为轴心的同一半径上的磁场大小是相同的,但是不同半径上的磁场大小是有差异的。

下面我们再介绍一种广泛应用的器具——螺绕环,如图 9.3.9 所示。螺绕环的内半径与外半径分别为 R_1 和 R_2,通入的电流为 I。一个均匀绕制的螺绕环相当于一个首尾相接的螺线管,因此其中沿同一半径轴线方向的磁场是均匀的,即 A、B 两点的磁场大小是相同的,C、D 两点的磁场大小也是相同的。考虑一个半径为 R 的圆形安培环路,根据安培环路定理可以得到

沿圆周切向的磁场为

$$B=\frac{\mu_0 NI}{2\pi R} \tag{9.3.17}$$

其中，N 为螺绕环的匝数。

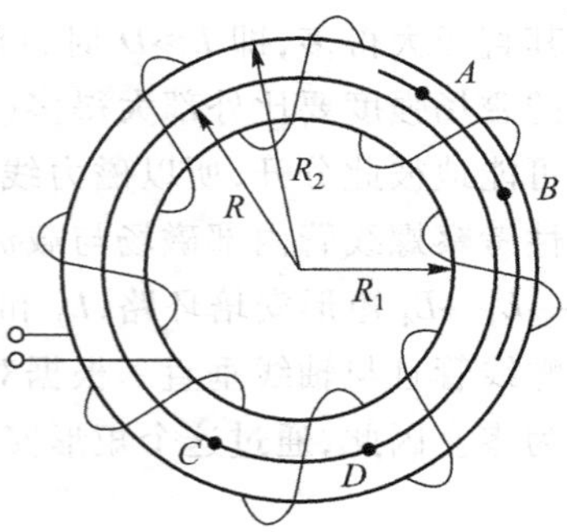

图 9.3.9

由式(9.3.17)可以看出，磁场是与环路半径的选取相关的，在不同半径的各个圆环上，如 A 点与 C 点，磁场是不相等的。这是由于它们与圆心的距离不同，导致 A 点与 C 点线圈匝密度的计算结果不同。因此，需要求出螺绕环内各点磁场的平均值，以此表示螺绕环中的磁场。

一个简单的方法是用平均半径 $\bar{R}=(R_1+R_2)/2$ 代替式(9.3.17)中的半径 R，因此得到

$$B=\frac{\mu_0 NI}{\pi(R_1+R_2)} \tag{9.3.18}$$

式(9.3.18)表示的就是螺绕环中沿几何轴线切线方向的平均磁感应强度。由于磁场与半径之间并不是线性关系，而是反比关系，因此，用式(9.3.18)表示螺绕环的平均磁场往往不够精确。

更加精确的方法是将磁场对半径 R 在 $R_1\leqslant R\leqslant R_2$ 的范围内求积分，进而得到平均值。以矩形截面的螺绕环为例来进行计算，平均磁场为

$$\begin{aligned}\bar{B}&=\frac{1}{R_2-R_1}\int_{R_1}^{R_2}B\mathrm{d}R=\frac{1}{R_2-R_1}\frac{\mu_0 NI}{2\pi}\int_{R_1}^{R_2}\frac{1}{R}\mathrm{d}R\\&=\frac{1}{R_2-R_1}\frac{\mu_0 NI}{2\pi}\ln\frac{R_2}{R_1}\end{aligned} \tag{9.3.19}$$

为了讨论方便，我们做如下变换，即定义一个“差与和”比例因子：

$$p=\frac{R_2-R_1}{R_2+R_1}$$

将其代入式(9.3.19)，整理可得

$$\bar{B}=\frac{1}{R_2-R_1}\frac{\mu_0 NI}{2\pi}\ln\frac{1+p}{1-p}$$

可以看出，螺绕环内的平均磁场用式(9.3.18)和式(9.3.19)来计算是有差别的，这个差别可以用下式表示：

$$\frac{\bar{B}}{B}=\frac{1}{2p}\ln\frac{1+p}{1-p} \tag{9.3.20}$$

式(9.3.20)表明，当螺绕环内外半径比例不同，即 p 值不同，$\bar{B}/B$ 也不同时，其结果如表 9.3.1 所示。

表 9.3.1

p	$\frac{1}{2}$	$\frac{1}{4}$	$\frac{1}{6}$	$\frac{1}{8}$	$\frac{1}{10}$	$\frac{1}{19}$
$\bar{B}/B$	1.098 6	1.021 6	1.009 4	1.005 2	1.003 3	1.000 9

由此可见，p 越小，即 R_2-R_1 越小，$\bar{B}$ 与 B 就越接近。当 p 小于 1/6 时，两者相差小于 1%。在这个误差范围内，可以方便地利用式(9.3.18)来计算磁场。

从上述几个例子中可以看出，虽然利用安培环路定理可以较为方便地计算不同情况下的磁场，但是安培环路定理的有效应用都有一个前提，那就是对称性。对于具有严格对称性的情况来说，磁场的环路积分可以方便地计算出来，从而方便地给出磁场的表述方程式；而对于那些对称性不好的情况，安培环路定理无法提供方便的计算途径，这一点与电场中的高斯定律有相同的地方。

下面给出利用磁场的旋度解决问题的另外一个例子，即给定空间磁场，求特定位置的电流密度。

我们还是考察半径为 a 的导线的情况，假设我们已经知道了长直导线内部磁场的表述式：

$$\boldsymbol{B}=\frac{\mu_0 I r}{2\pi a^2}\hat{\boldsymbol{\theta}}$$

其中，$\hat{\boldsymbol{\theta}}$ 为圆柱坐标系中的单位矢量。

在圆柱坐标系中，磁场 $\boldsymbol{B}$ 的旋度为

$$\boldsymbol{\nabla}\times\boldsymbol{B}=\left(\frac{1}{r}\frac{\partial B_z}{\partial\theta}-\frac{\partial B_\theta}{\partial z}\right)\hat{\boldsymbol{r}}+\left(\frac{\partial B_r}{\partial z}-\frac{\partial B_z}{\partial r}\right)\hat{\boldsymbol{\theta}}+\frac{1}{r}\left[\frac{\partial(rB_\theta)}{\partial r}-\frac{\partial B_r}{\partial\theta}\right]\hat{\boldsymbol{k}}$$

由于磁场 $\boldsymbol{B}$ 只有 $\hat{\boldsymbol{\theta}}$ 方向的分量，因此

$$\begin{aligned}\boldsymbol{\nabla}\times\boldsymbol{B}&=\left(-\frac{\partial B_\theta}{\partial z}\right)\hat{\boldsymbol{r}}+\frac{1}{r}\left[\frac{\partial(rB_\theta)}{\partial r}\right]\hat{\boldsymbol{k}}\\&=\frac{1}{r}\frac{\partial[r(\mu_0 I r/2\pi a^2)]}{\partial r}\hat{\boldsymbol{k}}\\&=\frac{1}{r}\left(2r\frac{\mu_0 I}{2\pi a^2}\right)\hat{\boldsymbol{k}}\\&=\frac{\mu_0 I}{\pi a^2}\hat{\boldsymbol{k}}\end{aligned}$$

利用安培环路定理的微分表述式，即 $\boldsymbol{\nabla}\times\boldsymbol{B}=\mu_0\boldsymbol{J}$，有

$$\boldsymbol{J}=\frac{1}{\mu_0}(\boldsymbol{\nabla}\times\boldsymbol{B})=\frac{1}{\mu_0}\left(\frac{\mu_0 I}{\pi a^2}\right)\hat{\boldsymbol{k}}=\frac{I}{\pi a^2}\hat{\boldsymbol{k}}$$

此即导线内部的电流密度。

现在我们考察一下导线外部的磁场 $\boldsymbol{B}=(\mu_0 I/2\pi r)\hat{\boldsymbol{\theta}}$ 的旋度，即

$$\boldsymbol{\nabla}\times\boldsymbol{B}=\left(-\frac{\partial B_\theta}{\partial z}\right)\hat{\boldsymbol{r}}+\frac{1}{r}\left[\frac{\partial(rB_\theta)}{\partial r}\right]\hat{\boldsymbol{k}}=\frac{1}{r}\frac{\partial[r(\mu_0 I/2\pi r)]}{\partial r}\hat{\boldsymbol{k}}=\boldsymbol{0}$$

同样利用安培环路定理，有

$$\boldsymbol{J}=\frac{1}{\mu_0}(\boldsymbol{\nabla}\times\boldsymbol{B})=\boldsymbol{0}$$

因此，得出导线内部的电流密度为 $\boldsymbol{J}=(I/\pi a^2)\hat{\boldsymbol{k}}$，而导线外部的电流密度为零。

二、磁场的通量与散度——高斯磁场定律

1. 高斯磁场定律的证明

由磁通量的定义和毕奥-萨伐尔定律可得任一电流元产生的磁感应强度通过任一闭合曲面的通量为

$$\oint_S \boldsymbol{B} \cdot \hat{\boldsymbol{n}} \mathrm{d}a = \frac{\mu_0}{4\pi} \oint_S \oint_L \frac{I\mathrm{d}\boldsymbol{l} \times \hat{\boldsymbol{r}}}{r^2} \cdot \hat{\boldsymbol{n}} \mathrm{d}a \tag{9.3.21}$$

首先，假设电流元 $I\mathrm{d}\boldsymbol{l}$ 位于闭合球面的球心，则通过该球面的磁通量为

$$\oint_S \boldsymbol{B} \cdot \hat{\boldsymbol{n}} \mathrm{d}a = \frac{\mu_0}{4\pi} \oint_S \oint_L \frac{I\mathrm{d}\boldsymbol{l} \times \hat{\boldsymbol{r}}}{r^2} \cdot \hat{\boldsymbol{n}} \mathrm{d}a = \frac{\mu_0 I}{4\pi} \oint_S \oint_L \frac{\hat{\boldsymbol{r}} \times \hat{\boldsymbol{n}}}{r^2} \cdot \mathrm{d}\boldsymbol{l} \mathrm{d}a$$

因为对于球面来说，$\hat{\boldsymbol{r}} /\!/ \hat{\boldsymbol{n}}$，所以

$$\oint_S \boldsymbol{B} \cdot \hat{\boldsymbol{n}} \mathrm{d}a = 0$$

其次，考察电流元 $I\mathrm{d}\boldsymbol{l}$ 位于任一闭合曲面外的情形，磁场通过该闭合曲面的磁通量仍然可以由式(9.3.21)给出：

$$\begin{aligned} \oint_S \boldsymbol{B} \cdot \hat{\boldsymbol{n}} \mathrm{d}a &= \frac{\mu_0}{4\pi} \oint_S \oint_L \frac{I\mathrm{d}\boldsymbol{l} \times \hat{\boldsymbol{r}}}{r^2} \cdot \hat{\boldsymbol{n}} \mathrm{d}a \\ &= \frac{\mu_0}{4\pi} \oint_S \oint_L \frac{I\mathrm{d}\boldsymbol{l} \times \boldsymbol{r}}{r^3} \cdot \hat{\boldsymbol{n}} \mathrm{d}a \end{aligned} \tag{9.3.22}$$

对于任一坐标系而言，$\boldsymbol{r} = x\hat{\boldsymbol{i}} + y\hat{\boldsymbol{j}} + z\hat{\boldsymbol{k}}$，并假设 $\mathrm{d}\boldsymbol{l} = \mathrm{d}l\hat{\boldsymbol{i}}$，则

$$\mathrm{d}\boldsymbol{l} \times \boldsymbol{r} = \mathrm{d}l(y\hat{\boldsymbol{k}} - z\hat{\boldsymbol{j}}) \tag{9.3.23}$$

将式(9.3.23)代入式(9.3.22)，并且考虑到

$$\hat{\boldsymbol{n}} \mathrm{d}a = \mathrm{d}y\mathrm{d}z\hat{\boldsymbol{i}} + \mathrm{d}x\mathrm{d}z\hat{\boldsymbol{j}} + \mathrm{d}x\mathrm{d}y\hat{\boldsymbol{k}}$$

有

$$\begin{aligned} \oint_S \boldsymbol{B} \cdot \hat{\boldsymbol{n}} \mathrm{d}a &= \frac{\mu_0 I}{4\pi} \oint_S \oint_L \frac{\mathrm{d}l(y\hat{\boldsymbol{k}} - z\hat{\boldsymbol{j}})}{r^3} \cdot \hat{\boldsymbol{n}} \mathrm{d}a \\ &= \frac{\mu_0 I}{4\pi} \oint_L \mathrm{d}l \oint_S \frac{y\mathrm{d}x\mathrm{d}y - z\mathrm{d}x\mathrm{d}z}{r^3} \end{aligned}$$

根据高斯公式，上式中的面积分等于零。因此，可以得到磁场通过任一闭合曲面（曲面内没有电流元）的通量等于零的结论，即

$$\oint_S \boldsymbol{B} \cdot \hat{\boldsymbol{n}} \mathrm{d}a = 0$$

再次，考察电流元 $I\mathrm{d}\boldsymbol{l}$ 位于任一闭合曲面内任意位置处的情形。在这种情况下，可以作一个辅助球面 S_Q 包围电流元 $I\mathrm{d}\boldsymbol{l}$，这就相当于电流元 $I\mathrm{d}\boldsymbol{l}$ 位于以球面 S_Q 为内表面而以任一闭合曲面 S 为外表面的闭合曲面之外。因此，根据上述结论可以得到

$$\oint_S \boldsymbol{B} \cdot \hat{\boldsymbol{n}} \mathrm{d}a + \oint_{S_Q} \boldsymbol{B} \cdot \hat{\boldsymbol{n}} \mathrm{d}a = 0$$

所以，磁场通过任一闭合曲面 S（电流元位于该闭合曲面内的任意位置）的磁通量等于

零，即

$$\oint_S \boldsymbol{B}\cdot\hat{\boldsymbol{n}}\mathrm{d}a=-\oint_{S_Q}\boldsymbol{B}\cdot\hat{\boldsymbol{n}}\mathrm{d}a=0$$

最后，我们可以得出结论：任一电流在空间产生的磁场通过空间中任一闭合曲面的磁通量等于零。根据数学的高斯定理，我们同样可以得到结论：任一电流在空间产生的磁场的散度等于零，即

$$\oint_S \boldsymbol{B}\cdot\hat{\boldsymbol{n}}\mathrm{d}a=0$$

$$\nabla\cdot\boldsymbol{B}=0$$

2. 高斯磁场定律的应用

在讨论磁场性质的过程中，我们经常会利用安培环路定理来讨论已知电流分布的某些特殊情况下（如具有对称性等）的空间磁场性质。但有时我们同样会关注在已知磁场分布的空间中磁场的某些性质，这些性质可以通过高斯磁场定律来进行讨论，下面将通过两个例子来加以说明。

假设空间存在一个磁场 $\boldsymbol{B}=B_0(\hat{\boldsymbol{j}}-\hat{\boldsymbol{k}})$，我们在磁场中选取一个高为 h、半径为 R 的闭合圆柱形曲面。如果圆柱的对称轴在坐标系的 $\hat{\boldsymbol{k}}$ 轴上，那么穿过圆柱顶面、底面和侧面的磁通量各是多少？

根据高斯磁场定律，穿过整个闭合曲面的磁通量必定等于零，因此如果能够得到穿过闭合曲面的某一部分的磁通量，就能得到穿过其他部分的磁通量。这里，穿过圆柱顶面和底面的磁通量相对容易计算，根据总磁通量等于零就能得到圆柱侧面的磁通量，即

$$\Phi_{B顶面}+\Phi_{B底面}+\Phi_{B侧面}=0$$

穿过任意曲面的磁通量为

$$\Phi_B=\int_S \boldsymbol{B}\cdot\hat{\boldsymbol{n}}\mathrm{d}a$$

对于顶面，$\hat{\boldsymbol{n}}=\hat{\boldsymbol{k}}$，因此

$$\boldsymbol{B}\cdot\hat{\boldsymbol{n}}=B_0(\hat{\boldsymbol{j}}-\hat{\boldsymbol{k}})\cdot\hat{\boldsymbol{k}}=-B_0$$

$$\Phi_{B顶面}=\int_S \boldsymbol{B}\cdot\hat{\boldsymbol{n}}\mathrm{d}a=-B_0\int_S \mathrm{d}a=-B_0(\pi R^2)$$

对于底面（$\hat{\boldsymbol{n}}=-\hat{\boldsymbol{k}}$），进行类似分析可以得到

$$\Phi_{B底面}=\int_S \boldsymbol{B}\cdot\hat{\boldsymbol{n}}\mathrm{d}a=B_0\int_S \mathrm{d}a=B_0(\pi R^2)$$

因此，磁场通过圆柱形闭合曲面的顶面、底面和侧面的磁通量分别为

$$\Phi_{B顶面}=-B_0(\pi R^2)$$

$$\Phi_{B底面}=B_0(\pi R^2)$$

$$\Phi_{B侧面}=-(\Phi_{B顶面}+\Phi_{B底面})=0$$

如果我们知道磁场在空间分布的数学表述式 $\boldsymbol{B}=axz\hat{\boldsymbol{i}}+byz\hat{\boldsymbol{j}}+c\hat{\boldsymbol{k}}$，那么，$a$ 与 b 的关系如何？

根据高斯磁场定律可知，磁场的散度必定为零，因此，

$$\nabla\cdot\boldsymbol{B}=\frac{\partial B_x}{\partial x}+\frac{\partial B_y}{\partial y}+\frac{\partial B_z}{\partial z}=0$$

分别将空间磁场的各个分量代入上式，可以得到

$$\frac{\partial(axz)}{\partial x}+\frac{\partial(byz)}{\partial y}+\frac{\partial c}{\partial z}=0$$

$$az+bz+0=0$$

可得 $a=-b$。所以，a 与 b 的关系是大小相等而具有相反的符号，或者二者之和是零。

三、磁矢势及其应用

1. 磁矢势的定义

前面我们给出了描述磁场空间性质的场方程，即

$$\nabla\cdot\boldsymbol{B}=0\ ,\quad \nabla\times\boldsymbol{B}=\mu_0\boldsymbol{J} \tag{9.3.24}$$

类比于静电学，由于静电场的旋度恒等于零，即 $\nabla\times\boldsymbol{E}=\mathbf{0}$，我们得到了一种已知电荷分布求解静电场的普遍方法，即通过静电势的泊松方程 $\nabla^2\phi=-\rho/\varepsilon_0$，相对简单地求出一个标量势 ϕ，然后对它取梯度就可以得到电场 $\boldsymbol{E}$。对于恒定电流产生的磁场，由于磁场的散度恒等于零，因此一定也存在一种已知电流分布求解恒定磁场的普遍方法。

由矢量数学可知，当 $\nabla\cdot\boldsymbol{B}=0$ 时，一定存在另一个矢量 $\boldsymbol{A}$，使得

$$\boldsymbol{B}=\nabla\times\boldsymbol{A} \tag{9.3.25}$$

我们将矢量 $\boldsymbol{A}$ 称为磁场 $\boldsymbol{B}$ 的矢量势。

现在，通过与标量势 ϕ 的比较来考察矢量势 $\boldsymbol{A}$ 的特征。根据静电场中的标量势 ϕ 的定义可以看出，标量势 ϕ 的值是随参考点的变化而变化的。因此，对于同一个空间电场，可以通过变化参考点而获得不同的 ϕ。换句话说，如果对于某一电场得到了一个 ϕ，还能通过加上一个常量 C 而得到另一个同样有效的势 ϕ'，即

$$\phi'=\phi+C$$

因为常量的梯度等于零，即 $\nabla C=\mathbf{0}$，所以这个新的势 ϕ'会给出相同的电场。

$$-\nabla\phi'=-\nabla(\phi+C)=-\nabla\phi-\nabla C=-\nabla\phi=\boldsymbol{E}$$

因此，ϕ'与 ϕ 表述物理性质相同的场。不同的标量势可以给出性质相同的电场的主要原因在于常量的空间变化率等于零。

那么，我们同样可以对矢量势 $\boldsymbol{A}$ 加上一个常数 C 而获得另一个有效的、给出同样性质磁场的矢量势 $\boldsymbol{A}'=\boldsymbol{A}+C$，因为磁场也是矢量势的空间变化率，即

$$\begin{aligned}\nabla\times\boldsymbol{A}'&=\nabla\times(\boldsymbol{A}+C)=\nabla\times\boldsymbol{A}+\nabla\times C\\&=\nabla\times\boldsymbol{A}=\boldsymbol{B}\end{aligned} \tag{9.3.26}$$

由式(9.3.26)可以看出，按照一定规则变换（增加一个常数 C）的矢量势给出了同样性质的磁场。矢量势 $\boldsymbol{A}$ 仅有这样一点与标量势 ϕ 相同的性质吗？仔细观察可以发现，矢量势 $\boldsymbol{A}$ 还有另外的性质。根据矢量数学，我们给矢量势 $\boldsymbol{A}$ 加上一个矢量，可以获得一个有效的、给出同样性质磁场的矢量势 $\boldsymbol{A}'=\boldsymbol{A}+\boldsymbol{C}$（$\boldsymbol{C}$ 是一个满足一定条件的矢量，即 $\nabla\times\boldsymbol{C}\equiv\mathbf{0}$）。

$$\begin{aligned}\nabla\times\boldsymbol{A}'&=\nabla\times(\boldsymbol{A}+\boldsymbol{C})=\nabla\times\boldsymbol{A}+\nabla\times\boldsymbol{C}\\&=\nabla\times\boldsymbol{A}=\boldsymbol{B}\end{aligned} \tag{9.3.27}$$

当矢量 $\boldsymbol{C}$ 是某个标量函数 ψ 的梯度，即 $\boldsymbol{C}=\nabla\psi$ 时，其旋度就恒等于零，即 $\nabla\times\boldsymbol{C}=\nabla\times\nabla\psi\equiv0$。

因此，矢量势不但可以通过加上一个常量，而且可以通过加上一个特定的矢量获得另一个有效的矢量势。

由此可见，矢量势也是“空间不同点取不同值的一种物理量”，矢量势同样可以看成一种矢量场。由场的唯一性定理——亥姆霍兹定理可知，确定一个矢量场的性质需要同时知道它的旋度和散度。前面讨论了矢量势 $\boldsymbol{A}$ 的旋度等于磁场 $\boldsymbol{B}$，即

$$\nabla\times\boldsymbol{A}=\boldsymbol{B}$$

那么，矢量势 $\boldsymbol{A}$ 的散度如何呢？我们知道，只要不影响矢量势的旋度的计算结果，就可以根据实际需要来规定它的散度，比如我们可以按照某种需要来规定它的散度等于零，即 $\nabla\cdot\boldsymbol{A}=0$。当然还可以按照另外的需要给出矢量势不同的散度，在电动力学中这种规定叫做“规范”。因此，对于矢量势场可以有描述其性质的一种场方程（不同的“规范”会给出不同的场方程，即该矢量势场不同的散度的规定），即

$$\nabla\cdot\boldsymbol{A}=0,\quad \nabla\times\boldsymbol{A}=\boldsymbol{B} \tag{9.3.28}$$

下面我们讨论已知电流分布求解恒定磁场的普遍方法。

我们将 $\boldsymbol{B}=\nabla\times\boldsymbol{A}$ 代入式(9.3.24)可得

$$\nabla\times\boldsymbol{B}=\nabla\times(\nabla\times\boldsymbol{A})=\mu_0\boldsymbol{J} \tag{9.3.29}$$

利用矢量运算规则，

$$\nabla\times(\nabla\times\boldsymbol{A})=\nabla(\nabla\cdot\boldsymbol{A})-\nabla^2\boldsymbol{A}$$

因此，

$$\nabla(\nabla\cdot\boldsymbol{A})-\nabla^2\boldsymbol{A}=\mu_0\boldsymbol{J}$$

注意到上面关于矢量势散度的规定，即 $\nabla\cdot\boldsymbol{A}=0$，我们可以得到

$$\nabla^2\boldsymbol{A}=-\mu_0\boldsymbol{J} \tag{9.3.30}$$

仔细考察方程式(9.3.30)，可以发现它具有与泊松方程完全相同的表述形式，它就是矢量的泊松方程。由于矢量势 $\boldsymbol{A}$ 与电流密度矢量 $\boldsymbol{J}$ 的线性关系，可以将其写成分量的形式，即

$$\begin{aligned}\nabla^2A_x&=-\mu_0J_x\\ \nabla^2A_y&=-\mu_0J_y\\ \nabla^2A_z&=-\mu_0J_z\end{aligned} \tag{9.3.31}$$

应注意的是，方程组(9.3.31)中的每一个方程都与静电学中关于标量势 ϕ 的泊松方程

$$\nabla^2\phi=-\frac{\rho}{\varepsilon_0}$$

具有完全相同的形式（全同的数学形式）。

在静电学中，上式的一个通解为

$$\phi(1)=\frac{1}{4\pi\varepsilon_0}\int\frac{\rho(2)\,\mathrm{d}V_2}{r_{12}} \tag{9.3.32}$$

因此，我们立即知道方程组(9.3.31)中，关于 A_x 的通解为

$$A_x=\frac{\mu_0}{4\pi}\int\frac{J_x(2)\,\mathrm{d}V_2}{r_{12}}$$

A_y 和 A_z 的解与此相仿。现在将三个分量解合并在一个矢量式中，

$$\boldsymbol{A}=\frac{\mu_0}{4\pi}\int\frac{\boldsymbol{J}(2)\,\mathrm{d}V_2}{r_{12}}=\frac{\mu_0}{4\pi}\int\frac{\boldsymbol{J}\mathrm{d}V}{r} \tag{9.3.33}$$

式(9.3.33)就是方程式(9.3.30)的解的形式。

由式(9.3.33)可以看出,矢量势总是和电流具有相同的方向。

在静电学中,标量势给求解静电场带来了很多的方便,至少数学运算上要方便(标量只需做一次积分);而矢量势同样给我们求解磁场带来了一定的方便,通过类比直接给出了矢量势的解的形式。当然矢量势的意义远不止如此,对于更深层次的研究,矢量势是很重要的。通过矢量势,可以揭示磁场 $\boldsymbol{B}$ 与其场源(恒定电流,意味着静磁场)的关系,这与通过标量势可以揭示静电场 $\boldsymbol{E}$ 与其场源(电荷)的关系是很相似的。此外,矢量势最大的用途还在于处理一些现代的研究课题,如电磁辐射以及时变场问题等。关于矢量势,在电动力学中还会有更加深入的讨论。

下面,我们验证一下式(9.3.33)是否满足矢量势的场方程组(9.3.28)。

我们先考察矢量势的散度 $\nabla\cdot\boldsymbol{A}$。由式(9.3.33)可以得出

$$\nabla\cdot\boldsymbol{A}=\frac{\mu_0}{4\pi}\int(\nabla\cdot\boldsymbol{J})\frac{\mathrm{d}V}{r}$$

对于恒定电流来说,$\nabla\cdot\boldsymbol{J}=0$ 是当然的,因此 $\nabla\cdot\boldsymbol{A}=0$。

我们再考察矢量势的旋度 $\nabla\times\boldsymbol{A}$。

需要强调的是,对于式(9.3.33)来说,空间微商是对下角标为"1"的空间坐标进行的,与下角标为"2"的空间坐标无关,因此,

$$\nabla\times\boldsymbol{A}=\nabla_1\times\boldsymbol{A}=\nabla_1\times\left[\frac{\mu_0}{4\pi}\int\frac{\boldsymbol{J}(2)\,\mathrm{d}V_2}{r_{12}}\right]$$

其中,∇_1 代表仅对下角标"1"的空间坐标起作用,而关于下角标"1"的空间坐标仅存在于上式的 r_{12} 中,我们首先考察其 x 分量,因此,

$$\begin{aligned}(\nabla_1\times\boldsymbol{A})_x&=\frac{\partial A_z}{\partial y_1}-\frac{\partial A_y}{\partial z_1}=\frac{\mu_0}{4\pi}\int\left[J_z\frac{\partial}{\partial y_1}\left(\frac{1}{r_{12}}\right)-J_y\frac{\partial}{\partial z_1}\left(\frac{1}{r_{12}}\right)\right]\mathrm{d}V_2\\&=-\frac{\mu_0}{4\pi}\int\left(J_z\frac{y_1-y_2}{r_{12}^2}-J_y\frac{z_1-z_2}{r_{12}^2}\right)\mathrm{d}V_2\end{aligned} \tag{9.3.34}$$

式(9.3.34)中,括号内的表达式正是

$$J_z\frac{y_1-y_2}{r_{12}^2}-J_y\frac{z_1-z_2}{r_{12}^2}=\left(\frac{\boldsymbol{J}\times\hat{\boldsymbol{r}}_{12}}{r_{12}^2}\right)_x$$

按照同样的方式,我们可以求出另外两个分量,因此,

$$\nabla\times\boldsymbol{A}=\frac{\mu_0}{4\pi}\int\frac{\boldsymbol{J}\times\hat{\boldsymbol{r}}_{12}}{r_{12}^2}\mathrm{d}V_2$$

上式的右侧正是毕奥-萨伐尔定律的表述式。因此,

$$\nabla\times\boldsymbol{A}=\boldsymbol{B}$$

因此,式(9.3.33)满足矢量势场方程组(9.3.28),它也是矢量势场方程式(9.3.30)的唯一解的表述形式。

2. 磁矢势的应用

现在应用磁矢势再次考察一半径为 a 的载流直导线在其内、外空间产生的磁场。选取如

图 9.3.10 所示的坐标系，恒定电流 I 均匀分布在载流导线的内部，即导线内部各处的电流密度矢量 $\boldsymbol{J}$ 相同。由于矢量势总是与电流具有相同的方向，此处只有电流密度矢量的 z 分量 J_z，而导线外为零，因此矢量势也只有 z 分量 A_z，矢量势的另外两个分量均为零，即 $A_x=A_y=0$。为了求得 A_z，我们类比式(9.3.32)和式(9.3.33)可知，只需将式(9.3.32)中的 ρ 用 $\varepsilon_0\mu_0 J_z$ 替换，就可以得到 A_z 的数学表述式。因此，我们只需求出导线内外的电势表达式，然后用 $\varepsilon_0\mu_0 J_z$ 替换其中的 ρ 即可得到矢量势的 z 分量 A_z。

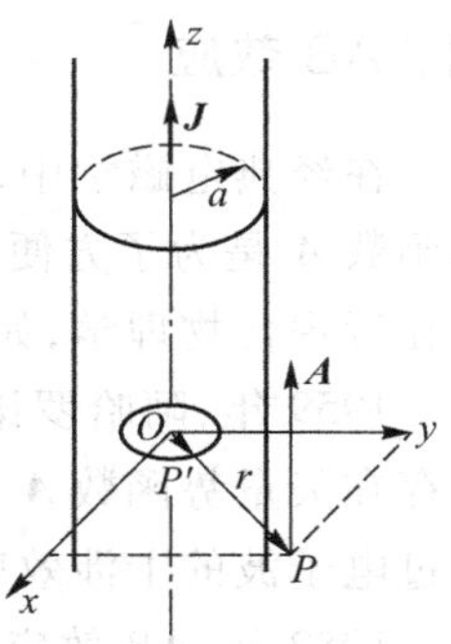

图 9.3.10

我们选取导线内的场点 P'，对于电荷密度为 ρ、半径为 a 的无限长带电线，它在该场点产生的电势的数学表述式为

$$\phi=\frac{\rho}{4\varepsilon_0}r^2 \tag{9.3.35}$$

其中，$r^2=x^2+y^2$。

我们利用 $\varepsilon_0\mu_0 J_z$ 替换式(9.3.35)中的 ρ，并注意到 $J_z=I/\pi a^2$，可得矢量势的 z 分量：

$$A_z=\frac{\mu_0 I}{4\pi a^2}r^2 \tag{9.3.36}$$

利用式(9.3.25)，可以得到磁场 $\boldsymbol{B}$ 的各个分量表达式：

$$B_x=\frac{\partial A_z}{\partial y}-\frac{\partial A_y}{\partial z}=\frac{\mu_0 I}{4\pi a^2}\frac{\partial r^2}{\partial y}=\frac{\mu_0 I}{2\pi a^2}y$$

$$B_y=\frac{\partial A_x}{\partial z}-\frac{\partial A_z}{\partial x}=-\frac{\mu_0 I}{4\pi a^2}\frac{\partial r^2}{\partial x}=-\frac{\mu_0 I}{2\pi a^2}x$$

$$B_z=0$$

所以，磁场的大小为

$$B=\sqrt{B_x^2+B_y^2}=\frac{\mu_0 I}{2\pi a^2}r \tag{9.3.37}$$

磁场的方向与 $\boldsymbol{r}$ 和 $\boldsymbol{A}$ 的方向都垂直，沿着以 r 为半径的圆环的切线方向。可以看出式(9.3.37)与利用安培环路定理求得的式(9.3.13)完全相同。

利用同样的方法考察导线外场点 P 处的磁场。对于电荷密度为 ρ、半径为 a 的无限长带电线，它在该场点产生的电势的数学表述式为

$$\phi=\frac{a^2\rho}{2\varepsilon_0}\ln r \tag{9.3.38}$$

我们利用 $\varepsilon_0\mu_0 J_z$ 替换式(9.3.38)中的 ρ，并注意到 $J_z=I/\pi a^2$，可得矢量势的 z 分量：

$$A_z=\frac{\mu_0 I}{2\pi}\ln r \tag{9.3.39}$$

同理可得磁场的大小为

$$B=\frac{\mu_0 I}{2\pi r} \tag{9.3.40}$$

而磁场的方向环绕载流导线，沿着以 r 为半径的圆环的切线方向。

可以看出，式(9.3.40)与前面用几种不同方法求得的磁场表述式(9.2.10)和式(9.3.12)

完全相同。

四、AB 效应

在经典电磁学中，描述电磁场的基本物理量是电场 $\boldsymbol{E}$ 和磁场 $\boldsymbol{B}$，而标量势函数 ϕ 及矢量势函数 $\boldsymbol{A}$ 是为了方便求解静电场和磁场而引入的，它们是不具有直接观测意义的物理量。但是在近现代物理学，如量子力学中，矢量势函数 $\boldsymbol{A}$ 和标量势函数 ϕ 都具有可观测的物理意义。

1959 年，阿哈罗诺夫和玻姆从理论上指出，即使在电子运动路径上不存在电场和磁场，只要存在矢量势函数 $\boldsymbol{A}$ 和标量势函数 ϕ，也会使电子波函数的相位发生变化，这种相位变化可以通过电子波的干涉效应加以观测，这就是著名的阿哈罗诺夫-玻姆效应，即 AB 效应。

1982 年，AB 效应在电子双缝实验上被证实。实验原理如图 9.3.11 所示，从电子枪发射出来的电子通过 S_1 到达 S_2 后经双缝分为两束，这两束电子到达屏幕上产生干涉条纹。在双缝后面放置一个细长的密绕螺线管，当螺线管中通过电流时，即在螺线管中产生如图所示指向纸内的磁场，可发现干涉条纹发生了移动。在整个实验中，他们努力使螺线管外部的磁场为零，即排除了磁场对运动电子的影响。那么是什么因素导致干涉条纹发生了移动呢？也许有人会认为，一定是螺线管内部的磁场 $\boldsymbol{B}$ 对螺线管外的运动电子产生了作用，但是这种想法与局域场的相互作用原理相违背。我们知道，局域相互作用是电磁相互作用的一个基本原理，即空间某个位置上的电荷或电流仅受该位置附近邻域场的作用。

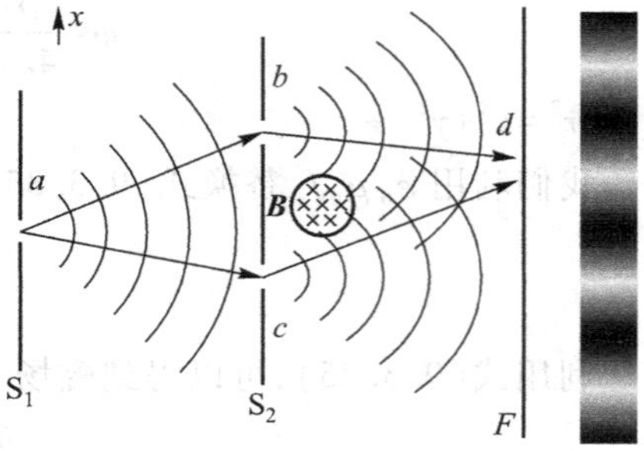

图 9.3.11

在螺线管内产生磁场后，其外部空间的磁场 $\boldsymbol{B}=\boldsymbol{0}$，但是其矢量势 $\boldsymbol{A}$ 却可以不为零，当 $\boldsymbol{A}\neq\boldsymbol{0}$ 时，它对包围螺线管外的任一闭合回路的积分为

$$\oint \boldsymbol{A}\cdot \mathrm{d}\boldsymbol{l}=\oint(\nabla\times\boldsymbol{A})\cdot\hat{\boldsymbol{n}}\mathrm{d}a=\oint\boldsymbol{B}\cdot\hat{\boldsymbol{n}}\mathrm{d}a \tag{9.3.41}$$

式(9.3.41)表明，矢量势 $\boldsymbol{A}$ 可以对电子产生作用。因此，AB 效应表明，矢量势 $\boldsymbol{A}$ 具有可观测的物理效应，它可以影响电子波束的相位，从而使干涉条纹发生移动。

实际上，AB 效应是一个量子力学现象，AB 效应的存在揭示了经典电动力学的缺陷，即说明了磁场的物理效应不能完全用 $\boldsymbol{B}$ 来描述。

在量子力学中，矢量势 $\boldsymbol{A}$ 的地位比在经典电动力学中重要得多。但是由于规范变换所引起的 $\boldsymbol{A}$ 的任意性，用 $\boldsymbol{A}$ 来描述磁场显然又是过多的。现代的理论和实验结果表明，能够完全恰当地描述磁场的物理量是相位因子

$$\exp\left(\mathrm{i}\frac{e}{\hbar}\oint_C\boldsymbol{A}\cdot\mathrm{d}\boldsymbol{l}\right) \tag{9.3.42}$$

其中，e 是电子电荷量的绝对值，$\hbar$ 是约化普朗克常量。

若式(9.3.42)中积分闭合回路 C 可以缩小到一点的无穷小路径，则

$$\oint_C\boldsymbol{A}\cdot\mathrm{d}\boldsymbol{l}=\boldsymbol{B}\cdot\hat{\boldsymbol{n}}\Delta S$$

因此，相位因子的描述等价于局域场 $\boldsymbol{B}(x,y,z)$ 的描述。若闭合回路 C 不能收缩到一点的

路径，如在 AB 效应中的闭合回路，则此相位因子包含的物理信息就不能用局域场 $\boldsymbol{B}(x,y,z)$ 来描述。

第四节　洛伦兹力定律及其应用

上面我们对磁场的定义及其性质进行了讨论，下面将讨论运动的带电粒子对磁场的响应规律——洛伦兹力定律。

洛伦兹力是运动于电磁场中的带电粒子所受的力。根据洛伦兹力定律，洛伦兹力可以用数学方程表达为

$$\boldsymbol{F}=q(\boldsymbol{E}+\boldsymbol{v}\times\boldsymbol{B}) \tag{9.4.1}$$

其中，$\boldsymbol{F}$ 是洛伦兹力，q 是带电粒子的电荷量，$\boldsymbol{E}$ 是电场强度，$\boldsymbol{v}$ 是带电粒子的速度，$\boldsymbol{B}$ 是磁感应强度。

式(9.4.1)表示，如果空间中既有磁场又有电场，运动的电荷就会受到电场和磁场的共同作用，即电场力和磁场力的合力。电场会对电荷做功 qV(其中 V 是电荷运动轨迹上的电势差)，它会改变电荷的动能。由于磁场力的方向永远垂直于电荷运动速度 $\boldsymbol{v}$，因此磁场力永远不会对运动电荷做功。磁场力可以改变电荷的运动方向，但不会改变它的动能，这是磁场力与电场力的一个重要区别。

洛伦兹力定律是一个基本定律，它不是从别的理论推导出来的定律，而是由实验得到的电荷对电磁场响应的规律。

运动电荷在电磁场中受到力称为洛伦兹力，洛伦兹力主要指磁场对运动电荷的作用力。它是荷兰物理学家洛伦兹于 1895 年建立经典电子论时，作为基本假定而提出的，后被大量实验结果所证实，因此得名。

拓展阅读：科学家洛伦兹

洛伦兹

一、运动带电粒子在磁场中所受的力

关于洛伦兹力的电场力的部分，我们在“静电场”中已经有了充分的讨论，现在我们主要讨论式(9.4.1)的后一部分——磁场力的部分，即

$$\boldsymbol{F}=q\boldsymbol{v}\times\boldsymbol{B} \tag{9.4.2}$$

当一个携带电荷量 q、质量为 m 的带电粒子，以速度 $\boldsymbol{v}$ 进入一个与该速度垂直的恒定磁场中时，磁场力 $\boldsymbol{F}$ 不会改变带电粒子的速率 $|\boldsymbol{v}|$，也不能改变它的动能，但是会改变速度的方向，因此，它的运动轨迹是一个圆，即带电粒子会沿一个圆周运动，其原理如图 9.4.1 所示。

图 9.4.2 所示的是通过威尔逊云室显示的带电粒子的运动轨迹，即当电子垂直射入磁场中时其运动的轨迹图像。根据动力学原理，带电粒子圆周运动的半径是很容易求出的，即

$$qvB=\frac{mv^2}{R} \quad \Rightarrow \quad R=\frac{mv}{qB} \tag{9.4.3}$$

式中，R 是带电粒子圆周运动的半径。

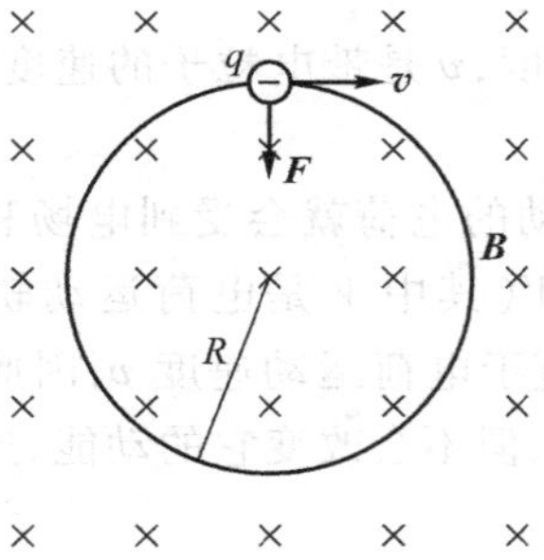

图 9.4.1

图 9.4.2

我们注意到，半径 R 与粒子的电荷量 q 及空间磁感应强度的大小 B 成反比。如果电荷量大，洛伦兹力就强，圆周运动的半径就小；如果磁场强，洛伦兹力就大，圆周运动的半径就小。粒子的动量越大，它就越想脱离洛伦兹力的束缚，其运动半径就越大。

初速度几乎为零的带电粒子在电场的作用下被加速后，获得了一定的动能，我们可以通过这个动能计算带电粒子进入磁场的速度，将这个速度代入式(9.4.3)就可以得到带电粒子圆周运动的半径，即

$$qV=\frac{1}{2}mv^2 \quad \Rightarrow \quad R=\sqrt{\frac{2mV}{qB^2}} \tag{9.4.4}$$

式(9.4.4)只有在带电粒子的运动速度远低于光速的情况下才成立，否则就要对其进行相对论修正。

下面我们通过一个例子来进行说明。

假设一个运动的带电粒子是具有 $qV=500$ keV 能量的电子。eV 称为“电子伏”，是能量的单位，代表一个电子(所带电荷量为 $e=-1.6\times10^{-19}$ C)经过 1 V 的电势差加速后获得的能量，根据式(9.4.4)我们可以得到具有这个能量的电子的运动速度，即

$$v=\sqrt{\frac{2qV}{m_e}}=\sqrt{\frac{2\times5\times10^5\ \text{eV}}{m_e}}\approx4.2\times10^8\ \text{m/s} \tag{9.4.5}$$

其中，m_e 是电子的静止质量($m_e=9.109\,38\times10^{-31}$ kg)。

仔细考察式(9.4.5)，我们发现它给出的电子运动速度大于光速(光速 $c=2.997\,924\,58\times10^8$ m/s)，这显然是不可能的。实际上，当物体的运动速度与光速可比拟时(在必要时，即使运

动速度与光速相差较大，同样需要进行相对论修正，比如在研究运动电荷产生的磁现象时)，必须对推理过程中的相关物理量进行相对论修正。在上述推理过程中，如果对电子的质量进行相对论修正，那么其运动速度将变为

$$v=\sqrt{\frac{2qV}{\gamma m_e}}=\sqrt{\frac{2\times5\times10^5\ \text{eV}}{\gamma m_e}}\approx2.6\times10^8\ \text{m/s}$$

其中，γ 称为洛伦兹因子。

$$\gamma=\frac{1}{\sqrt{1-\frac{v^2}{c^2}}}$$

经过相对论修正后，电子运动速度小于光速。

从式(9.4.3)可以看出，如果空间的磁感应强度 $\boldsymbol{B}$ 是一定的，并且能够准确测量出带电粒子的速度 $\boldsymbol{v}$ 及圆周运动的半径 R，就可以得到表征该带电粒子性质的一个重要的物理量，即电荷量与质量的比 q/m，也称之为“荷质比”。

带电粒子的电荷量与质量之比，是其重要数据之一。测定荷质比是研究带电粒子和物质结构的重要方法。1897 年，英国物理学家汤姆孙通过电磁偏转的方法测量了阴极射线粒子的荷质比，它比电解中的单价氢离子的荷质比大约2000倍。人们从而发现了比氢原子更小的组成原子的物质单元，并将其命名为电子。

二、洛伦兹力定律的应用

1. 质谱仪

利用运动电荷在磁场中受到洛伦兹力的性质，物理学家发展了一种可以区分同位素(质子数相同而中子数不同的同一元素的核素互称为同位素)的方法。由于同位素具有相同的电荷量、不同的质量，因此可以通过下述原理对它们进行分离。这种分离同位素的仪器称为“质谱仪”，质谱仪的工作原理如图 9.4.3 所示。质量为 m、电荷量为 q 的粒子，从容器 A 的小孔 S_1 以近零速度进入电势差为 V 的加速电场，带电粒子被电场加速后经过 S_3 沿着与磁场垂直的方向进入磁感应强度为 $\boldsymbol{B}$ 的均匀磁场，最后到达检测装置 D 处。由式(9.4.4)可以看出，不同荷质比的带电粒子进入磁场后将沿着不同的半径做圆周运动，这样同一元素的同位素由于具有不同的质量就被分开了，在 D 处不同的位置就可以收集到不同的同位素原子。

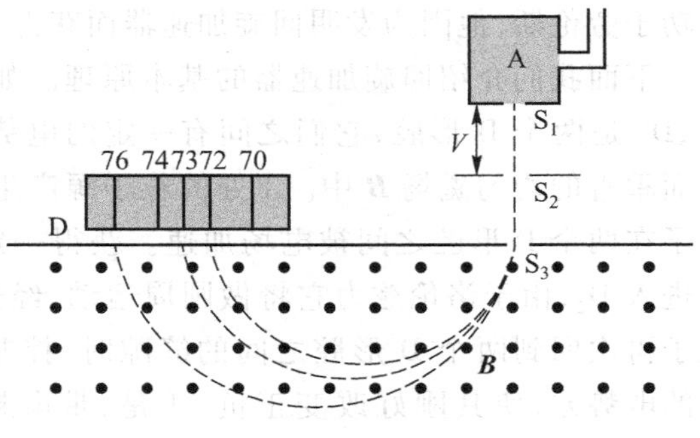

图 9.4.3

美国在“曼哈顿计划”中需要分离铀的同位素铀-235 和铀-238，他们利用质谱仪将铀-235 从大量的铀元素中分离出来，并制造出了人类历史上第一颗原子弹。除了军事领域，质谱仪在医疗领域也有广泛的应用。例如，进行放射性治疗的患者需要的是某种元素的同位素的

放射,不希望同种元素的其他同位素掺入,我们就可以利用质谱仪来分离它们。质谱仪还大量应用于科学研究领域,对科学研究发挥着重要的作用。

拓展阅读:汤姆孙的荷质比实验

汤姆孙

2. 加速器

(1) 回旋加速器。

电子的发现使人们对于原子的结构产生了很大的兴趣,但是要认识原子核内部的情况,必须将原子核“打开”进行探查。原子核被强大的核力约束,只有用具有极高能量的粒子作为“炮弹”去轰击,才能把它“打开”。但是,如何使粒子获得极高的能量却是一个难题,我们知道可以通过电场对带电粒子加速而使其获得能量,但是产生过高的电压在技术上是很困难的。于是,人们想到利用运动电荷在磁场中受到洛伦兹力作用的性质,设计出利用磁场控制轨道、用电场对带电粒子进行多次加速的方法,这种方法可以将质子加速到接近光速。这个思想要归功于劳伦斯,他因为发明回旋加速器而获得 1939 年诺贝尔物理学奖。

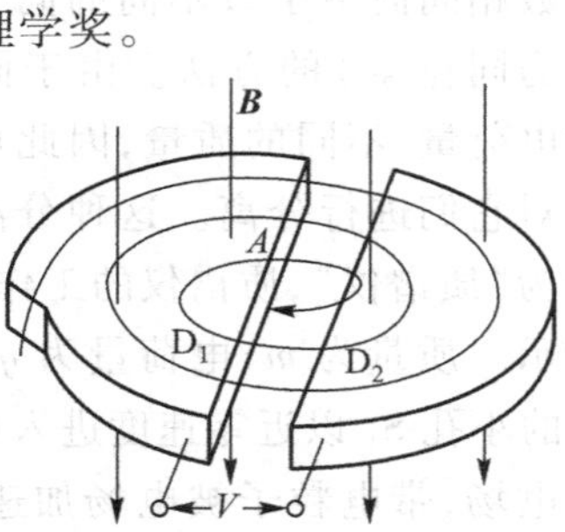

图 9.4.4

下面我们介绍回旋加速器的基本原理。如图 9.4.4 所示,D_1、D_2 是两个 D 形腔,它们之间有一定的电势差 V,并处于与腔面垂直的均匀磁场 $\boldsymbol{B}$ 中。A 处的粒子源产生带电粒子,带电粒子在两个 D 形腔之间被电场加速。获得一定速度的带电粒子进入 D_2,由于洛伦兹力它将做圆周运动,经过半个圆周后该粒子再次回到两个 D 形腔之间的缝隙时,控制两个 D 形腔之间的电势差,使其刚好改变正负,于是,带电粒子再一次被加速。以此类推,粒子在做圆周运动的过程中一次次地经过两个 D 形腔之间的缝隙,而两个 D 形腔之间的电势差一次次地换向,带电粒子的速度就能增加到很大,带电粒子就将获得极高的能量。由回旋加速器的原理我们知道,两个 D 形腔之间的电势差需要不断变换方向,变换的速率取决于带电粒子的运行时间。粒子在磁场中运动一周所需的时间是

$$T=\frac{2\pi R}{v} \tag{9.4.6}$$

将式(9.4.4)所示的半径 R 代入式(9.4.6)可得

$$T=\frac{2\pi m}{qB} \tag{9.4.7}$$

由式(9.4.7)可以看出,粒子运行一周的时间好像与其运动速度无关。如果真是这样,那么电势差的变换时间就是恒定的($T/2$)。但是,这种结论只有在低速的情况下才勉强成立。我们恰恰是希望通过回旋加速器给带电粒子赋予更高的速度,因此必须对式(9.4.7)进行相对论修正,即对质量进行修正,这就需要引入洛伦兹因子($\gamma=1/\sqrt{1-v^2/c^2}$)。

$$T=\gamma\frac{2\pi m}{qB} \tag{9.4.8}$$

也就是说,当粒子的能量很高时,它转一周的时间就不恒定了,因此必须调整间隙内电势差的切换频率。如果时间 T 增加,切换频率就必须下降。这样的设备叫做同步回旋加速器,它需要根据相对论修正做出同步。

(2) 同步加速器。

现代加速器的半径都是恒定的,对于一个具有恒定半径的环,在粒子能量较低和较高时,将粒子保持在环内的唯一办法就是逐渐增加磁感应强度,以增加磁场力对运动粒子的束缚。开始时磁场较弱,粒子沿一个半径很大的圆周运动,在它逐渐加速的同时逐渐增强磁场(以某种正确的方式逐渐增强),就能使粒子一直保持在同一圆环内运动。

通过回旋加速器、同步加速器,高能粒子束就被制造出来了。为解开核物理的奥秘,人们用高能粒子撞击其他核子。粒子的能量越高,撞击产生的冲击越大,我们能发现的现象就越多。人们正在利用这些能量越来越高、如核子子弹一样的粒子探索未知的领域。

放置在日内瓦欧洲粒子物理研究所的回旋加速器具有世界上最大的环形隧道,它的周长是 27 km,半径为 4.3 km,利用现代的超导磁体技术可使磁场达到 5 T。它能把质子加速到具有巨大的能量,使其动能达到 7×10^{12} eV。

拓展阅读:科学家劳伦斯

劳伦斯

(3) 云室与气泡室。

人们用高能粒子做了很多轰击核子的实验,这些实验的目的就是开拓新的领域,研究神秘的核力,探求质子和中子的本质。在这些实验中,科学家发现了很多之前人们不知道的粒子。

那么我们如何得知这些高能粒子碰撞的结果,即让这些粒子的轨迹变得可见呢?目前,在粒子物理研究中,人们经常用气泡室(之前的云室)来解决这个问题。下面我们先讲一下它的原理。

一个带电粒子(无论是电子、质子还是 α 粒子)穿过空气时会(通过将空气分子电离)制造离子并逐渐失去动能而停下来。具有 10 MeV 能量的电子在一个大气压中可以走 40 m;具有 10 MeV 能量的质子,只能走 1 m(由于质子的质量比电子大,在电离空气的过程中其产生的离子的密度较高);α 粒子的质量比质子还大,其电荷量是质子的两倍,它只能走 10 cm。α 粒子可以产生极高密度的离子。观察这些轨迹的方法就是利用云室。

将一个容器置于一个大气压的空气中,容器的顶部放置有液态的酒精(它会挥发为蒸气),然后用干冰冷却容器的底部,这样容器内就会产生一个温度梯度。在一部分温度较低的区域,酒精理论上会凝成小的液滴,类似于酒精蒸气。当带电粒子进入这个区域,并制造出离子时,这些离子成为酒精蒸气的凝结核,在每一个离子的周围就聚集了一些小的酒精蒸气液滴而形成一些较大的液滴。用肉眼可以看到这些液滴,也就可以看到带电粒子的运动轨迹。这就是云室的工作原理。图 9.4.5 所示的就是威尔逊云室中获得的典型的 α 粒子和 β 粒子的运动轨迹。你可以发现它们的运动轨迹都很短,这是由于它们的质量较大。

当将云室的一部分放入某个恒定磁场中时,可以看到开始时粒子圆周运动的半径较大,但随着它的动能减少,圆周运动的半径会变得越来越小,因此它的轨迹会卷缩。图 9.4.6 就是在云室中拍摄的粒子在磁场中的运动轨迹。

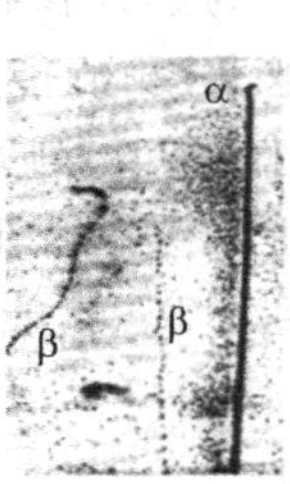

图 9.4.5

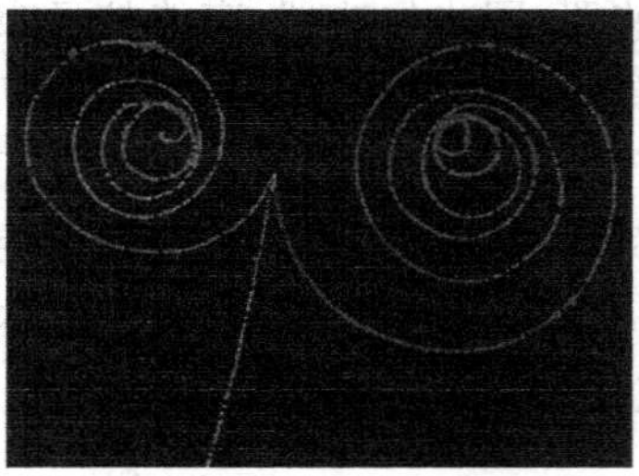
图 9.4.6

气泡室的原理和云室有些类似,可以看成云室的逆过程。但气泡室更为简便快捷,兼有云室和乳胶的优点。

气泡室由一密闭容器组成,容器中盛有液体,液体在特定温度和压力下绝热膨胀,由于在一定的时间间隔内(例如 50 ms)处于过热状态,液体不会马上沸腾,这时如果有高速带电粒子通过液体,其在所经轨迹上不断与液体原子发生碰撞而产生低能电子,因此形成离子,这些离子在复合时会引起局部发热,从而以这些离子为核心形成胚胎气泡,经过很短的时间后,胚胎气泡逐渐长大,沿粒子所经路径留下痕迹。如果这时对其进行拍照,就可以把一连串气泡拍摄下来,从而得到记录高能带电粒子轨迹的底片。照相结束后,在液体沸腾之前,立即压缩工作液体,气泡随之消失,整个系统很快回到初始状态,准备做下一次探测。

气泡室是美国物理学家格拉泽(Donald Arthur Glaser)发明的一种探测高能带电粒子径迹的有效仪器。它在 20 世纪 50 年代以后一度成了高能物理实验最风行的探测设备,为高能物理的发展创造了许多机会,给高能物理实验带来了许多重大发现,如新粒子、共振态、弱中性流等。格拉泽因发明气泡室而获得 1960 年诺贝尔物理学奖。

拓展阅读:科学家威尔逊

威尔逊

拓展阅读:科学家格拉泽

格拉泽

应用气泡室(云室)取得的重要发现之一就是正电子。图 9.4.7 就是正、负电子在磁场中偏转的云室照片。

拓展阅读:正电子的发现

图 9.4.7

运用回旋加速器、云室和气泡室，粒子物理学开辟了新的领域。从 1958 年到 1968 年，30 种不同的粒子被发现。粒子物理学的基本概念与电磁学息息相关，粒子必须用电场来加速，这是加速粒子的唯一方法；磁场虽然无法改变粒子的动能，但在粒子加速过程中，磁场是很关键的——它能将粒子约束在一定的范围内，过去是将粒子束缚在回旋加速器内，而今天是将粒子束缚在一个环内。在使用气泡室或云室时，人们通常会利用磁场来获得探测粒子的信息。它们给了我们认识世界的全新方法和关于世界如何运转的全新概念。

3. 磁约束

前面讨论的都是带电粒子的运动速度与空间磁场方向垂直的情况，下面我们将考察更为普遍的情形，即运动速度与磁场成任意角度。

如图 9.4.8 所示，带电粒子以与磁场成 θ 角的速度 $\boldsymbol{v}$ 进入磁场，我们选取这样的坐标系，磁场 $\boldsymbol{B}$ 沿着 y 轴的正方向，速度 $\boldsymbol{v}$ 在 yz 平面内。因此，速度 $\boldsymbol{v}$ 就有了平行于磁场的分量

$$v_{/\!/}=v\cos\theta$$

和垂直于磁场的分量

$$v_{\perp}=v\sin\theta$$

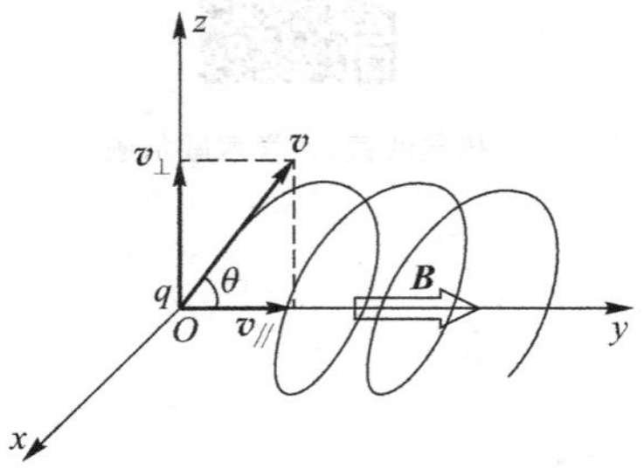

图 9.4.8

由前面的分析可见，带电粒子运动速度的垂直分量导致其在 xz 平面内做圆周运动，而其平行分量则导致带电粒子沿磁场方向（y 轴正方向）以 $v_{/\!/}=v\cos\theta$ 的速度做直线运动。因此，带电粒子在磁场中的综合运动轨迹为一条以磁场方向为轴的螺旋线。在低速运动情况下，带电粒子圆周运动的周期可以由式（9.4.7）给出，因此，螺旋线的螺距为

$$h=v_{/\!/}T=v\cos\theta\,\frac{2\pi m}{qB}=\frac{2\pi mv\cos\theta}{qB} \tag{9.4.9}$$

螺旋线的运动半径为

$$R=\frac{mv_{\perp}}{qB}=\frac{mv\sin\theta}{qB} \tag{9.4.10}$$

由上述讨论可知，对于一束发散角不大的带电粒子束，若这些粒子沿磁场方向的分量 $v_{/\!/}$ 大小都一样，它们就会有相同的螺距，经过一个周期它们将重新汇聚在另一点。这种发散粒子束汇聚到一点的现象叫做磁聚焦，相应的器具称为磁透镜，它的作用就像光学中的透镜一样，将物点 P 聚焦于像点 P'，如图 9.4.9 所示。

通过洛伦兹力将带电粒子约束在一定磁场空间中运动，这种行为称为磁约束。实际上，前面讨论的回旋加速器的原理就是一种将带电粒子约束在某个圆形磁场空间的磁约束。图 9.4.8 所示的运动电荷在恒定磁场中所做的螺旋运动，表明其在横向（与磁场垂直的方向）上被磁场约束，而在纵向上，即空间的磁场方向上没有被约束，这也是一个恒定磁场中磁约束的例子。

如果空间存在一个非均匀磁场，其分布如图 9.4.10 所示，那么根据前面对于运动电荷在磁场中作用规律的讨论可知，以任意速度 $\boldsymbol{v}$ 进入其中的带电粒子将逐渐被减速，即其纵向运动也将受到磁场的约束。

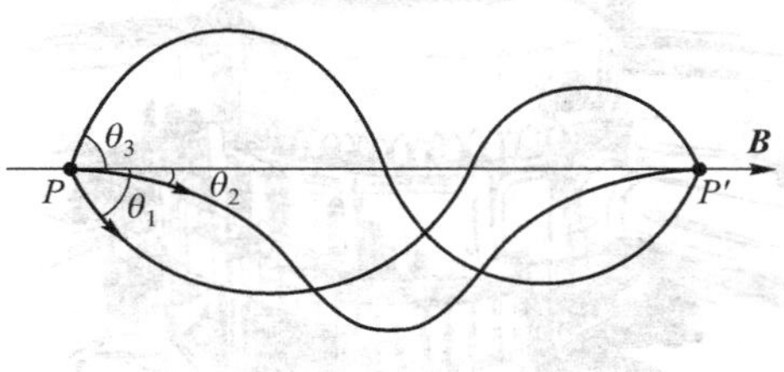

图 9.4.9

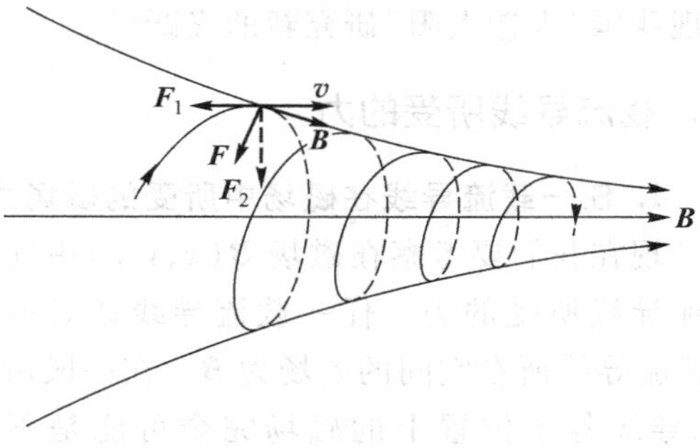

图 9.4.10

磁约束技术通常被用在热核聚变过程中，以约束等离子体中带电粒子的运动。氘、氚等较轻的原子核聚合成较重的原子核时，会释放大量核能，但这种聚变反应只能在极高温下进行，任何固体材料都将熔毁。因此，需要用特殊形态的磁场把由氘、氚等原子核及自由电子组成的一定密度的高温等离子体约束在有限体积内，使之脱离器壁。这是实现受控核聚变的重要条件。磁约束研究的主要途径有托卡马克装置、先进环形装置（仿星器）等。下面我们以托卡马克装置为例介绍磁约束的具体应用，装置及工作原理如图 9.4.11 所示。

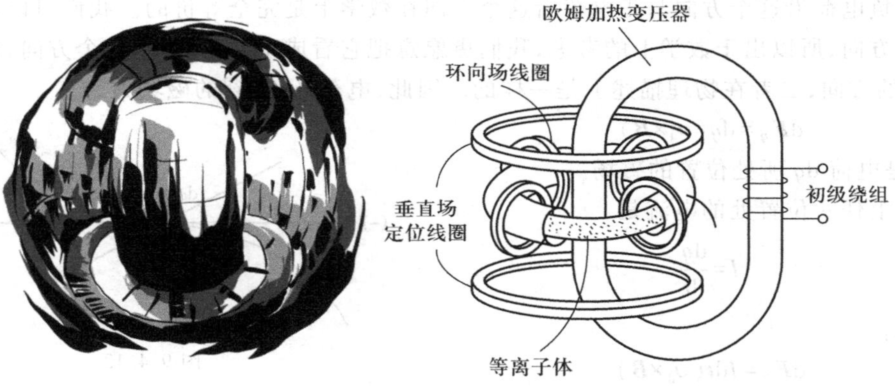

图 9.4.11

托卡马克（tokamak）是一个环形装置，通过约束电磁波驱动，创造氘、氚实现聚变的环境，并实现人类对聚变反应的控制。它的名字 tokamak 来源于环形（toroidal）、真空室（kamera）、磁（magnet）、线圈（kotushka）。在托卡马克装置中，欧姆线圈中的电流变化提供了产生、建立和维持等离子体电流所需要的伏秒数（变压器原理）；极向场线圈产生的极向磁场控制等离子体截面形状和位置平衡；环向场线圈产生的环向磁场保证等离子体的宏观整体稳定性；环向磁场与等离子体电流产生的极向磁场一起构成磁力线旋转变换并和磁面结构嵌套的磁场位形来约束等离子体；同时，等离子体电流还对自身进行欧姆加热。

2022 年，中国新一代“人造太阳”HL-2M“托卡马克”核聚变装置，如图 9.4.12 所示，取得了突破性进展，等离子体电流突破 100 万安培（1 兆安培），创造了我国可控核聚变装置运行新纪录。未来，HL-2M 将继续开展后续实验工作，冲击更高的等离子体电流和离子温度等参量，实现我国“人造太阳”研究新的飞跃。

图 9.4.12

三、载流导线所受的力

1. 任一载流导线在磁场中所受的磁场力

现在我们要考察在磁场 $\boldsymbol{B}(x,y,z)$ 中任一载流导线所受的力。任一载流导线通有电流 I,载流导线所在空间的磁场为 $\boldsymbol{B}$。在一般情况下,导线各个位置上的磁场完全可能是不同的。我们先考察导线内没有电流通过的情况,即在导线内没有电场的作用,在室温下,导线内的自由电子以非常快的平均速度 $v=1.6\times10^6\ \mathrm{m/s}$ 运动,但是它们的运动是杂乱的、随机的热运动,在磁场中导线内的每个自由运动的电子都会受到一个力,但总体上合力是零。当导线内有电流通过时,电荷以非常慢的定向(沿着电场方向)漂移速度 $\boldsymbol{v}_\mathrm{d}$ 运动,合力就不是零了。在导线的某个位置上,有电荷 $\mathrm{d}q$ 以漂移速度 $\boldsymbol{v}_\mathrm{d}$ 沿着导线的方向运动而形成一个电流 I,$\boldsymbol{v}_\mathrm{d}$ 与磁场 $\boldsymbol{B}$ 之间的夹角为 θ,如图 9.4.13 所示。在通常情况下,导线中的传导电荷是电子(负电荷),因此电子漂移速度方向与电流方向正好相反,但是,负电荷沿这个方向与正电荷沿这个方向在数学上是完全等价的。我们可以认为电流就是这个方向,所以出于数学上的考虑,我们更愿意把它看成正电荷 $\mathrm{d}q$ 朝这个方向,而负电荷则沿 $-\boldsymbol{v}_\mathrm{d}$ 的方向,二者在物理描述上是一样的。因此,电荷 $\mathrm{d}q$ 受到的磁场力为

$$\mathrm{d}\boldsymbol{F}_B=\mathrm{d}q(\boldsymbol{v}_\mathrm{d}\times\boldsymbol{B})$$

其中,$\boldsymbol{B}$ 是电荷 $\mathrm{d}q$ 所处位置的磁场。

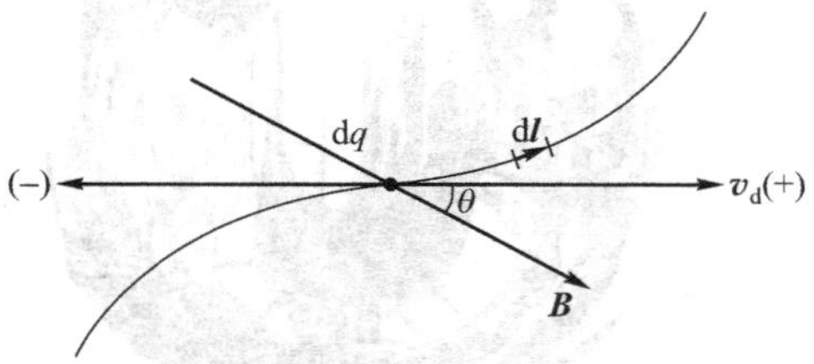

图 9.4.13

导线上任一位置处的电流是

$$I=\frac{\mathrm{d}q}{\mathrm{d}t}$$

因此,

$$\mathrm{d}\boldsymbol{F}_B=I\mathrm{d}t(\boldsymbol{v}_\mathrm{d}\times\boldsymbol{B})$$

在经典力学中,$\mathrm{d}\boldsymbol{l}=\boldsymbol{v}_\mathrm{d}\mathrm{d}t$ 是沿导线的一小段位移。我们把 $\mathrm{d}\boldsymbol{l}$ 取在如图 9.4.13 所示处,电荷 $\mathrm{d}q$ 在 $\mathrm{d}t$ 时间内通过这段位移,因此

$$\mathrm{d}\boldsymbol{F}_B=I(\mathrm{d}\boldsymbol{l}\times\boldsymbol{B}) \tag{9.4.11}$$

要想知道整个导线所受的力,可以对整个导线求积分。在方程式(9.4.11)中,电流与 $\mathrm{d}\boldsymbol{l}$ 是同向的,因此,

$$\mathrm{d}\boldsymbol{F}_B=\mathrm{d}l(\boldsymbol{I}\times\boldsymbol{B}) \tag{9.4.12}$$

由式(9.4.12)可以得出,单位长度载流导线受到的磁场力为

$$\mathrm{d}\boldsymbol{F}_B/\mathrm{d}l=\boldsymbol{I}\times\boldsymbol{B} \tag{9.4.13}$$

式(9.4.13)与式(9.2.8)在数学表述上完全相同,这说明作用在载流导线上的安培力本质上就是导线中传导电荷受到的磁场力的总和。从式(9.4.13)中还可以看出,单位长度载流导线在磁场中受到的作用力仅取决于其中通过的电流与其所在空间的磁场,与传导电荷的正负无关。

我们再看一下典型的安培实验中无限长平行载流直导线之间的作用力，如图 9.4.14 所示。利用式(9.4.13)所表述的单位载流导线所受的磁场力，载流导线 I_1 受到的载流导线 I_2 的作用力，本质上就是电流 I_1 对电流 I_2 产生的磁场的响应，因此，

$$\boldsymbol{F}_{21}=\boldsymbol{I}_1\times\boldsymbol{B}_2$$

同理，载流导线 I_2 受到的作用力为

$$\boldsymbol{F}_{12}=\boldsymbol{I}_2\times\boldsymbol{B}_1$$

由上述分析可知，同向载流导线之间的相互作用力为吸引力，异向载流导线之间的相互作用力为排斥力，这与安培实验的结果完全相同。

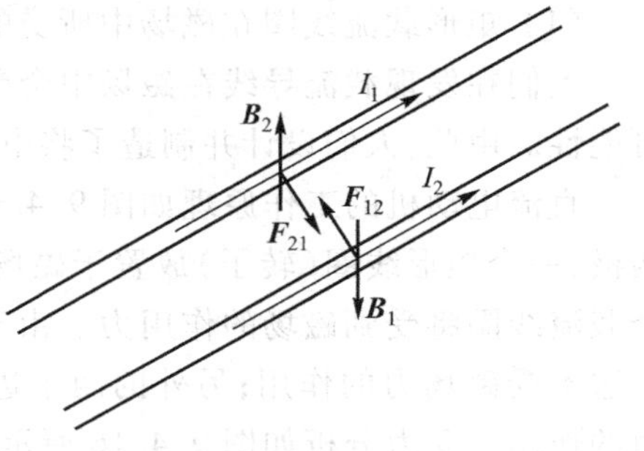

图 9.4.14

2. 电流单位的定义

我们将“电流的单位”单独列出来讨论主要是由于其在单位制中的特殊性。国际上现行的电磁学单位制是米-千克-秒-安培(MKSA)制，其中除长度、质量和时间外的第四个基本量就是电流，其单位定义为安培(A)。因此，“安培”的确定对于单位制的完善具有重要意义。

电流的单位“安培”的定义经历了漫长的历史进程，这个单位最初的定义和绝对测量是以安培定律为依据的。

安培最初被定义为厘米-克-秒制中电流单位“绝对安培”的十分之一。如此确定是为了保证从国际单位制中的其他单位推导 1 安培得到的值比较合适。

1908 年，伦敦举行的国际电学大会将电流单位定义为：1 秒时间间隔内从硝酸银溶液中能电解出 1.118 000 2 毫克银的恒定电流为 1 安培，又称“国际安培”。

1946 年，国际计量委员会(CIPM)将电流单位定义为：在真空中，截面积可忽略的两根相距 1 米的平行且无限长的圆直导线内，通以等量恒定电流，导线间相互作用力在 1 米长度上为 2×10^{-7} 牛时，每根导线中的电流为 1 安培，又称“绝对安培”。该定义经 1948 年第 9 届国际计量大会(CGPM)通过。

与使用两根通电导线之间的力定义相比，“安培”也可以采用元电荷(e)来定义，因为 1 库仑已经定义为 $6.241\,509\,3\times10^{18}$ 个元电荷的电荷量，1 安培就可以定义为 1 秒内有 $6.241\,509\,3\times10^{18}$ 个元电荷通过横截面的电流。2005 年，国际计量委员会同意研究这一可能的变化。2018 年 11 月 16 日，第 26 届国际计量大会通过“修订国际单位制”决议，将 1 安培定义为“1 秒内通过导体某个横截面的$(1/1.602\,176\,634)\times10^{19}$ 个电荷移动所产生的电流强度”。正式更新包括国际标准电流单位“安培”在内的 4 项基本单位的定义。该决议于 2019 年 5 月 20 日世界计量日正式生效。用基本物理常量来定义计量单位，可大大提高稳定性和精确度。

由于电流与磁场有着密不可分的关系，因此也可通过磁场的数值来定义电流的单位。

对于无限长直导线在空间产生的磁场，式(9.2.10)和式(9.3.12)给出了同样的关系式。

$$B=\frac{\mu_0 I}{2\pi r_0}=K\frac{2I}{r_0}=\frac{\mu_0}{4\pi}\frac{2I}{r_0}$$

上式中的常量 $\mu_0/4\pi$ 正是安培定律中的常量 K，其值(在 MKS 制中)被准确定义为 10^{-7}。因此，上式可以用来定义电流的单位：距离 1 A 电流 1 m 远处的磁场为 $2\times10^{-7}\ \mathrm{Wb\cdot m^{-2}}$。

3. 载流线圈所受的磁场力矩

(1) 矩形载流线圈在磁场中所受的力矩——直流电动机的工作原理。

人们在发现载流导线在磁场中会受到磁场的作用力后,首先想到的是这个磁场力做功的可能性。由此,人们设计并制造了将电能转化为机械能的装置——电动机。

直流电动机的工作原理如图 9.4.15 所示,N、S 是由永久磁铁产生的空间磁场(定子)的两极,一个矩形线圈(转子)放置于磁场空间中。当矩形线圈通入电流时,根据式(9.4.13),这个载流线圈将受到磁场的作用力。由于矩形线圈的两个边 ad、cb 与磁场方向平行,因此这两个边不受磁场力的作用;另外的两个边 ab、cd 则由于电流的方向与磁场方向垂直而受到磁场力的作用。受力分析如图 9.4.16 所示。

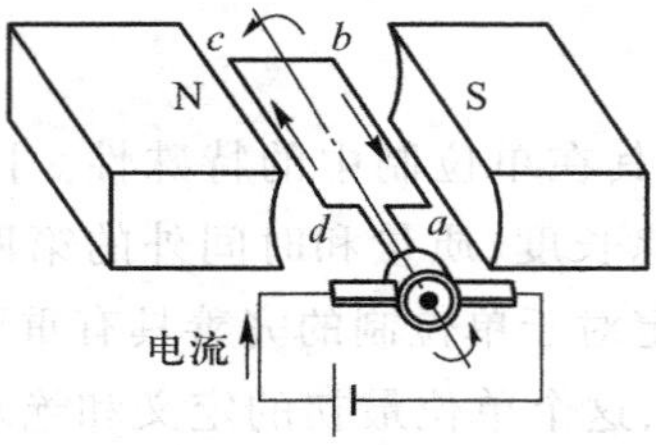

图 9.4.15

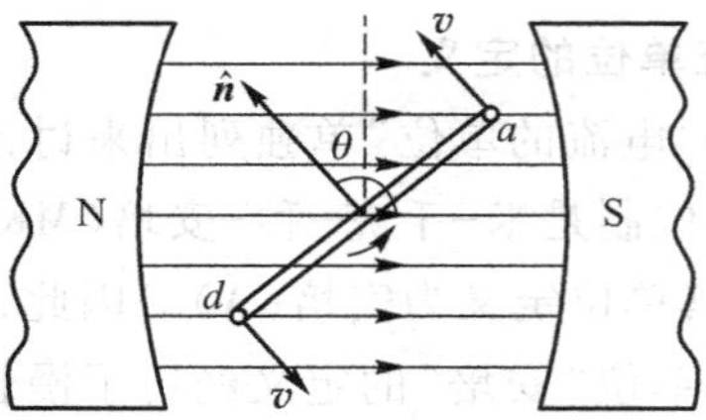

图 9.4.16

由于矩形线圈的两个边 ab、cd 中的电流方向相反,因此这两个边受到的磁场力大小相等,方向相反,即

$$\boldsymbol{F}_{ab}=\boldsymbol{I}\times\boldsymbol{B}l=-\boldsymbol{F}_{cd} \tag{9.4.14}$$

其中,l 是 ab、cd 的长度。

看起来这个矩形线圈所受的磁场力的合力为零,但是由于这两个边 ab、cd 所受的磁场力在绝大部分情形下并不作用在一条直线上(矩形线圈的法线方向 $\hat{\boldsymbol{n}}$ 与磁场方向平行是一个例外情形),因此它们将受到一个力矩的作用,假设 ad、cb 的长度为 $2h$,则

$$\boldsymbol{M}=2\boldsymbol{F}_{ab}\times\boldsymbol{h}=2(\boldsymbol{I}\times\boldsymbol{B}l)\times\boldsymbol{h}$$

由电动机的结构(图 9.4.15)可知,ab、cd 中的电流方向始终与磁场方向垂直,而且在任意位置处其所受的磁场力与 $\boldsymbol{h}$ 的夹角为 θ,因此,矩形线圈在磁场中所受力矩的大小为

$$M=2IBlh\sin\theta \tag{9.4.15}$$

上式中,$2lh$ 正好是矩形线圈的面积 S,若线圈面积的法线方向单位矢量为 $\hat{\boldsymbol{n}}$,则式(9.4.15)可以改写成

$$\boldsymbol{M}=\boldsymbol{m}\times\boldsymbol{B} \tag{9.4.16}$$

其中,$\boldsymbol{m}=IS\hat{\boldsymbol{n}}$ 定义为矩形线圈的磁矩,其大小等于通过线圈的电流与线圈面积的乘积,其方向遵循右手螺旋定则。

由此可知,与电流在磁场中所受的力 $\boldsymbol{F}=\boldsymbol{I}\times\boldsymbol{B}$ 类似,磁矩在磁场中所受的力矩就如式(9.4.16)所表述,换句话说,磁矩在磁场中所受的力矩等于其与磁场的矢积。

(2) 任意形状载流线圈在磁场中所受的力矩——磁矩的定义。

任意形状载流线圈在磁场中的情形如图 9.4.17 所示,载流线圈中的电流为 I,其面积为

S,面积的法线方向定义为电流的右手螺旋方向。我们在此说的载流线圈的面积指的是以载流线圈为边界的平面的面积。我们在与磁场平行的方向上将载流线圈的面积分割成无数个很小的矩形 S_i,这样的小矩形线圈的磁矩在磁场中所受的力矩为

$$\boldsymbol{M}_i=\boldsymbol{m}_i\times\boldsymbol{B} \tag{9.4.17}$$

其中,$\boldsymbol{m}_i=IS_i\widehat{\boldsymbol{n}}$ 为小矩形线圈的磁矩。

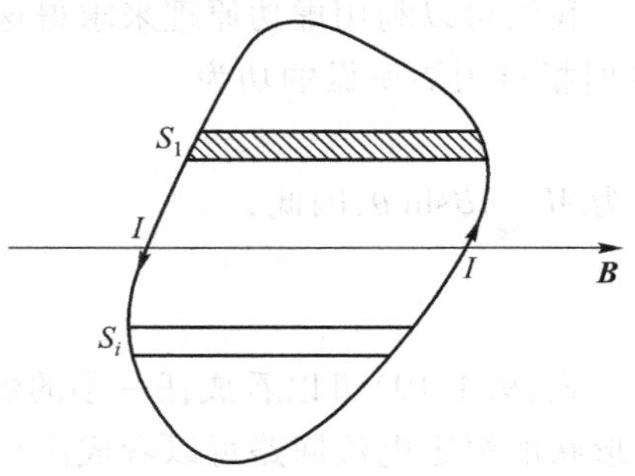

图 9.4.17

要想求得任意载流线圈的总力矩,就要对式(9.4.17)求和,即

$$\boldsymbol{M}=\sum_i(\boldsymbol{m}_i\times\boldsymbol{B})=\sum_i(IS_i\widehat{\boldsymbol{n}}\times\boldsymbol{B})=I\left(\sum_i S_i\widehat{\boldsymbol{n}}\right)\times\boldsymbol{B}=IS\widehat{\boldsymbol{n}}\times\boldsymbol{B}$$

上式也可以表述成 $\boldsymbol{M}=\boldsymbol{m}\times\boldsymbol{B}$ 的形式,定义 $\boldsymbol{m}=IS\widehat{\boldsymbol{n}}$ 为该载流线圈的磁矩。

因此,任意载流线圈的磁矩可以定义为其中的电流与其面积的乘积,方向就是与电流方向成右手螺旋定则的面积法线方向。

$$\boldsymbol{m}=IS\widehat{\boldsymbol{n}} \tag{9.4.18}$$

在此,我们将上述概念推广一下,把它作为描述载流线圈和微观粒子磁性的物理量。

与永久磁铁类似,载流螺线管在空间产生的磁矩就是其线圈磁矩的叠加,一个多匝线圈(或螺线管)的磁矩是其中每个单匝线圈的磁矩的矢量和。对于全同匝(单层卷绕)线圈,只需将单匝线圈的磁矩乘以匝数,就可得到总磁矩。总磁矩可以用来计算磁场、力矩和储存的能量,计算方法与单匝线圈相同。假设螺线管的匝数为 N,每一匝线圈面积为 S,通过的电流为 I,则其磁矩为

$$\boldsymbol{m}=NIS\widehat{\boldsymbol{n}}$$

在原子中,电子因绕原子核运动而具有轨道磁矩,因自旋而具有自旋磁矩;原子核、质子、中子以及其他粒子也都有自旋磁矩。原子的磁矩就是这些磁矩按照某种规则的组合。

任何分子都有明确的磁矩,磁矩可能会跟分子的能态有关。通常来说,分子的磁矩就是由电子轨道磁矩以及电子和核的自旋磁矩构成的,磁介质的磁化就是外磁场对分子磁矩作用的结果。

在上述与磁相关的讨论中,无论是电流在空间产生的磁场,电流在磁场中受到的洛伦兹力,还是载流线圈的磁矩,都涉及右手螺旋定则。现在我们知道,一块磁铁的磁化来自其中电子自旋磁矩的有序化,自旋电子的磁场方向同样通过右手螺旋定则而与其自旋轴线相联系。这种涉及一个矢积或旋度的矢量称为轴矢量。在空间的方向与参照右手或左手都无关的矢量则称为极矢量,例如,位移、速度、力和电场都是极矢量。

四、恒定电流在恒定磁场中的能量

通过前面的讨论可知,任何一个恒定电流回路在恒定磁场中都要受到一个安培力矩 $\boldsymbol{M}=\boldsymbol{m}\times\boldsymbol{B}$ 的作用,而该力矩总是试图将恒定电流回路转动到与磁场平行的方向上,即使恒定电流回路面积的法向矢量与磁场同向。因此,当我们在恒定磁场中转动电流线圈时,一定会抵抗安培力矩而做功,这部分功就将以能量的形式存储在系统中,这个能量也就是恒定电流回路在恒

定磁场中处于某一位置时所具有的能量。

我们可以利用虚功原理来求得这部分能量，假设磁矩为 $\boldsymbol{m}$ 的线圈处于磁场 $\boldsymbol{B}$ 中，其转动 $\mathrm{d}\theta$ 时抵抗力矩所做的功为

$$\mathrm{d}U=M\mathrm{d}\theta$$

因为 $M=mB\sin\theta$，因此，

$$\mathrm{d}U=mB\sin\theta\mathrm{d}\theta$$

$$U=mB\cos\theta=\boldsymbol{m}\cdot\boldsymbol{B} \tag{9.4.19}$$

式(9.4.19)可以看成任一小的恒定电流回路在恒定磁场中所具有的能量。因此，一个任意形状的恒定电流回路可以看成由很多小的恒定电流回路组成，从而可以计算出这个任意恒定电流回路在恒定磁场中的能量，即

$$U=\sum_i \boldsymbol{m}_i\cdot\boldsymbol{B}=I\sum_i \hat{\boldsymbol{n}}\cdot\boldsymbol{B}\Delta a \tag{9.4.20}$$

当各个小的电流回路都趋于无限小时，式(9.4.20)可以写成积分的形式：

$$U=I\iint_S \hat{\boldsymbol{n}}\cdot\boldsymbol{B}\mathrm{d}a \tag{9.4.21}$$

其中，S 是任一电流回路所包围的平面面积。

若利用矢量势 $\boldsymbol{A}$ 来描述磁场 $\boldsymbol{B}$，并利用斯托克斯定理，则式(9.4.21)可以表述为

$$U=I\iint_S(\nabla\times\boldsymbol{A})\cdot\hat{\boldsymbol{n}}\mathrm{d}a=I\oint_L \boldsymbol{A}\cdot\mathrm{d}\boldsymbol{l} \tag{9.4.22}$$

其中，$\mathrm{d}\boldsymbol{l}$ 是恒定电流回路 L 中的任意线元。

如果我们将任一恒定电流看成由无数个细电流组成，即用电流密度矢量 $\boldsymbol{J}$ 来描述恒定电流，恒定电流 I 在恒定磁场 $\boldsymbol{B}$ 中的能量就是每一个细电流与产生恒定磁场(矢量势 $\boldsymbol{A}$)的细电流的相互作用能之和。我们在数学的积分运算上会不加区分地把每个细电流的相互作用计算一遍，这样就会对两个细电流之间的相互作用累加计算两遍，因此，任一恒定电流回路在磁场中的能量应当写成如下的形式：

$$U=I\oint_L \boldsymbol{A}\cdot\mathrm{d}\boldsymbol{l}=\frac{1}{2}\oint_{\text{电路}}\boldsymbol{A}\cdot\boldsymbol{J}\mathrm{d}V \tag{9.4.23}$$

将式(9.4.23)与静电场中的静电势能的表述式

$$U=\frac{1}{2}\oint_V \rho\phi\mathrm{d}V \tag{9.4.24}$$

进行类比，可知式(9.4.24)描述的是电荷在静电场中的静电势能，式(9.4.23)描述的就是电流在磁场中的磁势能，磁场的矢量势 $\boldsymbol{A}$ 可以看成单位长度的恒定电流 $\boldsymbol{J}\mathrm{d}V$ 在恒定磁场中的磁势能。应当重点强调的是，当磁场或电流不处于恒定状态时，不能用式(9.4.23)准确给出系统的能量。

第十章　物质中的恒磁场

第一节　物质的磁性

一、物质磁性的发现

磁性对于我们来说是既熟悉又神秘的物质特性。人类最初认识物质磁性至今已经超过5000年了,而真正有具体文字记载描述的磁现象距今也已超过2800年了。

中国关于磁石的最早记载见于管仲(?—前645)所著《管子·地数》篇:"山上有赫者其下有铁,上有铅者其下有银。一曰上有铅者其下有鉒银,上有丹砂者其下有鉒金,上有慈石者其下有铜金。此山之见荣者也。"

在自然界中天然存在的具有永久磁性的磁体,主要是磁铁矿(Fe_3O_4),此外还有磁赤铁矿(Fe_2O_3)、磁黄铁矿(FeS_1)和钛磁矿($FeTiO_3$)等天然矿石。中国古代称它们为"慈石",也就是今天我们常说的磁石。它们都表现出吸引铁制品(如铁钉等)以及相互吸引或排斥的现象,如图10.1.1所示。

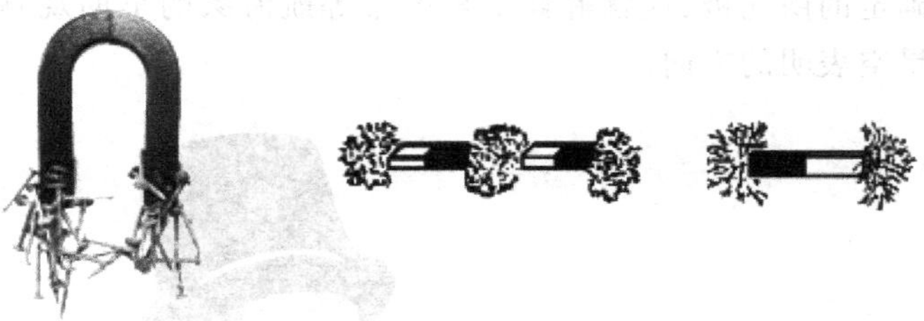

图 10.1.1

在欧洲,最早记载关于磁石和磁石吸铁的人是古希腊的泰勒斯(约前624—前546),他曾用磁石和琥珀做实验,发现这两种物体对其他物体都表现出某种吸引力,便认为它们内部有生命力,只是这生命力是肉眼看不见的。由此,泰勒斯得出结论:任何一块石头,看上去冰冷坚硬、毫无生气,却也有灵魂蕴含其中。

今天关于物体磁性的名称起源有如下说法:其一,根据大普林尼(Pliny the Elder,23—79)的《自然史》,"磁铁"(Magnetes)这个名称源于一位叫麦格尼斯(Magnes)的羊倌,他发现自己的钉鞋(或铁头杖)被吸引住了;其二,这一名称可能来自麦格尼斯人(Magnetes),他们居住在一个名叫麦格尼斯(Magnesia)的小镇上,他们知道附近有一种矿石带有自然磁性。大约从1500年开始,因为这种磁性矿石在航海中的应用,人们将其称为"磁石"。今天,磁石常指尖晶石磁铁矿(Fe_3O_4),它很有可能是在熔岩冷却过程中被地磁场磁化的。

11 世纪,人类发明了制造永磁材料的方法。《梦溪笔谈》记载了指南针(司南)的制作和使用方法,其原理如图 10.1.2 所示。司南的发明是我国古代劳动人民在长期的实践中对物体磁性认识的结果。由于生产劳动,人们接触了磁铁矿,开始了对磁性质的了解。人们首先发现了磁石吸引铁的性质,后来又发现了磁石的指向性,经过多方面的实验和研究,终于发明了实用的指南针。1099—1102 年,有指南针用于航海的记述,同期,人类还发现了地磁偏角。

图 10.1.2

图 10.1.3

世界上最早对物质磁性进行系统研究的人是英国物理学家吉尔伯特,他于 1600 年发表了一部巨著《论磁》,系统总结和阐述了他对磁现象所做的研究。图 10.1.3 是他正在锻打一根热铁条,以便制作一根磁铁的一幅画(图中 SEPTENTRIO 表示北,AVSTER 表示南)。他认为地球本身就是一个巨大的磁体,其磁场类似于条形磁铁的磁场。他还认为,地磁场的南北极并不是由地球旋转轴确定的南北极,这就解释了哥伦布等航海家的早期观测结果——指南针指示的方向并不同于星空表明的方向。

拓展阅读:科学家吉尔伯特

吉尔伯特

二、物质磁性起源的研究

物质的磁性和自然界的磁现象虽然发现得很早,但关于磁性的来源和自然磁现象的本质的问题却是现代科学发展后才解决的。

1785 年,根据电荷之间相互作用规律的类比,库仑提出了描述磁相互作用的库仑定律,即

$$\boldsymbol{F}_{m}=\frac{1}{4\pi\mu_{0}}\frac{q_{m1}q_{m2}}{r_{12}^{2}}\widehat{\boldsymbol{r}}_{12}$$

其中,q_m 定义为描述物质磁性的基元"磁荷"——磁单极子。虽然库仑的磁荷观点影响了他进一步发现电与磁之间的相互联系,但是这个定律是物质磁性研究从定性走向定量的第一步。

1819 年冬至 1820 年春,丹麦物理学家奥斯特发现了电流的磁效应,第一次揭示了磁与电存在相互联系,同时揭开了电与磁相互关系研究的序幕。安培在系统研究了载流导线之间的相互作用规律的基础上,为了解释永磁和磁化现象,提出了分子电流假说,认为一切物质的磁性都源于电荷的运动——电流。安培认为,任何物质的分子中都存在环形电流,称之为分子电流,而分子电流相当于一个基元磁体。

现代物质结构的原子模型在一定意义上为磁的"分子电流假说"提供了根据:核外电子的轨道运动产生轨道磁矩,电子和核的自旋运动产生电子自旋磁矩和核(自旋)磁矩。现代磁学便是主要建立在这样的微观原子磁性(原子磁矩)上。

1845 年,法拉第确定了抗磁性和顺磁性的存在,正式引入抗磁性和顺磁性这两个描述物质磁性的术语;1895 年,居里(Pierre Curie,1859—1906)做实验研究了抗磁性和顺磁性与温度的关系,总结出定量描述磁性随温度变化关系的居里定律;1905 年,朗之万(Paul Langevin,1872—1946)建立了顺磁性和抗磁性的经典理论;1927 年,范弗莱克(van Vleck,1899—1980)完成了顺磁性的量子力学理论,指出不对称原子和分子电子云的极化顺磁性,后人称之为范弗莱克顺磁性;同年,泡利(Wolfgang Pauli,1900—1958)提出了金属中电子顺磁性理论,后人称之为泡利顺磁性。

关于铁磁性的研究始于 19 世纪末。1881 年,瓦尔堡(E. Warburg)和尤因(J. Ewing)各自独立地观测到铁的磁滞回线;1907 年,外斯(Pierre Weiss,1865—1940)在朗之万的顺磁性理论基础上,首先提出分子场假说和磁畴假说来解释铁磁性现象,第一次成功地建立了铁磁性的物理模型,奠定了现代铁磁性理论的基础。从此,铁磁性理论便分为两个部分发展,一是解释铁磁体外场行为的磁畴理论;二是解释铁磁性的本质的自发磁化理论。

1913 年,玻尔(Niels Bohr,1885—1962)首次提出了电子角动量量子化的假设,他还认为轨道磁矩与轨道电子产生的电流有关。斯特恩(Otto Stern,1888—1969)和格拉赫(Walther Gerlach,1889—1979)于 1921 年的精巧实验表明,因为自旋取向的量子化,所以通过非均匀磁场以后,银原子束发生了分裂。

为了解释碱金属原子在磁场中的发光谱线分裂(反常塞曼效应),泡利在 1925 年 1 月断言,任何两个电子都不能占据同一个态,不能够用同一组量子数描述。后来,狄拉克将这个原理命名为泡利不相容原理。

1925 年到 1928 年是物理学的量子革命时期。海森伯(Werner Heisenberg,1901—1976)和薛定谔(Erwin Schrödinger,1887—1961)发展了量子力学。1925 年,乌伦贝克(George E. Uhlenbeck,1900—1988)和哥德斯密特(Sam A. Goudsmit,1902—1978)根据原子光谱中的精细结构(自旋-轨道分裂),认为存在电子自旋。

1928 年,狄拉克(Paul Dirac,1902—1984)研究了电磁场中的电子,根据他的理论,可以自

然地得到电子自旋。狄拉克的量子电动力学（QED）准确地描述了电子及正电子的磁性，但是很难用来计算特定的物理量。20 世纪 40 年代，朝永振一朗（Sinitiro Tomonaga，1906—1979）、施温格（Julian Schwinger，1918—1994）和费曼（Richard P. Feynman，1918—1988）解决了这个难题，改进并全面发展了量子电动力学。

1928 年，磁学还有另外一个历史性突破：海森伯建立了依赖于自旋的交换相互作用模型。这样就可以将外斯假设的分子场解释为交换相互作用。引入强烈的短程交换相互作用标志着现代磁学理论的诞生，该理论植根于量子理论和相对论。

由于磁性起源的分子电流假说，即"磁矩"基元，导致了麦克斯韦方程组在电与磁方程上的不对称。

为了电和磁方程的对称性，并解释电和磁基元的量子化，狄拉克在 1931 年提出了磁单极子理论，把"磁生于电"的单源说扩展为"磁生于电或磁"的双源说。经过半个世纪以来的实验探索和理论发展，虽然磁单极子的实验观测面临严峻的考验，但是由于其理论已涉及微观的基本粒子结构和宏观的宇宙演化，因此磁单极子问题已不仅限于物质磁性的来源，而且成为当代科学的一个引人注意的问题。

电磁学在科学和技术领域日益重要，1930 年，索尔维研究所组织了专门研讨磁学问题的会议，参会人员几乎涵盖了当时所有著名科学家，如德东德、塞曼、外斯、索末菲、居里夫人、朗之万、爱因斯坦、理查森、卡布雷拉、玻尔、德哈斯、赫尔岑、亨里厄特、费斯哈费尔特、曼内巴克、克顿、艾瑞拉、斯特恩、皮卡德、格拉克、达尔文、狄拉克、鲍尔、卡皮查、博瑞洛特林、科拉莫斯、德拜、范弗莱克、波蒂、多尔夫曼、费米、海森伯等，足以看出当时的科学界对物质磁性问题的关注。

拓展阅读：磁单极子

第二节　物质磁性的相关物理量

为了对物质磁性有一个系统的认识，我们首先定义几个描述物质磁性的物理量。

一、磁矩 $\boldsymbol{m}$

关于物质磁性的起源有两种不同的物理模型，一种是与电荷类似的库仑的"磁荷"模型，另一种是安培的"分子环流"模型。虽然在微观上这两种模型有比较大的差别，但是在描述宏观物质磁性上二者是等价的，因为它们都给出了具有相同宏观特征的磁性基元——磁偶极矩或磁矩。我们将利用这种"磁性基元模型"来讨论宏观物体的磁性及其产生机制。

我们先看一下磁偶极矩的定义。由于任一磁体的两个磁极（N 极和 S 极）永不可分，即无论怎样分割磁体都不会得到单一的磁极，也就是像电荷那样的单独的 N 极或 S 极，因此，类比于电偶极子，人们提出了磁偶极子（由于其在磁场中受作用的特征，通常也称为磁偶极矩）的概念，即由一对正负磁荷构成的一个偶极矩,并将其看成产生磁性的最小基元,如图 10.2.1 所示。

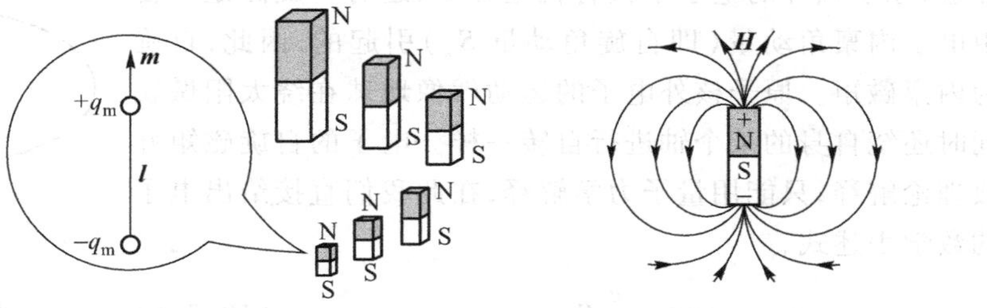

图 10.2.1

由图 10.2.1 可以看出,磁偶极矩 $\boldsymbol{m}$ 从负磁荷指向正磁荷,即由 S 极指向 N 极,外磁场则由 N 极指向 S 极。

下面,我们从分子环流的模型来考察一下磁矩的定义。如图 10.2.2 所示,由通电螺线管产生的磁场与永久磁铁产生的磁场的等价性可以看出,通电螺线管在空间产生的磁场等价于每一个环形电流的磁矩在空间产生的磁场的叠加。在磁学概念发展的过程中,转动的电荷分布起着非常重要的作用。在发现自旋之前,人们认为这是原子磁矩和固体磁化的唯一来源。在第九章中我们已经给出了环形电流磁矩的数学表述式(9.4.18),下面我们用经典物理的方法考察原子中电子的轨道磁矩(即电子绕原子核做环形运动的磁矩)的一般性质。如图 10.2.3 所示,假设原子核外电子在原子核的吸引力作用下以速度 $\boldsymbol{v}$ 绕原子核做圆周运动,轨道半径为 r。这时,电子就具有了一个轨道角动量,

$$\boldsymbol{L}_m = m_e \boldsymbol{v} \times \boldsymbol{r} \tag{10.2.1}$$

其中,m_e 是电子的质量。而同时,这个运动电子在空间就形成了一个环形的电流,$I = e(v/2\pi r)$,电流方向沿着与电子运动速度 $\boldsymbol{v}$ 相反的方向。因此,该电流就产生了一个磁矩,

$$\boldsymbol{m} = IS\hat{\boldsymbol{n}} = \frac{ev}{2\pi r}\pi r^2 \hat{\boldsymbol{n}} = \frac{evr}{2}\hat{\boldsymbol{n}} \tag{10.2.2}$$

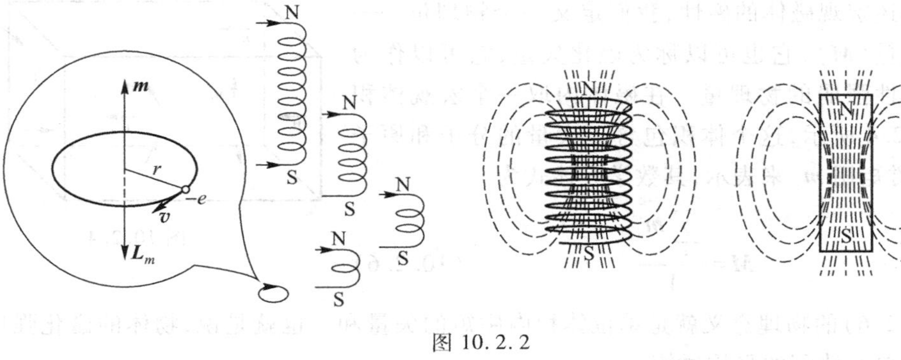

图 10.2.2

由图 10.2.3 所示,磁矩与角动量具有相反的方向,因此它们之间的关系为

$$\boldsymbol{m} = -\frac{e}{2m_e}\boldsymbol{L}_m \tag{10.2.3}$$

式(10.2.3)是玻尔轨道理论模型中的电子轨道磁矩的经典表述式。现在我们知道,原子核外的电子不仅有轨道磁矩,还有自旋磁矩。自旋磁矩是由电子内禀角动量(即自旋角动量 $\boldsymbol{S}_m$)引起的,因此,自旋磁矩也称为内禀磁矩。原子核外电子的运动就像地球在绕太阳做轨道运动的同时还绕自身的某个轴进行自转一样。电子的自旋磁矩并不能用经典理论解释,只能用量子力学解释,在此我们直接给出电子自旋磁矩的数学表述式,

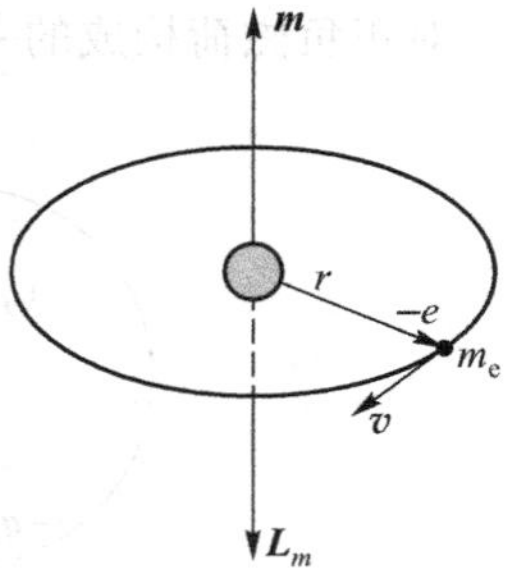

图 10.2.3

$$\boldsymbol{m}=-\frac{e}{m_e}\boldsymbol{S}_m \qquad (10.2.4)$$

因此,原子核外运动电子的总磁矩就是其轨道磁矩与自旋磁矩按照某种方式的组合,即

$$\boldsymbol{m}=-\frac{e}{2m_e}(g_l\boldsymbol{L}_m+g_s\boldsymbol{S}_m)=-\frac{e}{2m_e}g\boldsymbol{L} \qquad (10.2.5)$$

其中,g 称为朗德 g 因子,它反映的是磁矩与角动量之间的关系;$\boldsymbol{L}$ 称为原子系统的总角动量。

在国际单位制中,磁矩 $\boldsymbol{m}$ 的单位为安培平方米($\mathrm{A\cdot m^2}$)。

上面我们以电子为例讨论了它的轨道磁矩和自旋磁矩,实际上,许多基本粒子(例如质子、中子)也都有内禀磁矩,这种磁矩和经典物理的磁矩不同,必须使用量子力学来解释,它和粒子的自旋有关。这种内禀磁矩是许多宏观上的磁力的来源,许多物理现象也与其有关。这种内禀磁矩是量子化的,即它有最小的基本单位,常常将其称为磁子(magneton)或磁元。

在原子中,电子因绕原子核运动而具有轨道磁矩,并因其自旋而具有自旋磁矩;原子核、质子、中子以及其他基本粒子也都具有各自的自旋磁矩。这些对研究原子能级的精细结构、磁场中的塞曼效应以及磁共振等有重要意义,也表明各种基本粒子具有复杂的结构。分子磁矩就是由电子轨道磁矩以及电子和核的自旋磁矩构成的,磁介质的磁化就是外磁场对分子磁矩作用的结果。因此,物质具有磁矩是其本质属性之一,就像电子和质子具有电性一样。

二、磁化强度矢量 $\boldsymbol{M}$

为了描述宏观磁体的磁性,我们定义一个物理量——磁化强度矢量($\boldsymbol{M}$),它也可以称为磁化矢量,它可以作为描述磁体磁性强弱的物理量。在磁体内取一个宏观体积 V,如图 10.2.4 所示,这个体积包含了大量的分子和原子磁矩,这些磁矩用 $\boldsymbol{m}_i$ 来表示,其数学表述式为

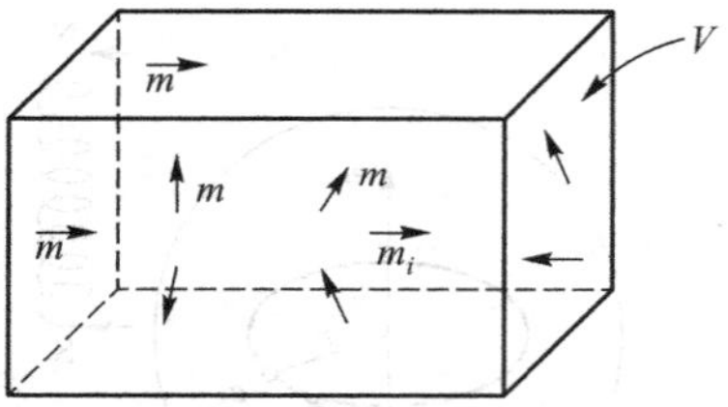

图 10.2.4

$$\boldsymbol{M}=\frac{\sum_i \boldsymbol{m}_i}{V} \qquad (10.2.6)$$

式(10.2.6)的物理意义就是单位体积内磁矩的矢量和。也就是说,物体的磁化强度矢量就是该物体单位体积的平均磁矩。

在国际单位制中,磁化强度矢量($\boldsymbol{M}$)的单位是安培每米($\mathrm{A\cdot m^{-1}}$)。

此外,人们还定义了比磁化强度矢量,即单位质量的磁矩的矢量和,其数学表述式为

$$\sigma=\frac{\sum_i m_i}{V\rho}=\frac{M}{\rho} \tag{10.2.7}$$

其中，ρ 是宏观磁体的密度。

在国际单位制中，比磁化强度矢量（$\boldsymbol{\sigma}$）的单位是安培平方米每千克（$A\cdot m^2\cdot kg^{-1}$）。

三、磁场强度矢量 $\boldsymbol{H}$

实验证明，任何磁矩都会在空间产生磁场。磁场的一般定义是：一种由作用到运动着的带电粒子上的力来描述的场，这种力由于粒子的运动及带电而起作用。实际上，这与磁感应强度 $\boldsymbol{B}$ 的定义是相同的，它们只是同一个问题在不同侧面上的体现。在许多场合中，确定磁场效应的量是磁感应强度 $\boldsymbol{B}$ 而不是磁场强度 $\boldsymbol{H}$。在国际单位制中，二者的关系是

$$\boldsymbol{B}=\mu_0(\boldsymbol{H}+\boldsymbol{M}) \tag{10.2.8}$$

这是一个普遍意义下的关系式，即在有磁体存在的空间中的磁感应强度 $\boldsymbol{B}$ 与磁场强度 $\boldsymbol{H}$ 的关系式。

在自由空间中，$\boldsymbol{B}$ 和 $\boldsymbol{H}$ 始终是平行的，两者在数值上成正比，两者由真空磁导率来联系，即 $\boldsymbol{B}=\mu_0\boldsymbol{H}$［这与式（9.1.4）完全相同］。但是，在磁体内部，即在磁体存在的空间中，两者的关系就复杂得多，必须由式（10.2.8）来描述，两者的方向也不一定相同。

在国际单位制中，磁场强度矢量（$\boldsymbol{H}$）的单位是安培每米（$A\cdot m^{-1}$）。我们通常还使用高斯单位制中磁场的单位——奥斯特（Oe），它们之间的转换关系为

$$1\ \mathrm{Oe}=\frac{10^3}{4\pi}\ \mathrm{A\cdot m^{-1}} \tag{10.2.9}$$

四、磁化（磁极化）

在讨论“磁化”的概念之前，我们要对一些与其相关的概念给出定义。其中之一就是“磁中性状态”的概念，所谓“磁中性状态”，本质上是指磁体内部的磁矩混乱排列，致使其单位体积内磁矩的矢量和为零，即 $\sum_i \boldsymbol{m}_i=\boldsymbol{0}$，磁化强度矢量为零的状态。另外，磁矩在磁场中都有使其方向转向磁场方向的趋势，也就是使它在磁场中的能量［如式（9.4.19）所示］处于最低状态的趋势。

磁化通常也可以称为“磁极化”。它的物理意义是，处于磁中性状态的磁体，在外磁场的作用下，其内部磁矩发生转动，致使其磁矩在磁场方向呈现有序化。如图 10.2.5 所示，磁矩都或多或少地有了转向磁场方向的趋势。因此，体积 V 内的所有磁矩在外磁场 $\boldsymbol{H}$ 的作用下，其平均值有了沿磁场方向的分量，单位体积中的磁矩的矢量和不再为零，即 $\sum_i \boldsymbol{m}_i\neq\boldsymbol{0}$，磁体处于磁化强度矢量不为零的状态，

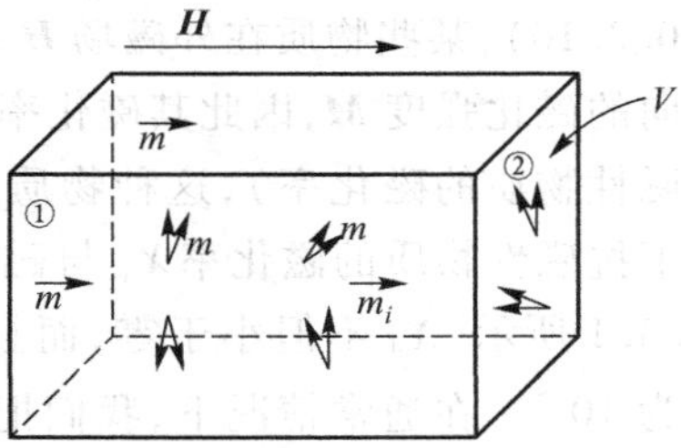

图 10.2.5

这种磁性状态的变化过程叫做磁化。磁体具有了磁性也就是磁体的表面具有了磁极，在①面累积了一些 S 极，而在②面累积了等量的 N 极，中性的磁体在这个过程中变成了对外显示磁

性的磁体，即对外产生磁场的磁体。因此，我们把这种物质磁性的变化过程又称为“磁极化”。

五、磁化率χ和磁导率μ

当磁性物体被置于外磁场 $\boldsymbol{H}$ 中时，在外磁场 $\boldsymbol{H}$ 的作用下它的磁化强度 $\boldsymbol{M}$ 会发生变化，磁化强度 $\boldsymbol{M}$ 随磁场强度 $\boldsymbol{H}$ 变化的关系式如下：

$$\boldsymbol{M}=\chi\boldsymbol{H} \tag{10.2.10}$$

其中，χ 称为磁性物体的磁化率。式(10.2.10)说明，磁化率是单位磁场强度在磁体中感生的磁化强度，χ 是一个表征磁体磁性强弱的物理量。

将式(10.2.10)代入式(10.2.8)，得到

$$\boldsymbol{B}=\mu_0(\boldsymbol{H}+\chi\boldsymbol{H})=\mu_0(1+\chi)\boldsymbol{H} \tag{10.2.11}$$

定义

$$\mu_r=1+\chi \tag{10.2.12}$$

为相对磁导率，则

$$\mu_r=\frac{\boldsymbol{B}}{\mu_0\boldsymbol{H}} \tag{10.2.13}$$

磁导率是一个表征磁体的磁性、导磁性和磁化难易程度的物理量。

在国际单位制中，将 $\boldsymbol{B}$ 和 $\boldsymbol{H}$ 的比定义为绝对磁导率 $\mu_{绝对}$，即 $\mu_{绝对}=\boldsymbol{B}/\boldsymbol{H}$。绝对磁导率是一个有量纲的量，其单位为特斯拉米每安培($\mathrm{T\cdot m\cdot A^{-1}}$)。在实际应用中，人们通常不采用 $\mu_{绝对}$，而采用 $\mu_r=\mu_{绝对}/\mu_0$。在一般情况下，我们说的磁导率均指相对磁导率 μ_r。

磁化率χ和相对磁导率 μ_r 这两个物理量只有当 $\boldsymbol{B}$、$\boldsymbol{H}$ 和 $\boldsymbol{M}$ 三个矢量互相平行时才为标量，否则它们都是张量。

第三节　物质磁性的分类

有了前面与磁性相关的物理概念的讨论，下面我们将利用这些物理概念考察磁性物体与磁场相互作用的系统规律。根据这些规律，我们将对磁性物体(磁介质)进行定性分类。

一、抗磁性

抗磁性是一种原子系统在外磁场作用下获得与外磁场方向相反的磁矩的现象。由式(10.2.10)，某些物质在外磁场 $\boldsymbol{H}$ 的作用下，感生出与外磁场 $\boldsymbol{H}$ 反向的磁化强度 $\boldsymbol{M}$，因此其磁化率$\chi_d<0$(此处我们用χ_d 来表征抗磁性物质的磁化率)，这种物质称为抗磁性物质。在正常情况下抗磁性物质的磁化率χ_d 与磁场无关，与温度也无关，如图10.3.1所示。χ_d 不但小于零，而且绝对数值很小，其数量级一般为 10^{-5}。在通常情况下，我们把具有上述特征的物质称为经典抗磁性物质，把不符合上述特征的物质称为反常抗磁性物质。

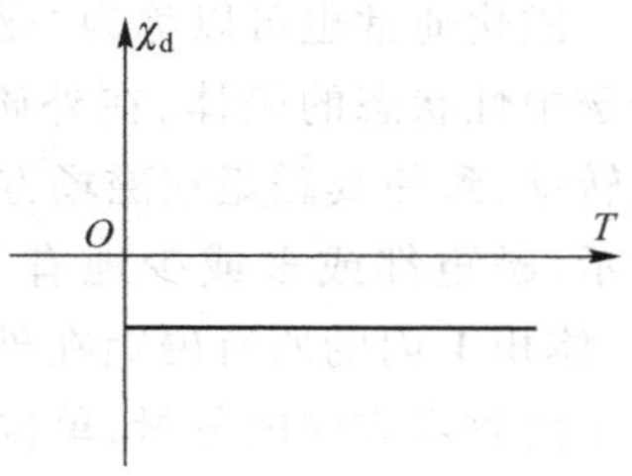

图 10.3.1

下面我们仅讨论经典抗磁性产生的基本原理，而反常抗磁性将在后续课程中讨论。

在经典物理中,原子磁矩始终与其角动量成正比,如式(10.2.5)所示。因此,当具有某种磁矩和角动量的原子系统被放入磁场空间时(磁矩和角动量与磁场成任意角度 θ),由于磁场对磁矩的作用,系统将产生围绕外磁场 $\boldsymbol{H}$ 的进动,如图 10.3.2 所示,此即原子系统中的一个电子轨道绕磁场进动的情况。

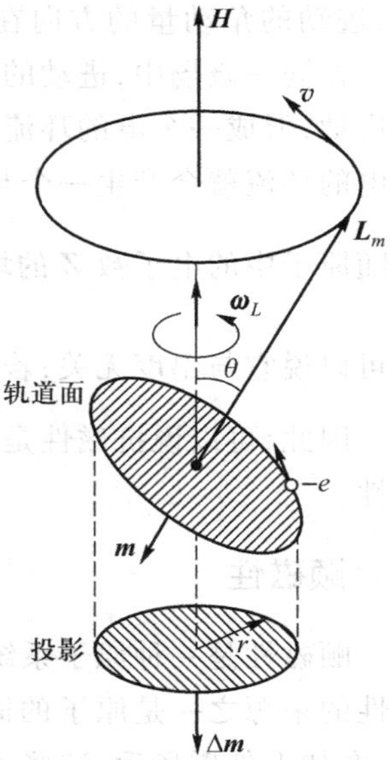

图 10.3.2

假设做轨道旋转运动电子的轨道角动量 $\boldsymbol{L}_m$ 与磁场 $\boldsymbol{H}$ 成任意角度 θ,则其磁矩为

$$\boldsymbol{m}=-\frac{e}{2m_e}\boldsymbol{L}_m \tag{10.3.1}$$

因此,在外磁场的作用下电子的运动状态将发生变化,其角动量随时间的变化率为

$$\begin{aligned}\frac{\mathrm{d}\boldsymbol{L}_m}{\mathrm{d}t}&=\mu_0\boldsymbol{m}\times\boldsymbol{H}\\&=\boldsymbol{\omega}_L\times\boldsymbol{L}_m\end{aligned} \tag{10.3.2}$$

其中,$\boldsymbol{\omega}_L$ 为进动的角速度,其方向沿着磁场 $\boldsymbol{H}$ 的方向。

因此,由式(10.3.1)和式(10.3.2)可以得到

$$\boldsymbol{\omega}_L=\frac{\mu_0 e}{2m_e}\boldsymbol{H} \tag{10.3.3}$$

角动量 $\boldsymbol{L}_m$ 在外磁场作用下绕磁场 $\boldsymbol{H}$ 所做的进动,称为拉莫尔进动;进动的方向为绕磁场 $\boldsymbol{H}$ 做逆时针旋转,角速度 $\boldsymbol{\omega}_L$ 的方向总是与磁场 $\boldsymbol{H}$ 的方向一致。

拉莫尔进动使得电子的轨道角动量 $\boldsymbol{L}_m$ 改变了 $\Delta\boldsymbol{L}_m$,根据经典力学,

$$\Delta\boldsymbol{L}_m=m_e\boldsymbol{\omega}_L\overline{r^2} \tag{10.3.4}$$

式中,$\overline{r^2}$ 为电子轨道半径在垂直于磁场的平面上投影的均方值。因此,相应的轨道磁矩为

$$\Delta\boldsymbol{m}=-\frac{e}{2m_e}\Delta\boldsymbol{L}_m=-\frac{\mu_0 e^2}{4m_e}\boldsymbol{H}\overline{r^2} \tag{10.3.5}$$

其中,$\Delta\boldsymbol{m}$ 是因拉莫尔进动对电子轨道角动量的改变而产生的附加磁矩,其方向总是与外磁场的方向相反。

若某物质单位体积内的原子数为 N,每个原子内有 Z 个电子,则该物质附加的磁化强度为

$$\Delta\boldsymbol{M}=N\sum_{i=1}^{Z}\Delta\boldsymbol{m}_i=-\frac{N\mu_0 e^2}{4m_e}\boldsymbol{H}\sum_{i=1}^{Z}\overline{r_i^2} \tag{10.3.6}$$

设原子内的电子分布为球对称分布,用 $\overline{r_i^2}$ 表示原子周围电子云的均方半径,于是,抗磁性物质的抗磁化率和相对抗磁化率分别为

$$\chi_d=\frac{\Delta\boldsymbol{M}}{\boldsymbol{H}}=-\frac{N\mu_0 e^2}{4m_e}\sum_{i=1}^{Z}\overline{r_i^2}=-\frac{N\mu_0 Ze^2}{4m_e}\overline{r^2} \tag{10.3.7}$$

$$\chi_{rd}=\frac{\chi_d}{\mu_0}=-\frac{NZe^2}{4m_e}\overline{r^2} \tag{10.3.8}$$

因此,抗磁性是磁场对电子轨道运动产生作用的结果。电子轨道运动在磁场中会发生进

动，进动的角动量的方向在任何情况下都与磁场方向相同，与电子轨道运动的速度和方向无关。在同一磁场中，进动的角速度是常量。因此，一个原子中的所有电子构成一个整体绕着磁场进动，形成一个电的环流。但是电子带负电，这就相当于一个方向相反的正电环流。这样一个电的环流就会产生一个与磁场方向相反的磁矩，这就是抗磁性的来源。抗磁性物质的磁化率随原子中的电子数 Z 的增加而增大，当 Z 相同时，χ_d 与 $\overline{r^2}$ 成正比。若 $\sum_{i=1}^{Z}\overline{r_i^2}$ 不受温度影响，则可以说它与温度无关；若 χ_d 有微小的变化，则可以理解为 $\sum_{i=1}^{Z}\overline{r_i^2}$ 与温度有微弱关系。

因此，可以说抗磁性是物质在外磁场作用下的一种普遍属性，是不同物质具有的一种共同属性。

二、顺磁性

顺磁性是一种原子系统在外磁场作用下，获得与外磁场方向相同的磁矩的现象。物质顺磁性的来源之一是原子的固有磁矩。磁矩受热扰动，在没有外磁场时，这些磁矩是杂乱分布的；在加上外磁场后，这些磁矩就获得或趋向于获得与外磁场方向相同的排列，产生与磁场方向相同的磁化强度，因此，磁化率 $\chi_p>0$（此处我们用 χ_p 来表征顺磁性物质的磁化率），这种物质称为顺磁性物质。顺磁性物质的磁化率 χ_p 的数值很小，室温下 χ_p 的数量级为 $10^{-6}\sim10^{-3}$。

顺磁性物质的磁化率 χ_p 与环境温度 T 的关系服从下式表达的规律，即

$$\chi_p=\frac{C}{T} \tag{10.3.9}$$

式(10.3.9)称为顺磁性的居里定律，其中 C 为常量，T 为热力学温度。这个定律说明，顺磁性物质的磁化率只与温度有关，而与外磁场无关。更多的顺磁性物质的磁化率 χ_p 与热力学温度 T 之间的关系遵从居里-外斯定律，即

$$\chi_p=\frac{C}{T-T_p} \tag{10.3.10}$$

其中，T_p 为临界温度，也称为顺磁居里温度。

顺磁性物质的磁化率 χ_p 与热力学温度 T 的关系曲线如图 10.3.3 所示。

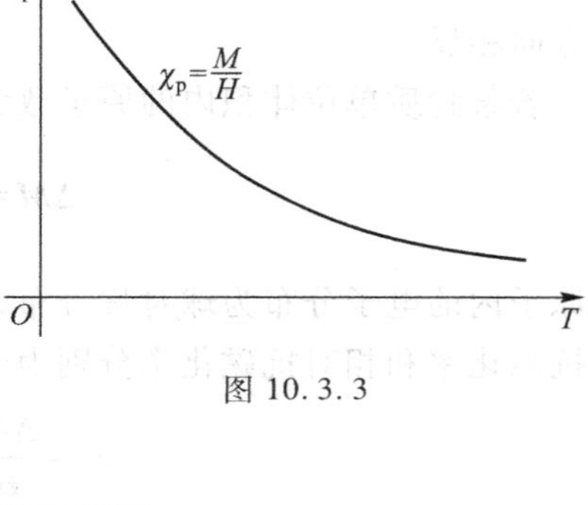

图 10.3.3

在通常情况下，顺磁性出现在具有下列性质的物质中：

(1) 具有奇数个电子的原子、分子（在这种情况下，系统的总自旋不可能为零），例如碱金属的原子、氧化氮分子、有机化合物的自由基等。

(2) 具有未被填满的电子壳层的自由原子和离子，例如各个过渡族元素、稀土元素和锕系元素等。

(3) 少数含有偶数个电子的化合物，例如氧分子和有机双基团。

在大多数情况下，我们考察的顺磁性物质属于第二种情况。关于物质顺磁性的问题要比抗磁性复杂得多，在后续的相关课程中会有深入讨论，我们就不在此深入讨论了。下面我们将

讨论抗磁性与顺磁性的关系。

三、抗磁性与顺磁性之比较

虽然组成物质的原子和分子都具有一定的磁矩,但是由于具体物质结构的复杂性,有些物质的原子或分子具有一定的固有磁矩,而另一些物质的原子或分子由于其磁矩被相互抵消而不具有固有磁矩。所以,可以类比电介质,把磁介质按照是否具有固有磁矩分为磁极性物质和非磁极性物质。

由前面的讨论可知,无论是磁极性物质还是非磁极性物质,它们在磁场中都具有抗磁性。只不过磁极性物质在外磁场作用下表现出较为强烈的顺磁性,而使得其抗磁性被掩盖了。抗磁性和顺磁性在磁场中的行为如图 10.3.4 所示,磁化强度 M 与磁场强度 H 的关系曲线称为物质的磁化曲线。抗磁性和顺磁性的磁化曲线都近似为一条直线,只是其斜率(磁化率)的正负不同而已。

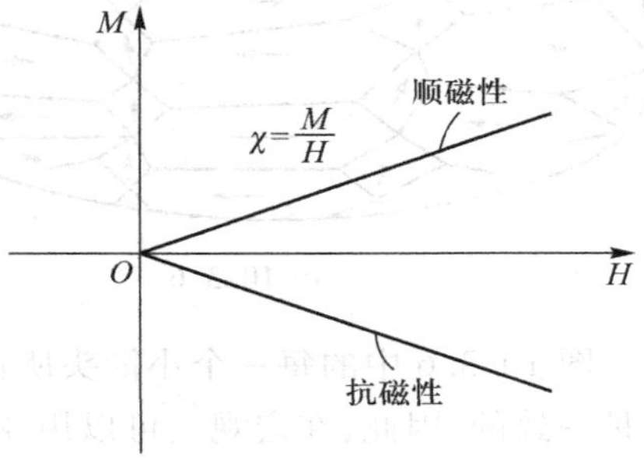

图 10.3.4

实际上,经典物理理论是不能完全解释物质的抗磁性和顺磁性的产生机制的,磁效应完全是一种量子力学现象。前面关于抗磁性和顺磁性的相关讨论也只是定性地给出了产生这种磁效应的经典理论解释,而产生这种磁效应的物理本质必须应用量子力学理论才能解释。

四、铁磁性

这类磁性物质和前面讨论的磁性物质大不相同,它们只要在很小的外磁场作用下就能被磁化到饱和,不但磁化率$\chi_f>0$(此处我们用χ_f 来表征铁磁性物质的磁化率),而且其数值大到 $10\sim10^6$ 的数量级。它与温度之间的关系如图 10.3.5 所示,服从居里-外斯定律。

$$\chi_f=\frac{C}{T-T_C} \qquad (10.3.11)$$

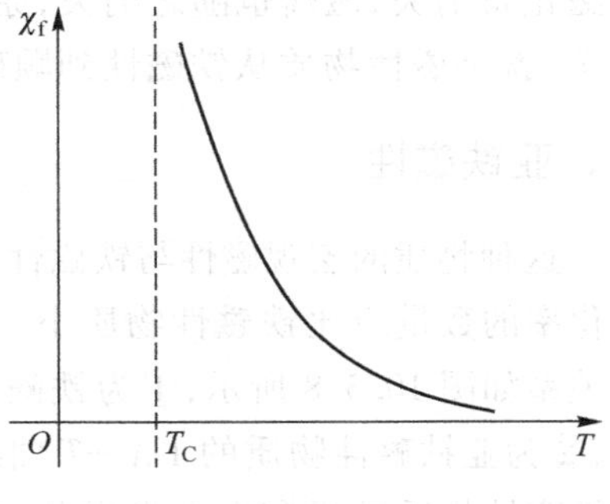

图 10.3.5

其中,T_C 称为居里温度,即铁磁性与顺磁性之间的相变临界温度。

铁磁性物质的磁化强度 $\boldsymbol{M}$ 与磁场强度 $\boldsymbol{H}$ 之间的关系是非线性的复杂关系,铁磁性物质反复磁化时会出现磁滞现象。具有上述性质的磁性称为铁磁性。

下面我们通过经典物理模型的自发磁化和磁畴的概念来对铁磁性物质的性质做进一步讨论。

具有铁磁性的物质内都存在按磁畴分布的自发磁化。磁畴和自发磁化可以说是铁磁性物质的基本特征,其原理如图 10.3.6 所示。铁磁性物质内部的原子磁矩在“某种作用”下,克服热扰动的影响而在一定的区域内有序排列。这种通过自身的“某种作用”将磁矩有序化排列的现象称为自发磁化,自发磁化的小区域称为磁畴。图 10.3.7 所示的就是在 3%Si-Fe 合金的(001)表面观察到的磁畴。对于使物质产生自发磁化的“某种作用”产生的机制,经典物理是无法解释的，只能通过量子力学来解释。

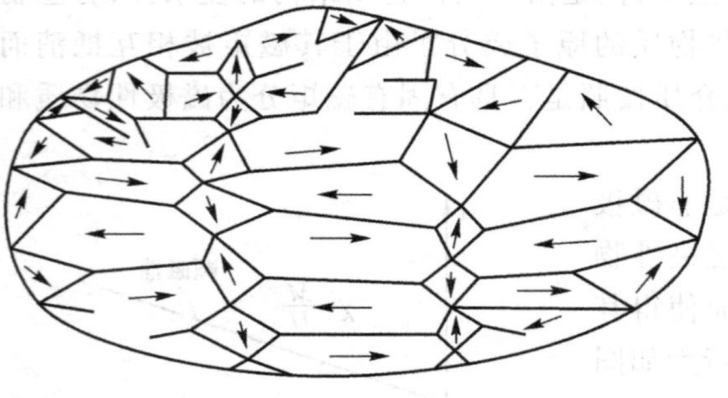

图 10.3.6

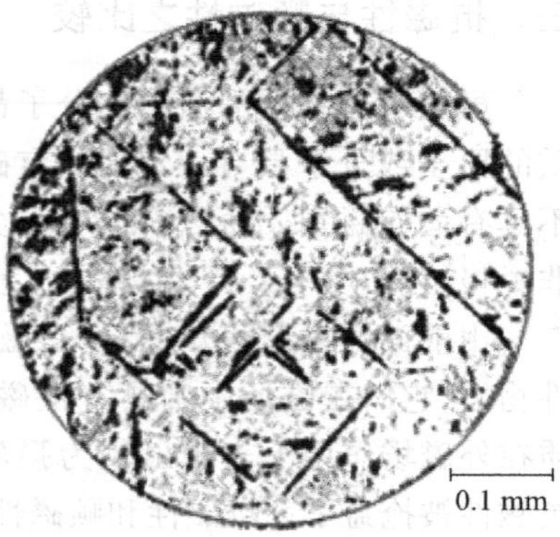

图 10.3.7

图 10.3.6 中的每一个小箭头所在的区域代表一个磁畴，而每个磁畴内的原子磁矩的取向都是一致的，因此，在宏观上可以用 $\boldsymbol{M}_s$ 代表该磁畴的饱和磁化矢量。所谓“饱和磁化”状态，是指物质的某区域内的所有磁矩都沿着同一方向排列的状态。

铁磁性物质的重要特征之一是具有一个铁磁性与顺磁性之间的相变临界温度——居里温度（T_{C}）。当环境温度 $T<T_{\mathrm{C}}$ 时，磁性物质内的“某种作用”克服热扰动的影响使物质产生自发磁化并形成一定的磁畴，这时物质呈现铁磁性；随着环境温度的升高，热扰动的影响将逐渐增大，当环境温度 $T>T_{\mathrm{C}}$ 时，热扰动的影响大于“某种作用”的影响，在这种情况下磁性物质的自发磁化将消失，磁畴也随之消失，原子磁矩呈现混乱排列，这时物质呈现顺磁性。因此，居里温度 T_{C} 就是磁性物质从铁磁性到顺磁性的转变温度，也称为物质铁磁性到顺磁性的相变温度。

五、亚铁磁性

这种物质的宏观磁性与铁磁性相同，稍有区别的是磁化率的数量级比铁磁性物质小。磁化率随温度变化的关系如图 10.3.8 所示，①为铁磁性物质的 $1/\chi_{\mathrm{f}}-T$ 曲线，②为亚铁磁性物质的 $1/\chi_{\mathrm{f}}-T$ 曲线。在微观结构上，亚铁磁性物质同样存在自发磁化与磁畴，但是，磁畴中自发磁化的磁矩有一部分是反平行排列的，因此，亚铁磁性物质的饱和磁化强度矢量及剩余磁化强度矢量都要比铁磁性物质小。具有这样性质的物质称为亚铁磁性物质。实际上，铁氧体就是典型的亚铁磁性物质。

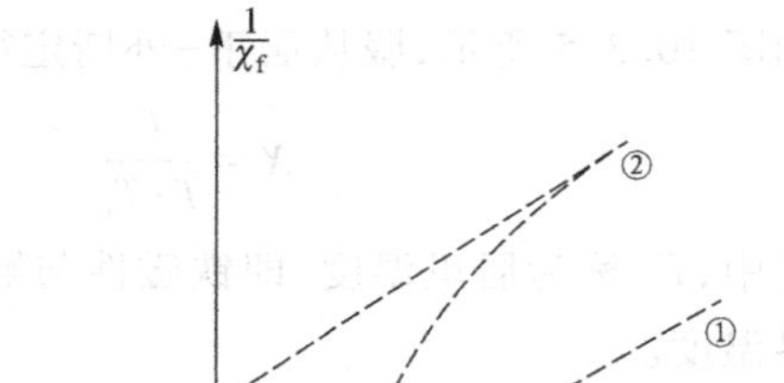

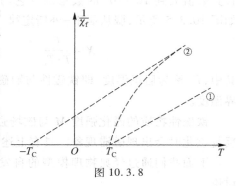

图 10.3.8

六、反铁磁性

还有一类物质的磁化率随温度变化的关系如图 10.3.9 所示，当温度高于某个临界值 T_{N}（奈尔温度）时，其磁化率与温度的关系与顺磁性物质相似，服从居里-外斯定律；而当温度小于 T_{N} 时，磁化率随温度降低而继续减小，并逐渐达到一个定值。所以，这类物质的磁化率在奈尔温度点存在极大值。显然，T_N 是一个相变临界点，它是法国物理学家奈尔发现的，因此被命名为奈尔温度。这种物质在微观结构上与亚铁磁性物质类似，同样存在自发磁化和磁畴，只是在磁畴中自发磁化的磁矩呈反平行排列，因此合成磁矩为零，只有在很强的外磁场作用下才能显示出微弱的磁性。具有上述性质的物质称为反铁磁性物质。

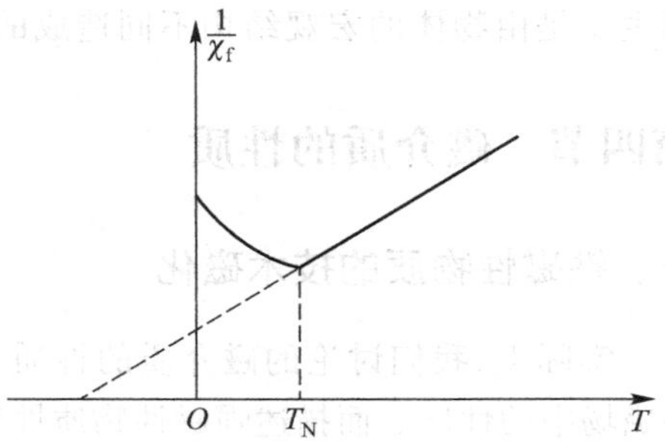

图 10.3.9

七、物质磁性的分类

由上述讨论可以看出，物质的磁性可以根据其在外磁场中的宏观特征，即磁化强度矢量 $\boldsymbol{M}$ 对外磁场 $\boldsymbol{H}$ 的响应及其相互关系，分为弱磁性与强磁性，其中抗磁性、顺磁性和反铁磁性是弱磁性，而铁磁性和亚铁磁性是强磁性。

物质的微观磁结构决定了它们对外磁场的响应机制及宏观表现，图 10.3.10 给出了五种不同物质的微观磁结构的几何描述。其中，物质的固有磁矩用一个小的"箭矢"来描述。图 10.3.10(a)描述的是物质的感应抗磁矩；图 10.3.10(b)描述的是顺磁性物质固有磁矩的无序分布；图 10.3.10(c)描述的是反铁磁性，物质内部虽然存在自发磁化，但是自发磁化磁矩呈反平行排列；图 10.3.10(d)描述的是铁磁性物质的自发磁化，在磁畴内部具有同向排列的自发磁化磁矩；图 10.3.10(e)描述的是亚铁磁性物质的部分反平行排列的自发磁化磁矩，因此，亚铁磁性物质的饱和磁化强度矢量要比铁磁性物质小。这里说的物质磁性的分类，并不是对磁体的分类。对于同一种物质，由于其所处环境条件不同，会发生从一种磁性类型转变为另一种磁性类型的情况。例如，铁磁性物质在居里温度以下表现出铁磁性，而在居里温度以上表现出顺磁性；重稀土金属在低温下表现出强磁性，而在室温或更高温度下则表现出顺磁性。

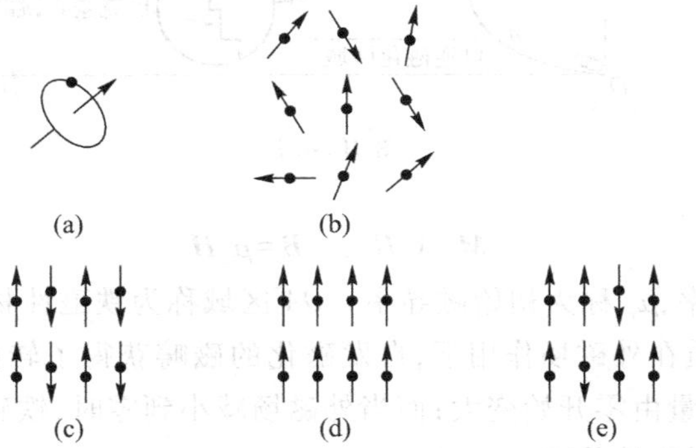

图 10.3.10

对于弱磁性材料，由于其磁化规律较为简单，并且其磁性只有在较强的磁场作用下才可能分辨出来，因此其在实践中的应用很少。而强磁性材料由于其在外磁场中的奇异特性，在实践中的应用非常广泛。根据应用功能的不同，强磁性材料还可以分为软磁、硬磁、矩磁、旋磁和压磁等材料。随着新型磁性材料的不断出现，以及其应用范围的扩大，其应用类型也相应增加。但是，物质磁性的基本类型还是属于上述的五种，其微观磁结构也大致如此，而不同的应用类型主要是由物体的宏观结构不同造成的。

第四节　磁介质的性质

一、铁磁性物质的技术磁化

实际上，我们讨论的磁介质的性质主要指强磁性物质——铁磁性或亚铁磁性物质——在外磁场中的性质。而描述强磁性物质性质的基本参量都可以在磁化曲线和磁滞回线——磁化强度矢量对外磁场的响应曲线——上找到，因此，我们首先看一下磁介质的磁化曲线和磁滞回线所描述的磁介质的性质。下面我们就以铁磁性物质为例来讨论其在外磁场作用下的宏观磁性质。

在没有外磁场作用的情况下，铁磁性物质不同磁畴之间的自发磁化强度矢量 $\boldsymbol{M}_z$ 的取向是无序的，因此整个宏观物体的磁化强度矢量为零，物质处于磁中性状态，对外不显示磁性；而当处于外磁场中时，随着磁场的变化它表现出复杂的磁化特性，如图 10.4.1 所示。当外磁场 $\boldsymbol{H}$ 单调增加时，物质磁化强度矢量 $\boldsymbol{M}$ 与外磁场 $\boldsymbol{H}$ 的关系曲线称为磁化曲线。图中 O 点代表铁磁性物质的磁中性状态。当磁场 $\boldsymbol{H}$ 在比较小的范围内变化时，由图中 OA 段可以看出，$\boldsymbol{M}$ 与 $\boldsymbol{H}$ 成正比，如果 $\boldsymbol{H}$ 变成零，$\boldsymbol{M}$ 也完全回到零。其关系近似为

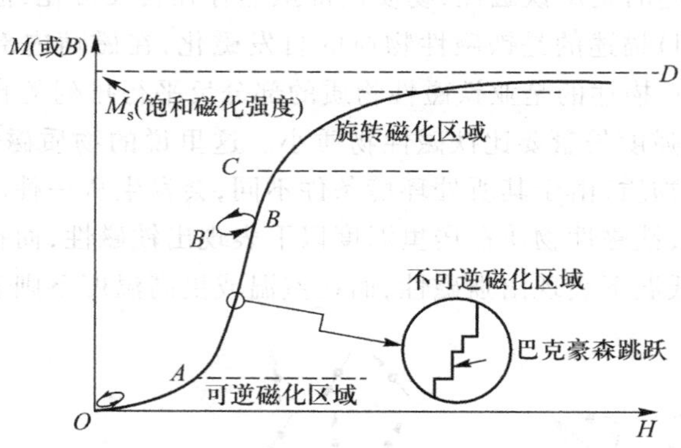

图 10.4.1

$$\boldsymbol{M}=\chi_a\boldsymbol{H}\ ,\quad \boldsymbol{B}=\mu_a\boldsymbol{H} \tag{10.4.1}$$

其中，χ_a 称为初始磁化率，μ_a 称为初始磁导率。OA 区域称为铁磁性物质的可逆磁化区域。在这个区域内，铁磁性物质在外磁场作用下，自发磁化的磁畴获得了转向外磁场方向的趋势，铁磁性物质的磁化强度矢量由零开始变大；而当外磁场减小到零时，铁磁性物质的磁畴分布也将逐渐回到初始状态，即磁中性状态。

当磁场 $\boldsymbol{H}$ 增大到超过 A 点时，$\boldsymbol{M}$ 开始急剧增加。在这个区域内，如果再减小磁场 $\boldsymbol{H}$，$\boldsymbol{M}$ 的变化将是不可逆的，其变化将按图中 $B\to B'$ 路径进行。从 B' 点开始，如果再增大磁场 $\boldsymbol{H}$，$\boldsymbol{M}$ 将沿着 $B'\to B$ 所示的路径返回 B 点，由 $B\to B'\to B$ 这个微小的磁场变化所引起的改变称为小回线。小回线的斜率 $\Delta\boldsymbol{M}/\Delta\boldsymbol{H}$ 称为增量磁化率，$\Delta\boldsymbol{H}\to\boldsymbol{0}$ 的极限斜率称为微分磁化率 χ_{dif}。当 $\boldsymbol{M}$ 随着 $\boldsymbol{H}$ 剧烈增加时，磁化曲线的 BC 段表现出明显的不可逆性，因此把这个区域称为不可逆磁化区域。不可逆磁化区域还有一个特点，即其磁化过程并不是平滑连续的，而是以跳跃的方式

不连续地变化，这个现象是德国物理学家巴克豪森（Barkhausen）发现的，因此称为巴克豪森效应，如图 10.4.1 所示。在这个区域内，随着外磁场的不断增大，铁磁性物质的自发磁化方向不断变化到外磁场方向，磁畴也发生了不可逆的变化，即磁畴在转向外磁场方向的过程中不断合并，由相对较小的磁畴逐渐变为较大的磁畴，磁畴的数量也随着磁场的增大而不断减少，而这种变化是不可逆的，因此铁磁性物质表现出上述特性。

当磁场 $\boldsymbol{H}$ 增大到超过 C 点时，$\boldsymbol{M}$ 的变化是缓慢的，这个区域称为旋转磁化区域。在磁化曲线的最后段，$\boldsymbol{M}$ 几乎不再增加，即磁化达到了饱和状态，这时的磁化强度矢量称为饱和磁化强度矢量，记为 $\boldsymbol{M}_s$。在这个区域内，由于外磁场比较强，克服了物质结构中的各种因素对“磁畴”的影响，所以铁磁性物质的自发磁化强度矢量几乎全部转到外磁场方向，众多磁畴几乎消失而变成单一的磁畴，亦即铁磁性物质内部的原子磁矩在外磁场的作用下全部排列到外磁场的方向上，我们将这种现象称为铁磁性物质的饱和磁化。

如果从饱和状态 D 开始减小磁场 $\boldsymbol{H}$，$\boldsymbol{M}$ 自然也随之减小，但是这种减小的过程并不是按照磁化曲线中的 $D\to C\to A$ 路径进行的，而是沿着如图 10.4.2 所示的 $D\to E$ 路径进行的，即使磁场 $\boldsymbol{H}=\boldsymbol{0}$，磁化强度矢量 $\boldsymbol{M}$ 也不为零，而是还有图中相当于 OE 的大小，称之为剩余磁化强度矢量，记为 $\boldsymbol{M}_r$。如果继续在反方向增加磁场，随着巴克豪森效应的发生，磁化强度矢量将急剧减小，当反向磁场达到某个值，即图中相当于 OF 的大小时，磁化强度矢量变为零。这时的磁场值称为矫顽力，记为 H_c，曲线 $E\to F$ 称为退磁曲线。如果磁场在该方向上继续增加，曲线将沿着 $F\to G$ 变化，磁化强度矢量将在与原来相反的方向上达到饱和。如果从 G 点开始减小磁场，曲线将沿着 $G\to I$ 变化；如果使磁场沿着正方向继续增加，曲线将沿着 $I\to J\to D$ 变化。闭合曲线 $DEFGIJD$ 称为磁滞回线。可以看出，磁滞回线具有相对于原点 O 的旋转对称性，即曲线上任一点的坐标相对于原点 O 旋转 180°后，其坐标值再乘以“-1”就是曲线上另一个对应坐标点的数值。

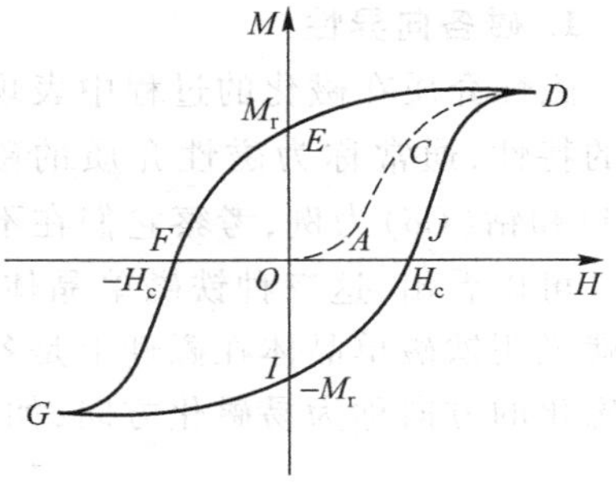

图 10.4.2

我们将铁磁性物质在外磁场中的磁化过程（表现为磁化曲线和磁滞回线）称为铁磁性物质的技术磁化。

二、软磁材料与硬磁材料

我们根据铁磁性物质在磁场中技术磁化的难易程度将其分为软磁材料和硬磁材料，其定性的磁滞回线如图 10.4.3 所示，其主要特征表现为矫顽力的大小，矫顽力比较小的材料称为软磁材料，如图 10.4.3 中的曲线 a 所示；而矫顽力比较大的材料称为硬磁材料，如图 10.4.3 中的曲线 b 所示。软磁材料具有细长（瘦高）的磁滞回线，易于磁化和反磁化；而硬磁材料则具有宽短（矮胖）的磁滞回线，从而很难磁化和反磁化。

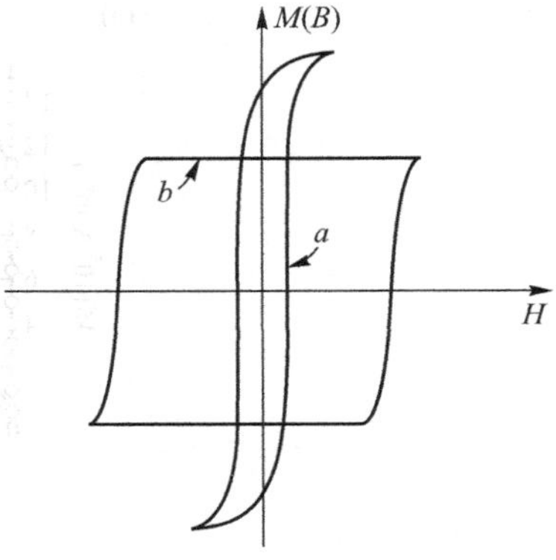

图 10.4.3

从磁滞回线可以看出软磁材料与硬磁材料的差别。① 软磁材料的初始磁导率 μ_a 和最大磁导率 μ_m 都要比硬磁材料大得多，即在较小的外磁场作用下，软磁材料就可以磁化到饱和，而硬磁材料则很难磁化到饱和。② 软磁材料的饱和磁化强度矢量 $\boldsymbol{M}_s$（饱和磁感应强度 $\boldsymbol{B}_s$）和剩余磁化强度矢量 $\boldsymbol{M}_r$（剩余磁感应强度 $\boldsymbol{B}_r$）要比硬磁材料大。③ 软磁材料的磁滞损耗（磁滞回线的面积）要比硬磁材料小得多，即其在反复磁化的过程中消耗的能量比较小；而硬磁材料虽然在磁化过程中消耗的能量比较大，但是一旦磁化到饱和状态后，其抗干扰的能力也很强（矫顽力比较大）。从上述特征我们可以看出，日常使用的产生永久磁场的材料都是硬磁材料，而软磁材料通常用来作为导通磁场的磁路材料，或增大线圈磁场的铁芯材料以及交变磁化过程中的铁芯材料。

三、磁各向异性与磁致伸缩

1. 磁各向异性

磁性介质在磁化的过程中表现出的在不同方向（晶体的不同晶轴方向）上磁化性质不同的特性，通常称为磁性介质的磁各向异性。我们以不同类型的铁磁性材料铁（Fe）、镍（Ni）和钴（Co）为例，考察它们在不同晶轴方向上的磁化曲线，如图 10.4.4(a)(b)和(c)所示。可以看出，这三种铁磁单晶体沿自身不同晶轴方向磁化到饱和的难易程度相差很大，这就说明铁磁单晶体在磁性上是各向异性的。为了表征这种特征，我们将铁磁单晶体最容易磁化的方向称为易磁化方向，如铁的[100]方向、镍的[111]方向以及钴的[0001]方向。

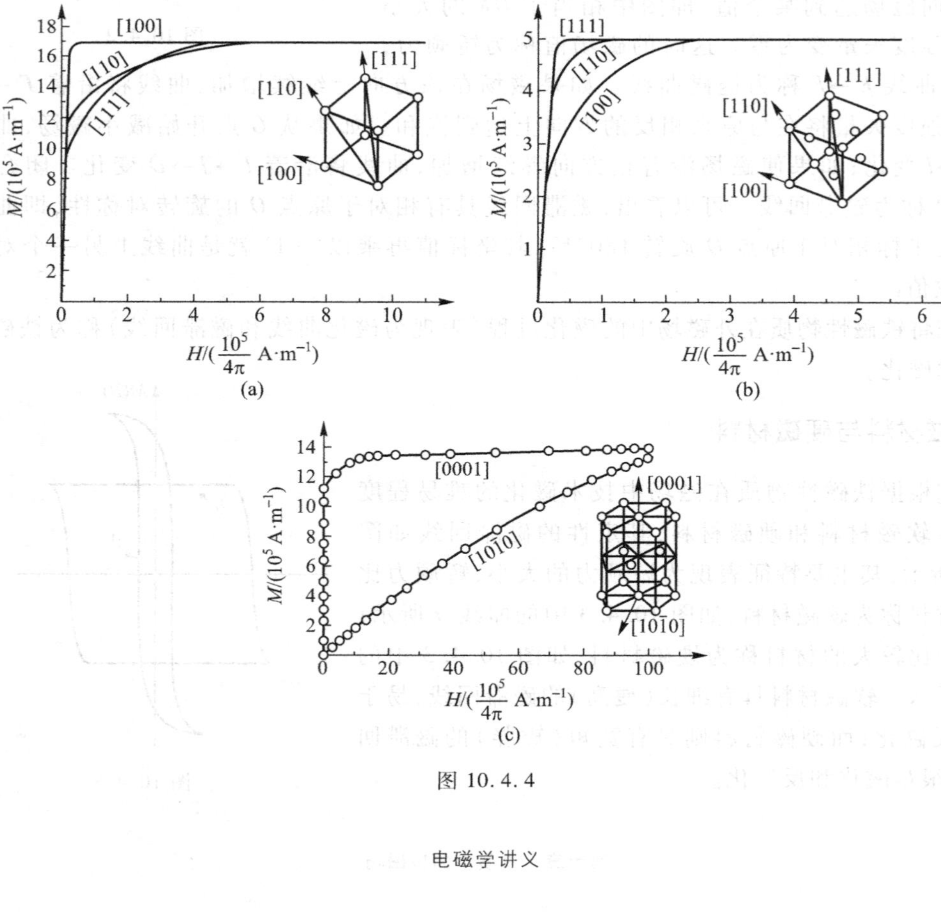

图 10.4.4

磁矩在外磁场中具有一定的能量,因此,从能量的观点来看,磁体内部能量的大小同磁化方向有关,称之为磁各向异性能。磁各向异性能定义为饱和磁化强度在铁磁体中取不同方向而改变的能量。外磁场磁化铁磁体,使其从磁中性状态变到饱和磁化状态,在过程中所做的功为

$$W=\int_0^{M_s}\mu_0 H\mathrm{d}M \tag{10.4.2}$$

此磁化功即铁磁体磁化时所需要的磁化能。

上面我们以铁磁单晶体为例讨论了其在磁化过程中的磁各向异性——磁晶各向异性。实际上,除了磁晶各向异性之外,磁各向异性按照其起源的物理机制还可以做如下的分类:磁形状各向异性、磁感生各向异性、磁应力各向异性和交换磁各向异性等。

温度低于居里温度的铁磁体受外磁场作用时,单位体积铁磁体达到磁饱和状态所需的能量称为磁晶能。由于晶体的各向异性,沿不同方向磁化所需的磁晶能不同,如图 10.4.5 所示为单位体积铁磁体在某一方向磁化到饱和所需要的功。每种铁磁体都存在所需磁晶能最小和最大的方向,前者称为易磁化方向,后者称为难磁化方向。铁磁体受外力作用时,由于磁弹性效应(磁致伸缩),体内应力和应变的各向异性会导致磁各向异性,这称为磁应力各向异性。在外磁场或应力作用下的铁磁体进行冷、热加工处理时,均可产生磁感生各向异性。铁磁体在不同方向磁化的过程中,会产生与其几何形状相关的特性,我们称其为磁形状各向异性。磁晶各向异性能 U_a 常表示为饱和磁化强度矢量 $\boldsymbol{M}_s$ 相对于主晶轴的夹角的三角函数的幂级数,其表达式随晶体对称性而异。对于所谓单轴各向异性材料(如钴等)来说,就是在某一个轴的正、负方向上各向异性能最小。对于磁晶各向异性材料来说,当易磁化轴与磁化强度矢量有一个夹角 θ 时,单位体积的各向异性能为

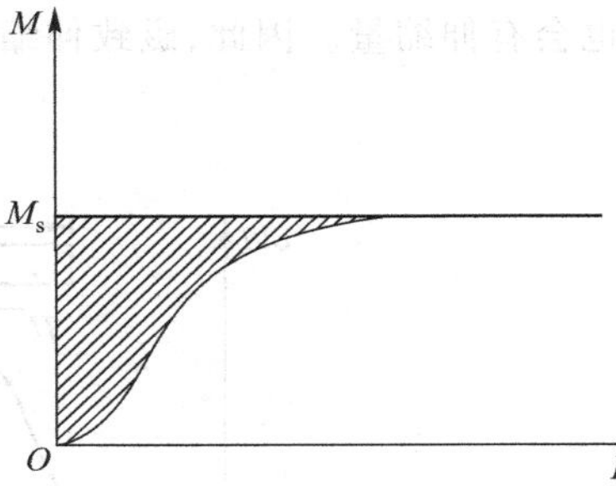

图 10.4.5

$$U_a=K_{u1}\sin^2\theta+K_{u2}\sin^4\theta+\cdots \tag{10.4.3}$$

其中,K_{ui} 称为磁晶各向异性常量,我们用其表征晶体的磁各向异性的强弱。

新型永磁材料[如钕铁硼(NdFeB)等]都是强烈的单轴各向异性材料,目的是将磁体所有的能量都集中到一个方向上,使其可以在空间的某个方向上产生最大的磁场。而起导磁作用的软磁材料(如铁镍合金等)则尽可能地做到磁各向同性,使其在磁路设计中作为重要的聚集和传导磁通的材料(如磁场产生装置中的轭铁和极头)。

2. 磁致伸缩

磁性材料在磁化的过程中会发生磁致伸缩的现象。所谓磁致伸缩,就是磁体的外形几何尺寸发生变化的现象。按照外形几何尺寸随外磁场不同的变化,磁致伸缩可以分为三种形式:一种是沿着外磁场方向的线性尺寸的变化,称之为纵向磁致伸缩;另一种是沿着外磁场垂直方向的线性尺寸的变化,称之为横向磁致伸缩;还有一种是材料在磁化过程中其体积发生的相对变化。无论是纵向还是横向磁致伸缩,其实质上都是线性伸缩,因此可以用其线度的相对变化来表征,即 $\lambda=\delta l/l$,λ 称为线性磁致伸缩系数,δl 为材料磁化前后的线度变化量,l 为材料磁化

前的线度；而磁致伸缩的体积效应可以用其体积的相对变化量来表征，即 $\Delta V/V$，V 为材料磁化前的体积，ΔV 为材料磁化前后的体积变化量。

我们以线性伸缩为例来考察磁致伸缩的特性，如图 10.4.6(a)所示为 $\lambda=\delta l/l$ 与外磁场 H 之间的关系。在弱磁场下，磁体长度的变化率随磁场的增加而急剧地增加，最后达到饱和，它的变化规律与磁化曲线很像。因此，通常我们用磁性材料的饱和磁致伸缩系数来描述其在外磁场中的磁致伸缩性质。磁致伸缩产生的机理，即由磁畴的变形而引起的磁性材料外形的变化（单晶材料），如图 10.4.6(b)所示。各个磁畴在磁化方向上变化，这是外磁场引起磁畴移动的结果。假如改变磁化方向，磁致伸缩的方向也将发生改变。在这种情况下，只是伸缩的方向发生变化，并不改变磁性物质的体积。对于每一个磁畴都以自发磁化强度为零时作为基准，当磁化进行时，将产生磁化强度，并在磁化方向上发生伸缩，即使在多晶材料中、处于退磁状态时，也会有伸缩量。因此，磁致伸缩也是磁性材料的一个基本属性。

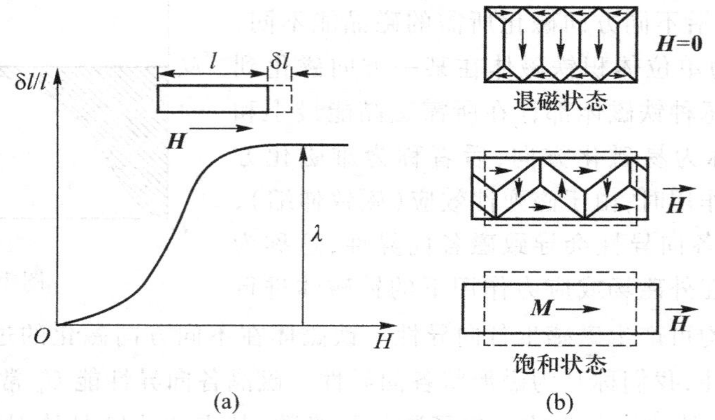

图 10.4.6

实际上，磁致伸缩效应是磁性材料在磁化过程中其机械性能（应力、应变等）发生变化的效应。当具有磁致伸缩效应的材料在受到外界施加的应力时，其本身的磁性能（磁导率等）同样会发生变化，这种效应称为磁性材料的压磁效应。压磁效应是磁致伸缩效应的逆效应。一种是由于其磁性能变化而导致的机械性能变化，另一种则是由于机械性能变化而导致的磁性能变化。磁致伸缩材料具有电磁能与机械能或声能的相互转化功能，是一种重要的磁性功能材料。

在通常情况下，材料的磁致伸缩很小，其伸缩系数 λ 的数值非常小，数量级为 10^{-5}，这种数量级的磁致伸缩的应用意义不大。但是现在新型磁性材料[如铽镝铁(TbDyFe)稀土合金超磁致伸缩材料]的磁致伸缩系数的数量级可以达到 10^{-3}(1 800 ppm)。这种超磁致伸缩材料(giant magnetostrictive material，GMM)具有以下特点：磁致伸缩系数非常大，是 Fe、Ni 等材料的几十倍，是压电陶瓷的 3～5 倍；能量转换效率在 49%～56%之间，而压电陶瓷在 23%～52%之间，传统的磁致伸缩材料仅为 9%左右；居里温度高，有些材料可以超过 300 ℃；能量密度大，是 Ni 的 400～800 倍，是压电陶瓷的 12～38 倍；产生磁致伸缩效应的响应时间短等。这为磁致伸缩的应用提供了技术上的支持，工程上常将超磁致伸缩材料制成各种大功率的超声器件，如超声发生器、超声接收器、超声探伤器、超声钻头、超声焊机等；回声器件，如声呐、回声探测仪等；

机械滤波器、混频器、压力传感器以及超声延迟线等。

四、居里温度与介质相变

由于铁磁性物质存在自发磁化的磁畴,因此其被磁化后具有很强的磁性。但随着环境温度的升高,铁磁性物质内部金属晶格热运动的加剧会影响磁畴内部磁矩的有序排列,当温度达到足以破坏磁畴磁矩的整齐排列,即热运动能量足以抵消造成磁矩有序排列的“某种作用”的能量时,铁磁性物质的自发磁化将消失,磁畴也随之瓦解,磁性物质内部的磁矩都处于混乱排列状态,平均磁矩变为零,磁性物质的铁磁性消失而转变为顺磁性,与自发磁化及磁畴相联系的一系列铁磁性质(如高磁导率、磁滞回线、磁致伸缩等)也将全部消失,铁磁性物质的磁导率相应转化为顺磁性物质的磁导率。这种物质磁性由铁磁性转变为顺磁性的转变温度称为居里温度,这种磁性物质由铁磁性到顺磁性的转变称为磁性介质相变。

铁磁性物质的自发磁化实际上是其内部的部分磁矩由于“某种作用”抵抗热运动的扰动而有序排列的效应,这会形成一定的磁畴,并给出一定的自发磁化强度矢量,它属于“短程有序”的过程。“短程有序”是相对于磁畴中的所有自发磁化强度矢量在外磁场作用下按照外磁场方向排列的“长程有序”而言的。因此,居里温度定义的是铁磁性物质的“短程有序”被破坏的温度。铁磁性物质对外磁场产生强烈响应(即被外磁场磁化,或者被外磁场吸引),就是由于其存在“短程有序”的自发磁化所形成的磁畴,因此,从宏观现象的观点来看,居里温度就应当是该物质既不能吸引其他物质(不能对其他铁磁性物质产生影响)也不能被其他物质吸引(不能对外磁场产生强烈响应)的温度。因此,在某种条件下我们可以根据这样的宏观特征来测量磁性物质的居里温度,即磁性介质的相变温度。

拓展阅读:科学家皮埃尔·居里

皮埃尔·居里

第五节　磁介质中的磁场

一、退磁场与退磁因子

在磁化一个非闭合(在磁化方向上没有形成闭合回路)的物体时,由于在物体两端形成

“表面磁极”,如图 10.5.1 所示,因此总要在物体内部产生一个附加磁场,这个附加磁场总是与外磁场方向相反,我们称它为退磁场,以 $\boldsymbol{H}_{\mathrm{d}}$ 表示。外磁场 $\boldsymbol{H}_{\mathrm{e}}$ 和退磁场 $\boldsymbol{H}_{\mathrm{d}}$ 将合成一个磁场 $\boldsymbol{H}_{\mathrm{i}}$ 作用在物体上,这个磁场称为内磁场,即

$$\boldsymbol{H}_{\mathrm{i}}=\boldsymbol{H}_{\mathrm{e}}+\boldsymbol{H}_{\mathrm{d}} \tag{10.5.1}$$

它使物体磁化并决定磁化强度 $\boldsymbol{M}$ 的值。退磁场强度 $\boldsymbol{H}_{\mathrm{d}}$ 随着物体在磁化方向上的尺寸的减小而增大,如图 10.5.2 所示。如将一根长棒 L 沿其横向($\hat{\boldsymbol{n}}$ 方向)磁化要比沿其长度方向($\hat{\boldsymbol{e}}$ 方向)磁化困难得多;将一薄板 A 沿其法线方向($\hat{\boldsymbol{n}}$ 方向)磁化,实际上也很困难。一般来说,退磁场强度是物体内部各个点的函数,因此它除了与样品的形状有关外,还和样品的磁化强度有关。在这种情况下,讨论退磁场的概念就比较困难。因此,我们仅讨论均匀磁化物体的退磁场。

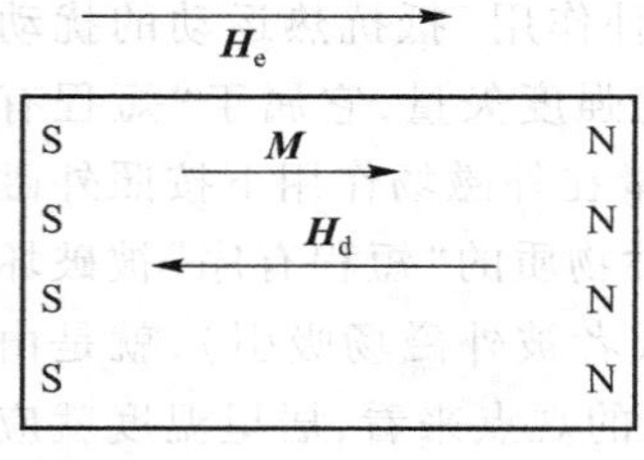

图 10.5.1

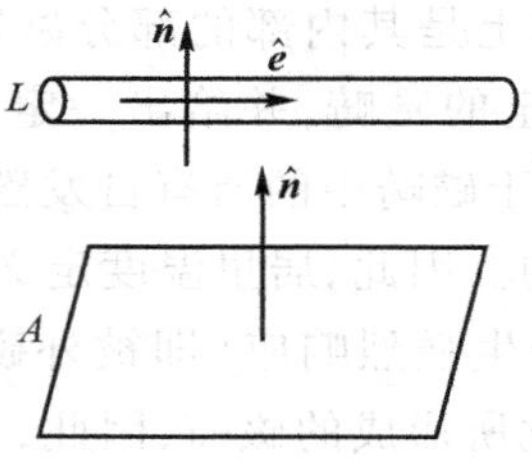

图 10.5.2

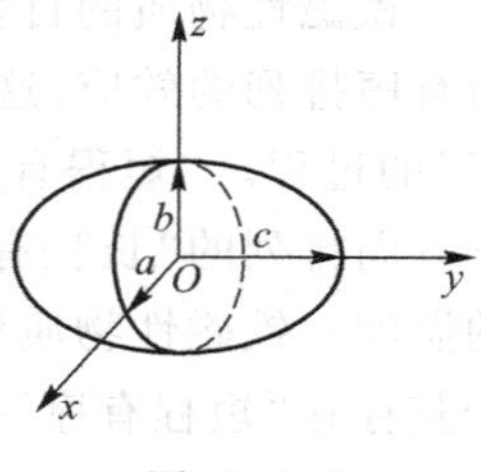

图 10.5.3

我们来研究磁化椭球形状物体的情况,如图 10.5.3 所示。将椭球形状物体放在均匀外磁场 $\boldsymbol{H}_{\mathrm{e}}$ 中,使椭球形状物体的某一主轴(a、b 或 c)与外磁场的方向平行,这时椭球形状物体将被均匀磁化。可以用退磁场强度 $\boldsymbol{H}_{\mathrm{d}}$ 来处理,$\boldsymbol{H}_{\mathrm{d}}$ 与外磁场 $\boldsymbol{H}_{\mathrm{e}}$ 的方向相反,在数值上与磁化强度 $\boldsymbol{M}$ 成正比,即

$$\boldsymbol{H}_{\mathrm{d}}=-N\boldsymbol{M} \tag{10.5.2}$$

其中,N 为退磁因子,它与椭球形状物体的相对线度有关。椭球形状物体内部的合成磁场强度等于

$$\boldsymbol{H}_{\mathrm{i}}=\boldsymbol{H}_{\mathrm{e}}+\boldsymbol{H}_{\mathrm{d}}=\boldsymbol{H}_{\mathrm{e}}-N\boldsymbol{M} \tag{10.5.3}$$

被均匀磁化的样品,其退磁因子是一个常数,只与样品的几何形状有关。形状规则的物体的退磁因子可以由计算确定。由均匀材料制成的三个主轴长度分别为 a、b、c 的椭球形状物体,其沿三个主轴均匀磁化的退磁因子有如下关系:

$$N_a+N_b+N_c=1 \tag{10.5.4}$$

N_a、N_b、N_c 的计算非常复杂,在此不做详述,我们只举几个特殊形状物体的例子进行讨论。

(1) 球体($a=b=c$)(只要均匀,无论在哪个方向磁化)。

$$N_a=N_b=N_c=\frac{1}{3} \tag{10.5.5}$$

(2) 无限长圆柱体。

无限长圆柱体可以近似看成 $a=b\ll c$ 的椭球体,因此,

$$N_c=0, \quad N_a=N_b=\frac{1}{2} \tag{10.5.6}$$

（3）无限大薄片状物体。

无限大薄片状物体可以近似看成 $a=b\to\infty$，$c\to 0$ 的椭球体，因此，

$$N_a=N_b=0 \tag{10.5.7}$$

若沿垂直于薄片平面的方向磁化，即外磁场方向与平面的法线方向平行，则

$$N_c=1 \tag{10.5.8}$$

在物质磁性的研究过程中，常常碰到非均匀磁化的物体，例如对于圆柱形物体样品，它内部各点的退磁因子并不是常数，即使将其放在均匀磁场中，它的磁化也是不均匀的，其内部各点的磁化强度的大小和方向均不相同，当外磁场变化时，物体内各点的磁化强度的变化也不成比例。因此，非均匀磁化样品的退磁因子在一般情况下不可能由计算求出，只能用实验方法得到。

在研究工作中，为了得到铁磁性材料的磁化曲线（或磁滞回线），通常要考虑如何避免退磁场的影响，如果是软磁材料（H_c 很小）就将其制成闭合环状（构成一个闭合回路），外磁场的方向正好沿着闭合回路，如螺绕环产生的磁场；如果矫顽力 H_c 比较大，材料就不能制成闭合环状，而只能得到很小的试样，在这种情况下就不能避免退磁场的问题了。按照上面的讨论，通常将其制成比较特殊的形状（如椭球形、球形等），使之具有简单的退磁因子。最常见的是将试样制成球形，其退磁因子 $N=1/3$。可用振动样品磁强计测出开路样品的磁化曲线（或磁滞回线）——表观磁化特性曲线。如果要得到样品固有的磁化特性，就必须对 $M-H_e$ 曲线进行修正，得出 $M-H_i$ 曲线。

二、永磁材料（磁介质）在空间产生的磁场

1. 永久磁铁建立磁场的基本因素

利用永磁材料的磁化特性在空间产生某些特定的磁场时，要考虑的是如何在用场空间内产生一个（磁场的大小、均匀性等）与实际需要相符的磁场。因此，首先要考虑哪些磁性参量与所需求磁场的关系最密切，其次要考虑一些其他因素，如抗干扰能力（矫顽力、居里温度等）、性价比等。

下面我们讨论永磁材料的磁性能与空间磁场的关系。我们选取一种特殊情况（虽然特殊但仍具代表性），假设用场空间和磁路基本固定不变，考察材料的磁性能与所产生的磁场的关系。永久磁铁的磁路如图 10.5.4 所示。我们利用磁场的高斯定律，即

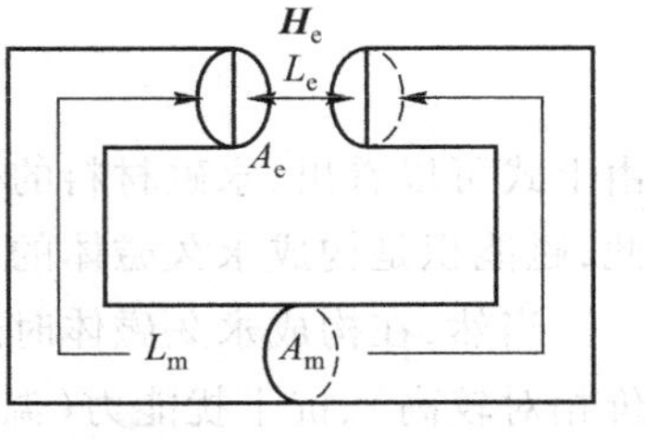

图 10.5.4

$$\nabla\cdot\boldsymbol{B}=0$$

如果忽略漏磁（我们只考虑最简单的理想情况），那么永磁体内部的磁通量 Φ_m 与用场空间的磁通量 Φ_e 严格相等，则

$$\Phi_m=\Phi_e$$

因此可以得到

$$B_mA_m=\mu_0H_eA_e \tag{10.5.9}$$

另外，根据安培-麦克斯韦定律，对于永久磁体回路，

$$\nabla\times\boldsymbol{H}=\boldsymbol{0}$$

因此可以得到

$$H_{\mathrm{m}}L_{\mathrm{m}}=H_{\mathrm{e}}L_{\mathrm{e}} \tag{10.5.10}$$

其中，式(10.5.9)和式(10.5.10)中的 B_{m}、H_{m} 分别为永磁材料工作点的磁感应强度及磁场强度的数值；L_{m}、A_{m} 分别为永磁材料的长度和截面积；H_{e} 为用场空间的磁场强度；L_{e}、A_{e} 分别为用场空间的长度和截面积。

如图 10.5.5 所示为永磁材料的工作曲线及磁能积曲线。永磁材料的工作点均在第二象限的退磁曲线上，在实际工作中会根据不同的需要而选择不同的工作点，如(B_1H_1)点，每一个工作点都对应一个磁能积，即该工作点的磁感应强度与磁场强度的乘积(BH)，第一象限所示的就是不同工作点对应的磁能积曲线，工作点 M 就是最大磁能积对应的工作点，磁能积是描述永磁材料(磁介质)性能的一个重要参量。

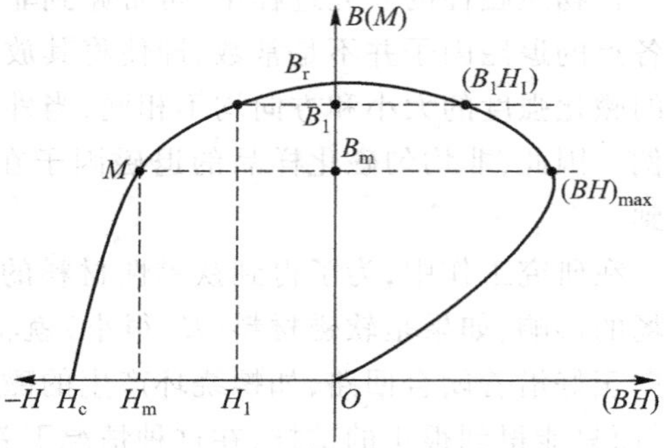

图 10.5.5

为了考察永久磁铁磁场与永磁材料性能之间的关系，我们将式(10.5.9)和式(10.5.10)的两边相乘，可得

$$B_{\mathrm{m}}H_{\mathrm{m}}L_{\mathrm{m}}A_{\mathrm{m}}=\mu_0H_{\mathrm{e}}^2L_{\mathrm{e}}A_{\mathrm{e}} \tag{10.5.11}$$

注意到 $V_{\mathrm{m}}=L_{\mathrm{m}}A_{\mathrm{m}}$ 为永久磁铁的体积，$V_{\mathrm{e}}=L_{\mathrm{e}}A_{\mathrm{e}}$ 为用场空间的体积，根据前面的假设，二者均为常量，因此可得

$$H_{\mathrm{e}}^2=\frac{1}{\mu_0}(B_{\mathrm{m}}H_{\mathrm{m}})\frac{V_{\mathrm{m}}}{V_{\mathrm{e}}} \tag{10.5.12}$$

式中($B_{\mathrm{m}}H_{\mathrm{m}}$)为永磁材料在其工作点上的磁能积。若永磁材料工作在其最大磁能积处(如图 10.5.5 所示的 M 点)，则永久磁铁在空间产生的磁场为

$$H_{\mathrm{e}}^2=\frac{1}{\mu_0}(B_{\mathrm{m}}H_{\mathrm{m}})_{\max}\frac{V_{\mathrm{m}}}{V_{\mathrm{e}}} \tag{10.5.13}$$

由上式可以看出，永磁材料的磁能积越大，永久磁铁在工作间隙处产生的磁场就可能越大。因此，磁能积是构成永久磁体的磁性材料最重要的因素之一。

当然，在构成永久磁体时还要考虑性价比(目前主要使用的是性能好的稀土永磁材料，造价相对较高)、抗干扰能力(温度稳定性、矫顽力)等其他因素。

2. 永久磁铁的磁路设计

从前面的讨论我们可以知道，永磁材料只有工作在最大磁能积处(称之为最佳工作点)才有可能在工作间隙处产生最大的磁场。那么，永磁材料的工作点是如何选定的呢？我们知道，永久磁铁是开磁路的，在永磁材料内部就一定会产生一个退磁场 $\boldsymbol{H}_{\mathrm{d}}$，这个退磁场的大小就决定了永磁材料的工作点。而退磁场的大小是由永久磁铁的尺寸及工作间隙的尺寸决定的。因

此，只有合理地设计永久磁铁的结构、尺寸，才能使永磁材料工作在最佳工作点上，充分发挥永磁材料的性能。

在一般的永久磁铁磁路中，除永久磁铁及工作间隙外，有时还要用到轭铁。在实际情况中，往往还要考虑漏磁的存在，以及轭铁具有有限的磁导率等问题，因此设计磁路变得十分困难，通常要借助一些经验公式进行计算，但获得的结果往往不是十分理想，误差较大，为10%～20%，甚至更大。所以目前对永久磁铁的磁路设计，人们还在不断积累经验，加以完善。永久磁铁磁路设计的方法有很多，下面对其中的一个方法做简单的、原理性的介绍。

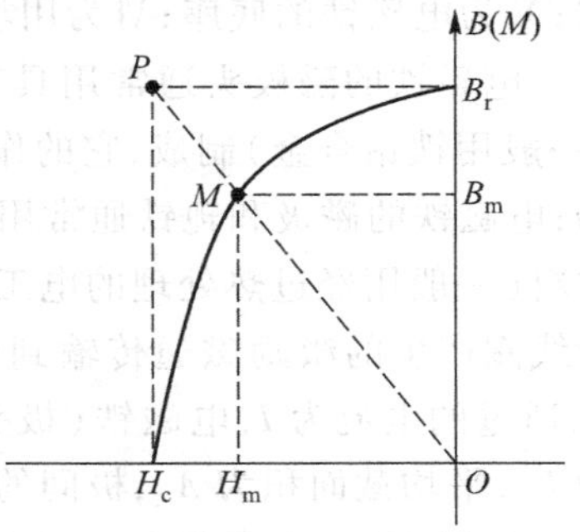

图 10.5.6

磁路设计的问题一般归结为已知工作间隙的尺寸（L_e 和 A_e）、所需要达到的磁场 H_e 以及永磁材料的退磁曲线，求永久磁体的最佳尺寸。

考虑忽略漏磁的理想情况。根据图 10.5.6 给出的永磁材料的退磁曲线，可以用作图法（也可以用计算法）求出近似的最佳工作点（$B_m H_m$）（即 OB_rPH_c 矩形的对角线 OP 与退磁曲线的交点 M）。因此，可近似得到如下关系：

$$\frac{B_m}{H_m}=\frac{B_r}{H_c} \tag{10.5.14}$$

从式（10.5.11）可以得到

$$V_m=L_mA_m=\mu_0H_e^2\frac{V_e}{B_mH_m} \tag{10.5.15}$$

再将式（10.5.10）除以式（10.5.9），并假设永久磁铁工作在最佳工作点 M 上，可以得到

$$\frac{L_m}{A_m}=\frac{1}{\mu_0}\frac{B_m}{H_m}\frac{L_e}{A_e}=\frac{1}{\mu_0}\frac{B_r}{H_c}\frac{L_e}{A_e} \tag{10.5.16}$$

将式（10.5.15）乘以式（10.5.16），得到

$$L_m=H_eL_e\sqrt{\frac{B_r}{H_c(BH)_{max}}} \tag{10.5.17}$$

将式（10.5.15）除以式（10.5.16），得到

$$A_m=\mu_0H_eL_e\sqrt{\frac{H_c}{B_r(BH)_{max}}} \tag{10.5.18}$$

因此，在已知永磁材料的磁性能及工作点、用场空间的尺寸的条件下，利用式（10.5.17）和式（10.5.18）就可以得到永久磁铁的最佳尺寸（L_m 和 A_m）。这不失为一种原理上的方法。

三、有磁芯的螺线管产生的场——电磁铁

在第九章中我们曾经讨论了电流线圈所产生的磁场——螺线管、螺绕环，除了一些特殊情况外（如脉冲强磁场、超导磁体等），它们产生的恒定磁场通常都比较小（数量级最大为 10^4 A/m），

为了产生更大的磁场，人们对有磁芯电流线圈建立的场进行了研究和讨论，这就是通常意义上的电磁铁。

下面我们将以外斯(Weiss)型电磁铁为例讨论电磁铁的基本工作原理。

外斯型电磁铁的结构如图 10.5.7 所示，Ⅰ为电磁铁的极头；Ⅱ为电磁铁的磁极；Ⅲ为电磁铁的轭铁；Ⅳ为电磁铁的螺线管线圈；Ⅴ为电磁铁的底座；Ⅵ为用场空间。

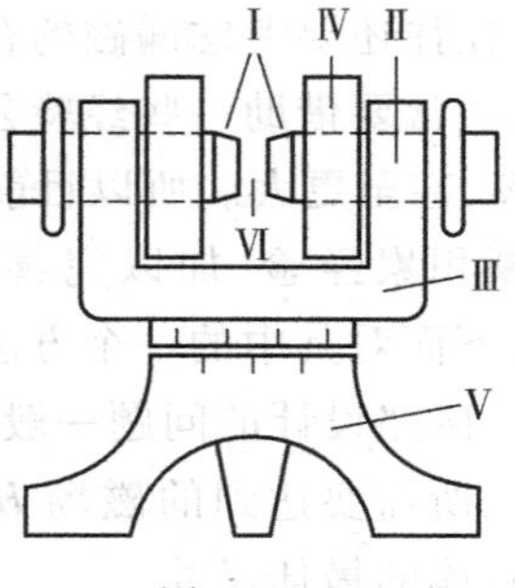

图 10.5.7

电磁铁的磁极头通常用具有高饱和磁感应强度的软磁材料(一般用铁钴合金)制成，它的作用是在两极间产生尽可能强的磁场；电磁铁的磁极和轭铁通常用具有较高饱和磁感应强度的软磁材料(一般用经过热处理的电工纯铁)制成，它们的作用是将螺线管线圈产生的激励磁通传输到磁极。假设螺线管线圈的匝数为 N，通过的电流为 I，电磁铁(极头、磁极和轭铁)的平均磁路长度为 L_m，平均截面积为 A_m，极间的长度为 L_e，极间磁场为 H_e，其截面积为 A_e。

根据安培-麦克斯韦定律，对于电磁铁磁路，

$$\nabla\times\boldsymbol{H}=NI\hat{\boldsymbol{n}}$$

因此可以得到

$$H_mL_m+H_eL_e=NI \tag{10.5.19}$$

与永久磁铁类似，如果忽略漏磁，那么电磁铁磁极(磁芯)内部的磁通量 Φ_m 与用场空间的磁通量 Φ_e 严格相等，即

$$\mu_0\mu_rH_mA_m=\mu_0H_eA_e \tag{10.5.20}$$

其中，H_m 和 B_m 分别为磁路中的磁场强度和磁感应强度；H_e 为极间磁场强度；μ_r 为磁路(磁极、轭铁和极头)中的相对磁导率。

综合式(10.5.19)和式(10.5.20)可以得出

$$H_e=\frac{NI}{L_e+(L_m/\mu_r)} \tag{10.5.21}$$

从式(10.5.21)中，我们可以分析电磁铁的一般特性。当磁场 H_m 不太强，极头、磁极和轭铁等均未饱和，其相对磁导率 μ_r 很大时，有 $L_e\gg(L_m/\mu_r)$，因此式(10.5.21)可近似写成

$$H_e=NI/L_e \tag{10.5.22}$$

则极间磁场 H_e 与电流 I 成正比，与极间距离 L_e 成反比，而与磁极(磁芯)的性质无关。因此，在 N、I 一定的情况下，极间磁场只与空气间隙 L_e 成反比，但这种情况只适用于低磁场。当 N、I 增大到一定程度而使磁极(磁芯)接近饱和时，其相对磁导率 μ_r 急剧下降，式(10.5.22)将不再成立。当磁极(磁芯)饱和时，磁通量 $\Phi_m=B_sA_m$[B_s 为磁极(磁芯)的饱和磁感应强度]。如果不考虑漏磁，电磁铁极头也将与磁极(磁芯)接近饱和，则极间磁场为

$$H_e=B_s/\mu_0 \tag{10.5.23}$$

可以看出，磁极间的磁场 H_e 受极头的饱和磁感应强度 B_s 的限制，在一般情况下这也是电磁铁极间磁场的上限。因此，选择极头材料成为改变电磁铁磁场的一个重要条件。在通常情况下，电磁铁极头大都选用电工纯铁(它的 B_s 为 2.15 T 左右)，目前使用比较多的极头材料是铁钴合金(它的 B_s 为 2.45 T 左右)。

拓展阅读：科学家外斯

外斯

四、磁场（磁通量）在磁介质中的传输规律

1. 磁路

根据磁场的高斯定律和安培-麦克斯韦定律，磁场（磁通量）在磁介质（真空也是一种磁介质）空间的传输都会形成各种回路，因此，从广义上说，在通常情况下，将这些磁场（磁通量）在磁介质空间通过的路径统称为磁路。

如图 10.5.4 所示的就是永久磁铁构成的一个典型的磁路，磁通量在永磁材料内部及用场空间中形成一个闭合的磁路。

如图 10.5.7 所示的电磁铁就是有芯螺线管构成的另一个典型的磁路的例子，螺线管内的电流产生的磁场在电磁铁的磁极、轭铁和极头以及用场空间中形成了一个磁通量传输的闭合的磁路。

2. 磁路与电路之比较

下面我们通过与电路的类比来对磁路进行更加深入的讨论。在此需要强调的是，这种类比是定性的、近似的，因为磁路与电路有一个明显的差别，那就是磁路中的磁导率与电路中的电导率这两个表征各自传导能力的特征参量是有很大差异的。在电路中，导体与绝缘体的电导率相差近 10^{19} 个数量级，因此在电流传输过程中几乎不存在导体中的电流向绝缘体中的泄漏；而在磁路中，在一般情况下良好的导磁材料与空气的磁导率相差不过 $10^2 \sim 10^3$ 个数量级，而且导磁材料的磁导率还会随着其磁化状态发生变化，即随着外磁场的增加而减小，尤其是当导磁材料接近磁化饱和时，其磁导率会下降到与空气相当，磁通量就会从导磁通路中很容易地泄漏出来，这对于磁场（磁通量）在磁路中的传输特性就会产生很大的影响。尽管如此，在一般情况下磁场（磁通量）在磁介质中的传输性质与电路还是有很多共性规律的。

从对称性的角度出发，我们对磁路和电路进行类比研究。在电路中为了描述电场在传导介质中的传输规律，我们引入了电动势、电流和电阻等概念，在磁路中我们同样可以引入类似的概念来描述磁场在磁介质中的传输规律，具体情况如表 10.5.1 所示。

表 10.5.1

概念	电路	概念	磁路
电动势	$\mathscr{E}$	磁动势	$\mathscr{E}_{m}=NI$
电流	I	磁通量	Φ_{m}
电阻	$R=\dfrac{L}{\sigma S}$	磁阻	$R_{m}=\dfrac{L_{m}}{\mu_{r}A_{m}}$
电压	$V=IR$	磁压	$HL=\Phi_{m}R_{m}$
欧姆定律	$I=V/R$	欧姆定律	$\Phi_{m}=\dfrac{\mathscr{E}_{m}}{R_{m}}$
基尔霍夫第一定律	$\sum I=0$	基尔霍夫第一定律	$\sum \Phi_{m}=0$
基尔霍夫第二定律	$\sum IR=\sum \mathscr{E}$	基尔霍夫第二定律	$\sum \Phi_{m}R_{m}=\sum HL=\sum \mathscr{E}_{m}$

在实际应用过程中,上述关于磁路的基本规律在很大程度上得到了验证。

3. 磁场(磁通量)传输的边界条件

本质上,磁路中的所有传输规律都是磁场的高斯定律和安培-麦克斯韦定律的推论。磁场(磁通量)在磁介质中传输的时候,经常会遇到从一种磁介质到另一种磁介质的情况,下面我们将讨论磁场(磁通量)在两种磁介质分界面的边界条件,即磁场(磁通量)在边界附近的性质。

由磁场的高斯定律可知,磁感应强度 $\boldsymbol{B}$ 在两种磁介质边界的法线方向上是连续的,即 $\hat{\boldsymbol{n}}\cdot(\boldsymbol{B}_{1}-\boldsymbol{B}_{2})=0$;同理,根据安培-麦克斯韦定律可知,磁场强度 $\boldsymbol{H}$ 在两种磁介质边界的切线方向上是连续的,即 $\hat{\boldsymbol{n}}\times(\boldsymbol{H}_{1}-\boldsymbol{H}_{2})=\boldsymbol{0}$。其中,$\boldsymbol{B}_{1}$、$\boldsymbol{B}_{2}$ 为两种磁介质中的磁感应强度,$\boldsymbol{H}_{1}$、$\boldsymbol{H}_{2}$ 为两种磁介质中的磁场强度,$\hat{\boldsymbol{n}}$ 为两种磁介质边界面的法线方向单位矢量。关于这两个推论的证明与电流场中在导体边界附近的电流密度矢量与电场的边界条件的证明完全相同,读者可以自己尝试证明。

4. 聚磁技术

磁介质的特殊性质(磁导率随着磁化状态的变化而变化)导致其在传输磁场(磁通量)的过程中会受到一些限制,在正常情况(常温、常压)下一般物体均为导磁体,只是磁导率的数值有些差别罢了,磁场(磁通量)可以很容易地进入导磁体的内部,因此很少有物质可以帮助汇聚磁场(磁通量)。前面我们曾经讨论过,超导材料具有完全抗磁性,磁场(磁通量)无法进入其内部,因此在某些特殊情况下可以利用其来汇聚磁场,但是目前还没有在常温、常压下的超导材料。

由于导体与绝缘体的电导率存在巨大差异,因此,要想在电路中改变电流密度很容易,只要改变导线的截面积即可。在磁路设计过程中,我们只能在一定的条件下,有限度地在用场空间进行磁场的汇聚。一种方法是利用永磁材料同极相斥的原理,采用具有高矫顽力(并且经得住较高退磁场)的永磁体,它自身发出的磁场(磁通量)不仅能够进入工作间隙,而且能够使其他永磁体的磁通受到一定的约束,更多地进入工作间隙,从而达到汇聚磁场的目的;另外一种方法是在磁路设计中运用具有相对高磁导率的导磁材料的几何形状的变化,即适当改变导磁体的结构来达到汇聚磁场的目的,其具体示例如图 10.5.8 所示。其中,a 为磁极(在永久磁铁中为产生磁场的永磁材料,在电磁铁中为传导磁通的磁极);b 为由高饱和磁导率导磁材料构成的极头;c 为工作间隙。在通常情况下,我们将磁路中的极头称为圆柱形极头,它可以在工作间隙 c 中产生具有较大均匀区域的磁场,并且在理想情况下(不考虑漏磁),三个区域的磁通量($\Phi_m = BS$)是完全相同的,即 $\Phi_a = \Phi_b = \Phi_c$。当我们将圆柱形极头改变为圆台形极头时,其磁通量也是完全相同的,即 $\Phi_a = \Phi_b = \Phi_c$。但应当注意的是,在这种情况下工作间隙的截面积发生了改变,即 $A_a > A_b = A_c$,因此,$B_a < B_b = B_c$。由此可见,工作间隙 c 中的磁通量密度 B_c 就增大了,这就是通过改变导磁体的几何形状(由圆柱形变为圆台形)达到聚磁目的的基本原理。

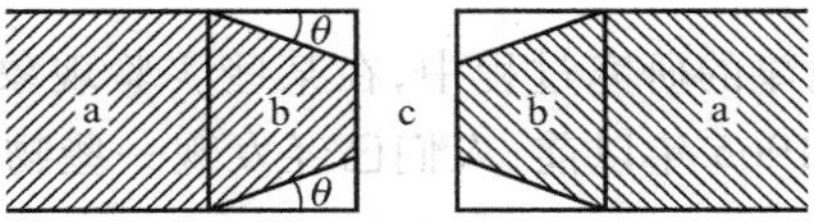

图 10.5.8

值得注意的是,这种通过改变极头形状来增强用场空间磁场的方法(或聚磁方法)是有局限性的。因为当极头的 B_b 增大到一定程度时,其就会达到饱和,其磁导率将急剧下降,也就不能起到汇聚磁场的作用了。因此,在利用该方法时要注意它的局限性。

第十一章　运动电荷产生的场

第一节　狭义相对论的部分结论

狭义相对论是在电磁学规律的研究过程中，在某些实验现象同经典物理学理论相“矛盾”的激励下产生的。实际上，在1905年以前，人们已经发现一些物理现象与经典物理概念相“抵触”，其中几个有代表性的是：

（1）迈克耳孙-莫雷实验没有观测到地球相对于以太的运动，这同经典物理学的“绝对时空”和“以太”概念相矛盾。

（2）运动物体的电磁感应现象表现出相对性——在磁体与导体线圈系统中，磁体运动与导体线圈运动的效果是相同的。

（3）电子的电荷量与惯性质量之比（荷质比）随电子运动速度的增加而减小。

此外，电磁学规律（麦克斯韦方程组）在伽利略变换下不是不变的，即电磁学定律并不满足伽利略相对性原理。

拓展牛顿的理论使之能够圆满解释上述物理现象成为19世纪末、20世纪初的当务之急。以洛伦兹为代表的许多物理学家在牛顿力学的框架内通过引入各种假设来对牛顿的理论进行修补，最后推导出了许多新的与实验结果相符的方程式，如时间延缓和长度收缩公式、质速关系式和质能关系式，甚至得到了四维时空的洛伦兹变换。

爱因斯坦根据麦克斯韦方程组的推导，发现了光速是个常量且与光源的运动状态无关（光速不变原理）；他又把伽利略相对性原理直接推广为狭义相对性原理，由此得到了洛伦兹变换，继而建立了狭义相对论。爱因斯坦于1905年在他的论文《论动体的电动力学》中介绍了狭义相对论的相关内容。

一、牛顿的绝对时空观及其历史局限性

所谓绝对时空观，是指牛顿的绝对时空观。牛顿在其《自然哲学的数学原理》一书中给出了“绝对时间”和“绝对空间”的概念。

关于“绝对时间”，牛顿指出：“绝对的、真实的和数学的时间，它自身以及它自己的本性与外在的东西无关，它均一地流动，且被另一个名字称之为持续的（持续时间 duration）、相对的、表面的和普遍的时间，是持续通过运动的任何可感觉到的和外在的度量（无论精确或者不精确），常人用它代替真实的时间，如小时、日、月和年。”

关于“绝对空间”，牛顿指出：“绝对的空间，它自己的本性与任何外在的东西无关，总保持相似且不动，相对空间是这个绝对的空间的度量或者任意可动的尺度（维度 dimension），它由

我们的感觉通过它自身相对于物体的位置而确定，且被常人用来代替不动的空间。”

这里的“绝对”主要指不受任何外界事物的影响而“绝对不变”，即“绝对”的物理量是不可以测量且感受不到的。

“绝对时空”是牛顿的万有引力定律及其运动学定律的基础。牛顿第一和第二定律显然都是相对于某个参考系而言的，因为它们在非惯性系中是不成立的，牛顿运动定律成立的那个参考系指的就是“绝对空间”。而万有引力定律实质上已经暗含了“绝对时间”的概念。因为万有引力是一个“瞬时的、超距作用的力”，即 $F=Gm_1m_2/r^2$ 中无论两个具有质量（m_1、m_2）的物体相距多么远（事实上，在引力起主要作用的宇宙天体之间，距离都是非常远的），m_1 的位置一变，r 就随之改变，作用于 m_2 上的力 F 也将立即随之改变。这一切都是“同时”发生的，这本身就要求宇宙中存在一个绝对的“同时”标准，也就要求存在一个“绝对时间”。因此，牛顿力学的理论体系实际上要求具有“绝对时间”和“绝对空间”的概念。

由绝对时空的概念又可以推出：牛顿力学定律在任何惯性系中都成立。

因此，可以说“一切惯性系在力学上是完全等价的，从力学角度是无法区分的”，这就是著名的伽利略相对性原理。

现在我们知道，伽利略相对性原理之所以成立，主要是由于牛顿第二定律中只出现加速度（位移的二阶导数），而没有出现速度（位移的一阶导数），这就使得匀速直线运动不具有可测量的效果。也就是说，伽利略相对性原理的成立不仅依赖于时空结构（绝对时空），而且依赖于运动定律的具体表述形式。但是，绝对时空观具有明显的形而上学的性质。一方面，一切物质及其运动和相互作用都是在时空中进行的，都是和时空密不可分的，然而时空却是绝对不受“任何外界事物影响”的，这显然是相互矛盾的；另一方面，“绝对运动”（指相对于“绝对时空”的匀速直线运动）本来应该是最基本的运动，却又是绝对无法察觉的，因而导致“绝对空间”本身的存在也就无法察觉了。由此，绝对时空的概念是有根本性缺陷的，正因为如此，在历史上莱布尼茨和马赫等人都对它提出了质疑。

由于牛顿的万有引力定律及其运动定律在经典物理学中取得的辉煌成就，而且“绝对时空”的概念并不是思辨的产物，而是建立在一定的实验结论基础之上的，因此，尽管当时有一些理论上质疑的声音，但是这些质疑并没有得到实验结论的进一步支持。因此，绝对时空观还是具有相当的影响力的，是当时很多人所秉持的时空观。

直到 1887 年，为了验证以太的存在，迈克耳孙和莫雷进行了一项著名的测量两束垂直光的光速差值的物理实验。该实验的结果证明，光速在不同惯性系和不同方向上都是相同的，由此否定了以太（绝对静止参考系）的存在，从而动摇了牛顿的绝对时空观，同时动摇了经典物理学框架的基础。

二、狭义相对论的基本原理

狭义相对论的基本原理有两条：光速不变原理和狭义相对性原理。

1. 光速不变原理与闵可夫斯基空间

光速不变原理：真空中的光速对任何观察者来说都是相同的。光速不变原理在狭义相对论中指的是无论在何种惯性系中观察，光在真空中的传播速度都是一个常量，不随光源和观察者所在参考系的相对运动而改变。

光速不变原理是由联立求解麦克斯韦方程组得到的，最初被迈克耳孙-莫雷实验证实，并不断被之后的科学实验证实。

为了把这一重要原理表述成数学形式，我们需要在笛卡儿空间引入一个相对于观察者静止的惯性参考系 $F(x,y,z,t)$，将其作为观测其他物质运动状态的参考系，亦即作为观测匀速运动的"光信号"的参考系。这实际上就是为在参考系中测定空间量(长度)和时间提供条件。

现在假设惯性参考系 $F(x,y,z,t)$ 中的观察者观测到光信号在 t_1 时刻经过 $A(x_1,y_1,z_1)$ 点，而在 t_2 时刻经过 $B(x_2,y_2,z_2)$ 点，他测得的光信号的速度(即光速 c)为

$$c=\frac{\sqrt{(x_2-x_1)^2+(y_2-y_1)^2+(z_2-z_1)^2}}{t_2-t_1}$$

将上式变换一种表述形式，即

$$c^2(t_2-t_1)^2-(x_2-x_1)^2-(y_2-y_1)^2-(z_2-z_1)^2=0 \tag{11.1.1}$$

所谓"光速不变"，就是说无论参考系 $F(x,y,z,t)$ 代表哪个惯性系，也不管光信号是由相对于参考系 F 静止还是运动的光源发出的，参考系 F 中的观察者测得的光速 c(光信号的速度)都是一个不变的常量。所以式(11.1.1)就是光速不变原理的数学表述式。式(11.1.1)也可以写成

$$c^2(\Delta t)^2-(\Delta x)^2-(\Delta y)^2-(\Delta z)^2=0$$

或用微分符号写成

$$c^2\mathrm{d}t^2-\mathrm{d}x^2-\mathrm{d}y^2-\mathrm{d}z^2=0 \tag{11.1.2}$$

式(11.1.2)就是常见的光速不变原理的数学表述式。

我们注意到，式(11.1.2)既含有三维空间坐标也含有时间坐标，而且并没有表现出良好的对称性。如果光速不变，即光速 c(光信号的速度)是一个不变的常量，那么式(11.1.2)是一个仅与三维空间坐标和时间坐标相关的表述式。因此，德国数学家闵可夫斯基(Minkowski，1864—1909)提出了一种四维空间的表达形式 $F(x_1,x_2,x_3,x_4)$，以此来替代三维空间坐标及时间坐标，就是用 x_1 表示 x，x_2 表示 y，x_3 表示 z，而用 x_4 表示 $\mathrm{i}ct$，从而构成具有某种"对称性"的闵可夫斯基空间。这时，式(11.1.2)就可以写成

$$\mathrm{d}x_1^2+\mathrm{d}x_2^2+\mathrm{d}x_3^2+\mathrm{d}x_4^2=0 \tag{11.1.3}$$

由式(11.1.3)可以看出，在闵可夫斯基空间中，时间坐标与空间坐标处于完全相关的对称形式中。

由空间几何可以知道，在二维直角坐标系中，所关注的两点间的距离平方可以表述为

$$\mathrm{d}l^2=\mathrm{d}x^2+\mathrm{d}y^2=\mathrm{d}x_1^2+\mathrm{d}x_2^2$$

在三维直角坐标系中所关注的两点之间的距离的平方为

$$\mathrm{d}S^2=\mathrm{d}x^2+\mathrm{d}y^2+\mathrm{d}z^2=\mathrm{d}x_1^2+\mathrm{d}x_2^2+\mathrm{d}x_3^2$$

因此，根据上述关于空间几何的推理，如果将闵可夫斯基空间理解为一种四维空间的"直角"坐标系，两关注点之间的四维"距离"的平方就应该是

$$\mathrm{d}S^2=\mathrm{d}x_1^2+\mathrm{d}x_2^2+\mathrm{d}x_3^2+\mathrm{d}x_4^2 \tag{11.1.4}$$

在这种情况下，由式(11.1.3)及式(11.3.4)就可以得到

$$\mathrm{d}S=0 \tag{11.1.5}$$

因此，我们得出一个有趣的结论：在四维空间中，由光信号所联系的两个关注点之间的“距离”为零。式(11.1.5)对任何惯性系都成立，因此，它也是光速不变原理的另一种数学表述形式。

在三维空间中“距离”的概念通常仅表述一段有限的长度，与时间坐标并无紧密关联，并且它通常是大于零的量。由上述讨论可知，四维空间的“距离”概念是将空间坐标与时间坐标紧密关联的一种表述。为了区别三维空间和四维空间中“距离”概念的物理意义，我们给四维闵可夫斯基空间的“距离”(dS)定义了另一个名称——“间隔”。

在此需要说明的是，$dS=0$ 的结论仅对光信号能联系起来的时空点成立，而任意两时空点之间的“间隔”(dS)一般是不为零的。

由此可以看出，闵可夫斯基空间和欧几里得空间的一个重要差别就是：在欧几里得空间中，在任何情况下，任意两点之间的“距离”或位移总是大于零的，包括光信号通过的该空间中两点之间的距离；但在闵可夫斯基空间中，与光信号相关联的，即光信号通过的该空间中的两点之间的“距离”等于零。而且如果两时空点之间的三维空间距离，即欧几里得空间的“距离”小于 cdt，那么在闵可夫斯基空间中的“距离”的平方 dS^2 还可以小于零，即“距离”的平方是负值。这的确有点“反常”。在闵可夫斯基空间中，两点之间的“距离平方”(dS^2)可以是正的，也可以是负的，还可以是零，我们分别称之为“类空间隔”“类时间隔”“类光间隔”。其具体的意义如下：

$$dS^2=dx_1^2+dx_2^2+dx_3^2+dx_4^2=dl^2-(cdt)^2 \tag{11.1.6}$$

由式(11.1.6)可以看出，$dS^2>0$ 表示时间间隔 cdt 比较小，而空间距离 dl 足够大，因此空间距离是主要因素，此时 dS 类似于空间间隔，故称为“类空间隔”；$dS^2<0$ 表示空间距离 dl 较小，而时间间隔 cdt 是占主要地位的，此时 dS 类似于时间间隔，故称为“类时间隔”；$dS=0$ 的两时空点是用光信号联系起来的，类似于光信号通过的间隔，所以称之为“类光间隔”。

2. 狭义相对性原理

狭义相对性原理的具体表述是：一切物理定律(除引力外的力学定律、电磁学定律以及其他相互作用的动力学定律)在所有惯性系中均有效；或者说，一切物理定律(除引力外)的数学方程式在洛伦兹变换下保持形式不变。不同时间进行的实验给出了同样的物理定律，这正是狭义相对性原理的实验基础。

光速不变原理是一个经实验证明了的事实，这就导致了必须要否定绝对时空观。但是，牛顿的绝对时空观并不是牛顿主观臆想或思辨出来的，而是牛顿力学和所有的惯性系在力学上等价这一“相对性原理”所要求的。因此，要否定绝对时空观就必须修正牛顿力学或伽利略相对性原理。但是，光速不变原理在本质上却是和相对性原理协调一致的，而且是将相对性原理推广到电磁学领域的结果。光速不变原理恰恰说明，在任何惯性系中光(电磁场)的传播规律都是相同的(各向同性的、速度不变的)，因此相对性原理不但不应该抛弃，而且应该推广到包括电磁现象在内的所有惯性系。这样就不可避免地要修正牛顿力学，这就是爱因斯坦狭义相对论的基本观点。

狭义相对论的基本原理(假设)要求的就是在不同的惯性系中观察到的物理现象都遵从同样的定律，即一个惯性参考系中的规律在其他惯性参考系中同样适用，没有哪个惯性参考系是例外的。如果是这样，那么狭义相对论的基本原理可以提供一种方法，能够把一个参考系中对某个事件的描述转换为另一个参考系中对这个事件的描述。在这种转换中就出现了一个"通用速度",它的值必须是由实验测量得到的,并且在所有的参考系中都是一样的。人们有时还会引入一个与时间测量相关的"秒"的定义,如果把秒的定义和光速的测量联系在一起,那么无论光源是静止的还是运动的,人们都倾向于把这个现象视为光的一种基本属性而不是一个独立的理论,这就说明电磁波实际上是按照相对论所暗示的限制速度传播的,狭义相对论的公式解释了这个相对论基本原理,这个结论也已经被无数实验证明。

三、狭义相对论的部分结论

根据狭义相对论的基本原理,相对于任何惯性参考系,光速都具有相同的数值。在狭义相对论中,空间和时间并不是相互独立的,而是一个统一的四维时空整体,不同惯性参考系之间的变换关系式与洛伦兹变换在数学表达式上是一致的,即

$$\begin{aligned} x' &= \gamma x - \beta\gamma ct \\ y' &= y \\ z' &= z \\ t' &= \gamma t - \beta\gamma \frac{x}{c} \end{aligned} \tag{11.1.7}$$

其中,x、y、z、t 分别是惯性系 F 中的坐标和时间;x'、y'、z'、t' 分别是另一惯性系 F' 中的坐标和时间。

v 是 F' 系相对于 F 系的运动速度,方向沿 x 轴。由狭义相对性原理,只需在上述洛伦兹变换中把 v 变成 $-v$,把 x'、y'、z'、t' 分别与 x、y、z、t 互换,就得到洛伦兹变换的反变换式:

$$\begin{aligned} x &= \gamma x' + \beta\gamma ct' \\ y &= y' \\ z &= z' \\ t &= \gamma t' + \beta\gamma \frac{x'}{c} \end{aligned} \tag{11.1.8}$$

其中,c 是光速,$\beta = v/c$,$\gamma = 1/\sqrt{1-\beta^2}$。

在洛伦兹变换下,事件发生的同时性、时间和空间的绝对性都不存在了,所有与时间和空间相关的事件的发生都变成相对的。

下面我们给出在洛伦兹变换下的一些结论。我们需要强调的是,如下给出的仅是狭义相对论的部分结论,对此不做复杂的推导和证明。

1. 狭义相对论运动学的部分结论

(1) 同时的相对性。

如果在某个惯性系中看,不同空间点发生的两个物理事件是同时的,那么在相对于这一惯性系运动的其他惯性系中看,这两个物理事件就不一定是同时的。时间是一个坐标数据,某个坐标系中"时间维坐标"相同的两个不同位置的点,在另一个坐标系中"时间维坐标"不同是很正常的。所以,在狭义相对论中,同时的概念不再有绝对意义。坐标数据是没有绝对的,相同的一个点在不同坐标系中的 4 个坐标数据完全可以不相同,它们同惯性系有关,只有相对意义。但是,对于同一空间点上发生的两个事件,同时仍有绝对意义。三维空间坐标相同的两个

不同时空点，仍然是两个不同的点；但是狭义相对论规定这两个不同时空点的时间维距离是等效的，规定是有绝对意义的。

（2）时间延缓。

狭义相对论预言（不仅是预言，而且是数学假设、逻辑推理的结果），运动时钟“指针”走动的速率比静止时钟慢，这就是时钟变慢或时间延缓效应。

考虑在 F 坐标系中的某一点静止不动（即空间坐标间隔为零：$x=0, y=0, z=0$）的一只标准时钟，洛伦兹变换中的前三个方程给出

$$x'=vt', y'=0, z'=0$$

这是时钟在 F' 坐标系中的运动轨迹，即时钟以不变的速度 v 沿 x' 轴的正方向运动。洛伦兹变换中的第四个方程给出

$$t'=t\frac{1}{\sqrt{1-\beta^2}}=\gamma t \tag{11.1.9}$$

式中，t 是给定时钟显示的时间间隔，因此是固有时。由于时钟运动的速度 v 总是比光速 c 小，该式中的 γ（即膨胀因子）大于 1，因此 $t'>t$，即在 F' 系中看，运动的时钟走慢了。但 t' 是坐标时，因为它是 F' 系中两个不同地点的时钟记录的时间之差，所以时间延缓实际上是说“固有时比坐标时小”。

（3）长度收缩。

考虑放在 F' 系 x' 轴上的尺子，其长度称为固有长度，$l_0=x'$。但在 F 系中看，这根尺子是运动的，运动尺子的长度定义为同时（即时间间隔 $t=0$）测量尺子的两端所获得的空间坐标间隔。此时，洛伦兹变换给出 $l=x$，运动尺子的长度变短了（$l<l_0$）。如果以 l_0 表示尺子的静止长度，l 表示尺子运动时的长度，v 表示尺子的运动速度，则有

$$l=l_0\sqrt{1-\beta^2} \tag{11.1.10}$$

尺子在相对观察者运动时测量的长度比尺子相对观察者静止时测量的长度要短，也就是说，要求必须同时测量的尺子，比不要求同时测量的尺子要短，此即长度收缩。

（4）狭义相对论的速度变换。

假设一质点在惯性坐标系 F 中的速度为（v_x, v_y, v_z），在惯性坐标系 F' 中的速度为（v_x', v_y', v_z'），F' 系相对 F 系沿 x 轴方向运动，速度为 v，则两个坐标系下的速度变换为

$$v_x'=\frac{v_x-v}{1-\frac{v}{c^2}v_x}=\frac{v_x-v}{1-\beta^2\frac{v_x}{v}}$$

$$v_y'=\frac{v_y\sqrt{1-\frac{v^2}{c^2}}}{1-\frac{v}{c^2}v_x}=\frac{v_y\sqrt{1-\beta^2}}{1-\beta^2\frac{v_x}{v}} \tag{11.1.11}$$

$$v_z'=\frac{v_z\sqrt{1-\frac{v^2}{c^2}}}{1-\frac{v}{c^2}v_x}=\frac{v_z\sqrt{1-\beta^2}}{1-\beta^2\frac{v_x}{v}}$$

（5）狭义相对论的加速度变换。

假设一质点在惯性坐标系 F 中的加速度为 (a_x, a_y, a_z)，在惯性坐标系 F' 中的加速度为 (a_x', a_y', a_z')。F' 系相对 F 系沿 x 轴方向运动，速度为 v，则两个坐标系下的加速度变换为

$$a_x = \frac{(1-\beta^2)^{\frac{3}{2}}}{\left(1+\beta^2 \frac{v_x'}{v}\right)^3} a_x'$$

$$a_y = \frac{1-\beta^2}{\left(1+\beta^2 \frac{v_x'}{v}\right)^2} a_y' - \frac{\left(\beta^2 \frac{v_y'}{v}\right)(1-\beta^2)}{\left(1+\beta^2 \frac{v_x'}{v}\right)^3} a_x' \tag{11.1.12}$$

$$a_z = \frac{1-\beta^2}{\left(1+\beta^2 \frac{v_x'}{v}\right)^2} a_z' - \frac{\left(\beta^2 \frac{v_z'}{v}\right)(1-\beta^2)}{\left(1+\beta^2 \frac{v_x'}{v}\right)^3} a_x'$$

2. 狭义相对论动力学的部分结论

狭义相对性原理要求，一切惯性系在物理上是完全等价的。换句话说，在一切惯性系中物理定律都必然取完全相同的形式。因此，物理量在四维时空（闵可夫斯基时空）中遵循洛伦兹变换。

为了更好地在四维时空中描述物理定律，我们介绍狭义相对论中的一些基本的物理量的定义及物理意义：固有时、固有长度和间隔（与三维时空类似）。

绝对时间是不存在的，时间具有相对性。但是，无论物体的运动状态如何，在某一固定的参考系中它本身所经历的时间总是一个客观的量。或者说，每个物体都经历着一个自身固有的时间，这就是“固有时”的意义。

假设一个质点在 $\mathrm{d}t$ 时间内走过 $\mathrm{d}l$ 距离，则它所通过的四维间隔由式（11.1.6）确定，即

$$\mathrm{d}S^2 = \mathrm{d}l^2 - (c\mathrm{d}t)^2$$

在相对于质点静止的惯性系 F 中的观察者看来，$\mathrm{d}l=0$，因此

$$\mathrm{d}S^2 = -(c\mathrm{d}t)^2 \Rightarrow \mathrm{d}t = \frac{1}{c}\sqrt{-\mathrm{d}S^2}$$

$\mathrm{d}t$ 是惯性系 F 中的观察者看质点所经历的时间，这也正是质点所实际经历的固有时。$\mathrm{d}S$ 在坐标变换下是不变的，上式在任何参考系中都成立。

任何粒子所经历的固有时（真实时间）总是常量，而 $\mathrm{d}S^2$ 总小于零，于是可得出结论：任何粒子所经历的四维间隔总是类时的，或者说，粒子永远沿类时轨道运动。$\mathrm{d}S$ 总是虚数，这使得粒子所经历的间隔 $\mathrm{d}S$ 缺乏明确的物理意义。因此，我们引入一个新的四维间隔量 $\mathrm{d}\mathfrak{S}$ 来代替 $\mathrm{d}S$，令 $\mathrm{d}\mathfrak{S}^2 = -\mathrm{d}S^2$，则

$$\begin{aligned}\mathrm{d}\mathfrak{S}^2 &= (c\mathrm{d}t)^2 - \mathrm{d}l^2 \\ &= -(\mathrm{d}x_1^2 + \mathrm{d}x_2^2 + \mathrm{d}x_3^2 + \mathrm{d}x_4^2)\end{aligned} \tag{11.1.13}$$

$\mathrm{d}\mathfrak{S}$ 与 $\mathrm{d}S$ 并无原则上的差别，都是四维间隔不变量。

对于粒子的真实运动而言，$\mathrm{d}\mathfrak{S}$ 是实数，有明确的物理意义，因此定义

$$\mathrm{d}\tau=\frac{1}{c}\sqrt{-\mathrm{d}S^2}=\frac{1}{c}\mathrm{d}\mathfrak{S} \tag{11.1.14}$$

上式可以看成固有时的定义式。

当在任意参考系中观察一运动粒子时，$\mathrm{d}l\neq 0$，它所经历的固有时为

$$\begin{aligned}\mathrm{d}\tau^2&=\frac{1}{c^2}\mathrm{d}\mathfrak{S}^2=\frac{1}{c^2}[(c\mathrm{d}t)^2-\mathrm{d}l^2]\\&=\mathrm{d}t^2\left[1-\frac{1}{c^2}\left(\frac{\mathrm{d}l}{\mathrm{d}t}\right)^2\right]\end{aligned}$$

因此，

$$\mathrm{d}\tau=\mathrm{d}t\sqrt{1-\frac{v^2}{c^2}} \tag{11.1.15}$$

这里 $v=\mathrm{d}l/\mathrm{d}t$ 是在该坐标系中测得的该物体的运动速度。

式(11.1.15)表示物体本身所经历的固有时与参考系中观察者所记录的坐标时之间的关系。

① 四维速度。

我们用 $\mathrm{d}\tau$ 代替 $\mathrm{d}t$ 就可以构成符合要求的四维速度 $\boldsymbol{u}_i$，

$$\boldsymbol{u}_i=\frac{\mathrm{d}\boldsymbol{x}_i}{\mathrm{d}\tau} \tag{11.1.16}$$

$\mathrm{d}\tau$ 在坐标变换下是不变的。$\boldsymbol{u}_i$ 的变化规律和 $\mathrm{d}\boldsymbol{x}_i$ 相同，它是四维矢量。它的前三个分量（也称为空间分量）为

$$u_\alpha=\frac{\mathrm{d}x_\alpha}{\mathrm{d}\tau}=\frac{1}{\sqrt{1-\dfrac{v^2}{c^2}}}\frac{\mathrm{d}x_\alpha}{\mathrm{d}t}=\frac{v_\alpha}{\sqrt{1-\dfrac{v^2}{c^2}}} \tag{11.1.17}$$

其中，$\alpha=1,2,3$。

它的第四个分量（也称时间分量）为

$$u_4=\frac{\mathrm{d}x_4}{\mathrm{d}\tau}=\frac{\mathrm{i}c\mathrm{d}t}{\mathrm{d}t\sqrt{1-\dfrac{v^2}{c^2}}}=\frac{\mathrm{i}c}{\sqrt{1-\dfrac{v^2}{c^2}}} \tag{11.1.18}$$

四维速度分量满足一个重要的关系式，即

$$-c^2=u_1^2+u_2^2+u_3^2+u_4^2$$

四维速度矢量的分量遵从洛伦兹变换，则有

$$\left.\begin{aligned}u_x'&=\gamma u_x+\mathrm{i}\beta\gamma u_4\\u_y'&=u_y\\u_z'&=u_z\\u_4'&=\gamma u_4-\mathrm{i}\beta\gamma u_x\end{aligned}\right. \tag{11.1.19}$$

和

$$
\begin{aligned}
u_x &= \gamma u_x' - \mathrm{i}\beta\gamma u_4' \\
u_y &= u_y' \\
u_z &= u_z' \\
u_4 &= \gamma u_4' + \mathrm{i}\beta\gamma u_x'
\end{aligned}
\tag{11.1.20}
$$

② 四维动量。

狭义相对论中的动量是四维矢量：

$$\boldsymbol{p}_i = m_0 \boldsymbol{u}_i \tag{11.1.21}$$

这里的静止质量 m_0 是个确定的值，与坐标系的选择无关，是不变量，即标量。$\boldsymbol{u}_i$ 是四维速度矢量。$\boldsymbol{p}_i$ 的变换规律与 $\boldsymbol{u}_i$ 是相同的，因此它也是四维矢量。它的空间分量（前三个分量）为

$$p_\alpha = m_0 u_\alpha = \frac{m_0 v_\alpha}{\sqrt{1-\dfrac{v^2}{c^2}}} \tag{11.1.22}$$

可引入

$$m = \frac{m_0}{\sqrt{1-\dfrac{v^2}{c^2}}} = \frac{1}{\sqrt{1-\beta^2}} m_0 = \gamma m_0 \tag{11.1.23}$$

式(11.1.23)是相对论中质量与速度的变换关系，质量随着运动速度的增加而变大。因此，

$$p_\alpha = m v_\alpha \tag{11.1.24}$$

其中，$\alpha = 1, 2, 3$。

它的第四个分量为

$$p_4 = m_0 u_4 = m_0 \frac{\mathrm{d}x_4}{\mathrm{d}\tau} = m_0 \frac{\mathrm{i}c\mathrm{d}t}{\mathrm{d}t\sqrt{1-\dfrac{v^2}{c^2}}}$$

$$= \frac{m_0}{\sqrt{1-v^2/c^2}} \mathrm{i}c = \mathrm{i}cm \tag{11.1.25}$$

实质上，p_4 是和能量 E 成正比的。这样就会得出质量与能量成正比的重要结论，即质能方程：

$$E = mc^2$$

因此，三维空间的动量和能量构成了四维时空的四维动量矢量。换句话说，能量是四维动量矢量的一个分量。

四维动量矢量的分量遵从洛伦兹变换，则有

$$
\begin{aligned}
p_x' &= \gamma p_x + \mathrm{i}\beta\gamma p_4 \\
p_y' &= p_y \\
p_z' &= p_z \\
p_4' &= \gamma p_4 - \mathrm{i}\beta\gamma p_x
\end{aligned}
\tag{11.1.26}
$$

和

$$
\begin{aligned}
p_x &= \gamma p_x' - \mathrm{i}\beta\gamma p_4' \\
p_y &= p_y' \\
p_z &= p_z' \\
p_4 &= \gamma p_4' + \mathrm{i}\beta\gamma p_x'
\end{aligned}
\tag{11.1.27}
$$

③ 四维力。

四维力矢量的定义为

$$
\boldsymbol{f}_i = \frac{\mathrm{d}\boldsymbol{p}_i}{\mathrm{d}\tau} \tag{11.1.28}
$$

四维力 $\boldsymbol{f}_i$ 的前三个分量为

$$
f_\alpha = \frac{\mathrm{d}p_\alpha}{\mathrm{d}\tau} = \frac{1}{\sqrt{1-\beta^2}}\frac{\mathrm{d}p_\alpha}{\mathrm{d}t} = \gamma\frac{\mathrm{d}p_\alpha}{\mathrm{d}t} \tag{11.1.29}
$$

其中，$\alpha=1,2,3$。

四维力 $\boldsymbol{f}_i$ 的第四个分量为

$$
f_4 = \frac{\mathrm{d}p_4}{\mathrm{d}\tau} = \frac{1}{\sqrt{1-\beta^2}}\frac{\mathrm{d}p_4}{\mathrm{d}t} = \gamma\frac{\mathrm{d}p_4}{\mathrm{d}t} = \gamma\frac{\mathrm{i}}{c}(\boldsymbol{F}\cdot\boldsymbol{v}) \tag{11.1.30}
$$

四维力矢量的分量遵从洛伦兹变换，则有

$$
\begin{aligned}
f_x' &= \gamma f_x + \mathrm{i}\beta\gamma f_4 \\
f_y' &= f_y \\
f_z' &= f_z \\
f_4' &= \gamma f_4 - \mathrm{i}\beta\gamma f_x
\end{aligned}
\tag{11.1.31}
$$

和

$$
\begin{aligned}
f_x &= \gamma f_x' - \mathrm{i}\beta\gamma f_4' \\
f_y &= f_y' \\
f_z &= f_z' \\
f_4 &= \gamma f_4' + \mathrm{i}\beta\gamma f_x'
\end{aligned}
\tag{11.1.32}
$$

④ 相对论中力的性质。

F'系相对于 F 系以速度 $\boldsymbol{v}$ 运动，我们通过推导可以得出如下结论：

力在和参考系的相对运动平行方向上的分量在两个参考系中的大小是相同的，即

$$
F_{/\!/}' = F_{/\!/} \tag{11.1.33}
$$

在运动的参考系 F' 中观察，垂直于参考系运动方向的力的大小是静止参考系中的 γ 倍，即

$$
F_\perp' = \gamma F_\perp \tag{11.1.34}
$$

总结：在粒子参考系（与粒子相对静止的参考系）中，作用在粒子上的力的横向分量（与运动方向垂直的分量）要比其他参考系中大；而纵向分量（与运动方向平行的分量）在各个参考系中都相等。

拓展阅读：爱因斯坦的
科学成就回顾

爱因斯坦

第二节　电荷量的不变性

一、电子电荷量的测量

1. 静止电荷的电荷量的测量方法——密立根油滴实验

油滴实验(oil drop experiment)是密立根与其学生于 1909 年在美国芝加哥大学瑞尔森物理实验室进行的一项物理学实验，在近代物理学的发展史中是一个十分重要的实验。它证明了任何带电体所带的电荷量都是某一最小电荷量——元电荷——的整数倍；明确了电荷的不连续性；首次测定了元电荷——电子电荷量的绝对值——的数值。密立根因此获得 1923 年诺贝尔物理学奖。

下面简要介绍一下油滴实验的基本原理，如图 11.2.1 所示，其局部示意图如图 11.2.2 所示。用喷雾器将油喷入两块相距 d 的水平放置的平行极板之间。油在喷射撕裂成油滴时，由于摩擦而带电。设油滴的质量为 m，所带的电荷量为 q，两极板之间的电压为 V，则油滴在两平行极板间将同时受到重力和静电力的作用。调节两极板之间的电压，可以使这两个力达到平衡，则

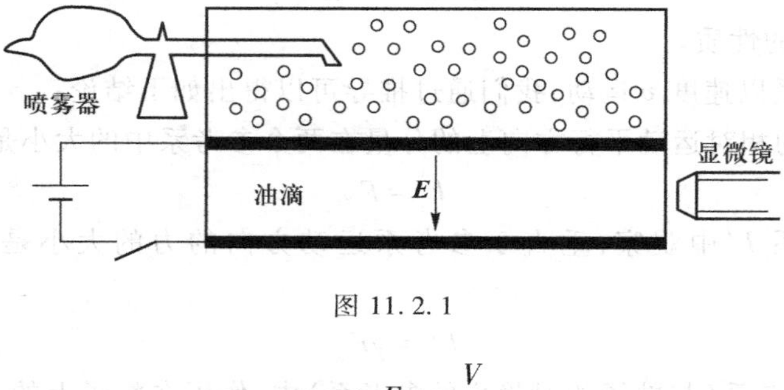

图 11.2.1

$$mg=qE=q\frac{V}{d} \tag{11.2.1}$$

由上式可知，为了测出油滴所带的电荷量 q，除了要测量两极板之间的电压和距离外，还

要测量油滴的质量 m。可采用下述方法来测量油滴的质量，在不加电压时，油滴受重力作用而加速下降，由于空气阻力的作用，油滴下降一段距离达到某一速度 v_g 时，阻力 F_r 与重力 mg 平衡，油滴将匀速下降（忽略空气浮力）。根据斯托克斯定律，在油滴匀速下降时有

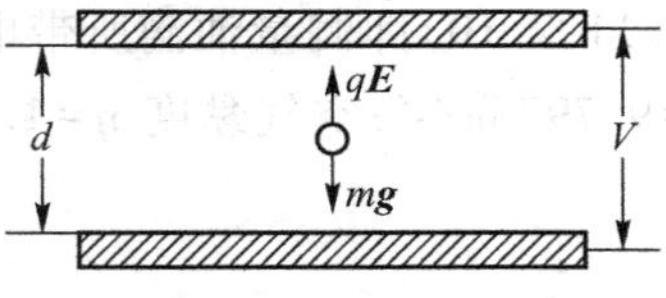

图 11.2.2

$$F_r = 6\pi a\eta v_g = mg \tag{11.2.2}$$

式中，η 是空气的黏度，a 是油滴的半径（由于存在表面张力，油滴呈球状）。设油滴的密度为 ρ，则油滴的质量为

$$m = \frac{4}{3}\pi a^3 \rho \tag{11.2.3}$$

由式(11.2.2)和式(11.2.3)可得

$$a = \sqrt{\frac{9\eta v_g}{2\rho g}} \tag{11.2.4}$$

对于半径小到 10^{-6} m 的小球，空气的黏度应做如下修正：

$$\eta' = \frac{\eta}{1+\dfrac{b}{pa}} \tag{11.2.5}$$

这时斯托克斯定律应改写为

$$F_r = \frac{6\pi a\eta v_g}{1+\dfrac{b}{pa}} \tag{11.2.6}$$

式中，$b = 8.23\times10^{-3}$ mPa，为修正常量；p 为大气压强，单位为 Pa。则

$$a = \sqrt{\frac{9\eta v_g}{2\rho g\left(1+\dfrac{b}{pa}\right)}} \tag{11.2.7}$$

注意到上式的根号中还包含油滴的半径 a，但因它处于修正项中，故在不需要十分精确的情况下，可以用式(11.2.4)来计算。将式(11.2.7)代入式(11.2.3)，可得

$$m = \frac{4}{3}\pi\left[\frac{9\eta v_g}{2\rho g}\,\frac{1}{1+\dfrac{b}{pa}}\right]^{\frac{3}{2}}\rho \tag{11.2.8}$$

其中，油滴匀速下降的速度 v_g 可以用下述方法测出：当两极板之间的电压为零时，油滴匀速下降的距离为 l，时间为 t_g，则

$$v_g = \frac{l}{t_g} \tag{11.2.9}$$

将式(11.2.9)代入式(11.2.8)，并将式(11.2.8)代入式(11.2.1)，可以得到

$$q = \frac{18\pi}{\sqrt{2\rho g}}\left[\frac{\eta l}{t_g\left(1+\dfrac{b}{pa}\right)}\right]^{\frac{3}{2}}\frac{d}{V} \tag{11.2.10}$$

式(11.2.10)即测量油滴所带电荷量的理论公式。其中:油的密度 $\rho=981\ \mathrm{kg/m^3}$;重力加速度 $g=9.797\ \mathrm{m/s^2}$;空气黏度 $\eta=1.83\times10^{-5}\ \mathrm{kg/(m\cdot s)}$;修正常量 $b=8.23\times10^{-3}\ \mathrm{mPa}$。

拓展阅读:科学家密立根

密立根

2. 运动电荷的电荷量的测量方法

前面讨论的密立根油滴实验的基本原理表明,这种测量方法可以对静止电荷的电荷量进行测量。经过后来的不断改进,其精度有了很大的提高,也是目前被普遍认可的电子电荷量的测量方法。

但是,当一个带电物体处于相对运动状态时,它所携带的电荷量如何测量却是一个值得讨论的问题。(注意:这里讨论的是如何测量一个处于运动状态的带电体的未知电荷量,而不是已知其静态电荷量进而测量其运动状态改变之后的电荷量变化。)从经验上来说,对物理量的测量都是在发生相互作用的过程中进行的,比如库仑就是在给出带电体之间的相互作用规律——库仑定律——的过程中定义了电荷量,即 $Q=4\pi\varepsilon_0 r^2(F/q)$。因此,我们也试图通过考察带电体与某一携带固定电荷量的带电体(试探点电荷)之间的相互作用来测量其电荷量。但是,在某一时刻 t,运动电荷在空间产生的电场强度是随着空间方位角度的变化而变化的(后面会有严格的证明),这就造成了点电荷在不同的方位上所受的电场力是不同的,因此无法通过测量库仑力来给出运动电荷的电荷量。

但是,如果我们采用高斯定理的方法,即在某一时刻 t 测量以运动电荷为球心的任一球面 $S(t)$ 上所有点的试探点电荷所受库仑力的平均值,也就是求出球面上所有点的电场强度的面积分,即

$$Q=\varepsilon_0\int_{S(t)}\boldsymbol{E}\cdot\hat{\boldsymbol{n}}\mathrm{d}a \tag{11.2.11}$$

就可以给出运动电荷的电荷量的测量方法。这个积分是否与高斯面的选取有关(在静止电荷产生的场中,高斯定理的成立与高斯面的选取无关)?事实上,它是与高斯面的选取无关的。也就是说,当电荷运动时高斯定理仍然适用,我们可以将其看成一个实验结论。

因此,我们可以通过高斯定理来测量处于运动状态的带电体所携带的电荷量。尽管在很多时候,我们在处理关于电场的面积分时会遇到各种各样的困难,但是至少我们找到了测量运动电荷的电荷量的一种方法,并且这种方法在原理上是可行的。由此也可以看出,高斯定理的

适用范围要比库仑定律更广。

二、电荷量的不变性

上面讨论了运动电荷电荷量的测量方法,其中并没有关注其电荷量是否会随着运动状态的变化而变化。实际上,我们在讨论电磁学规律时都把电荷量的相对论不变性,即电荷量不随电荷运动状态的变化而变化,当成前提和结论接受下来。仔细看起来,电荷量的相对论不变性对于现有时空条件下的电磁学规律的认知是非常重要的。因此,下面我们将通过一些理论推理和实验结果来讨论一下电荷量的相对论不变性。

1. 不同元素中的质子与电子

我们知道,不同的原子包含的质子数和电子数是不同的(元素周期表中元素的分类方法之一就是按照质子数和核外电子数的多少来分类),而且它们所处的运动状态也并不相同,如果电荷量随运动速度的变化而变化,那么在各种原子中,质子所带的正电荷与电子所带的负电荷就会出现差异,就不会刚好抵消。换句话说,如果电荷量与运动状态有关,就会破坏许多原子或分子的整体电中性,从而产生种种可以看到的结果。显然,实际情况并非如此。但是,上述结论是建立在电子与质子电荷的等量性基础之上的。这方面的实验结果并不多,《物理评论快报》在 1960 年刊登了一篇论文[J. G. King, Phys. Rev. Lett. ,5:562(1960)],报道了关于质子与电子电荷等量性的实验结果,这个实验结果证明了质子和电子所携带的电荷量的大小之间的差别不会大于 10^{-20}(实验误差范围之内)。尽管在近现代,有些理论推测质子衰变可能造成质子与电子的电荷量的大小产生差别,但在实验上都没有得到真正有效的证明。因此,到目前为止,我们可以认为质子与电子所带的电荷量的大小是相同的。

2. 电子荷质比的测量实验

1897 年,英国物理学家汤姆孙(J. J. Thomson,1856—1940)做了测量阴极射线粒子荷质比的著名实验,并因此荣获 1906 年诺贝尔物理学奖。综合大量的实验结果,1899 年,汤姆孙得出结论:"原子不是不可分割的……都能从原子里扯出带负电的粒子。这些粒子具有相同的质量并带有相同的负电荷……这些粒子的质量小于一个氢原子质量的千分之一……现在以'电子'这个更合适的名称来命名。"1901 年,德国物理学家考夫曼(Walter Kaufmann,1871—1947)在测量 Ra-C 放射性的 β 射线的荷质比时,首次发现电子的荷质比随速度变化。他在电荷不变性的假设下,做出电子质量随速度变化而变化的猜想,后来根据狭义相对论得出了质速关系,质速关系和电荷不变性的假设恰好解释了电子的荷质比随速度变化的事实。这相当于证实了电荷不变性的假设是正确的。

3. 电子回旋加速器的研究实验

美国物理学家劳伦斯(Ernest Orlando Lawrence,1901—1958)在 1932 年设计并制造了第一台高能粒子回旋加速器,他因在气体导电的理论和实验研究方面的卓越贡献,获得 1939 年诺贝尔物理学奖。根据电子回旋加速器的工作原理及应用实践,可以证明电子的电荷量是不随电子运动速度的变化而变化的。

如果电荷量具有相对论不变性,那么在运动电荷的电荷量测量过程中,高斯面内的电荷量就仅取决于其内部带电粒子的种类和数量,而与它们的运动状态无关。根据相对论的基本原理,物理定律若在一个惯性系中成立,则在任意其他惯性系中也成立。因此,高斯定理的面积

分可以在不同的惯性系中进行，

$$\int_{S(t)} \boldsymbol{E} \cdot \hat{\boldsymbol{n}} \mathrm{d}a = \int_{S'(t')} \boldsymbol{E}' \cdot \hat{\boldsymbol{n}}' \mathrm{d}a' \tag{11.2.12}$$

而得到的结果是相同的(证明见本章第四节)。因此，根据式(11.2.11)，可以说电荷量是不随带电粒子的运动状态变化而变化的。

实际上，电荷量的相对论不变性最初是一种假想，但大量的实验和理论研究都证明了电荷量的相对论不变性的正确性。

电荷量的相对论不变性的重要性还在于，它是电荷守恒性与电荷量子性的基础，而电荷的这些性质在近现代物理学研究过程中起着非常重要的基础性作用。

第三节 电磁场的相对论变换

我们根据前面讨论的电荷量的相对论不变性以及狭义相对论的基本结论，以洛伦兹力为例来讨论电磁学规律在洛伦兹变换下的协变性。

电磁场作用于带电粒子上的力称为洛伦兹力，即

$$\boldsymbol{F} = q(\boldsymbol{E} + \boldsymbol{v} \times \boldsymbol{B}) \tag{11.3.1}$$

上式为欧几里得空间中的三维矢量方程。根据相对论的观点，时空是闵可夫斯基空间(四维空间)，物理定律必须和时空结构一致，即表达物理定律的方程必须是闵可夫斯基空间中的四维矢量方程。因此，必须对方程式(11.3.1)进行修改。

根据相对论中四维力的表述方程式，对式(11.3.1)进行修改，有

$$f_\alpha = \gamma \frac{\mathrm{d}p_\alpha}{\mathrm{d}t} = \gamma F_\alpha = \gamma q[E_\alpha + (\boldsymbol{v} \times \boldsymbol{B})_\alpha] \tag{11.3.2}$$

其中，$\alpha = 1,2,3$ 或 x,y,z。

$$f_4 = \gamma \frac{\mathrm{d}p_4}{\mathrm{d}t} = \gamma \frac{\mathrm{i}}{c}(\boldsymbol{F} \cdot \boldsymbol{v}) \tag{11.3.3}$$

f_α 和 f_4 是闵可夫斯基空间(四维空间)四维力矢量的四个分量，因此它们遵循洛伦兹变换，而电荷是洛伦兹变换的不变量，因此，我们先考察四维力矢量的 x 分量，即

$$\begin{aligned} f'_x &= \gamma f_x + \mathrm{i}\beta\gamma f_4 \\ &= \gamma\left\{\gamma q[E_x + (\boldsymbol{v} \times \boldsymbol{B})_x] - \beta\gamma \frac{1}{c}(\boldsymbol{F} \cdot \boldsymbol{v})\right\} \end{aligned} \tag{11.3.4}$$

其中，

$$(\boldsymbol{v} \times \boldsymbol{B})_x = v_y B_z - v_z B_y$$

$$\boldsymbol{F} \cdot \boldsymbol{v} = q(E_x v_x + E_y v_y + E_z v_z)$$

因此，式(11.3.4)为

$$\begin{aligned} f'_x &= \gamma q\left[\gamma E_x + u_y B_z - u_z B_y - \frac{\beta}{c}(E_x u_x + E_y u_y + E_z u_z)\right] \\ &= \gamma q\left[\gamma E_x - \frac{\beta}{c} E_x u_x + \left(B_z - \frac{\beta}{c} E_y\right) u_y - \left(B_y + \frac{\beta}{c} E_z\right) u_z\right] \end{aligned} \tag{11.3.5}$$

我们利用 $u_4=\mathrm{i}c\gamma$，将上式变换成与四维速度相关的形式，并首先考察与 E_x 相关的项，即

$$\gamma E_x-\frac{\beta}{c}E_x u_x=-\frac{\mathrm{i}}{c}E_x u_4-\frac{\beta}{c}E_x u_x \tag{11.3.6}$$

利用四维速度的洛伦兹变换方程式对式(11.3.5)和式(11.3.6)进行变换，并整理可得

$$f'_x=\gamma q\left[-\frac{\mathrm{i}}{c}E_x u'_4+\left(B_z-\frac{\beta}{c}E_y\right)u'_y-\left(B_y+\frac{\beta}{c}E_z\right)u'_z\right] \tag{11.3.7}$$

另外，在带撇的坐标系中，四维力的表述形式还可以直接写成

$$f'_\alpha=\gamma F'_\alpha$$

$$f'_4=\gamma\frac{\mathrm{i}}{c}(\boldsymbol{F}'\cdot\boldsymbol{v}')$$

其 x 分量为

$$\begin{aligned}f'_x&=\gamma q(E'_x+v'_yB'_z-v'_zB'_y)\\&=q\left(-\frac{\mathrm{i}\gamma}{c}E'_xu'_4+u'_yB'_z-u'_zB'_y\right)\end{aligned} \tag{11.3.8}$$

我们比较式(11.3.7)和式(11.3.8)，如果这两个方程要具有相同的表述形式，那么它们一定满足

$$E'_x=E_x \tag{11.3.9}$$

$$B'_y=\gamma\left(B_y+\frac{\beta}{c}E_z\right) \tag{11.3.10}$$

$$B'_z=\gamma\left(B_z-\frac{\beta}{c}E_y\right) \tag{11.3.11}$$

按照相同的方法，比较其他两个分量 f'_y 和 f'_z 的不同表述形式，我们可以得到不同坐标系之间的电磁场的转换方程组，即

$$\begin{aligned}&E'_x=E_x, &&B'_x=B_x\\&E'_y=\gamma(E_y-vB_z), &&B'_y=\gamma\left(B_y+\frac{v}{c^2}E_z\right)\\&E'_z=\gamma(E_z+vB_y), &&B'_z=\gamma\left(B_z-\frac{v}{c^2}E_y\right)\end{aligned} \tag{11.3.12}$$

方程组(11.3.12)中的速度 v 是参考系 F' 相对于参考系 F 的运动速度。

从方程组(11.3.12)可以看出，电场和磁场是相互关联的，并且关于 $\boldsymbol{E}$ 和 $c\boldsymbol{B}$ 具有良好的对称性。我们可以将其写成如下形式：

$$\begin{aligned}&E'_x=E_x, &&B'_x=B_x\\&E'_y=\gamma[E_y-\beta(cB_z)], &&cB'_y=\gamma(cB_y+\beta E_z)\\&E'_z=\gamma[E_z+\beta(cB_y)], &&cB'_z=\gamma(cB_z-\beta E_y)\end{aligned} \tag{11.3.13}$$

如果同时将 $\boldsymbol{E}$ 和 $c\boldsymbol{B}$、y 和 z 互换，得出的方程仍然是完全相同的。

我们知道，自然界中的电现象和磁现象是不完全相同的，我们周围世界中的电与磁也并不是完全对称的。但是，在后面的研究中我们会发现，在某种情况下，电场 $\boldsymbol{E}$ 和磁场 $\boldsymbol{B}$ 本身是以一种非常对称的方式互相联系的——电磁波就是如此。

上述关于电场与磁场在洛伦兹变换下的方程组(11.3.12)是从电磁场对电荷作用力(即洛伦兹力)的基本规律中得到的。也就是说,若电磁场遵循这样的变换方式,洛伦兹力的基本作用规律在洛伦兹变换下就是协变的。实际上,后来的理论和实践都对这种惯性系之间变换的正确性和普适性给予了充分的证明。上述协变性对于电磁场中的其他规律——麦克斯韦方程组——同样适用。也可以说,通过麦克斯韦方程组同样可以推导出惯性系中电磁场的变换关系。

从上述讨论及给出的变换关系式(11.3.13)中可注意到,我们在谈论"电磁场"时,可能认为 E_x、E_y、E_z 和 cB_x、cB_y、cB_z 是电磁场的六个分量。对于同样一个场,在不同的惯性系中,这些分量的数值是不同的,正如三维空间中一个矢量的性质。实际上,从数学的角度来说,这样构造出来的电磁场不仅是一个矢量,而且是一个"张量"。当此张量的各个分量从一个惯性系转换至另一个惯性系时,转换的规律就是方程组(11.3.12)。

我们在讨论电磁场的转换过程中,一直假设参考系 F' 相对于参考系 F 以速度 $\boldsymbol{v}$ 在 x' 轴的方向运动(x' 轴与 x 轴是重合的,至少是平行的);另外,所有带撇的量都是在参考系 F' 中测得的。因此,电磁场的 x 方向的分量就是与运动方向平行的,而其他两个分量(y 分量和 z 分量)就是与运动方向垂直的。因此,在 F 和 F' 参考系中都可以将电场、磁场分解为平行于和垂直于运动速度 $\boldsymbol{v}$ 的方向的分量:

$$\begin{aligned} \boldsymbol{E} &= \boldsymbol{E}_{/\!/} + \boldsymbol{E}_{\perp}, \quad & \boldsymbol{B} &= \boldsymbol{B}_{/\!/} + \boldsymbol{B}_{\perp} \\ \boldsymbol{E}' &= \boldsymbol{E}'_{/\!/} + \boldsymbol{E}'_{\perp}, \quad & \boldsymbol{B}' &= \boldsymbol{B}'_{/\!/} + \boldsymbol{B}'_{\perp} \end{aligned} \tag{11.3.14}$$

因此,我们可以将方程组(11.3.12)变换成以下的形式:

$$\begin{aligned} \boldsymbol{E}'_{/\!/} &= \boldsymbol{E}_{/\!/}, \quad & \boldsymbol{E}'_{\perp} &= \gamma(\boldsymbol{E}_{\perp} + \boldsymbol{v} \times \boldsymbol{B}_{\perp}) \\ \boldsymbol{B}'_{/\!/} &= \boldsymbol{B}_{/\!/}, \quad & \boldsymbol{B}'_{\perp} &= \gamma\left(\boldsymbol{B}_{\perp} - \frac{\boldsymbol{v}}{c^2} \times \boldsymbol{E}_{\perp}\right) \end{aligned} \tag{11.3.15}$$

式中,速度 $\boldsymbol{v}$ 是参考系 F' 相对于参考系 F 的运动速度。读者可以用反证法来验证上述方程组的正确性,给出上述矢量方程的分量式就可以证明其正确性,只要注意到运动方向是 x 轴的方向,而 y 轴和 z 轴的分量均与运动方向垂直即可。

在某些特殊情况下,电场矢量与磁场矢量之间存在更加简单的关系。在惯性参考系 F 中,如果我们关注的区域内磁场为零,即 $\boldsymbol{B}=\boldsymbol{0}$,那么在任一惯性参考系 F' 中,就有如下的关系成立:

$$\begin{aligned} \boldsymbol{E}'_{/\!/} &= \boldsymbol{E}_{/\!/}, \quad & \boldsymbol{E}'_{\perp} &= \gamma \boldsymbol{E}_{\perp} \\ \boldsymbol{B}'_{/\!/} &= \boldsymbol{0}, \quad & \boldsymbol{B}'_{\perp} &= -\gamma \frac{\boldsymbol{v}}{c^2} \times \boldsymbol{E}_{\perp} \end{aligned} \tag{11.3.16}$$

式中,速度 $\boldsymbol{v}$ 是参考系 F' 相对于参考系 F 的运动速度。

因为 $\boldsymbol{B}=\boldsymbol{0}$,所以 $\boldsymbol{B}_{/\!/}=\boldsymbol{B}_{\perp}=\boldsymbol{0}$。因此,$\boldsymbol{B}'_{/\!/}=\boldsymbol{B}_{/\!/}=\boldsymbol{0}$,$\boldsymbol{B}'_{\perp}$ 可以用 $\boldsymbol{B}'$ 代替。同样,因为 $\boldsymbol{v}\times\boldsymbol{E}_{/\!/}=\boldsymbol{0}$,因此,$\boldsymbol{v}\times\boldsymbol{E}_{\perp}=\boldsymbol{v}\times\boldsymbol{E}$,$\boldsymbol{v}\times\gamma\boldsymbol{E}_{\perp}$ 可以用 $\boldsymbol{E}'$ 来代替。

因此,电场 $\boldsymbol{E}'$ 和磁场 $\boldsymbol{B}'$ 的关系可以简化为

$$\boldsymbol{B}' = -\gamma \frac{\boldsymbol{v}}{c^2} \times \boldsymbol{E}' \tag{11.3.17}$$

如果磁场 $\boldsymbol{B}$ 在某个参考系中为零,那么上式在任意参考系中都成立。

依此,我们可以考察另一个特殊的情形。在惯性参考系 F 中,如果在我们关注的区域内电场为零,即 $\boldsymbol{E}=\boldsymbol{0}$,那么在任一惯性参考系 F'中,有如下的关系成立:

$$\boldsymbol{E}'=\boldsymbol{v}\times\boldsymbol{B}' \tag{11.3.18}$$

由式(11.3.17)和式(11.3.18)可以看出,在参考系 F'中,在某种特殊情况下,磁场 $\boldsymbol{B}'$是与电场 $\boldsymbol{E}'$和运动速度 $\boldsymbol{v}$ 方向垂直的;而在另一种特殊情况下,电场 $\boldsymbol{E}'$是与磁场 $\boldsymbol{B}'$和运动速度 $\boldsymbol{v}$ 方向垂直的。

第四节　运动电荷在空间产生的场

一、匀速运动的电荷产生的场

如图 11.4.1 所示,我们选取坐标系 F 以及相对于 F 以速度 $\boldsymbol{v}$ 运动的坐标系 F'。电荷 Q 在坐标系 F 中位于坐标原点 O 并且是相对静止的,它在空间产生的电场就是静止电荷在空间产生的电场 $\boldsymbol{E}$。而在 F'系中的观察者看来,电荷 Q 是以速度$-\boldsymbol{v}$ 运动的。

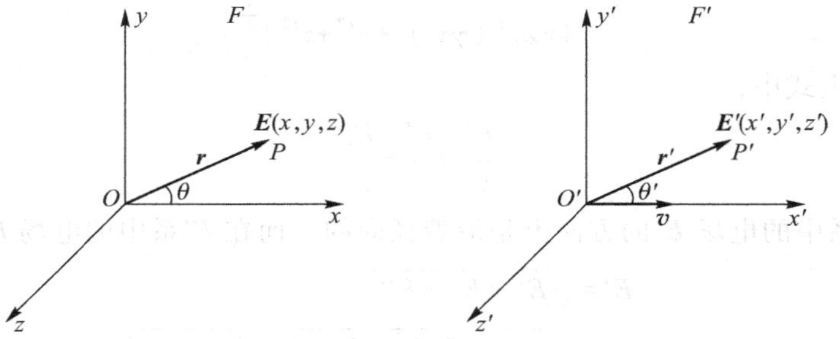

图 11.4.1

假设在 $t'=t=0$ 时刻,两个坐标系的原点刚好重合,在 F 系中的观察者测得的空间电场由库仑定律给出,则

$$\begin{aligned} E_x &= \frac{Q}{4\pi\varepsilon_0 r^2}\frac{x}{r} \\ E_y &= \frac{Q}{4\pi\varepsilon_0 r^2}\frac{y}{r} \\ E_z &= \frac{Q}{4\pi\varepsilon_0 r^2}\frac{z}{r} \end{aligned} \tag{11.4.1}$$

其中,$r=\sqrt{x^2+y^2+z^2}$。

在 F'系中的观察者测得的电场如何呢?我们知道在 F 系中的磁场为零,即 $\boldsymbol{B}=\boldsymbol{0}$。那么,根据电磁场的相对论变换式(11.3.16),有

$$\boldsymbol{E}'_{/\!/}=\boldsymbol{E}_{/\!/},\quad \boldsymbol{E}'_{\perp}=\gamma\boldsymbol{E}_{\perp}$$

E_x 是电场与运动方向平行的分量,而 E_y 和 E_z 都是与运动方向垂直的分量。因此,在 F'

系中的观察者测得的电场为

$$E'_x = E_x = \frac{Qx}{4\pi\varepsilon_0 r^3}$$

$$E'_y = \gamma E_y = \frac{\gamma Qy}{4\pi\varepsilon_0 r^3} \tag{11.4.2}$$

$$E'_z = \gamma E_z = \frac{\gamma Qz}{4\pi\varepsilon_0 r^3}$$

利用洛伦兹变换式(11.1.8),在 $t'=t=0$ 的条件下,有 $x=\gamma x'$, $y=y'$, $z=z'$。因此,式(11.4.2)变为

$$E'_x = \frac{Q\gamma x'}{4\pi\varepsilon_0[(\gamma x')^2+y'^2+z'^2]^{\frac{3}{2}}}$$

$$E'_y = \frac{Q\gamma y'}{4\pi\varepsilon_0[(\gamma x')^2+y'^2+z'^2]^{\frac{3}{2}}} \tag{11.4.3}$$

$$E'_z = \frac{Q\gamma z'}{4\pi\varepsilon_0[(\gamma x')^2+y'^2+z'^2]^{\frac{3}{2}}}$$

我们注意到上式中,

$$\frac{E'_x}{x'} = \frac{E'_y}{y'} = \frac{E'_z}{z'} \tag{11.4.4}$$

因此,在 F' 系中的电场 $\boldsymbol{E}'$ 的方向也是沿着径向的。而在 F' 系中的电场 $\boldsymbol{E}'$ 的大小为

$$\begin{aligned} E' &= \sqrt{E'^2_x+E'^2_y+E'^2_z} \\ &= \sqrt{\frac{(Q\gamma)^2(x'^2+y'^2+z'^2)}{(4\pi\varepsilon_0)^2[(\gamma x')^2+y'^2+z'^2]^3}} \\ &= \frac{1}{4\pi\varepsilon_0}\frac{Q}{r'^2}\frac{1-\beta^2}{(1-\beta^2\sin^2\theta')^{\frac{3}{2}}} \end{aligned}$$

因此,运动电荷产生的电场为

$$\boldsymbol{E}' = \frac{1}{4\pi\varepsilon_0}\frac{Q}{r'^2}\frac{1-\beta^2}{(1-\beta^2\sin^2\theta')^{\frac{3}{2}}}\hat{\boldsymbol{r}}' \tag{11.4.5}$$

其中,$r'=\sqrt{x'^2+y'^2+z'^2}$, $\beta=v/c$;θ' 为径矢与运动方向的夹角。

因此,一个以速度 $\boldsymbol{v}$ 运动的电荷在空间产生的电场的大小可由式(11.4.5)给出,而其方向则沿着径向。另外,电场强度不仅与距离的平方成反比,而且与电荷的运动速度及径矢与速度的夹角有关。当电荷运动速度远小于光速,即 $\beta \ll 1$ 时,

$$E' \approx \frac{1}{4\pi\varepsilon_0}\frac{Q}{r'^2}$$

可以近似看成静止电荷产生的场。而当电荷运动速度与光速之比不可忽略时,电场会随着夹角 θ' 产生明显的变化。图 11.4.2 给出了运动电荷产生的电场在 $x'y'$ 平面内的剖面图。可以

看出,电场在三维空间中是以运动方向为轴对称分布的,而不像静止电荷场那样呈空间球对称分布,因为在该空间中有一个特殊的方向——电荷运动的方向。同样可以看出,该电场会随着电荷运动速度的增大而向电荷所在的与运动方向垂直的平面压缩,速度越大,电场压缩得越厉害。当电荷运动速度接近光速,即 β 接近"1"且 $\gamma \gg 1$ 时,电荷将携带这样的平面电场快速地运动。

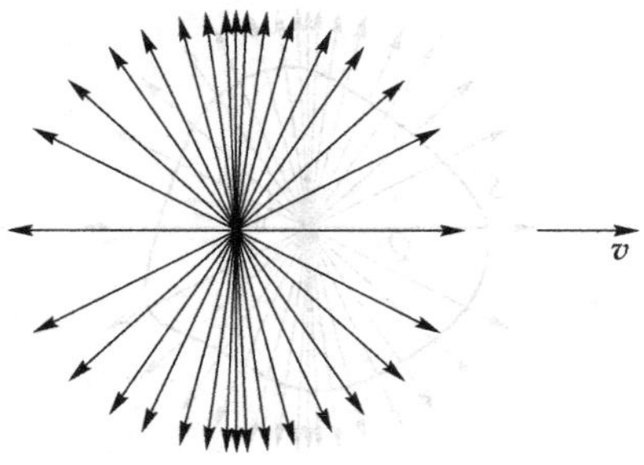

图 11.4.2

前面在讨论电荷不变性时,我们讨论过运动电荷产生的场的高斯定理,下面我们就证明在匀速运动电荷产生电场的空间中高斯定理成立。

式(11.4.5)给出了运动电荷在空间的电场分布,因此我们在电场空间内取任意一个包围电荷 Q 的高斯面 S,如图 11.4.3 所示。为了书写方便,下面我们用不带撇的符号来代替方程中带撇的符号,如用 $\boldsymbol{E}$ 代替 $\boldsymbol{E}'$ 等。下面我们计算电场通过高斯面 S 的通量,即

$$
\begin{aligned}
\oint_S \boldsymbol{E}\cdot\hat{\boldsymbol{n}}\mathrm{d}a &= \oint_S \frac{1}{4\pi\varepsilon_0}\frac{Q}{r^2}\frac{1-\beta^2}{(1-\beta^2\sin^2\theta)^{\frac{3}{2}}}\hat{\boldsymbol{r}}\cdot\hat{\boldsymbol{n}}\mathrm{d}a \\
&= \frac{Q(1-\beta^2)}{4\pi\varepsilon_0}\int\frac{\hat{\boldsymbol{r}}\cdot\hat{\boldsymbol{n}}\mathrm{d}a}{r^2(1-\beta^2\sin^2\theta)^{\frac{3}{2}}} \\
&= \frac{Q(1-\beta^2)}{4\pi\varepsilon_0}\int\frac{\mathrm{d}\Omega}{(1-\beta^2\sin^2\theta)^{\frac{3}{2}}} \\
&= \frac{Q(1-\beta^2)}{4\pi\varepsilon_0}\int_0^{2\pi}\mathrm{d}\phi\int_0^{\pi}\frac{\sin\theta\mathrm{d}\theta}{(1-\beta^2\sin^2\theta)^{\frac{3}{2}}} \\
&= \frac{Q(1-\beta^2)}{4\pi\varepsilon_0}2\pi\int_{-1}^{1}\frac{\mathrm{d}(\cos\theta)}{(1-\beta^2+\beta^2\cos^2\theta)^{\frac{3}{2}}}
\end{aligned}
$$

通过查阅积分表可知上述积分的结果为

$$
\int_{-1}^{1}\frac{\mathrm{d}(\cos\theta)}{(1-\beta^2+\beta^2\cos^2\theta)^{\frac{3}{2}}} = \frac{2}{1-\beta^2}
$$

代入上式可得

$$
\oint_S \boldsymbol{E}\cdot\hat{\boldsymbol{n}}\mathrm{d}a = \frac{Q(1-\beta^2)}{4\pi\varepsilon_0}2\pi\frac{2}{1-\beta^2} = \frac{Q}{\varepsilon_0}
$$

由此可以看出,匀速运动电荷的电场是满足高斯定理的。

下面我们分析一下匀速运动电荷产生的电场的环流。为了分析方便,我们在电场中选取一个特殊的闭合回路 $ABCDA$,如图 11.4.4 所示,其中 AB 和 CD 是同心的两段圆弧,而 BC 和 DA 则是沿着电场径向的线段。我们注意到,匀速运动电荷在空间产生的电场沿着圆弧 AB 和 CD 的线积分为零,而沿着线段 BC 的积分与沿着线段 DA 的积分虽然符号相反,但大小并不相等。因此,匀速运动电荷在空间产生的电场沿着闭合回路 $ABCDA$ 的线积分不为零,即匀速运动电荷产生的电场的环流(旋度)不为零,由此可知运动电荷在空间产生的电场并非保守场。

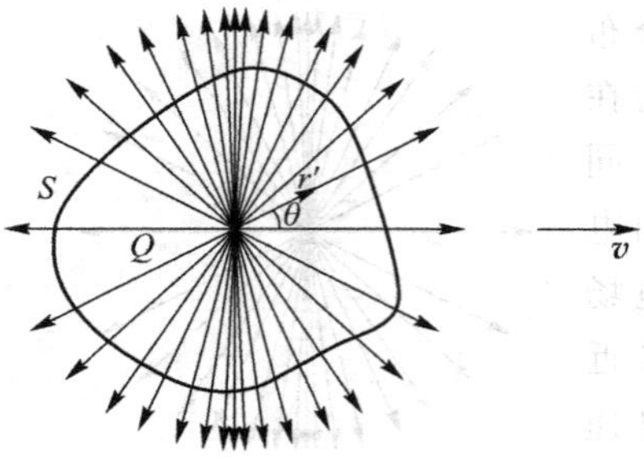

图 11.4.3

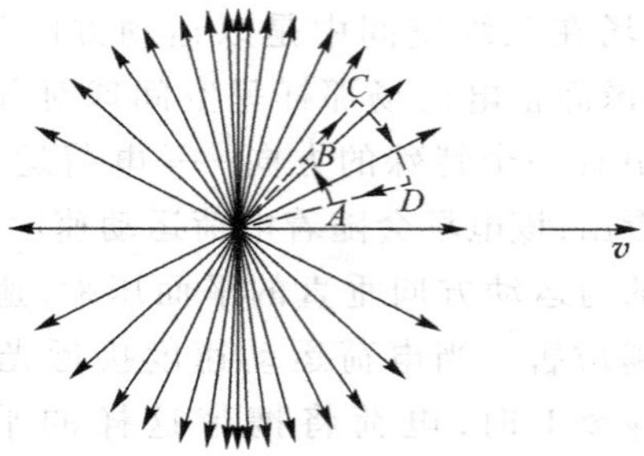

图 11.4.4

由上述讨论可以得出匀速运动电荷产生的电场的基本性质，即该电场的散度（通量）遵从电场的高斯定律，而其旋度（环流）是不为零的，且与环路的选择有关。

下面我们利用匀速运动电荷在空间产生电场的规律，以及电场、磁场的转换规则，讨论在“无限多带电粒子以速度 $\boldsymbol{v}$ 沿一条直线匀速运动”这一较为理想的情况下，匀速运动电荷在空间产生的电场。

我们按照理想情况来处理这个问题，即可以将其看成线密度为 λ 的电荷元 $\lambda \mathrm{d}x$ 以速度 $\boldsymbol{v}$ 沿 x 轴运动，如图 11.4.5 所示。由运动电荷产生的电场的性质及对称性，该电场的 x 方向的分量完全抵消，只有垂直于运动方向的 y 分量。所以，利用式（11.4.5）即可得出电荷元 $\lambda \mathrm{d}x$ 在空间 P 点产生的电场为

$$\mathrm{d}E_y=\mathrm{d}E\sin\theta=\frac{1}{4\pi\varepsilon_0}\frac{\lambda\mathrm{d}x}{r^2}\frac{1-\beta^2}{(1-\beta^2\sin^2\theta)^{\frac{3}{2}}}\sin\theta$$

$$E_y=\int_{-\infty}^{+\infty}\frac{1}{4\pi\varepsilon_0}\frac{\lambda\mathrm{d}x}{r^2}\frac{1-\beta^2}{(1-\beta^2\sin^2\theta)^{\frac{3}{2}}}\sin\theta$$

注意到，$r^2=a^2/\sin^2\theta$，$x=a\cot\theta$，$\mathrm{d}x=a\mathrm{d}\theta/\sin^2\theta$，有

$$E_y=\frac{\lambda(1-\beta^2)}{4\pi\varepsilon_0 a}\int_0^{\pi}\frac{\sin\theta\mathrm{d}\theta}{(1-\beta^2\sin^2\theta)^{\frac{3}{2}}}$$

$$=\frac{\lambda(1-\beta^2)}{4\pi\varepsilon_0 a}\int_0^{\pi}\frac{\mathrm{d}(\cos\theta)}{(1-\beta^2+\beta^2\cos^2\theta)^{\frac{3}{2}}}=\frac{\lambda}{2\pi\varepsilon_0 a}$$

假设在上述问题中，空间单位长度内有 n 个带电粒子，每个粒子所带电荷量为 q，则电荷线密度为 $\lambda=nq$。

在空间产生的与运动方向呈轴对称且垂直的电场为

$$\boldsymbol{E}=\frac{nq}{2\pi\varepsilon_0 a}\hat{\boldsymbol{a}} \tag{11.4.6}$$

该电场还可以看成无限长带电直导线在空间产生的电场。因此，可以利用电场的高斯定律来计算空间的电场。按照对称性分析，该电场只存在与运动速度方向垂直的分量，而与运动方向平行的分量完全抵消。所以，我们可以选取这样的一个高斯面，如图 11.4.6 所示．根据电场的高斯定律，有

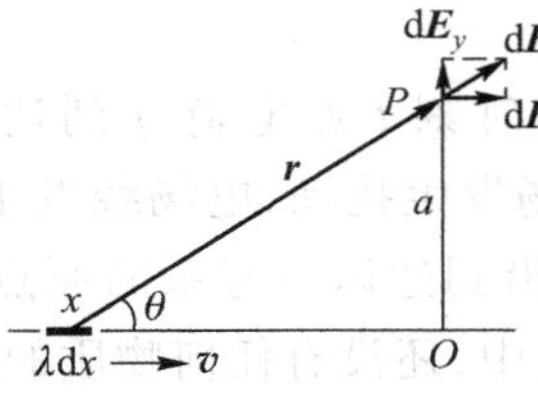

图 11.4.5

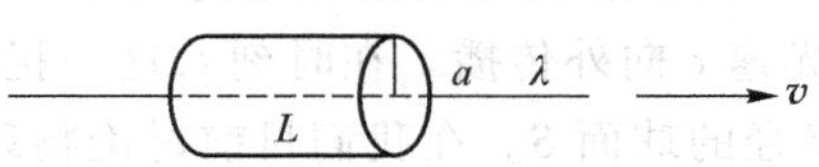

图 11.4.6

$$2\pi aLE=\frac{L\lambda}{\varepsilon_0}=\frac{Lnq}{\varepsilon_0}$$

$$\boldsymbol{E}=\frac{nq}{2\pi\varepsilon_0 a}\hat{\boldsymbol{a}} \tag{11.4.7}$$

上式与式(11.4.6)具有完全相同的形式。

当然,连续运动的带电粒子流(即电流)可以在空间产生磁场。实际上,单个运动的电荷在空间同样可以产生磁场。按照前面讨论的电磁场的转换式(11.3.7),

$$\boldsymbol{B}=\frac{1}{c^2}\boldsymbol{v}\times\boldsymbol{E}$$

按题意,粒子流的运动速度 $\boldsymbol{v}=v\hat{\boldsymbol{x}}$,$\hat{\boldsymbol{y}}$ 是与运动速度方向垂直的单位矢量,并将 a 换成通用的符号 r,即 $\hat{\boldsymbol{y}}\to\hat{\boldsymbol{r}}$。则磁场为

$$\boldsymbol{B}=\frac{1}{c^2}\frac{nq\boldsymbol{v}\times\hat{\boldsymbol{r}}}{2\pi\varepsilon_0 r}=\frac{nq\boldsymbol{v}\times\hat{\boldsymbol{r}}}{2\pi c^2\varepsilon_0 r}$$

可以看出,上式所表述的磁场与无限长载流直导线在空间产生的磁场具有完全相同的形式。因此,无限多带电粒子沿一条直线匀速运动就等价于导线中传导电荷的定向漂移所形成的宏观电流,即 $I=nqv$。

二、变速运动的电荷产生的场

前面我们讨论了具有一定速度而均匀运动的电荷在空间产生的电场的情况,并给出其随空间分布方位角和运动速度变化的表达式(11.4.5)。因此,它也可以用来表述在某一时刻 t 具有运动速度 $\boldsymbol{v}$ 的电荷所产生的电场的空间分布形式,如图 11.4.2 所示,其电场线是沿着径向、呈直线分布的。当电荷的运动速度不断变化,比如电荷以某一加速度 $\boldsymbol{a}$ 做匀加速运动时,考虑到电荷运动速度连续变化的影响,电场线将不再是直线而变为曲线。我们还可以从另外一个方面来考察加速运动电荷的空间电场分布情况,由前面讨论的等效原理可知,一个匀加速运动的参考系与引力场是完全等效的。根据广义相对论,引力场实质上是时空的弯曲,因此在引力场中静止点电荷的电场也应该随着时空的弯曲而弯曲,其电场线也应该是曲线。因此,在匀加速参考系中静止的点电荷的电场一定是弯曲的,其电场线也一定是曲线。

变速运动电荷产生的场是非常复杂的,但是,我们可以通过一些特殊情况的讨论来对这个复杂的电场有一个定性的认识。下面,我们讨论一个相对简单的情况,即在真空中做匀加速直线运动的点电荷在空间产生的电场。假设在真空中的惯性参考系 F 中有一个静止于原点 O 的带正电的点电荷 q,在某一时刻($t_0=0$)这个点电荷获得了一个加速度 $\boldsymbol{a}$ 并沿着 x 轴的正方向做匀加速运动。在时刻 t,点电荷的速度为 $\boldsymbol{v}=\boldsymbol{a}t$,下面我们就研究一下在时刻 t 点电荷 q 在

空间产生的电场，为了便于讨论我们假设 $v\ll c$（c 为光速）。

在时刻 t_0，点电荷 q 从参考系的原点 O 开始加速，在时刻 t 点电荷 q 到达 P 点，如图 11.4.7 所示。在此期间，电荷的加速运动导致其周围的电场发生扰动，电场线发生弯曲，这一扰动电场以光速 c 向外传播。在时刻 t，这一扰动电场的前沿到达以参考系的原点 O 为中心，以 $r_0=ct$ 为半径的球面 S。在我们目前讨论物理问题的时空中，还没有任何物质的运动速度可以超过光速，也不会有任何由于电荷加速运动而产生的扰动电场的信息传播到球面 S 外，因此，球面 S 外的电场仍然是点电荷 q 静止于参考系的原点 O 时（即在时刻 t_0 之前的状态）产生的具有球对称性的径向电场，其电场线如图 11.4.7 所示，是以原点 O 为中心的径向直线。而在球面 S 内，在点电荷加速到速度 $\boldsymbol{v}$ 时，即在从时刻 t_0 到时刻 t 的这段时间内，产生了扰动电场。在点电荷的运动速度远小于光速的情况下，可以认为球面内的扰动电场相对于点电荷的分布是近似不变的，就好像点电荷带着扰动电场一起做加速运动一样。因此，在时刻 t 球面内的电场线应该是从此时刻电荷 q 所在空间点 P 引出的曲线，扰动电场的电场线如图 11.4.7 中球面内的曲线所示。实际上，这是随着时间的推移，扰动电场不断由近及远传播，同时加速运动的电荷又不断产生新的扰动电场的结果。

由电场的高斯定律可知，在真空中，球面附近两侧的电场应当是连续的。因此，在球面附近两侧的电场线的数量应当是相同的，并且电场线应当是连续的，所以球面内的曲线电场线与球面外的直线电场线应该是相连的。

我们可以借助电场线来分析球面处的扰动电场的性质。在图 11.4.7 所示的球面内，任取一条从点电荷所在的 P 点引出的电场线，它与球面 S 的交点为 M，我们尝试讨论 M 点的扰动电场 $\boldsymbol{E}$，它是点电荷 q 由于加速运动在 O 点产生的已经传播到 M 点的扰动电场。为了分析讨论方便，我们给出 M 点附近局部扰动电场的平面剖析图，如图 11.4.8 所示。

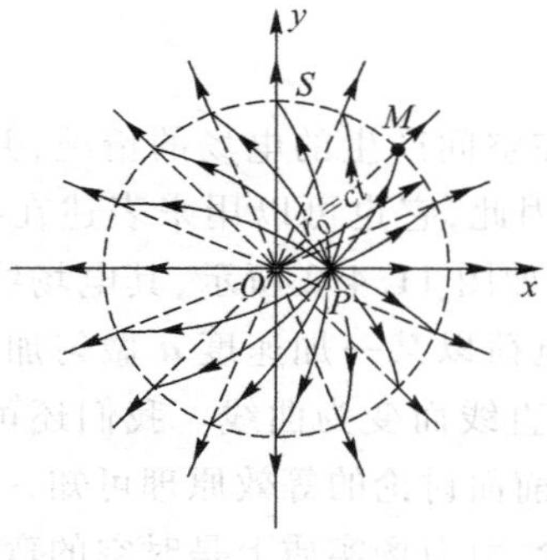

图 11.4.7

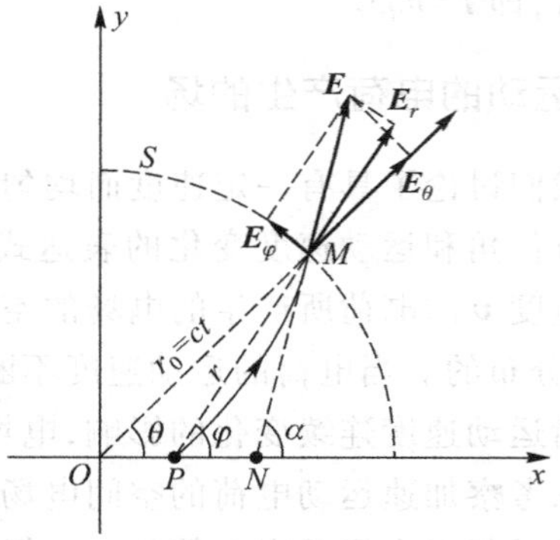

图 11.4.8

扰动电场 $\boldsymbol{E}$ 的方向是沿着曲线 PM 在球面上的交点 M 处的切线方向，其延长线与 x 轴相交于 N 点。由于扰动电场 $\boldsymbol{E}$ 的方向并不在点电荷所在处 P 点的径向单位矢量 $\hat{\boldsymbol{r}}$ 的方向上，因此，扰动电场 $\boldsymbol{E}$ 存在沿着径向（点 P、点 M 之间的连线 r 的方向）单位矢量 $\hat{\boldsymbol{r}}$ 的分量 $\boldsymbol{E}_r$，同时存在与径向单位矢量 $\hat{\boldsymbol{r}}$ 垂直的分量 $\boldsymbol{E}_\varphi$，因此，

$$\boldsymbol{E}=\boldsymbol{E}_r+\boldsymbol{E}_\varphi \tag{11.4.8}$$

扰动电场存在一个与传播方向垂直的横向分量 $\boldsymbol{E}_\varphi$，实际上，这是电磁辐射（即电磁波）的

主要成分。

当电荷被加速到其运动速度为 $v=at$ 时，电荷停止加速并以速度 v 做匀速直线运动，经过时间 τ（$\tau \gg t$，即电荷匀速运动的时间远大于电荷被加速的时间），电荷运动到 Q 点，此刻空间电场的分布如图 11.4.9 所示。可以看出，空间的电场分布存在一个非均匀球壳的过渡层，这是由电荷加速运动产生的扰动电场造成的，球壳的厚度近似等于 ct（因为 $\tau \gg t$）。球壳外的电场仍然是对 O 点呈球对称分布的径向电场，即点电荷静止于 O 点时产生的静电场；球壳内的电场则遵循匀速运动电荷产生的电场的规律，即在垂直于运动速度方向上电场是被压缩的。根据电场的高斯定律，球壳及其内、外的电场应当是连续的，电场线也应当是连续的，因此，我们仍可以利用电场线来分析球壳内的电场，即加速运动电荷产生的电场。为了分析方便，我们给出电荷的运动位置及球壳内电场的示意图，如图 11.4.10 所示，并认为球壳内电场的电场线可以近似看成直线。

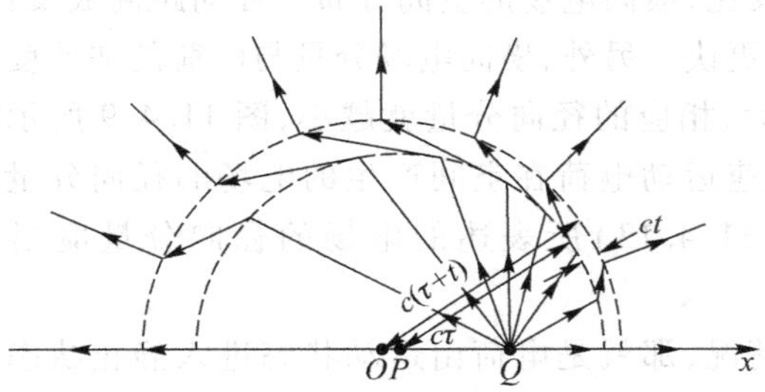

图 11.4.9

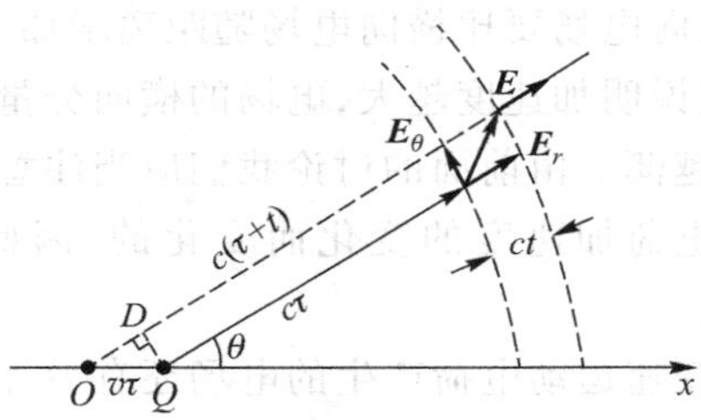

图 11.4.10

按照上面的近似，球壳内的电场可以分解为沿着电场传播方向的径向电场 $\boldsymbol{E}_r$ 以及与电场传播方向垂直的横向电场 $\boldsymbol{E}_\theta$。根据电场的高斯定律以及电场在空间的连续性要求，球壳以及内、外的电场线将是一条呈“之”字形的连线，电荷运动的加速度越大，横向电场 $\boldsymbol{E}_\theta$ 就越大。应该注意的是，电场的通量仅与平行于高斯面法线方向的电场分量有关，即仅与径向电场 $\boldsymbol{E}_r$ 有关。因此，球壳内电场的径向分量 $\boldsymbol{E}_r$ 仍然满足库仑定律，即

$$\boldsymbol{E}_r=\frac{q}{4\pi\varepsilon_0 r^2}\hat{\boldsymbol{r}} \tag{11.4.9}$$

而由于电荷的加速运动造成的扰动电场的影响，在球壳中电场的横向分量 $\boldsymbol{E}_\theta$ 该如何表述呢？由图 11.4.10 我们可以近似认为如下关系成立，即

$$\frac{E_\theta}{E_r}\approx\frac{\overline{QD}}{ct} \tag{11.4.10}$$

为了定性描述球壳中的电场性质，我们还需要做进一步近似，如图 11.4.9 所示，有

$$\overline{OQ}=\overline{OP}+\overline{PQ}=\frac{1}{2}vt+v\tau\approx v\tau$$

因此，

$$\overline{QD}=\overline{OQ}\sin\theta=v\tau\sin\theta \tag{11.4.11}$$

将式（11.4.11）代入式（11.4.10），可得

$$\frac{E_\theta}{E_r} \approx \frac{v\tau\sin\theta}{ct} = \frac{a\tau\sin\theta}{c} = \frac{ar\sin\theta}{c^2} \tag{11.4.12}$$

其中,a 是电荷的加速度,c 是光速。

因此,

$$E_\theta \approx \frac{ar\sin\theta}{c^2} E_r = \frac{qa\sin\theta}{4\pi c^2 \varepsilon_0 r} \tag{11.4.13}$$

由此,我们定性得到了球壳中的电场,即加速运动的电荷产生的电场与电荷的加速度及空间分布函数(r,θ)的正比例关系。因此,

$$\boldsymbol{E} \propto \frac{q}{4\pi\varepsilon_0 r^2}\hat{\boldsymbol{r}} + \frac{qa\sin\theta}{4\pi c^2 \varepsilon_0 r}\hat{\boldsymbol{\theta}} \tag{11.4.14}$$

由式(11.4.14)可以看出,加速运动电荷产生的场可以分解为径向电场与横向电场,并且径向电场的空间分布与径向距离的二次方成反比,横向电场的空间分布与径向距离成反比,因此,径向电场要比横向电场随距离增加衰减得更快。另外,横向电场分量与电荷的加速度成正比,这说明加速度越大,电场的横向分量就越大,相应的径向分量就越小,图 11.4.9 所示的球壳就越薄。由前面的讨论我们应当注意到,加速运动电荷在空间产生的电场的径向分量同样是随电荷加速度的变化而变化的,因此,式(11.4.13)所表述的电场的径向分量应当加以修正。

变速运动电荷产生的电场还有另外一种情况,那就是电荷由运动状态进入静止状态的过程。换句话说,在 $t_0=0$ 时刻之前,电荷一直以速度 $\boldsymbol{v}$ 做匀速直线运动;而在 $t_0=0$ 时刻,电荷受到某种作用而做减速运动,并在时刻 t 停止运动。减速运动的电荷在空间产生的电场与前面讨论的电荷做加速运动的情况类似,读者完全可以采用相同的方法进行分析,本书不再赘述。

下面我们讨论一下变速运动电荷在空间产生的电场的性质。

我们先看一下该电场的高斯定律。实际上,在前面讨论加速运动电荷产生的电场的过程中我们已经运用了电场的高斯定律,并认为该电场完全遵守高斯定律。我们不对加速运动电荷产生的电场的高斯定律做理论上的证明,该定律在具体实践中已经不断得到验证,因此,我们完全可以认为加速运动电荷在空间产生的电场同样遵守电场的高斯定律。

我们再分析一下加速运动电荷产生的电场的环流。如图 11.4.11 所示,在加速运动电荷产生的电场中选取一个特殊的闭合回路 $ABCDA$,该回路中的 AB 和 CD 是同心的两段圆弧,而 BC 和 DA 则是沿着电场线(曲线)方向的线段。我们注意到,加速运动电荷在空间产生的电场沿着圆弧 AB 和 CD 的积分以及沿着线段 BC 和 DA 的积分符号相反,但大小并不相等。因此,我们可以得出结论:加速运动电荷在空间产生的电场沿着任一闭合回路的积分不为零。由此可知,加速运动电荷在空间产生的电场并非保守场。

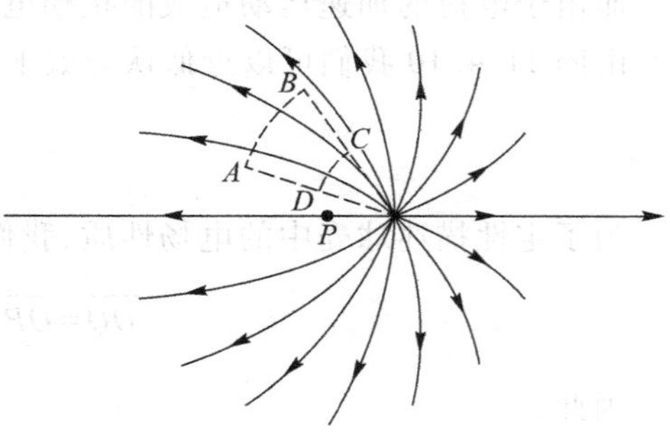

图 11.4.11

下面总结一下运动电荷(既包括匀速运动状态也包括变速运动状态)在空间产生的电场的性质。

对于运动电荷在空间产生的电场的通量(散度),无论是前面的理论证明(数学论证)还是具体的实验验证,都给出了其满足电场的高斯定律的结果。因此,可以说电场的高斯定律是普适的。实际上,在讨论了时变电磁场后,我们就会发现电场的高斯定律在全时域空间都是成立的。

运动电荷在空间产生的电场的环流(旋度)就复杂一点,因为电荷在运动时会在空间形成"电流",而且电荷在空间不同的运动状态形成了不同形式的电流,既有电荷匀速运动形成的恒定电流,也有电荷变速运动形成的非恒定电流。但是,无论何种形态的电流在空间都将产生不同形态的磁场。因此,电荷在运动过程中不但产生电场,而且同时产生磁场。实际上,这种情况在前面讨论的电磁场的相对论变换中已经给出了明确的论证。

由前面对运动电荷在空间产生的电场的表述式(11.4.5)的讨论可知,当电荷的运动速度与信息传播的速度(即光速 c)无法比拟,即 $\beta \ll 1$ 时,匀速运动电荷在空间产生的电场的性质就与"静电场"相似,因此,可以将其看成旋度等于零的保守场;由加速运动电荷产生的电场的表述式(11.4.14)可以看出,当加速度 a 的数值与光速 c 的数值无法比拟时,横向电场就可以忽略,此时空间电场的性质也与"静电场"相似,它也可以看成一个保守场。但是,当电荷的运动速度或加速度的数值与光速 c 的数值可以比拟时,其在空间产生的电场的电场线分布就如图 11.4.2 和图 11.4.11 所示,它们与静电场的电场线分布就有了明显的区别。

快速变化(即快时变条件下)的运动电荷在空间产生的电场的环流(旋度)与静电场有明显的区别,它是一个与磁场相关的函数。因此,快速变化的运动电荷在空间产生的电场不可能是一个保守场。

第五节　运动电荷之间的相互作用

一、静止电荷与运动电荷之间的相互作用

库仑定律给出了静止电荷受到的作用力取决于其自身所带的电荷量以及在空间位置处的电场。那么,式(11.4.5)就给出了处于静止状态的单位电荷在运动电荷产生的场中所受的作用力。换句话说,式(11.4.5)给出了运动电荷作用于相对静止单位电荷上的力。

$$\boldsymbol{F}=q\frac{1}{4\pi\varepsilon_0}\frac{Q}{r^2}\frac{1-\beta^2}{(1-\beta^2\sin^2\theta)^{\frac{3}{2}}}\hat{\boldsymbol{r}} \tag{11.5.1}$$

现在我们想问的是,静止电荷作用于运动电荷上的力如何呢?它们之间的相互作用是否遵循牛顿第三定律呢?

当一个电荷在空间固定位置后(场源固定),它在空间产生的场就是一个固定的场,即静电场。按照场的性质,在空间不同点就给定了一个确定的值,即空间任意点 $P(x,y,z)$ 的电场 $\boldsymbol{E}(x,y,z)$ 就有一个确定的值。当一个试探点电荷 q 出现在 P 点时,无论它是如何出现在此处的(静止在 P 点,还是在某一时刻运动到 P 点),只要它的电荷量是一定的,它在 P 点受到的作用力就等于 $q\boldsymbol{E}$。也就是说,静止电荷作用于运动电荷上的力等于其处于静止状态时的作用力;电荷在空间受到的电场力与其自身的运动状态无关,而只与其所带的电荷量及在空间位置处的电场强度有关。

下面我们将利用狭义相对论的部分结论证明上述结论。

假设有两个坐标系,一个是静止坐标系(实验室坐标系)S,另一个是相对于带电粒子静止的坐标系 S'。带电粒子 q 在实验室坐标系中以速度 $\boldsymbol{v}$ 匀速运动,现在我们考察它在实验室坐标系 S 中的电场 $\boldsymbol{E}$ 中所受的力。

在实验室坐标系 S 中,磁场为零($\boldsymbol{B}=\boldsymbol{0}$),因此,根据场的变换式(11.3.16)可得

$$\boldsymbol{E}'_{/\!/}=\boldsymbol{E}_{/\!/},\quad \boldsymbol{E}'_{\perp}=\gamma\boldsymbol{E}_{\perp} \tag{11.5.2}$$

在此,为了讨论的方便我们将各个参考系中的电场均分解为与电荷运动方向平行的分量 $\boldsymbol{E}'_{/\!/}$、$\boldsymbol{E}_{/\!/}$和垂直的分量 $\boldsymbol{E}'_{\perp}$、$\boldsymbol{E}_{\perp}$。

因此,我们不妨首先讨论相对于带电粒子静止的坐标系 S'中带电粒子所受的力,即静止电荷 q 在电场 $\boldsymbol{E}'$中所受的力,然后我们再将该作用力转换回实验室坐标系 S 中,就可以得到运动电荷在实验室坐标系 S 中所受的力。换句话说,就得到了运动电荷在静止电场中所受的力。电荷 q 在坐标系 S'中的电场中所受的力为

$$\boldsymbol{F}'_{/\!/}=q\boldsymbol{E}'_{/\!/},\quad \boldsymbol{F}'_{\perp}=q\boldsymbol{E}'_{\perp} \tag{11.5.3}$$

根据狭义相对论力的变换公式(11.1.33)和(11.1.34),

$$\boldsymbol{F}'_{/\!/}=\boldsymbol{F}_{/\!/},\quad \boldsymbol{F}'_{\perp}=\gamma\boldsymbol{F}_{\perp}$$

可得,运动电荷在实验室坐标系 S 中所受的力为

$$\boldsymbol{F}_{/\!/}=\boldsymbol{F}'_{/\!/}=q\boldsymbol{E}'_{/\!/}=q\boldsymbol{E}_{/\!/}$$

$$\boldsymbol{F}_{\perp}=\frac{1}{\gamma}\boldsymbol{F}'_{\perp}=\frac{1}{\gamma}q\boldsymbol{E}'_{\perp}=\frac{1}{\gamma}\gamma q\boldsymbol{E}_{\perp}=q\boldsymbol{E}_{\perp}$$

$$\boldsymbol{F}=\boldsymbol{F}_{/\!/}+\boldsymbol{F}_{\perp}=q(\boldsymbol{E}_{/\!/}+\boldsymbol{E}_{\perp})=q\boldsymbol{E}$$

$$\boldsymbol{F}=q\,\frac{1}{4\pi\varepsilon_0}\frac{Q}{r^2}\hat{\boldsymbol{r}} \tag{11.5.4}$$

因此,作用于运动电荷上的电场力与电荷的运动状态无关,就等于该电荷静止于空间中某点时所受的静电力。

比较式(11.5.1)和式(11.5.4)我们发现这两个力并不相等,因此静止电荷与运动电荷之间的作用力并不遵守牛顿第三定律。运动的电荷在空间不但产生电场而且产生磁场,因此在二者相互作用的过程中有磁场参与,在下面讨论的运动电荷之间的相互作用中,磁场的作用会更明显。

二、运动电荷之间的相互作用——电场与磁场的相对性

上面我们讨论了静止电荷与运动电荷之间的作用力,下面我们讨论一下运动电荷之间的相互作用。图 11.5.1 是一个导线与运动电荷的系统。在此我们假设没有电流流过的导线是电中性的,在相对于导线静止的坐标系 S 中的观察者也认为导线是电中性的,即使其中有电流流过。

当导线中有一定的电流流过时,负电荷以平均漂移速度 $\boldsymbol{v}_0$ 向右运动而形成电流,导线中的正电荷(离子)与导线一样,相对于坐标系 S 静止。这时在该空间中有一个正电荷 q 以速度 $\boldsymbol{v}$ 向右运动,在坐标系 S 中的观察者观察到该电荷受到一个远离导线的作用力。假设导线上的电荷线密度为 λ_0(正电荷的线密度为 λ_0,电子的线密度为 $-\lambda_0$),导线上的电流就为 $-\lambda_0 v_0$,根

据安培环路定理该电流将在空间产生一个磁场的环流。假设运动电荷距导线的直线距离为 r,那么在该点的磁场为(方向指向纸面外):

$$B=\frac{\lambda_0 v_0}{2\pi r\varepsilon_0 c^2}$$

则该电荷所受的力为(方向为远离导线):

$$F=qvB=qv\frac{\lambda_0 v_0}{2\pi r\varepsilon_0 c^2} \tag{11.5.5}$$

这正是以速度 $\boldsymbol{v}_0$ 向右运动的电子与以速度 $\boldsymbol{v}$ 运动的正电荷 q 之间的相互作用的大小,如图 11.5.2 所示。

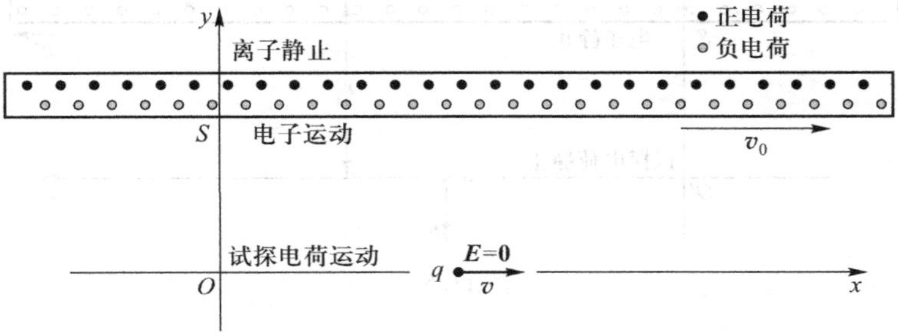

图 11.5.1

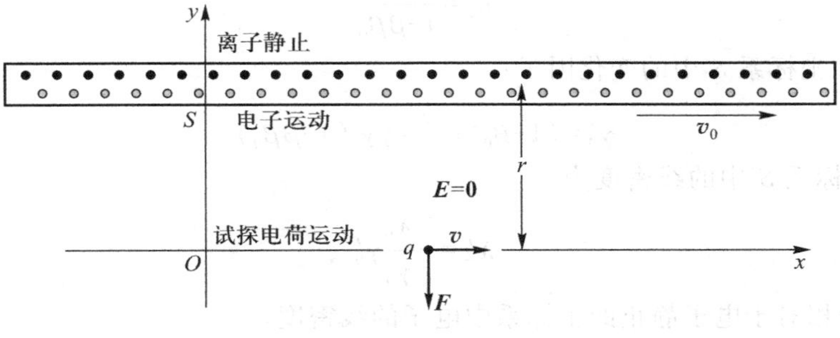

图 11.5.2

上面我们是在相对于导线静止的坐标系 S 中得到的运动电荷之间的相互作用结果。下面我们换一个角度,即在粒子坐标系中考察一下二者之间的相互作用。在坐标系 S' 中,电荷是相对静止的,因此运动电子产生的磁场作用在运动电荷 q 上的洛伦兹力也就不存在了。但是,物理过程是不会随着坐标系的变化而变化的,即在坐标系 S 中的观察者看到了运动电荷 q 远离导线,在坐标系 S' 中的观察者也同样应该看到这一过程。系统空间中就一定存在一个作用于运动正电荷 q 上的电场。该电场是如何产生的呢?粒子坐标系 S' 与静止电荷系统(该坐标系相对于粒子是静止的,即可以看成坐标系 S' 以速度 $\boldsymbol{v}$ 向左运动)如图 11.5.3 所示。

在坐标系 S' 中,导线以速度 $\boldsymbol{v}$ 向左运动,导线中的正电荷同样具有向左运动的速度 $\boldsymbol{v}$。根据相对论,运动导线的长度在坐标系 S' 中将收缩,单位长度将收缩 $\sqrt{1-v^2/c^2}$,因此,正电荷的线密度也将增大为 $\lambda'_+=\gamma\lambda_0(\gamma=1/\sqrt{1-v^2/c^2})$。现在我们需要知道导线中电子在坐标系 S'中的速度以计算其电荷线密度,进而得到在坐标系 S'中导线总的电荷线密度。为了得到这个速度,我们利用相对论中的速度变换公式(11.1.11),其中 v'_0是电子在坐标系 S'中的速度。则

$$v'_0=\frac{v_0-v}{1-\beta^2\dfrac{v_0}{v}} \tag{11.5.6}$$

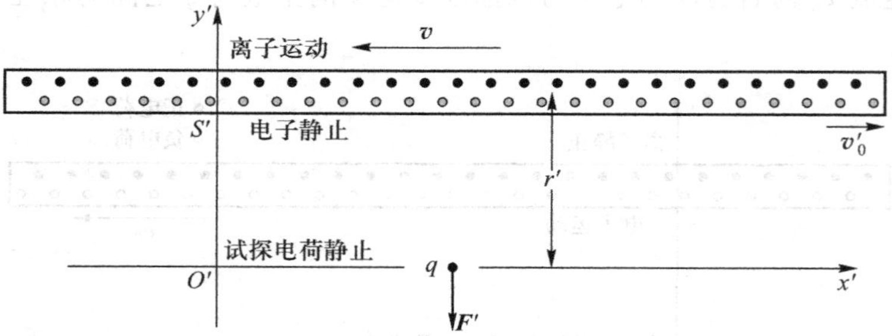

图 11.5.3

并令 $\beta=v/c,\beta_0=v_0/c,\beta'_0=v'_0/c$,则

$$\beta'_0=\frac{\beta_0-\beta}{1-\beta\beta_0}$$

容易导出电子在坐标系 S'中的变化因子:

$$\gamma'_0=(1-\beta_0'^2)^{-\frac{1}{2}}=\gamma\gamma_0(1-\beta\beta_0) \tag{11.5.7}$$

因此,电子在坐标系 S'中的线密度为

$$\lambda'_-=-\frac{\lambda_0}{\gamma_0}\gamma'_0$$

其中,$-\lambda_0/\gamma_0$ 为相对于电子静止的坐标系中电子的线密度。

因此,在坐标系 S'中的导线上电荷的总的线密度为

$$\lambda'=\lambda'_++\lambda'_-=\gamma\lambda_0-\frac{\lambda_0}{\gamma_0}\gamma'_0=\gamma\beta\beta_0\lambda_0 \tag{11.5.8}$$

根据高斯定理,无限长带电直导线在空间产生一个以导线为轴的径向电场。因此,电荷 q 就受到一个使其远离导线的电场力,即

$$F'=qE'=q\frac{\gamma\beta\beta_0\lambda_0}{2\pi\varepsilon_0 r'} \tag{11.5.9}$$

比较式(11.5.5)和式(11.5.9),我们发现 $F'=\gamma F$。但是,如果考虑力的作用时间,并注意到时间延缓,$\Delta t=\gamma\Delta t'$,考察系统动量的变化,则

$$\frac{\Delta p'}{\Delta p}=\frac{F'}{F}\frac{\Delta t'}{\Delta t}=1 \tag{11.5.10}$$

由此可以得出结论,要想知道系统运动状态的变化(动量的变化),不仅需要考察力,而且

需要考察力的作用时间。

在坐标系 S 中的观察者认为导线是电中性的，运动电荷受到了导线中电流在空间产生的磁场的洛伦兹力的作用，远离导线而去；在坐标系 S' 中，由于电荷处于相对静止状态，磁场的洛伦兹力消失了，但是在坐标系 S' 中的观察者发现相对运动的导线总的电荷线密度不等于零，也就是说，导线带电了，由于电场力的作用他同样看到了电荷远离导线而去的物理过程。仔细一点就可以注意到，在坐标系 S' 中静止电荷没有受到磁场的作用力，但是空间磁场还是存在的，导线中的电荷还有净的漂移速度（正电荷以速度 $\boldsymbol{v}$ 运动，而电子以速度 $\boldsymbol{v}_0'$ 运动），即还存在电流。因此，在坐标系 S' 中既有垂直于导线轴心的径向电场，也有环绕导线的磁场的环流。

通过上面的讨论我们注意到：在不同坐标系中，同样的物理过程产生的物理机制可以是不同的，在一个坐标系中是磁场的作用，而在另一个坐标系中就表现为电场的作用。这也证明了电场与磁场是可以相互转换的。由于磁现象是电荷运动的效应，因此，在某种意义上可以说磁是电的相对论效应。

第三篇
时变电磁场

现在我们将讨论时变电磁场的情况。所谓时变电磁场,就是指由时变的电荷(仅指其运动状态)、电流或者统称为时变的“源”(电荷、电流、电场和磁场)所产生的电磁场。与前面讨论的“静电场”和“恒定磁场”(统称为时不变电磁场)与时间变化无关的特性相比,时变电磁场就是随时间变化的电磁场。这种随时间变化的电场和磁场不是相互独立的,而是相互关联的。在这种情况下,对电场和磁场就不能分别进行分析,而要考虑电场与磁场的相互影响。比如,随时间变化的磁场在空间中可以产生感应电场(涡旋电场),如果有导体存在就可以在导体中产生感应电流,这种现象称为电磁感应。另外,随时间变化的电场也可以在空间中产生感应磁场,这个效应在快时变电磁场中表现得更加明显,我们将在后面对此加以讨论。时间延迟在时变电磁场中是一个非常重要的现象,也是一个普遍存在的现象。所谓的“静电场”和“静磁场”只是特殊情形。

在讨论运动电荷产生的场的过程中,我们简单讨论了在电荷做变速运动的情况下出现“之”字形电场线——电磁波的辐射与传播——的原因。主要原因并不是相对论效应中的 γ,而是产生外部场的假想的源与产生内部场的源有一个位移。实际上,这是由于场源的变化与空间电场的变化有一个时间延迟。本质上,运动电荷相当于一种时变的场“源”,只有当运动电荷的速度接近(可以比拟)信息的传播速度(光速 c)时,这种电磁波的时变效应(如电磁场辐射等)才变得显著。当运动电荷的速度与信息的传播速度相比很小时,这种效应就不那么显著,产生的场也类似于时不变电磁场。在考虑时变电磁场时,不仅有因电荷(源)运动产生的时间延迟效应,而且有因空间场(源)变化产生的时间延迟效应。为了使对时变电磁场的分析系统化,我们将其分为慢时变电磁场和快时变电磁场。

在通常情况下,我们按下述方式来对慢时变电磁场与快时变电磁场进行区别。在我们关注的空间区域中,如果从场源到场点(我们关注的空间场的位置)的信息传输时间比场源变化的时间短得多,系统的延迟效应就可以忽略,我们就认为它是慢时变电磁场,反之则认为它是快时变电磁场。更具体一点的描述是,我们关注的空间的尺度为 D(包括场源和场点在内的区域,D 可以看成从场源到空间界限的直径),场源变化的时间为 T($T=1/f$,其中 f 是场源变化的频率。它既可以是电荷运动变化所需要的时间,也可以是电场、磁场随时间变化所需要的时间),而信息传递的时间为 τ($\tau=R/c$,其中 R 为场源到所关注场点的距离,c 为光速)。如果信息传递的时间远小于场源变化的时间,即 $\tau\ll T$,就可以认为它是慢时变电磁场;如果信息传递的时间近于场源变化的时间,即 $\tau\approx T$,或信息传递的时间与场源变化的时间可以比拟(比如 f

接近 $1/c$)，就可以认为它是快时变电磁场。在一般情况下，我们也可以将慢时变电磁场看成准静态电磁场，它与静态电磁场（非时变电磁场）类似，二者在性质及形式方面有很多相似的地方。因此，在误差允许的范围内，可以采用非时变电磁场的处理方法来处理慢时变电磁场。与非时变电磁场相比，在慢时变电磁场中，除了相关的物理量是时间的函数外，唯一的区别是存在由磁场变化引起的电场的环流，这是法拉第电磁感应定律的主要内容，也是慢时变电磁场最重要的特性。

慢时变电磁场的电磁学规律——麦克斯韦方程组——可以用如下的微分方程组来描述：

$$\nabla \cdot \boldsymbol{E}=\frac{\rho}{\varepsilon_0}$$

$$\nabla\times\boldsymbol{E}=-\frac{\partial \boldsymbol{B}}{\partial t}$$

$$\nabla \cdot \boldsymbol{B}=0$$

$$\nabla\times\boldsymbol{B}=\mu_0\boldsymbol{J}$$

与非时变电磁场，即“静电场”“恒定磁场”的场方程相比，表征慢时变电磁场的微分方程组不仅在电场旋度的表达式上发生了变化（这就是我们接下来要讨论的法拉第电磁感应定律），而且更重要的是揭示了电场和磁场之间的本质联系。

第十二章　电磁感应

第一节　法拉第电磁感应定律的定性描述

一、法拉第的实验研究

1820 年,奥斯特发现电流可以产生磁场之后,法拉第就一直坚信某种形式的磁场也能够产生电场——磁生电。经过了 10 年左右的实验研究,法拉第于 1831 年在英国皇家学会公布了他的实验报告。实验原理如图 12.1.1 所示,K 是一个开关,G 是一个置于导线下的小磁针,也可以是一个灵敏电流计。当接通或断开开关 K 时,回路 L_1 中的电流会从无到有或从有到无地变化,在回路 L_2 中的小磁针都会发生偏转(摆动),或在电流计 G 中都会看到指针晃动。这说明在开关 K 接通和断开的两个瞬间,回路 L_2 中有随着 L_1 中的电流变化而变化的电流流过。法拉第在实验中发现,在开关 K 接通或断开的过程中,线圈 L_1 中会有变化的电流(电流从零增加到某个值,或由某个值减小到零),这个变化的电流就在线圈 L_1 中产生了一个变化的磁场,通过铁芯的传导使线圈 L_2 中的磁通也发生变化,并在 L_2 中感应出一个电动势,使之在回路中产生一个相应的感应电流,从而产生一个相应的磁场。而当回路 L_1 中的电流达到恒定时,回路 L_2 中的感应电流就消失了。由此,法拉第得出结论:变化磁场产生的感生电场(感生电动势或感生电流)不是恒定的,而是瞬态的。法拉第经过大量的实验研究,最后得出结论:只有当某种东西变化(电流变化,磁场变化,通有恒定电流的导线运动,磁铁运动,导体运动)时,电效应才存在。

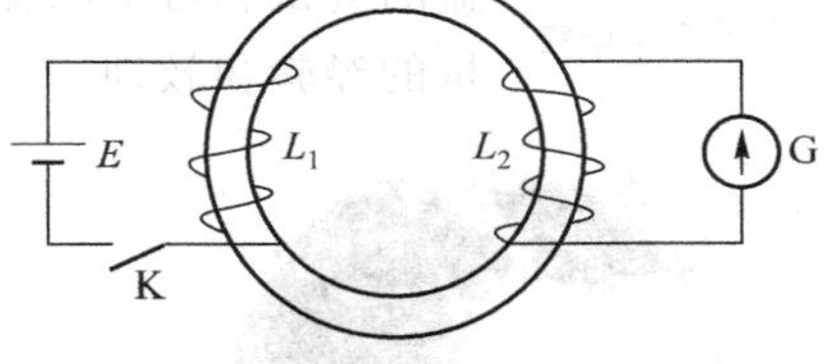

图 12.1.1

法拉第的实验发现,打破了当时人们认为只有在静止或恒定条件下才能得到恒定电流的错误观念,把电磁学研究引上了正确的道路。

法拉第的这个实验发现扫清了探索电磁本质道路上的拦路虎,开辟了在化学电池之外大量产生电流的新途径。根据这个实验,1831 年 10 月 28 日,法拉第发明了圆盘发电机。圆盘发电机的结构虽然简单,但它却是人类创造出的第一个发电机。

为了证实用各种不同办法产生的电在本质上都是一样的,法拉第仔细研究了电解液中的化学现象,1834 年他总结出法拉第电解定律:电解释放出来的物质总量和通过的电流总量成正比,和那种物质的化学当量成正比。这条定律成为联系物理学和化学的桥梁,也打通了发现电子的道路。

法拉第

拓展阅读：法拉第的实验及探索电磁感应实验研究的心路历程

1837 年，法拉第引入电场和磁场的概念，打破了牛顿力学“超距作用”的传统观念；1838 年，他提出了电力线的概念来解释电磁现象；1852 年，他又引入磁力线的概念，从而为经典电磁学理论的建立奠定了基础。这是物理学理论的一次重大突破。

拓展阅读：磁生电的其他实验研究

二、“磁生电”的其他实验研究

应该指出的是，磁能否生电是电磁学发展中的一个历史性问题，该问题激励了许多科学家去寻找它的答案。很多人曾做过大量的实验，做过许多有益的尝试和可贵的探索，其间充满了艰辛、挫折和失败，人们由此也积累了大量的经验和教训。

菲涅耳

阿拉果

泽贝克

三、感应电动势——感应电流的物理本质

总结法拉第的实验现象，我们可以发现实验中获得感应电流的条件可以归结为两个方面。其一是保持空间磁场不变，而使导体回路线圈在磁场中运动；其二是保持回路线圈不动而改变其中的磁场。

第一种情况的原理如图 12.1.2 所示，磁铁产生一个垂直方向的磁场，当直导线（闭合回路的一部分）沿着水平方向运动时，在闭合回路中就会有感应电流产生。现在我们知道这是由于运动导体内的电荷受到了洛伦兹力的作用，这个力（非静电力）推动导体闭合回路内的自由电子运动而形成了感应电流。我们把这种由于导体运动产生的推动电荷运动而形成感应电流的非静电力称为动生电动势；更准确地说，导体以垂直于磁感线的方向在磁场中运动，在同时垂直于磁场和运动方向的两端产生的电动势，称为动生电动势。

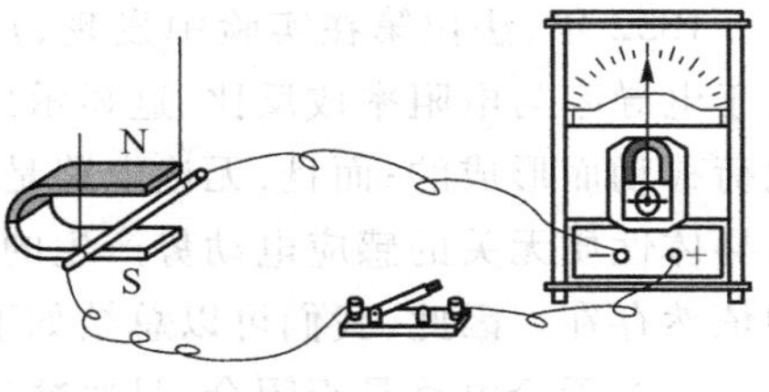

图 12.1.2

第二种情况的原理如图 12.1.3 所示。在图 12.1.3(a) 中，导体线圈组成的闭合回路保持不动，磁铁相对于线圈在垂直方向上（运动方向与线圈平面的法线方向平行）运动，无论它是向上运动还是向下运动都会在回路内产生感应电流，我们可以在电流计 G 中观察到指针的偏转，只不过随着磁铁运动方向的不同指针偏转的方向也不同。在图 12.1.3(b) 中，当线圈 1 中的磁场发生变化时（由于回路中开关 K 的接通、断开，使得线圈 1 所在的回路中电流发生变化），在线圈 2 中就会有感应电流，感应电流的方向会随着开关 K 的接通与断开的不同过程而变化。由此我们可以确定，如果将图 12.1.3(a) 中的磁铁换成通电线圈（一个小的螺线管），那么同样会在静止线圈回路中得到感应电流。这也是安培分子环流假说（即认为磁铁的磁性来源于其中的分子电流）的一个实验证明。这种由于回路中磁通量变化而引起感应电流的非静电力称为感生电动势。

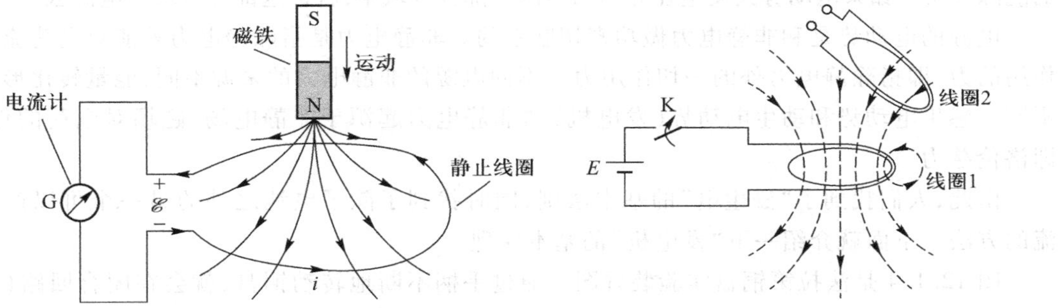

(a)　　(b)

图 12.1.3

形成感应电流的根本原因是，这个作用在局部电子上的非静电力（由动生电动势或感生电动势产生）通过电的排斥作用而沿着导线推动稍远的电子，这些被推动的电子又依次推斥更远的电子，因此，远距离的电子也受到推斥，从而可以在较长的回路中形成感应电流。每当如图 12.1.2 和图 12.1.3 所示的电流计指针发生偏转（即闭合回路中有电流通过）时，本质上导线里的电子就受到一个沿着导线某一方向的净的推力。在导线中不同的位置上可能会有方向不同的推力，但是在某一方向的推力比其他方向的大。该推力绕整个电路的净的累积称为该电路的电动势。法拉第通过实验发现，有三种不同的方法可以在导线中产生电动势：使导线运动；使磁铁在导线附近运动；改变邻近导线中的电流。

1832 年，法拉第在实验中发现，产生于不同导线中的感应电流与导线的电导率成正比。由于电导率与电阻率成反比，这显示出感应作用涉及电动势，感应电流是由电动势驱使导线的电荷移动而形成的；而且，无论电路是断开的，还是闭合的，都会感应出电动势。感应电流是由与导体性质无关的感应电动势产生的，即使没有导体回路、没有感应电流，感应电动势在空间中依然存在。因此，我们可以总结如下：

（1）无论电路是否闭合，只要穿过电路所在空间的磁通量发生变化，电路中就产生感应电动势，产生感应电动势是电磁感应现象的本质。

（2）磁通量是否变化是能否产生电磁感应的根本原因。若磁通量变化，电路中就会产生感应电动势；若导体电路又是闭合的，电路中就会有感应电流。

（3）产生感应电流只是感应电动势在导体回路中的一个现象，表示电路在输送电能。产生感应电动势才是电磁感应现象的本质，表示电路已经具备随时输出电能的能力。

我们可以将上述实验结论总结称为法拉第“通量法则”：当穿过回路的磁通量（磁通量就是磁场 $\boldsymbol{B}$ 的法向分量对整个回路所包围面积的积分）随时间变化时，感应电动势等于磁通量的变化率。在此，我们给电动势一个形象的定义：导线中单位电荷所受的沿导线切向的力对整个电路环绕一周的路程所做的积分。本质上，电动势就是空间电场的环流，是电场绕空间任一闭合曲线的积分。它也是“在回路内对单位电荷所做的功”。

电动势是使载流子运动的势能，它也是能够克服导体内部环境对电荷运动的阻力，使电荷在闭合的导体回路中流动的一种作用。这种作用来源于相应的物理效应或化学效应，通常还伴随着能量的转化，因为电流在导体中流动时要消耗能量（超导体除外），这个能量必须由产生电动势的能源补偿。如果电动势只发生在导体回路的一部分区域中，就称这部分区域为电源区。

电源的电动势是和非静电力做功密切联系的。非静电力是指除静电力外能对电荷流动起作用的力，即指除静电力外的一切作用力。不同电源的非静电力的来源不同，能量转化形式也不同。感生电动势和动生电动势（发电机）的非静电力起源于非静电场、磁场对电荷的作用，即洛伦兹力。

由此，人们找到了“磁生电”的基本法则，同时找到了除了电池之外的另一个可以产生电流的方法。下面就介绍一下“发电机”的基本原理。

图 12.1.4 是法拉第铜盘实验装置图。通过手柄不断地转动铜盘，就会在闭合回路（铜盘的转轴、导线、电流计以及与铜盘边缘接触的电刷）中获得持续的感应电流。该实验的基本原理是，铜盘中的自由电子随着铜盘在马蹄形磁铁形成的磁场中运动时，受到磁场力的作用，在铜盘内产生动生电动势，从而在闭合回路内产生感应电流。这是一个典型的动生直流发电机。

图 12.1.5 所示的是感生发电机的原理示意图。当线圈 $abcd$ 由外力驱动而在磁场中转动时，通过线圈平面的磁通量会随着转动角度的变化而不断发生周期性变化。因此，在线圈 $abcd$ 中就会产生感应电动势，从而在闭合回路内产生感应电流。线圈每转动 180°，磁通量就会发生两次改变。假设开始时线圈平面法线方向与磁场方向垂直，通过线圈平面的磁通量为零，随着线圈的转动磁通量将不断增加，直到线圈平面的法线方向与磁场方向平行（线圈转过了 90°），这时通过线圈平面的磁通量最大；随着转动的继续，通过线圈平面的磁通量将由大到小变化。这样的过程持续进行，通过线圈平面的磁通量必然交替变化，从而在线圈中感应出交变的感应电动势。现在的发电机可以通过某种装置（集电环、滑环、集流环、汇流环等）将感应电

动势按照不同的要求导出，从而获得脉动直流电或交流电，相应的发电机就分别称为直流发电机或交流发电机。

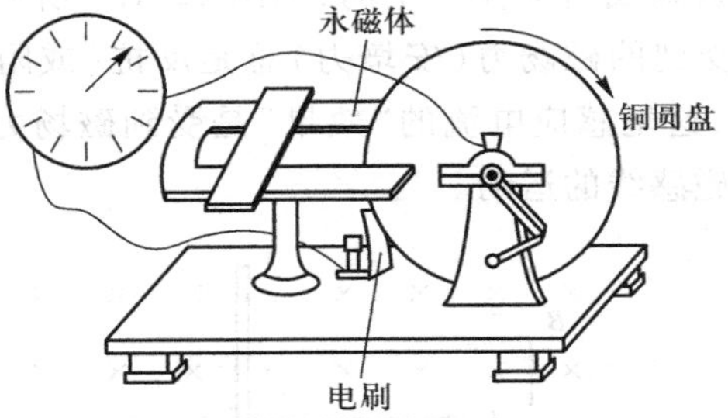

图 12.1.4

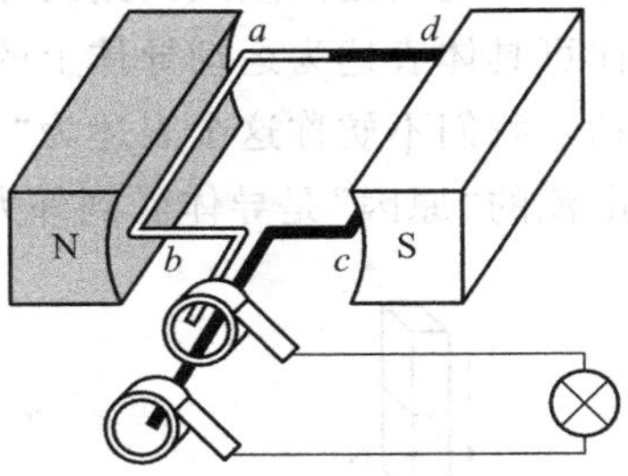

图 12.1.5

实际上发电机与电动机在机械结构原理上是完全对称的。发电机的原理是在固定磁场（定子）中转动线圈（转子）而获得感应电动势，而电动机的原理是在线圈中通入电流，利用磁场对电流的作用力来获得使线圈转动的机械力。一个是通过某种装置将机械运动转换为电动势（机械能转化为电能），另一个是通过某种装置持续地将电流与磁场的相互作用转换为机械力（电能转化为机械能）。

电磁感应现象的发现在实际应用方面有着更为重要的意义，电力、通信及信息产业的发展都与这一发现有着极为密切的关系。1831 年，法拉第在英国皇家学会报告电磁感应的研究成果，还做了铜盘实验。在场的一位女士感到很新奇，但又觉得这不过是一个简单的小玩意儿，她不明白法拉第这么辛苦和慎重究竟是为了什么，忍不住发问："先生，你发明这种玩意儿又有什么用呢？"法拉第沉思片刻，简短地回答道："夫人，新生的婴儿又有什么用呢？"这是一个绝妙的回答。科学创新是技术创新的前导和基础，在电磁感应定律的基础上，发电机、变压器等基础电力设备被制造出来，并且取得了快速进步和发展。法拉第的"婴儿"终于成长为一位"科学巨人"，推动了一次新的科学技术革命，为人类开创了电气化时代。

四、感应电动势的方向——楞次定律

法拉第的实验研究及其总结的"通量法则"给出了"感应电动势的大小与磁通量随时间的变化率成正比"的规律，但是感应电动势或感应电流的方向如何确定呢？

1834 年，俄国物理学家楞次（H. F. E. Lenz，1804—1865）在概括大量实验事实的基础上，总结出一条判断感应电动势或感应电流方向的规律，该定律称为楞次定律（Lenz's law）。

楞次定律是能量守恒定律在电磁感应现象中的具体体现。

正如勒夏特列原理是化学领域的惯性定律，楞次定律是电磁领域的惯性定律。勒夏特列原理、牛顿第一定律、楞次定律在本质上同属惯性定律。

楞次定律的具体描述如下：感应电流具有这样的方向，即感应电流产生的磁场总是要阻碍引起感应电流的磁通量的变化趋势。

楞次定律的表述可归结为感应电流引起的效果总是要反抗引起它的原因。如果导体回路上的感应电流是由穿过该回路的磁通量的变化引起的，如图 12.1.6 所示，那么楞次定律可具体表述为感应电流在回路中产生的磁通量总是反抗（或阻碍）原磁通量的变化。我们称这个表述为通量表述，这里感应电流的“效果”是在回路中产生了磁通量；而产生感应电流的“原因”则是“原磁通量的变化”。

如果感应电流是由组成回路的导体做切割磁感线运动而产生的，如图 12.1.7 所示，那么楞次定律可具体表述为运动导体上的感应电流受到的磁场力（安培力）总是反抗（或阻碍）导体的运动。我们不妨称这个表述为“力”的表述，这里感应电流的“效果”是受到磁场力；而产生感应电流的“原因”是导体受到外力而做切割磁感线的运动。

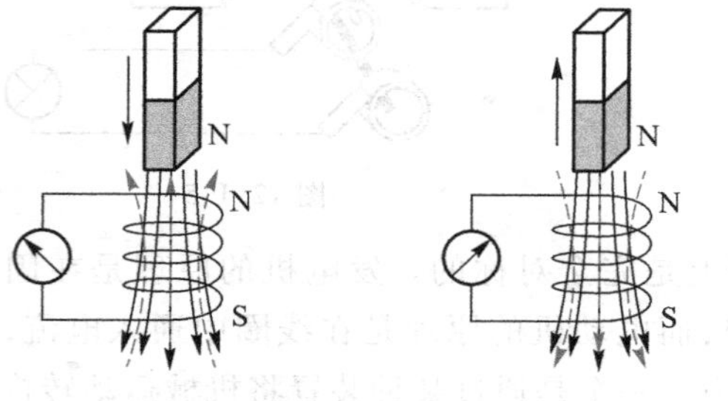

图 12.1.6

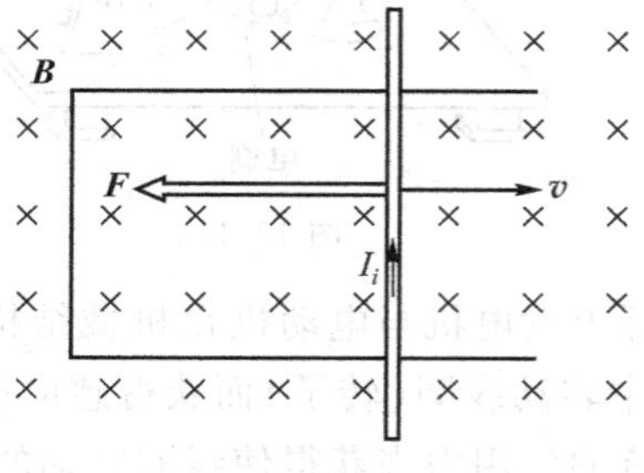

图 12.1.7

楞次定律可以有不同的表述方式，但其实质都相同，楞次定律的实质是产生感应电流的过程必须遵守能量守恒定律。如果感应电流的方向违背楞次定律，那么永动机就可以制成。

首先，如果感应电流在回路中产生的磁通量加强引起感应电流的原磁通量的变化，那么，一旦出现感应电流，引起感应电流的磁通量变化将得到加强，于是感应电流进一步增大，磁通量变化也进一步加强……感应电流在如此循环过程中不断增加直至无限。这样，便可从最初磁通量微小的变化（并在这种变化停止以后）得到无限大的感应电流，这显然是违反能量守恒定律的。楞次定律指出这是不可能的，感应电流的磁通量必须反抗引起它的磁通量变化，感应电流具有的以及消耗的能量，必须从引起磁通量变化的外界获取。要在回路中维持一定的感应电流，外界必须消耗一定的能量。如果磁通量的变化是由外磁场的变化引起的，要抵消从无到有建立感应电流的过程中感应电流在回路中产生的磁通量以保持回路中有一定的磁通量变化率，产生外磁场的励磁电流就必须不断增加与之相应的能量，该能量只能从外界不断补充。

其次，如果由组成回路的导体做切割磁感线运动而产生的感应电流在磁场中受的力（安培力）的方向与运动方向相同，那么感应电流受的安培力就会加快导体切割磁感线的运动，从而增大感应电流。如此循环，导体将不断加速，动能不断增大，电流的能量和在电路中损耗的焦耳热都不断增大，而在这个过程中却不需外界做功，这显然是违背能量守恒定律的。楞次定律指出这是不可能的，感应电流受的安培力必须阻碍导体的运动，因此要维持导体以一定速度做切割磁感线运动，在回路中产生一定的感应电流，外界就必然要反抗作用于感应电流上的安培力而做功。

最后，如果发电机转子绕组上的感应电流的方向，与做同样转动的电动机转子绕组上的电流方向相同，那么发电机转子绕组一经转动，产生的感应电流立即成了电动机电流，绕组将加速转动，结果感应电流进一步加强，转速进一步增加。如此循环，这个机器既是发电机，可输出越来越多的电能，又是电动机，可以对外做功，而不花任何代价（除使转子最初转动外），这显然是破坏能量守恒定律的永动机。楞次定律指出这是不可能的，发电机转子上的感应电流的方向应与转子做同样运动的电动机的电流的方向相反。

综上所述,楞次定律的任何表述都是与能量守恒定律一致的。“感应电流所引起的效果总是要反抗产生感应电流的原因”,其实质就是产生感应电流的过程必须遵守能量守恒定律。

拓展阅读:楞次及楞次定律

楞次

五、自感现象的发现

在法拉第开展“磁生电”的实验研究的同时,还有一些科学家也在开展这方面的研究工作,前面已经介绍了几位科学家的研究成果。这里特别要提到的是美国物理学家亨利(Joseph Henry,1797—1878)在1829年至1830年间的工作和重要发现。1829年8月,亨利在一次电磁铁的实验中意外发现,当通电导线中的电流突然切断时,产生了强烈的电火花,这实际上是人类首次发现螺线管的自感现象。1830年8月,亨利在实验中得到了与法拉第实验非常相近的现象,但由于种种原因他没有将实验进行下去,该现象的发现比法拉第还早了近一年的时间。亨利以“自感”(自感的单位即以他的名字“亨利”来命名)现象的发现而在科学发展史上留名。

发现自感现象的实验原理如图12.1.8所示,左边是一个绕有多匝线圈的铁芯——大型电磁铁,右边是给线圈提供电能的电池组 E 与开关K。灯泡D是用来演示自感现象的,类似于在闭合回路中检验是否有感应电流产生的电流计。当开关K接通时,在线圈回路中有电流产生,该电流在多匝线圈中产生了磁通量,于是在铁芯的开口空间产生了较强的磁场(由于铁芯的作用),与此同时回路中的灯泡D也由于存在电流而被点亮。当开关K断开时,回路中已经没有电池组 E 提供的电流,电磁铁中的磁场应该消失,灯泡D应该熄灭。这些应该是可以预见的。然而,出乎意料的是,随着开关K断开,灯泡D并没有马上熄灭,而是持续亮了一段时间后逐渐熄灭。这就是亨利当时发现却无法解释的现象,后来(1832年)亨利解释道:“当电流突然切断时,螺线管中的磁力线减少至零,这种磁场的迅速变化就在螺线管导线自身中产生感应电流并伴有电火花。”

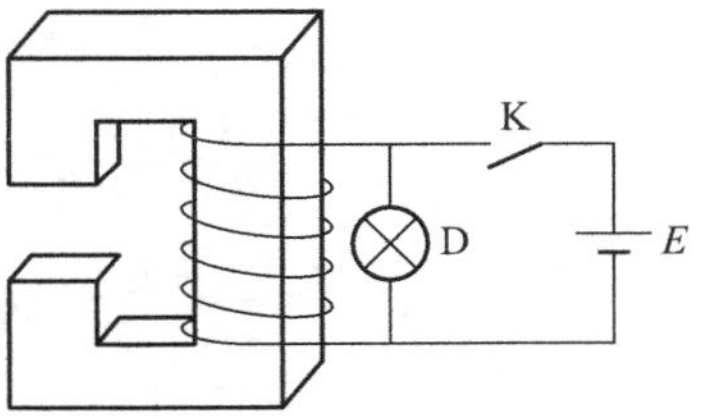

图12.1.8

实际上,今天在知道法拉第的“通量法则”及“楞次定律”的情况下我们很容易解释这个现象。当回路中的开关突然断开时,电磁铁线圈中的磁通量将由于回路中电流减小至零而发生变化，根据“通量法则”和“楞次定律”，在电磁铁线圈中将产生一个与原来电流方向相反的感应电动势，这个感应电动势产生的效果要抵抗线圈中磁通量的变化，我们把这种抵抗线圈磁通量变化的感应电动势称为“反”电动势。因此，这个“反”电动势就在回路中产生一个与原来电流方向相反的感应电流，正是这个感应电流使回路中的灯泡维持亮了一段时间，在“反”电动势产生的电能逐渐在灯泡上消耗殆尽后，灯泡就熄灭了。

在法拉第发表电磁感应研究成果之后，亨利经过进一步系统的实验研究将该实验现象总结成论文并发表出来。

现在我们对这种现象给出一个具体的定义：由于导体（线圈）本身电流的变化而产生的电磁感应现象称为自感现象。

当导体（线圈）中的电流发生变化时，它周围的磁场就随之变化，并由此产生磁通量的变化，因此在导体自身中就产生感应电动势，这个电动势总是阻碍导体中原来电流的变化，此电动势即自感电动势。这种现象就称为自感现象。

如果在单一导体线圈中存在变化的电流，在该电路中就会产生“反”电动势。这个“反”电动势作用于流动的电荷上以反抗磁场的变化，从而也处在反抗电流改变的方向上。它试图保持电流恒定不变，当电流增加时它与电流反向，当电流减少时它与电流同向。在自感中的电流具有某种“惯性”，因为电磁感应力图保持电流不变，正如机械惯性力图保持物体的运动状态不变一样。

自感现象在电工、无线电技术中应用广泛。自感线圈是交流电路或无线电设备的基本元件，它和电容器的组合具有阻碍电流变化的特性，可以稳定电路的电流。

自感现象有时非常有害，例如具有大自感线圈的电路断开时，因电流变化很快，会产生很大的自感电动势，导致击穿线圈的绝缘保护，或在电闸断开的间隙产生强烈电弧，可能烧坏电闸，如周围空气中有大量可燃性尘粒或气体还可能引起爆炸。

在图 12.1.8 中的灯泡 D 仅作为检测电磁铁自感是否产生“反”电动势的器件，实际上它也可作为避免“反”电动势对回路冲击的泄流器件，这种电路在实际使用中称为续流电路。现代的大型电力电子设备都要有类似的保护装置，以避免大自感设备产生的反向冲击电流对驱动电路的破坏。

拓展阅读：亨利及自感现象的发现

亨利

第二节 电磁感应定律的定量描述

前面通过对电磁感应实验现象——磁生电——的讨论，总结出感应电动势的定义及其产生的基本规律——通量法则；随后，对感应电动势方向的确定原则——楞次定律进行了较为系统的讨论。根据感应电动势的定义，它的数学描述可以写成

$$\mathscr{E}=\oint \boldsymbol{E}\cdot \mathrm{d}\boldsymbol{S} \tag{12.2.1}$$

其中，$\mathscr{E}$ 表示电动势。

根据通量法则，感应电动势的大小与磁通量随时间的变化率成正比，其方向总是由楞次定律决定，因此，

$$\mathscr{E}\propto -\frac{\mathrm{d}\Phi}{\mathrm{d}t} \tag{12.2.2}$$

其中，Φ 表示空间任一闭合回路给出的任一曲面的磁通量；负号表示感应电动势的方向总是与磁通量变化率的方向相反，这是由楞次定律决定的。

法拉第电磁感应定律的表述是任一回路中的感应电动势与通过该回路所包围面积的磁通量的时间变化率成正比，即

$$\mathscr{E}=-K\frac{\mathrm{d}\Phi}{\mathrm{d}t}$$

这一形式的定律是匈牙利数学家诺伊曼（F. E. Neumann，1798—1895）于 1845 年给出的，式中的负号反映感应电动势的方向同楞次定律决定的方向一致。

人们经过大量的实验研究发现，上式中的系数 K 在合适的单位制（国际单位制）下可以取为“1”而不影响整个规律的准确性。

如果选定空间任一闭合回路的任一曲面的面积为 S，那么通过该曲面的磁通量可以描述为

$$\Phi=\oint_{S}\boldsymbol{B}\cdot\hat{\boldsymbol{n}}\mathrm{d}a \tag{12.2.3}$$

综合式（12.2.1）、式（12.2.2）和式（12.2.3），在任一闭合回路中产生的感应电动势为

$$\oint\boldsymbol{E}\cdot\mathrm{d}\boldsymbol{S}=-\frac{\mathrm{d}}{\mathrm{d}t}\left(\oint_{S}\boldsymbol{B}\cdot\hat{\boldsymbol{n}}\mathrm{d}a\right) \tag{12.2.4}$$

对上式左边应用斯托克斯定理，并整理右边，可得

$$\oint_{S}(\boldsymbol{\nabla}\times\boldsymbol{E})\cdot\hat{\boldsymbol{n}}\mathrm{d}a=-\oint_{S}\frac{\mathrm{d}\boldsymbol{B}}{\mathrm{d}t}\cdot\hat{\boldsymbol{n}}\mathrm{d}a \tag{12.2.5}$$

如果上式对空间任一闭合曲线及由该曲线边界确定的任一曲面都成立，并考虑到磁场是空间和时间的函数，那么可以将上述被积函数从积分号中提出来，得到其微分方程：

$$\boldsymbol{\nabla}\times\boldsymbol{E}=-\frac{\partial\boldsymbol{B}}{\partial t} \tag{12.2.6}$$

这就是慢时变电磁场中的电场与磁场的转换关系——法拉第电磁感应定律，也可以说是“通量法则”的定量描述及其数学表达式。式（12.2.5）是其积分形式，而式（12.2.6）是其微分

形式。

作用在电荷上的力,本质上都是由 $\boldsymbol{F}=q(\boldsymbol{E}+\boldsymbol{v}\times\boldsymbol{B})$ 给出的,并没有什么新的"由于磁场变化而产生的力"。任何作用于固定导线中的静止电荷上的力都来自电场 $\boldsymbol{E}$。法拉第通过实验研究发现电场和磁场是由一个新的规律联系起来的:在一个磁场正在随时间变化的空间里,电场产生了。正是这一电场驱使电子围绕导线移动。因此,当磁通量变化时,在固定电路中将引起感应电动势。

下面我们将通过一些具体的实例,对通量法则的物理过程及感应电动势的定量描述做进一步系统的研究。

一、动生电动势——磁场中运动的导体

根据感应电动势的定义,我们看一下图 12.2.1 所示的在均匀磁场中运动的导体的情况。导体棒(b)在导体(a)构成的导轨上以速度 $\boldsymbol{v}$ 运动,导体棒(b)与轨道形成一个闭合回路系统,如果将该系统置于一个垂直于纸面向外的均匀磁场 $\boldsymbol{B}$ 中,那么按照通量法则,当导体棒(b)运动时在该回路中将产生感应电动势,并且感应电动势与穿过该回路的磁通量的变化率成正比。同时,感应电动势将在回路中引起感应电流。我们假定导轨的电阻很大,以至于感应电流很小,于是可以忽略感应电流产生的磁场。

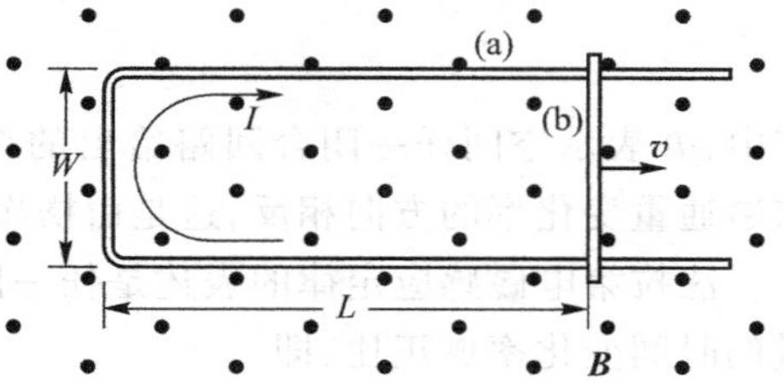

图 12.2.1

在某一时刻 t,导体棒(b)到导轨底边的距离为 L,导轨底边的长度为 W,穿过该回路的磁通量为 WLB,该回路的感应电动势由通量法则给出:

$$\mathscr{E}=\frac{\mathrm{d}(WLB)}{\mathrm{d}t}=WB\frac{\mathrm{d}L}{\mathrm{d}t}=WBv \tag{12.2.7}$$

其中,v 为导体棒(b)的移动速率。

我们换一个思路,当导体棒(b)在磁场中运动时,它上面的电荷就具有了与它运动方向相同的速度,根据运动电荷在磁场中受力的原则,力沿着导体棒的方向,而导体棒上单位电荷所受的力为 $\boldsymbol{v}\times\boldsymbol{B}$,由于运动方向与磁场方向垂直,所以单位电荷所受的力的大小为 vB。在沿导体棒的方向上这个力是恒定的,而在别的地方这个力为零,因此电动势(沿导体棒长度的积分)为

$$\mathscr{E}=WBv$$

这与式(12.2.7)给出的结果相同。

我们看一下更一般的情况,即一根孤立的导体棒在均匀磁场中运动的情况。如图 12.2.2(a)所示,在参考系 F 中,导体棒沿着 x 轴方向,其运动速度沿着 y 轴正方向,空间均匀磁场沿着 z 轴正方向。导体棒内的电荷将受到一个磁场力,假设导电的电荷是正电荷,则正电荷所受的力如图 12.2.2(b)所示,

$$\boldsymbol{F}=q\boldsymbol{v}\times\boldsymbol{B}$$

在导体棒的一端(即 x 轴正方向)累积正电荷,在另一端累积负电荷。

实际上,无论在导体棒中移动的是正电荷还是负电荷,结果都是一样的。当导体棒匀速运

动时,就会有一个洛伦兹力 $\boldsymbol{F}$ 作用在传导电荷 q 上,使其向导体棒两端运动。最后,导体棒内的电荷停止运动而达到一个稳定的状态,即由电荷在导体棒两端累积而产生的电场 $\boldsymbol{E}$ 作用于电荷 q 上的静电力与洛伦兹力 $\boldsymbol{F}$ 达到平衡,

$$\boldsymbol{F}=-q\boldsymbol{E}$$

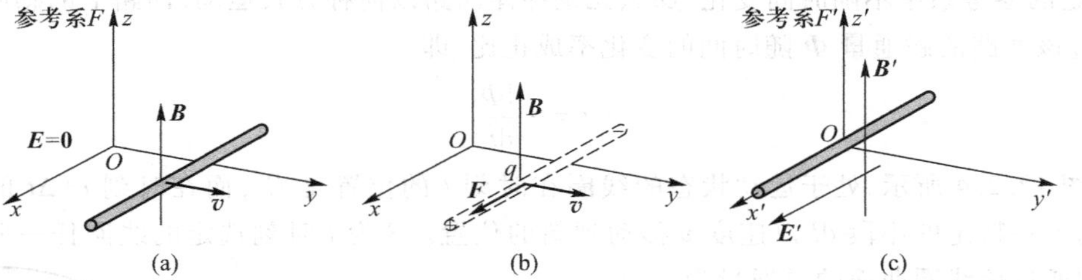

图 12.2.2

这种电荷的分布在导体棒内部产生电场,在导体棒外部也产生一个电场。如果另外有导体与这个运动的导体棒构成一个闭合回路,那么这个运动的导体棒会成为在导体回路内产生电流的"电源",即单位电荷所受的洛伦兹力沿导体棒的积分就是回路中的感应电动势。

在与导体棒一起运动的坐标系 F' 中,如图 12.2.2(c)所示,导体棒是静止的,因此没有洛伦兹力存在。根据坐标系变换下场的相对论转换规则,由于在 F 系中电场 $\boldsymbol{E}=\boldsymbol{0}$,所以在 F' 系中,

$$\boldsymbol{E}'=\boldsymbol{v}\times\boldsymbol{B}'$$

其中,$\boldsymbol{v}$ 是 F' 系相对于 F 系的速度。F' 系中的磁场为 $\boldsymbol{B}'=\gamma\boldsymbol{B}$。

在慢时变条件下,即运动坐标系的速度 v 与光速 c 相比很小,$\gamma\to1$,就有 $\boldsymbol{B}'\approx\boldsymbol{B}$。因此,在 F' 系中的观察者看到的事件与在 F 系中的观察者看到的事件相同,都是导体内电荷在电场作用下移动而产生的效应。在 F 系中的观察者认为,导体棒内存在一个电场 $\boldsymbol{E}$,它使电荷移动而最后达到平衡;在 F' 系中的观察者认为,空间中存在一个电场 $\boldsymbol{E}'$,它使导体棒内部电荷移动并在静电场中达到"静电"平衡。因此,从坐标系变换的角度可以看出,推动电荷运动的力本质上都源于电场。

二、感生电动势——导体回路中的磁通量变化

由法拉第的通量法则,感应电动势可以描述成

$$\mathscr{E}=-\frac{\partial}{\partial t}\left(\oint_{S}\boldsymbol{B}\cdot\widehat{\boldsymbol{n}}\mathrm{d}a\right)$$

其中括号内的部分就是磁通量的定义式。因此,磁通量随时间变化将取决于两种情况。第一种情况:回路面积的法向与磁场的相对位置保持不变而磁场随时间变化(如自感的有关情形等);第二种情况:磁场相对稳定而回路的相对有效面积(即回路面积在磁场方向上的分量)随时间变化(既可以是回路形状随时间变化,也可以是回路与磁场的空间相对位置随时间变化——如交流发电机等)。

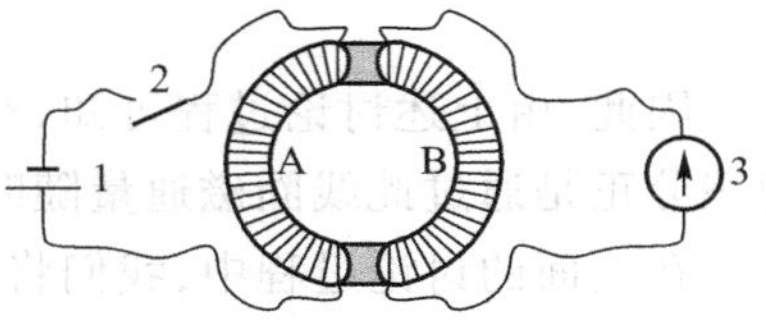

图 12.2.3

我们先看一下第一种情况。如图 12.2.3 所示的情形

是法拉第通量法则最为典型的情况，即如果在线圈 A 中的电流变化导致磁通量发生变化，那么线圈 B 中的磁通量也发生同样的变化并伴有感应电流产生——即感应电动势与磁通量随时间的变化率成正比。

对于第二种情况，我们不做具体实验例子的讨论，而给出一个具有普遍性的讨论。如果磁场在给定的参考系中不随时间变化，那么无论导体回路以何种方式运动，回路上的感应电动势 $\mathscr{E}$ 与穿过该回路的磁通量 $\boldsymbol{\Phi}$ 随时间的变化率成正比，即

$$\mathscr{E}=-\frac{\mathrm{d}\boldsymbol{\Phi}}{\mathrm{d}t}$$

如图 12.2.4 所示，处于运动状态的线圈在时刻 t 的位置是 C_1，而在时刻 $t+\Delta t$ 的位置是 C_2，线圈上一特定的小段 $\mathrm{d}l$ 以速度 $\boldsymbol{v}$ 移动到新的位置。S 为 t 时刻选定的线圈任一曲面的面积，此刻通过该线圈曲面的磁通量为

$$\boldsymbol{\Phi}(t)=\oint_S \boldsymbol{B}\cdot\hat{\boldsymbol{n}}\mathrm{d}a$$

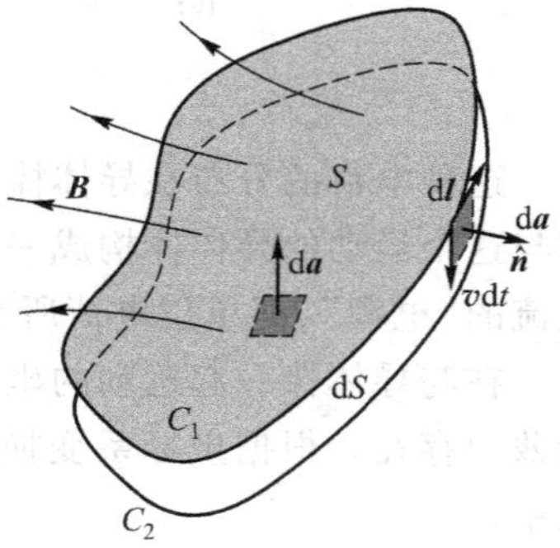

图 12.2.4

磁场 $\boldsymbol{B}$ 在参考系中是静止且不变的。在时刻 $t+\Delta t$，原来选定的线圈的任一曲面 S 的“有效面积”扩张了 $\mathrm{d}S$（注意，我们可以用任意涵盖此线圈的曲面来计算磁通量），那么磁通量为

$$\boldsymbol{\Phi}(t+\Delta t)=\oint_{S+\mathrm{d}S}\boldsymbol{B}\cdot\hat{\boldsymbol{n}}\mathrm{d}a=\boldsymbol{\Phi}(t)+\oint_{\mathrm{d}S}\boldsymbol{B}\cdot\hat{\boldsymbol{n}}\mathrm{d}a$$

因此，在时间 $\mathrm{d}t$ 内磁通量的变化量为通过小面积元 $\mathrm{d}S$ 的通量 $\mathrm{d}\boldsymbol{\Phi}$，即

$$\mathrm{d}\boldsymbol{\Phi}=\boldsymbol{\Phi}(t+\Delta t)-\boldsymbol{\Phi}(t)=\oint_{\mathrm{d}S}\boldsymbol{B}\cdot\hat{\boldsymbol{n}}\mathrm{d}a$$

在边缘处，面积元可以写为 $(\boldsymbol{v}\mathrm{d}t)\times\mathrm{d}\boldsymbol{l}$，该叉积的大小 $v\mathrm{d}t\mathrm{d}l\sin\theta$ 为该面积元的面积，叉积的方向为面积元的法线方向。因此，在 $\mathrm{d}S$ 上的积分可以写成如下沿着线圈回路 C 的积分：

$$\mathrm{d}\boldsymbol{\Phi}=\oint_{\mathrm{d}S}\boldsymbol{B}\cdot\hat{\boldsymbol{n}}\mathrm{d}a=\oint_C\boldsymbol{B}\cdot[(\boldsymbol{v}\mathrm{d}t)\times\mathrm{d}\boldsymbol{l}]$$

上式积分中 $\mathrm{d}t$ 为常量，可以将其单独提出，即

$$\frac{\mathrm{d}\boldsymbol{\Phi}}{\mathrm{d}t}=\oint_C\boldsymbol{B}\cdot(\boldsymbol{v}\times\mathrm{d}\boldsymbol{l})$$

利用矢量运算法则，$\boldsymbol{a}\cdot(\boldsymbol{b}\times\boldsymbol{c})=-(\boldsymbol{b}\times\boldsymbol{a})\cdot\boldsymbol{c}$，上式可以写为

$$\frac{\mathrm{d}\boldsymbol{\Phi}}{\mathrm{d}t}=-\oint_C(\boldsymbol{v}\times\boldsymbol{B})\cdot\mathrm{d}\boldsymbol{l}$$

上式右边是单位电荷所受的力 $(\boldsymbol{v}\times\boldsymbol{B})$ 对回路 C 的积分，这正是电动势的定义，因此，

$$\mathscr{E}=-\frac{\mathrm{d}\boldsymbol{\Phi}}{\mathrm{d}t}$$

因此，由上述讨论过程可知，对于任意形状和运动状态的回路，单位电荷所受的力沿回路的积分正是通过此线圈磁通量随时间的变化率。

在上面的讨论过程中，我们将感应电动势人为地分成了动生电动势和感生电动势，其实二者在本质上是相同的。

关于“通量法则”的讨论,没有谁比费曼讲得更清楚了。费曼说:“‘通量法则’——电路中的电动势等于穿过该电路磁通量的变化率——无论由磁场变化产生还是由电路运动(或二者兼有)所引起的磁通量变化都适用。在该法则的表述中这两种可能性——“电路移动”或“磁场变化”——不能加以区别。然而在我们对该法则的解释中,对于这两种情况已经用了两条完全不同的定律——在“电路移动”中用 $\boldsymbol{v}\times\boldsymbol{B}$,而在“磁场改变”中则用 $\nabla\times\boldsymbol{E}=-\partial\boldsymbol{B}/\partial t$。

我们知道,在物理学的其他领域里还没有一个这么简单而又准确的普遍原理,为了真正理解它需要依据两种不同现象的分析。通常,这么一个优异的普遍性总是发源于一个单一而又深刻的基本原理。然而,在我们这种情况下一点没有这样的深刻的含义。因此,我们得把这个“法则”理解为两种完全独立现象的组合效应。

一般来说,对单位电荷的作用力为 $\boldsymbol{F}/q=\boldsymbol{E}+\boldsymbol{v}\times\boldsymbol{B}$。在移动导线时,有一个来自第二项的力。并且,如果某处有变化着的磁场,那么该处也有一个电场。它们是两个独立效应,但环绕该导线回路的电动势始终等于穿过其中的磁通量的变化率。”

第三节　电磁感应定律的应用

一、变压器

电磁感应定律最直接的应用就是变压器。

法拉第关于“磁生电”的实验研究最重要的特征之一就是在一个线圈内变化的电流可以在另一个线圈中感应出电动势,并且该感应电动势等于穿过该线圈的磁通量随时间的变化率。根据这一原理,人们直接构造了一个称为“变压器”的设备。

变压器的原理如图 12.3.1 所示。其结构由铁芯(或磁芯)和线圈组成,线圈有两个或两个以上的绕组,其中接交流电源的绕组叫初级线圈,其余的绕组叫次级线圈。它可以变换交流电压、电流和阻抗。

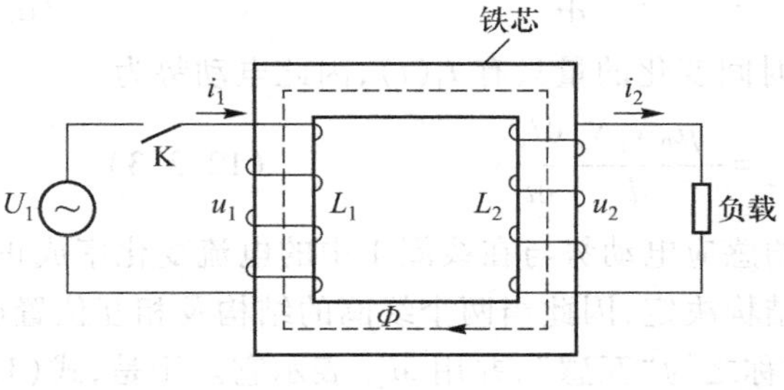

图 12.3.1

当开关 K 接通后,初级线圈中就有了交变的电流并在线圈 L_1 中产生一个交变的磁通量,这个交变的磁通量通过“铁芯”的传导进入次级线圈 L_2 中,因此,在次级线圈 L_2 中就有了一个产生交变电动势的变化的磁通量。次级回路中的负载如果是一个灯泡,就可以看到灯泡被点亮。而且灯泡会随着次级线圈 L_2 的匝数 N_2 的增多而变亮,这说明次级线圈 L_2 中相同的磁通量变化率在次级回路中产生了大小不同的电动势。这个现象可以通过电动势的定义来理解:

磁通量的变化在每一匝线圈（相当于一个闭合回路）中感应一个电动势，而多匝线圈的电动势就等于这些电动势的叠加；换句话说，线圈匝数越多，单位电荷所受的力沿闭合回路积分的路径就越长，电动势就越大。实际上，初级线圈中的磁通量也可以通过增加匝数 N_1 而变大。因此，我们可以通过调节初级与次级线圈的匝数比来调节变压器的功能。N_1/N_2（或写成 $N_1:N_2$）称为变压器的变比。

综上所述，变压器是利用电磁感应的原理来改变交流电压性质的装置，其主要构件是初级线圈、次级线圈和铁芯（磁芯）。它的主要功能有电压变换、电流变换、阻抗变换、隔离、稳压（磁饱和变压器）等。

二、互感与互易定理

拓展阅读：变压器的发展历史

1. 互感现象及其定义

当一个线圈中的电流发生变化时，在临近的另一个线圈中产生感应电动势，这种现象叫做互感现象。这是法拉第电磁感应定律最基本的特征。实际上，导致变压器起作用的基本效应就是互感效应。

下面通过一个简单实验讨论一下不同线圈之间的互感效应及其定量描述。

互感的物理机制可以用如图 12.3.2 所示的两个线圈加以说明。当线圈 1 中通入随时间变化的电流 $I_1(t)$ 时，在线圈 1 中就产生一个随时间变化的磁场 $B_1(t)$，如果是慢时变的电流，我们就可以用螺线管中的磁场来表达随时间变化的磁场 $B_1(t)$，即

$$B_1(t)=\mu_0\frac{N_1I_1(t)}{l} \tag{12.3.1}$$

其中，N_1 是线圈 1 的匝数，l 是线圈 1 的长度。

如果令线圈 1 的截面积为 S，线圈 2 的匝数为 N_2，则线圈 2 中产生的感应电动势为

$$\mathscr{E}_2=-N_2S\frac{\mathrm{d}B_1}{\mathrm{d}t} \tag{12.3.2}$$

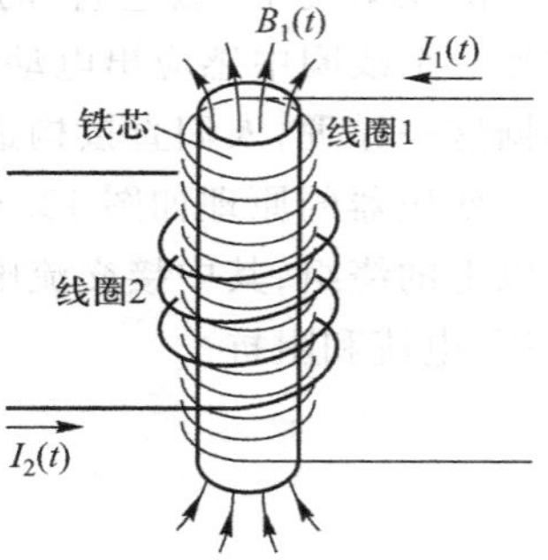

图 12.3.2

在式（12.3.1）中随时间变化的量只有 $I_1(t)$，因此电动势为

$$\mathscr{E}_2=-\frac{\mu_0N_1N_2}{l}\frac{\mathrm{d}I_1}{\mathrm{d}t} \tag{12.3.3}$$

我们看到线圈 2 中的感应电动势与在线圈 1 中的电流变化率成正比。其余的比例常量基本上由两个线圈的几何结构决定，因此当两个线圈的结构及相互位置确定之后，这个比例常量也将随之确定，我们通常称之为“互感”，并用 M_{21} 表示它。于是，式（12.3.3）可以写成

$$\mathscr{E}_2=M_{21}\frac{\mathrm{d}I_1}{\mathrm{d}t} \tag{12.3.4}$$

同理，我们可以通过改变线圈 2 中的电流在线圈 1 中获得感应电动势，将它写成

$$\mathscr{E}_1=M_{12}\frac{\mathrm{d}I_2}{\mathrm{d}t} \tag{12.3.5}$$

按照上面的推导方式，要计算出 M_{12} 的表达式可能有一点困难，但是下面我们将讨论并证明：$M_{12}=M_{21}$。这就是电磁学中的互易定理。

2. 互易定理

假设有两个任意闭合回路线圈 1 和 2,如图 12.3.3 所示,现在我们计算二者之间的互感。根据法拉第电磁感应定律,线圈 1 中的感应电动势可以写成如下形式:

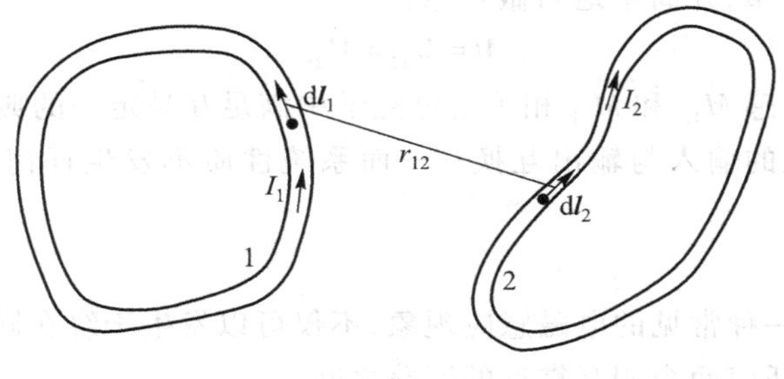

图 12.3.3

$$\mathscr{E}_1=-\frac{\mathrm{d}}{\mathrm{d}t}\oint_{(1)}\boldsymbol{B}\cdot\hat{\boldsymbol{n}}\mathrm{d}a \tag{12.3.6}$$

式中,$\boldsymbol{B}$ 为线圈 2 中的电流在线圈 1 中产生的磁场,积分是对以电路 1 为边界的任一曲面进行的。利用矢势的概念及斯托克斯定理,式(12.3.6)右边的磁通量可以写成

$$\oint_{(1)}\boldsymbol{B}\cdot\hat{\boldsymbol{n}}\mathrm{d}a=\oint_{(1)}(\boldsymbol{\nabla}\times\boldsymbol{A})\cdot\hat{\boldsymbol{n}}\mathrm{d}a=\oint_{(1)}\boldsymbol{A}\cdot\mathrm{d}\boldsymbol{l}_1 \tag{12.3.7}$$

式中,$\boldsymbol{A}$ 代表矢势,$\mathrm{d}\boldsymbol{l}_1$ 则是回路 1 的一个线元。该积分必定环绕回路 1 进行。因此,在线圈 1 中的感应电动势可以写成

$$\mathscr{E}_1=-\frac{\mathrm{d}}{\mathrm{d}t}\oint_{(1)}\boldsymbol{A}\cdot\mathrm{d}\boldsymbol{l}_1 \tag{12.3.8}$$

我们知道,回路 1 的矢势是由回路 2 中的电流感应产生的,于是这个矢势可以写成环绕回路 2 的线积分:

$$\boldsymbol{A}=\frac{\mu_0}{4\pi}\oint_{(2)}\frac{I_2\mathrm{d}\boldsymbol{l}_2}{r_{12}} \tag{12.3.9}$$

式中,I_2 代表回路 2 中的电流,而 r_{12} 是从回路 2 中的线元 $\mathrm{d}\boldsymbol{l}_2$ 到回路 1 上我们正在计算矢势的那一点的距离,如图 12.3.3 所示。因此,回路 1 中的感应电动势可以表达成一个双重积分:

$$\mathscr{E}_1=-\frac{\mu_0}{4\pi}\frac{\mathrm{d}}{\mathrm{d}t}\oint_{(1)}\oint_{(2)}\frac{I_2\mathrm{d}\boldsymbol{l}_2}{r_{12}}\cdot\mathrm{d}\boldsymbol{l}_1 \tag{12.3.10}$$

上式中的积分全都是对于固定回路进行的,唯一与积分无关的变量只有电流 I_2。因此,我们可以把它提到两个积分号之外,于是电动势可以写成

$$\mathscr{E}_1=M_{12}\frac{\mathrm{d}I_2}{\mathrm{d}t} \tag{12.3.11}$$

其中,系数 M_{12} 为

$$M_{12}=-\frac{\mu_0}{4\pi}\oint_{(1)}\oint_{(2)}\frac{\mathrm{d}\boldsymbol{l}_2\cdot\mathrm{d}\boldsymbol{l}_1}{r_{12}} \tag{12.3.12}$$

从这个积分可以看出,M_{12} 取决于回路的几何结构,它还依赖于两个回路的一种平均间

距，在这个平均过程中，对两线圈互相平行的那些节段必须加权。式(12.3.12)可以用来计算两个任意形状回路间的互感。并且，它表明 M_{12} 的积分与 M_{21} 的积分相同。因此，我们已经证明了这两个系数是相等的。对于只含有两个线圈的系统，这两个系数 M_{12} 和 M_{21} 常常被表示成没有任何下标的符号 M，并简单地叫做互感：

$$M = M_{12} = M_{21} \tag{12.3.13}$$

两个回路之间的互感 M_{12} 和 M_{21} 相等是电磁学中满足互易定理的典型例子。这种回路系统更换角标——即系统的输入与输出互换——而系统性质不发生任何变化的性质称为互易定理。

3. 自感与磁能

由此可见，互感是一种常见的电磁感应现象，不仅可以发生于绕在同一铁芯上的两个线圈之间，而且可以发生于任何两个相互靠近的回路之间。

前面我们讨论了任意两个回路之间的互感现象，其实这种感应也会发生在自身，这就是前面亨利讨论过的自感效应。下面我们将定量讨论自感电动势产生的规律。我们还是以如图12.3.3所示的回路系统为例，回路2中的电流变化在回路1中引起的感应电动势可以称为互感电动势。但是当电流 I_2 变化时，同样要在回路2中产生磁通量的变化，因此在回路2中同样要引起感应电动势。尽管磁通量的变化源于自身电流 I_2 的变化，但是电磁感应定律还是成立的：

$$\mathscr{E}_{22} = -\frac{\mathrm{d}\Phi_{22}}{\mathrm{d}t} \tag{12.3.14}$$

其中，$\mathscr{E}_{22}$ 为回路2中电流 I_2 变化对回路2自身产生的感应电动势，称为自感电动势；Φ_{22} 为回路2中电流 I_2 所产生的磁场穿过回路2的磁通量。由于 Φ_{22} 与电流 I_2 成正比，且公式中仅有电流 I_2 是随时间的变化量，所以式(12.3.14)可以改写成

$$\mathscr{E}_{22} = -L_2\frac{\mathrm{d}I_2}{\mathrm{d}t} \tag{12.3.15}$$

其中，L_2 是仅与系统几何结构有关的常量，称为回路2的自感。

对于回路1存在同样的情况，即电流 I_1 的变化也会在回路1自身感应出自感电动势 $\mathscr{E}_{11}$。

由于这种感应是源于回路自身的，因此即使只有一个线圈，自感电动势依然存在，而且自感电动势将正比于其中电流的变化率。我们通常把单个线圈的自感电动势写成

$$\mathscr{E} = -L\frac{\mathrm{d}I}{\mathrm{d}t} \tag{12.3.16}$$

其中，负号表明该电动势反抗电流的变化——故称之为“反电动势”；而 L 称为该电路的自感。

对于具有自感 L(实际上，每一个可以称为“线圈”的系统都会有自感，这是它的本征性质)的螺线管线圈，当外界电源企图在其内部建立磁场时，螺线管线圈中电流的建立是一个渐变的过程，因此电流达到稳定值需要一定的时间。假设在建立的过程中的电流为 $i(t)$，螺线管线圈中的电流要从零增大到某一个稳定的值 I，在这个过程中由于电流的变化，线圈中将产生自感电动势，外界电源不但要克服线圈电阻焦耳热的损耗，还要抵抗自感电动势而做功。接下来，我们计算一下在螺线管线圈电流建立的过程中外界电源抵抗自感电动势所做的功。在 $\mathrm{d}t$ 时间内，电源抵抗自感电动势建立磁场所做的功可以写成

$$dW=\mathscr{E}_{源}\, i(t)\, dt \tag{12.3.17}$$

其中，$\mathscr{E}_{源}$ 为外界电源的电动势，$i(t)$ 为螺线管线圈中的电流。

我们注意到

$$\mathscr{E}_{源}=-\mathscr{E}_L=L\frac{di}{dt} \tag{12.3.18}$$

因此，

$$dW=Li(t)\, di \tag{12.3.19}$$

因此，在螺线管线圈建立电流（即建立磁场）的过程中，外界电源抵抗自感电动势所做的功为

$$W=\int_0^I dW=\int_0^I Li(t)\, di=\frac{1}{2}LI^2 \tag{12.3.20}$$

这部分功以能量的形式存储在螺线管内部空间的磁场中。与电场（比如电容空间中的电场）类似，磁场（螺线管中的磁场）也局域地存储能量。当螺线管中的电流达到恒定值 I 时，其中磁场的能量也达到最大值，如果要在螺线管中持续维持这样一个磁场，外界电源就要不间断地提供电能。那么，恒定电流产生的磁场空间中的能量是如何表述的呢？实际上，恒定电流在螺线管空间产生的磁场与恒定电流在其他自由空间产生的磁场相比，二者的性质是完全相同的。因此，下面我们将讨论在自由空间的磁场能量的性质。恒定电流分布的磁能表示式为

$$U=\frac{1}{2}\int \boldsymbol{J}\cdot\boldsymbol{A}\, dV \tag{12.3.21}$$

式中，$\boldsymbol{J}$ 是电流密度矢量，$\boldsymbol{A}$ 是空间磁场的矢势。我们像计算电场空间的能量那样去考察磁场空间的能量，同时像利用高斯定理来替换电荷体密度而计算电场能量那样，用安培环路定理的微分表达式来替换电流密度矢量，则

$$\boldsymbol{J}=\frac{\nabla\times\boldsymbol{B}}{\mu_0} \tag{12.3.22}$$

将式（12.3.22）代入式（12.3.21），可得

$$U=\frac{1}{2\mu_0}\int(\nabla\times\boldsymbol{B})\cdot\boldsymbol{A}\, dV \tag{12.3.23}$$

现在我们假定，所关注的系统空间中电流及磁场都是有限的，因此在无限远处所有的场都趋于零。如果这些积分是对全部磁场空间进行的，式（12.3.23）就可以写成

$$U=\frac{1}{2\mu_0}\int \boldsymbol{B}\cdot(\nabla\times\boldsymbol{A})\, dV \tag{12.3.24}$$

利用 $\boldsymbol{B}=\nabla\times\boldsymbol{A}$，则上式可以写成

$$U=\frac{1}{2\mu_0}\int \boldsymbol{B}\cdot\boldsymbol{B}\, dV \tag{12.3.25}$$

因此，自由空间磁场的能量密度为

$$u=\frac{1}{2\mu_0}B^2 \tag{12.3.26}$$

与空间电场的能量密度类比，我们可以得出这样的结论：磁场的能量同样局域在磁场存在

的空间里，所关注的空间场点的单位体积的能量与该点的磁感应强度的平方成正比。

三、交流发电机

法拉第对电磁学的第二大贡献就是发电机的发明。

交流发电机的原理如图 12.3.4(a)所示。其中，永久磁铁提供了一个局域空间的恒定磁场，矩形的导体线圈可以在其中绕固定轴旋转。由于线圈转动，穿过它的磁通量将发生周期性变化，因此，在线圈所在的回路中就会引起交变的感应电动势。

在图 12.3.4(b)所示的交流发电机原理图(剖面图)中，假设固定空间中(定子)磁感应强度为 $\boldsymbol{B}$，在磁场中转动的线圈(转子)平面的面积为 S，线圈平面的法向与磁场方向的夹角为 θ，则在某一时刻 t 穿过线圈 $abcd$ 的磁通量为

$$\Phi = BS\cos\theta \qquad (12.3.27)$$

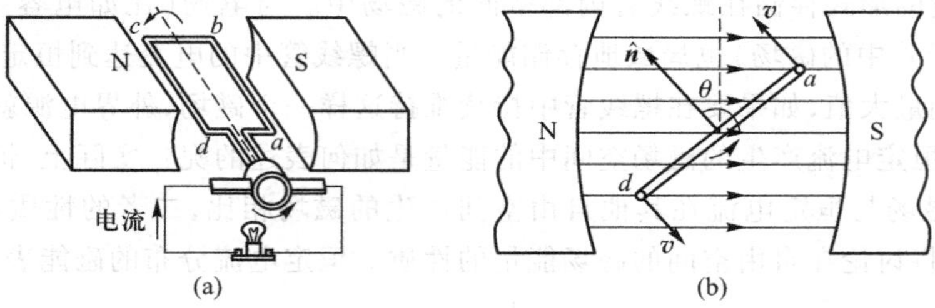

图 12.3.4

若线圈以匀角速度 ω 转动，则夹角 θ 随时间变化，变化关系为 $\theta=\omega t$。

每匝线圈中的感应电动势就等于磁通量随时间的变化率。若线圈有 N 匝，则感应电动势将增大 N 倍，于是转动线圈(转子)中的感应电动势为

$$\mathscr{E} = -N\frac{\mathrm{d}}{\mathrm{d}t}(BS\cos\omega t) = NBS\omega\sin\omega t \qquad (12.3.28)$$

如果将连接负载[图 12.3.4(a)中的灯泡]的导线引到空间磁场为零的地方(目前，发电机的磁屏蔽做得很好，因此在其外面附近基本上没有恒定磁场 $\boldsymbol{B}$ 的影响)，或那里的磁场不随时间变化，即电场的旋度为零，我们就可以在那里定义一个电势。实际上，若没有电流从发电机中引出，则两根导线之间的电势差 V 等于该旋转线圈的电动势，即

$$V = NBS\omega\sin\omega t = V_0\sin\omega t \qquad (12.3.29)$$

可以看出，两根导线之间的电势差 V 随 $\sin\omega t$ 变化，这种随正弦函数变化的电势差称为简谐交变电压。其中，V 称为交变电压的瞬时值；V_0 称为交变电压的峰值；ω 称为交变电压的频率，即电动势在 1 s 内变化的次数。目前，世界各国的生活、工业用交流电的频率多为 50~60 Hz，也就是每隔 1/50~1/60 s 交变电压完成一次变换——恢复最初的大小和方向。

因此，在慢时变电磁场中，我们可以利用时不变电磁场中相关的定律或定理来分析其中的物理过程，而不致产生太大的误差。

由式(12.3.29)可以看出，交变电压就是两根导线终端的电势差。也就是说，如果在空间存在一定形式的“静电势”，那么这两根导线间一定存在某种形式的“静电场”，因此这两根导线一定“带电”。实际上，转动线圈中的电动势已经将导线内的某些电荷不断推到导线的终端

(发电机导线的接出端子),以至于在此处产生了电荷的累积并形成了某种形式的“静电场”。当该电场增大到足以抵消线圈内的感应力时,两根导线之间的电势差就达到了最大值,即峰值 V_0。两根“带电”的导线就像在静电场中一样具有电势差 V,而两根导线所带的电荷量(由电动势充到导线终端)是随时间变化的,因此可以给出随时间变化的电势差——交变电压。

当发电机接到某一负载回路[如图 12.3.4(a)所示]时,其两端的交变电压并不发生变化,没有像静电场中的带电体那样发生放电。其原因就是转动线圈中的感应电动势不断将电荷送到导线终端以维持其电势差保持不变。另外,当发电机形成负载回路时,转动线圈中就有了感应电流,而该电流在定子的恒定磁场中受到安培力的作用,该安培力阻碍线圈转动。因此,发电机为了持续输出稳定的交变电压,抵抗安培力而持续发电,必须依靠外界的能量输入以克服安培力的力矩而做功。发电机实际上就是利用电磁感应现象将机械能转化为电能的一种设备。

在实际应用过程中,交流发电机需要采用集流环或电刷将电能接引出来,但是当发电机的输出功率——输出电流和电压的乘积——很大时,这种方法就出现了很多的问题。因此,人们通常采用与我们刚刚讨论的发电机结构相反的设计,即让线圈固定而恒定磁场转动——原来的“转子”和“定子”互换——从而达成同样的效果。这也是电磁学中互易定理应用的一个实例。

四、感应电场及感应电流

1. 感应电场——涡旋电场

1861 年,麦克斯韦对法拉第发现的变化的磁场产生感应电场这一现象进行了深入分析,敏锐地认识到,即使不存在导体回路,变化的磁场也会在周围空间激发出一种电场。这种电场的性质不完全与由静止电荷激发的静电场相同,他把这种由磁场变化感生出来的、与静电场性质不同的、电场线是涡旋的电场叫做“涡旋电场”,从而推广了电场的概念。

根据法拉第的“通量法则”,即使没有导体存在电动势也能在空间存在,这就是说,没有导体存在的空间也可以有电磁感应。因此,我们可以想象环绕空间任意闭合曲线 L 的电动势 $\mathscr{E}$,它同样被定义为“某种电场”的切向分量绕该曲线回路的积分。这个积分等于穿过该闭合曲线所包围任一曲面 S 磁通量的变化率的负值,所以,

$$\mathscr{E}=-\frac{\mathrm{d}\Phi}{\mathrm{d}t}=-\frac{\mathrm{d}}{\mathrm{d}t}\oint_S \boldsymbol{B}\cdot\hat{\boldsymbol{n}}\mathrm{d}a=-\frac{\mathrm{d}}{\mathrm{d}t}\oint_L \boldsymbol{A}\cdot\mathrm{d}\boldsymbol{l}=-\oint_L\frac{\partial \boldsymbol{A}}{\partial t}\cdot\mathrm{d}\boldsymbol{l} \tag{12.3.30}$$

感应电动势 $\mathscr{E}$ 还可以写成

$$\mathscr{E}=\oint_L \boldsymbol{E}_{旋}\cdot\mathrm{d}\boldsymbol{l} \tag{12.3.31}$$

式中,$\boldsymbol{E}_{旋}$ 就是上述“某种电场”,即“涡旋电场”。闭合曲线 L 是空间任意一条曲线,因此,式(12.3.30)和式(12.3.31)的线积分在任何情况下均成立,综合两个积分式可得

$$\boldsymbol{E}_{旋}=-\frac{\partial \boldsymbol{A}}{\partial t} \tag{12.3.32}$$

式中,$\boldsymbol{A}$ 是空间磁场的矢势。

因此,在一般情况下,空间电场应该是非时变电场(即静止源电荷产生的电场)与时变电

场(即由磁场变化而产生的感应电场——涡旋电场)的叠加,即

$$\boldsymbol{E}=\boldsymbol{E}_{静}+\boldsymbol{E}_{旋} \tag{12.3.33}$$

将式(6.2.11)和式(12.3.32)代入,也可以将其写成

$$\boldsymbol{E}=-\nabla\phi-\frac{\partial \boldsymbol{A}}{\partial t} \tag{12.3.34}$$

虽然实际上我们测量得到的电场都是总电场 $\boldsymbol{E}$,但是对于非时变电场 $\boldsymbol{E}_{静}$ 和时变电场 $\boldsymbol{E}_{旋}$ 性质的具体分析有助于我们对总电场 $\boldsymbol{E}$ 的性质的更深入了解。

下面我们看一下 $\boldsymbol{E}_{静}$ 和 $\boldsymbol{E}_{旋}$ 的区别。

首先,产生电场的"源"是不同的,涡旋电场是由变化的磁场产生的,静电场是由相对静止的电荷产生的。

其次,电场的几何描述方式是不同的,静电场的"力线"始于正电荷终止于负电荷,是不闭合的;而涡旋电场的"力线"没有起点、终点,是闭合的。

再次,静电场是无旋场,因此可以引入一个标量——静电势。在静电场中抵抗电场力所做的功和路径无关,只和移动电荷初末位置的电势差有关;涡旋电场是有旋场,可以用磁场的矢势随时间的变化率来表示,即在涡旋电场中移动电荷时,电场力所做的功和路径有关,因此不能引入"静电势""静电势能"等概念。

最后,静电场是"径向"场,在自由空间中,其"力线"是从静止"源"电荷直线辐射的。

实际上,只要空间是均匀、各向同性的,由空间磁场随时间变化而产生的感应电场——涡旋电场——的"力线"就是围绕某一轴线(变化磁场的中心)的圆。这就是我们通常将"电子感应加速器"设计成圆形轨道的基本原理。

2. 导体中的感应电流——涡流

(1) 涡流。

当磁场变化的空间中有导体存在时,该涡旋电场将推动导体内的自由电荷做圆周运动而形成涡旋的电流。虽然不同形状、不同性质或结构的导体可能会对涡旋电流的形状(圆形)造成某种改变(由大的圆形回路改变成相对分散开的、较小的圆形回路),但是导体内的电流场仍然是一个闭合的回路,不受影响。这样引起的电流在导体中的分布随着导体的表面形状和磁场的分布而不同,其路径往往有如水中的漩涡,因此称之为涡流。

我们知道,导体中的涡流现象并不一定由空间磁场变化引起。实际上,当导体在非均匀磁场中运动时,其中同样会产生涡流。在电磁感应现象研究的历史上,很多实验已经显示了涡流的存在。最典型的实验是阿拉果的电磁驱动——阿拉果圆盘实验,但是当时人们对其原理还不清楚而没有进行系统的研究。直到 1855 年,法国物理学家傅科(Jean-Bernard-Léon Foucault, 1819—1868)发现在磁场中的运动导体圆盘会因电磁感应而产生涡电流(eddy current,即涡流,又称为傅科电流)。随后,傅科对该现象进行了深入系统的研究并总结,涡电流是由一个移动的磁场与金属导体相交,或是由移动的金属导体与磁场垂直交会而产生的。简而言之,就是因电磁感应效应而产生了一个在导体内循环的电流。

实际上,涡流现象是普遍存在的,只要在导体中发生电磁感应,就一定伴随着涡流现象的产生,只是在不同条件下其大小不同而已。如图 12.3.5 所示,在导体外绕有线圈,在线圈中通入交变电流,那么线圈中就产生交变磁场。由于线圈中间的导体在圆周方向可以等效成一圈

圈的闭合电路，闭合电路中的磁通量不断发生改变，所以在导体的圆周方向会产生感应电动势和感应电流，电流的方向沿导体的圆周方向，就像一圈圈的漩涡，这种在整块导体内部发生电磁感应而产生涡旋状感应电流的现象就是涡流现象。导体的外周长越长，交变磁场的频率越高，涡流就越大。

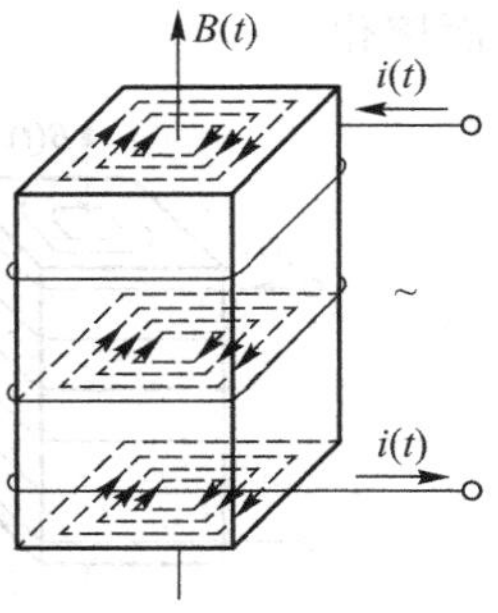

图 12.3.5

（2）涡流的应用。

由于一般的导体中都存在一定的电阻，因此，涡流在导体中会产生一定的焦耳热。它所消耗的能量来源于使导体运动的机械功，或者来源于建立时变电磁场的能源。导体在非均匀磁场中移动或处在随时间变化的磁场中时，因涡流而导致的能量损耗称为涡流损耗。涡流损耗的大小与磁场的变化方式、导体的运动、导体的几何形状、导体的磁导率和电导率等因素有关。涡流损耗的计算需根据导体中的电磁场的方程式，结合具体问题中的上述因素进行。

拓展阅读：科学家傅科

傅科

因此在电工设备中，为了防止涡流的产生或者减少涡流造成的能量损失，将线圈的铁芯用互相绝缘的薄片或细丝叠成，并且采用电阻率较高的材料（如硅钢片或铁氧体材料）来制作铁芯。

电动机、变压器的线圈都绕在铁芯上，其原理如图 12.3.6 所示。线圈中流过变化的电流，在铁芯中产生的涡流使铁芯发热，这浪费了能量，还可能损坏电器。减小涡流损耗的一个途径是增大铁芯材料的电阻率，现在常用的铁芯材料是硅钢、铁氧体和非晶材料，它们的电阻率要比通常的磁性材料（如电工纯铁等）大几个数量级；另一个途径是将铁芯在感应电流平面方向上分割成尺寸尽量小的、相互绝缘的材料的叠加，如图 12.3.7 所示，这样涡流被限制在狭窄的薄片内，磁通穿过薄片的狭窄截面时，这些回路中的净电动势较小，回路的长度较大，回路的电阻很大，涡流大为减弱。

工业上可利用涡流的热效应制成高频感应炉来进行精密冶金。高频感应炉的原理如图 12.3.8 所示。在圆形坩埚外绕有接通高频交流电源的线圈，由此在坩埚内部空间中就产生了一个高频变化的磁场，使坩埚内被冶炼的金属因电磁感应而产生涡流，释放出大量的焦耳热，从而熔化。

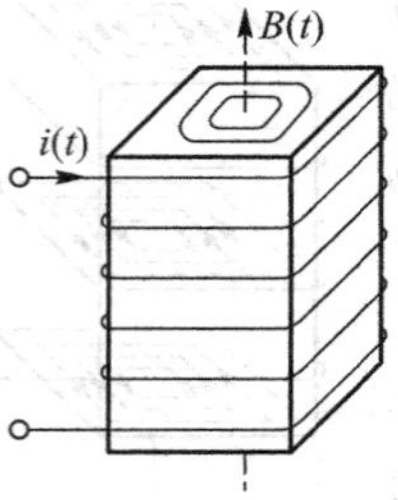

图 12.3.6

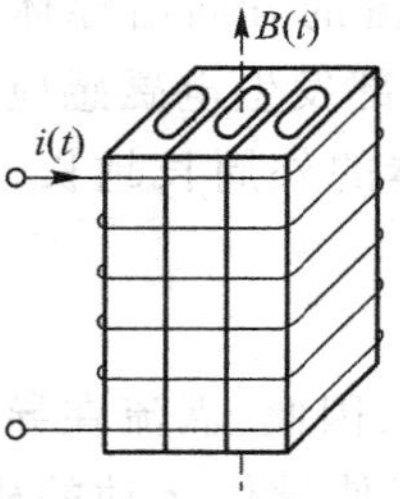

图 12.3.7

图 12.3.8

涡流在工业上的另一个重要应用是金属材料探伤及金属矿物资源探测。涡流金属探测器的基本原理是：当探测线圈中有一定频率的交变电流流过时，由此产生的交变磁场就会在金属材料中激起涡流，隐蔽金属材料的等效电阻、电感也会反射到探测线圈中，可以改变通过探测线圈电流的大小和相位，从而探知隐藏的金属材料。涡流金属探测器还可用于探测行李包中的枪支、埋于地表的地雷、金属覆盖膜等。

除了涡流的热效应外，涡流的机械力效应——感应电流所受的力——在实际中的应用也很广泛。最典型的应用就是电磁阻尼。电磁阻尼现象的本质是感应电流在磁场中受到的力，根据楞次定律，该力一定指向阻止相对运动加剧的方向，因此称为阻尼力。该阻尼力正比于磁感应强度、导体相对运动速度等物理量。这种由于感应电流受力而造成的阻尼现象称为电磁阻尼。电磁阻尼广泛应用于需要稳定摩擦力以及制动力的场合，如电度表、电磁制动机械、磁悬浮列车等。

电磁阻尼力的数学解析比较复杂，因此我们从应用实践的角度来讨论它的具体作用。我们先看一下阻尼排斥力的情况。其原理如图 12.3.9 所示，在螺线管的铁芯上方分别放置两个导体环，其中一个是无缝导体环，另一个是有缝（中间断开有缝隙）导体环。在螺线管电源接通瞬间，无缝导体环会受到一个向上的排斥力而被推开，这就是“跳环”实验。实际上，用任何一个导体板代替无缝导体环都会发生同样的效应；而另一个有缝导体环则没有任何反应。由此可以证明，这个排斥力来自导体中由于磁通量变化而产生的感应电流。该排斥力一方面可以看成感生电流产生的磁场与电磁铁的磁场方向相反而互相排斥的作用；另一方面可以看成导体为了维持自身的电磁状态不变而做出的抵抗作用，即电磁系统中的惯性定理——楞次定律——所要求的。

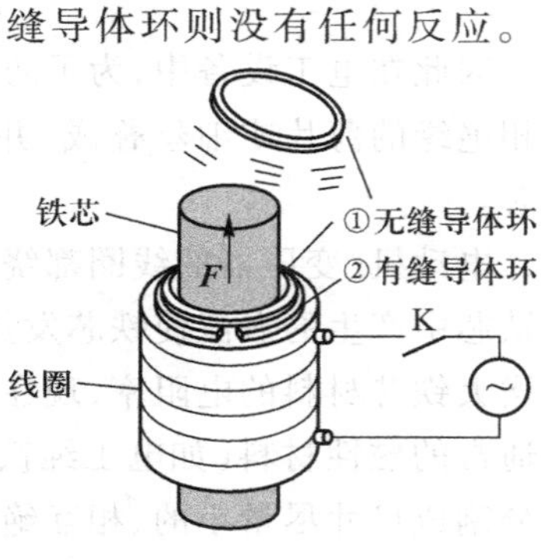

图 12.3.9

该排斥力的大小取决于导体内感应电流的大小，而感应电流的大小取决于导体的电阻率，即电动势回路的电阻值。开有小的缝隙的导体环没有受到排斥力的原因是感应电流的消失，而感应电流消失是由于小的缝隙造成电动势回路中电阻无限大。如果导体环是理想导体，即“超导体”——电阻为零，那么，很小的磁通量变化会在导体内部产生一个很大的感应电流，而这个感应电流产生的磁场将完全抵抗外界磁通量的变化。任何想把磁通量送进超导体内部的企图都会引起一个产生相反磁通量的感应电流，因此，不会有任何磁通量进入超导体。我们把超导体的这种性质叫做完全抗磁性。如图

12.3.10(a)所示的就是处于超导态的物体在磁铁上方悬浮的特性，即该物体处于完全抗磁性的状态。

在超导体中感应电流的排斥力的典型应用之一就是超导磁悬浮列车，如图 12.3.10(b)所示。其基本原理就是利用超导体的完全抗磁性，将超导体放在一块永久磁体的上方，由于磁体的磁力线不能穿过超导体，因此磁体和超导体之间会产生强大的排斥力，使超导体悬浮在磁体上方。利用这种磁悬浮效应可以制造超导磁悬浮列车。

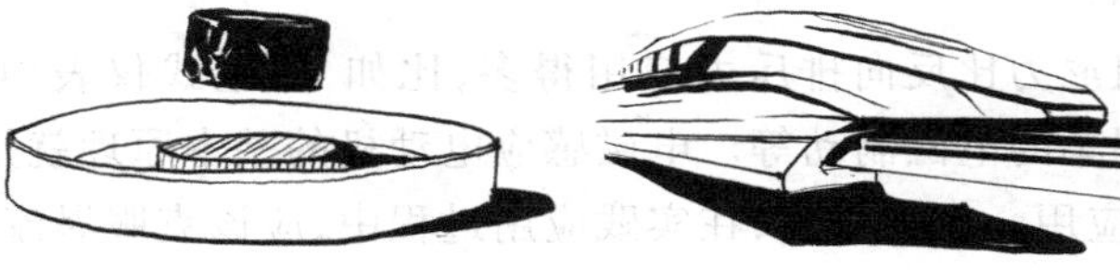

(a) (b)

图 12.3.10

材料的超导特性是当今物理学比较重要的研究领域，超导的基本理论及应用技术都是其中的研究重点。

拓展阅读：超导电性的发现及其发展历史

昂内斯

除了上述与磁通量变化方向垂直的排斥力之外，电磁阻尼侧向力的应用也是十分普遍的。应当强调的是，所谓垂直方向的排斥力与侧向力主要是从其应用状态来区分的，实际上，无论是排斥力还是侧向力都源于感应电流在磁场中所受的力，它们仅是阻尼力在不同方向上的反映。侧向力的原理如图 12.3.11 所示。在金属(铜)摆片 A 摆动的路径中有一个电磁铁。当电磁铁没有接通电源时，单摆的摆动与正常的单摆一样；在电磁铁接通电源后，单摆的摆动就像受到阻力一样很快停下来。其原理是，在电磁铁接通电源(开关 K 闭合)的情况下，当金属摆片进入电磁铁的两极之间时，金属摆片内就有感应电流产生，感应电流起着抗拒通过该金属摆片的磁通量变化的作用。若摆片是一个理想导体，则感应电流将大到足以将摆片反弹

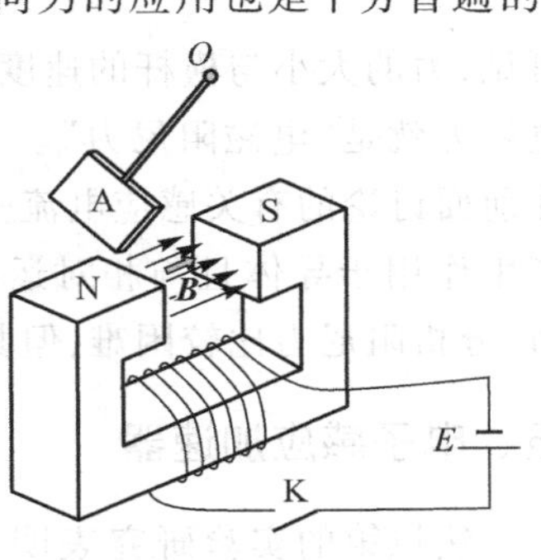

图 12.3.11

回去;若摆片是一个普通导体,则由于导体电阻的作用,感应电流将逐渐被消耗而使作用力逐渐消失,摆片将在磁场中(单摆的稳定平衡位置)缓慢地停下来。

如图 12.3.12 所示的就是上述摆片实验的剖面图。普通金属摆片(铜摆片 A)进入磁场时产生涡流。若这个金属摆片被开了几个小的缝隙(如摆片 C 所示),则我们将在实验中观察到,这种金属摆片在磁场中摆动的过程与没有磁场存在时相差很小。实验证明,涡流对于导体的几何形状是敏感的,在摆片开缝的情况下,感应电动势的回路变小,同时电阻增大,因此涡流减小,阻尼力也随之减小。

实际上,这种侧向阻尼力比反向排斥力应用得多,比如,磁电式仪表(电度表、电流计等)中的阻尼平衡,磁悬浮列车的电磁制动等。电磁感应电动机的基本原理就是感应电流受力,这也是侧向力的一种典型应用。由此可见,在实践应用过程中,应该克服涡流可能带来的害处而利用它的益处。

我们以动生电动势为例讨论一下电磁阻尼力的定量描述。如图 12.3.13 所示,该电路中的感应电动势为 $\mathscr{E}=vBW$,感应电流与该电动势成正比而与电路中的电阻成反比,即

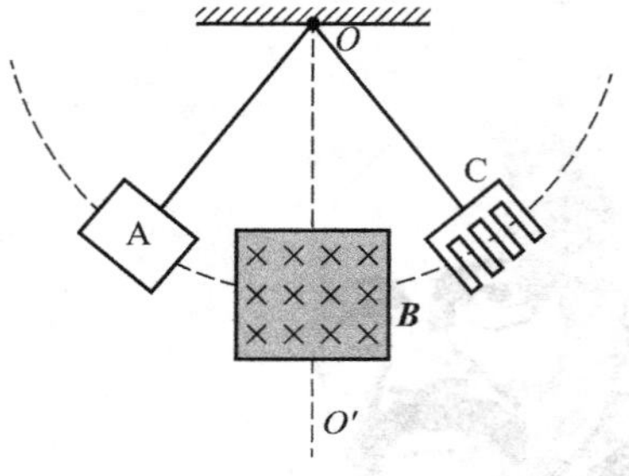

图 12.3.12

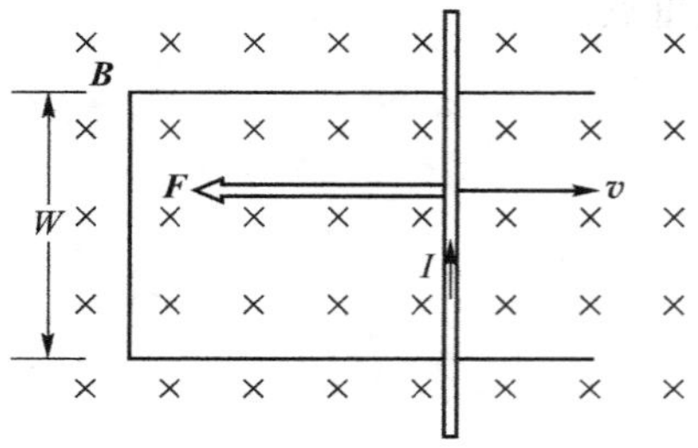

图 12.3.13

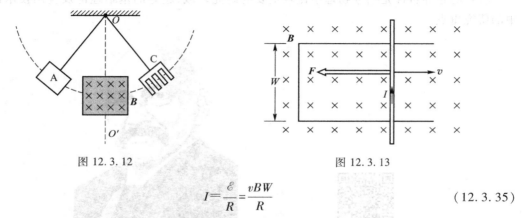

$$I=\frac{\mathscr{E}}{R}=\frac{vBW}{R} \tag{12.3.35}$$

在磁场中的感应电流一定会受到磁力作用,该磁力的大小等于作用于单位长度电流的力乘以横杆的长度,即

$$F=BIW=\frac{B^2W^2}{R}v \tag{12.3.36}$$

可见,力的大小与横杆的速度成正比,力的方向与横杆的速度方向相反。这种与速度成正比的电磁力就是“电磁阻尼力”。每当在磁场中移动导体而产生感生电流时就会产生电磁阻尼力。在前面讨论的有关感应电流——涡流的电磁阻尼现象中,当导体与磁场存在相对运动时也会产生作用于导体且与相对运动速度大小成正比、方向相反的力,虽然对于这种复杂的电流分布,分析阻尼力比较困难,但其本质上就是磁场作用于感应电流的力。

五、电子感应加速器

法拉第的实验研究表明,即使没有导体存在,空间中变化的磁场也会感生一个感应电场——涡旋电场,这也是电磁感应定律的本质。电子感应加速器(一种加速电子的装置)正是应用了这个原理。图 12.3.14 所示的是电子感应加速器的原理图,N、S 之间为电流产生的一

个变化的磁场,真空室是电子做环形运动的轨道空间。不断变化的磁场在电子轨道空间中产生一个涡旋的感应电场,该电场使电子不断被加速。为保证电子维持在恒定半径的轨道空间内不断被加速,需要一个持续增加的向心力。在磁场中运动的电荷会受到洛伦兹力的作用,向心力可以由这个洛伦兹力提供,这就对磁场的空间分布提出要求。

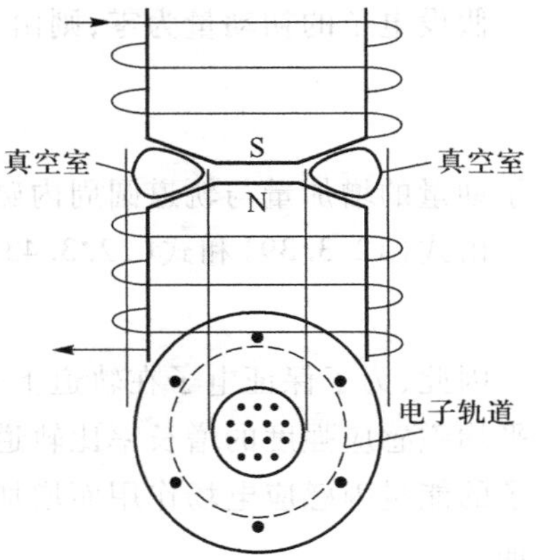

图 12.3.14

假设电子运动轨道的半径为 r,在某一时刻电子的速度为 v,而电子运动轨道处的磁感应强度为 B_r,则运动的电子所受向心力与其角动量变化的关系为

$$qvB_r=\frac{\mathrm{d}p_t}{\mathrm{d}t} \tag{12.3.37}$$

式中,p_t 为运动电子的横向动量——角动量。

当电子在圆周轨道上运动时,它的总动量与其横向动量的关系为

$$\frac{\mathrm{d}p_t}{\mathrm{d}t}=\omega p=\frac{v}{r}p \tag{12.3.38}$$

式中,p 为运动电子的总动量,ω 为电子圆周运动的角速度。

将式(12.3.37)及式(12.3.38)合并可得

$$qrB_r=p \tag{12.3.39}$$

因此,只要电子的动量随轨道处磁感应强度 B_r 同步增加,就可以保证运动电子维持在固定的轨道上。

下面我们具体分析一下电子加速的过程。

假设电磁铁产生的磁场具有如下特征:磁场是轴对称的,即相同半径上的磁感应强度大小是相同的;磁感应强度仅取决于到对称轴的距离。由对称性可知,在电子运动轨道上产生的涡旋电场的大小都相等,方向均沿着切向;根据电磁感应定律,这个涡旋电场应当等于轨道圆周内部磁通量随时间变化率的负值。因此,由空间磁场的变化而在电子运动轨道 r(r 是常量)处产生的感应电动势(即涡旋电场沿圆周轨道的积分)为

$$\mathscr{E}=2\pi rE_r=-\frac{\mathrm{d}}{\mathrm{d}t}(\overline{B}\cdot\pi r^2) \tag{12.3.40}$$

式中,E_r 为电子运动轨道上的涡旋电场,$\overline{B}$ 为轨道圆周所包围内部空间磁感应强度的平均值。由于不同的轨道半径处的磁场是不同的,因此,半径为 r 的圆周轨道所包围平面空间内的磁场的磁感应强度就近似地用平均磁感应强度 $\overline{B}$ 来表示。

因此,轨道上的涡旋电场为

$$E_r=-\frac{r}{2}\frac{\mathrm{d}\overline{B}}{\mathrm{d}t} \tag{12.3.41}$$

轨道上电子将感受到电场力并被加速,因此,

$$eE_r=e\frac{r}{2}\frac{\mathrm{d}\overline{B}}{\mathrm{d}t}=\frac{\mathrm{d}p}{\mathrm{d}t} \tag{12.3.42}$$

假设电子的初动量为零，则由上式后两项可得

$$e\frac{r}{2}\Delta\overline{B}=\Delta p \tag{12.3.43}$$

电子动量的增加量与轨道圆周内磁感应强度平均值的增加量成正比。

由式(12.3.39)和式(12.3.43)可得

$$\Delta\overline{B}=2\Delta B_r \tag{12.3.44}$$

因此，为了保证电子在轨道上不断加速，就要求空间磁场按照上述方式变化，即在轨道内的平均磁感应强度的增长率比轨道处磁感应强度本身的增长率要大一倍。在这种情况下，当电子的能量因感应电场作用而增加时，轨道处的磁场维持该电子在圆周上运动所需要的比例增加。

实际上，电子感应加速器不能使电子的能量无限增加，它是有限度的。原因之一是，轨道圆周内的平均磁感应强度持续增加在技术上是有限度的；原因之二是，当电子加速到一定程度时其辐射能量的因素就必须加以考虑，在这种情况下有些经典的规律就需要修正，比如式(12.3.37)就不成立了。因此，要想使电子获得更高的能量就需要用其他的方法，比如采用同步加速器等。

第四节　慢时变条件下的麦克斯韦方程组

前面对麦克斯韦微分方程组中的第二个方程，即电场的旋度——涡旋电场——进行了系统的讨论，下面我们回顾一下本章之初给出的慢时变情况下的麦克斯韦微分方程组：

$$\begin{cases}\nabla\cdot\boldsymbol{E}=\dfrac{\rho}{\varepsilon_0}\\ \nabla\times\boldsymbol{E}=-\dfrac{\partial\boldsymbol{B}}{\partial t}\\ \nabla\cdot\boldsymbol{B}=0\\ \nabla\times\boldsymbol{B}=\mu_0\boldsymbol{J}\end{cases} \tag{12.4.1}$$

通过前面的讨论，我们知道微分方程组(12.4.1)中的电场 $\boldsymbol{E}(t)$ 代表的是总电场，即库仑静电场 $\boldsymbol{E}_{静}$ 与感应电场 $\boldsymbol{E}_{旋}$ 的叠加，亦即 $\boldsymbol{E}(t)=\boldsymbol{E}_{静}+\boldsymbol{E}_{旋}$。如果我们把方程组(12.4.1)的边界条件放宽到慢时变电磁场的一般情况下，那么不但其中的电场和磁场是时间的函数——$\boldsymbol{E}(t)$、$\boldsymbol{B}(t)$，而且其中的电荷密度与电流密度矢量也都可能是时间的函数——$\rho(t)$、$\boldsymbol{J}(t)$。

我们先看一下随时间变化的电荷密度 $\rho(t)$ 在空间产生的电场（记为 $\boldsymbol{E}_{库}$，即库仑电场）。它与库仑静电场 $\boldsymbol{E}_{静}$ 的区别在于 $\boldsymbol{E}_{静}$ 是由相对静止电荷（时不变）在空间产生的电场。虽然电荷密度是时变的，但本质上其仍然可以像时不变的电荷分布那样激发电场，即 $\boldsymbol{E}_{库}(t)$。于是空间的总电场就可以表述成

$$\boldsymbol{E}(t)=\boldsymbol{E}_{库}(t)+\boldsymbol{E}_{旋}(t) \tag{12.4.2}$$

在慢时变条件下，自由空间中 $\rho(t)$ 在某一时刻产生的场与时不变的电荷分布产生的场具有相同的形式：

$$\boldsymbol{E}_{库}(t)=\frac{1}{4\pi\varepsilon_0}\int_V\frac{\rho(t)\,\mathrm{d}V}{r^2}\hat{\boldsymbol{r}} \tag{12.4.3}$$

由于 $\boldsymbol{E}_{库}(t)$ 是沿径向的并且是球对称的，因此，

$$\boldsymbol{E}_{库}(t)=-\nabla\phi(t) \tag{12.4.4}$$

上式中的电势表达式为

$$\phi(t)=\frac{1}{4\pi\varepsilon_0}\int_V\frac{\rho(t)\,\mathrm{d}V}{r} \tag{12.4.5}$$

由于电场 $\boldsymbol{E}_{库}(t)$ 的空间分布具有静电场的全部特性，因此，

$$\nabla\times\boldsymbol{E}_{库}(t)=\boldsymbol{0} \tag{12.4.6}$$

这说明时变电场 $\boldsymbol{E}_{库}(t)$ 也是无旋场，具有"保守场"的性质。

因此，总电场 $\boldsymbol{E}(t)$ 的旋度为

$$\nabla\times\boldsymbol{E}(t)=\nabla\times\boldsymbol{E}_{库}(t)+\nabla\times\boldsymbol{E}_{旋}(t)=-\frac{\partial\boldsymbol{B}(t)}{\partial t} \tag{12.4.7}$$

由于时变电场 $\boldsymbol{E}_{库}(t)$ 也服从高斯定理（这个结论在"运动电荷产生的场"中给出过说明，即使在电荷运动速度可以与光速比拟而出现"之"字形电场线的情况下这个结论也成立），因此，其散度的微分方程可以表述成

$$\nabla\cdot\boldsymbol{E}_{库}(t)=\frac{\rho(t)}{\varepsilon_0} \tag{12.4.8}$$

而对于时变电场 $\boldsymbol{E}_{旋}(t)$，根据式（12.3.32）可以得出

$$\nabla\cdot\boldsymbol{E}_{旋}(t)=-\nabla\cdot\left(\frac{\partial\boldsymbol{A}}{\partial t}\right)=-\frac{\partial}{\partial t}(\nabla\cdot\boldsymbol{A})=0 \tag{12.4.9}$$

上式的运算中应用到磁矢势的定义式：$\nabla\cdot\boldsymbol{A}=0$，这个定义式称为"库仑规范"。

因此，对式（12.4.2）两边取"散度"，可得

$$\nabla\cdot\boldsymbol{E}(t)=\nabla\cdot\boldsymbol{E}_{库}(t)+\nabla\cdot\boldsymbol{E}_{旋}(t)=\frac{\rho(t)}{\varepsilon_0} \tag{12.4.10}$$

这就意味着在"库仑规范"条件下高斯定理也适用于总电场 $\boldsymbol{E}(t)$。

我们再看一下有关磁场的情况。慢时变磁场与"静磁场"具有相同的形式，因此，自由空间中时变电流产生的时变磁场可以表述为

$$\boldsymbol{B}(t)=\frac{\mu_0}{4\pi}\int_V\frac{[\boldsymbol{J}(t)\,\mathrm{d}V]\times\hat{\boldsymbol{r}}}{r^2} \tag{12.4.11}$$

因此，磁场的旋度可以写成

$$\nabla\times\boldsymbol{B}(t)=\mu_0\boldsymbol{J}(t) \tag{12.4.12}$$

到目前为止，我们知道在任何情况下（当然也包括空间电流密度矢量随时间变化的情况）磁场的散度等于零，因此，

$$\nabla\cdot\boldsymbol{B}(t)=0 \tag{12.4.13}$$

根据上式，我们可以定义一个矢势 $\boldsymbol{A}(t)$，使得

$$\boldsymbol{B}(t)=\nabla\times\boldsymbol{A}(t) \tag{12.4.14}$$

其中磁场 $\boldsymbol{B}(t)$ 的矢势 $\boldsymbol{A}(t)$ 可以由下式给出：

$$\boldsymbol{A}(t)=\frac{\mu_0}{4\pi}\int_V\frac{\boldsymbol{J}(t)\,\mathrm{d}V}{r}\tag{12.4.15}$$

由式(12.4.7)可以看出,时变电场与时变磁场是耦合在一起的,不能像时不变电场和磁场那样单独讨论。另外,从式(12.4.10)、式(12.4.12)及式(12.4.13)可以看出,除了方程中的每一个物理量都是时间的函数外,其方程形式与方程组(12.4.1)完全相同。因此,只要我们记得在慢时变情况下电磁场及其电荷密度与电流密度矢量都是时间的函数这一前提,其定律的数学表述式就完全可以用方程组(12.4.1)来代替。也可以这样说,方程组(12.4.1)给出了确定慢时变电磁场性质的矢量微分方程。与第五章中给出的麦克斯韦方程组相比,只有方程组(12.4.1)中的第四个方程是不同的。也就是说,在一般情况下这个方程的右边应当存在一个由快时变电场引起磁场的项——位移电流。由此也可以看出,式(12.4.12)表示麦克斯韦方程组的准静态形式,对于慢时变电磁场是成立的。

除了给定慢时变电磁场的基本规律——麦克斯韦方程组——之外,我们还要考虑相关的连续性方程。连续性方程代表了电磁学的基本原理之一——电荷守恒定律。实际上,它也可以从麦克斯韦方程组中导出。我们可以对式(12.4.12)的两边取散度,得到

$$\nabla\cdot\boldsymbol{J}(t)=\frac{1}{\mu_0}\nabla\cdot\ \nabla\times\boldsymbol{B}(t)=0\tag{12.4.16}$$

这就是慢时变电磁场的连续性方程。我们注意到,这个连续性方程与时不变情况下(恒定)电流的连续性方程具有完全相同的形式,它可以看成一般情况下连续性方程的特殊形式,即当$\partial\rho/\partial t\approx 0$时的特殊情况。在慢时变电磁场中,电荷密度随时间变化得很慢,完全可以在考察慢时变电磁场的连续性时对其忽略不计。

第十三章 暂态过程与交流电

第一节 暂态过程

一、暂态过程的概念

广义上讲,“暂态”被定义为“仅维持一段短暂时间的事物”。而从物理上说,当过程变量或变量已经改变并且系统尚未达到稳定状态时,系统处于瞬态,又称之为暂态。所谓“暂态过程”就是某一物理系统从一个相对稳定状态到另一个相对稳定状态过渡的暂时的中间过程。

对于电磁学课程涉及的电磁系统,更具体的定义为:在电流、电压作用下,电路系统从开始发生变化到逐渐趋于定态的过程叫做暂态过程。本质上,暂态过程可以看成物质所具有的能量不能跃变的结果。实际上,自然界中任何物质在恒定状态下都具有一定的能量,条件改变时能量随之改变,但是能量的增加或衰减需要一定的时间。局域空间中的电场和磁场能量的建立、消失和转化,都表现为暂态过程。

下面我们就以比较简单的电路系统为例来讨论“暂态过程”。

二、局域电场能量建立的暂态过程——RC 电路

电容器的充、放电过程就是在电容器所在的局域空间内电场能量建立、消失的过程,这个电场能量的变化过程表现为某种非稳定的瞬态过程——暂态过程。

电容器的充、放电电路的原理示意图如图 13.1.1 所示,其中电源的输入电压为 V,电容器的电容为 C,电路总的等效电阻为 R。当开关 K 拨向“1”时,电源开始为电容器充电。按照基尔霍夫定律,回路中的电压降为

$$V=\frac{1}{C}\int i\mathrm{d}t+iR$$

其中,$i(t)$ 是回路中的瞬态电流。我们将上式两边对时间取微商可得

$$\frac{\mathrm{d}i}{\mathrm{d}t}+\frac{1}{RC}i=0 \qquad (13.1.1)$$

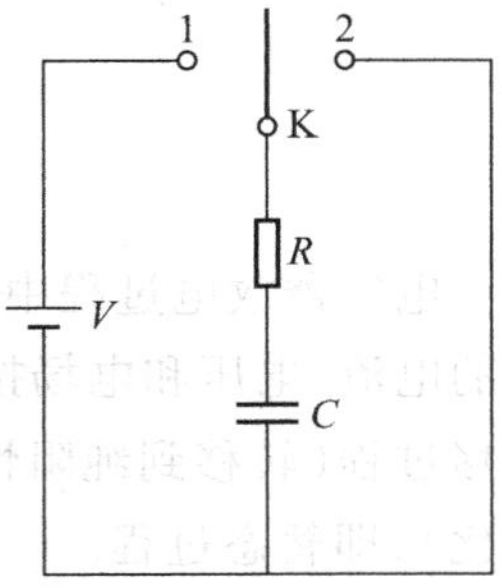

图 13.1.1

在充电过程刚开始,即 $t=0$ 时,$i(t)=V/R$,而当电容器充电完成时,$i(t)=0$。根据上述边界条件,很容易给出微分方程(13.1.1)的解析解,

$$i(t)=\frac{V}{R}\mathrm{e}^{-\frac{t}{RC}} \qquad (13.1.2)$$

为了讨论电容器中电场的建立过程，我们考察一下电容器两端的电压 u_C 随时间的变化关系，即

$$u_C(t)=V-i(t)R=V(1-\mathrm{e}^{-\frac{t}{RC}}) \tag{13.1.3}$$

我们还可以进一步考察电容器中局域电场随充电过程的变化关系，即

$$E(t)=\frac{u_C(t)}{d}=\frac{V}{d}(1-\mathrm{e}^{-\frac{t}{RC}}) \tag{13.1.4}$$

其中，d 为电容器两极板的间距。

电容器充电过程中的电流、电压和电场随时间的变化关系曲线如图 13.1.2 所示。电流随时间逐渐减小至零，电压和电场随时间逐渐增加到最大值，电压的最大值即电源的输入电压 V，电场的最大值为电源的输入电压 V 与电容器两极板间距 d 的比值。因此，电容器中电场能量的建立过程是一个非稳定过程（呈 e 指数变化），即暂态过程。

同理，我们可以考察一下电容器的放电过程，当图 13.1.1 中的开关 K 拨向“2”时，充满能量的电容器开始对负载（在本电路中为等效电阻 R，我们称这样的负载为纯阻性负载）输出能量。按照基尔霍夫定律，回路中的电压降为

$$\frac{1}{C}\int i\mathrm{d}t+iR=0$$

其中，$i(t)$ 是放电回路中的瞬态电流。我们将上式两边对时间取微商可得

$$\frac{\mathrm{d}i}{\mathrm{d}t}+\frac{1}{RC}i=0 \tag{13.1.5}$$

当放电过程刚开始，即 $t=0$ 时，$i(t)=V/R$，而当电容器放电接近完成时，$i(t)=0$。根据上述边界条件，很容易给出微分方程(13.1.5)的解析解，

$$i(t)=\frac{V}{R}\mathrm{e}^{-\frac{t}{RC}} \tag{13.1.6}$$

因此，整个回路放电过程中电容器上的电压降和电场随放电过程的变化规律为

$$u_C(t)=i(t)R=V\mathrm{e}^{-\frac{t}{RC}} \tag{13.1.7}$$

$$E(t)=\frac{u_C(t)}{d}=\frac{V}{d}\mathrm{e}^{-\frac{t}{RC}} \tag{13.1.8}$$

电容器放电过程中的电流、电压和电场随时间的变化关系曲线如图 13.1.3 所示。电容器上的电流、电压和电场按照基本相同的规律随时间逐渐减小至零。因此，电容器中电场能量的转移过程（转移到纯阻性负载上的能量将变成热量消耗掉）同样是一个非稳定过程（呈 e 指数变化），即暂态过程。

由上述讨论我们注意到，RC（电阻与电容的乘积）是一个具有时间量纲的物理量，当电容器充放电回路的电容值以及等效电阻值确定后，暂态过程持续的时间就确定下来，通常称其为暂态过程的时间常量，用 $\tau=RC$ 来表征。当 RC 的数值比较大时，电容器中的电场能量的建立和释放过程的时间就比较长。

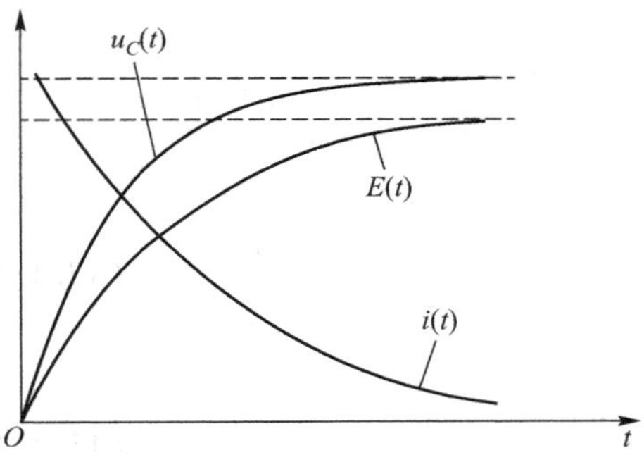

图 13.1.2

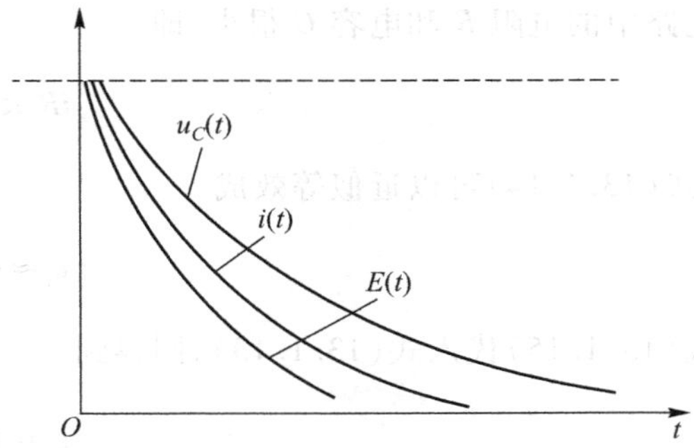

图 13.1.3

RC 电路在一定条件下具有较强的应用性，用它可以组合成积分或微分运算电路。图 13.1.4 即在一定条件下可以实现积分运算功能的电路示意图。e_i 和 e_o 分别为该电路的输入和输出电压，*R* 和 *C* 分别为电路中的等效电阻和电容。该电路的输出电压为

$$e_o=\frac{1}{C}\int i\mathrm{d}t \tag{13.1.9}$$

该电路的输入电压为

$$e_i=iR+\frac{1}{C}\int i\mathrm{d}t \tag{13.1.10}$$

当电路中的电阻 *R* 和电容 *C* 很大，即

$$iR\gg\frac{1}{C}\int i\mathrm{d}t$$

时，式(13.1.10)可以近似等效成

$$e_i\approx iR \tag{13.1.11}$$

将式(13.1.11)代入式(13.1.9)，则得到

$$e_o\approx\frac{1}{RC}\int e_i\mathrm{d}t \tag{13.1.12}$$

因此，只有当电路中的 *RC* 很大时，如图 13.1.4 所示的电路的输出电压才可以近似看成输入电压的积分。

图 13.1.5 是可以实现微分功能的电路示意图。该电路的输出电压为

$$e_o=iR \tag{13.1.13}$$

该电路的输入电压为

$$e_i=iR+\frac{1}{C}\int i\mathrm{d}t \tag{13.1.14}$$

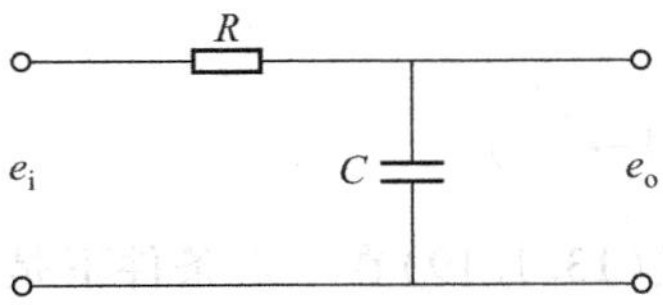

图 13.1.4

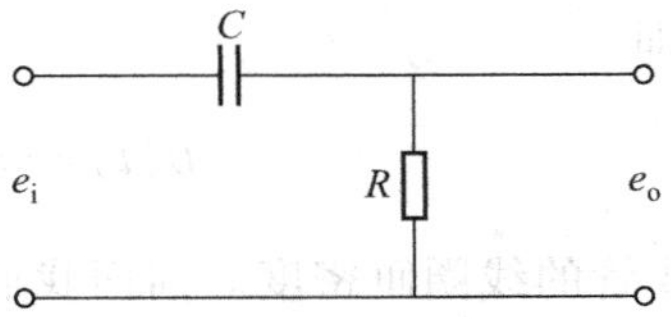

图 13.1.5

当电路中的电阻 R 和电容 C 很小，即

$$iR \ll \frac{1}{C}\int i\mathrm{d}t$$

时，式(13.1.14)可以近似等效成

$$e_{\mathrm{i}} \approx \frac{1}{C}\int i\mathrm{d}t \tag{13.1.15}$$

将式(13.1.15)代入式(13.1.13)，则得到

$$e_{\mathrm{o}} \approx RC\frac{\mathrm{d}e_{\mathrm{i}}}{\mathrm{d}t} \tag{13.1.16}$$

因此，只有当电路中的 RC 很小时，如图 13.1.5 所示的电路的输出电压才可以近似看成输入电压的微分。

三、局域磁场能量建立的暂态过程—— RL 电路

前面我们曾经讨论过通电流螺线管线圈内部磁场的性质，螺线管线圈具有一定的电感，因此，其内部磁场的建立过程同样不是瞬态过程，而是暂态过程。实际上，一个电感的充放电过程就是在螺线管局域空间内建立或释放磁场能量的过程。这个磁场能量的变化过程表现为某种非稳定的过程——暂态过程。

一个电感的充放电原理如图 13.1.6 所示，其中电源的输入电压为 V，电感器件的电感为 L，电路的总的等效电阻为 R。当开关 K 拨向"1"时，电源开始为螺线管充电。按照基尔霍夫定律，回路中的电压降为

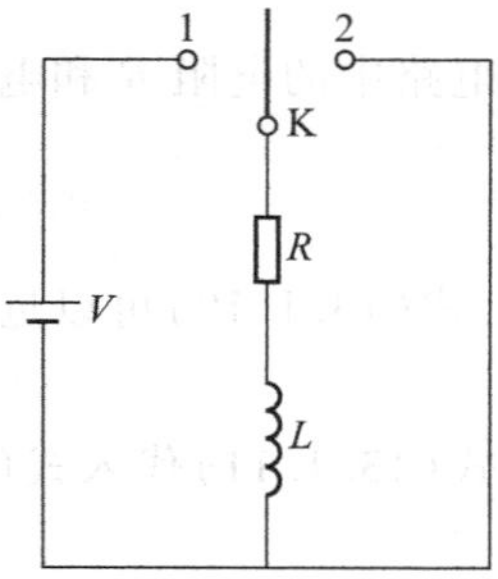

图 13.1.6

$$V = L\frac{\mathrm{d}i}{\mathrm{d}t} + iR \tag{13.1.17}$$

其中，$i(t)$是充电回路中的瞬态电流。当回路中的充电过程刚开始，即 $t=0$ 时，$i(t)=0$；当电感充电完成时，$i(t)=V/R$。利用分离变量法，可将式(13.1.17)整理成如下形式：

$$\frac{\mathrm{d}i}{i-\frac{V}{R}} = -\frac{R}{L}\mathrm{d}t \tag{13.1.18}$$

根据上述边界条件，可以很容易地给出微分方程式(13.1.18)的解析解的数学表述式：

$$i(t) = \frac{V}{R}\left(1-\mathrm{e}^{-\frac{L}{R}t}\right) \tag{13.1.19}$$

为了讨论螺线管中磁场的建立过程，我们还可以进一步考察电感中局域磁场随充电过程的变化关系，即

$$B(t) = ni(t) = n\frac{V}{R}\left(1-\mathrm{e}^{-\frac{L}{R}t}\right) \tag{13.1.20}$$

其中，n 为螺线管的线圈匝密度。前面我们讨论过，式(13.1.19)在一定条件下是成立的，用它来定性说明螺线管线圈内部局域磁场能量建立过程随时间的变化关系是可行的。

电感充电过程中的瞬态电流和磁场随时间的变化关系曲线如图 13.1.7 所示。可以看出，电流和磁场随着时间逐渐增大到最大值，电流的最大值即电源的输入电压与回路等效电阻的比值；磁场的最大值为螺线管的线圈匝密度与最大电流的乘积。因此，螺线管中的局域磁场能量的建立过程是一个非稳定过程（呈 e 指数变化），即暂态过程。

同理，我们可以考察一下螺线管的放电过程，即当图 13.1.6 中的开关 K 拨向“2”时，充满磁场能量的螺线管线圈开始对负载（在本电路中为等效电阻 R，我们称这样的负载为纯阻性负载）输出能量。按照基尔霍夫定律，回路中的电压降为

$$L\frac{\mathrm{d}i}{\mathrm{d}t}+iR=0 \tag{13.1.21}$$

其中，$i(t)$ 是放电回路中的瞬态电流。当放电过程刚开始，即 $t=0$ 时，$i(t)=V/R$；而当螺线管线圈放电接近完成时，$i(t)=0$。根据上述边界条件，很容易给出微分方程（13.1.21）的解析解的数学表述式：

$$i(t)=\frac{V}{R}\mathrm{e}^{-\frac{L}{R}t} \tag{13.1.22}$$

因此，整个回路放电过程中螺线管线圈中的磁场随放电过程的变化规律为

$$B(t)=ni(t)=n\frac{V}{R}\mathrm{e}^{-\frac{L}{R}t} \tag{13.1.23}$$

螺线管线圈放电过程中的电流和磁场随时间的变化关系曲线如图 13.1.8 所示。螺线管线圈上的电流和磁场按照同样的规律随时间逐渐减小至零。因此，螺线管线圈中的磁场能量的释放过程（转移到外电路负载上的能量，对于纯阻性负载将转化成热量而消耗掉）同样是一个非稳定过程（呈 e 指数变化），即暂态过程。

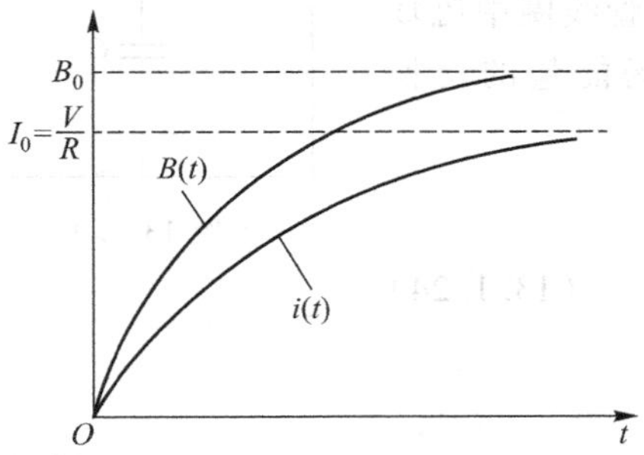

图 13.1.7

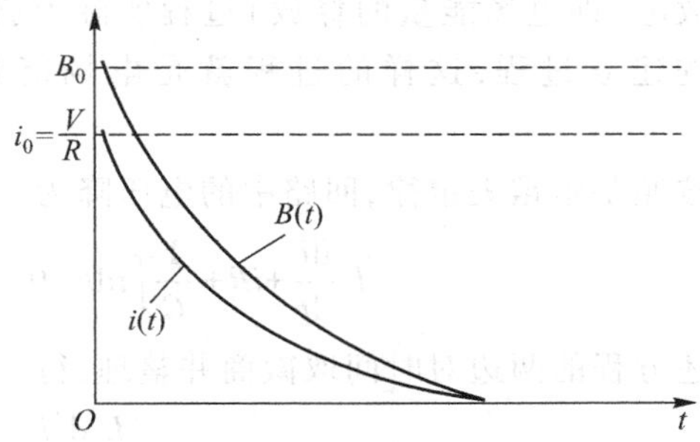

图 13.1.8

同 RC 电路类似，螺线管线圈（RL 电路）充放电过程中的电流和磁场随时间的变化关系都与一个具有时间量纲的系数 L/R 相关，如果电路参量（即回路中的螺线管线圈的电感及等效电阻）一定，那么螺线管线圈（RL 电路）充放电过程中的电流和磁场暂态过程所遵循的规律就是一定的。同样，称这样一个系数为 RL 电路暂态过程的时间常量，用 $\tau=L/R$ 来表征。若 τ 比较大，暂态过程（螺线管线圈中的局域磁场能量的建立和释放过程）的时间就比较长。

比较 RC 电路和 RL 电路的暂态过程可以发现，RC 电路充电开始时电流最大，而后随着电容中电场能量的增加而逐渐减小至零，电容两端的电压则正好相反；RL 电路充电开始时

的电流最小,而后随着螺线管线圈中磁场能量的增加而逐渐增加到最大值,螺线管线圈两端的电压则正好相反。可以看出,电路中的电容和电感器件两端的电流和电压都是非线性的,这说明它们是电路中的非线性元件,与电阻截然相反。从物理本质上说,电容器中电场能量是与极板上电荷量成正比的,即与两个极板之间的电势差(电压)成正比,因此其暂态过程是电流从大到小而电压从小到大的过程;螺线管线圈中磁场能量是与线圈中的电流成正比的,因此其暂态过程是电压从大到小而电流从小到大的过程。由于它们的放电回路中有线性的电阻元件,因此它们的放电过程是完全相同的,它们的暂态过程也都呈时间系数的 e 指数变化关系。

如果在它们的放电回路中不是线性的电阻元件,而是类似电容或电感这样的非线性元件,那么能量释放的暂态过程又将如何呢?下面我们就讨论这种更为一般的情况。

四、局域电场和磁场能量交换的暂态过程—— *RLC* 电路

前面我们分别讨论了电容器中局域电场能量和螺线管线圈中局域磁场能量建立和释放的暂态过程,证明了能量的变化是需要时间的,其时间常量 τ 是与电路参量直接相关的,暂态过程的长短(即局域能量建立和释放的速度)取决于时间常量 τ。那么,电场能量和磁场能量交换过程中的情形如何呢?其暂态过程有什么规律呢?

电场和磁场能量交换过程的电路原理如图 13.1.9 所示。当开关 K 拨向"1"时,电源开始为电容器 C 充电。电容器中电场能量建立的暂态过程如式(13.1.4)所表述。当开关 K 拨向"2"时,充满电场能量的电容器开始对负载(在本电路中就是等效电阻 R 和螺线管线圈 L)输出能量,在开始释放能量的瞬间,螺线管线圈中的磁场能量为零,因此电容器的放电(即电场能量的释放)过程实际上就是螺线管线圈中磁场能量的建立过程,这样的过程就是电场能量和磁场能量的交换过程。

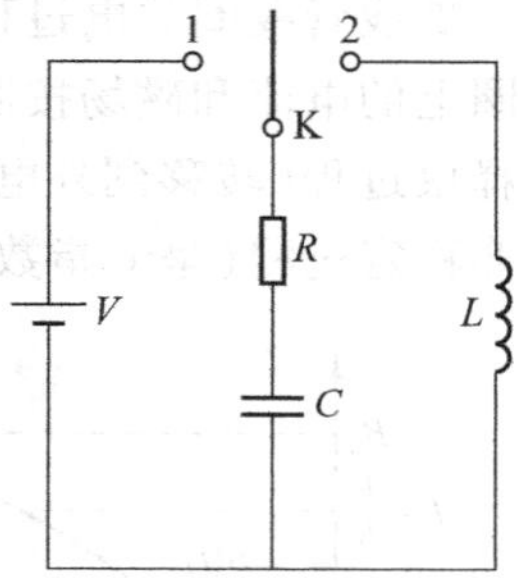

图 13.1.9

按照基尔霍夫定律,回路中的电压降为

$$L\frac{\mathrm{d}i}{\mathrm{d}t}+iR+\frac{1}{C}\int i\mathrm{d}t=0 \qquad (13.1.24)$$

将上述方程的两边对时间取微商并整理,得

$$\frac{L}{R}\frac{\mathrm{d}^2 i}{\mathrm{d}t^2}+\frac{\mathrm{d}i}{\mathrm{d}t}+\frac{1}{RC}i=0 \qquad (13.1.25)$$

上述方程为典型的二阶线性齐次微分方程,其通解的形式为

$$i=\mathrm{e}^{xt} \qquad (13.1.26)$$

将式(13.1.26)代入式(13.1.25),得

$$x=-\frac{R}{2L}\pm\sqrt{\frac{R^2}{4L^2}-\frac{1}{LC}} \qquad (13.1.27)$$

为了简化解析解的表述形式,令

$$2\delta=\frac{R}{L},\ \omega_0^2=\frac{1}{LC},\ \chi=\sqrt{\delta^2-\omega_0^2}$$

并利用初始条件：当放电开始，即 $t=0$ 时，$i=0$，$V_0=V$（V 是电容器刚开始放电时的电压）。可得微分方程式(13.1.25)的解析解为

$$i(t)=\frac{V}{2\chi L}e^{-\delta t}(e^{\chi t}+e^{-\chi t}) \tag{13.1.28}$$

这就是电容器放电电流随时间的变化关系。

其中的系数 χ 涉及三种不同情况，即 δ^2 与 ω_0^2 的关系。在真实的物理过程中，系数 χ 只能是一个实数。因此，当电路系统的参量发生变化时，电容器放电电流随时间的变化关系将发生不同的变化，电场能量与磁场能量交换的暂态过程也将是变化的。

为了讨论方便（这也是电路系统中惯用的方法），我们定义一个物理量阻尼度，$\lambda=R^2C/4L$，它是一个与电路系统参量有关的量，用于描述系统电磁场能量转换的不同状态。

(1) 当 $\lambda>1$，即 $R>2\sqrt{L/C}$ 时，系统处于过阻尼状态，电容器放电电流随时间的变化关系为

$$i(t)=\frac{V}{\chi L}e^{-\delta t}\operatorname{sh}\chi t \tag{13.1.29}$$

其中，$\operatorname{sh}\chi t$ 为双曲函数。

放电电流与时间的变化曲线如图 13.1.10(a)所示，可以看出电流曲线是一个脉冲，即电流在一定时间内从零达到最大值后又减小到零。螺线管线圈中的磁场能量也在一定的时间内从零达到最大值（由于电阻的耗散作用，这个能量只是电场能量的一部分），而后磁场能量同样由于电路中电阻的耗散作用而转化为热能。

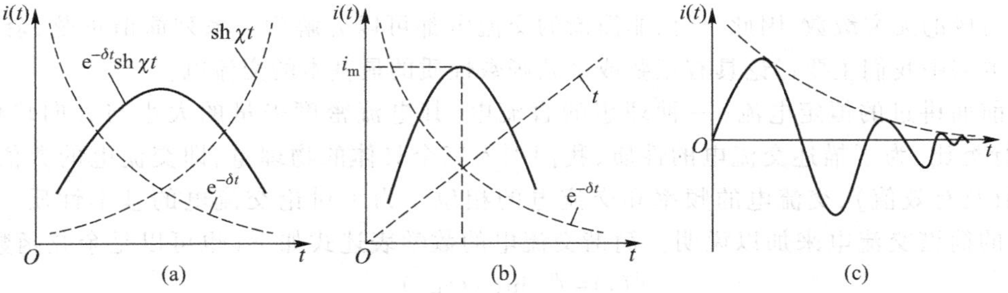

图 13.1.10

(2) 当 $\lambda=1$，即 $R=2\sqrt{L/C}$ 时，系统处于临界阻尼状态，电容器放电电流随时间的变化关系为

$$i(t)=\frac{V}{L}te^{-\delta t} \tag{13.1.30}$$

放电电流与时间的变化曲线如图 13.1.10(b)所示，可以看出电流曲线是一个与图 13.1.10(a)相似但更为尖锐的脉冲，即电流在更快的时间内达到最大值而后减小到零。我们可以求出电流的最大值，即

$$i_m=\frac{2V}{eR} \tag{13.1.31}$$

在这样一个电磁场能量转换系统中，螺线管线圈中可能的最大磁场能量是与式

(13.1.31)所描述的最大电流的平方成正比的。

(3) 当 $\lambda<1$,即 $R<2\sqrt{L/C}$ 时,系统处于欠阻尼状态,电容器放电电流随时间的变化关系为

$$i(t)=\frac{V}{\omega L}e^{-\delta t}\sin\omega t \tag{13.1.32}$$

其中,$\omega=\sqrt{\omega_0^2-\delta^2}$。

放电电流与时间的变化曲线如图 13.1.10(c)所示,可以看出电流曲线是衰减振荡的。在无源系统的欠阻尼条件下,电磁场能量不断在电容器和螺线管线圈之间相互转换,而在该过程中,由于回路中电阻耗散元件的存在,能量不断转化成热量并耗散掉,最后整个系统的电磁场能量减小到零。

第二节 交流电

一、交流电的概念

1. 交流电概述

交流电是指载流子的运动方向随时间交替变化的电流,本质上是在方向随时间交替变化的电场作用下对载流子运动状态的描述。通常意义下的交流电指的是电动势、电压和电流与时间呈某种周期性变化的状态。通常交流电(简称 AC)波形为正弦波,但实际上还有其他波形,例如三角形波、正方形波。根据傅里叶级数,任何周期性函数都可以展开为以正弦函数、余弦函数组成的无穷级数,因此,任何非简谐的交流电都可以分解为一系列简谐正弦、余弦交流电。在本书中我们主要讨论具有正弦或余弦函数性质的最基本的交流电。

与前面讲过的恒定电流(一种理想的直流电,其电流密度矢量的大小与方向均保持恒定)进行类比,为了描述交流电的性质,我们引入三个具体的物理量,即交流电的数值(瞬时值、峰值及有效值)、交流电的频率和交流电的相位。为了讨论交流电的基本性质,我们用最基本的简谐交流电来加以说明。简谐交流电的数学表述式如下(也可以是余弦函数):

$$\begin{aligned}\mathscr{E}(t)&=\mathscr{E}_0\sin(\omega t+\varphi_{\mathscr{E}})\\ u(t)&=V_0\sin(\omega t+\varphi_u)\\ i(t)&=I_0\sin(\omega t+\varphi_i)\end{aligned} \tag{13.2.1}$$

其中,$\mathscr{E}(t)$、$u(t)$和 $i(t)$是交流电的瞬时值;$\mathscr{E}_0$、V_0 和 I_0 是交流电的峰值;ω 为交流电的角频率;$\varphi_{\mathscr{E}}$、φ_u 和 φ_i 为交流电的初相位(初始相位,即 $t=0$ 时的相位角)。

交流电在变化过程中,它的瞬时值经过一次循环又变回原来的瞬时值所需的时间,即交流电完成一次循环所需要的时间,称为交流电的周期。周期用符号 T 表示,单位为秒(s)。交流电的频率(f)就是单位时间内交替变化的次数,即交流电极性每秒变化的次数,其单位通常采用赫兹(Hz)。频率用时间的倒数来表示,即 $f=1/T$(1 Hz = 1 s^{-1})。角频率(ω)是交流频率的另外一种表示方法,式(13.2.1)给出的交流电频率就是角频率 ω, $f=2\pi\omega$。不同国家或地区采用的交流电的频率是不同的,我国采用的频率是 50 Hz,而有些国家采用 60 Hz。

在一般情况下,相位(phase)表征的是对于一个波,在某个特定时刻它在波动循环中的位

置，即一种在波峰、波谷或它们之间某点的标度。相位这个物理量用来描述信号波形变化，通常以度(°)作为单位，也称为相位角。对于交流电，相位是反映交流电状态的物理量。交流电的大小和方向是随时间变化的，交流电可以从零变到最大值，再从最大值变到零，又从零变到负的最大值，而后又从负的最大值变到零，往复循环。在简谐交流电的三角函数中的$(\omega t+\varphi)$相当于弧度，它反映了交流电所处的状态，是在增大还是在减小，是正的还是负的，等等。因此，可以把$(\omega t+\varphi)$叫做相位或相位角。

两个频率相同的交流电相位的差叫做相位差或相差。对于频率相同来说，可以是两个交流电流，可以是两个交流电压，可以是两个交流电动势，也可以是这三种量中的任意两种。

图 13.2.1 从原理上给出了交流电动势、电压和电流随时间的变化关系，但它并不表明三者之间的数值及相位关系。

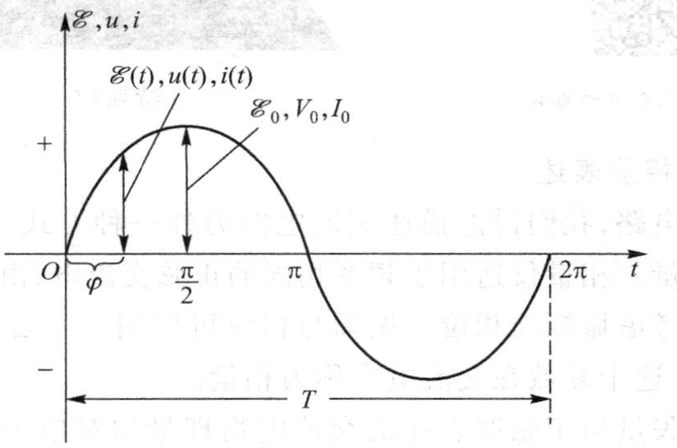

图 13.2.1

在日常生活中，我们谈论的交流电压值以及一般的交流测量仪表指示的电压或电流值都是指其有效值(V_{eff}、I_{eff})，比如所谓交流电 220 V 或 380 V 就是指其有效值。正弦、余弦交流电的峰值与其振幅相对应，而有效值的大小则由相同时间内产生相当焦耳热的直流电的大小来表示，其数学表述式为

$$\int_0^T Ri^2\,\mathrm{d}t = RI_{\text{eff}}^2 T$$

瞬时值与有效值的关系为

$$I_{\text{eff}} = \sqrt{\frac{1}{T}\int_0^T i^2\,\mathrm{d}t} \tag{13.2.2}$$

将式(13.2.1)代入式(13.2.2)，可得

$$I_{\text{eff}} = \frac{I_0}{\sqrt{2}} \tag{13.2.3}$$

同样地，交流电动势和电压的峰值与有效值的关系为

$$\begin{aligned} \mathscr{E}_0 &= \sqrt{2}\,\mathscr{E}_{\text{eff}} \\ V_0 &= \sqrt{2}\,V_{\text{eff}} \end{aligned} \tag{13.2.4}$$

有效值的定义及其与瞬时值的关系不仅适用于正(余)弦交流电，而且适用于任何周期性

变化的电压与电流。

拓展阅读:科学家特斯拉

特斯拉

2. 交流电物理量的相量表述

为了便于分析交流电路,我们讨论描述交流电的另外一种方式——相量。相量就是表示正弦量大小和相位的矢量。相量仅适用于频率相同的正弦交流电,由于频率一定,所以在描述交流电物理量时可以只考虑振幅与相位。振幅与相位可以用一个复数表示,复数的模表示最大值,辐角表示初相位。这个复数在交流电中称为相量。

复数平面中的旋转矢量与正弦波表述的交流电物理量的对应关系如图 13.2.2 所示。在图 13.2.2(a)所示的直角坐标系中,横轴以±1 为单位,是实数轴;纵轴以±j 为单位,是虚数轴。其中,$j^2=-1$,为了与交流电流的瞬时值相区别,在此没有采用数学中常用的虚数符号“i”,而采用了符号“j”。由实数轴和虚数轴构成的坐标平面称为复数平面。其中,任意矢量 $\overrightarrow{OA}$ 的数值(或“模”)代表交流量的最大值,即峰值,若这个交流量是电流,则 $|\overrightarrow{OA}|=I_0$。矢量 $\overrightarrow{OA}$ 逆时针旋转的角速度为 ω,初始相位角为 φ。该矢量在任意时刻 t(转过的角度为 $\theta=\omega t$)在虚数轴上的投影为该交流电流的瞬时值,即

$$i(t)=I_0\sin(\omega t+\varphi)$$

该方程的波形如图 13.2.2(b)所示。

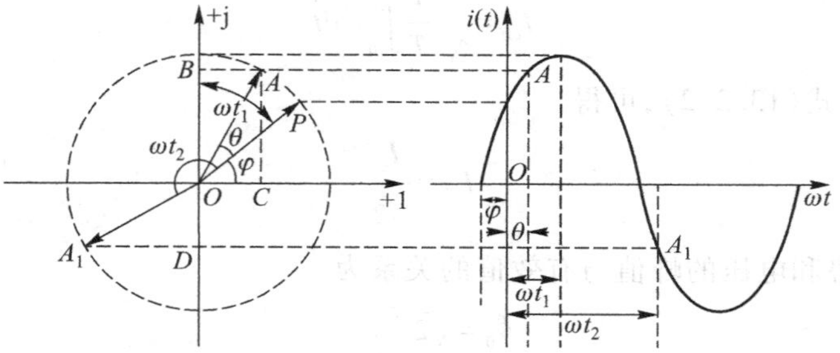

(a) (b)

图 13.2.2

我们注意到，上式与式(13.2.1)表述的交流电流瞬时值完全相同。因此，我们可以用一个旋转矢量来表述正弦交流电，用旋转矢量的数值、旋转角速度和初始相位角来分别代表交流电的峰值、角频率和初始相位。

复数平面中的任一矢量都可以用复数来表示，因此相量同样可以用复数来表示。对于图13.2.2(a)中的矢量 $\overrightarrow{OA}$，其数值大小为 c(也称为复数的模)，它在实数轴上的投影数值 a 称为复数的实部，在虚数轴上的投影数值 b 称为复数的虚部，它与实数轴的夹角 $\psi=\omega t+\varphi$ 称为复数的辐角。它们之间的关系为

$$\begin{aligned}a&=c\cos\psi\\ b&=c\sin\psi\\ c&=\sqrt{a^2+b^2}\\ \psi&=\arctan\frac{b}{a}\end{aligned}\tag{13.2.5}$$

利用数学中的欧拉公式，有

$$\begin{aligned}\cos\psi&=\frac{e^{j\psi}+e^{-j\psi}}{2}\\ \sin\psi&=\frac{e^{j\psi}-e^{-j\psi}}{2j}\end{aligned}\tag{13.2.6}$$

因此，矢量 $\overrightarrow{OA}$(或正弦交流量)的复数表述形式有四种：

$$\overrightarrow{OA}=a+jb=c(\cos\psi+j\sin\psi)=ce^{j\psi}=c\angle\psi\tag{13.2.7}$$

它们依次为代数式、三角函数式、指数式和极坐标式。

相量也有四种复数表述形式，由于相量是用来表示正弦交流电的复数，因此为了不与一般的复数混淆，在代表交流电物理量符号的顶部加一个“~”，以示区别。

因此，式(13.2.1)表述的交流电物理量的峰值均可以用相量来表示，即

$$\begin{aligned}\tilde{\mathscr{E}}_0&=\mathscr{E}_0(\cos\psi+j\sin\psi)=\mathscr{E}_0e^{j\psi}=\mathscr{E}_0\angle\psi\\ \tilde{V}_0&=V_0(\cos\psi+j\sin\psi)=V_0e^{j\psi}=V_0\angle\psi\\ \tilde{I}_0&=I_0(\cos\psi+j\sin\psi)=I_0e^{j\psi}=I_0\angle\psi\end{aligned}\tag{13.2.8}$$

交流电物理量的有效值也可以用相量来表示，即

$$\begin{aligned}\tilde{\mathscr{E}}&=\mathscr{E}(\cos\psi+j\sin\psi)=\mathscr{E}e^{j\psi}=\mathscr{E}\angle\psi\\ \tilde{V}&=V(\cos\psi+j\sin\psi)=Ve^{j\psi}=V\angle\psi\\ \tilde{I}&=I(\cos\psi+j\sin\psi)=Ie^{j\psi}=I\angle\psi\end{aligned}\tag{13.2.9}$$

峰值相量与有效值相量的关系与交流电物理量的正弦函数表述方式相同，即峰值相量是有效值相量的 $\sqrt{2}$ 倍：

$$\widetilde{\mathscr{E}}_0 = \sqrt{2}\,\widetilde{\mathscr{E}}$$

$$\widetilde{V}_0 = \sqrt{2}\,\widetilde{V} \tag{13.2.10}$$

$$\widetilde{I}_0 = \sqrt{2}\,\widetilde{I}$$

下面我们利用相量图来表示两个交流电物理量——电压与电流之间的关系。如图13.2.3(b)所示的交流电压与电流之间存在一个相位差 ϕ，OA 代表电流的峰值，OB 代表电压的峰值，在 OA 与 OB 之间的角度 ϕ 就是交流电压与电流之间的相位差。当 OA 与水平轴同向时，交流电流的瞬时值为零。交流电压的瞬时值由 OB 在垂直轴上的投影来表示。这些值对应于图13.2.3(a)所表示的 O 点(即 $t=0$)的那一瞬间。经过时间 t 后，即交流电的相位变为 $\omega t+\phi$ 时，如图13.2.3(b)所示，相量转过一个角度 $\theta=\omega t+\phi$，到达 OA_1 和 OB_1 的位置，OB_1 仍然领先 OA_1 一个角度 ϕ，如图13.2.3(a)所示，交流电流与电压的瞬时值仍然可以用 OA_1 和 OB_1 在垂直轴上的投影来表示。

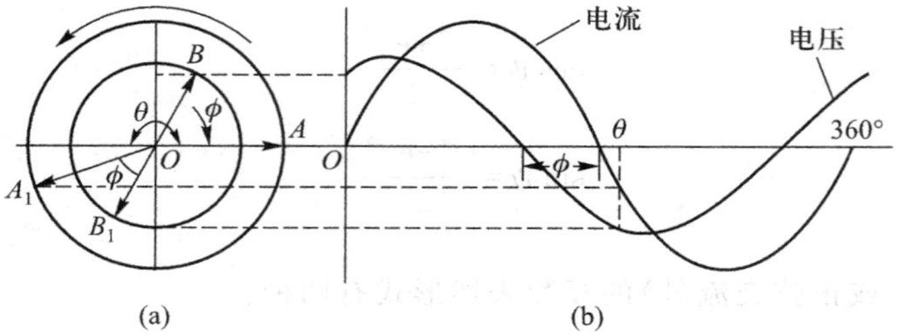

图 13.2.3

如果交流电流的瞬时值表达式为

$$i(t)=I_0\sin\theta$$

那么，交流电压的瞬时值表达式为

$$u(t)=V_0\sin(\theta+\phi)$$

其中，$|\overrightarrow{OA}|=|\overrightarrow{OA_1}|=I_0$，$|\overrightarrow{OB}|=|\overrightarrow{OB_1}|=V_0$。

由图13.2.3(b)可以看出，交流电流 $i(t)$ 滞后交流电压 $u(t)$ 一个相位差 ϕ。在如图13.2.3(a)所示的相量图中可以看出，OA_1 滞后 OB_1 一个角度 ϕ，且与相量的相对位置无关。因此，两个频率完全相同的交流量的幅值和相位可以用其相量来准确表述。

需要注意的是，相量是表示正弦交流电的复数，并不等于正弦交流电，正弦交流电是时间的正弦函数，相量只是正弦量进行运算时的一种表示方法和工具。

二、交流电路

当慢时变的交变电场作用在导体介质上时，如果导体介质与某些特殊的电路器件(电容性器件或电感性器件)一起构成闭合回路，就形成了交流电路。交流电路的原理如图13.2.4所示。其中，$\mathscr{E}(t)$ 是为交流电路中的载流子提供交变电场的交流电源，R 是交流电路的等效电阻(包括电源的内阻、回路中的其他电阻等)，Z 是交流电路的负载器件(主要指电感性器件或电容性器件)。电感性器件(如电感等)在直流电路中是短路的,而电容性器件(如电容器等)在直流电路中是断路的,因此,它们都不能成为直流电路的有效器件;但是在交流电路中,由于交流电源提供的电动势不仅具有一定频率、一定幅值,而且有相位的变化。因此,电感性器件和电容性器件不仅没有造成交流电路短路或断路的极端情况,而且为交流电路的丰富性提供了助力,它们成为交流电路中不可或缺的有效器件。

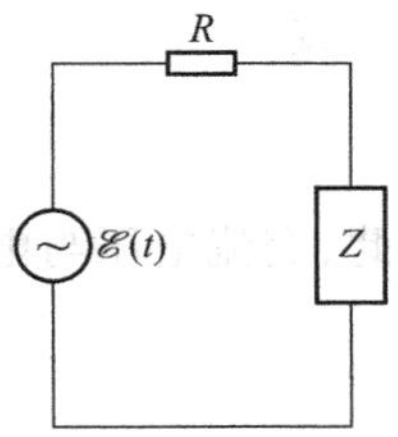

图 13.2.4

下面我们将在集总参量电路的条件下讨论交流电路的一些基本性质。

1. 理想情况下的单一参量交流电路的性质

所谓理想情况,是指交流电路中的元器件都处于理想状态,如导线中的电阻为零等。我们将在理想情况下讨论交流电路中单一元器件的电压与电流的关系以及电路中能量的转换和功率问题。

(1) 纯电阻的交流电路。

纯电阻的交流电路如图 13.2.5(a)所示。a、b 两点间的电压 V_{ab} 就是作用在负载电阻上的交流电压,为方便起见,今后将其写成 $u(t)$。

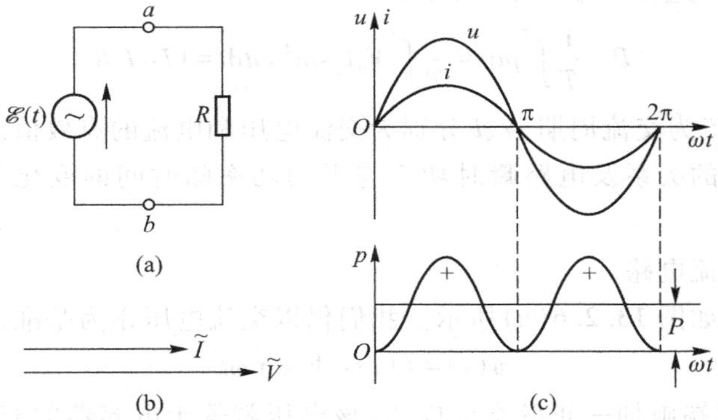

图 13.2.5

在第十二章中,我们讨论过交流电压等于交流电动势(这是忽略发电机内阻的理想情况),即 $u(t)=\mathscr{E}(t)=V_0\sin\omega t$,此处假设交流电压(即交流电动势)的初始相位为零。对于纯电阻电路来说,由于电阻是线性元件,因此交流电路中的电流等于电压与电阻的比,即

$$i(t)=\frac{u(t)}{R}=\frac{V_0\sin\omega t}{R}=\frac{V_0}{R}\sin\omega t=I_0\sin\omega t \tag{13.2.11}$$

可以看出,在纯电阻交流电路中电流和电压是同相位的(即相位差为零,$\Delta\varphi=0$),且有

$$\frac{u(t)}{i(t)}=\frac{V_0}{I_0}=R \tag{13.2.12}$$

在纯电阻交流电路中,交流电压与交流电流的比值(瞬时值、峰值或有效值)就是电阻值。

如果利用相量来表示交流电压与电流的关系,则有

$$\widetilde{V}_0=V_0\mathrm{e}^{\mathrm{j}0},\quad \widetilde{I}_0=I_0\mathrm{e}^{\mathrm{j}0}$$

或

$$\widetilde{V}=V\mathrm{e}^{\mathrm{j}0}\quad \widetilde{I}=I\mathrm{e}^{\mathrm{j}0}$$

因此,交流电压与电流的比是一个常量(电阻),即

$$\frac{\widetilde{V}_0}{\widetilde{I}_0}=\frac{\widetilde{V}}{\widetilde{I}}=R \tag{13.2.13}$$

交流电压与电流的相位关系如图 13.2.5(b)所示,可以看出交流电流与交流电压具有相同的相位。

在了解纯电阻交流电路中的电压与电流的关系后,就可以讨论电路中的功率。对于交流电路,电压的瞬时值与电流的瞬时值的乘积称为瞬时功率,即

$$p(t)=u(t)i(t)=V_0I_0\sin^2\omega t \tag{13.2.14}$$

由式(13.2.14)可以看出,由于交流电压与交流电流同相位,因此,瞬时功率总是正的,即 $p(t)\geqslant 0$。这表明负载电阻总是从电路中获取电能而将其转化成热能。

在一个交流变化的周期内,电路负载消耗电能的平均速率(或电源电路输出的平均功率),即瞬时功率的平均值,称为平均功率,有

$$P=\frac{1}{T}\int_0^T p\mathrm{d}t=\frac{1}{T}\int_0^T V_0I_0\sin^2\omega t\mathrm{d}t=VI=I^2R \tag{13.2.15}$$

其中,P 为平均功率,T 为交流周期,V、I 分别为交流电压和电流的有效值。

交流电压与电流的关系及电路瞬时功率与平均功率随时间的变化关系如图 13.2.5(c)所示。

(2)纯电容的交流电路。

纯电容交流电路如图 13.2.6(a)所示。我们仍以交流电压作为基准,即

$$u(t)=\mathscr{E}(t)=V_0\sin\omega t \tag{13.2.16}$$

如果给理想电容器两端施加一正弦交流电压,该电压就等于电容器的充电电压,则充电的电流为

$$i(t)=C\frac{\mathrm{d}u}{\mathrm{d}t}=C\frac{\mathrm{d}(V_0\sin\omega t)}{\mathrm{d}t}=CV_0\omega\cos\omega t$$

上式还可以写成

$$i(t)=I_0\sin\left(\frac{\pi}{2}+\omega t\right) \tag{13.2.17}$$

其中,$I_0=CV_0\omega$。

比较式(13.2.16)和式(13.2.17),可以看出该电路中的交流电压与交流电流是同频率的正弦量,但是在相位上交流电流比交流电压超前了 $\pi/2$。交流电压与交流电流的峰值(或有效值)的比为一个常量,即

$$\frac{V_0}{I_0}=\frac{V}{I}=\frac{1}{\omega C} \tag{13.2.18}$$

由此可以看出,当交流电压一定时,电容和频率乘积的倒数(即 $1/\omega C$)的值越大,电流值

就越小。因此，它具有对电流起阻碍作用的性质，称为容抗，用 X_C 来表示，即

$$X_C=\frac{1}{\omega C}=\frac{1}{2\pi fC} \tag{13.2.19}$$

容抗是与电容和交流电路频率的乘积成反比的，当频率为零时，即在直流情况下，容抗趋于无穷大，电路中的直流电流趋于零。交流电路频率越高，容抗就越小，在同一交流电压作用下电路中的交流电流就越大。这里应当注意的是，纯电容交流电路中的电流并不是导体中的传导电子穿过电容器中的绝缘介质从一个极板传导到另一个极板，而是在交流电压的作用下电容器按照一定的频率不间断地充放电的过程。

如果利用相量来表示交流电压与电流的关系，则有

$$\widetilde{V}_0=V_0\mathrm{e}^{\mathrm{j}0},\quad \widetilde{I}_0=I_0\mathrm{e}^{\mathrm{j}\frac{\pi}{2}}$$

或

$$\widetilde{V}=V\mathrm{e}^{\mathrm{j}0},\quad \widetilde{I}=I\mathrm{e}^{\mathrm{j}\frac{\pi}{2}}$$

因此，

$$\frac{\widetilde{V}_0}{\widetilde{I}_0}=\frac{\widetilde{V}}{\widetilde{I}}=-\mathrm{j}X_C \tag{13.2.20}$$

交流电压与电流的相位关系如图 13.2.6(b)所示，可以看出交流电流超前交流电压的相位为 π/2。

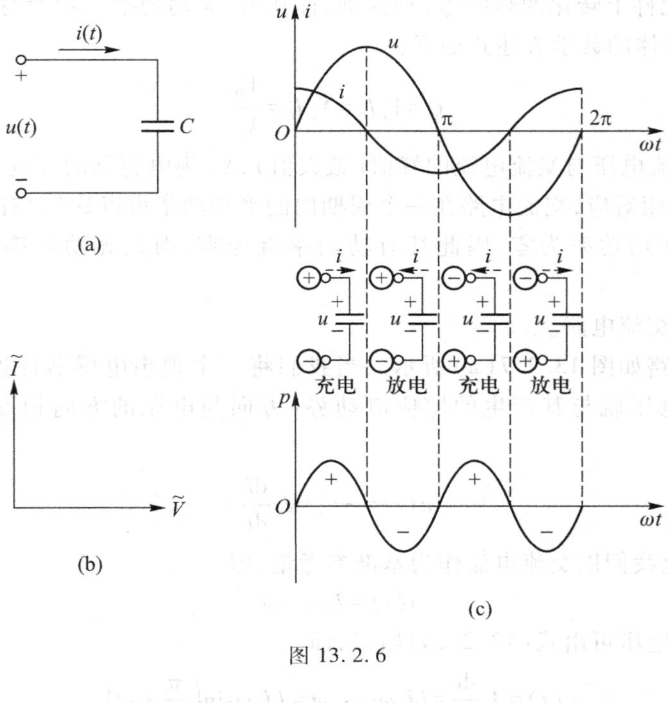

图 13.2.6

理想的纯电容交流电路的瞬时功率同样等于其中瞬时电压与瞬时电流的乘积，即

$$p(t)=u(t)i(t)=V_0I_0\sin\omega t\sin\left(\frac{\pi}{2}+\omega t\right)$$

$$=\frac{V_0I_0}{2}\sin 2\omega t=VI\sin 2\omega t \tag{13.2.21}$$

而其在一个交流周期内的平均功率为

$$P=\frac{1}{T}\int_0^T p\mathrm{d}t=\frac{1}{T}\int_0^T VI\sin 2\omega t\mathrm{d}t=0 \tag{13.2.22}$$

其中，$T=2\pi$。

可以看出在一个周期内电容器消耗的平均功率为零，即理想的电容器在交流电路中不消耗能量，只是转化能量存在的不同形式。如图 13.2.6(c)所示，在初始的四分之一周期内，交流电压的瞬时值从零不断增加，交流电流的瞬时值则从初始的最大值逐渐减小，这就是电源给电容器充电的过程，电源提供的电能逐渐转化为电容器局域空间内的电场能，当电压达到最大时（电流则达到最小），电容器局域空间内的电场能同时达到最大；在接下来的四分之一周期内，电容器开始对外放电，交流电压逐渐减小，而交流电流则在相反方向上逐渐增大，这就是电容器局域空间内的电场能逐渐转化为电路中电能的过程；在接下来的两个四分之一周期内，交流电路将重复上述过程。因此，在理想的纯电容交流电路中，能量只是在不同形式（即电源能量与电场能）之间交替转化，并不像纯电阻交流电路那样消耗能量。因此，理想的纯电容交流电路中一个周期内的平均功率始终为零。为了比较不同容抗交流电路中能量交换（或功率交换）的情况，我们用瞬时功率的最大值来衡量，并定义一个类似于"功率"性质的物理量，同时为了与交流电路中元器件所消耗的能量（相应的功率称为"有功功率"，即电源对外做功输出的功率，如在电阻元件上转化的热能等）相区别，称其为"无功功率"，用大写的字母 Q 表示，其单位为乏(var)。具体的数学表述式如下：

$$Q=V_0I_0=X_CI_0^2=\frac{V_0^2}{X_C} \tag{13.2.23}$$

其中，V_0 和 I_0 为交流电压与交流电流的峰值（最大值），X_C 为电容器的容抗。

与"无功功率"相对应，交流电路在一个周期内的平均功率可以称为"有功功率"。对于纯电容交流电路，其平均功率为零，因此其有功功率就为零，而其无功功率（$Q=V_0I_0$）却并不为零。

(3) 纯电感的交流电路。

纯电感交流电路如图 13.2.7(a)所示。当我们将一个理想电感器件连接到交流电路中时，其两端的交流电压就与其产生的感应电动势（方向与电压的方向相反，称之为"反电动势"）相等，即

$$u(t)=-\mathscr{E}_L=L\frac{\mathrm{d}i}{\mathrm{d}t} \tag{13.2.24}$$

为了讨论方便，在此我们以交流电流作为基准参考量，即

$$i(t)=I_0\sin\omega t \tag{13.2.25}$$

电感器件上的交流电压可由式(13.2.24)给出，即

$$u(t)=L\frac{\mathrm{d}i}{\mathrm{d}t}=LI_0\omega\cos\omega t=LI_0\omega\sin\left(\frac{\pi}{2}+\omega t\right)$$

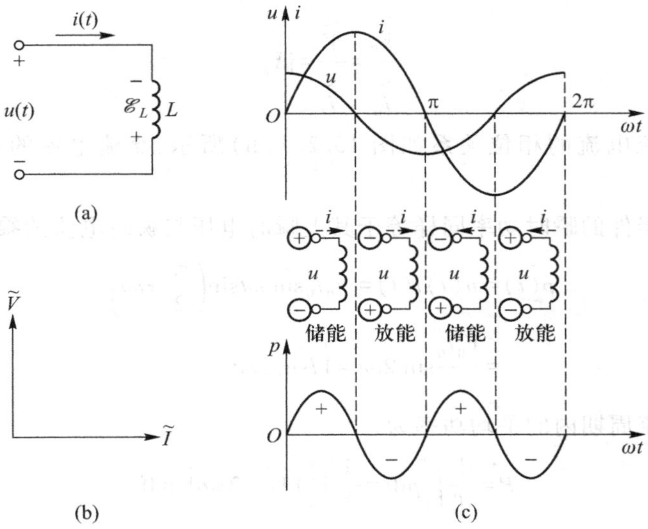

图 13.2.7

上式还可以写成

$$u(t)=V_0\sin\left(\frac{\pi}{2}+\omega t\right) \tag{13.2.26}$$

与纯电容交流电路类比，比较式(13.2.25)和式(13.2.26)，可以看出纯电感交流电路中的交流电压与交流电流是同频率的正弦量，但是，在相位上交流电流比交流电压落后了 $\pi/2$。交流电压与交流电流的峰值(或有效值)的比为一个常量，即

$$\frac{V_0}{I_0}=\frac{V}{I}=\omega L \tag{13.2.27}$$

由此可以看出，当交流电压一定时，电感和频率乘积(即 ωL)的值越大，电流值就越小。因此，它具有对电流起阻碍作用的性质，所以称为感抗，用 X_L 来表示，即

$$X_L=\omega L \tag{13.2.28}$$

感抗是与电感和交流电路频率的乘积成正比的。当频率为零时，即在直流的情况下，感抗趋于零，电路中的直流电流将趋于无穷大，因此纯电感器件在直流电路中相当于“短路”。而交流电路频率越高，感抗就越大，在同一交流电压作用下电路中的交流电流就越小。这与纯电容交流电路的性质恰好相反，在并不严格的意义上比较二者时可以认为：纯电容器件有“隔‘直流’通‘交流’”的性质，而纯电感器件有“限‘交流’通‘直流’”的性质。

如果利用相量来表示交流电压与交流电流的关系，则有

$$\widetilde{V}_0=V_0\mathrm{e}^{\mathrm{j}\frac{\pi}{2}}\qquad \widetilde{I}_0=I_0\mathrm{e}^{\mathrm{j}0}$$

或

$$\widetilde{V}=V\mathrm{e}^{\mathrm{j}\frac{\pi}{2}},\quad \widetilde{I}=I\mathrm{e}^{\mathrm{j}0}$$

因此，

$$\frac{\widetilde{V}_0}{\widetilde{I}_0}=\frac{\widetilde{V}}{\widetilde{I}}=\mathrm{j}X_L \tag{13.2.29}$$

交流电压与交流电流的相位关系如图 13.2.7(b)所示,交流电流的相位落后交流电压 $\pi/2$。

理想的纯电感器件的瞬时功率同样等于其上瞬时电压与瞬时电流的乘积,即

$$\begin{aligned}p(t)&=u(t)i(t)=V_0I_0\sin\omega t\sin\left(\frac{\pi}{2}+\omega t\right)\\&=\frac{V_0I_0}{2}\sin 2\omega t=VI\sin 2\omega t\end{aligned} \tag{13.2.30}$$

而其在一个交流周期内的平均功率为

$$P=\frac{1}{T}\int_0^T p\mathrm{d}t=\frac{1}{T}\int_0^T VI\sin 2\omega t\mathrm{d}t=0 \tag{13.2.31}$$

其中,$T=2\pi$。

由上述讨论可以看出,与纯电容器件类似,纯电感器件在交流电路中同样不消耗能量,而只是储存和释放能量,起到能量转化的作用。如图 13.2.7(c)所示,在初始的四分之一周期内,交流电流的瞬时值从初始的零逐渐增大,交流电压的瞬时值从最大值不断减小到零,这就是交流电路中电感器件局域空间内部磁场建立的过程,当电流达到最大时(电压则达到最小),电感器件局域空间内部的磁场能同时达到最大;在接下来的四分之一周期内,电感器件开始对外释放能量,交流电流将逐渐减小,而交流电压则在相反方向上逐渐增大,这就是电感器件局域空间内部的磁场能逐渐转化为电路中电能的过程;在接下来的两个四分之一周期内,交流电路将重复上述过程。因此,在理想的纯电感交流电路中,能量只是在不同形式(即电能与磁场能)之间交替转化。因此,理想的纯电感交流电路中一个周期内的平均功率始终为零。

同样,我们可以用无功功率 Q 来描述电源与电感器件之间能量交换的规模。对于纯电感交流电路,

$$Q=V_0I_0=X_LI_0^2=\frac{V_0^2}{X_L} \tag{13.2.32}$$

其中,V_0 和 I_0 为交流电压与交流电流的峰值(最大值),X_L 为电感器件的感抗。

通过上面的讨论,我们发现与直流电路中电阻对电流的阻碍作用类似,在交流电路中,电容及电感会对交流电流起阻碍作用,称为电抗(reactance)。电抗是“容抗”和“感抗”的统称,其单位也叫做欧姆(Ω)。在交流电路分析中,电抗用 X 表示(容抗用 X_C、感抗用 X_L),是复数阻抗的虚数部分,用于表示电感及电容对电流的阻碍作用。电抗随交流电路的频率变化,并引起电路中电流与电压的相位变化。

因此,我们可以定义一个更广泛意义上的描述对电路中电流阻碍作用的物理量——阻抗(Z)。阻抗即电阻与电抗的总和,用数学形式表示为

$$Z=R+\mathrm{j}X \tag{13.2.33}$$

其中,R 为电阻,X 为电抗,它们的单位均为欧姆(Ω)。当 $X>0$ 时,称之为感性电抗;当 $X=0$

时,阻抗为纯电阻;当 $X<0$ 时,称之为容性电抗。

在一般应用中,我们只需知道阻抗的强度:

$$|Z|=\sqrt{R^2+X^2} \tag{13.2.34}$$

在具体的交流电路中,电抗是感抗和容抗的函数,即

$$X=f(X_C,X_L) \tag{13.2.35}$$

对于电阻为零的理想纯感抗或容抗元件,阻抗强度就是电抗的大小。一般电路的总电抗为

$$X=X_L-X_C \tag{13.2.36}$$

2. 一般情况下的交流电路

一般情况下,交流电路中的元器件都不是理想的"纯"电阻、"纯"电容或"纯"电感器件,而是具有复杂阻抗。但是,无论它多么复杂,都可以看成理想元器件的串联和并联的组合,因此,下面我们讨论一下交流电场作用下的 *RLC* 串、并联电路中的元器件上的电流与电压的关系,以及电路的阻抗。需要强调的是,我们现在讨论的"一般情况",是指在满足集总参量电路的条件下,交流电路中的电流、电压规律符合基尔霍夫定律。因此,我们可以利用基尔霍夫定律,即对于交流电路中的任一回路,其瞬时电压、电压相量的代数和为零,即

$$\begin{aligned}&\sum u(t)=0\\&\sum \widetilde{V}=0\end{aligned} \tag{13.2.37}$$

对于交流电路中的任一节点,其瞬时电流、电流相量的代数和为零,即

$$\begin{aligned}&\sum i(t)=0\\&\sum \widetilde{I}=0\end{aligned} \tag{13.2.38}$$

我们可以通过上述关系来讨论含有电抗元器件的交流电路的一般性质。

(1) *RLC* 串联电路。

RLC 串联电路如图 13.2.8(a)所示,根据基尔霍夫定律,沿整个回路其电压瞬时值的代数和为零,即

$$\begin{aligned}u(t)&=u_R(t)+u_L(t)+u_C(t)\\&=Ri+L\frac{\mathrm{d}i}{\mathrm{d}t}+\frac{1}{C}\int i\mathrm{d}t\end{aligned}$$

上式就是用瞬时值表示的 *RLC* 串联电路的电压与电流的关系。实际上,通过相量分析可以更直观地了解交流电路的一般性质,如电流与电压的幅值、频率及其相位关系,电路阻抗的性质。其有效值相量如图 13.2.8(b)所示。在此我们采用交流参量的有效值相量来讨论交流电路的性质。利用相量对交流电路进行分析的一般原则是先从电路中所有元器件的公共量开始,而对于串联电路来讲,电流就是其公共量,所以电流相量就是在如图 13.2.9 所示的相量图中首先画出的量,然后按照各个元器件上电压与电流的相位关系分别画出其电压相量。根据前面单一参量(元器件)电路的分析,电阻、电感和电容上的电压相量 $\widetilde{V}_R$、$\widetilde{V}_L$ 和 $\widetilde{V}_C$ 与电流相量 $\widetilde{I}$ 之间的相位关系如图 13.2.9 所示。因此,根据基尔霍夫定律,电源电压 V(有效值)就是其他所有元器件上电压的相量和,即

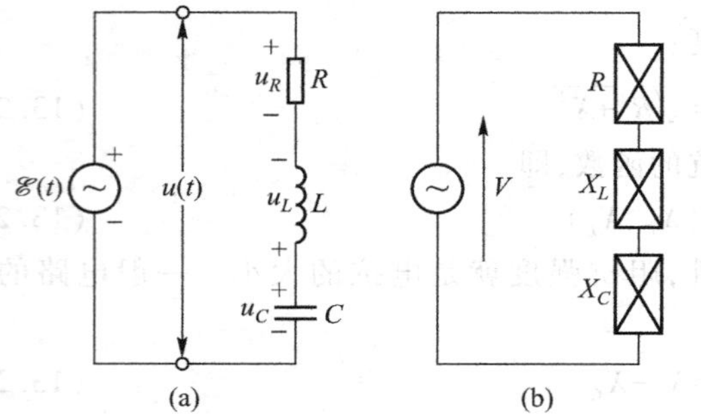

图 13. 2. 8

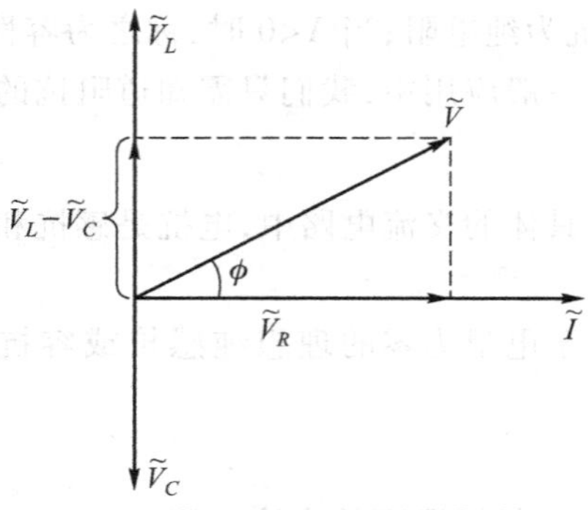

图 13. 2. 9

$$\begin{aligned} V &= \sqrt{V_R^2+(V_L-V_C)^2} \\ &= \sqrt{(IR)^2+\left(\omega LI-\frac{I}{\omega C}\right)^2} \\ &= I\sqrt{R^2+\left(\omega L-\frac{1}{\omega C}\right)^2} \end{aligned} \tag{13.2.39}$$

其中，V、I 为交流电压和交流电流的有效值，ω 为交流电的角频率。

因此，根据阻抗的定义，RLC 串联电路的阻抗为

$$Z=\frac{V}{I}=\sqrt{R^2+\left(\omega L-\frac{1}{\omega C}\right)^2} \tag{13.2.40}$$

其中，电抗为

$$X=X_L-X_C=\omega L-\frac{1}{\omega C} \tag{13.2.41}$$

上面我们讨论了 RLC 串联电路中交流电压与电流幅值之间的关系，接下来我们讨论 RLC 串联电路中交流电压与电流相位之间的关系。实际上，图 13. 2. 9 中所示的角度 ϕ 就是交流电流与电压之间的相位差。因此，可以很清楚地得出相位差与电路中不同元器件上电压之间的关系，进而得到电抗、电阻之间的关系，即

$$\tan\phi=\frac{V_L-V_C}{V_R}=\frac{X_L-X_C}{R}=\frac{\omega L-\frac{1}{\omega C}}{R} \tag{13.2.42}$$

由上式可以看出，当感抗大于容抗时，$\tan\phi$ 大于零，电流滞后电压的相位角为 ϕ，电路的阻抗呈感性；当容抗大于感抗时，$\tan\phi$ 小于零，电流超前电压的相位角为 ϕ，电路的阻抗呈容性；而当感抗与容抗相等时，$\tan\phi$ 等于零，电路呈纯阻性，交流电流与交流电压的相位相同。这种电路中的感抗与容抗相等（$X_L=X_C$）而互相抵消使得电路呈纯阻性（线性）的条件就是串联谐振的条件，关于这一点我们将在后面具体讨论。

（2）RLC 并联电路。

并联交流电路有很多种不同的并联形式，如图 13. 2. 10 所示。其中，图 13. 2. 10（a）是 RL 串联而与 C 并联的电路，图 13. 2. 10（b）是 RC 串联而与 L 并联的电路，图 13. 2. 10（c）是 RL 串

联与 RC 串联的并联电路。在实际应用中，无论何种并联交流电路都是上述基本并联电路的各种组合。无论何种并联方式的交流电路都具有相同的电路性质，即交流电流与交流电压之间的关系，以及阻抗的性质。因此，我们仅讨论 RLC 并联电路，如图 13. 2. 11(a) 所示。对于所有元器件并联的交流回路来说，沿整个回路的电流瞬时值 $i(t)$ 等于通过并联电路中每一个元器件上电流瞬时值的代数和，即

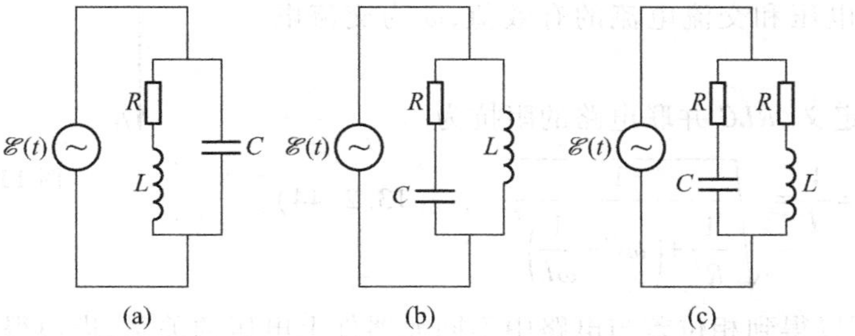

图 13. 2. 10

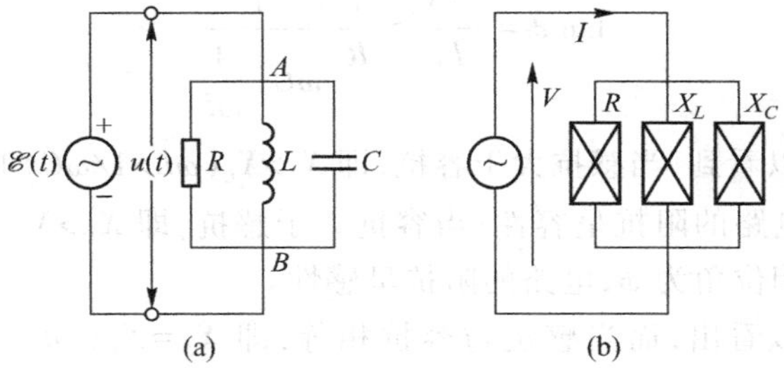

图 13. 2. 11

$$i(t)=i_R(t)+i_L(t)+i_C(t)$$
$$=\frac{u}{R}+\frac{1}{L}\int u\mathrm{d}t+C\frac{\mathrm{d}u}{\mathrm{d}t}$$

根据基尔霍夫定律，上式等价于通过交流回路节点 A 或 B 的电流的代数和为零，即

$$\sum_A i(t)=0$$
$$\sum_B i(t)=0$$

为了更简捷地得出 RLC 并联电路中交流电压与交流电流的关系，即该交流电路的一般性质，我们采取相量分析的方法，如图 13. 2. 11(b) 所示，利用交流电路的有效值相量来分析得出 RLC 并联电路中交流电流与交流电压的幅值、频率及其相位关系，以及电路阻抗的性质。对于 RLC 并联电路来讲，其电压是所有元器件上的公共量，即电路中所有的元器件上无论何时都具有相同的电压。因此，不同元器件上的电流相量 $\widetilde{I}_R$、$\widetilde{I}_L$ 和 $\widetilde{I}_C$ 与电压相量 $\widetilde{V}$ 的关系如图 13. 2. 12 所示，其中 ϕ 为交流电路中总的电流相量与电压相量之间的相位角。

因此，根据基尔霍夫定律，电源电流 I(有效值) 就是其他所有元器件上电流的相量和，即

$$I=\sqrt{I_R^2+(I_C-I_L)^2}$$
$$=\sqrt{\left(\frac{V}{R}\right)^2+\left(V\omega C-\frac{V}{\omega L}\right)^2}$$
$$=V\sqrt{\left(\frac{1}{R}\right)^2+\left(\omega C-\frac{1}{\omega L}\right)^2} \qquad (13.2.43)$$

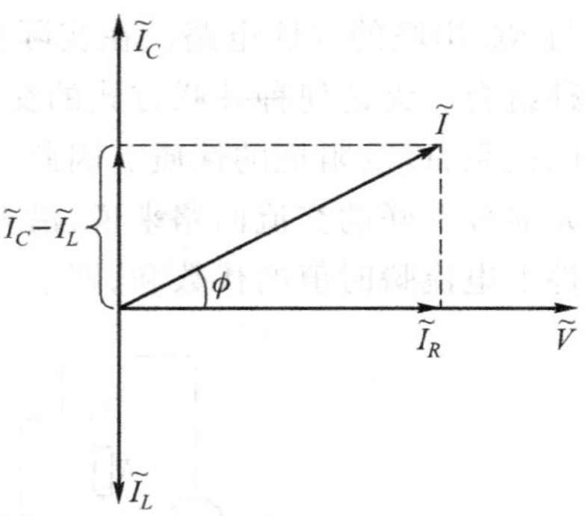

图 13.2.12

其中，V、I 为交流电压和交流电流的有效值，ω 为交流电的角频率。

根据阻抗的定义，RLC 并联电路的阻抗为

$$Z=\frac{V}{I}=\sqrt{\frac{1}{\frac{1}{R^2}+\left(\omega C-\frac{1}{\omega L}\right)^2}} \qquad (13.2.44)$$

同时，我们可以得到相位差与电路中不同元器件上电压的关系，进而得到电抗与电阻的关系，即

$$\tan\phi=\frac{I_C-I_L}{I_R}=\frac{1}{R}\frac{1}{\omega C-\frac{1}{\omega L}} \qquad (13.2.45)$$

由式(13.2.45)可以看到，当感抗大于容抗，即 $X_L>X_C(\omega L>1/\omega C)$ 时，$\tan\phi$ 大于零，电压滞后电流的相位角为 ϕ，电路的阻抗呈容性；当容抗大于感抗，即 $X_C>X_L(1/\omega C>\omega L)$ 时，$\tan\phi$ 小于零，电压超前电流的相位角为 ϕ，电路的阻抗呈感性。

由式(13.2.44)可以看出，而当感抗与容抗相等，即 $X_L=X_C(\omega L=1/\omega C)$ 时，电路呈纯阻性，交流电流与交流电压的相位相同。实际上，当并联电路的阻抗呈纯阻性时，交流电路处于谐振状态，因此，并联交流电路中的感抗与容抗相等同样是交流电路谐振的条件。

(3) RLC 谐振电路。

① 谐振电路的定义及其性质。

通过前面的讨论可知，对于具有电阻 R、电感 L 和电容 C 元器件的交流电路，无论是串联电路还是并联电路(如图 13.2.8 和图 13.2.10 所示)，或是其他复杂网络类型的交流电路，电路两端的电压 V 与其中电流 I 的相位一般是不同的。我们以有效值为例，它们之间通常会有一定的相位差，即 $\phi\neq 0$。但是，如果调节电路元器件(L 或 C)的参量或电源频率 ω，在某种情况下就可以使它们的相位相同，即 $\phi=0$，这时整个电路呈现纯阻性。交流电路达到这种状态(或出现这种现象)称为谐振，具有谐振性质的交流电路称为 RLC 谐振电路。

交流电路谐振的实质是电容器中的局域电场能与电感器中的局域磁场能在某种特殊情况下的相互转化，此增彼减，完全补偿。电场能和磁场能的总和保持不变，交流电源不必像前面讨论过的单一元器件那样与电容器或电感器往返转化能量，只需供给电路中电阻所消耗的电能。

按照上述定义，当交流电路中的感抗 X_L 和容抗 X_C 完全相等，即 $X_L=X_C(\omega L=1/\omega C)$ 时，根据式(13.2.39)和式(13.2.44)可知，交流电路的阻抗 $Z=R$，电路呈纯阻性，交流电流与交流电压的相位相同，交流电路处于谐振状态。实际上，要使交流电路中的感抗和容抗完全相等有两

种途径：其一，在交流电路中的元器件参量（电容和电感的数值）确定的情况下，可以通过调节交流电源的频率使交流电路呈纯阻性；其二，在交流电源的频率一定的情况下，可以通过调节电路中元器件的参量，即改变电路中电容或电感的数值来使交流电路呈纯阻性。由于交流电路可以在某频率下呈谐振状态，因此通常把这个频率称为谐振频率，用 f_0（或 $\omega_0=2\pi f_0$）来表示。

当 $X_L=X_C(\omega L=1/\omega C)$ 时，$\omega_0=\omega$，则谐振频率为

$$\omega_0=2\pi f_0=\frac{1}{\sqrt{LC}} \tag{13.2.46}$$

无论是 RLC 串联谐振电路，还是 RLC 并联谐振电路，谐振时它们都具有相同的性质，即交流电路的阻抗 Z 都呈纯阻性，并且阻抗 Z 以及电流 I 都具有极值。对于串联谐振电路来说，电流具有极大值 I_{max}，而阻抗具有极小值 Z_{min}；对于并联谐振电路来说，电流具有极小值 I_{min}，而阻抗具有极大值 Z_{max}。图 13.2.13(a)是串联谐振电路中电流与阻抗性质的示意图，图 13.2.13(b)是并联谐振电路中电流与阻抗性质的示意图。

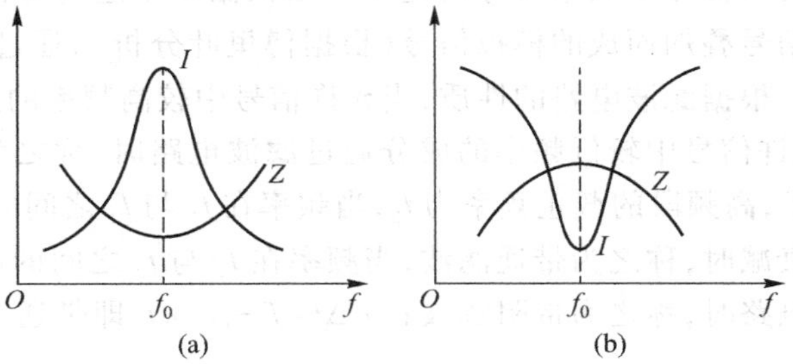

图 13.2.13

② 谐振电路的应用。

由于 RLC 串联谐振电路在谐振频率附近具有阻抗的极小值 Z_{min}（纯阻性）和电流的极大值 I_{max}，特征明显，如图 13.2.13(a)所示，因此在交流谐振电路的具体应用中我们以 RLC 串联谐振电路为例来加以讨论。

a. 交流电路频率的选择。

当交流电路中的阻抗呈纯阻性，即交流电路发生谐振时，交流电源输出到用电器件上的有功功率具有最大值（比如，音频信号接收系统的音量最大、照明灯光最亮等），因此，我们可以通过用电器件上功率最大值的确定来对交流电路的频率（谐振频率 $\omega_0=2\pi f_0$）进行选择。

交流电路的频率选择通常有两种方法。其一：通过选择交流电路中元器件的等效电感和电容的数值来选择交流电路的频率。根据式(13.2.46)，当交流电路中的电感 L 和电容 C 的数值给定后，交流电路的谐振频率（$\omega_0=2\pi f_0$）就确定下来，可以通过调节交流电源的输出频率来使交流电路中的用电器件获得的功率达到最大值，此时交流电路的频率就是谐振频率 $\omega_0=2\pi f_0$。其二：如果交流电源是一个频谱较宽的功率信号源，就可以通过调节交流电路中的电感或电容值来选择频率。比如当信号接收装置（收音机、电视机等）电路中的谐振频率与信号源的某一载波频率相同时，接收到的信号就强（即获得的功率大），信号接收装置都是采用这个原理来工作的。

一般的信号接收装置(收音机等)的信号接收电路的原理如图 13.2.14 所示。在同一个铁芯上分别绕有三个电感线圈,其中,L_1 是信号接收天线电感线圈,电感线圈 L_2 和可调电容 C 构成谐振选频电路,电感线圈 L_3(实际上,L_2 和 L_3 构成信号接收电路的初、次级电感线圈)将选择出来的电台信号送到收音机接收电路。其具体的工作原理如下,接收天线(电感线圈 L_1)能够接收来自不同信号源(电台等)发射的电磁波,我们可以通过调节可调电容 C 使电感线圈 L_2 和可调电容 C 构成的谐振选频电路谐振于某一所需信号的载波频率上,此时 L_2 上流过最大电流,将这一信号选出。因此,通过调节可调电容 C 使 L_2C 电路谐振在不同信号的载波频率上,就可接收不同频率的信号。

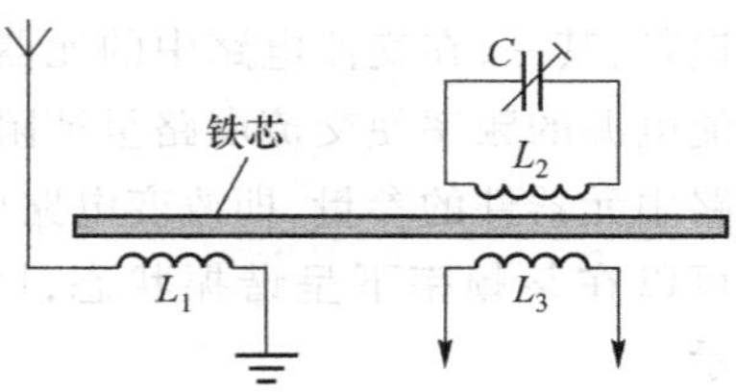

图 13.2.14

b. 选频滤波。

这里的“滤波”是指利用模拟电子电路对模拟信号进行筛选的过程,其基本原理就是利用电路的频率特性来实现对信号中频率成分的选择。当根据频率进行滤波时,通常把信号看成由不同频率的正弦波信号叠加而成的模拟信号(根据傅里叶分析),通过选择不同的频率成分来实现对信号的滤波。根据滤波电路的性质,当允许信号中较高频率的成分通过滤波电路时,称之为高通滤波;当允许信号中较低频率的成分通过滤波电路时,称之为低通滤波;如果设置低频段的截止频率为 f_1,高频段的截止频率为 f_2,当频率在 f_1 与 f_2 之间的信号能通过滤波电路而其他频率的信号被衰减时,称之为带通滤波;当频率在 f_1 与 f_2 之间的信号被衰减,而其他频率的信号能通过滤波电路时,称之为带阻滤波;当 $\Delta f=f_2-f_1\to 0$,即带通滤波的带宽趋于零时,称之为选频滤波。

交流电路中理想电容和电感的容抗和感抗随着交流电路频率的变化将发生不同的变化,即随着频率的增加容抗逐渐减小而感抗逐渐增加。当频率增加到一定程度时,容抗将变得很小,在一定程度上相当于对交流信号短路;感抗将变得很大,在一定程度上产生了对交流信号的阻碍。因此,在某种程度上可以认为电容有“隔直流而通交流”的性质,电感有“隔交流而通直流”的性质。上述各种形式的信号滤波电路都可以利用交流电路的元器件的各种组合构成,典型滤波电路原理如图 13.2.15 所示。其中,图 13.2.15(a)是低通滤波电路,图 13.2.15(b)(c)是高通滤波电路。我们还可以通过高通、低通滤波电路的各种不同组合构成带通或带阻滤波电路。上述电路的滤波特性的基本原理由读者自己分析,我们在此不再赘述。

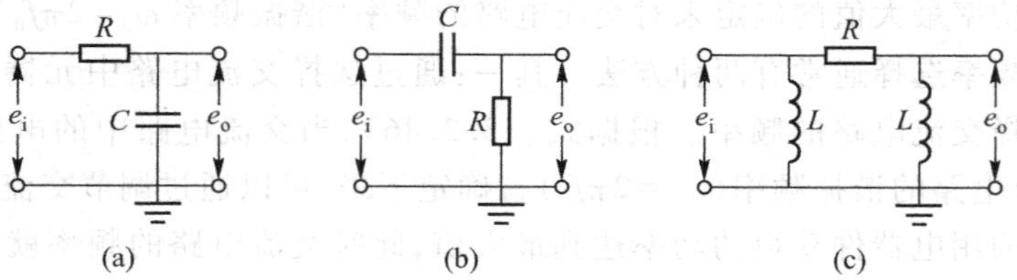

图 13.2.15

交流电路的谐振特性非常有利于实现选频滤波电路。其原理电路如图 13.2.16 所示,我们将 LC 串联谐振电路与信号的输入端 e_i 并联,输入信号 e_i 是由宽频带的交流信号组成的,不但包含我们需要的信号，而且包含需要滤除的具有特定频率 f_0 的“噪声”信号。为了滤除这一特殊频率的噪声信号，我们使 LC 串联谐振电路的谐振频率 $\omega_0=2\pi f_0$ 恰好等于需要滤掉的信号频率，那么对于频率为 f_0 的“噪声”信号来说，LC 串联电路的电抗等于零，它将对地短路而被滤除，而对于其他频率的信号来说，LC 串联电路的电抗就比较大。因此，输入信号 e_i 中频率为 f_0 的“噪声”信号就不会出现在输出信号 e_o 中。这种电路仅将选定的频率为 f_0 的信号滤除，而其他各频率的信号都将通过；反之，也可以使选定的频率信号通过，而将其他频率的信号滤除。因此，这种电路统称为选频滤波电路。

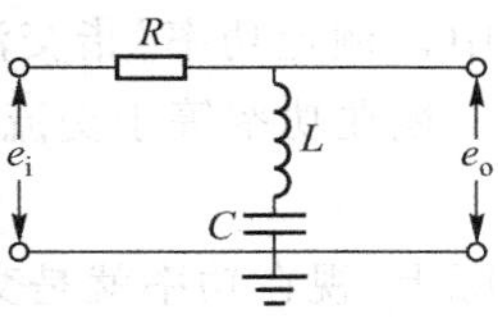

图 13.2.16

c. 交流电路元器件的测量。

从上述讨论可以看出，无论是交流电路频率的选择，还是交流信号的选频滤波，都是利用 RLC 谐振电路的基本特性（交流电路阻抗呈纯阻性，即 LC 谐振电路的电抗为零；在谐振频率附近，输出功率具有极值）实现的。在实际应用中，我们还可以利用这些性质对交流电路中元器件的数值（电容值或电感值）进行测量。测量电路原理如图 13.2.17 所示，其中 $\mathscr{E}_i(t)$ 为频率可调的交流电源，电阻 R 可以看成整个交流电路的等效电阻，L 和 C 在某种条件下可以分别看成标准电感与待测电容（或标准电容与待测电感），f 为用来测量交流电路频率的频率计，A 为测量交流电路电流的电流表。具体测量过程如下：在调整交流电源的频率并保证输出电压不变的情况下，如果在某个频率时交流回路中的电流达到最大值，即电流表 A 的示数最大，那么交流电路中频率计的数值是交流电路的谐振频率 f_0，利用式（13.2.46），

$$\omega_0=2\pi f_0=\frac{1}{\sqrt{LC}}$$

可以计算出待测电容值或电感值。如果电路中是标准电感与待测电容器件，就可以得到待测电容的数值，即

$$C_{待测}=\frac{1}{L(2\pi f_0)^2}$$

如果电路中是标准电容与待测电感器件，就可以得到待测电感的数值，即

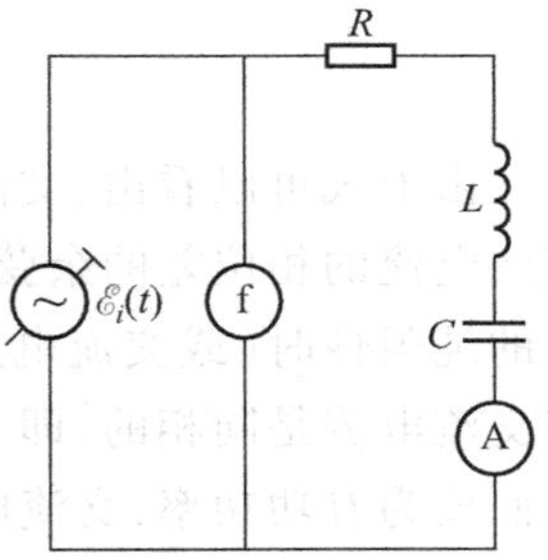

图 13.2.17

$$L_{待测}=\frac{1}{C(2\pi f_0)^2}$$

（4）交流电路的 Q 值——功率因数和品质因数。

交流电路本质上就是将交流发电机或交流电源的电能有效输出到交流电路中元器件（或负载）上的网络系统。为了描述这种能量输出及能量转化的效率，我们引入一个参量“Q 值”，并在不同的应用过程中赋予这个参量不同的物理意义。

当我们关注交流电路负载所消耗的电能，即交流电源输出的有功功率时，我们通常用有功功率占交流电源额定功率的比例（称之为“功率因数”）来描述交流电源电能输出的效率。功率因数可以定义为交流电路有功功率对额定功率的比值，即用参量“Q 值”来表示，有

$$功率因数\ Q=\frac{有功功率}{额定功率} \tag{13.2.47}$$

其中,"额定功率"指交流电源的最大输出功率,在有些教科书中被称为"视在功率",用 S 表示。视在功率等于交流电源能够输出的最大交流电压与交流电流有效值的乘积,即

$$S=VI \tag{13.2.48}$$

实际上,视在功率就是交流电源能够对外输出的最大功率。

对于交流电路来说,交流电源输出(或电路元器件上消耗)的瞬时功率等于交流电路中瞬时电压与瞬时电流的乘积,即

$$p(t)=u(t)i(t)$$

在一般情况下,交流电压与交流电流是有相位差的,如果二者的相位差为 φ,即

$$i(t)=I_0\sin\omega t$$
$$u(t)=V_0\sin(\varphi+\omega t)$$

那么,瞬时功率为

$$p(t)=u(t)i(t)=V_0I_0\sin\omega t\sin(\varphi+\omega t)$$
$$=\frac{V_0I_0}{2}\cos\varphi-\frac{V_0I_0}{2}\cos(\varphi+\omega t)$$

而其在一个交流周期内的平均功率,即交流电源输出的有功功率为

$$P=\frac{1}{T}\int_0^T p(t)\,\mathrm{d}t=VI\cos\varphi \tag{13.2.49}$$

其中,$T=2\pi$,V、I 分别为交流电压和交流电流的有效值。

因此,功率因数为

$$Q=\frac{P}{S}=\frac{P}{VI}=\frac{I^2R}{I^2Z}=\frac{R}{Z}=\cos\varphi \tag{13.2.50}$$

由上式可以看出,交流电源能量的输出效率——功率因数——等于负载上的交流电压与交流电流的相位差的余弦。因此,功率因数与电路的负载性质有关,当交流电路中的负载呈理想的纯阻性时(或交流电路中的感抗与容抗相等,即负载的电抗 $X=0$ 时),负载上的交流电压与交流电流是同相的,即 $\varphi=0$,功率因数 $\cos\varphi=1$,交流电源的视在功率完全输出到电路负载上而成为有功功率,交流电源能量输出的效率最高。然而,在通常情况下交流电路负载不会呈理想的纯阻性,其电抗也不可能为零,为了提高电能的输出效率,人们通常采用电抗补偿的方式来减少无功功率而提高有功功率。例如对于感性负载就可以在电路中加入容抗来减小电路负载的电抗。感性负载电路中电流的相位总是滞后于电压,此时 $0<\varphi<\pi/2$,我们称电路中有"滞后"的 $\cos\varphi$;而容性负载电路中电流的相位总是超前于电压,此时 $-\pi/2<\varphi<0$,我们称电路中有"超前"的 $\cos\varphi$。因此,实际交流电路中的电流与电压波形的峰值总是不完全重合的,其中交流电压 $u(t)$、交流电流 $i(t)$、交流电的瞬时功率 $p(t)$ 及平均功率(有功功率)P 的波形如图 13.2.18 所示。电压与电流波形峰值的分隔就是其相位差 φ,同样可以用功率因数表示。两个波形峰值分隔越大,功率因数和有功功率就越小。由瞬时功率 $p(t)$ 及平均功率(有功功率)P 的波形可以看

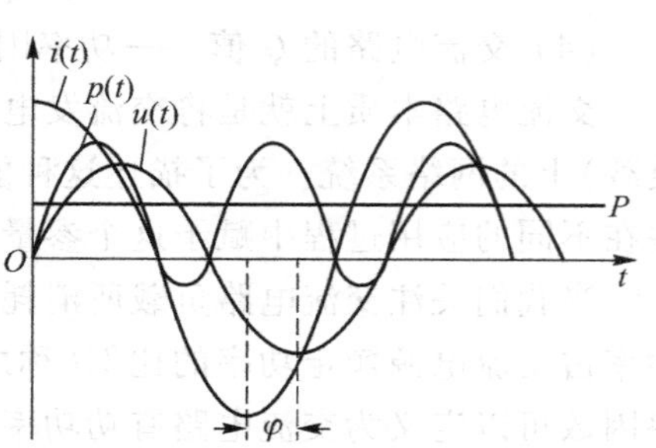

图 13.2.18

出，当交流电压与交流电流的峰值完全重合，即相位差 $\varphi=0$ 时，交流电路的负载呈纯阻性，功率因数最大（$Q=\cos\varphi=1$），有功功率最大；而当二者的峰值恰好相差四分之一周期，即相位差 $\varphi=\pi/2$ 时，交流电路的负载呈纯容性或纯感性，此时功率因数最小（$Q=\cos\varphi=0$），有功功率为零。

在实际应用中，由于交流电路中负载并不呈理想的纯阻性，而是存在感性、容性或非线性负载，所以系统存在无功功率，从而导致有功功率不等于视在功率，三者之间关系如图 13.2.19 所示，呈现一个功率三角形，其数学表达式如下：

$$S^2=P^2+Q^2 \tag{13.2.51}$$

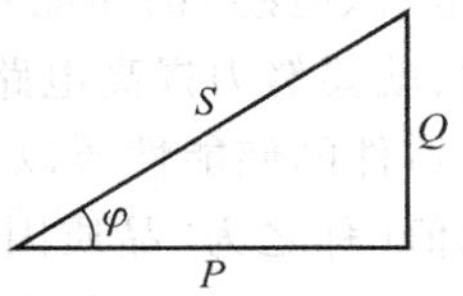

图 13.2.19

其中，S 为视在功率，P 为有功功率，Q 为无功功率。三者的单位分别为伏安（或千伏安）、瓦（或千瓦）、乏（或千乏）。实际上，三者在“功率”的物理意义上完全相同，数量级也完全相同，即 1 伏安（V · A）= 1 瓦（W）= 1 乏（var）。

从功率三角形及其相互关系式中不难看出，在视在功率不变的情况下，功率因数越小（φ 越大），有功功率就越小，无功功率就越大。这种情况会使供电设备的额定功率（视在功率或容量）不能得到充分利用，例如容量为 1 000 kV · A 的变压器，如果负载是纯阻性的，那么有功功率与视在功率的夹角 $\varphi=0$，因此功率因数 $\cos\varphi=1$，变压器能输出 1 000 kW 的有功功率；而在 $\cos\varphi=0.7$ 时，变压器只能输出 700 kW 的有功功率。

提高功率因数能够使交流发电机或电源的容量得到充分利用，也能节约电能，提高电能的使用效率。由于大部分负载都呈现一定的感性（电感性），因此常用的方法就是在电感性负载上并联电容器来提高功率因数，其电路原理和相量如图 13.2.20 所示。由图 13.2.20（a）可以看出，在电感性负载上并联电容器后，电感性负载上的电压并没有发生变化，因此，电感性负载上的电流 I_L 和功率因数 $Q=\cos\varphi_1$ 均没有发生变化。但是，交流电路中的电压 $u(t)$ 和总电流 $i(t)$ 之间的相位差却发生了变化，如图 13.2.20（b）所示，由原来的 φ_1 减小为 φ，即功率因数 $Q=\cos\varphi$ 变大了。应当注意的是，我们在这里讲的提高功率因数，是指提高电源的功率因数，并不是指提高某个电感性负载的功率因数。功率因数提高的原因在于，当在电感性负载上并联电容器后，减小了交流电源与电感性负载之间的能量交换，这时电感性负载所需的无功功率，大部分或全部由电容器中储存的能量供给。也就是说，交流电路中的无功能量之间的转化主要在电感性负载与电容器之间进行。同时由于电容器是储能元器件，并不消耗能量，因此电

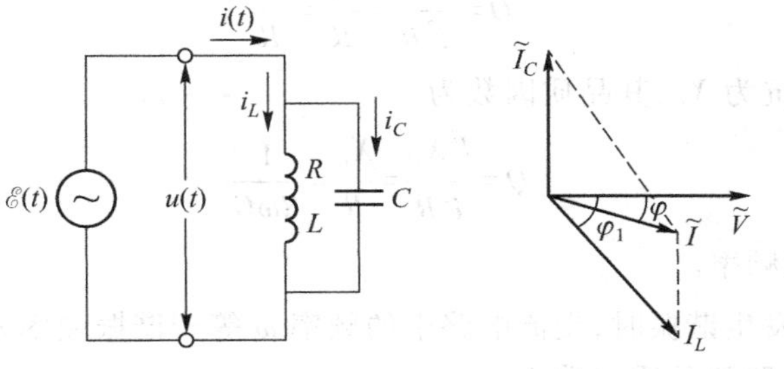

图 13.2.20

路中的有功功率并没有由于并联电容器而发生改变，由相量图可以看出，有功功率 $P=VI\cos\varphi=VI_L\cos\varphi_1$，因此，并入电容器后，交流电路中的电流减小了，功率的损耗减小了，使得交流电源额定功率的输出效率得到了提高。

如上所述，在提高交流电路的功率因数（即增加有功功率而降低无功功率）的过程中，我们通常采用降低交流电路电抗的方式。而当我们考察交流电路的另一种性质，即电抗元器件（电容、电感）的储能效率，或如前所述 LC 谐振电路中局域的磁场能与电场能之间的转化效率时，就要努力提高电路中的电抗而降低电路中的能耗（欧姆损耗和介质损耗）。为了描述电抗元器件的储能性质以及电抗元器件之间的能量转化效率，我们通常用无功功率与有功功率的比值（称之为“品质因数”）来表征电抗元器件的性能或谐振电路的能量转化效率。品质因数可以定义为交流电路中无功功率对有功功率的比值，用参量“Q 值”来表示，即

$$\text{品质因数 } Q=\frac{\text{无功功率}}{\text{有功功率}} \tag{13.2.52}$$

在此，我们赋予参量“Q 值”另外一种物理意义，即系统的能量存储与能量损耗的比。实际上，品质因数 Q 的概念还可以推广到任何一个具有能量存储和转化（谐振或共振）性质的物理系统中，如力学系统的阻尼振荡、激光系统的光学共振腔等。在交流电路系统中，品质因数 Q 的概念通常仅用于谐振电路。

在 RLC 谐振电路中，电阻 R 是交流电路中的等效电阻，即电感线圈的等效电阻与电容器两极之间电介质的等效电阻，因此，这个等效电阻在实际的谐振电路中是无法完全消除的。在谐振频率下，交流电路中的感抗和容抗完全相等，在它们之间传输、转化的能量也完全相等，并且电路呈现纯阻性（其阻值就是等效电阻的数值）。在某一时刻存储在电感线圈中的最大磁场能量为 $(1/2)LI_{\mathrm{m}}^2$，这里 I_{m} 是通过电感电流的最大值；在另一时刻存储在电容器中的最大电场能量为 $(1/2)CV_{\mathrm{m}}^2$，这里 V_{m} 是电容器两端电压的最大值。能量在电容与电感之间传输和转化的过程中，在等效电阻上以 I^2R 的形式消耗。因此，为了维持谐振电路中能量持续的交换过程，交流电源要不断输入能量以满足等效电阻上的能量损耗。因此，品质因数最基本的物理意义就是维持交流电路谐振所需要的外界电源的输入功率（等于消耗在等效电阻上的有功功率）。“Q 值”越大，所需要的输入功率就越小，谐振电路中能量转化效率就越高，谐振电路的“品质”就越好。

对于串联谐振电路，谐振电路中的感抗为 X_L，其品质因数为

$$Q=\frac{I^2X_L}{I^2R}=\frac{X_L}{R}=\frac{\omega L}{R} \tag{13.2.53}$$

谐振电路中的容抗为 X_C，其品质因数为

$$Q=\frac{I^2X_C}{I^2R}=\frac{X_C}{R}=\frac{1}{R\omega C} \tag{13.2.54}$$

其中，ω 为交流电路的频率。

当串联谐振电路发生谐振时，交流电路中的频率 ω 等于谐振频率 ω_0，即 $\omega=\omega_0=1/\sqrt{LC}$。

因此，串联谐振电路的品质因数为

$$Q=\frac{1}{R}\sqrt{\frac{L}{C}} \tag{13.2.55}$$

对于并联谐振电路，其品质因数“Q 值”恰好是串联谐振电路的品质因数倒数，即

$$Q=R\sqrt{\frac{C}{L}} \tag{13.2.56}$$

由式(13.2.56)可以看出，若将电阻、电感和电容并联形成一谐振电路(如前面讨论的例子)，并联的电阻值越小，其阻尼的效果就越大，“Q 值”就越小；反之，并联的电阻值越大(理想情况下是趋于无穷大，这时谐振电路的阻尼几乎为零)，交流电路谐振的品质就越好，“Q 值”就越大。

若电路是电感和电容并联的电路，则能量主要损失在电感内和与电感串联的电阻 R 上，其品质因数和 RLC 串联电路相同，此时降低寄生电阻 R 可以提高品质因数。

下面我们以串联谐振电路为例来讨论品质因数与谐振电路特性的关系。当交流电路发生谐振时，交流电路的输出功率具有最大值，在交流电源的电压 V 一定的情况下，电路中电流 I 随频率 ω 变化的关系就等价于功率随频率变化的关系，因此，其输出功率随交流电路频率的关系如图 13.2.21 所示。可以看出，当交流电路频率等于谐振频率时，电路中的电流具有最大值 I_{max}，输出功率也具有最大值，$P_{max}=I_{max}^2R=V^2/R$。我们以半功率点之间的频率范围来定义 I-ω 曲线的带宽，以描述不同谐振电路之间 I-ω 曲线的形状及谐振电路的性质。在图 13.2.21 中可以看出，半功率点上的电流为 $I_{max}/\sqrt{2}$，其对应的截止频率分别为 ω_1、ω_2，那么根据定义，谐振电路的带宽 BW 为

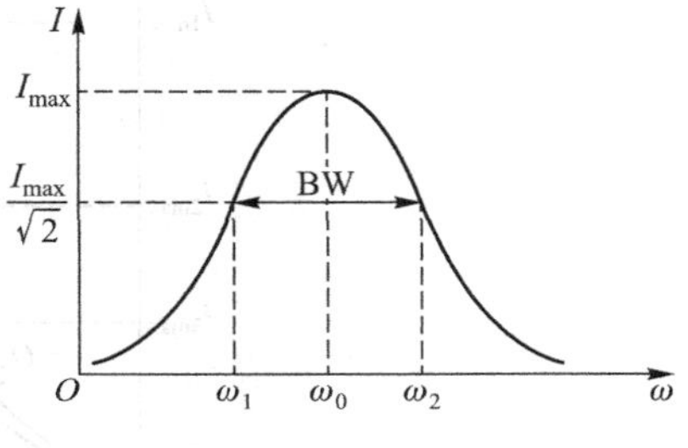

图 13.2.21

$$\Delta\omega=\omega_2-\omega_1 \tag{13.2.57}$$

由串联谐振电路的阻抗式(13.2.40)可以看出，当交流电路的频率为 ω_1(低于谐振频率 ω_0)时，电路呈电容性，其阻抗为

$$\frac{1}{\omega_1 C}-\omega_1 L=R \tag{13.2.58}$$

而当交流电路的频率为 ω_2(高于谐振频率 ω_0)时，电路呈电感性，其阻抗为

$$\omega_2 L-\frac{1}{\omega_2 C}=R \tag{13.2.59}$$

由式(13.2.53)和式(13.2.54)可知，当交流电路谐振时，其品质因数为

$$Q=\frac{\omega_0 L}{R}=\frac{1}{R\omega_0 C} \tag{13.2.60}$$

由式(13.2.58)、式(13.2.59)和式(13.2.60)联立求解，可以得出

$$\omega_1=-\frac{\omega_0}{2Q}+\omega_0\sqrt{1+\frac{1}{4Q^2}} \tag{13.2.61}$$

$$\omega_2=\frac{\omega_0}{2Q}+\omega_0\sqrt{1+\frac{1}{4Q^2}} \tag{13.2.62}$$

因此，带宽 BW 为

$$\Delta\omega=\omega_2-\omega_1=\frac{\omega_0}{Q} \tag{13.2.63}$$

由式(13.2.63)可以看出,对于一定的谐振频率,交流电路的"Q 值"越大,谐振频率的带宽就越窄,$\Delta\omega$ 就越小。具有相同的谐振频率、不同"Q 值"的交流电路的输出功率随频率变化的关系曲线如图 13.2.22 所示。可以看出,交流电路的品质因数("Q 值")对电流最大值和谐振频率的带宽都会产生影响。随着"Q 值"的增大,电路的输出功率增大(最大电流值增大),而半功率点的电流值也增大,半功率点处谐振频率的带宽就变窄。因此,可以说随着"Q 值"的增大,I-ω 曲线的形状越来越呈现尖峰状,$\Delta\omega$ 值越来越小,RLC 谐振电路的频率选择性越来越好。换句话说,"Q 值"决定了交流谐振电路的频率选择性。

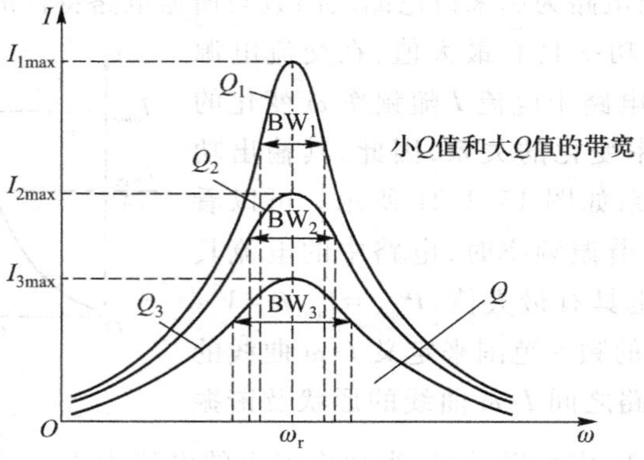

图 13.2.22

由式(13.2.60)可以看出,对应于较高的选择性,即较大的"Q 值",电路中的等效电阻 R(包括电源的内阻)要尽可能小。

第四篇
全时域条件下的电磁场

在物理学研究过程中,“全时域条件”意味着要在全部时空条件下考察物理过程及其规律。也就是说,在这种条件下归纳、总结的物理定律应当具有在“全时域条件”下的普遍性。具体到电磁学定律,“全时域条件”意味着对于电磁学的相关物理量及其相互作用规律,无论“时”(非时变还是时变)、“空”(自由空间还是介质空间)如何变化,电磁场方程组(麦克斯韦方程组)描述的物理规律都将成立。换句话说,相关物理量无论随时间或空间如何变化,其相互作用都符合电磁场方程组描述的物理规律。

前面我们给出了麦克斯韦方程组的数学表述式,并用大量篇幅讨论了不同条件下(非时变、慢时变,自由空间、介质空间)方程组中有关方程的不同表述形式。现在,我们将给出普遍意义下的电磁场理论(电磁学定律)——麦克斯韦方程组:

$$\nabla \cdot \boldsymbol{E}=\frac{\rho}{\varepsilon_0}$$

$$\nabla \times \boldsymbol{E}=-\frac{\partial \boldsymbol{B}}{\partial t}$$

$$\nabla \cdot \boldsymbol{B}=0$$

$$\nabla \times \boldsymbol{B}=\mu_0 \boldsymbol{J}+\frac{1}{c^2}\frac{\partial \boldsymbol{E}}{\partial t}$$

与慢时变条件下的麦克斯韦方程组比较就会发现,上述方程组只是在第四个方程中多了一项,即电场随时间的变化项,这就是在快时变条件下类比于“传导电流”的“位移电流”项。

下面,我们就对全时域条件下的麦克斯韦方程组表述的物理规律进行讨论。

第十四章　麦克斯韦方程组与电磁波

第一节　麦克斯韦的理论研究

1855 年至 1865 年，麦克斯韦在全面审视库仑定律、毕奥-萨伐尔定律和法拉第电磁感应定律的基础上，从理论上完善了安培环路定理——加入“位移电流”项，得出“全电流（传导电流与位移电流）环路定理”，并把数学分析方法引入电磁学研究领域，创立了麦克斯韦电磁场理论。

值得重点强调的是，在 1861 年，麦克斯韦对电磁场理论进行了深入研究，提出了“涡旋电场”和“位移电流”这两个全新概念。他在对法拉第发现的变化的磁场产生感应电场这一现象进行深入理论分析的基础上，根据其空间性质把这种由磁场变化感生出来的电场定义为“涡旋电场”，从而推广了电场的概念。关于涡旋电场的性质我们在前面已经做了较为详细的分析，在此不再赘述。

1861 年 12 月，麦克斯韦经过理论分析及思想实验发现，只有在安培（环路）定理中加入所谓的“位移电流”项，才能使关于磁场旋度的安培环路定理与连续性方程——电荷守恒定律——相协调，才能使之与法拉第电磁感应定律保持对称的形式。

受安培的分子环流假说的影响，麦克斯韦认为所有的磁效应都源于电荷的运动，即“电流”是磁效应的“源”。在研究电流的磁效应时，麦克斯韦注意到一个特殊的现象，即当“电流”回路中存在电容器时，电容器内部的电介质内并不存在自由电荷，不可能形成恒定的传导电流，因为它对于恒定的传导电流就是一个断路；但如果考察非恒定电流的情况，即在电容器充、放电的过程中，或在电路中通入交流电流时，那么，在载流导线的周围一样存在某种变化的磁场。这使他认识到，在变化的电场力作用下，电容器中的电介质内部实际上存在一种能产生磁效应的“特殊电流”。

在《电磁通论》中，麦克斯韦写道：

“关于由电介质中电位移的变化所引起的电流的电磁作用，我们掌握的实验数据非常少，但是把电磁定律和非闭合电流的存在互相协调起来的极大困难，就是我们必须承认由电位移的变化所引起的瞬变电流存在的许多原因之一。这些电流的重要性，当我们考虑到光的电磁理论时就会被看出。”

“当电动强度（电场强度）作用在一个物体上时，它就在物体中产生两种效应，而法拉第称这两种效应为‘感应’和‘传导’；第一种效应在电介质中最为突出，而第二种效应在导体中最为突出。”

“在本书中，静电感应是用我们称之为电位移的那个量来度量的，这是一个向量或矢量。”

实际上,通过前面关于电介质极化机制的讨论可知,电介质会在电场的作用下产生位移极化,这种极化过程本质上也造成了束缚电荷的某种位移,这就是“位移电流”的缘起。麦克斯韦认为,传导电流与位移电流一起保持了各种不同电路中电流的连续性,这两种电流都会在周围感生出磁场。

与此同时,麦克斯韦进一步把位移电流的概念推广到自由空间,那里虽然没有通常的电介质,却有“以太”这种特殊的介质。因此可以设想,自由空间中的位移电流是由以太的极化与交替变化产生的。

由此可以看出,麦克斯韦将“感应电流”与“传导电流”进行了类比,并将电磁场的相互感应归因于电荷的运动,即“电流”——“位移电流”。今天我们就会注意到,“位移电流”的假设在某种程度上反映出一定的理论局限性,即磁效应的“源”一定是某种电荷的运动。实际上,磁效应的“源”既可以是运动的电荷,也可以是空间变化的电场。从对称性的角度考虑,电效应的“源”既可以是电荷,也可以是空间变化的磁场。

麦克斯韦对“位移电流”进行了数学描述,以 r 表示由于电位移而产生的电流值,h 表示束缚电荷的位移值,因此得到

$$r=\frac{\mathrm{d}h}{\mathrm{d}t}$$

其中,位移值 h 的大小代表束缚电荷在电场中极化移动的强弱,进而其随时间的变化率就可以表述位移电流的大小。

1862 年,麦克斯韦在他的第二篇电磁学论文《论物理的力线》中对位移电流做了进一步发挥,他运用“以太管”模型,搭建了电磁学理论的基本框架,这可以说是他一生中最重要的一篇论文。

他将流体力学的某些概念和模型引入电磁场理论,为了区分法拉第的力线与流体力学中的流线,他构造了“以太管”模型,如图 14.1.1 所示。在以太介质中,以力线(如六边形中间的“+”所示)为轴形成无数根绕轴旋转的以太管(如六边形所示),由于它们自身旋转而产生惯性离心力,便产生了横向扩张和纵向收缩的效果。这种模型不仅可以解释同性相斥、异性相吸的电磁现象,还可以解释电磁感应和电流的磁效应。

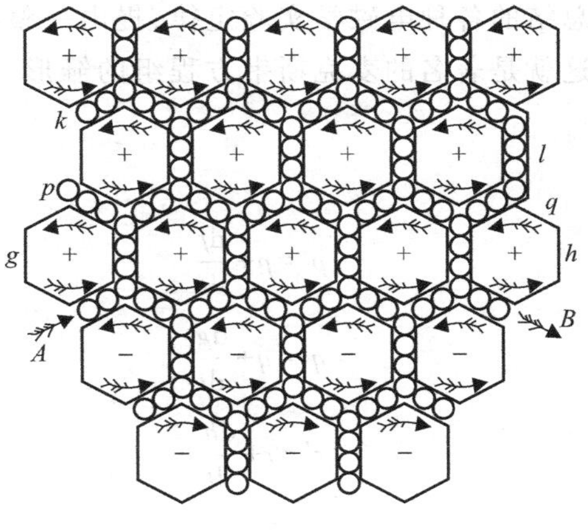

图 14.1.1

对以太管模型的工作原理可以做如下说明。在以太介质中,如果以太管都以相同的方向旋转而又互相接触,它们之间就会产生很大的摩擦力,这种旋转就难以实现。于是麦克斯韦设想,在这些以太管之间还应该夹着许多像轴承滚珠般作用的带“电”的以太粒子(如六边形附近的小圆环所示),当以太管转动时,它们就向反方向滚动,这样便可以保证以太管都能相对自由地同向旋转。当以太管都以相同的速度旋转时,带“电”的以太粒子总保持在平衡位置上转动,并不产生偏离原位的位移。当空间某处的磁场发生变化时,该处的某些以太管的旋转速度就会发生改变,这时以太粒子就会在滚动中发生某种位移,这表明有某种电流产生出来。这样,以太管模型便形象地说明了磁场的变化如何感生出电流,也解释了法拉第电磁感应定律。若以太管处于静止状态,则表明空间的磁场没有发生变化。当导线中有电流通过时,如在图14.1.1中,电流从 A 处流入而从 B 处流出,在电场力的作用下,以太粒子就会发生位移,并给与它们相邻的以太管施加一种切向作用力,迫使它们转动起来,并使同一以太粒子两侧的以太管的转动方向相同,这表明磁场被激发出来。于是,以太管模型又形象地说明了电流的磁效应。

实际上,麦克斯韦在电磁学理论研究上最为重要的成果之一是预言了电磁波的存在。麦克斯韦在研究中发现,“涡旋电场”的概念在物理上表示随时间变化的磁场会在其周围空间激发电场,“位移电流”的概念在物理上则表示随时间变化的电场同样会在其周围的空间激发磁场。因此,“涡旋电场”与“位移电流”概念的引入是麦克斯韦对奥斯特、安培和法拉第以来的电磁学理论的创造性发展,也是构筑麦克斯韦电磁场普遍理论的关键性步骤。麦克斯韦在进一步研究中发现,在没有电荷及传导电流存在的空间中,法拉第电磁感应定律与安培-麦克斯韦定律的数学表述式是完全对称的,即时变的电场会激发磁场,时变的磁场也会激发电场,当电磁场的场源随时间变化时,电场与磁场互相激励导致电磁场的波动而形成电磁波。麦克斯韦推导出的电磁场方程(一种波动方程)清楚地显示出电场和磁场的波动本质。因为电磁场方程预测的电磁波速度与光速的测量值相等,所以麦克斯韦亦推出光波就是电磁波。

1865年,麦克斯韦系统总结了他的理论研究成果,并发表了他的第三篇论文《电磁场的动力理论》。在这篇论文中,他基本上摒弃了以太的观点,使电磁场概念得以进一步完善。他利用电磁场概括了前人总结的各种电磁学实验定律,提出一整套关于电磁场的方程。它们由20个分量方程构成,这就是著名的麦克斯韦方程组的雏形。这20个相互关联的分量方程为

电位移方程:

$$p'=p+\frac{\mathrm{d}f}{\mathrm{d}t}$$

$$q'=q+\frac{\mathrm{d}g}{\mathrm{d}t}$$

$$r'=r+\frac{\mathrm{d}h}{\mathrm{d}t}$$

磁场力方程:

$$\mu\alpha = \frac{\mathrm{d}H}{\mathrm{d}y} - \frac{\mathrm{d}G}{\mathrm{d}z}$$

$$\mu\beta = \frac{\mathrm{d}F}{\mathrm{d}z} - \frac{\mathrm{d}H}{\mathrm{d}x}$$

$$\mu\gamma = \frac{\mathrm{d}G}{\mathrm{d}x} - \frac{\mathrm{d}F}{\mathrm{d}y}$$

电流方程：

$$\frac{\mathrm{d}\gamma}{\mathrm{d}y} - \frac{\mathrm{d}\beta}{\mathrm{d}z} = 4\pi p'$$

$$\frac{\mathrm{d}\alpha}{\mathrm{d}z} - \frac{\mathrm{d}\gamma}{\mathrm{d}x} = 4\pi q'$$

$$\frac{\mathrm{d}\beta}{\mathrm{d}x} - \frac{\mathrm{d}\alpha}{\mathrm{d}y} = 4\pi r'$$

电动势方程：

$$P = \mu\left(\gamma \frac{\mathrm{d}y}{\mathrm{d}t} - \beta \frac{\mathrm{d}z}{\mathrm{d}t}\right) - \frac{\mathrm{d}F}{\mathrm{d}t} - \frac{\mathrm{d}\Psi}{\mathrm{d}x}$$

$$Q = \mu\left(\alpha \frac{\mathrm{d}z}{\mathrm{d}t} - \gamma \frac{\mathrm{d}x}{\mathrm{d}t}\right) - \frac{\mathrm{d}G}{\mathrm{d}t} - \frac{\mathrm{d}\Psi}{\mathrm{d}y}$$

$$R = \mu\left(\beta \frac{\mathrm{d}x}{\mathrm{d}t} - \alpha \frac{\mathrm{d}y}{\mathrm{d}t}\right) - \frac{\mathrm{d}H}{\mathrm{d}t} - \frac{\mathrm{d}\Psi}{\mathrm{d}z}$$

电弹力方程：

$$P = \kappa f$$

$$Q = \kappa g$$

$$R = \kappa h$$

电阻方程：

$$P = -\rho p$$

$$Q = -\rho q$$

$$R = -\rho r$$

自由电荷方程：

$$e + \frac{\mathrm{d}f}{\mathrm{d}x} + \frac{\mathrm{d}g}{\mathrm{d}y} + \frac{\mathrm{d}h}{\mathrm{d}z} = 0$$

连续性方程：

$$\frac{\mathrm{d}e}{\mathrm{d}t} + \frac{\mathrm{d}p}{\mathrm{d}x} + \frac{\mathrm{d}q}{\mathrm{d}y} + \frac{\mathrm{d}r}{\mathrm{d}z} = 0$$

方程组中各个变量代表各个物理量的分量：传导电流 p、q、r；电位移 f、g、h；全电流 p'、q'、r'；电磁动量 F、G、H；磁力（磁场强度）α、β、γ；电动势 P、Q、R；自由电荷（电荷量）e；电位 Ψ。

实际上，上述分量方程组相当于 8 个方程，其中 6 个为矢量方程，即

$$\boldsymbol{C} = \boldsymbol{i} + \frac{\partial \boldsymbol{D}}{\partial t}$$

$$\mu \boldsymbol{H} = \nabla \times \boldsymbol{A}$$

$$\nabla \times \boldsymbol{H} = 4\pi \boldsymbol{C}$$

$$\boldsymbol{E} = \mu(\nabla \times \boldsymbol{H}) - \frac{\partial \boldsymbol{A}}{\partial t} - \nabla \Psi$$

$$\boldsymbol{E} = \kappa \boldsymbol{D}$$

$$\boldsymbol{E} = -\rho \boldsymbol{i}$$

上述方程组中的物理量大都采用了现代符号，分别为全电流（密度）$\boldsymbol{C}$、传导电流（密度）$\boldsymbol{i}$、电位移矢量 $\boldsymbol{D}$、磁场强度（矢量）$\boldsymbol{H}$、电磁场的矢势 $\boldsymbol{A}$、电磁场的标量势 Ψ。

由麦克斯韦方程组的分量表述式出发，麦克斯韦进一步推出电磁波的存在和它的横波性质，并推出电磁波在真空中的传播速度等于光速，进而得出光波就是一种电磁波的结论。

1873 年，麦克斯韦出版了关于电磁场理论的经典著作《电磁通论》。在这部著作中，麦克斯韦系统总结了关于电磁现象的知识，包括库仑、奥斯特、安培、法拉第等人的贡献，以及他本人创造性的成果。其中“电磁现象的动力学理论”和“光的电磁理论”这两章内容主要是他自己的理论研究成果的总结。电磁理论的宏伟大厦终于巍然屹立于世。

拓展阅读：科学家麦克斯韦

麦克斯韦

第二节　全时域条件下的麦克斯韦方程组

全时域条件下的麦克斯韦方程组为

$$\begin{aligned} &\nabla \cdot \boldsymbol{E} = \frac{\rho}{\varepsilon_0} \\ &\nabla \times \boldsymbol{E} = -\frac{\partial \boldsymbol{B}}{\partial t} \\ &\nabla \cdot \boldsymbol{B} = 0 \\ &\nabla \times \boldsymbol{B} = \mu_0 \boldsymbol{J} + \frac{1}{c^2}\frac{\partial \boldsymbol{E}}{\partial t} \end{aligned} \qquad (14.2.1)$$

上述方程在数学形式上与方程组（5.2.23）没有什么不同，但是我们应当注意的是方程组中的物理量在全时域条件下的物理意义。

方程组(14.2.1)中的第一个方程——电场的高斯定律。看到这样一个方程,就应该知道它所描述的物理意义是:"电场 $\boldsymbol{E}$ 的散度等于电荷体密度除以真空介电常量 ε_0",即"通过空间任意闭合曲面的电场的通量与闭合曲面内的净电荷量成正比"。

方程组(14.2.1)中的第二个方程——法拉第电磁感应定律。前面我们在慢时变条件下得出了法拉第电磁感应定律——"电场的旋度与磁场随时间的变化率成正比",实际上,在快时变条件下法拉第电磁感应定律也是成立的。

方程组(14.2.1)中的第三个方程——磁场的高斯定律。在目前的情况下,由于没有在实验上确定地发现所谓的"磁荷"存在,因此,人们仍然认为在任何时空条件下"通过空间任意闭合曲面的磁通量恒等于零"。

方程组(14.2.1)中的第四个方程——安培-麦克斯韦定律。与慢时变条件下麦克斯韦方程组(12.4.1)中的第四个方程进行比较,我们发现在方程组(12.4.1)中缺少方程组(14.2.1)中的第二项——电场随时间变化率,即位移电流密度,而电磁学定律仍然成立。那是因为在慢时变电磁场中,我们假设电荷密度随时间变化得很慢,即在 $\partial\rho/\partial t\approx 0$ 的特殊情况下,电磁学的基本原理之一——电荷守恒定律——的连续性方程(12.4.16)还是成立的。但是,当我们在"全时域"条件下考察物理过程及其规律时,方程组(12.4.1)中的第四个方程在快时变情况下就不完全成立了,因为连续性方程只有在 $\partial\rho/\partial t\approx 0$ 的特殊情况下才成立,而在更普遍的情况下,即快时变条件下,$\partial\rho/\partial t\approx 0$ 的假设就不成立了。只有在方程中加入位移电流项之后,连续性方程——电荷守恒定律——才是完整和准确的,在全时域条件下也是成立的。

下面我们就在理论上证明这个结论。

对于方程组(14.2.1)中的第四个方程的两边取散度,有

$$\nabla\cdot(\nabla\times\boldsymbol{B})=\mu_0\nabla\cdot\boldsymbol{J}+\frac{1}{c^2}\nabla\cdot\frac{\partial\boldsymbol{E}}{\partial t}\tag{14.2.2}$$

由矢量运算规则可知,上式的左边计算结果恒等于零。因此,

$$\nabla\cdot\boldsymbol{J}=-\frac{1}{\mu_0c^2}\frac{\partial}{\partial t}(\nabla\cdot\boldsymbol{E})\tag{14.2.3}$$

利用电场的高斯定律及 $c^2=1/\varepsilon_0\mu_0$,上式可以写成

$$\nabla\cdot\boldsymbol{J}=-\frac{\partial\rho}{\partial t}\tag{14.2.4}$$

上式正是电磁学的基本定律之一——电荷守恒定律——的数学表达式,本质上式(14.2.4)就是电流密度矢量 $\boldsymbol{J}$ 的定义式。因此,加入位移电流项后,方程组(14.2.1)中的第四个方程在"全时域"空间中都是成立的,而且解决了有些定律(如安培环路定理与连续性方程)之间相互冲突的矛盾,使电磁学定律——麦克斯韦方程组——的基本描述变得更加完善。

关于"位移电流",我们在前面曾经通过平板电容器充放电的实验来演示,并说明了"位移电流"对于电磁学的基本原理之一——电荷守恒定律——普遍成立的重要性。这个例子也是很多电磁学教材经常用来解释位移电流的实验例证。

图 14.2.1 是电容器在电路中充电过程的示意图,其中 a 和 b 分别为电容器的两个极板,其上电荷分别为 $+Q(t)$ 和 $-Q(t)$,$\boldsymbol{J}(t)$ 为充电电流密度矢量。因此,在极板 a 和 b 之间存在一

个随时间变化的电场 $\boldsymbol{E}(t)$。

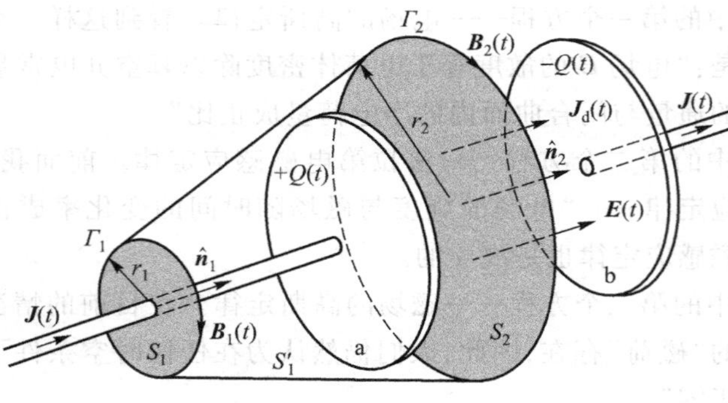

图 14.2.1

如果电容器极板 a 和 b 上的电荷是随时间变化的,电路中的电流就是随时间变化的,即 $I(t)=\mathrm{d}Q/\mathrm{d}t$。在某时刻 t 我们选取与导线对称的半径为 r_1 的圆形闭合回路 Γ_1 及其包围的平面 S_1,根据安培环路定理可知,在回路 Γ_1 上一定存在磁场 $\boldsymbol{B}_1(t)$ 的环流,即

$$2\pi r_1 B_1(t)=\mu_0 I(t) \tag{14.2.5}$$

当我们选取回路 Γ_1 及其包围的曲面 S_1'(S_1'由以平面 S_2 为底面的桶状面构成),或者选取回路 Γ_2 及其包围的平面 S_2 时,虽然通过曲面 S_1'或平面 S_2 的电流通量为零,但是在曲面上却存在电场的通量,并且这个电场的通量是随时间变化的。因此,在某一时刻 t 回路 Γ_1 或回路 Γ_2 中也一定存在磁场的环流,如图 14.2.1 所示,即

$$\begin{aligned}2\pi r_1 B_1(t)&=2\pi r_2 B_2(t)\\&=\frac{1}{c^2}\frac{\mathrm{d}}{\mathrm{d}t}\int_S \boldsymbol{E}\cdot\hat{\boldsymbol{n}}\mathrm{d}a\\&=\frac{1}{c^2}\frac{\mathrm{d}}{\mathrm{d}t}\left(\frac{Q}{\varepsilon_0}\right)\\&=\mu_0 I_\mathrm{d}(t)\end{aligned} \tag{14.2.6}$$

由式(14.2.5)和式(14.2.6)可以看出,无论安培环路包围的曲面上有电流通量还是电场通量随时间的变化率,都给出了相同的结果。换句话说,对于回路 Γ_1 包围的任一曲面(S_1 或 S_1'),麦克斯韦方程组的第四个方程都是成立的。

因此,我们将 $I_\mathrm{d}(t)$ 定义为位移电流,其电流密度矢量为

$$\boldsymbol{J}_\mathrm{d}=\varepsilon_0\frac{\partial \boldsymbol{E}}{\partial t}$$

实际上,由方程组(14.2.1)中的第四个方程的变换同样可以看出

$$\begin{aligned}\nabla\times\boldsymbol{B}&=\mu_0\boldsymbol{J}+\frac{1}{c^2}\frac{\partial \boldsymbol{E}}{\partial t}\\&=\mu_0\boldsymbol{J}+\frac{1}{c^2\varepsilon_0}\cdot\varepsilon_0\frac{\partial \boldsymbol{E}}{\partial t}\\&=\mu_0\left(\boldsymbol{J}+\varepsilon_0\frac{\partial \boldsymbol{E}}{\partial t}\right)\\&=\mu_0(\boldsymbol{J}+\boldsymbol{J}_\mathrm{d})\end{aligned}$$

实际上,在非时变或慢时变电磁场中,位移电流效应并不明显。对于形成直流电流的通路来讲,电容器是电流通路中的断点,在这样的电路中是不能形成恒定电流的,即使有电流存在也是非常短暂的(电流仅存在于电容器充、放电的一段时间内,并且是暂态的);另外,对于慢时变电磁场(如暂态电流形成的电磁场)的情况,由于电场随时间的变化率很小,即 $d\boldsymbol{E}/dt\approx\boldsymbol{0}$,因此也可以认为 $dQ/dt\approx0$,由此带来的"位移电流"效应也很小。这就是"位移电流"在以往的实验上没有被发现的原因,本质上也是直到麦克斯韦整理总结电磁学定律时"位移电流"才从理论上被"发现"的原因。而在快时变电磁场的情况下,$d\boldsymbol{E}/dt$ 的作用将变得更加明显,因此电磁学定律的表述也更加完善。

"位移电流"的重要性并不仅限于关于磁场的环流,即安培-麦克斯韦定律的正确性。更重要的是,"位移电流"对麦克斯韦关于电磁波的预言起到了关键性的作用。

应当注意的是,方程组(14.2.1)中电场是所谓的"全电场",也就是说,它既包括由电荷在空间产生的电场,也包括由于磁场随时间变化在空间产生的感应电场;电荷密度也是所谓的"全电荷密度",其中既包括自由电荷的贡献,也包括极化电荷的贡献,并且它可以是时间的函数;磁场既可以是由传导电流产生的,也可以是由电场随时间的变化产生的;电流密度矢量也是符合普遍条件下连续性方程的。综上所述,上述方程组对所有时变条件——慢时变、快时变——都成立,即在任何情况下上述电磁学定律都是正确的。到目前为止,关于上述结论,实验或理论都没有给出反例。

从对称性的角度看麦克斯韦方程组(14.2.1),我们发现方程组中的电场与磁场并不是完全对称的。麦克斯韦注意到,当方程中的电荷密度与传导电流密度都等于零时,即在没有电荷及传导电流存在的空间中,或者说在我们关注的空间中没有传统的"源"存在时,方程组(14.2.1)将变换为

$$\begin{aligned}
&\nabla\cdot\boldsymbol{E}=0\\
&\nabla\times\boldsymbol{E}=-\frac{\partial\boldsymbol{B}}{\partial t}\\
&\nabla\cdot\boldsymbol{B}=0\\
&\nabla\times\boldsymbol{B}=\frac{1}{c^2}\frac{\partial\boldsymbol{E}}{\partial t}
\end{aligned}\tag{14.2.7}$$

对方程组(14.2.7)做进一步变换,可以得到

$$\begin{aligned}
&\nabla\times\boldsymbol{E}=-\frac{1}{c}\frac{\partial(c\boldsymbol{B})}{\partial t}\\
&\nabla\times(c\boldsymbol{B})=\frac{1}{c}\frac{\partial\boldsymbol{E}}{\partial t}
\end{aligned}\tag{14.2.8}$$

由方程组(14.2.8)可以明显看出 $c\boldsymbol{B}$ 与 $\boldsymbol{E}$ 的对称性。

我们对上述方程组的两端分别取旋度,首先看电场的情况:

$$\nabla\times(\nabla\times\boldsymbol{E})=\nabla(\nabla\cdot\boldsymbol{E})-(\nabla\cdot\nabla)\boldsymbol{E}=-\frac{1}{c}\nabla\times\left[\frac{\partial(c\boldsymbol{B})}{\partial t}\right]$$

整理并注意 $\nabla\cdot\boldsymbol{E}=0$ 的前提条件,则

$$\nabla^2\boldsymbol{E}=\frac{1}{c^2}\frac{\partial^2\boldsymbol{E}}{\partial t^2}\tag{14.2.9}$$

同理可以得出关于磁场的二阶微分方程：

$$\nabla^2 \boldsymbol{B}=\frac{1}{c^2}\frac{\partial^2 \boldsymbol{B}}{\partial t^2} \tag{14.2.10}$$

由式(14.2.9)和式(14.2.10)可以看出，它们分别是三维空间中的电场矢量和磁场矢量的波动方程。

麦克斯韦通过上述变换推导出电磁场方程组(14.2.8)及方程式(14.2.9)和(14.2.10)，这种表述“波动”的微分方程清楚地显示出电场和磁场的波动本质。因此，方程组(14.2.8)揭示了电磁波的存在。

拓展阅读：科学家赫维赛德

赫维赛德

第三节　电磁波的实验验证

应该说，麦克斯韦未能在生前看到电磁波的实验验证，是一件憾事。但是他曾坚定地宣称：“……会发现的。理论总要超前一步，牛顿 1687 年公布万有引力，据此理论，勒维耶 1846 年才找到海王星，过了 159 年。我相信电磁波的发现不会再等 100 年了。”

赫兹(Heinrich Rudolf Hertz)在 1886 年至 1888 年通过实验验证了麦克斯韦的理论。他证明无线电辐射具有波的所有特性，并发现电磁场方程可以用偏微分方程表达，称之为波动方程。赫兹还通过实验确认电磁波是横波，具有与光类似的特性，如反射、折射、衍射等；并且做了两列电磁波的干涉实验，同时证实了在直线传播时，电磁波的传播速度与光速相同，从而全面验证了麦克斯韦的电磁理论。他还进一步完善了麦克斯韦方程组，使它更加优美、对称，得出了麦克斯韦方程组的现代形式。

为了对麦克斯韦的理论研究成果进行实验验证，1879 年，亥姆霍兹以“实验建立电磁力和绝缘体介质极化关系”为命题，设置了柏林科学院奖。这个命题本质上就是要验证麦克斯韦的“位移电流”假设，涉及三个具体实验内容，首先要验证“如果位移电流存在，必定会产生磁效应”，其次要验证“变化的磁力必定会使绝缘体介质产生位移电流”，最后要验证“在空气和真空中，上述两个假设同样成立”。

这个命题公布后，引起了很多人的兴趣。德国卡勒林高级技术学校的实验物理教授赫兹一直在思考用什么方法能够证明位移电流的存在。1885 年,他在利用黎斯(Riess)线圈(这种线圈分初级和次级)做实验时发现,若给初级线圈输入一脉动电流,在次级线圈两端的狭缝中便会产生电火花。赫兹断定这是初级线圈中电流振荡感应的结果。进一步的研究发现,如果调整初级与次级线圈的相对位置,火花会有明显的变化,而且当次级线圈在某些位置上时,根本不会产生电火花。敏锐的赫兹立即想到,既然初级线圈中的振荡电流能激起次级线圈的电火花,那么它应当具有使介质产生位移电流的能力。根据麦克斯韦的理论,这种位移电流也应是迅变或振荡的,它反过来又影响次级线圈,使它产生的电火花发生明显的变化。赫兹抓住这个思路,认为解决柏林科学院的命题的时机到了。他说:"在变化的条件下我偶然发现了次级电火花现象……起初,我以为电扰动肯定是紊乱的和无规律的,但是当我发现次级导体中存在一个中性点时……我就信心百倍地相信柏林科学院的问题能够解决了。"

1886 年,赫兹在黎斯线圈实验原理的基础上,利用直线型振荡器代替黎斯线圈中的初级线圈,将一根短而直的导线截为两段,截口处构成火花隙,为了增加振荡器振子的电容,在两段导线的外端各焊接一个金属球。他根据开尔文的振荡周期公式对这种振子的频率做了粗略估计,发现该频率极高,足以使次级线圈产生电火花并使附近的介质极化。

1887 年,赫兹在直线型振荡器的基础上进一步改进,设计了一台感应平衡器,其原理结构如图 14.3.1 所示。它由一个直线型开口振子(相隔很近的两个金属球)和一个圆形的带火花隙(同样是两个接近的金属球)的检验器组成。具体的实验过程是给振子输入一脉动电流,并使之起振,这时在检验器中就会产生电火花,然后不断调整检验器的相对位置,直至它的火花隙不产生火花为止(这个位置即赫兹所说的中性点位置)。如果这时将一块金属挪近感应平衡器,那么由于金属中感应出变化的电流,从而产生附加的电磁场(即电磁波)并作用于检验器,致使"平衡"("中性")被破坏,使它重新产生电火花。因此,可以认为直线型振荡器的振荡不仅能使金属产生迅变的感应电流,也应当能使附近的介质产生极快的交替极化,从而导致产生迅变的位移电流。如果麦克斯韦的理论预言正确,那么这种位移电流不但能产生,而且必定要反过来影响感应平衡器的平衡状态。赫兹先后将不同的介质材料,如沥青、纸、干木、砂石、硫黄、石蜡等,接近感应平衡器,预料中的现象果然发生了。赫兹的这次实验成了他全部的电磁波实验的第一步,这项实验成果发表于他写的论文《论绝缘体中电扰动产生的电磁效应》中,他也因此获得柏林科学院奖。

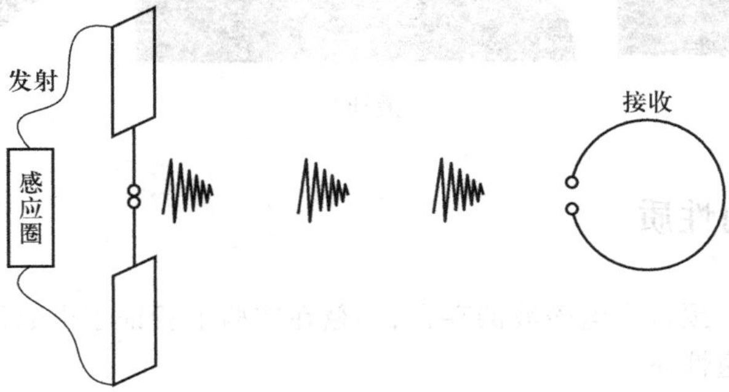

图 14.3.1

赫兹接着进行了一系列实验,验证了电磁波的反射、折射、衍射、干涉等性质,实验装置原理如图 14.3.2 所示。此外，赫兹还发现改变发射器和接收器之间的距离时，接收器气隙间的电火花会发生周期性的增强或减弱变化，于是他利用这个现象测量了电磁波的波长。后来他又测量了电磁波的传播速度，发现电磁波的传播速度与光的传播速度相同，这就证实了麦克斯韦关于光是一种电磁波的预言。1888 年 1 月，他发表论文《论动力学效应的传播速度》，对这个研究成果做了系统性总结。

拓展阅读：电磁波的验证及无线电通信技术的发展

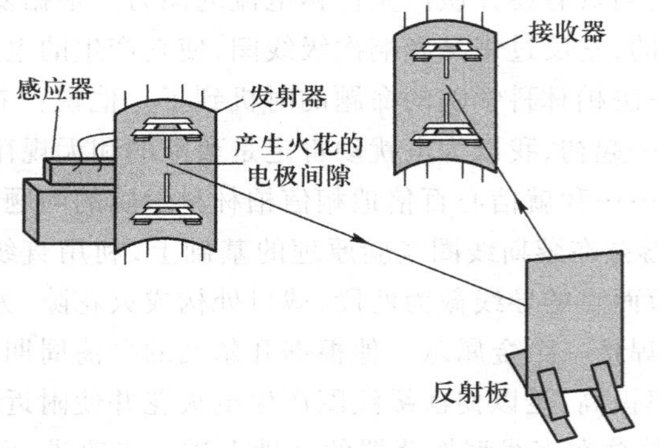

图 14.3.2

赫兹的上述验证实验震动了当时整个物理学界，全世界许多实验室立即重复了他的实验，"赫兹波"也成了当时物理学家口头常用的词汇。

赫兹

爱迪生

贝尔

第四节　电磁波的性质

麦克斯韦在理论上预言了电磁波的存在，赫兹在实验上验证了电磁波的存在，下面我们就讨论一下电磁波的普遍性质。

根据方程组(14.2.8)：

$$\nabla\times\boldsymbol{E}=-\frac{1}{c}\frac{\partial(c\boldsymbol{B})}{\partial t}$$

$$\nabla \times (c\boldsymbol{B}) = \frac{1}{c}\frac{\partial \boldsymbol{E}}{\partial t}$$

可以看出:空间中一个时变的磁场感生出一个具有旋度的电场,一个时变的电场也感生出一个具有旋度的磁场。以此类推,这导致了在电磁波中电场和磁场能量的合成传播。因此,只要空间中由于某种原因有时变的电场或时变的磁场存在,就会有电磁波动产生。而且电磁波动一旦产生,就会在空间传播,其传播方向一定沿着垂直于电场和磁场的方向。电场和磁场交替感应产生,如果空间没有其他引起能量损耗的机制,即没有“电荷”存在(空间中如果有电荷存在,它便可以将电磁波的能量“吸收”),那么电磁波将会永远传播下去,甚至与最初的“场源”(即电荷和传导电流)的存在与否都没有关系。

由上述方程组还可以看出:感生电场 $\boldsymbol{E}$ 与空间变化磁场 $\boldsymbol{B}$ 是相互垂直的;感生磁场 $\boldsymbol{B}$ 与空间变化电场 $\boldsymbol{E}$ 也是相互垂直的。因此,可以得出空间电磁波的一个重要特性:电场矢量与磁场矢量是相互垂直的。

实际上,波动方程(14.2.9)和(14.2.10)的解包含各种形式的电磁波,平面波是波动方程的一个解,也是一种理想情况下的解。为了进一步了解电磁波的特性,我们可以将电磁波看成一个平面波,如图 14.4.1 所示。最简单的情况就是波的振动如正弦函数一样。

电磁波本质上是从一点向各方向发散出去形成球面,如果这种波从无限远处传来,所形成的球面在某些有限的空间中就可以看成一个平面,所以称之为平面波。这是一种将三维波简化为二维波的分析方法,这种方法可以表征电磁波的特性,但实际中并不存在完全的平面波,只是在分析一些远场问题时可以将三维电磁波等效于二维平面波。

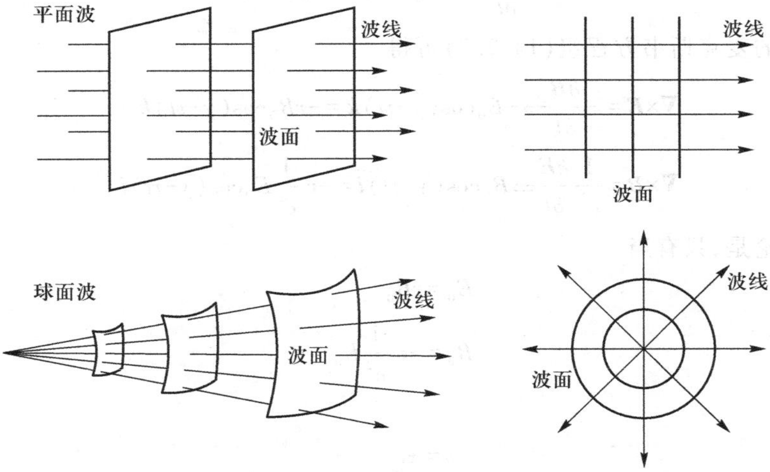

图 14.4.1

因此,我们可以选取一个直角坐标系,并假设电场矢量 $\boldsymbol{E}$ 沿 x 轴方向而磁场矢量 $\boldsymbol{B}$ 沿 z 轴方向,平面波的传播方向为 y 轴方向。根据上述假设,并注意到电磁波中的电场矢量与磁场矢量是相互垂直的,可以构建一个正弦函数的电磁场,即

$$\begin{aligned}\boldsymbol{E} &= E_0 \sin(y - vt)\,\widehat{\boldsymbol{i}} \\ \boldsymbol{B} &= B_0 \sin(y - vt)\,\widehat{\boldsymbol{k}}\end{aligned} \tag{14.4.1}$$

方程组中的电场 $\boldsymbol{E}$ 和磁场 $\boldsymbol{B}$ 都仅是空间坐标 y 和时间 t 的函数，E_0、B_0 是电场 $\boldsymbol{E}$ 和磁场 $\boldsymbol{B}$ 的振幅(均为常量)，而 $\boldsymbol{v}$ 是电磁波的传播速度。这是一个波面在 xz 平面、以速度 $\boldsymbol{v}$ 在 y 轴方向传播的最简单的平面电磁波的例子。

下面我们看一下在什么条件下方程组(14.4.1)满足自由空间的麦克斯韦方程组(14.2.7)，并由此来讨论电磁波的基本特性。

很显然，电场和磁场的散度均为零，即

$$\nabla\cdot\boldsymbol{E}=\frac{\partial E_x}{\partial x}+\frac{\partial E_y}{\partial y}+\frac{\partial E_z}{\partial z}=\frac{\partial}{\partial x}[E_0\sin(y-vt)]=0$$

$$\nabla\cdot\boldsymbol{B}=\frac{\partial B_x}{\partial x}+\frac{\partial B_y}{\partial y}+\frac{\partial B_z}{\partial z}=\frac{\partial}{\partial z}[B_0\sin(y-vt)]=0$$

而电场和磁场的旋度为

$$\begin{aligned}\nabla\times\boldsymbol{E}&=-\frac{\partial E_x}{\partial y}\hat{\boldsymbol{k}}=-E_0\cos(y-vt)\hat{\boldsymbol{k}}\\\nabla\times\boldsymbol{B}&=\frac{\partial B_z}{\partial y}\hat{\boldsymbol{i}}=B_0\cos(y-vt)\hat{\boldsymbol{i}}\end{aligned}\tag{14.4.2}$$

电场与磁场随时间的变化率为

$$\begin{aligned}\frac{\partial\boldsymbol{E}}{\partial t}&=-vE_0\cos(y-vt)\hat{\boldsymbol{i}}\\\frac{\partial\boldsymbol{B}}{\partial t}&=-vB_0\cos(y-vt)\hat{\boldsymbol{k}}\end{aligned}\tag{14.4.3}$$

根据自由空间的麦克斯韦方程组(14.2.7)可得

$$\begin{aligned}\nabla\times\boldsymbol{E}=-\frac{\partial\boldsymbol{B}}{\partial t}&\Rightarrow-E_0\cos(y-vt)\hat{\boldsymbol{k}}=-vB_0\cos(y-vt)\hat{\boldsymbol{k}}\\\nabla\times\boldsymbol{B}=\frac{1}{c^2}\frac{\partial\boldsymbol{E}}{\partial t}&\Rightarrow B_0\cos(y-vt)\hat{\boldsymbol{i}}=-v\frac{1}{c^2}E_0\cos(y-vt)\hat{\boldsymbol{i}}\end{aligned}\tag{14.4.4}$$

我们得到的结论是，只有当

$$\begin{aligned}E_0&=vB_0\\B_0&=-v\frac{1}{c^2}E_0\end{aligned}\tag{14.4.5}$$

即

$$\begin{aligned}v&=\pm c\\E_0&=\pm cB_0\end{aligned}\tag{14.4.6}$$

时，方程组(14.4.1)满足自由空间的麦克斯韦方程组(14.2.7)。换句话说，只有当方程组(14.4.6)成立时，平面波(14.4.1)才可以看成满足麦克斯韦方程组的电磁波。

由条件方程组(14.4.6)可知，电磁波在自由空间中的传播速度为光速 c，并由方程组(14.4.4)可知 $\boldsymbol{v}$ 沿着 y 轴负方向，且 $E_0=-cB_0$。因此，可以得到电磁波的传播方向正好是 $\boldsymbol{E}\times\boldsymbol{B}$ 的方向，即电场和磁场都与电磁波的传播方向垂直，三者刚好服从"右手螺旋定则"，如图 14.4.2 所示。

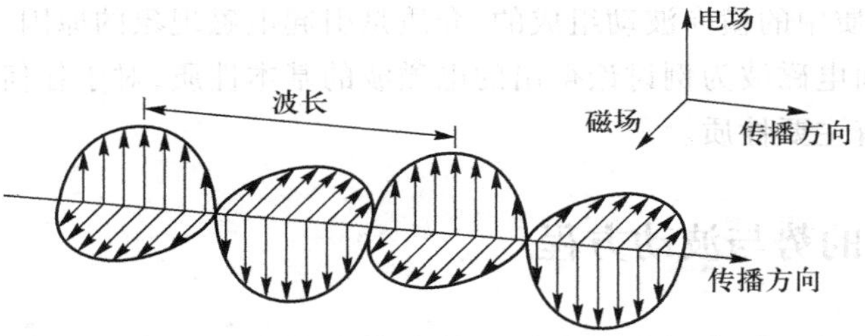

图 14.4.2

将上述推导及讨论的结果归纳起来，我们可以总结出在自由空间中传播的电磁波的性质：

(1) 电场与磁场彼此垂直，并且都与电磁波的传播方向垂直，所以电磁波是横波。

电磁波的横波特性也可以通过电磁场的散度特性来证明。

假设电磁波中的电场是以下述方式在空间传播的：

$$\boldsymbol{E}=\boldsymbol{E}_0\mathrm{e}^{\mathrm{j}(\hat{\boldsymbol{R}}\cdot\boldsymbol{r}-\omega t)} \tag{14.4.7}$$

其振幅矢量为

$$\boldsymbol{E}_0=E_{0x}\hat{\boldsymbol{i}}+E_{0y}\hat{\boldsymbol{j}}+E_{0z}\hat{\boldsymbol{k}} \tag{14.4.8}$$

电场的传播因子为

$$\hat{\boldsymbol{R}}\cdot\boldsymbol{r}=\hat{R}_x x+\hat{R}_y y+\hat{R}_z z \tag{14.4.9}$$

其中，$\hat{\boldsymbol{R}}$ 为电磁波传播方向上的单位矢量，$\boldsymbol{r}$ 为电场传播方向上的位移矢量。

由自由空间电场的散度为零，有 $\nabla\cdot\boldsymbol{E}=0$，即

$$\begin{aligned}\nabla\cdot\boldsymbol{E}&=\frac{\partial E_x}{\partial x}+\frac{\partial E_y}{\partial y}+\frac{\partial E_z}{\partial z}\\&=\mathrm{j}(E_{0x}\hat{R}_x+E_{0y}\hat{R}_y+E_{0z}\hat{R}_z)\mathrm{e}^{\mathrm{j}(\hat{\boldsymbol{R}}\cdot\boldsymbol{r}-\omega t)}\\&=\mathrm{j}(\boldsymbol{E}_0\cdot\hat{\boldsymbol{R}})\mathrm{e}^{\mathrm{j}(\hat{\boldsymbol{R}}\cdot\boldsymbol{r}-\omega t)}\\&=\mathrm{j}(\boldsymbol{E}\cdot\hat{\boldsymbol{R}})\\&=0\end{aligned}$$

因此，$\boldsymbol{E}\cdot\hat{\boldsymbol{R}}=0$，即 $\boldsymbol{E}\perp\hat{\boldsymbol{R}}$。同理可证，$\boldsymbol{B}\perp\hat{\boldsymbol{R}}$。

电磁波的振幅沿传播方向的垂直方向做周期性变化，其大小与距离的平方成反比。

(2) 在任何时刻对于自由空间中电磁波上的每一点，电场强度是磁感应强度的 c 倍。在国际单位制中，磁场的单位是特斯拉(T)，电场的单位是伏特每米(V/m)。如果电场强度是 1 V/m，那么在电磁波中相关联的磁感应强度就是

$$B=\frac{1}{3\times10^8}\ \mathrm{T}\approx3.33\times10^{-9}\ \mathrm{T}$$

(3) 电磁波在自由空间——真空——中的传播速度等于光速 c，因此可以证明“光是一种电磁波”。麦克斯韦于 1862 年(通过一个更模糊的方式)第一个得到这个结果，他的方程中的常量“c”仅表示由实验确定的电容、电感和电阻之间的关系。可以肯定的是，这个常量的量纲是速度的量纲，但是它与实际光速的关系并未被发现。直到 1857 年光速才被菲佐测定。麦克斯韦写道：“在我们假设的介质中，通过科尔劳施和韦伯的电磁实验所计算出的横向波动的速度，与通过菲佐的光学实验所计算出的光速完全一致，我们几乎不可避免地要做出这样的推

理，光线是由相同介质中的横向波动组成的，介质是引起电磁现象的原因。”

上面我们以平面电磁波为例讨论得出的电磁波的基本性质，对于任何电磁波都成立，它们表明了电磁波的所有主要性质。

第五节　电磁场的势与波动方程

前面我们讨论电磁波的性质是在空间中的电荷与传导电流都为零的特殊情况下进行的，并且得到了电磁波的主要基本性质。下面我们在更普遍的情况下讨论麦克斯韦方程组的求解方法，并进一步讨论其一般意义，即在电荷密度 $\rho(t)$ 和传导电流密度 $\boldsymbol{J}(t)$ 都不为零的情况下的电磁波的波动方程。

我们曾经在“静电场”和“恒定磁场”的求解过程中，根据它们的特征（静电场是无旋场，$\nabla\times\boldsymbol{E}=\boldsymbol{0}$；恒定磁场是无散场，$\nabla\cdot\boldsymbol{B}=0$）分别引进了不同的势函数——静电场的标量势 ϕ 与恒定磁场的矢量势 $\boldsymbol{A}$，这为电场、磁场的求解带来很多方便，也为深入理解电场、磁场的性质提供了新的途径。

对于普遍意义下的麦克斯韦方程组（14.2.1）：

$$\nabla\cdot\boldsymbol{E}=\frac{\rho}{\varepsilon_0}$$

$$\nabla\times\boldsymbol{E}=-\frac{\partial\boldsymbol{B}}{\partial t}$$

$$\nabla\cdot\boldsymbol{B}=0$$

$$\nabla\times\boldsymbol{B}=\mu_0\boldsymbol{J}+\frac{1}{c^2}\frac{\partial\boldsymbol{E}}{\partial t}$$

我们注意到磁场的散度恒等于零。因此，同样可以引入一个“矢量 $\boldsymbol{A}$”，使得

$$\boldsymbol{B}=\nabla\times\boldsymbol{A}\tag{14.5.1}$$

注意，这个“矢量 $\boldsymbol{A}$”是电磁场 $(\boldsymbol{E},\boldsymbol{B})$ 的矢量势。

把式（14.5.1）代入关于电场旋度的方程，可得

$$\begin{aligned}\nabla\times\boldsymbol{E}&=-\frac{\partial\boldsymbol{B}}{\partial t}=-\frac{\partial}{\partial t}(\nabla\times\boldsymbol{A})=-\nabla\times\frac{\partial\boldsymbol{A}}{\partial t}\\\nabla\times\left(\boldsymbol{E}+\frac{\partial\boldsymbol{A}}{\partial t}\right)&=\boldsymbol{0}\end{aligned}\tag{14.5.2}$$

根据数学定理，对于式（14.5.2）可以引入一个“标量 ϕ”，使得

$$\boldsymbol{E}+\frac{\partial\boldsymbol{A}}{\partial t}=-\nabla\phi\tag{14.5.3}$$

$$\boldsymbol{E}=-\nabla\phi-\frac{\partial\boldsymbol{A}}{\partial t}\tag{14.5.4}$$

注意，这个标量 ϕ 是电磁场 $(\boldsymbol{E},\boldsymbol{B})$ 的标量势。

这里要注意的是，我们在慢时变电磁场中也曾经得到过与式（14.5.4）形式完全相同的方程式（12.3.34），但是那里的“静电势 ϕ”与这里的电磁场 $(\boldsymbol{E},\boldsymbol{B})$ 的“标量 ϕ”是有区别的。

我们在第九章中曾经讨论过矢量势 $\boldsymbol{A}$ 的有关问题，对于磁场来说，无论是在非时变还是时变的情况下，它的散度都等于零，因此，矢量势 $\boldsymbol{A}$ 在此具有相同的意义。

由式(14.5.1)和式(14.5.4)可以看出，电磁场可以完全由标量势 ϕ 和矢量势 $\boldsymbol{A}$ 给出。我们在讨论静电势时，曾经给出可以在 ϕ 的后面加任意常量而对于电场来讲都将是一个"好的势"的结论，即选取 $\phi'=\phi+C$（C 是任意常量）会给出相同的电场；在讨论恒定磁场的矢量势时，也曾给出在 $\boldsymbol{A}$ 的后面加上一个矢量（只要这个矢量是某一标量的梯度）同样得到一个"好的矢量势"的结论，即选取 $\boldsymbol{A}'=\boldsymbol{A}+\nabla\psi$（$\psi$ 是一个标量）会给出相同的磁场。但是，对于现在讨论的电磁场，电场是由标量势 ϕ 和矢量势 $\boldsymbol{A}$ 共同给出的，当选取 $\boldsymbol{A}'=\boldsymbol{A}+\nabla\psi$ 时，如果不对标量 ψ 给予一定限制，就可能造成电场 $\boldsymbol{E}$ 的改变。如果我们按照下述方式对标量 ψ 进行限制，即对标量势 ϕ 和矢量势 $\boldsymbol{A}$ 给出相关的改变，就不会对电场和磁场造成任何影响，即当

$$\begin{gathered}\boldsymbol{A}'=\boldsymbol{A}+\nabla\psi\\ \phi'=\phi-\frac{\partial\psi}{\partial t}\end{gathered}\tag{14.5.5}$$

时，无论式(14.5.1)确定的磁场 $\boldsymbol{B}$ 还是式(14.5.4)确定的电场 $\boldsymbol{E}$ 都不会发生任何改变。

上面我们讨论了麦克斯韦方程组(14.2.1)中的第二个和第三个方程，现在我们看一下第一个和第四个方程。如果能够根据空间的电荷及电流分布确定标量势 ϕ 和矢量势 $\boldsymbol{A}$，就可以通过式(14.5.1)和式(14.5.4)确定空间的磁场 $\boldsymbol{B}$ 和电场 $\boldsymbol{E}$。

我们将式(14.5.4)代入关于电场散度的方程，可得

$$\begin{gathered}\nabla\cdot\left(-\nabla\phi-\frac{\partial\boldsymbol{A}}{\partial t}\right)=\frac{\rho}{\varepsilon_0}\\ -\nabla^2\phi-\frac{\partial}{\partial t}(\nabla\cdot\boldsymbol{A})=\frac{\rho}{\varepsilon_0}\end{gathered}\tag{14.5.6}$$

再将式(14.5.1)和式(14.5.4)代入关于磁场旋度的方程，可得

$$\nabla\times(\nabla\times\boldsymbol{A})=\mu_0\boldsymbol{J}+\frac{1}{c^2}\frac{\partial}{\partial t}\left(-\nabla\phi-\frac{\partial\boldsymbol{A}}{\partial t}\right)$$

利用矢量运算法则，$\nabla\times(\nabla\times\boldsymbol{A})=\nabla(\nabla\cdot\boldsymbol{A})-\nabla^2\boldsymbol{A}$，得到

$$-c^2\nabla^2\boldsymbol{A}+\frac{\partial^2\boldsymbol{A}}{\partial t^2}+c^2\nabla\left(\nabla\cdot\boldsymbol{A}+\frac{1}{c^2}\frac{\partial\phi}{\partial t}\right)=\frac{\boldsymbol{J}}{\varepsilon_0}\tag{14.5.7}$$

在关于恒定磁场中的矢量势的讨论中，我们曾规定

$$\nabla\cdot\boldsymbol{A}=0$$

这使得矢量势与电流密度矢量之间满足泊松方程的简洁形式：

$$\nabla^2\boldsymbol{A}=-\frac{1}{c^2}\frac{\boldsymbol{J}}{\varepsilon_0}$$

与静电势的泊松方程类比可以很容易地得到矢量势 $\boldsymbol{A}$ 的解的形式，即

$$\boldsymbol{A}=\frac{\mu_0}{4\pi}\int\frac{\boldsymbol{J}\mathrm{d}V}{r}$$

我们把上述"矢量势的散度为零"的规定称为矢量势的"库仑规范"。

但是，在此处将"库仑规范"（$\nabla\cdot\boldsymbol{A}=0$）应用于式(14.5.7)中，并没有对方程的简化起多

大的作用，而且在一个微分方程中同时存在标量势 ϕ 和矢量势 $\boldsymbol{A}$，这样的微分方程处理起来是非常麻烦的。

为了使方程式(14.5.7)变得简洁，应使标量势 ϕ 和矢量势 $\boldsymbol{A}$ 分别只在一个方程中出现，即在微分方程中只有一个待解的未知函数。因此，我们可以对矢量势的散度做如下规定（我们有任意选择矢量势散度的自由）：

$$\nabla \cdot \boldsymbol{A}=-\frac{1}{c^2}\frac{\partial \phi}{\partial t} \tag{14.5.8}$$

我们将上述对矢量势散度的规定称为矢量势的“洛伦兹规范”。［值得注意的是，此处关于“洛伦兹规范”的贡献是由丹麦物理学家卢兹维·瓦伦汀·洛伦茨（Ludvig Valentin Lorenz）做出的，而非荷兰物理学家亨德里克·安东·洛伦兹（Hendrik Antoon Lorentz）。］

因此，式(14.5.7)及式(14.5.6)就分别改写为

$$\begin{aligned} c^2\nabla^2\boldsymbol{A}-\frac{\partial^2\boldsymbol{A}}{\partial t^2}&=-\frac{\boldsymbol{J}}{\varepsilon_0} \\ \nabla^2\phi-\frac{1}{c^2}\frac{\partial^2\phi}{\partial t^2}&=-\frac{\rho}{\varepsilon_0} \end{aligned} \tag{14.5.9}$$

方程组(14.5.9)虽然不像泊松方程或拉普拉斯方程那样简洁，但是仍然具有很大的优势。比如，它使标量势 ϕ 和矢量势 $\boldsymbol{A}$ 分开出现在两个独立的方程中，每个方程中只有一个待求量，即标量势 ϕ 和矢量势 $\boldsymbol{A}$ 不再耦合在一起，可以分开求解；另外，方程组(14.5.9)中的方程都是我们熟知的达朗贝尔方程，便于求解。该方程组的解$(\phi,\boldsymbol{A})$是推迟势，表明势的传播需要时间。（从 $\partial^2\boldsymbol{A}/\partial t^2$ 和 $\partial^2\phi/\partial t^2$ 的系数 $1/c^2$ 不难看出电磁势以光速传播。）

事实上，方程组(14.5.9)是关于三维空间的波动方程。把它写成分量的形式时这一点将更加明显。

$$\begin{aligned} \frac{\partial^2\boldsymbol{A}}{\partial x^2}+\frac{\partial^2\boldsymbol{A}}{\partial y^2}+\frac{\partial^2\boldsymbol{A}}{\partial z^2}-\frac{1}{c^2}\frac{\partial^2\boldsymbol{A}}{\partial t^2}&=-\mu_0\boldsymbol{J} \\ \frac{\partial^2\phi}{\partial x^2}+\frac{\partial^2\phi}{\partial y^2}+\frac{\partial^2\phi}{\partial z^2}-\frac{1}{c^2}\frac{\partial^2\phi}{\partial t^2}&=-\frac{\rho}{\varepsilon_0} \end{aligned} \tag{14.5.10}$$

可以看出，借助电磁场的标量势 ϕ 和矢量势 $\boldsymbol{A}$，我们可以将麦克斯韦方程组写成一种简单的形式，同时又能明显地证明电磁波的存在。

实际上，只要利用方程组(14.5.10)求解出电磁场的标量势 ϕ 和矢量势 $\boldsymbol{A}$，我们就求出了麦克斯韦方程组的解析解——磁场 $\boldsymbol{B}$ 和电场 $\boldsymbol{E}$ 的解析表达式。这也是求解麦克斯韦方程组的较为有效的方法。

第六节　电磁场的物质性

一、电磁场的能量

1. 坡印亭定理

电磁场能量同其他能量一样服从能量守恒定律，坡印亭定理就是用来表征电磁场能量守

恒关系的。坡印亭定理表明：在电磁场中的任意闭合曲面上，坡印亭矢量的外法向分量的闭合曲面积分等于闭合曲面所包围的体积中储存的电场能和磁场能量的时间减少率减去体积中转化为热能的电能耗散率。它的含义是：垂直穿过闭合曲面进入体积的电磁功率等于体积内电磁储能的增长率与由传导电流引起的功率损耗之和。

我们在电磁场存在的空间中选取任一表面积为 S 的闭合曲面，其所包围的空间体积为 V，并定义 u 为电磁场的能量密度（电磁场空间中单位体积的能量），同时定义 $\boldsymbol{S}$ 为电磁场的能流密度矢量（即单位时间内通过与电磁场传播方向垂直的单位截面上的能量）。因此，电磁场能量“局域”守恒的数学表述式为

$$\int_S \boldsymbol{S}\cdot\hat{\boldsymbol{n}}\mathrm{d}a=-\frac{\partial}{\partial t}\int_V u\mathrm{d}V-\int_V \boldsymbol{E}\cdot\boldsymbol{J}\mathrm{d}V \tag{14.6.1}$$

上式左边代表单位时间内从体积 V 内传输出来的电磁场能量，即电磁场能流密度矢量 $\boldsymbol{S}$ 通过闭合曲面 S 的通量；右边第一项为体积 V 内的电磁场能量随时间减少的变化率；右边第二项为单位时间内电场对体积 V 的电流所做的功，即体积 V 内的总消耗功率，其中单位体积的功率 $\boldsymbol{E}\cdot\boldsymbol{J}$ 的物理意义如下，如果作用在一个带电粒子上的电磁力为 $\boldsymbol{F}=q(\boldsymbol{E}+\boldsymbol{v}\times\boldsymbol{B})$，那么洛伦兹力的功率为 $\boldsymbol{F}\cdot\boldsymbol{v}=q\boldsymbol{E}\cdot\boldsymbol{v}$。若单位体积内有 N 个粒子，则单位体积的功率为 $Nq\boldsymbol{E}\cdot\boldsymbol{v}=\boldsymbol{E}\cdot\boldsymbol{J}$，$\boldsymbol{J}=Nq\boldsymbol{v}$ 是传导电流密度矢量。

对式(14.6.1)的左边应用斯托克斯定理，则有

$$\int_V \nabla\cdot\boldsymbol{S}\mathrm{d}V=-\frac{\partial}{\partial t}\int_V u\mathrm{d}V-\int_V \boldsymbol{E}\cdot\boldsymbol{J}\mathrm{d}V \tag{14.6.2}$$

由于上式对任意曲面包围的任意体积都成立，所以可以将被积函数从积分号内提出来，则有

$$\nabla\cdot\boldsymbol{S}=-\frac{\partial u}{\partial t}-\boldsymbol{E}\cdot\boldsymbol{J} \tag{14.6.3}$$

式(14.6.2)是坡印亭定理的积分表达式，式(14.6.3)是坡印亭定理的微分表达式。

2. 坡印亭矢量

前面我们通过定义能流密度矢量 $\boldsymbol{S}$ 及能量密度 u 给出了坡印亭定理的数学表达式。但是，能流密度矢量 $\boldsymbol{S}$ 及能量密度 u 与电磁场相关物理量是什么关系呢？具体的数学表达式是什么样的呢？

为了解决上述问题，我们可以先由描述电磁场性质的场方程（麦克斯韦方程组）出发推导出坡印亭定理的具体表述式，进而得出能流密度矢量 $\boldsymbol{S}$、能量密度 u 与电磁场相关物理量的数学关系。假设我们关注的电磁场空间中的任一闭合曲面 S 包围的体积为 V，电磁场的传播介质是线性的、各向同性的且参量不随时间变化，根据麦克斯韦方程组中与电磁场旋度有关的方程：

$$\begin{aligned}\nabla\times\boldsymbol{E}&=-\frac{\partial\boldsymbol{B}}{\partial t}\\ \nabla\times\boldsymbol{B}&=\mu_0\boldsymbol{J}+\frac{1}{c^2}\frac{\partial\boldsymbol{E}}{\partial t}\end{aligned} \tag{14.6.4}$$

分别进行如下运算：

$$\boldsymbol{B}\cdot(\nabla\times\boldsymbol{E})=-\boldsymbol{B}\cdot\frac{\partial \boldsymbol{B}}{\partial t}$$

$$\boldsymbol{E}\cdot(\nabla\times\boldsymbol{B})=\mu_0\boldsymbol{E}\cdot\boldsymbol{J}+\frac{1}{c^2}\boldsymbol{E}\cdot\frac{\partial \boldsymbol{E}}{\partial t} \tag{14.6.5}$$

将上述两个方程相减可得

$$\boldsymbol{E}\cdot(\nabla\times\boldsymbol{B})-\boldsymbol{B}\cdot(\nabla\times\boldsymbol{E})=\mu_0\boldsymbol{E}\cdot\boldsymbol{J}+\frac{1}{c^2}\boldsymbol{E}\cdot\frac{\partial \boldsymbol{E}}{\partial t}+\boldsymbol{B}\cdot\frac{\partial \boldsymbol{B}}{\partial t} \tag{14.6.6}$$

根据前面的假设,在线性、各向同性且参量不随时间变化的传播介质中,上述方程可以变换成

$$\boldsymbol{E}\cdot(\nabla\times\boldsymbol{B})-\boldsymbol{B}\cdot(\nabla\times\boldsymbol{E})=\mu_0\boldsymbol{E}\cdot\boldsymbol{J}+\frac{1}{c^2}\frac{\partial}{\partial t}\left(\frac{1}{2}\boldsymbol{E}\cdot\boldsymbol{E}+c^2\frac{1}{2}\boldsymbol{B}\cdot\boldsymbol{B}\right) \tag{14.6.7}$$

利用矢量恒等式:

$$\nabla\cdot(\boldsymbol{E}\times\boldsymbol{B})=\boldsymbol{B}\cdot(\nabla\times\boldsymbol{E})-\boldsymbol{E}\cdot(\nabla\times\boldsymbol{B})$$

将式(14.6.7)变换为

$$\nabla\cdot(\boldsymbol{E}\times\boldsymbol{B})=-\frac{1}{c^2}\frac{\partial}{\partial t}\left(\frac{1}{2}\boldsymbol{E}\cdot\boldsymbol{E}+c^2\frac{1}{2}\boldsymbol{B}\cdot\boldsymbol{B}\right)-\mu_0\boldsymbol{E}\cdot\boldsymbol{J}$$

将上述方程两边都除以 μ_0,并注意 $c^2=1/\varepsilon_0\mu_0$,则有

$$\nabla\cdot\left(\frac{\boldsymbol{E}\times\boldsymbol{B}}{\mu_0}\right)=-\frac{\partial}{\partial t}\left(\frac{\varepsilon_0}{2}\boldsymbol{E}\cdot\boldsymbol{E}+\frac{1}{2\mu_0}\boldsymbol{B}\cdot\boldsymbol{B}\right)-\boldsymbol{E}\cdot\boldsymbol{J} \tag{14.6.8}$$

比较方程式(14.6.3)和式(14.6.8),可以得到

$$\boldsymbol{S}=\frac{\boldsymbol{E}\times\boldsymbol{B}}{\mu_0} \tag{14.6.9}$$

$$u=\frac{\varepsilon_0}{2}\boldsymbol{E}\cdot\boldsymbol{E}+\frac{1}{2\mu_0}\boldsymbol{B}\cdot\boldsymbol{B} \tag{14.6.10}$$

可以看出,式(14.6.9)正是电磁场能流密度矢量 $\boldsymbol{S}$ 与电场 $\boldsymbol{E}$ 和磁场 $\boldsymbol{B}$ 的定量关系式。由此我们获得了一个新的矢量——坡印亭矢量 $\boldsymbol{S}$,它的方向与电场 $\boldsymbol{E}$ 和磁场 $\boldsymbol{B}$ 所在的平面垂直,正好是电磁场传播(电磁波)的方向。坡印亭矢量 $\boldsymbol{S}$ 的物理意义是:单位时间内通过与电磁场传播方向垂直的单位面积(单位面积的法线方向与电磁场的传播方向平行)的电磁场能量,其单位为瓦每平方米(W/m^2)。

式(14.6.10)正是电磁场能量密度 u 与电场 $\boldsymbol{E}$ 和磁场 $\boldsymbol{B}$ 的定量关系式,我们可以从中看出,其数学表述式中的相关量与静电场及恒定磁场中的能量密度之和具有完全相同的形式。

3. 电磁场的能量

(1) 电磁场能量及其局域守恒定理。

我们从式(14.6.3)和式(14.6.8)的比较中获得了表述电磁场能量密度的数学表达式(14.6.10)。令人惊奇的是,动态的电磁场能量密度竟然是静态的"静电场"的能量密度与"恒定磁场"的能量密度之和。前面在讨论静态问题时,我们就曾经得出这样两个表述电场和磁场能量的公式,现在我们知道普遍正确的电磁场能量公式就是方程式(14.6.10)。

拓展阅读:科学家坡印亭

坡印亭

关于电磁场能量的"局域"守恒定理就是坡印亭定理。由坡印亭定理的微分方程式(14.6.3)可以看出,该能量守恒定理的数学表述式与我们之前讨论过的物理量"局域"守恒定律表述式(比如电荷守恒定律)是有区别的,即在式(14.6.3)中似乎多了一项——传导电流 $\boldsymbol{J}$ 引起的功率损耗项($\boldsymbol{E}\cdot\boldsymbol{J}$)。

实际上,"局域"守恒含有一个概念,它表明某种物理量之所以能够从一处转移至另一处,是因为在两处之间的空间里有某种事件发生。在这个过程中我们不仅需要知道该物理量的密度(单位体积的量度),而且需要给出一个关于通过单位截面的该物理量流动速率的矢量——物理量的流动密度矢量。因此,该物理量的守恒定律可以用下述方式来描述:

$$\nabla\cdot(\text{物理量流动密度矢量})=-\frac{\partial}{\partial t}(\text{物理量的空间密度}) \tag{14.6.11}$$

比如电荷守恒定律的数学表达式为

$$\nabla\cdot\boldsymbol{J}=-\frac{\partial}{\partial t}\rho$$

其中,$\boldsymbol{J}$ 是电流密度矢量——单位体积电荷流动的速度矢量;ρ 是单位体积的电荷量。

按照上述观点我们试着给出电磁场能量的"局域"守恒定律,即

$$\nabla\cdot\boldsymbol{S}=-\frac{\partial u}{\partial t} \tag{14.6.12}$$

式(14.6.12)表述的电磁场的能量守恒定律并不完全正确,它只描述某种特殊情况下的电磁场能量"局域"守恒。实际上,在一般情况下电磁场能量单独来说是不守恒的,只有自然界的总能量才是守恒的。也就是说,在有"实物"(比如"场源"电荷)存在的空间中,电磁场与"场源"电荷之间的相互作用会导致电磁场能量的改变。因此,普遍意义上的电磁场能量的局域守恒定律应该包括电磁场与某种状态下的"场源"电荷之间的相互作用能量。因此,微分方程式(14.6.3)给出的坡印亭定理的数学表达式——包含"传导电流 $\boldsymbol{J}$ 引起的功率损耗项($\boldsymbol{E}\cdot\boldsymbol{J}$)"——才是普遍成立的。

在某种特殊情况下,比如对于在自由空间中传播的电磁波(空间没有传导电流存在,即 $\boldsymbol{J}=\boldsymbol{0}$),电磁场的能量"局域"守恒定律可以用式(14.6.12)描述。

（2）坡印亭矢量的应用。

我们知道，电磁场的能流密度矢量 $\boldsymbol{S}$ 及能量密度 u 是微分方程（14.6.3）的两个未知函数，而式（14.6.9）和式（14.6.10）是微分方程（14.6.3）的一个特定的解。对于微分方程（14.6.3）来说，一定存在其他关于矢量 $\boldsymbol{S}$ 和标量 u 的解的形式，我们很难从理论上确定哪一个解是正确的。但是，电磁场的能量是“局域”守恒的，因此其能流密度矢量 $\boldsymbol{S}$ 及能量密度 u 是相关的，它们不过是描述电磁场能量的一种方式。因此，我们就用比较容易的方式——式（14.6.9）来描述电磁场的能流密度矢量。那么，能量密度必然由式（14.6.10）给出。证明理论正确的唯一方法就是实践。下面我们讨论几个具体的应用。

我们先讨论一种简单的情况，即自由空间中“光”波中的能流。

对于自由空间中的光波，电场矢量 $\boldsymbol{E}$ 和磁场矢量 $\boldsymbol{B}$ 是相互垂直的并且都垂直于光波的传播方向，如图 14.4.2 所示。根据电磁波的性质，$E=cB$，其能流密度矢量可以写为

$$|\boldsymbol{S}|=\left|\frac{\boldsymbol{E}\times\boldsymbol{B}}{\mu_0}\right|=\frac{E^2}{\mu_0 c} \tag{14.6.13}$$

上式就是“光”在单位时间内通过单位面积的能流。

光波中的电磁场是随时间变化的，我们以最简单的平面波为例，即

$$\boldsymbol{E}=E_0\cos(y-vt)\hat{\boldsymbol{j}}$$

在这种光波中，单位面积上的能流——光波的强度——为

$$\langle S\rangle_{\text{平均}}=\frac{\langle E^2\rangle_{\text{平均}}}{\mu_0 c} \tag{14.6.14}$$

上式是我们通过坡印亭矢量表征的光波中的能流。

我们还可以通过能流的定义来从另一个方向考察光波的强度。当空间中有一束光时，在该空间中就存在由式（14.6.10）决定的能量密度。同时注意到光波中 $E=cB$ 的性质，因此有

$$\begin{aligned}u&=\frac{\varepsilon_0}{2}\boldsymbol{E}\cdot\boldsymbol{E}+\frac{1}{2\mu_0}\boldsymbol{B}\cdot\boldsymbol{B}\\&=\frac{\varepsilon_0}{2}E^2+\frac{1}{2\mu_0}\left(\frac{E}{c}\right)^2\\&=\varepsilon_0E^2\end{aligned} \tag{14.6.15}$$

在光传播过程中，电场 $\boldsymbol{E}$ 在空间是随时间变化的，因此平均能量密度为

$$\langle u\rangle_{\text{平均}}=\varepsilon_0\langle E^2\rangle_{\text{平均}} \tag{14.6.16}$$

光波在空间中是以速度 c 传播的，因此根据能流密度矢量的定义：$\boldsymbol{S}$ 等于单位时间内通过与其垂直的单位面积上的能量，即平均能流密度——光的强度——等于平均能量密度乘以光波的传播速度，有

$$\langle S\rangle_{\text{平均}}=\langle u\rangle_{\text{平均}}c=\frac{\langle E^2\rangle_{\text{平均}}}{\mu_0 c}$$

我们发现上式与式（14.6.14）是完全一样的，因此对于在空间中传播的光波来说，描述坡印亭矢量的数学表述式（14.6.9）是正确的。

上面我们通过在自由空间中电磁波（光波）的传播，证明了描述坡印亭矢量（电磁波的能流密度）的数学表述式（14.6.9）是正确的。下面我们从另一个角度，即从有限空间中电磁场

的能流密度来考察描述坡印亭矢量的数学表述式(14.6.9)及其物理意义。

我们选择缓慢充电的电容器空间中的能流来作为有限空间中电磁场能量存储及传输的研究对象。

一个普通的平板电容器如图 14.6.1 所示,电容器极板的半径为 a,间距为 h。假设在充电的过程中,电容器内部有一个几乎均匀并随时间变化的电场 $\boldsymbol{E}(t)$。在任何时刻,电容器内部局域空间中的总的电磁场能量都为能量密度 u 对空间体积的积分,因此两个极板间的电磁场总能量为

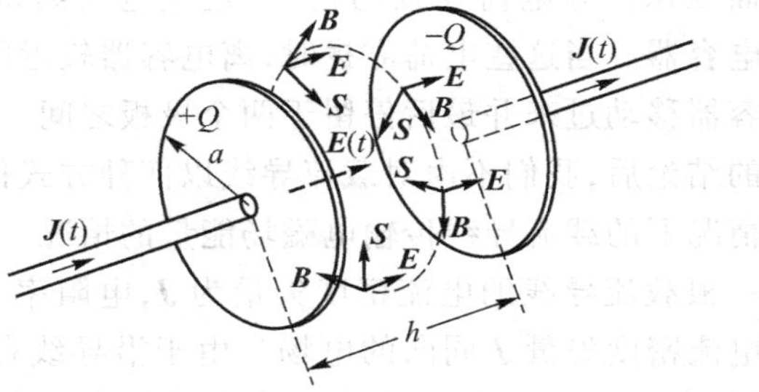

图 14.6.1

$$U=\int_V u\mathrm{d}V=\int_V\left(\frac{\varepsilon_0}{2}E^2\right)\mathrm{d}V=\left(\frac{\varepsilon_0}{2}E^2\right)(\pi a^2h) \qquad (14.6.17)$$

当电场 E 随时间改变时,能量 U 也随之改变。因此,在电容器充电的过程中,极板间的局域空间以速率

$$\frac{\mathrm{d}U}{\mathrm{d}t}=\varepsilon_0\pi a^2hE\frac{\mathrm{d}E}{\mathrm{d}t} \qquad (14.6.18)$$

接收能量。因此,一定会有从某处进入该局域空间的能流。

我们先从坡印亭矢量的定义的角度来看一下电容器空间的能流。在电容器极板间的电场随时间变化的过程中,根据全电流的安培-麦克斯韦定律可知,一定有一个环绕导线的磁场的环流。因此,在电容器极板的边缘的磁场环流(方向如图 14.6.1 所示)为

$$2\pi aB=\frac{1}{c^2}\pi a^2\frac{\mathrm{d}E}{\mathrm{d}t}$$

$$B=\frac{a}{2c^2}\frac{\mathrm{d}E}{\mathrm{d}t} \qquad (14.6.19)$$

因此,就有与 $\boldsymbol{E}\times\boldsymbol{B}$ 成正比的能量从边缘进入电容器极板空间。根据坡印亭矢量的定义,能流密度的大小为

$$S=\frac{|\boldsymbol{E}\times\boldsymbol{B}|}{\mu_0}=\frac{a}{2\mu_0c^2}E\frac{\mathrm{d}E}{\mathrm{d}t}=\frac{a\varepsilon_0}{2}E\frac{\mathrm{d}E}{\mathrm{d}t} \qquad (14.6.20)$$

因此,进入电容器局域空间的总的能流 $\mathrm{d}U/\mathrm{d}t$,即能流密度的大小 S 与空间侧面积 $2\pi ah$ 的乘积为

$$\frac{\mathrm{d}U}{\mathrm{d}t}=\varepsilon_0\pi a^2hE\frac{\mathrm{d}E}{\mathrm{d}t}$$

我们发现上式与式(14.6.18)是完全一样的,因此对于有限空间中电磁场的传播来说,描述坡印亭矢量的数学表述式(14.6.9)是正确的。

通过上述讨论可知,电容器局域空间中的能量并不是从载流导线输入的,而是从电容器空间的边缘沿与载流导线垂直的方向进入的。这个结论可以通过上述讨论结果(两种方式得出相同的进入电容器空间的总的能流 dU/dt)在一定程度上得到准确的验证。根据电容器空间中电磁场的具体分布(如图 14.6.1 所示)及坡印亭矢量的定义,明显可以得出上述结论。

实际上,在如图 14.6.1 所示的充电电容器的载流导线上会存在一些电荷(这些"电荷"的存在是由载流导线的表面堆积传导电荷导致的)。当这些电荷离得较远时,就会有一个微弱的极其散开的场包围该电容器。当这些电荷靠拢时,离电容器较近的场就变得较强。因此,远处的场的能量会朝该电容器移动过来并最后停留于两个极板之间。

有了上面颠覆常识的结论后,我们不由对载流导线以何种方式传递电磁能量产生兴趣。

下面我们讨论一般情况下的载流导线传输电磁场能量的情况。

如图 14.6.2 所示,一根载流导线的电流密度矢量为 $\boldsymbol{J}$,电阻率为 ρ。因此,导线中一定存在一个沿导线方向且与电流密度矢量 $\boldsymbol{J}$ 同向的电场。由于沿导线存在电压降,所以在导线外一定存在与导线表面平行的电场 $\boldsymbol{E}$;此外,还存在一个由导线内电流引起的磁场 $\boldsymbol{B}$ 的环流。在这种情况下,电场 $\boldsymbol{E}$ 与磁场 $\boldsymbol{B}$ 互相垂直,因此就存在一个沿导线半径指向内的坡印亭矢量 $\boldsymbol{S}$,即存在一个从导线周围各处流进导线的能流。显然,这就是导线通过电流时产生焦耳热的原因。因此,可以这样说:由于能量从外面的场流进导线,电子才获得它们用来产生焦耳热的能量。如果电磁场的能量沿着导线传输,在导线表面就一定会积累电荷(在第八章中我们曾经讨论过载流导线表面存在堆积电荷的问题),这些电荷在导线上产生一个与导线垂直的电场 $\boldsymbol{E}'$,这个电场与电流产生的磁场 $\boldsymbol{B}$ 导致了一个沿导线方向的能流 $\boldsymbol{S}'$,这就是通过导线可以将电源的电能传输出去的物理机制。

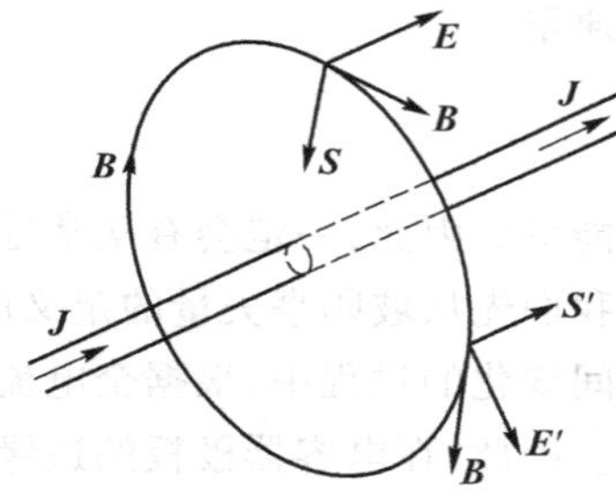

图 14.6.2

根据上面的讨论我们可以认识到,电磁场能流的传输采用的是一种出人意料的方式。虽然电磁场能量的传输方式与我们的"常识"相违背,但是在实际应用中它却验证了坡印亭矢量的正确性。这是很正常的,因为之前我们并没有系统讨论过能量的传输方式。这恰是我们不断学习的目的——不断对我们的常识进行修正、完善。

二、电磁场的动量

在力学中,我们通过物体之间的相互作用认识了"动量"的概念,并且得到一个普遍正确的定律——动量守恒定律。实际上,"动量"是描述物体运动状态的一种量度。牛顿在总结前人工作的基础上修正了笛卡儿的定义,即不用质量和速率的乘积而是用质量与速度矢量的乘积来描述物体的运动状态,这样就找到了量度物体运动的最合适的物理量,牛顿把它叫做"运动量",即现在的"动量"。1687 年,牛顿在《自然哲学的数学原理》中指出:"运动的量,它由取自在同一方向已完成的运动的和,以及在相反方向已完成的运动的差得到,不因物体之间的作用而改变。"

因此,动量是一个守恒量,这表示在一个封闭系统(不受外力或外力矢量和为零的系统)内动量的总和不变,这是动量守恒定律的基本内涵。动量守恒定律是自然界中最重要、最普遍的客观规律之一。

但是,我们在考察两个运动电荷之间相互作用的时候却发现,两个运动"实体"电荷之间的相互作用力不遵守牛顿第三定律。也就是说,若仅考察两个"实体"电荷的系统,其动量是不守恒的。由此,人们就考虑到由运动电荷产生的电磁场是否也应该具有动量。如果电磁场也具有动量,那么当我们把电磁场与"实体"电荷一起看成一个完整系统时,在它们相互作用时,这个电磁场也将发生变化。在这个系统中,两个带电体和电磁场三方之间进行动量交换,整个系统的动量是守恒的。从这个意义上说,电磁场应该具有动量。

电磁场与带电粒子具有相互作用,或者说带电粒子在电磁场中会受到洛伦兹力的作用。当电磁场对带电粒子施加作用力时,带电粒子的动量发生改变,电磁场本身的状态也发生相应的改变。根据动量守恒定律,电磁场和带电粒子一样具有某种形式的动量,从而使电磁场与带电粒子之间相互作用时其自身动量的改变量与带电粒子动量的改变量一致。辐射压力的实验结论就是电磁场具有动量的实验证据之一。

下面我们从电磁场与带电粒子的相互作用规律出发,推导电磁场动量的相关表达式。

假设空间中有一闭合曲面 S 包围的体积为 V 的有限区域,在其中有一定的电荷分布,区域内的电磁场与电荷之间的相互作用导致动量的转移;另一方面,区域内的场与区域外的场也通过界面 S 发生动量转移。根据动量守恒定律,单位时间内区域外通过曲面 S 流入区域内的动量应当等于区域内电荷的动量变化率与电磁场的动量变化率之和。

因此,电磁场与电荷之间相互作用的动量变化可以写为

$$\begin{gathered}\frac{\mathrm{d}\boldsymbol{p}}{\mathrm{d}t}=\int_V \boldsymbol{f}\mathrm{d}V=\int_V(\rho\boldsymbol{E}+\boldsymbol{J}\times\boldsymbol{B})\,\mathrm{d}V\\ \boldsymbol{f}=\rho\boldsymbol{E}+\boldsymbol{J}\times\boldsymbol{B}\end{gathered}\tag{14.6.21}$$

其中,$\boldsymbol{f}$ 称为"力密度",在此处可以将其理解为区域内电荷受力的体密度。

电荷受力后,它的动量将发生变化。按照动量守恒定律,电磁场的动量也将发生相应的变化。

利用麦克斯韦方程组给出的电磁场规律,即其中关于电场的散度和磁场的旋度的方程,可得

$$\begin{gathered}\rho=\varepsilon_0\nabla\cdot\boldsymbol{E}\\ \boldsymbol{J}=\frac{1}{\mu_0}\nabla\times\boldsymbol{B}-\varepsilon_0\frac{\partial\boldsymbol{E}}{\partial t}\end{gathered}\tag{14.6.22}$$

将方程组(14.6.22)代入式(14.6.21),得

$$\boldsymbol{f}=\varepsilon_0(\nabla\cdot\boldsymbol{E})\boldsymbol{E}+\frac{1}{\mu_0}(\nabla\times\boldsymbol{B})\times\boldsymbol{B}-\varepsilon_0\frac{\partial\boldsymbol{E}}{\partial t}\times\boldsymbol{B}\tag{14.6.23}$$

再利用麦克斯韦方程组中关于电场旋度和磁场散度的方程,即

$$\begin{gathered}\nabla\cdot\boldsymbol{B}=0\\ \nabla\times\boldsymbol{E}=-\frac{\partial\boldsymbol{B}}{\partial t}\end{gathered}\tag{14.6.24}$$

对式(14.6.23)做如下变换:

$$f=\varepsilon_0(\nabla\cdot E)E+\frac{1}{\mu_0}(\nabla\cdot B)B+$$

$$\varepsilon_0(\nabla\times E)\times E+\frac{1}{\mu_0}(\nabla\times B)\times B-$$

$$\varepsilon_0\frac{\partial}{\partial t}(E\times B) \tag{14.6.25}$$

我们发现上式右边前四项不随时间变化,我们在此不做详细推导(具体推导在电动力学中去做),而是直接给出一个与电磁场相关的散度关系式($\nabla\cdot T$),其中 T 是一个与电场和磁场相关的张量。

与电磁场能量讨论过程中定义的物理量类比,动量守恒定律也是局域守恒的,因此也应该定义与动量有关的密度量及与动量传递有关的流动的量。可以将 T 定义为电磁场的动量流密度张量,将 $g=\varepsilon_0(E\times B)$ 定义为电磁场的动量密度矢量——单位体积的动量。因此,式(14.6.25)可以变换成如下形式:

$$\nabla\cdot T=\frac{\partial g}{\partial t}+f \tag{14.6.26}$$

作用于带电体上总的电磁力为

$$F=\int_V f\mathrm{d}V=-\int_V\frac{\partial g}{\partial t}\mathrm{d}V+\int_V(\nabla\cdot T)\mathrm{d}V \tag{14.6.27}$$

利用关于矢量场的高斯定理,可得

$$F=-\int_V\frac{\partial g}{\partial t}\mathrm{d}V+\int_S T\cdot\hat{n}\mathrm{d}S \tag{14.6.28}$$

为了更具有普适性,我们将区域扩展为整个空间,由此将积分面扩展到无限远处。有限"源"空间内无限远处的电场和磁场均为零,且 T 是一个与电场和磁场相关的张量[由式(14.6.25)可以看出],因此,在整个空间内关于张量 T 的面积分为零。式(14.6.28)就变换为

$$F=-\frac{\partial}{\partial t}\int_V g\mathrm{d}V=-\varepsilon_0\frac{\partial}{\partial t}\int_V(E\times B)\mathrm{d}V \tag{14.6.29}$$

设带电体的机械动量为 $p_{机械}$,因此,

$$\frac{\mathrm{d}p_{机械}}{\mathrm{d}t}=F=-\varepsilon_0\frac{\partial}{\partial t}\int_V(E\times B)\mathrm{d}V \tag{14.6.30}$$

这时系统中只有带电体和电磁场两部分,根据动量守恒定律,在单位时间内带电体机械动量的增加量应该等于电磁场动量的减少量。因此,电磁场的动量为

$$p_{电磁场}=\varepsilon_0\int_V(E\times B)\mathrm{d}V$$

我们定义 $g=\varepsilon_0(E\times B)$ 为表述电磁场动量体密度的矢量。

下面我们看一下电磁场的动量密度矢量与坡印亭矢量(电磁场能流密度矢量)的关系。

$$g=\varepsilon_0(E\times B)=\frac{1}{c^2}S$$

或

$$S=\frac{E\times B}{\mu_0}=\frac{1}{\varepsilon_0\mu_0}g=c^2g$$

可以看到，坡印亭矢量不仅给出了电磁场的能流，而且给出了电磁场的动量密度（只要除以 c^2）。

在爱因斯坦的狭义相对论中，能量是四维矢量中的一个分量。对于任意封闭系统，在任意惯性系中观测时，这个矢量的每一个分量（其中一个是能量，另外三个是动量）都守恒，不随时间改变，这个矢量的长度也守恒（闵可夫斯基模长），矢量长度是单一质点的静止质量，也是由多质量粒子组成系统的不变质量（即不变能量）。因此，谈到电磁场的能量就一定离不开电磁场的动量。

下面我们利用一个例子半定量地讨论一下空间电磁场的动量。其原理如图 14.6.3 所示，一个薄塑料圆盘（半径为 R）被支撑在一根装有优良轴承的同心轴上，它能够十分自由地旋转。在塑料圆盘上，与转动轴同心地放置一个小螺线管线圈 L，小线圈的半径为 a，通过这个小线圈的恒定电流 I 由电池组提供。因此，该线圈在空间中产生的磁场为

$$B=\frac{Ia^2}{2\varepsilon_0c^2r^3}\qquad (r\gg a)$$

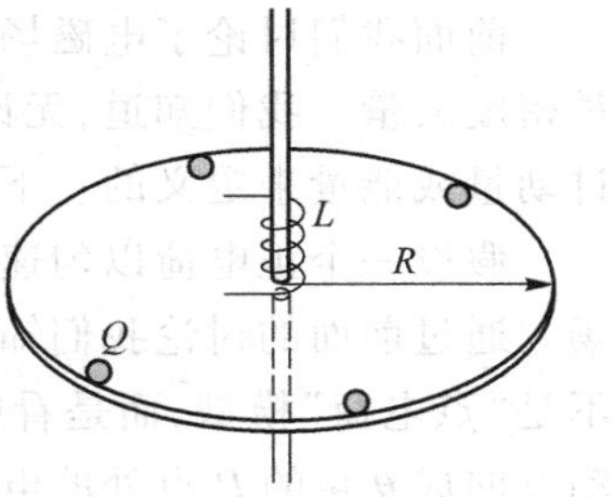

图 14.6.3

在圆盘边缘绕圆周边等间距对称分布着四个电荷量为 Q 的小带电球体，带电球体的半径远小于圆盘的半径 R，它们相互之间以及与线圈之间均由制造该圆盘的塑料材料绝缘。系统中的每件东西都完全固定，圆盘也静止不动。现在，我们切断线圈 L 中的电流，在螺线管线圈中的电流由 I 变为零的过程中，根据法拉第电磁感应定律，在塑料圆盘的边缘处（半径为 R 处，即在四个带电球体所在的圆周上）将产生一个电场的环流，即

$$2\pi RE=-\frac{\partial}{\partial t}\oint_S \boldsymbol{B}\cdot\hat{\boldsymbol{n}}\mathrm{d}a$$

而磁通量为

$$\Phi=\oint_S \boldsymbol{B}\cdot\hat{\boldsymbol{n}}\mathrm{d}a=\int_R^{\infty}\frac{\mu_0a^2I}{2r^3}(2\pi r)\,\mathrm{d}r=\mu_0\pi aI$$

上式中只有电流 I 是随时间变化的，其他量都是常量。

涡旋电场的大小为

$$E=\frac{\mu_0a}{2R}\frac{\partial I}{\partial t}$$

而涡旋电场 $\boldsymbol{E}$ 的方向为逆时针方向。

每个小带电球体受到的涡旋电场的作用力的大小为

$$F=QE=\frac{\mu_0aQ}{2R}\frac{\partial I}{\partial t}$$

力的方向为逆时针方向（假设电荷为正）。

接下来会发生什么？根据上面的讨论，每个带电球体都受到一个逆时针方向的作用力，因此塑料圆盘将在四个带电球体所受的合力矩作用下绕同心轴转动。整个系统并没有受到外力

的作用，只不过螺线管中的电流变为零，这导致系统的角动量发生变化。当电荷与螺线管中的电流存在，即空间中同时存在电场和磁场时，无论电磁场是时变的还是非时变的，系统中的电磁场都会建立某种动量。若电流消失，则磁场也将消失，电磁场的动量也将消失，电磁场的动量就转化为系统转动的角动量，这正是角动量守恒定律所要求的。

这个例子不仅证明电磁场具有动量，而且证明电磁场可以具有角动量，并且满足角动量守恒定律。

三、电磁场的质量

我们曾在第二章中通过万有引力讨论过质量，现在在电磁场的普遍情形下又回到与质量相关的话题，可见质量这个物理概念的重要性。

前面我们讨论了电磁场的能量与动量，并且给出了电磁场的能量密度、能流密度矢量和动量密度矢量。我们知道，无论是动量还是能量都与“质量”相关。换句话说，“质量”是可以通过动量或能量来定义的。下面我们就考察一下电磁场与“质量”相关的情况。

假设一个正电荷以匀速 $\boldsymbol{v}(v\ll c)$ 在空间中运动，这个运动电荷将在空间中产生电场和磁场。通过前面的讨论我们知道，在与电荷中心（此处的电子不是“点电荷”模型，而是看成半径为 a 的球）距离为 r、与运动方向成 θ 角的 P 点处的电场是径向的，如图 14.6.4 所示。

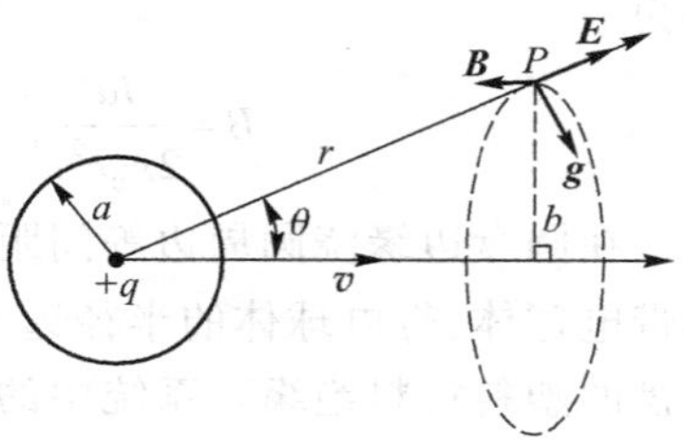

图 14.6.4

由电磁场动量密度矢量定义式：

$$\boldsymbol{g}=\varepsilon_0(\boldsymbol{E}\times\boldsymbol{B}) \qquad (14.6.31)$$

可知，电场和磁场都是相对于运动方向呈轴对称的，因此我们在对整个空间积分求系统的总动量时，电磁场动量的横向分量（与运动方向垂直的分量）的矢量和为零，只有与运动方向平行的分量对总动量有贡献，因此该运动电荷的电磁场动量与其运动速度 $\boldsymbol{v}$ 的方向相同。注意到磁场与电场的关系为 $\boldsymbol{B}=\boldsymbol{v}\times\boldsymbol{E}/c^2$，因此电磁场动量的大小为

$$g=\frac{\varepsilon_0 v}{c^2}E^2\sin\theta$$

因此，在电荷运动方向上电磁场的动量密度矢量 $\boldsymbol{g}$ 的分量为 $g\sin\theta$。我们可以在 P 点处取一个小的体积元 $r\mathrm{d}\theta\mathrm{d}r$，注意到电磁场动量密度相对于电荷运动方向具有轴对称性，因此，在对整个空间积分求该系统的总的电磁场动量时，可以选取与运动方向垂直的圆环作为体积元，即

$$\mathrm{d}V=2\pi b\cdot r\mathrm{d}\theta\mathrm{d}r=2\pi r^2\sin\theta\mathrm{d}r\mathrm{d}\theta$$

其中，$b=r\sin\theta$。

因此，系统总的电磁场动量大小为

$$p=\int g\sin\theta\mathrm{d}V=\int\frac{\varepsilon_0 v}{c^2}E^2\sin^2\theta\cdot 2\pi r^2\sin\theta\mathrm{d}r\mathrm{d}\theta$$

为了便于讨论，根据前面 $v\ll c$ 的假设，把电场 $\boldsymbol{E}$ 看成与 θ 无关的量（即把电场近似看成静止电荷在空间产生的场），所以上面的体积分可以分解为两个独立的对 θ 和对 r 的积分。其中，对 θ 的积分（由 0 到 π）为

$$\int_0^{\pi}\sin^3\theta\mathrm{d}\theta=-\int_0^{\pi}(1-\cos^2\theta)\mathrm{d}(\cos\theta)=\frac{4}{3}$$

对 r 的积分(由 a 到∞)为

$$\int_a^{\infty}E^2r^2\mathrm{d}r=\int_a^{\infty}\left(\frac{q}{4\pi\varepsilon_0 r^2}\right)^2r^2\mathrm{d}r=\frac{q^2}{16\pi^2\varepsilon_0^2 a}$$

因此,总的电磁场动量为

$$\boldsymbol{p}=\frac{2}{3}\frac{q^2}{4\pi\varepsilon_0 ac^2}\boldsymbol{v} \tag{14.6.32}$$

由式(14.6.32)可以看出,电磁场中的动量——电磁动量——与速度 $\boldsymbol{v}$ 成正比。我们在此定义一个类似于“质量”的物理量——电磁质量,它的数值正是速度 $\boldsymbol{v}$ 前面的系数,即

$$m_{\text{电磁}}=\frac{2}{3}\frac{q^2}{4\pi\varepsilon_0 ac^2} \tag{14.6.33}$$

到目前为止一切看起来还算圆满,我们根据匀速运动的正电荷产生的电磁场的动量定义了一个叫做“电磁质量”的物理量,这是一个由电磁作用产生的“视在质量”。

如果我们再仔细一点,把条件($v\ll c$)放宽,即速度可以很快,运动电荷产生的电场是与 θ 有关的量,那么上述推导还成立吗?洛伦兹认识到在快速运动的情况下,带电球体会收缩成一个椭球,而电场也会像我们在第十一章中在相对论情况下导出的式(11.4.5)那样随空间角度 θ 而改变。如果对那样的动量密度进行全空间积分,那么电磁场动量将改变一个因子,式(14.6.32)应修正为

$$\boldsymbol{p}=\frac{2}{3}\frac{q^2}{4\pi\varepsilon_0 ac^2}\frac{\boldsymbol{v}}{\sqrt{1-\frac{v^2}{c^2}}} \tag{14.6.34}$$

电磁质量应修正为

$$m_{\text{电磁}}=\frac{2}{3}\frac{q^2}{4\pi\varepsilon_0 ac^2}\frac{1}{\sqrt{1-\frac{v^2}{c^2}}} \tag{14.6.35}$$

我们上面讨论的正是经典电子论最著名的人物洛伦兹在20世纪初的工作。1904年,他发表了一篇题为《任意亚光速运动系统中的电磁现象》的论文,在这篇文章中,他运用自己前面几年在研究运动系统的电磁场理论时提出的包括长度收缩、局域时间在内的一系列假设,计算了具有均匀面电荷分布的运动电子的电磁动量,由此得出了运动电子的电磁质量,其表达式与式(14.6.35)完全相同。

但是,洛伦兹的这篇论文发表后不久就遭到了质疑。提出质疑的人正是经典电子理论的另一个重要人物亚伯拉罕(M. Abraham),亚伯拉罕在通过电磁场能量考察电子的“电磁质量”时,得出的结果与洛伦兹通过电磁场动量定义的“电磁质量”完全不同。

这说明洛伦兹的理论一定有不完善的地方。亚伯拉罕认为洛伦兹在计算过程中忽略了平衡电子电荷之间的排斥力所必需的张力。1904年到1906年,另一位物理学家庞加莱对洛伦兹的理论进行了研究,并定量引入了维持电荷平衡所需的张力——庞加莱张力。1911年,德国物理学家劳厄在庞加莱工作的基础上证明了带有庞加莱张力的电子的能量和动量具有正确

的洛伦兹变换规律。

至此,经过洛伦兹、庞加莱、劳厄等人的工作,经典电子论似乎达到了一个完美的境界。它既维持了电子的稳定性,又满足了电磁场能量、动量的协变性。人们由此想到是否可以将力学中不可约的质量概念约化为电磁概念——电磁质量,这是物理学家研究质量起源的第一种定量尝试。在此之前,人们试图将电磁理论约化为牛顿力学理论的所有努力都失败了,因此当电磁学发展到一定程度时,很多人就转换思路,力图反过来将力学约化为电磁理论。由于当时对物质的微观结构还不清楚,汤姆孙发现的电子是当时所知的唯一基本粒子,因此将质量约化为电磁概念的努力就集中体现在对电子的研究上。

但是,经典电子论还是遇到了困难。首先是电子的经典半径,这个半径是假设电子只有电磁质量(在通常情况下,可认为电子的质量来自两个部分,即机械质量与电磁质量)而得到的。由式(14.6.33)很容易估算出电子的经典半径 $r_0(\approx a)$ 的数量级为 10^{-15} m。但是,这个数量级远小于电子空间定位的精度 10^{-12} m(这是目前从量子力学角度对电子空间定位的最高精度),这表明经典电子论并不适合描述电子的结构,建立在经典电子论基础上的电子质量计算也就失去了理论基础。

其次,导致电子电磁能量与动量协变的庞加莱张力必须是非电磁起源的。这就导致将力学约化为电磁理论的想法遇到了根本的困难。

最后,经典电子论中的电子结构模型放弃了点电荷的假设而引进了经典半径,这虽然在一定程度上解决了发散性(即当 $a\to 0$ 时,电子的电磁场能量、动量及电磁质量都将趋于无穷大)问题,但却失去了简单性。如需要考虑电荷是如何分布在这个经典半径所决定的球体上的,因为面分布与体分布会导致不同的结论。

上述问题限制了经典电子论的发展。20 世纪初,随着量子力学的兴起,用量子力学的方法处理电磁场问题的量子电动力学应运而生。

需要补充的是,到目前为止我们认为电子的质量还是由所谓的机械质量(或裸质量)与电磁质量共同组成的,即我们通过测量得出的电子质量是其总的质量。而这总的质量遵循洛伦兹变换,相对论告诉我们无论质量来源是什么,质量都应当随 $m_0/\sqrt{1-v^2/c^2}$ 变化。近现代的研究表明,电磁质量在像电子这样质量最小的带电的基本粒子中所占的比例也不是很大。因此,试图把质量完全归因于电磁相互作用的想法遇到了实质性的困难。很显然,要解释质量的“起源”还必须另外想办法。

结 束 语

电磁学是物理学专业本科教学体系中的一门重要的基础课。它是引领学生从抽象到具体、从宏观到微观的认知过程的第一门课，它丰富的自然规律总结过程给“观察、总结、实践”的科学方法提供了大量的例证，自然规律的内涵与外延的不断修正进一步证明了其自身的科学属性，面对陌生问题的方法论选择为科学方法的应用提供了具体的范例。因此，在电磁学的教学过程中如果能够做到深入挖掘自然规律形成的客观性及历史性原因，就能够在潜移默化、润物无声的过程中使学生养成科学的自觉，不仅从中学到了物理学的基础知识，更掌握了知识获得的方法。

对自然规律（尤其是物理定律）学习和理解的过程中始终充满对物质世界的存在及运行规律的观察、总结和实践。对自然世界的好奇心、探索自然规律过程中的具有创新思维逻辑的科学方法论都将促使学生在整个课程教学过程中自觉学习，这对在教育教学过程中加强对学生的引导奠定了良好的基础，对学生形成正确的世界观进而影响其价值观和人生观有着良好的促进作用。这些科学的思维方式及方法将在一定范畴内影响学生的成长轨迹，有助于学生理性规划人生，文明成长，这也是电磁学在课程思政中应发挥的主要作用。

因此，在电磁学课程的教学过程中我们既讲物理学规律，又对一些重要电磁学规律的发现、总结的过程进行讲述，以点燃学生深入探究物理学规律的兴趣。在全部教学环节中，我们介绍了 40 位科学家在电磁学规律发现、总结过程中的重要贡献，同时较为详尽地介绍了一些重要的电磁学定律的实验发现和理论总结过程，如电荷的相互作用规律、场的概念及场论的起源、电生磁的实验研究、爱因斯坦科学成就回顾、法拉第的实验研究、麦克斯韦电磁场理论的形成过程等 15 个历史回顾过程。

在全部教学环节中，我们通过对电磁学定律的发现、总结和实践的具体过程的分析，以及对自然科学规律认知的发展路径和科学技术的应用对人类文明进步的贡献的总结，在传授科学知识的同时加强学生对事物本质认知过程中所采用的科学的逻辑思维方式及科学方法应用的理解。我们还对电磁学定律的成立条件、适用范围等进行深入细致的讨论分析，进一步加强学生对自然定律的科学属性的深入理解。

实际上，把这些在物理学发展历史上堪称经典的内容有机融入我们的知识体系，挖掘其批判性思维的应用规律，并为学生后续课程的学习打下良好基础，唤起学生学习物理的兴趣才是这门课程内容安排的目的。这样安排课程内容是一种尝试，我们希望在今后教与学的沟通过程中不断对其进行完善。

参考文献

郑重声明